OPERE MATEMATICHE

DI

LUIGI CREMONA

Pisa, Stab. Tipografico Succ. FF. Nistri. Piazza del Castelletto, 1

Monumento marmoreo eretto alla memoria di L. Cremona nella R. Scuola d'Applicazione per gli Ingegneri di Roma (Scultore G. Monteverde), inaugurato il 10 giugno 1909.

OPERE MATEMATICHE

DI

LUIGI CREMONA

PUBBLICATE

SOTTO GLI AUSPICI DELLA R. ACCADEMIA DEI LINCEI

TOMO SECONDO

Con fototipia del Monumento eretto all'Autore

nella R. Scuola d'Applicazione per gli Ingegneri di Roma

ULRICO HOEPLI

EDITORE-LIBRAJO DELLA REAL CASA

MILANO

—

1915

32.

SOLUTION DE LA QUESTION 545. [1]

Par M. Louis Cremona
Professeur de géométrie supérieure à l'université de Bologne *).

Nouvelles Annales de Mathématiques, 1.re série, tome XX (1861), pp. 95-96.

On sait que la polaire réciproque d'un cercle, par rapport à un autre cercle, est une conique qui a un foyer au centre du cercle directeur. D'où il suit que la polaire réciproque d'une conique donnée est un cercle, seulement si le cercle directeur a son centre dans un foyer de la conique donnée.

On a un théorème analogue dans l'espace. La polaire réciproque d'une surface de révolution du second ordre donnée, par rapport à une sphère, est une surface du second ordre qui a un point focal au centre de la sphère directrice. D'où il suit que la polaire réciproque d'une surface du second ordre donnée n'est une surface de révolution qu'à condition que le centre de la sphère directrice soit un point focal de la surface donnée. C'est-à-dire:

Les coniques focales ou excentriques d'une surface du second ordre sont le lieu du centre d'une sphère par rapport à laquelle la polaire réciproque de la surface donnée est une surface de révolution.

*) Chaire établie par M. Farini, et trois autres à Turin, Pavie et Naples. Cette dernière par Garibaldi. Tm. [Terquem]

33.

SUR LA QUESTION 317.

Nouvelles Annales de Mathématiques, 1.re série, tome XX (1861), pp. 342-343.

Voici l'énoncé de la question: [2]

On donne sur un plan, 1.° une conique S; 2.° cinq points m, a, b, c, o, dont l'un, m, est pris sur le périmètre de la conique. On propose de mener par le point o une transversale qui coupe la conique en deux points (réels ou imaginaires) p, q, situés avec les quatre m, a, b, c sur une même conique. Démontrer qu'il existe, en général, deux solutions. (De Jonquières).

Je conçois le faisceau F(K) des coniques circonscrites au tétragone $mabc$; toute conique K de ce faisceau rencontrera S en trois points p, q, r (outre m). Quelle courbe est enveloppée par les côtés des triangles analogues à pqr? Pour répondre à cette question, j'observe que chaque point p de la conique S donne lieu à une seule conique du faisceau F(K), passant par p; donc ce point détermine un seul triangle analogue à pqr; c'est-à-dire on peut mener par tout point de S deux tangentes seulement à la courbe enveloppe cherchée. Donc cette courbe est de la seconde classe, ou bien une conique C.

La question proposée est résolue par les tangentes de C, menées par le point o.

Parmi les coniques du faisceau F(K) il y en a trois, dont chacune est le système de deux droites; ce sont les couples de côtés opposés du tétragone $mabc$, c'est-à-dire bc, am; ca, bm; ab, cm. Il s'ensuit que bc, ca, ab sont des tangentes de l'enveloppe C. Ainsi nous avons ce théorème:

Toute conique circonscrite à un triangle donné et passant par un point fixe d'une conique donnée coupe celle-ci en trois autres points qui sont les sommets d'un triangle circonscrit à une conique fixe, inscrite au triangle donné.

Soient S et C deux coniques telles, qu'un triangle pqr inscrit dans S soit circonscrit à C. On sait, d'après un théorème très-connu de M. Poncelet, que tout point de S est le sommet d'un triangle inscrit dans S et circonscrit à C. Soit *abc* un triangle circonscrit à C, mais dont les sommets n'appartiennent pas à S. On sait encore que, si deux triangles sont circonscrits à une même conique, ils sont inscrits dans une autre conique; donc les points p, q, r, a, b, c appartiennent à une conique K. Cette conique K rencontrera S en un point m (outre p, q, r). Maintenant, en vertu du théorème démontré ci-devant, toute conique circonscrite au tétragone *abcm* détermine un triangle inscrit dans S et circonscrit à une conique fixe C', inscrite en *abc*. Mais, parmi les coniques circonscrites au tétragone *abcm*, il y a K; donc C' coïncide avec C, et par conséquent:

On donne sur un plan: 1.° deux coniques S et C telles, que tout point de S est le sommet d'un triangle *pqr* inscrit en S et circonscrit à C; 2.° un triangle fixe *abc* circonscrit à C, mais dont les sommets n'appartiennent pas à S. Un triangle quelconque *pqr* et le triangle *abc* sont inscrits dans une même conique K.

Toutes les coniques K, *circonscrites à abc et aux divers triangles pqr, passent par un même point fixe de* S.

34.

SUR UN PROBLÈME D'HOMOGRAPHIE (QUESTION 296).

Nouvelles Annales de Mathématiques, 1.re série, tome XX (1861), pp. 452-456.

On donne dans le même plan deux systèmes de sept points chacun et qui se correspondent. Faire passer par chacun de ces systèmes un faisceau de sept rayons, de telle sorte que les deux faisceaux soient homographiques. Démontrer qu'il n'y a que trois solutions.

C'est une question énoncée par M. CHASLES dans le t. XIV, p. 50. MM. ABADIE (t. XIV, p. 142), POUDRA (t. XV, p. 58) et DE JONQUIÈRES (t. XVII, p. 399) ont démontré que les sept points donnés de chaque système, pris six à six, fournissent une cubique (courbe plane du troisième ordre) passant par les six points choisis, comme lieu du sommet du faisceau, dont les rayons doivent contenir ces mêmes points. Deux de ces cubiques ont en commun cinq points donnés à priori; parmi les autres *quatre* intersections, il faut trouver les *trois* points qui satisfont à la question proposée. M. DE JONQUIÈRES a démontré que ces *quatre* intersections n'appartiennent pas toutes les quatre à une troisième cubique, et par conséquent le problème n'admet pas quatre solutions, comme on pourrait le croire au premier abord. Je me propose ici de déterminer directement, parmi les quatre points d'intersection, celui qui est étranger à la question.

Soient (a, b, c, d, e, f, g), $(a', b', c', d', e', f', g')$ les deux systèmes de sept points. Rapportons le premier système au triangle abc; soient x, y, z les coordonnées trilinéaires d'un point quelconque m, et que les points donnés soient déterminés par les équations suivantes:

(a) $$y=0, \qquad z=0,$$

(b) $$z=0, \qquad x=0,$$

(c) $$x=0, \qquad y=0,$$

(d) $$x=y=z,$$

$$(e) \qquad x : y : z = \alpha : \beta : \gamma,$$

$$(f) \qquad x : y : z = \alpha_1 : \beta_1 : \gamma_1,$$

$$(g) \qquad x : y : z = \alpha_2 : \beta_2 : \gamma_2.$$

De même en rapportant le second système au triangle $a'b'c'$, soient x', y', z' les coordonnées d'un point quelconque m', et que les points donnés soient exprimés par:

$$(a') \qquad y'=0, \qquad z'=0,$$

$$(b') \qquad z'=0, \qquad x'=0,$$

$$(c') \qquad x'=0, \qquad y'=0,$$

$$(d') \qquad x'=y'=z',$$

$$(e') \qquad x' : y' : z' = \alpha' : \beta' : \gamma',$$

$$(f') \qquad x' : y' : z' = \alpha'_1 : \beta'_1 : \gamma'_1,$$

$$(g') \qquad x' : y' : z' = \alpha'_2 : \beta'_2 : \gamma'_2.$$

Les rapports anharmoniques des deux faisceaux de quatre rayons $m(a, b, c, e,)$, $m'(a', b', c', e')$ sont:

$$\frac{x(\beta z - \gamma y)}{y(\alpha z - \gamma x)}, \quad \frac{x'(\beta' z' - \gamma' y')}{y'(\alpha' z' - \gamma' x')};$$

donc, en égalant ces rapports, on aura l'équation:

$$\alpha'(\beta z - \gamma y)\frac{x}{x'} + \beta'(\gamma x - \alpha z)\frac{y}{y'} + \gamma'(\alpha y - \beta x)\frac{z}{z'} = 0.$$

De même l'égalité des rapports anharmoniques des faisceaux $m(a, b, c, f)$, $m'(a', b', c', f')$ exige que l'on ait:

$$\alpha'_1(\beta_1 z - \gamma_1 y)\frac{x}{x'} + \beta'_1(\gamma_1 x - \alpha_1 z)\frac{y}{y'} + \gamma'_1(\alpha_1 y - \beta_1 x)\frac{z}{z'} = 0,$$

et les faisceaux $m(a, b, c, d)$, $m'(a', b', c', d')$ donnent:

$$(z - y)\frac{x}{x'} + (x - z)\frac{y}{y'} + (y - x)\frac{z}{z'} = 0.$$

En éliminant x', y', z' de ces trois équations, nous aurons l'équation:

$$\begin{vmatrix} \alpha'(\beta z - \gamma y) & \beta'(\gamma x - \alpha z) & \gamma'(\alpha y - \beta x) \\ \alpha'_1(\beta_1 z - \gamma_1 y) & \beta'_1(\gamma_1 x - \alpha_1 z) & \gamma'_1(\alpha_1 y - \beta_1 x) \\ z - y & x - z & y - x \end{vmatrix} = 0,$$

qui représente une cubique G lieu d'un point m tel, que le faisceau de six rayons $m\,(a, b, c, d, e, f)$ soit homographique au faisceau analogue $m'\,(a', b', c', d', e', f')$. On voit intuitivement que cette courbe passe par les points a, b, c, d, e, f.

De même les points a, b, c, d, e, g, donnent la cubique F:

$$\begin{vmatrix} \alpha'(\beta z - \gamma y) & \beta'(\gamma x - \alpha z) & \gamma'(\alpha y - \beta x) \\ \alpha'_2(\beta_2 z - \gamma_2 y) & \beta'_2(\gamma_2 x - \alpha_2 z) & \gamma'_2(\alpha_2 y - \beta_2 x) \\ z - y & x - z & y - x \end{vmatrix} = 0,$$

et les points a, b, c, d, f, g, donnent la cubique E:

$$\begin{vmatrix} \alpha'_1(\beta_1 z - \gamma_1 y) & \beta'_1(\gamma_1 x - \alpha_1 z) & \gamma'_1(\alpha_1 y - \beta_1 x) \\ \alpha'_2(\beta_2 z - \gamma_2 y) & \beta'_2(\gamma_2 x - \alpha_2 z) & \gamma'_2(\alpha_2 y - \beta_2 x) \\ z - y & x - z & y - x \end{vmatrix} = 0.$$

Les cubiques G, F ont, outre a, b, c, d, e, quatre points communs; un de ces points n'appartient pas à la cubique E. On obtient ce point en observant que les équations des courbes G, F sont *visiblement* satisfaites par:

$$\frac{\alpha'(\beta z - \gamma y)}{z - y} = \frac{\beta'(\gamma x - \alpha z)}{x - z} = \frac{\gamma'(\alpha y - \beta x)}{y - x},$$

c'est-à-dire:

$$x : y : z = \frac{\beta' - \gamma'}{\beta\gamma' - \beta'\gamma} : \frac{\gamma' - \alpha'}{\gamma\alpha' - \gamma'\alpha} : \frac{\alpha' - \beta'}{\alpha\beta' - \alpha'\beta}.$$

Voilà la construction graphique de ce point que je désigne par o.

Considérons les deux systèmes de cinq points (a, b, c, d, e) et (a', b', c', d', e') dont le point o dépend exclusivement, et transformons homographiquement le second système, de manière que quatre parmi les cinq points a', b', c', d', e' aient pour correspondants les quatre points homonymes du premier système. Ainsi en omettant successivement les points a', b', c', d', e', on obtiendra cinq points a_1, b_1, c_1, d_1, e_1. Les droites $aa_1, bb_1, cc_1, dd_1, ee_1$ passent toutes les cinq par le point cherché o. Par exemple, en omettant e', on a le point e_1 dont les coordonnées sont:

$$x : y : z = \alpha' : \beta' : \gamma';$$

et, si l'on omet d', on a le point d_1, représenté par:

$$x : y : z = \frac{\alpha}{\alpha'} : \frac{\beta}{\beta'} : \frac{\gamma}{\gamma'}.$$

Donc les droites dd_1, ee_1 ont les équations:

$$\alpha'(\beta\gamma'-\beta'\gamma)x+\beta'(\gamma\alpha'-\gamma'\alpha)y+\gamma'(\alpha\beta'-\alpha'\beta)z=0,$$
$$(\beta\gamma'-\beta'\gamma)x+(\gamma\alpha'-\gamma'\alpha)y+(\alpha\beta'-\alpha'\beta)z=0,$$

et l'on voit bien qu'elles sont satisfaites par les coordonnées du point o.

Des points (a,b,c,d,e), (a',b',c',d',e'), on a déduit un point o commun aux cubiques G, F; de la même manière, on peut, des points (a,b,c,d,f), (a',b',c',d',f') déduire un point commun aux cubiques G, E, etc.

En conclusion, les trois points qui seuls résolvent la question proposée sont les points communs aux trois cubiques E, F, G, autres que a,b,c,d, c'est-à-dire les intersections des cubiques F, G autres que a,b,c,d,e,o (*voir*, pour la construction de ces trois points, le *Compte rendu* du 31 décembre 1855). [3]

35.

INTORNO ALLA TRASFORMAZIONE GEOMETRICA DI UNA FIGURA PIANA IN UN' ALTRA PUR PIANA, SOTTO LA CONDIZIONE CHE AD UNA RETTA QUALUNQUE DI CIASCUNA DELLE DUE FIGURE CORRISPONDA NELL' ALTRA UNA SOLA RETTA.

Rendiconti dell' Accademia delle Scienze dell' Istituto di Bologna, Anno accademico 1861-1862, pp. 88-91.

Lo Schiaparelli, giovine e distinto geometra, completando un lavoro che Magnus aveva appena iniziato, ha dimostrato che la trasformazione più generale, in cui ad ogni punto dèlla figura data corrisponda un solo punto nella figura derivata e reciprocamente, può ridursi, mercè alquante deformazioni omografiche attuate sulle due figure, a tre tipi semplicissimi. I quali tipi l'autore denomina *trasformazione iperbolica, trasformazione ciclica* e *trasformazione parabolica,* perchè in essi alle rette di una figura corrispondono rispettivamente iperboli, circonferenze e parabole nella seconda figura. [4]

In questo scritto mi sono proposto d'applicare l'idea feconda dello Schiaparelli ad una trasformazione geometrica affatto diversa da quella ch'egli ha considerata, ma generale quanto essa: vo' dire alla trasformazione di una figura piana in un'altra pur piana, sotto la condizione unica che ad ogni retta della figura data corrisponda una sola retta nella figura derivata e, reciprocamente, ad ogni retta di questa corrisponda una sola retta in quella. Posta quest'unica condizione, ad un punto corrisponderà una conica; cioè quando in una delle due figure una retta gira intorno ad un punto dato, la retta corrispondente nell'altra figura si muove inviluppando una conica. [5] Le coniche di una figura che per tal guisa corrispondono ai punti dell'altra sono tutte inscritte in un triangolo determinato. Ed in generale, ad una curva della classe n data nella prima figura corrisponde nella seconda una curva della classe $2n$, la quale tocca in n punti ciascuna delle rette formanti il triangolo suddetto.

Fo uso delle coordinate tangenziali di Plücker, per istabilire le condizioni della suenunciata trasformazione, nella più completa generalità. Indi, supposto che le due figure siano collocate in uno stesso piano, dimostro che, in seguito ad alcune deformazioni omografiche di esse, la trasformazione più generale può esser ridotta a due tipi principali assai semplici. In ciascuno di questi tipi, la trasformazione è *reciproca* od *involutoria;* vale a dire ad una retta data ad arbitrio nel piano corrisponde una medesima retta, qualunque sia la figura a cui quella prima retta è attribuita.

Due rette corrispondenti sono sempre parallele; sonovi però infinite rette che si trasformano in sè medesime e tutte toccano una stessa conica che ha il centro in un certo punto del piano che, a cagione del suo ufficio, chiamo *centro di trasformazione.* Quella conica è un'iperbole nel primo metodo-tipo, un circolo nel secondo.

Ecco in che consiste la caratteristica differenza fra i due metodi-tipi di cui parlo. Nel primo, i punti si trasformano in parabole tutte tangenti a due rette determinate che s'incrociano nel centro di trasformazione. Nel secondo, ai punti corrispondono parabole, per le quali il suddetto centro è il fuoco comune.

Questi due metodi-tipi hanno tutta la semplicità che mai si possa desiderare, e facilmente si prestano alla trasformazione delle proprietà sì descrittive che metriche. Non dico delle angolari, perchè gli angoli non si alterano punto nel passaggio dall'una all'altra figura, a cagione del parallelismo delle rette corrispondenti. Le proprietà anarmoniche si conservano intatte: giacchè il rapporto anarmonico di quattro rette divergenti da un punto dato è eguale a quello de' quattro punti in cui le rette corrispondenti segano una tangente qualunque della parabola che corrisponde al punto dato. Ed il rapporto anarmonico di quattro punti situati sopra una retta è eguale a quello de' punti in cui la retta omologa è toccata dalle parabole corrispondenti ai quattro punti dati.

È precipuamente notevole la seconda trasformazione, quella in cui le parabole corrispondenti a punti sono confocali, per la semplicità del principio che serve alla trasformazione delle proprietà metriche. Due rette omologhe sono situate dalla stessa banda rispetto al centro di trasformazione e hanno da esso distanze reciproche: la qual cosa costituisce una completa analogia fra questa trasformazione e l'inversione, nella quale i punti omologhi sono in linea retta con un centro fisso e hanno da esso distanze inversamente proporzionali. A quella proprietà si aggiunga che due rette omologhe, oltre all'essere parallele, corrono in verso contrario ed hanno grandezze proporzionali alle rispettive distanze dal centro; purchè si considerino come termini di una retta i punti ove tocca le parabole corrispondenti ai termini dell'altra. Per conseguenza, una figura composta di quante rette si vogliano si trasforma, imaginando che queste rette, rovesciate le rispettive direzioni, si trasportino a distanze da un centro fisso reciprocamente proporzionali a quelle di prima, ed ivi acquistino lunghezze eguali alle primitive, rispettivamente moltiplicate pei quadrati delle nuove distanze dal centro. Queste rette trasformate saranno inoltre connesse con un sistema di parabole confocali corrispondenti ai punti della figura originaria; e per tal modo, tutte le proprietà descrittive e metriche di un complesso di rette e di punti si trasmutano in teoremi relativi ad un sistema di rette e di parabole aventi lo stesso fuoco.

36.

SUR LES SURFACES DÉVELOPPABLES DU CINQUIÈME ORDRE.

Comptes Rendus de l'Académie des Sciences (Paris), tome LIV (1862), pp. 604-608.

1. Les résultats très-importants que M. Chasles a récemment communiqués à l'Académie, m'ont porté à la recherche des propriétés des surfaces développables du cinquième ordre. J'ai l'honneur d'énoncer ici quelques théorèmes qui ne me semblent pas dépourvus d'intérêt.

En premier lieu, toute surface développable du cinquième ordre est de la quatrième classe et a: 1° une génératrice d'inflexion; 2° une courbe cuspidale du quatrième ordre, ayant un point stationnaire; 3° une courbe double du deuxième ordre.

2. Soit Σ une développable du cinquième ordre; C sa courbe cuspidale; a le point stationnaire de C; b le point où cette courbe gauche est touchée par la génératrice d'inflexion de Σ; c le point où cette génératrice perce le plan osculateur de la courbe C en a; d le point où le plan stationnaire, c'est-à-dire osculateur en b à la même courbe, est rencontré par la génératrice de Σ qui passe par a. On a ainsi un tétraèdre $abcd$, dont les faces acd, bcd et les arêtes ad, bc sont respectivement deux plans tangents et deux génératrices de la développable Σ. Ce tétraèdre a une grande importance dans les recherches relatives à cette développable *).

3. Une génératrice quelconque de Σ rencontre une autre génératrice de la même surface; nous dirons *conjuguées* ces deux génératrices situées dans un même plan. De même on dira *conjugués* les plans qui touchent Σ tout le long de ces génératrices; et *conjugués* les points où ces mêmes droites sont tangentes à la courbe C.

La droite qui joint deux points conjugués de C passe toujours par le point fixe c.

*) M. Cayley fait mention de ce tétraèdre dans son Mémoire: *On the developable surfaces, etc.* (Camb. and Dub. Math. Journal, vol. V, p. 52).

Le lieu de cette droite est un cône S du second degré, qui est doublement tangent à la courbe cuspidale C.

Le plan qui contient deux génératrices conjuguées de Σ enveloppe le même cône S.

Deux génératrices conjuguées de Σ se rencontrent toujours sur le plan fixe *abd*. Le lieu du point d'intersection est une conique K, la courbe double de la développable donnée.

La droite intersection de deux plans (tangents à Σ) conjugués est toujours tangente à la même conique K.

Les plans menés par *ad* et, respectivement, par les couples de points conjugués de C forment une involution, dont les plans doubles sont *acd* et *abd*.

La génératrice d'inflexion *bc* est rencontrée par les couples de plans (tangents à Σ) conjugués en des points, qui forment une involution, dont les points doubles sont *b* et *c*.

4. Ces propriétés donnent lieu au système de deux figures homologiques-harmoniques dans l'espace. Un point *p*, pris arbitrairement dans l'espace, est l'intersection de quatre plan tangents de Σ; les quatre plans conjugués à ceux-ci passent par un même point p'. La droite pp' passe par le sommet *c* du tétraèdre *abcd* et est divisée harmoniquement par *c* et par le plan *abd*.

Un plan quelconque P coupe C en quatre points; les quatre points conjugués à ceux-ci sont dans un autre plan P'. La droite PP' est dans le plan fixe *abd*; et l'angle de ces plans P, P' est divisé harmoniquement par le plan *abd* et par le plan mené par *c*.

Ainsi nous avons deux figures homologiques-harmoniques: *c* est le centre d'homologie; *abd* est le plan d'homologie. D'ici on conclut, en particulier:

Les points de la courbe C (et de même les plans tangents de Σ) sont conjugués deux à deux harmoniquement par rapport au sommet du cône S et au plan de la conique K.

5. Le plan stationnaire *bcd* coupe la développable Σ suivant une conique K' qui passe par *b*, *d* et touche, en ces points, les droites *bc*, *dc*. La conique double K passe par *a*, *b*; ses tangentes, en ces points, sont *ad*, *bd*. Donc:

Toute développable du cinquième ordre est l'enveloppe des plans tangents communs à deux coniques K, K' ayant un point commun, pourvu que l'une d'elles K soit tangente, en ce point, à l'intersection des plans des deux courbes.

Le cône S', qui a le sommet au point *a* et passe par la courbe gauche C, est du second degré. Les plans *acd*, *abc* sont tangents à ce cône le long des arêtes *ad*, *ab*. De même, les plans *bcd*, *acd* sont tangents au cône S le long des droites *bc*, *ac*. D'ici l'on conclut:

La courbe cuspidale d'une développable du cinquième ordre est toujours l'intersection de deux cônes du second degré S, S', ayant un plan tangent commun, pourvu que la génératrice de contact pour l'un des cônes S soit la droite qui joint leurs sommets.

6. Il y a des surfaces de second ordre, en nombre infini, qui sont inscrites dans la développable du cinquième ordre Σ. Toutes ces surfaces sont tangentes à la courbe C en b, et ont entre elles un contact stationnaire en ce point. Chacune de ces surfaces contient deux génératrices conjuguées de Σ (3) et est osculatrice à la courbe gauche C, aux points de contact de ces génératrices.

La courbe C est située sur un nombre infini de surfaces du second ordre qui ont entre elles un contact stationnaire au point a dans le plan acd. Chacune de ces surfaces contient deux génératrices conjuguées de Σ et a un contact de second ordre avec cette développable dans chacun des plans qui lui sont tangents le long de ces génératrices.

Donc, par deux génératrices conjuguées de Σ passent deux surfaces de second ordre, dont l'une est inscrite dans la développable Σ et l'autre passe par la courbe cuspidale C. Nommons *associées* ces deux surfaces de second ordre.

Deux surfaces associées ont en commun, outre les deux génératrices conjuguées de Σ, une conique dont le plan passe par bc. Le lieu de toutes ces coniques est une surface T de troisième ordre et quatrième classe qui passe par la courbe gauche C.

Deux surfaces associées sont inscrites dans un même cône de second degré, dont le sommet est sur ad. Tous ces cônes enveloppent une surface T' de troisième classe et quatrième ordre qui est inscrite dans la développable Σ.

7. Tout plan mené par la droite ad rencontre C en un seul point m, autre que a. De même, d'un point quelconque de bc on peut mener un seul plan tangent à Σ, autre que le plan stationnaire bcd.

On entendra par *rapport anharmonique* de quatre points m_1, m_2, m_3, m_4 de C celui des quatre plans $ad(m_1, m_2, m_3, m_4)$, et par *rapport anharmonique* de quatre plans tangents M_1, M_2, M_3, M_4 de Σ celui des quatre points $bc(M_1, M_2, M_3, M_4)$.

Cela posé, on voit bien ce qu'on doit entendre par *deux séries homographiques de points* sur C, ou par *deux séries homographiques de plans tangents* de Σ.

On donne, sur la courbe gauche C, deux séries homographiques de points; a et b soient les *points doubles*. Le lieu de la droite qui joint deux points correspondants est une surface gauche du cinquième degré, dont la courbe nodale est composée de la courbe gauche C et d'une conique située dans le plan abd et ayant un double contact avec K en a et b.

Soient m un point quelconque de C; m' et m_1 les points qui correspondent à m, suivant que ce point est regardé comme appartenant à la première série ou à la deuxième. Le plan $mm'm_1$ enveloppe une développable du cinquième ordre qui a, avec le tétraèdre $abcd$, la même relation que la développable donnée Σ.

On a des théorèmes analogues en considérant deux séries homographiques de plans tangents de Σ.

Ces propositions générales donnent lieu à un grand nombre de propriétés intéressantes. Par exemple:

Le plan osculateur à la courbe C en m coupe cette courbe en m'. Par m passe un plan qui va à osculer la courbe en un autre point m_1. Le lieu des droites mm', m_1m est une surface gauche du cinquième degré, etc., u. s. L'enveloppe du plan $mm'm_1$ est une développable du cinquième ordre, etc., u. s. Le point d'intersection des plans osculateurs en m, m', m_1 engendre une courbe gauche analogue à C; etc.

8. La conique double K, le cône doublement tangent S et les surfaces T, T', que nous avons rencontrés au n.° 6, admettent une autre définition.

La conique K est l'enveloppe d'un plan qui rencontre la courbe gauche C en quatre points, dont les trois rapports anharmoniques soient égaux.

Le cône S est le lieu d'un point d'où l'on puisse mener à la développable Σ quatre plans tangents, dont les trois rapports anharmoniques soient égaux.

La surface T est le lieu d'un point où se rencontrent quatre plans tangents harmoniques de la développable Σ.

La surface T' est l'enveloppe d'un plan qui coupe la courbe gauche C en quatre points harmoniques.

9. Toute surface P du troisième ordre passant par les six arêtes du tétraèdre $abcd$ a un contact du second ordre en a et un contact du quatrième ordre en b avec la courbe C, et coupe cette courbe en quatre autres points. Les plans osculateurs à C, en ces quatre points, passent par un même point p de la surface P. Soit π le plan tangent en p à la surface P. Les plans osculateurs à la courbe C, aux quatre points où celle-ci est coupée par le plan π, sont tangents à une même surface Π de la troisième classe, qui passe par les six arêtes du tétraèdre $abcd$. Cette surface passe aussi par p et est tangente, en ce point, au plan π.

La surface Π, ainsi que toute surface de la troisième classe passant par les six arêtes du tétraèdre $abcd$, a un contact du second ordre dans le plan bcd et un contact de quatrième ordre dans le plan acd avec la développable donnée Σ.

Le point p et le plan π se correspondent réciproquement entre eux, c'est-à-dire l'un détermine l'autre.

Si l'on donne p, par ce point passent quatre plans osculateurs de C; les quatre points de contact sont situés, avec p, dans une surface P du troisième ordre passant par les six arêtes du tétraèdre. Le plan qui touche P en p est le plan π qui corespond au point p.

Si l'on donne π, les plans qui osculent C, aux quatre points où cette courbe est coupée par le plan donnée, sont tangents, avec ce même plan, à une surface Π de la troisième classe, qui passe par les six arêtes du tétraèdre. Le point p, où cette surface est touchée par π, est celui qui correspond au plan donné.

Nous dirons que p est le *pôle* du plan π; que π est le *plan polaire* du point p; que P est la surface *relative* au point p; et que Π est la surface *relative* au plan π.

On a ainsi une méthode de transformation des figures dans l'espace qu'a une certaine analogie avec celle que M. Chasles a récemment déduite de la théorie des cubiques gauches (*Compte rendu* du 10 août 1857). Les deux méthodes ont cette propriété commune: *un point quelconque est situé dans son plan polaire.*

Je ne m'arrêterai pas à signaler l'usage étendu qu'on peut faire de cette méthode de transformation.

37.

MÉMOIRE DE GÉOMÉTRIE PURE SUR LES CUBIQUES GAUCHES.

Nouvelles Annales de Mathématiques, 2.e série, tome I (1862), pp. 287-304, 366-378, 436-446.

Parmi les courbes géométriques à double courbure, la plus simple est la courbe du troisième ordre ou *cubique gauche*, qui est l'intersection de deux hyperboloïdes à une nappe ayant une génératrice droite commune. C'est, je crois, M. Möbius qui s'occupa le premier de cette courbe. Dans son ouvrage classique, *Der barycentrische Calcul* (Leipzig, 1827), il donna une représentation analytique, très-simple et très-heureuse, de la cubique gauche, et démontra le théorème fondamental: " Une tangente mobile de cette courbe décrit, sur un plan osculateur fixe, une conique. „.

En 1837, M. Chasles, dans la note XXXIII de son admirable *Aperçu historique*, énonça plusieurs propriétés de la cubique gauche; les plus essentielles sont:

" 1.° Le lieu géométrique des sommets des cônes du second degré, qui passent tous par six points donnés dans l'espace, renferme la cubique gauche déterminée par ces six points.

" 2.° Les tangentes aux différents points d'une cubique gauche forment une surface développable du quatrième ordre.

" 3.° Une propriété de sept points d'une cubique gauche „. [6]

Le tome X du *Journal de M.* Liouville (1845) contient un Mémoire de M. Cayley, qui est d'une extrême importance; il y donne les relations qui ont lieu entre l'ordre d'une courbe gauche, la classe et l'ordre de sa développable osculatrice, le nombre des points et des plans osculateurs stationnaires, le nombre des droites qui passent par un point donné et s'appuient deux fois sur la courbe, etc. Ensuite, l'illustre auteur fait l'application de ses formules à la courbe gauche du troisième ordre, et trouve que:

" 1.° La développable osculatrice d'une telle courbe est du quatrième ordre et de la troisième classe.

" 2.° Par un point quelconque de l'espace on peut mener *une* droite qui s'appuie deux fois sur la courbe, et un plan quelconque contient *une* droite qui est l'intersection de deux plans osculateurs „.

M. Seydewitz, dans un Mémoire très-intéressant qui fait partie de l'*Archiv der Mathematik und Physik* *), a trouvé et démontré, par la pure géométrie, que la cubique gauche est le lieu du point de rencontre de deux droites homologues dans deux faisceaux homographiques de rayons dans l'espace [7]. Il en a déduit la construction de la courbe par points, des tangentes et des plans osculateurs, et cette autre propriété, déjà donnée par M. Chasles, que chaque point de la cubique gauche est le sommet d'un cône du second degré passant par la courbe.

L'auteur appelle la courbe gauche du troisième ordre, *conique gauche (räumlicher Kegelschnitt)*; et, en classant ces courbes selon leurs asymptotes, il propose les noms, que j'ai adoptés, d'*hyperbole gauche* pour la cubique qui a trois asymptotes réelles et distinctes; d'*ellipse gauche* pour la cubique qui a une seule asymptote réelle, les deux autres étant imaginaires; d'*hyperbole parabolique gauche* pour la cubique qui a une asymptote réelle, et les deux autres coïncidentes à l'infini; enfin, de *parabole gauche* pour la cubique qui a un plan osculateur à l'infini.

Dans un beau Mémoire de M. Salmon, *On the classification of curves of double curvature* **), que je connais seulement depuis peu, on lit que: " Une cubique gauche tracée sur une surface (réglée) du second ordre rencontre en deux points toutes les génératrices d'un même système de génération, et en un seul point toutes les génératrices du deuxième système.

Mais il était réservé à l'illustre auteur de la *Géométrie supérieure* de donner la plus puissante impulsion à la doctrine de ces courbes. Dans une communication à l'Académie des Sciences ***), M. Chasles, avec cette merveilleuse fécondité qui lui est propre, énonça (sans démonstration) un grand nombre de propositions, qui constituent une vraie théorie des cubiques gauches. On y trouve notamment:

1.° La génération de la courbe au moyen de deux faisceaux homographiques de rayons dans l'espace [7], déjà donnée par M. Seydewitz.

2.° La génération de la courbe par trois faisceaux homographiques de plans. Ce théorème est d'une extrême importance; on peut en déduire tous les autres, et il forme la base la plus naturelle d'une théorie géométrique des cubiques gauches.

3.° Le théorème: " Par un point donné on ne peut mener que trois plans oscu-

---

*) X^er^ *Theil*, 2es *Heft; Greifswald*, 1847.

**) *The Cambridge and Dublin Mathematical Journal*, vol. V. Cambridge, 1850.

***) *Compte rendu* du 10 août 1857; voir aussi le *Journal de M.* Liouville, novembre 1857.

lateurs à la cubique gauche; les points de contact de ces trois plans avec la courbe sont dans un plan passant par le point donné „. Ce théorème établit la parfaite réciprocité polaire entre la cubique gauche et sa développable osculatrice; ainsi, ces courbes sont destinées à jouer, dans l'espace, le même rôle que les lignes du second ordre dans le plan.

4.° Le théorème de M. Möbius, et un théorème plus général sur la nature d'une section plane quelconque de la développable osculatrice de la cubique gauche.

5.° Les belles propriétés des hyperboloïdes passant par la courbe, etc.

Dans un Mémoire inséré au tome 1er des *Annali di Matematica pura ed applicata* (Roma, 1858) [Queste Opere, n. **9** (t. 1.°)] j'ai démontré, par l'analyse *), les théorèmes les plus importants du travail cité de M. Chasles, et outre cela j'ai donné quelques propositions nouvelles, notamment celle qui constitue la base de la théorie des *plans conjoints* que j'ai développée peu après **).

Alors parut, dans le *Journal mathématique de Berlin*, un Mémoire de M. Schröter. L'auteur y démontre, par la géométrie pure et avec beaucoup d'habileté, les théorèmes fondamentaux de MM. Möbius, Seydewitz et Chasles; surtout il met en évidence l'identité des courbes gauches du troisième ordre et de la troisième classe. M. Schröter fait observer que quatre points de la cubique gauche et les quatre plans osculateurs correspondants forment deux tétraèdres, dont chacun est, en même temps, inscrit et circonscrit à l'autre; ce qui se rattache à une question ancienne posée par M. Möbius ***).

Quiconque veut aborder l'étude *géométrique* des cubiques gauches doit lire l'important travail de M. Schröter †).

Ensuite, dans une courte Note, insérée au tome II des *Annali di Matematica* (luglio-agosto 1859) [Queste Opere, n. **12** (t. 1.°)], et dans un Mémoire qui fait partie du tome LVIII du *Journal mathématique de Berlin* (publié par M. Borchardt, en continuation du *Journal de* Crelle) [Queste Opere, n. **24** (t. 1.°)], j'ai donné d'autres théorèmes sur les mêmes courbes, et particulièrement j'ai étudié la distribution des coniques inscrites dans une surface développable de la troisième classe.

Le Mémoire actuel contient aussi quelques propositions nouvelles; cependant mon

*) Je me suis servi d'une représentation analytique de la courbe qui revient au fond à celle de M. Möbius. Mais je ne connassais pas alors l'ouvrage capital (si peu connu en Italie) de l'éminent géomètre allemand, ni le Mémoire de M. Seydewitz non plus. Ce sont les citations de M. Schröter qui me firent chercher le *Barycentrische Calcul* et l'*Archiv* de M. Grunert. A présent je restitue *unicuique suum*.

) *Annali di Matematica*, t. II, Roma, gennaio-febbraio 1859, § 11 [Queste Opere, n. **10 (t. 1.°)].

***) *Journal für die reine und ang. Mathematik*, 3r Band, pag. 273.

†) *Journal für die reine und ang. Mathematik*, 56r Band, pag. 27.

but essentiel est de démontrer *géométriquement* les propriétés que j'ai déjà énoncées, avec des démonstrations analytiques ou sans démonstrations, dans mes écrits précédents, et qui se rapportent à la théorie des *plans conjoints* et des *coniques inscrites* dans la développable osculatrice de la cubique gauche.

Je supposerai que le lecteur connaisse les Mémoires, cités ci-dessus, de MM. Chasles et Schröter.

Points conjoints, plans conjoints et droites associées.

1. Si l'on coupe une cubique gauche par un plan arbitraire P, les trois points d'intersection a, b, c forment un triangle inscrit à toutes les coniques, suivant lesquelles le plan P coupe les cônes du second degré qui passent par *(perspectifs à)* la cubique. Deux quelconques de ces cônes ont une génératrice commune qui perce le plan donné en un point d, de manière que les coniques bases des deux cônes sur P sont circonscrites au tétragone $abcd$. Ou voit sans peine que la conique base d'un troisième cône quelconque, perspectif à la courbe gauche, ne passe pas par d, mais par a, b, c seulement.

2. Je conçois maintenant un point o dans l'espace, et la droite qui passe par o et s'appuie en deux points (réels ou imaginaires) a et b sur la cubique gauche. Menons par cette droite un plan quelconque P; ce plan rencontrera la cubique en un troisième point c, et un cône quelconque S perspectif à la cubique suivant une conique K circonscrite au triangle abc. La trace sur P du plan polaire de o par rapport au cône S est la droite polaire de o par rapport à K; donc cette trace passe par o', pourvu que o, o' soient conjugués harmoniquement avec a, b. Le point o' est indépendant du cône S; donc les plans polaires de o, par rapport aux cônes perspectifs à la cubique, passent tous par o' [8]. Cherchons à connaître la *classe* de la surface conique enveloppée par ces plans.

Soit d la deuxième intersection de la conique K par la droite oc; le tétragone $abcd$ est évidemment inscrit aussi à la conique K', base du cône S' (du second ordre, perspectif à la cubique), dont le sommet est sur la droite qui joint d au sommet de S. Donc le point o a la même polaire $o'ef$ par rapport aux coniques K, K'. Cette droite ne peut pas être la polaire de o par rapport à la conique base d'un troisième cône, car il n'y a pas d'autre conique (perspective à la cubique gauche) passant par a, b, c, d. Par conséquent, $o'ef$, c'est-à-dire une droite quelconque menée par o', est l'intersection des plans polaires de o par rapport à *deux* cônes seulement; nous avons ainsi le théorème :

Les plans polaires d'un point donné o, par rapport à tous les cônes de second degré perspectifs à une cubique gauche, enveloppent un autre cône du second degré, dont le sommet o' est situé sur la droite qui passe par o et s'appuie sur la cubique en deux points (réels ou imaginaires) a et b. Les points o, o' sont conjugués harmoniquement avec les points a, b.

Il suit de la dernière partie du théorème, que:

Les plans polaires du point o', par rapport aux mêmes cônes perspectifs à la cubique, enveloppent un autre cône du second degré, dont le sommet est le point o *).

J'ai nommé *points conjoints* deux points tels que *o*, *o'*, et *cônes conjoints* les cônes dont *o*, *o'* sont les sommets. Donc:

La droite qui joint deux points conjoints o, o' est toujours une corde (réelle ou idéale) de la cubique gauche. Et le segment oo' est divisé harmoniquement par la courbe.

Chaque point de la droite *oo'* aura son conjoint sur cette même droite; donc:

Toute corde de la cubique gauche est l'axe d'une involution de points (conjoints par couples), dont les points doubles sont sur la cubique **). [9]

3. On sait, d'après M. Chasles ***), que la cubique gauche donne lieu à un genre intéressant de dualité. Tout point *o*, donné dans l'espace, est l'intersection de trois plans osculateurs de la courbe; et les trois points de contact sont dans un plan O passant par le point donné.

Réciproquement, tout plan O rencontre la cubique gauche en trois points; et les plans osculateurs en ces points passent par un point *o* du plan donné.

Ainsi, à chaque point *o* correspond un plan O, et *viceversa*. J'ai nommé le point *o* *foyer* de son plan focal O. Un plan passe toujours par son foyer.

Si le foyer parcourt une droite, le plan focale tourne autour d'une autre droite, et si le foyer parcourt la deuxième droite, le plan passe toujours par la première. On nomme ces droites *réciproques*.

De plus, j'appelle *focale* d'un point *o* la corde de la cubique gauche qui passe par *o*; et *directrice* d'un plan O la droite qui existe dans ce plan et qui est l'intersection de deux plans osculateurs, réels ou imaginaires. La directrice d'un plan et la focale du foyer de ce plan sont deux droites réciproques †).

En conséquence de cette dualité, les théorèmes démontrés ci-dessus donnent les suivants:

Les pôles d'un plan donné O, par rapport à toutes les coniques inscrites dans la développable (de la troisième classe et du quatrième ordre) osculatrice d'une cubique gauche,

---

*) *Annali di Matematica*, t. II, § 11. Roma, gennaio-febbraio 1859.

**) *Annali, etc.... ut supra*, § 5, 6, 7.

***) *Compte rendu* du 10 août 1857, § 40, 41 et 48.

†) *Annali, etc.... ut supra*, § 2, 3, 7, 8.

sont sur une autre conique. Le plan O' de cette conique rencontre le plan O suivant une droite, qui est l'intersection de deux plans osculateurs (réels ou non) de la cubique.

Ces deux plans osculateurs divisent harmoniquement l'angle des plans O, O'.

Et les pôles du plan O', par rapport aux mêmes coniques inscrites, sont sur une autre conique située dans le plan O *).

J'ai nommé ces plans *conjoints,* et je dis *conjointes* aussi le coniques locales situées dans ces plans.

Deux plans conjoints s'entrecoupent toujours suivant une droite qui est l'intersection de deux plans osculateurs (réels ou non) de la cubique gauche. Les plans conjoints et les plans osculateurs forment un faisceau harmonique.

Toute droite qui est l'intersection de deux plans osculateurs de la cubique gauche est l'axe d'une infinité de couples de plans conjoints en involution. Les plans doubles de cette involution sont les deux plans osculateurs **).

On peut démontrer directement ces théorèmes avec la même facilité que les propriétés relatives aux points conjoints (2).

Si une droite s'appuie sur la cubique gauche en deux points, sa réciproque est l'intersection des plans osculateurs en ces points; donc:

Deux points conjoints sont les foyers de deux plans conjoints, et, réciproquement, deux plans conjoints sont les plans focaux de deux points conjoints.

Toute droite qui s'appuie sur la cubique gauche en deux points contient les foyers d'une infinité de couples de plans conjoints, qui passent tous par une même droite. Cette droite est l'intersection des plans osculateurs aux points où la courbe est rencontrée par la droite donnée.

Par une droite qui est l'intersection de deux plans osculateurs de la cubique gauche, passent les plans focaux d'une infinité de couples de points conjoints, situés sur la droite qui joint les points de contact des deux plans osculateurs ***).

Si, au lieu de l'intersection de deux plans osculateurs distincts, on prend une tangente de la cubique gauche, tout plan (tangent) mené par cette droite a pour conjoint le plan osculateur qui passe par la même tangente. Et le lieu des pôles du plan tangent, par rapport aux coniques inscrites dans la développable osculatrice, est une conique qui a un double contact avec la conique *inscrite* située dans le plan osculateur (conjoint au plan tangent).

De même, tout point donné sur une tangente de la cubique gauche a pour conjoint le point de contact, et l'enveloppe des plans polaires du point donné, par rapport aux

*) *Annali di Matematica,* t. I, § 7, settembre-ottobre 1858; t. II, § 5, 7, gennaio-febbraio 1859.

**) *Annali di Matematica,* t. II, § 7, gennaio-febbraio 1859.

***) *Annali di Matematica,* t. II, § 11, 6, gennaio-febbraio 1859.

cônes du second degré perspectifs à la cubique, est un autre cône du second degré, qui est doublement tangent au cône perspectif dont le sommet est le point de contact de la droite tangente avec la courbe gauche.

4. Un point quelconque o, donné dans l'espace, est le sommet d'un cône du troisième ordre et de la quatrième classe, qui passe par la cubique gauche. La droite focale de o est la génératrice double du cône; les plans osculateurs menés par o sont ses plans stationnaires. Les génératrices de contact de ces plans, c'est-à-dire les génératrices d'inflexion, sont dans un même plan, qui est le plan *focal* de o *).

Or, par un théorème connu sur les courbes planes **), ce plan focal est le plan polaire de la génératrice double, par rapport au trièdre formé par les plans stationnaires; donc:

La focale d'un point donné, par rapport à une cubique gauche, est la polaire du plan focal de ce point, par rapport au trièdre formé par les plans osculateurs de la cubique menés du point donné.

D'où, par le principe de dualité, on conclut que:

La directrice d'un plan donné, par rapport à une cubique gauche, est la polaire du foyer de ce plan, par rapport au triangle formé par les points où la cubique est rencontrée par le plan donné ***).

Soit O un plan donné; o son foyer; a, b, c, les points d'intersection de la cubique par ce plan. Les droites ao, bo, co seront les traces, sur O, des plans osculateurs aux points a, b, c. Soient λ, μ, ν, les points où ao, bo, co rencontrent bc, ca, ab respectivement; α, β, γ les points d'intersection de bc et $\mu\nu$, de ca et $\nu\lambda$, de ab et $\lambda\mu$. Les points α, β, γ seront sur une ligne droite, qui est la polaire harmonique de o par rapport au triangle abc, c'est-à-dire qu'elle est la *directrice* du plan O.

5. Une droite, telle que ao, qui passe par un point de la cubique gauche, et qui est située dans le plan osculateur correspondant, a des propriétés remarquables. Avant tout, elle est réciproque d'elle-même; d'où il suit que tout plan mené par une telle droite a son foyer sur la même droite.

Soit A la droite tangente à la cubique en a. La droite ao rencontrera A et une autre tangente A' de la cubique; soit a' le point de contact. Si l'on veut trouver A', a', il suffit de concevoir l'hyperboloïde passant par la cubique gauche et par ao. Il est évident que cet hyperboloïde contient A; donc il contiendra une autre tangente †);

---

*) *Compte rendu* du 10 août 1857, § 17, 18. — *Annali di Matematica,* t. I, § 6, maggio-giugno 1858.

**) SALMON, *Higher plane curves*, pag. 171. Dublin, 1852.

***) *Annali di Matematica*, t. II, § 3, gennaio-febbraio 1859.

†) *Compte rendu, etc.*, u. s., § 23.

c'est A'. Les génératrices de cette surface, dans le système auquel appartient A, s'appuient sur la cubique gauche, chacune en deux points; ces couples de points forment une involution, dont a, a' sont les points doubles *).

Si u, v, w sont trois points donnés de la cubique gauche, l'hyperboloïde, dont il s'agit, est engendré par les faisceaux homographiques $A(u, v, w, ...)$, $A'(u, v, w .....)$. Dans ces faisceaux, au plan Aa' (tangent à la cubique en a et sécant en a') correspond le plan $A'a'$ (osculateur en a'); et au plan $A'a$ (tangent en a' et sécant en a) correspond le plan Aa (osculateur en a). Donc, l'hyperboloïde est touché, en a et a', par les plans osculateurs à la cubique; de plus, les génératrices, dans l'autre système, passant par a et a' sont la droite intersection des plans Aa, $A'a$ (c'est-à-dire ao), et la droite intersection des plans $A'a'$, Aa' (que nous désignerons par $a'o'$).

Donc, la droite ao détermine cette autre droite $a'o'$ qui, comme la première, passe par un point a' de la cubique et est située dans le plan osculateur correspondant. La première droite est l'intersection du plan osculateur en a par le plan sécant en a et tangent en a'; la deuxième droite est l'intersection du plan osculateur en a' par le plan sécant en a' et tangent en a. Ces deux droites et les droites tangentes en a, a' à la cubique forment un quadrilatère gauche (dont ao, $a'o'$ sont deux côtés opposés) qui est tout entier sur la surface d'un hyperboloïde passant par la cubique gauche, et qui appartient aussi (par le principe de dualité) à un autre hyperboloïde, inscrit dans la développable osculatrice de la cubique.

Nous pouvons donner à ces droites ao, $a'o'$, dont chacune détermine complètement l'autre, le nom de *droites associées*.

6. Chaque génératrice M de l'hyperboloïde passant par la courbe gauche, dans le système (A, A'), rencontre celle-ci en deux points i, j et les droites ao, $a'o'$ en deux autres points ω, ω'. Or, j'observe que les points de la cubique a, a'; i, j sont conjugués harmoniques, parce que a, a' sont les éléments doubles d'une involution, dont i, j sont deux éléments conjugués. Donc, si nous concevons une autre génératrice N du même hyperboloïde, dans le système (A, A', M), les plans $N(a, a', i, j)$ formeront un faisceaux harmonique. Mais ces plans sont percés par la droite M en ω, ω', i, j; donc la corde ij est divisée harmoniquement par ao, $a'o'$ en ω, ω'. Ainsi nous avons démontré ce théorème:

Si l'on se donne deux droites associées par rapport à la cubique gauche, chaque point de l'une a son conjoint sur l'autre; c'est-a-dire, toute corde de la cubique gauche qui rencontre l'une des deux droites associées rencontre aussi l'autre, et est divisée harmoniquement par les mêmes droites **).

---

*) *Compte rendu, etc.*, u. s., § 22. — *Annali di Matematica*, t. I, § 3, 18, maggio-giugno 1858.

**) *Journal für die reine und ang. Mathematik*. Band 58, § 14. Berlin, 1860.

On en conclut le théorème corrélatif:

Deux droites associées étant données, chaque plan passant par l'une a son conjoint qui passe par l'autre; c'est-à-dire, toute droite qui est l'intersection de deux plans osculateurs de la cubique gauche et qui rencontre l'une des deux droites associées, rencontre aussi l'autre, et détermine avec ces droites deux plans qui divisent harmoniquement l'angle des plans osculateurs.

7. Reprenons la construction du n. 4. La droite bc est une corde de la cubique gauche; elle est dans un même plan avec ao, donc elle rencontrera aussi $a'o'$ (associée à ao). Mais $a'o'$ doit être dans le plan O′ conjoint au plan donné O; de plus, l'intersection des plans O, O′ est la droite $\alpha\beta\gamma$; donc $a'o'$ passe par α. Soient a', b', c' les points où la cubique gauche est rencontrée par le plan O′; o' le foyer de O′: $a'o', b'o', c'o'$ seront les droites associées à ao, bo, co respectivement, c'est-à-dire les traces, sur O′, des plans osculateurs en a', b', c'. Il suit de ce qui précède, que les droites $a'o', b'o', c'o'$ rencontrent la *directrice* comune des plans O, O′ en α, β, γ; d'où, par analogie, on conclut que ao, bo, co coupent cette même directrice aux points α', β', γ', où elle est rencontrée par $b'c', c'a', a'b'$. Les points $\alpha, \alpha', \beta, \beta', \gamma, \gamma'$ sont en involution, car ces points sont les intersections d'une même transversale par les six côtés du tétragone complet $abco$; donc:

Les six plans osculateurs, qu'on peut mener à la cubique gauche par deux points conjoints, rencontrent toute droite, qui est l'intersection de deux plans osculateurs, en six points en involution.

Et, par conséquent:

Les six points où la cubique gauche est rencontrée par deux plans conjoints sont en involution, c'est-à-dire que *les six plans menés par ces points et par une même corde de la cubique forment un faisceaux en involution* *).

Dans l'involution $\alpha, \alpha', \ldots, \gamma'$, les trois points α, β, γ sont suffisants pour déterminer α', β', γ'. En effet, par les propriétés connues du tétragone complet, α' est conjugué harmonique de α, par rapport à β, γ; β' est conjugué harmonique de β, par rapport à γ, α; et γ' est conjugué harmonique de γ, par rapport à α, β. De même, on peut dire que, sur la cubique gauche, a', b', c' sont conjugués harmoniques de a, b, c, par rapport à b, c; c, a; a, b, respectivement. Ainsi, il y a une parfaite correspondance entre le points a et a', b et b', c et c'.

Nous avons vu que $a'o'$ est l'intersection du plan osculateur en a' par le plan tangent en a et sécant en a'. Donc ce dernier plan passe par α, et sa trace sur le plan O est $a\alpha$. De même, $b\beta$ est la trace du plan tangent en b et sécant en b', et $c\gamma$ est la trace

*) *Annali di Matematica*, t. I, § 27, settembre-ottobre 1858.

du plan tangent en c et sécant en c'. Ces trois traces forment un triangle lmn homologique au triangle abc; le foyer o est le centre d'homologie, et la directrice $\alpha\beta\gamma$ est l'axe d'homologie.

8. La droite oo' est la focale de o et o', donc elle est une corde de la cubique gauche; soient i, j les points où oo' rencontre cette courbe; on a démontré que oo' est divisée harmoniquement par i, j (2). En conséquence, les quatre plans $bc(o, o', i, j)$ forment un faisceaux harmonique. Le premier de ces plans passe par a (c'est le plan O); le second passe par a', car bc et $a'o'$ sont dans un même plan (7); donc les points a, a', i, j forment, sur la cubique gauche, un système harmonique. Il en sera de même des points b, b', i, j, et des points c, c', i, j; donc i, j sont les points doubles de l'involution formée sur la cubique par les points a, a', b, b', c, c'.

Or, ces six points résultent des deux plans conjoints O, O'; donc si, par la même directrice $\alpha\beta\gamma$, on mène deux autres plans conjoints, nous aurons une autre involution de six points, qui aura les mêmes points doubles, car i, j dépendent de la droite $\alpha\beta\gamma$ seulement. Donc:

Une droite, intersection de deux plans osculateurs de la cubique gauche, est l'axe d'un faisceau de plans conjoints, deux à deux. Chaque couple de plans conjoints rencontre la cubique en six points en involution, et les involutions correspondantes à tous ces couples constituent une involution unique, car elles ont toutes les mêmes points doubles.

Une corde de la cubique gauche contient une infinité de points conjoints, deux à deux. Chaque couple de points conjoints donne six plans osculateurs en involution; les involutions correspondantes à tous ces couples constituent une involution unique, car elles ont toutes les mêmes plans doubles.

On sait d'ailleurs que, si on a sur la cubique gauche des couples de points en involution, la droite qui joint deux points conjugués engendre un hyperboloïde *); donc:

Dans un faisceau de plans conjoints menés par une même directrice, les droites qui joignent les points où chacun de ces plans rencontre la cubique gauche aux points correspondants dans le plan conjoint, forment un hyperboloïde passant par la courbe.

Dans un système de points conjoints situés sur une même corde de la cubique gauche, les droites intersections des plans osculateurs menés par chacun de ces points avec les plans osculateurs correspondants menés par le point conjoint, forment un hyperboloïde inscrit dans la développable osculatrice de la courbe gauche **).

9. Soient d, e, f, les points où ao, bo, co rencontrent les droites tangentes à la cubique gauche en a', b', c' respectivement. De même, soient d', e', f' les points où les

*) *Compte rendu, etc.*, u. s., § 21.

**) *Annali di Matematica,* t. II, § 10, 11, gennaio-febbraio 1859.

tangentes à la cubique en a, b, c percent le plan O'. Cherchons à determiner la conique qui existe dans le plan O, et qui est le lieu des pôles du plan O' par rapport aux coniques inscrites dans la développable osculatrice de la cubique (3). La conique inscrite, qui est dans le plan osculateur en a', passe évidemment par a' et d'; le point de concours des tangentes en ces points sera le pôle de O' par rapport à cette conique. Mais ce pôle doit être dans le plan O; outre cela, la tangente en a' à la conique inscrite est la tangente à la cubique en ce même point; donc le pôle qu'on cherche est d. Par conséquent, la conique *locale des pôles* passe par d, e, f.

Je vais construire le point d. Observons que le cône du second degré, perspectif à la cubique gauche et ayant son sommet en a', contient les génératrices $a'(a, b, c, a'. b', c')$; $a'a'$ exprime la tangente à la cubique en a'. Donc la conique, intersection de ce cône par le plan O, passe par a, b, c, β', γ' et par le point inconnu d (trace de $a'a'$ sur O). Ainsi il suffit d'appliquer le théorème de Pascal *(hexagramma mysticum)* à l'hexagone inscrit $adb\beta'c\gamma'$; qu'on joigne l'intersection de $b\beta'$ et $a\gamma'$ à l'intersection de ao et $c\beta'$; la droite ainsi obtenue rencontre $c\gamma'$ en un point qui, joint à b, donnera une droite passant par d; d'ailleurs ce point appartient à ao; donc, etc.

Ainsi on peut construire les points d, e, f qui sont les traces sur O des droites tangentes à la cubique gauche en a', b', c': mais les plans osculateurs en ces points passent par les tangentes dont il s'agit; donc $a'o', b'o', c'o'$ étant les traces de ces plans sur O', leurs traces sur O seront $\alpha d, \beta e, \gamma f$.

Le point de concours des plans osculateurs en a, b', c' appartient au plan $ab'c'$; mais ce plan passe par ao, donc (5) son foyer est sur cette droite. Cela revient à dire que $\beta e, \gamma f$ coupent ao en un même point g. Par conséquent, les droites $\alpha d, \beta e, \gamma f$ forment un triangle ghk homologique au triangle abc; o est le centre et $\alpha\beta\gamma$ l'axe d'homologie.

10. Reprenons la conique suivant laquelle le plan O coupe le cône du second degré perspectif à la cubique gauche et ayant son sommet en a'. Les plans $a'hk$ et $a'mn$ sont tangents à ce cône; donc la conique susdite est touchée en a par mn et en d par hk. Ces droites tangentes s'entrecoupent en α sur la directrice du plan O; donc le pôle de cette directrice, par rapport à la conique, est sur ao; par conséquent, ce pôle est le point p conjugué harmonique de α' par rapport à a, d. On trouvera ainsi des points analogues q, r sur bo, co.

On voit aisément que α' est conjugué harmonique de g par rapport à a, p; de p par rapport à g, o; de o par rapport à d, p; de même pour β' et γ'. Le point o est le pôle harmonique de la droite $\alpha\beta\gamma$, par rapport à tous les triangles lmn, abc, ghk, pqr, def homologiques entre eux.

11. Continuons à déterminer la conique *locale des pôles*. Les plans osculateurs à la cubique gauche en i, j (8) passent par $\alpha\beta\gamma$; les coniques inscrites (dans la dévelop-

pable osculatrice) qui sont dans ces plans touchent $\alpha\beta\gamma$ en deux points x, y, et jx, iy sont tangentes à la cubique en j, i respectivement. Il s'ensuit que x, y sont les points doubles de l'involution $\alpha, \alpha', \beta, \beta', \gamma, \gamma'$. Il est évident aussi que x, y sont les pôles des plans O, O', par rapport aux coniques inscrites mentionnées precedemment; donc les coniques locales des pôles des plans O, O' passent par x, y.

Or, l'hyperboloïde, lieu des droites intersections des plans osculateurs en a, a', b, b', c, c'..... (8, dernier théorème), contient évidemment les tangentes à la cubique gauche en i, j, c'est-à-dire qu'il passe par x, y. Il passe aussi par d, e, f, car d est un point de l'intersection des plans osculateurs en a, a', etc. Donc la conique locale des pôles du plan O', à laquelle appartiennent les points d, e, f, x, y, est toute entière sur l'hyperboloïde dont nous parlons.

Toutes les coniques (locales des pôles) conjointes, situées dans un faisceau de plans conjoints, sont sur un même hyperboloïde inscrit dans la développable osculatrice de la cubique gauche et passant par les tangentes de cette courbe situées dans les plans osculateurs qui appartiennent au faisceau *).

Tous les cônes (enveloppes de plans polaires) conjoints, dont les sommets sont situés sur une corde de la cubique gauche, sont circonscrits à un même hyperboloïde passant par la courbe gauche et par les tangentes de celle-ci rencontrées par la corde donnée.

Ce sont le mêmes hyperboloïdes trouvés au n. 8.

D'après le premier de ces théorèmes, toutes ces coniques inscrites dans un hyperboloïde et situées dans des plans passant par une même droite (directrice) sont les lignes de contact d'autant de cônes du second degré circonscrits à la surface, et dont les sommets sont situés sur une même droite (la focale oo'). Ainsi, par exemple, o' est le pôle du plan O par rapport à l'hyperboloïde, et *viceversa* o est le pôle du plan O'. Donc l'hyperboloïde est touché, suivant la conique (locale des pôles de O') conjointe située en O, par des plans passant par o'; parmi ces plans, il y a les trois plans osculateurs de la cubique gauche en a', b', c'; donc cette conique locale est tangente en d, e, f aux droites hk, kg, gh, respectivement.

De ce qui précède on conclut encore que o est le pôle de la directrice xy par rapport à la conique locale, et par conséquent cette courbe passe par les points p, q, r.

On peut donc énoncer ces théorèmes:

Tout hyperboloïde inscrit dans la développable osculatrice de la cubique gauche contient deux tangentes de celle-ci. La droite (focale) qui joint les deux points de contact et la droite (directrice) intersection des deux plans osculateurs en ces points sont polaires

---

*) *Annali de Matematica,* t. I, § 28, settembre-ottobre 1858. — *Journal für die reine und ang. Mathematik,* Band 58, § 16. Berlin, 1860.

réciproques par rapport à l'hyperboloïde, car chaque point de la focale est le pôle du plan focal du point conjoint au premier point. Chaque couple de plans conjoints menés par la directrice rencontre la cubique en six points qui se correspondent deux à deux; les droites intersections des plans osculateurs aux points correspondants sont génératrices de l'hyperboloïde. Chaque plan mené par la directrice coupe l'hyperboloïde suivant une conique qui est le lieu des pôles du plan conjoint, par rapport aux coniques inscrites dans la développable osculatrice.

Tout hyperboloïde passant par la cubique gauche contient deux tangentes de celle-ci. La droite (focale) qui joint les deux points de contact et la droite (directrice) intersection des deux plans osculateurs en ces points, sont polaires réciproques par rapport à l'hyperboloïde, car chaque plan mené par la directrice est le plan polaire du foyer du plan conjoint au premier plan. Chaque couple de points conjoints pris sur la focale donne six plans osculateurs, dont les points de contact avec la cubique se correspondent deux à deux; les droites qui joignent les points correspondants sont génératrices de l'hyperboloïde. Chaque point de la focale est le sommet d'un cône du second degré circonscrit à cette surface; ce cône est l'enveloppe des plans polaires du point conjoint au sommet, par rapport aux cônes du second degré passant par la courbe gauche.

Ainsi, par deux droites tangentes à la cubique gauche on peut mener deux hyperboloïdes, l'un passant par la cubique, l'autre inscrit dans la développable osculatrice. Ces hyperboloïdes sont réciproques entre eux par rapport à la courbe gauche, c'est-à-dire que les points de chacun d'eux sont les foyers des plans tangents à l'autre. Ces mêmes surfaces ont en commun deux droites associées (5) *passant par les points de contact des tangentes données avec la cubique.*

12. La développable osculatrice de la cubique gauche a pour trace, sur un plan quelconque, une courbe du quatrième ordre (et de la troisième classe) ayant trois points de rebroussement, lesquels sont les points d'intersection de la courbe gauche par le plan *). La *directrice* du plan donné est la tangente double de cette courbe plane **); et les deux points de contact sur cette tangente sont les traces des droites tangentes à la cubique gauche et situées dans les plans osculateurs qui passent par la directrice. On sait d'ailleurs que, si une courbe plane de la troisième classe et du quatrième ordre a un seul point *réel* de rebroussement, la tangente double a ses deux contacts *réels*, et que, si la courbe a trois rebroussements *réels*, la tangente double est une droite *isolée* ***). Donc:

---

*) *Compte rendu, u. s.*, § 44.

**) Schröter. *Journal für die reine und ang. Mathematik,* Band 56, p. 33.

***) Plücker. *Theorie der algebraischen Curven,* p. 196. Bonn, 1839.

Tout plan mené par une droite qui est l'intersection de deux plans osculateurs réels de la cubique gauche rencontre cette courbe en un seul point réel. Tout plan mené par une droite intersection (idéale) de deux plans osculateurs imaginaires de la cubique gauche rencontre cette courbe en trois points réels.

Par un point donné sur une corde réelle de la cubique gauche on peut mener à celle-ci un plan osculateur réel. Par un point donné sur une corde idéale de la cubique gauche on peut mener à celle-ci trois plans osculateurs réels.

C'est-à-dire que:

Si une involution de plans conjoints a les plans doubles réels (imaginaires), chaque plan du faisceau coupe la cubique gauche en un seul point réel (en trois points réels).

*Si une involution de points conjoints a les points doubles réels (imaginaires), par chaque point de la droite lieu de l'involution passe un seul plan osculateur réel (passent trois plans osculateurs réels) de la cubique gauche**).

13. A present, appliquons ces propriétés au cas très-important où le plan O' conjoint au plan O est à distance infinie. Alors les pôles du plan O' par rapport aux coniques inscrites dans la développable osculatrice deviendront les centres de ces coniques; donc (n. 3):

Les centres des coniques inscrites dans la développable osculatrice de la cubique gauche sont sur une conique dont le plan a son conjoint à l'infini **).

J'appelle *conique centrale* cette courbe, lieu des centres des coniques inscrites; *plan central* le plan de la conique centrale, c'est-à-dire le plan qui a son conjoint à l'infini: *focale centrale* la droite focale du point *o* foyer du plan central O; *faisceau central* le système des plans, conjoints deux à deux, parallèles au plan central. Le foyer du plan central est le centre de la conique centrale (n. 11).

La droite (à l'infini), intersection du plan central par son conjoint, est leur directrice commune: ainsi cette droite sera l'intersection de deux plans osculateurs réels ou imaginaires, selon que le plan à l'infini rencontre la cubique gauche en un seul point réel ou en trois points réels (n. 12). Donc:

Si la cubique gauche a trois asymptotes réelles, il n'y a pas de plans osculateurs parallèles réels.

Si la cubique gauche a une seule asymptote réelle, il y a deux plans osculateurs réels parallèles et équidistants du plan central ***).

Je dis *équidistants*, car ces plans osculateurs sont conjugués harmoniques par rapport au plan central et au plan conjoint, qui est à l'infini (n. 3).

---

*) *Annali di Matematica,* t. II, § 8, gennaio-febbraio 1859.

**) *Annali di Matematica,* t. I, § 27, settembre-ottobre 1858.

***) *Annali di Matematica,* t. II, luglio-agosto 1859.

J'ai déjà adopté, dans mon Mémoire sur quelques propriétés des lignes gauches de troisième ordre et classe (inséré au *Journal mathématique de Berlin,* tom. LVIII), les dénominations d'*hyperbole gauche, ellipse gauche, hyperbole parabolique gauche* et *parabole gauche,* proposées par M. Seydewitz *(voir* l'Introduction de ce Mémoire). Je continuerai à m'en servir.

14. Chaque conique inscrite dans la développable osculatrice est l'enveloppe des droites intersections d'un même plan osculateur par tous les autres. Donc, pour l'ellipse gauche, la conique inscrite située dans chacun des deux plans osculateurs parallèles a une droite tangente à l'infini. Donc:

Les plans osculateurs parallèles de l'ellipse gauche coupent la développable osculatrice suivant deux paraboles *).

On a vu que la conique *locale des pôles,* dans le plan O, rencontre la directrice en deux points x, y, qui sont les traces des droites tangentes à la cubique contenues dans les plans osculateurs passant par la directrice, c'est-à-dire en deux points x, y, qui sont les contacts de la directrice avec les coniques inscrites situées dans ces mêmes plans osculateurs (n. 11). Donc:

Le lieu des centres des coniques inscrites dans la développable osculatrice de l'hyperbole gauche est une ellipse dont le plan (le plan central) *rencontre la courbe gauche en trois points réels.*

Le lieu des centres des coniques inscrites dans la développable osculatrice de l'ellipse gauche est une hyperbole dont le plan (le plan central) *rencontre la courbe gauche en un seul point réel. Les asymptotes de l'hyperbole centrale sont parallèles aux diamètres des paraboles inscrites qui sont situées dans les plans osculateurs parallèles* **).

On conclut des théorèmes démontrés ci-dessus que, si la cubique gauche a trois asymptotes réelles, le plan central contient la figure ci-après décrite: a, b, c sont les trois points de la cubique gauche; d, e, f les pieds des asymptotes; hk, kg, gh, les traces des plans osculateurs passant par les asymptotes; mn, nl, lm les traces des plans tangents à la cubique en a, b, c et parallèles aux asymptotes, respectivement; ao, bo, co les traces des plans osculateurs en a, b, c ; p, q, r les centres des hyperboles, suivant lesquelles la courbe gauche est projetée par les trois cylindres passant par elle (cônes perspectifs dont les sommets sont à l'infini). Ces hyperboles passent toutes par a, b, c; de plus, la première passe par d, la seconde par e, la troisième par f. Les asymptotes de la première hyperbole (n. 9) sont parallèles à ob, oc, celles de la seconde à oc, oa; et celles de la troisième à oa, ob. L'ellipse centrale est inscrite

*) *Annali di Matematica,* t. II, luglio-agosto 1859.

**) *Annali di Matematica,* t. II, luglio-agosto 1859.

dans le triangle ghk et passe par les points d, e, f, p, q, r; son centre est o, foyer du plan central. Ce même point o est le centre de gravité de tous les triangles def, pqr, ghk, abc, lmn qui sont homothétiques entre eux. De plus, on a: $ag=gp=po=od$...

Coniques inscrites dans la développable osculatrice.

15. Je me propose maintenant de déterminer l'espèce des coniques inscrites dans la développable osculatrice de la cubique gauche, c'est-à-dire l'espèce des coniques suivant lesquelles cette surface développable est coupée par les plans osculateurs de la cubique.

Commençons par l'hyperbole gauche, qui a trois points réels distincts i, i', i'' à l'infini. Le plan osculateur en i contient une conique inscrite qui passe par i et y est touchée par l'asymptote correspondante de la courbe gauche. Donc, cette conique inscrite est une hyperbole qui a l'asymptote correspondante au point i en commun avec la courbe gauche. De même pour les coniques inscrites dans les plans osculateurs en i' et i''.

Considérons les hyperboles inscrites A, B, situées dans les plans a, b osculateurs à la cubique en i, i' (points à l'infini); elles suffisent pour déterminer complètement la développable osculatrice. La droite intersection des plans a, b est une tangente commune aux deux coniques A, B; soient α, β les points de contact; alors βi et $\alpha i'$ sont les asymptotes de la courbe gauche, lesquelles appartiennent aussi, séparément, aux coniques A et B. Par un point quelconque o de $\alpha\beta$ menons $o\mu$ tangente à la conique A et $o\nu$ tangente à la conique B (μ, ν points de contact); $\mu o\nu$ est un plan osculateur et $\mu\nu$ est une tangente de la cubique gauche. Pour connaître l'espèce de la conique inscrite, située dans ce plan $\mu o\nu$, il faut évidemment demander combien de tangentes réelles de la cubique gauche sont parallèles au plan $\mu o\nu$, c'est-à-dire combien de fois la développable osculatrice est rencontrée *réellement* par la droite intersection du plan $\mu o\nu$ et du plan à l'infini.

Pour répondre à cette question, je trace, dans le plan a, une droite quelconque parallèle à $o\mu$; soient m, m' les points où cette parallèle rencontre A; les tangentes à cette conique en m, m' couperont $\alpha\beta$ en deux points l, l'. Si mm' se meut parallèlement à $o\mu$, les points l, l' engendrent une involution.

Par l, l' menons les tangentes à l'hyperbole B; la droite qui joint les points de contact n, n' passera toujours par un point fixe x (à cause de l'involution ll') *). Cherchons x. Si mm' se confond avec $o\mu$, nn' coincide avec $o\nu$; donc x est sur $o\nu$. Ensuite supposons que mm' devienne tangente à la conique A, sans coïncider avec $o\mu$; soit q le

*) SCHRÖTER, *ut supra*, p. 32.

point où $\alpha\beta$ est rencontrée par cette tangente de A, parallèle à $o\mu$; menons par q la tangente à B; cette droite passera par x. Donc le point x est l'intersection de $o\nu$ par la tangente à B menée du point q.

On peut déterminer q indépendamment de A. En effet, on sait que les couples de tangentes parallèles d'une conique marquent sur une tangente fixe une involution de points, dont le point central est le contact de la tangente fixe et les points doubles sont les intersections de celle-ci par les asymptotes. Donc les points o, q sont conjugués dans une involution qui a le point central α et le point double β; ainsi on aura:

$$\alpha o \cdot \alpha q = \overline{\alpha\beta}^2$$

ce qui donne q.

Or, les droites analogues à mm' sont les traces, sur le plan a, d'autant de plans parallèles au plan $\mu o\nu$; donc ces plans couperont le plan b suivant des droites parallèles à $o\nu$, dont chacune correspond à une droite (nn') issue de x. Ainsi nous aurons dans le plan b deux faisceaux homographiques: l'un de droites parallèles à $o\nu$, l'autre de droites passant par x. Les deux faisceaux sont perspectifs, car $o\nu$ est un rayon commun, correspondant à lui-même; donc les intersections des autres rayons homologues formeront une droite rs qui coupera évidemment la conique B aux points où aboutissent les tangentes de la cubique gauche parallèles au plan $\mu o\nu$. Ainsi ces (deux) tangentes sont réelles ou imaginaires, selon que rs rencontre B en deux points réels ou imaginaires. Cherchons rs.

Concevons que mm' (et par conséquent aussi la droite parallèle à $o\nu$) tombe à l'infini; alors l, l' deviennent les intersections de $\alpha\beta$ par les asymptotes de A, ou bien les points β, β'. Si par β' on mène la tangente à B, et qu'on joigne le point de contact à β, on aura une droite passant par x, laquelle correspondra à nn' infiniment éloignée. Cela revient à dire que rs est parallèle à $x\beta$.

Ensuite, je fais coïncider nn' avec xq; il est évident que, dans ce cas, la parallèle à $o\nu$ vient à passer par q; donc q est un point de rs. Concluons que la droite cherchée passe par q et est parallèle à $x\beta$.

Nous avons vu que α est le point central et β un point double d'une involution sur $\alpha\beta$, où o et q sont deux points conjugués. Si par chaque couple de points conjugués on mène les tangentes à la conique B, le point de leur concours engendre la droite $x\beta$. Soit c le centre de l'hyperbole B; et cherchons le point γ où $x\beta$ rencontre l'asymptote $c\alpha$. Dans l'involution mentionnée, le point conjugué à α est à l'infini, c'est-à-dire qu'il est déterminé par la droite tangente à B et parallèle à $\alpha\beta$. Donc γ sera l'intersection de cette tangente par l'asymptote $c\alpha$. Il s'ensuit que γ est sur le prolongement de αc et que $\gamma c = c\alpha$.

Soient δ et α' les points où l'autre asymptote de B est coupé par $\beta\gamma$ et $\alpha\beta$, respectivement. Le triangle $\alpha c\alpha'$ et la transversale $\beta\delta\gamma$ donnent (théorème de MÉNÉLAUS)

$$\gamma c\,.\,\beta\alpha\,.\,\delta\alpha' = \gamma\alpha\,.\,\alpha'\beta\,.\,c\delta$$

mais on a

$$\gamma\alpha = 2\gamma c\,,\quad \alpha'\beta = \beta\alpha\,,\quad \text{donc}\quad \delta\alpha' = 2c\delta\,.$$

Il s'ensuit que la droite $\beta\gamma$ a un segment *fini* compris dans l'intérieur d'un des angles asymptotiques qui ne contiennent pas l'hyperbole B. Il en sera de même de rs, qui est parallèle à $\beta\gamma$. Or, toute droite qui a cette position, rencontre l'hyperbole *en deux points réels;* donc, pour chaque plan osculateur de l'hyperbole gauche il y a deux tangentes réelles de cette courbe, qui sont parallèles au plan. Ainsi:

Tout plan osculateur de l'hyperbole gauche coupe la surface développable osculatrice suivant une hyperbole *).

16. Si deux des trois points à l'infini coïncident en un seul, la cubique gauche a une seule asymptote à distance finie; les deux autres coïncident à l'infini. La courbe a reçu, dans ce cas, le nom d'*hyperbole parabolique gauche.*

Designons par i le point où la courbe est touchée par le plan à l'infini; par i' le point où ce plan est simplement sécant. La tangente en i est tout entière à l'infini; donc la conique inscrite, située dans le plan a osculateur en i, est une parabole A. Ce même plan contient la conique centrale, car il est conjoint au plan à l'infini (n. 3).

Le plan b osculateur en i' contient une hyperbole inscrite B, car la tangente (asymptote) en i' est à distance finie. Soit α le point où la parabole A est tangente à la droite intersection des plans a, b; il est évident que cette droite est une asymptote de B, c'est-à-dire que α est le centre de cette hyperbole.

Prenons arbitrairement le point o sur la droite nommée, et menons $o\mu$ tangente à la parabole A, $o\nu$ tangente à l'hyperbole B. Combien de tangentes de la cubique gauche sont parallèles au plan osculateur $\mu o\nu$?

Soient m, m' deux points de A tels que mm' soit parallèle à $o\mu$; les tangentes en m, m' à la conique A rencontrent αo en l, l'. Menons par ces points les tangentes $ln, l'n'$ à B; la corde de contact nn' passera par un point fixe de $o\nu$. Pour trouver ce point, j'observe que si mm' tombe à l'infini, elle devient une tangente de A; par conséquent, la position correspondante de nn' est αo. Donc le point fixe autour duquel tourne nn' est o.

En poursuivant les raisonnements dont on a fait usage dans le numéro précédent, nous aurons à considérer, dans le plan b, deux faisceaux homographiques de droites; le centre du premier est à l'infini sur $o\nu$; le centre du second est o. La droite $o\nu$ est un rayon homologue à lui-meme; donc les deux faisceaux engendreront une droite rs.

*) *Annali di Matematica,* t. II, luglio-agosto 1859.

Si mm' tombe à l'infini, la droite parallèle à $o\nu$ s'éloigne aussi infiniment, et nn' coïncide avec αo; donc le point à l'infini de αo appartient à rs, c'est-à-dire que la droite rs est parallèle à αo. De plus, on voit aisément que, si $o\nu$ coupe l'asymptote $\alpha i'$ en o', et que l'on prenne, sur le prolongement de $o'\alpha$, le point r tel que $r\alpha = \alpha o'$, la droite cherchée passera par r.

La droite rs est parallèle à une asymptote (αo) de l'hyperbole B; ainsi elle rencontre cette courbe en un point *réel* à l'infini; donc rs passe par un autre point réel de la même courbe. Ce qui revient à dire que le plan osculateur $\mu o\nu$ rencontre à l'infini, outre l'asymptote de la cubique gauche en i, une autre tangente de cette courbe. Donc:

Les plans osculateurs de l'hyperbole parabolique gauche coupent la développable osculatrice de cette courbe suivant des coniques qui sont des hyperboles, à l'exception d'une seule qui est une parabole. Les centres des hyperboles sont sur une autre parabole *).

Les deux paraboles sont dans un même plan, ont les diamètres parallèles et sont touchées au même point par le plan osculateur qui contient l'asymptote (à distance finie) de la courbe gauche.

Chacune des hyperboles inscrites a une asymptote parallèle à un plan fixe; c'est le plan osculateur qui contient l'asymptote (de la courbe gauche) située toute entière à l'infini.

17. Si la cubique gauche a un plan osculateur à l'infini (parabole gauche), on voit sans peine que toute conique inscrite dans la développable osculatrice a une tangente à l'infini, et qu'il n'y a plus de plan central. Donc:

Toutes les coniques inscrites dans la développable osculatrice de la parabole gauche sont des paraboles (planes).

18. Je passe à considérer l'ellipse gauche. Cette courbe admet deux plans osculateurs parallèles a, b, qui contiennent deux paraboles A, B, inscrites dans la développable osculatrice (13 et 14). Soient α, β les points de contact de ces plans avec la courbe gauche; αx, βy les droites tangentes, en ces points, à la même courbe, et par conséquent aux paraboles A, B respectivement.

Il résulte de la théorie générale que αx est parallèle aux diamètres de B, et que βy est parallèle aux diamètres de A. Deux tangentes parallèles mp, nq (p, q points de contact [10]) de ces paraboles déterminent un plan osculateur, et pq est la droite tangente correspondante de la cubique gauche. Tâchons de découvrir l'espèce de conique inscrite située dans ce plan.

Soient m', m'' deux points de la parabole A, tels que $m'm''$ soit parallèle à mp; nous considérons $m'm''$ comme trace, sur le plan a, d'un plan parallèle au plan (mp, nq): la trace du même plan sur b sera parallèle à nq et coupera le diamètre βx de B en un

*) *Annali di Matematica*, t. II, luglio-agosto 1859.

point ν qu'on construit aisément. Car, si $m'm''$ rencontre αx en μ, il suffira de prendre $n\nu = m\mu$ sur βx *).

Soient n', n'' les points de la parabole B, où elle est touchée par des droites parallèles aux tangentes de A en m', m''. La corde de contact $n'n''$ passera par un point fixe de nq. Pour costruire ce point, je suppose que $m'm''$ aille à l'infini; alors $n'n''$ deviendra tangente à B en β; donc le point cherché i est l'intersection de nq par βy.

Ainsi on obtient, dans le plan b, deux faisceaux homographiques: l'un de droites parallèles à nq, l'autre de droites issues du point i. Ces faisceaux ayant le rayon nq commun, homologue à soi-même, engendrent une droite R, qu'il s'agit de déterminer.

Si le rayon du second faisceau prend la position βy, la droite $m'm''$ (et par conséquent le rayon homologue de l'autre faisceau) s'éloigne à l'infini; donc R est parallèle à βy.

Si $m'm''$ passe par α, la tangente de A en un des points m', m'', devient αx; la tangente de B, parallèle à αx, est à l'infini; donc $n'n''$ devient parallèle à βx. Le rayon correspondant du premier faisceau passera par un point c de βx qu'on détermine en prenant $nc = m\alpha$.

Or les deux faisceaux dont il s'agit marquent sur βx deux divisions homographiques, dont n est un point double, car nq est un rayon commun. De plus, il suit de ce qui précède que c est le point de la première division qui correspond à l'infini de la seconde; de même, β est le point de la seconde division qui correspond à l'infini de la première. Donc le deuxième point double sera o, en supposant $\beta o = nc = m\alpha$.

Ainsi la droite cherchée passe par o et est parallèle à βy.

Il est évident que les tangentes de la cubique gauche parallèles au plan osculateur (mp, nq) passent par les points où R coupe la parabole B. Ces points sont réels si o est sur βx, au dedans de la parabole, imaginaires si o tombe au dehors sur le prolongement de $x\beta$. Le point o est au dedans (au dehors) de la conique B, si m est sur αx (sur αx); donc le points communs aux lignes R, B sont réels ou imaginaires, selon que mp touche la branche $\alpha h'$ ou la branche αh de la parabole A, ou bien encore, selon que nq touche la branche $\beta k'$ ou la branche βk de la parabole B **).

*) Il y a, sur la figure qui accompagne le Mémoire de M. Cremona, deux lignes cotées xx'. L'une, désignée dans le texte par αx, est tangente à la courbe A; l'autre, désignée par βx, est parallèle à αx et par conséquent est un diamètre de la parabole B. Il y a de même deux droites yy', qu'on ne peut confondre, puisque l'une est désignée par αy, l'autre par βy.

P. [Prouhet].

**) La droite βx est dans l'intérieur de la parabole B. La droite αx est parallèle à βx, comme on l'a déja remarqué, et *de même sens*. Le point α divise la parabole A en deux parties indéfinies que l'auteur appelle *branches;* l'une, αh, est située du même côté que αx, l'autre du même côté que $\alpha x'$. Même explication pour βk et $\beta k'$. P.

Donc chacune des deux paraboles A et B est divisée par le point de la cubique gauche (α ou β) en deux branches; selon qu'un plan osculateur touche l'une ou l'autre branche, la conique inscrite située dans ce plan est une hyperbole ou une ellipse.

19. Soit r le point où la droite $\alpha\beta$, qui est la *focale centrale* (13) de la cubique gauche donnée, rencontre mn et par conséquent le plan osculateur (mp, nq). La droite qui joint r au points s, commun aux droites ip, mq, est évidemment parallèle à mp; or cette même droite rs contient le point t de contact du plan osculateur (mp, nq) avec l'ellipse gauche. En effet, la conique inscrite qui est dans ce plan est déterminée par les tangentes mp, nq, pq, et par les points m, i. Donc, si nous considérons les trois tangentes comme côtés d'un triangle circonscrit (dont un sommet est à l'infini), pour trouver le point t de contact sur pq, il suffit de mener la parallèle à mp par le point commun aux droites mq, ip.

Observons encore que, m et i étant les points de contact de deux tangentes parallèles, le centre g de la conique inscrite sera le point milieu de mi.

Il suit, de ce qui précède, que $r\beta$ exprime la distance (mesurée parallèlement à la focale centrale $\alpha\beta$) du point t au plan b. Et on a

$$r\beta : \alpha\beta = \beta n : (\beta n + m\alpha).$$

Le rapport $\beta n : (\beta n + m\alpha)$ (et par conséquent son égal $r\beta : \alpha\beta$) est positif et plus petit que l'unité, seulement quand o est extérieur à la conique B; si o est un point intérieur, ce rapport est négatif ou plus grand que l'unité. Donc tous le plans osculateurs, dont les points de contact avec la cubique gauche sont compris entre les deux plans osculateurs parallèles, contiennent des ellipses inscrites; les autres plans osculateurs contiennent des hyperboles, c'est-à-dire:

L'ellipse gauche a deux plans osculateurs, parallèles entre eux, qui coupent la développable osculatrice suivant deux paraboles; tous les autres plans osculateurs coupent cette surface suivant des ellipses ou des hyperboles. Les points de la cubique, auxquels correspondent des ellipses, sont situés entre les deux plans osculateurs parallèles; les points auxquels correspondent des hyperboles sont au dehors *).

20. La conique centrale (13), située dans un plan parallèle et équidistant aux plans a, b, est une hyperbole; son centre est γ, point milieu de $\alpha\beta$; ses asymptotes sont parallèles à αx et βy. Donc le plan $m\alpha\beta$ sépare complètement l'une de l'autre les deux branches de l'hyperbole centrale. Or le centre g de la conique inscrite située dans le plan osculateur (mp, nq), c'est-à-dire le point milieu de mi, est, par rapport au plan $m\alpha\beta$, du même côté que i; et d'ailleurs i est au deçà ou au delà de ce plan, selon

*) *Annali di Matematica,* t. II, luglio-agosto 1859.

que o est intérieur ou extérieur à la conique B; donc la conique inscrite est une ellipse ou une hyperbole, selon que son centre tombe dans l'une ou dans l'autre branche de l'hyperbole centrale. Donc:

Les centres de toutes les coniques (ellipses et hyperboles) inscrites dans la développable osculatrice de l'ellipse gauche sont sur une hyperbole, dont le plan est parallèle et équidistant aux deux plans osculateurs parallèles, et les asymptotes sont parallèles aux diamètres des paraboles inscrites situées dans ces derniers plans. Une branche de l'hyperbole centrale contient les centres des ellipses inscrites; l'autre branche contient les centres des hyperboles).*

21. Au moyen du faisceau des plans conjoints parallèles au plan central (faisceau central), les points de la cubique gauche sont conjugués deux à deux en involution (n. 8); les points doubles sont les points α, β de contact des plans osculateurs parallèles. Deux points conjugués sont situés dans deux plans conjoints du faisceau central; la droite qui joint ces points est génératrice de l'hyperboloïde I enveloppé par les cônes conjoints, dont les sommets sont sur la focale centrale. Deux plans osculateurs conjugués passent par deux points conjoints de cette focale; et leur intersection est une génératrice de l'hyperboloïde J, lieu de toutes les coniques conjointes du faisceau central.

On sait qu'une tangente quelconque de la cubique gauche est rencontrée par les plans osculateurs en une série de points projective au système de ces plans; donc les couples des plans osculateurs conjugués, nommés ci-dessus, détermineront sur αx et βy deux involutions. Dans chacune de ces involutions, un point double est à l'infini; l'autre point double est α pour la première involution, β pour la seconde. Donc chacune de ces involutions n'est qu'une simple symétrie; c'est-à-dire, si deux plans osculateurs conjoints rencontrent αx en m, m' et βy en i, i', on aura

$$m\alpha = \alpha m', \quad i\beta = \beta i'.$$

D'ailleurs nous avons vu (n. 19) que les centres g, g' des coniques inscrites, situées dans ces plans osculateurs, sont les milieux des droites $mi, m'i'$. Donc, par une propriété très-connue du quadrilatère gauche, les points g, g' sont en ligne droite avec γ, milieu de $\alpha\beta$ et centre de la conique centrale. Donc:

Deux points de la conique centrale, en ligne droite avec son centre, sont les centres de deux coniques inscrites, situées dans deux plans osculateurs conjugués, qui rencontrent de nouveau la conique centrale en un même point.

22. Si la cubique gauche a une seule asymptote réelle, la conique centrale est une hyperbole dont les branches sont séparées par le plan $m\alpha\beta$. Ce plan divise en deux parties la parabole B, mais il laisse la parabole A toute entière d'un même côté. Or

*) *Annali di Matematica,* t. II, luglio-agosto 1859.

la conique inscrite située dans le plan (mp, nq) est une ellipse ou une hyperbole, selon que i est sur βy ou sur $\beta y'$; de plus, le centre g de cette conique inscrite est le milieu de mi; donc la branche de l'hyperbole centrale qui contient les centres des ellipses inscrites est du même côté que la courbe A par rapport au plan $m\alpha\beta$; l'autre branche est du côté opposé.

Les traces de deux plans osculateurs conjugués sur le plan de la conique B se rencontrent sur $\beta x'$; les traces des mêmes plans sur le plan de la parabole A se rencontrent sur $\alpha y'$. Donc l'intersection des deux plans osculateurs conjugués rencontrera la conique centrale en un point de la branche qui contient les centres des hyperboles inscrites. C'est-à-dire:

Dans l'ellipse gauche, chaque plan osculateur rencontre en deux points l'hyperbole centrale; ces deux points appartiennent à une même branche ou aux deux branches de cette courbe, suivant que la conique inscrite, située dans le plan nommé, est hyperbole ou ellipse.

Par conséquent, *chaque point de la branche qui contient les centres des hyperboles inscrites est l'intersection de trois plans osculateurs réels de la courbe gauche; au contraire, par chaque point de l'autre branche passe un seul plan osculateur réel.*

En outre, si nous considérons l'hyperboloïde J, lieu des coniques conjointes du faisceau central, par chaque point de la branche de l'hyperbole centrale, qui contient les centres des hyperboles inscrites, passe une génératrice qui est l'intersection de deux plans osculateurs (conjugués) réels, dont l'un contient une ellipse inscrite et l'autre une hyperbole. Et par chaque point de la seconde branche passe une génératrice qui est l'intersection idéale de deux plans osculateurs imaginaires.

On voit aisément que dans l'hyperbole gauche tout point de l'ellipse centrale est l'intersection de trois plans osculateurs réels, et dans l'hyperbole parabolique gauche tout point de la parabole centrale est l'intersection de deux plans osculateurs réels, sans compter le plan de cette conique qui est lui-même osculateur à la courbe gauche.

23. Soient maintenant A une ellipse et B une hyperbole inscrites, situées dans les plans osculateurs a, b d'une ellipse gauche. Soient α', β' les points de contact des coniques A, B avec la droite intersection de leurs plans; menons par β' la tangente $\beta'\alpha$ à l'ellipse A, et par α' la tangente $\alpha'\beta$ à l'hyperbole B. Si α, β sont les points de contact, ils sont aussi les points où la cubique gauche est osculée par les plans donnés. Soient α'', β'' les points où la droite (ab) est coupée par la tangente de B parallèle à $\alpha'\beta$, et par la tangente de A parallèle à $\beta'\alpha$.

Je me propose de construire les traces, sur a et b, des plans osculateurs parallèles. Si autour du centre c de l'ellipse A on fait tourner un diamètre, les tangentes à ses extrémités déterminent sur (ab) des couples de points m, m' conjugués en involution. Si on fait tourner une droite aussi autour du centre o de l'hyperbole B, on obtiendra sur (ab) une autre involution.

La première involution n'a pas de points doubles réels; α' est le point central; β', β'' sont deux points conjugués, et par conséquent l'on a

$$\alpha'm \cdot \alpha'm' = \alpha'\beta' \cdot \alpha'\beta''.$$

La deuxième involution a les points doubles réels, déterminés par les asymptotes de B; β' est le point central; α', α'' sont deux points conjugués; et si m, m'' est un couple quelconque de points conjugués, on aura

$$\beta'm \cdot \beta'm'' = \beta'\alpha' \cdot \beta'\alpha''.$$

A chaque point m de (ab) correspond un point m' dans la première involution et un autre point m'' dans la seconde; mais si on choisit m de manière que m'' coïncide avec m', par m, m' passeront deux tangentes parallèles de l'ellipse A et deux tangentes parallèles de l'hyperbole B, ce qui donnera les traces des plans osculateurs parallèles.

Or on sait que deux involutions sur une même droite, dont l'une au moins a les points doubles imaginaires, ont toujours un couple commun de points conjugués réels. En effet, si m'' coincide avec m', les équations ci-dessus donnent, par l'élimination de m',

$$\overline{\alpha'm}^2 - \alpha'm(\alpha'\alpha'' + \alpha'\beta'') + \alpha'\beta' \cdot \alpha'\beta'' = 0,$$

équation quadratique dont les racines sont réelles, car le produit $\alpha'\beta' \cdot \alpha'\beta''$ est évidemment négatif. On en conclut encore que le milieu des points cherchés est le milieu i de $\alpha''\beta''$. Il est maintenant bien facile de construire les points inconnus. Par un point g pris arbitrairement (au dehors de (ab)) on fera passer une circonférence de cercle qui ait pour corde $\beta'\beta''$; cette circonférence et la droite $g\alpha'$ se couperont en un point h. Par g, h on décrira une circonférence dont le centre soit sur la perpendiculaire élevée de i sur (ab); cette deuxième circonférence marquera sur (ab) les points cherchés.

Indépendamment de ces points, on peut construire les traces du plan central, ce qui donne aussi la *direction* des plans osculateurs parallèles. Le plan central passe évidemment par les centres c, o des coniques données; donc ses traces seront ic, io.

Si une développable de la troisième classe est donnée par deux hyperboles inscrites, la construction indiquée ci-dessus établira si l'arête de rebroussement est une ellipse gauche, ou une hyperbole gauche, ou une hyperbole parabolique gauche. Les points conjugués communs aux deux involutions sont réels dans le premier cas, imaginaires dans le second, réels coïncidents dans le troisième.

24. Enfin je me propose de déterminer l'espèce des coniques perspectives de la cubique gauche sur le plan central. Soit S un cône du second degré perspectif à la courbe gauche, a' son sommet, O' le plan mené par a' parallèlement au plan central

(c'est-à-dire par la *directrice* du plan à l'infini); O le plan conjoint au plan O'. En conservant toutes les autres dénominations des n°s 6 et 7, l'intersection du cône S par le plan O est une conique passant par les points β', γ' de la directrice (à l'infini) or ces points β', γ' sont imaginaires ou réels selon que le plan O coupe la courbe gauche en un seul point réel a ou en trois points réels a, b, c; d'ailleurs l'intersection du cône S par le plan O est de la même espèce que l'intersection par le plan central, car ces plans sont parallèles. Donc:

Toutes les coniques perspectives de la cubique gauche sur le plan central sont de la même espèce; c'est-à-dire elles sont des hyperboles, des ellipses, ou des paraboles selon que la cubique est une hyperbole gauche, ou une ellipse gauche, ou une hyperbole parabolique gauche *).

Observons que, pour l'hyperbole parabolique gauche, parmi les cônes perspectifs du second ordre, il y a deux cylindres; l'un d'eux est hyperbolique et correspond au point où la courbe est touchée par le plan à l'infini; l'autre est parabolique et correspond au point où le plan à l'infini est simplement sécant. Le plan central est asymptotique au premier cylindre.

Bologne, le 21 avril 1861.

Additions (27 octobre 1862).

M. DE JONQUIÈRES, dans une lettre très-obligeante que je viens de recevoir de Vera-Cruz, me fait observer que M. CHASLES a prouvé le premier (*Aperçu historique*, p. 834) que deux figures homographiques situées dans un même plan ont trois points doubles, ce qui revient à dire que le lieu du point commun à deux rayons homologues, dans deux faisceaux homographiques de rayons dans l'espace, [7] est une courbe gauche du troisième ordre. J'avais attribué par méprise ce théorème a M. SEYDEWITZ.

Au n.° 2, e est le point commun aux droites bc, ad, et f est l'intersection de ac, bd.

Aux n.ºs 7 et 11, chacun des points x, y forme, avec les trois points α, β, γ, un système *equianharmonique* **); donc x, y sont imaginaires (conjugués), si α, β, γ sont tous réels; mais lorsque α seul est réel, et β, γ imaginaires (conjugués), x, y sont réels. De là on conclut immédiatement le théorème du n.° 12, sans avoir recours à la théorie des courbes planes de quatrième ordre et de troisième classe.

---

*) *Annali di Matematica,* t. II, luglio-agosto 1859.

) Voir mon *Introduzione ad una teoria geometrica delle curve piane* [Queste Opere, n. **29 (t. 1.°)], n. 26. Bologna, 1862.

38.

NOTE SUR LES CUBIQUES GAUCHES.

Journal für die reine und angewandte Mathematik, Band 60 (1862), pp. 188-192.

Une cubique gauche est déterminée par six conditions. Je me propose, dans cette *Note*, de construire une cubique gauche, lorsque les conditions données consistent en des points par lesquels elle doit passer, ou en des droites qui doivent rencontrer deux fois la courbe.

A cause de la réciprocité de ces courbes, on pourra en déduire la construction de la cubique gauche, si l'on donne des plans osculateurs ou des droites intersections de deux plans osculateurs.

Problème 1er. *Construire la cubique gauche qui passe par six points donnés.*

Ce problème a été déjà résolu, de différentes manières, par MM. SEYDEWITZ*) et CHASLES**).

Problème 2d. *Construire la cubique gauche qui passe par cinq points donnés, et qui rencontre deux fois une droite donnée.*

La courbe, dont il s'agit, est l'intersection des deux cônes (de second degré) qui contiennent les points donnés et la droite donnée. Le problème de construire les sommets de ces cônes (ce qui suffit pour réduire la question actuelle à la précédente) a été résolu par M. HESSE***).

Problème 3e. *Construire la cubique gauche qui passe par quatre points donnés et qui rencontre deux fois deux droites données.*

Si par les points et par les droites donnés on peut faire passer un hyperboloïde, le problème est indéterminé; car il y a un nombre infini de cubiques gauches situées

---

*) *Archiv der Mathematik und Physik*, X. Theil, S. 208.

**) *Comptes rendus de l'Académie des sciences* (Institut de France); 10 août 1857.

***) *Journal für die reine und ang. Mathematik,* XXVI Band, S. 147.

sur un hyperboloïde donné et passant par quatre points fixes de cette surface. Dans le cas contraire, il y a impossibilité.

Problème 4e. *Construire la courbe gauche qui passe par trois points donnés a, b, c et qui coupe deux fois trois droites données* A, B, C.

Les droites A, B et les points a, b, c déterminent un hyperboloïde I; de même, les droites A, C avec les points a, b, c donnent un autre hyperboloïde J; et la courbe demandée est l'intersection de ces deux hyperboloïdes. On peut la construire *par points*, de la manière qui suit. Soient p', q', r' les points où B rencontre les plans $A(a, b, c)$; et soient p, q, r les points que les droites ap', bq', cr' marquent sur A. Les paires de points p, p'; q, q'; r, r' déterminent, sur A, B, deux divisions homographiques; et les droites qui en joignent les points correspondants sont des génératrices de l'hyperboloïde I. — De même, les points a, b, c donnent lieu à deux divisions homographiques sur A, C; et les droites qui en joignent les points homologues appartiennent à l'hyperboloïde J.

Menons par A un plan quelconque qui rencontre B en m' et C en n''. Soient: m le point de A qui correspond à m'; et n le point de A qui correspond à n''. Le point où se coupent les droites mm', nn'' appartient évidemment à la cubique gauche demandée.

Problème 5e. *Construire la cubique gauche qui passe par deux points donnés o, o' et qui s'appuie deux fois sur quatre droites fixes* A, B, C, D.

Prenons les points o, o' comme centres de deux faisceaux homographiques [7], en menant quatre paires de plans homologues par les quatre droites données, respectivement. Tout plan passant par oo' contient deux rayons correspondants; le point de leur intersection est sur la courbe demandée.

Autrement. Soit I l'hyperboloïde qui passe par la cubique gauche et par les droites A, B; et soit J l'hyperboloïde contenant la cubique et les droites C, D. Les hyperboloïdes I, J auront nécessairement une génératrice commune, que nous allons déterminer. Les deux plans oA, oB s'entrecoupent suivant une droite génératrice de I; et l'intersection des plans oC, oD est une génératrice de J. Soit P le plan de ces deux génératrices. De même, on déduit un plan P', du point o'; et il est bien évident que la droite, qu'on cherche à déterminer, est l'intersection des plans P, P'. Ensuite, on construit la cubique gauche, *par points*, au moyen d'un plan mobile autour de PP'.

Problème 6e. *Construire la cubique gauche qui passe par un point o et qui s'appuie* [11] *sur cinq droites données* A, B, C, D, E*).

Prenons un point o' sur E, et supposons qu'on cherche à construire la cubique gauche qui passe par o, o' et qui est coupée deux fois par les droites A, B, C, D. Dans ce but

*) J'ai donné autre part (tome LVIII de ce journal) [Queste Opere, n. **24** (t. 1.º)] la construction d'*une* des cubiques gauches (en nombre infini) qui s'appuient [11] sur cinq droites données.

(prob. 5e, deuxième solution), je conçois les deux droites, dont l'une est l'intersection des plans oA, oB et l'autre est l'intersection des plans oC, oD; ces deux droites déterminent un plan (fixe) P. De même, on obtient un plan (variable avec o') P′ déterminé par deux droites, dont l'une est l'intersection des plans $o'A$, $o'B$, et l'autre est l'intersection des plans $o'C$ et $o'D$.

Le plan P′ est tangent aux hyperboloïdes ABE et CDE, qui ont la droite commune E; donc, si o' parcourt E, le plan P′ oscule une cubique gauche K, dont les plans osculateurs sont les plans tangens communs aux hyperboloïdes nommés.

La droite PP′ avec A, B détermine un hyperboloïde contenant la cubique gauche qui doit passer par o, o' et s'appuyer deux fois sur A, B, C, D. Donc, si l'on veut obtenir la cubique gauche qui passe par o et s'appuie deux fois sur A, B, C, D, E, il faut chercher dans le plan P une droite L qui soit l'intersection de deux plans osculateurs de K; ces plans marqueront sur E deux points de la courbe demandée. Ainsi, notre problème dépend de cet autre, qui admet (comme on le sait bien) toujours une seule solution:

Trouver, dans le plan P, *la droite* L *qui est l'intersection de deux plans osculateurs de la cubique gauche* K, c'est-à-dire *l'intersection de deux plans tangens communs aux hyperboloïdes* ABE, CDE.

Commençons par construire un plan osculateur quelconque de K. Il suffit de mener par un point quelconque de E deux droites, dont l'une rencontre A, B et l'autre rencontre C, D. Le plan de ces deux droites est évidemment tangent aux deux hyperboloïdes, et, par conséquent, il est osculateur de la courbe K.

Je suppose qu'on ait construit, de cette manière, cinq plans osculateurs $\alpha, \beta, \gamma, \delta, \varepsilon$ de K. Cela posé, on doit chercher, dans le plan P, une droite L telle, que le système de points $L(\alpha, \beta, \gamma, \delta, \varepsilon)$ soit homographique au système $E(\alpha, \beta, \gamma, \delta, \varepsilon)$. Concevons la conique qui est tangente aux quatre droites $P(\alpha, \beta, \gamma, \delta)$ et capable du rapport anharmonique $E(\alpha, \beta, \gamma, \delta)$; et concevons l'autre conique qui est tangente aux droites $P(\alpha, \beta, \gamma, \varepsilon)$ et capable du rapport anharmonique $E(\alpha, \beta, \gamma, \varepsilon)$. Ces coniques, inscrites au même triangle formé par les droites $P(\alpha, \beta, \gamma)$, auront une quatrième tangente commune, qu'on sait construire, par la seule règle, sans recourir au tracé actuel des coniques. Cette quatrième tangente commune est évidemment la droite L qu'on demandait.

Observons, enfin, que les points $A(\alpha, \beta, \gamma, \ldots)$, $B(\alpha, \beta, \gamma, \ldots)$ forment deux divisions homographiques; donc les plans menés par ces points et par la droite L forment, autour de celle-ci, deux faisceaux homographiques. Les plans doubles de ces faisceaux sont les plans osculateurs de K qui résolvent le problème 6e.

Problème 7e. *Construire la cubique gauche qui s'appuie deux fois sur six droites données* A, B, C, D, E, F.

Je suppose d'abord qu'on demande de construire la cubique gauche appuyée [11] sur les droites A, B, C, D, E et passant par un point quelconque *o* de F. Menons par *o* la droite qui s'appuie sur A, B, et la droite qui s'appuie sur C, D; ces deux droites déterminent un plan P. Ce plan P contient une droite qui est l'intersection de deux plans tangens communs aux hyperboloïdes ABE, CDE (prob. 6e); ces deux plans tangens marquent sur E deux points de la cubique qui doit couper deux fois les cinq droites A,..., E et passer par *o*.

Si l'on fait varier *o* sur F, le plan P enveloppe la développable formée par les plans tangens communs aux hyperboloïdes ABF, CDF. Soit H la cubique gauche arête de rebroussement (courbe cuspidale) de cette développable; de même, soit K la cubique gauche osculée par les plans tangens communs aux hyperboloïdes ABE, CDE.

Cela posé, il faut trouver une droite L qui soit l'intersection de deux plans osculateurs de H et de deux plans osculateurs de K. Ces derniers plans rencontrent E en deux points; les plans osculateurs de H déterminent sur F deux autres points. Ces quatre points appartiennent à la cubique gauche demandée dans le problème 7e.

La question: *trouver une droite qui soit l'intersection de deux plans osculateurs de* H *et de deux plans osculateurs de* K admet, en général, *dix* solutions. Mais ici il faut en rejeter quatre, qui répondent aux droites A, B, C, D. En effet, soit *o* l'un des points où la cubique demandée coupe la droite F; si le plan osculateur mené du point *o* à la courbe H devait contenir, par exemple, la droite A, il faudrait que *o* appartînt à l'hyperboloïde ACD, et par conséquent il faudrait que cette surface passât par la cubique demandée. Ce qui est généralement impossible, car, si un hyperboloïde doit passer par une cubique gauche et par *deux* cordes de cette courbe, l'hyperboloïde est complètement déterminé: donc il ne contiendra pas une troisième corde donnée *à priori*. Et si les droites A, C, D appartenaient à un même hyperboloïde passant par la cubique gauche, celle-ci devrait contenir les six points où l'hyperboloïde est percé par les droites B, E, F; ce qui est encore impossible, car une cubique gauche située sur un hyperboloïde donné *à priori* est déterminée par cinq points de cette surface.

Concluons donc que notre problème admet au plus *six* solutions.

J'ai affirmé qu'il y a *dix* droites, dont chacune est l'intersection de deux plans osculateurs de H et de deux plans osculateurs de K. Je justifierai à présent cette assertion; ou plutôt, je démontrerai le théorème corrélatif:

Deux cubiques gauches H, K, *qui n'ont pas de points communs, admettent dix cordes communes.* (J'appelle *corde commune* toute droite qui coupe en deux points réels ou imaginaires chacune des deux cubiques.)

Supposons que la cubique gauche K soit le système d'une conique plane C et d'une droite R ayant un point commun avec C. Les cordes de la cubique gauche H qui rencontrent R forment une surface du quatrième ordre, pour laquelle R est une droite simple, et H est une courbe double (de striction). Cette surface est rencontrée par la conique C en sept points, en faisant abstraction du point où R s'appuie sur C. Donc il y a *sept* droites qui rencontrent deux fois H, une fois R et une fois C.

La cubique gauche H est coupée par le plan de C en trois points, qui joints deux à deux donnent trois cordes de H. Donc il y a *trois* droites qui rencontrent deux fois H et deux fois C.

Il y a donc *dix* droites qui rencontrent deux fois H et deux fois le système C+R. J'en conclus que le théorème est vrai aussi pour deux cubiques gauches, proprement dites, H, K.

Si les cubiques gauches H, K ont un point commun, il y a quatre cordes communes qui passent par ce point.

Si H, K ont deux points communs a, b, la droite ab est une corde commune; en outre, par chacun de ces points passent trois cordes communes.

Si H, K ont trois points communs a, b, c les droites bc, ca, ab sont des cordes communes; en outre, par chacun de ces points passent deux cordes communes.

Enfin, si H, K ont quatre points communs, les six droites qui les joignent deux à deux sont des cordes communes; de plus, par chacun de ces points passe une quatrième corde commune. Les cubiques n'ont pas, en général, d'autres cordes communes. Mais s'il y avait encore une autre corde commune, il y en aurait un nombre infini, car dans ce cas les deux courbes gauches seraient situées sur la surface d'un même hyperboloïde.

Concluons donc que, si deux cubiques gauches, non situées sur un même hyperboloïde, ont 1, 2, 3, 4 points communs, il y a 6, 3, 1, 0 cordes communes qui ne passent pas par ces points.

On démontre aisément aussi le théorème général:

Etant données deux courbes gauches des ordres m, m', avec a, a' points doubles apparens), respectivement, le nombre total des cordes communes à ces courbes est, en général,* $\frac{mm'(m-1)(m'-1)}{4}+aa'$. *Et si les courbes données ont r points communs, le nombre des cordes communes qui ne passent pas par ces points est*

$$\frac{(m-1)(m'-1)(mm'-4r)}{4}+aa'+\frac{r(r-1)}{2}.$$

*) Si par un point quelconque dans l'espace on peut mener a droites qui rencontrent deux fois une courbe gauche donnée, on dit, d'après MM. Cayley et Salmon, que cette courbe a un nombre a de points doubles *apparens*.

Bologne, le 24 juin 1861.

39.

SUR LES SURFACES GAUCHES DU TROISIÈME DEGRÉ.

Journal für die reine und angewandte Mathematik, Band 60 (1862), pp. 313-320.

I.

1. Une surface gauche du 3.e degré contient toujours une droite double et, *en général,* une autre directrice rectiligne non double. C'est-à-dire, la surface, dont il s'agit, peut, en général, être considérée comme lieu d'une droite mobile qui s'appuie sur une conique plane et sur deux droites, dont l'une (la droite double) ait un point commun avec la conique.

Mais il y a une surface gauche particulière (du 3.e degré), dans laquelle les deux directrices rectilignes coïncident. M. Cayley a eu la bonté de me communiquer la découverte de ce cas singulier. Dans sa lettre du 12 juin 1861 l'illustre géomètre donne, pour cette surface particulière, la construction géométrique qui suit:

" Prenons une courbe cubique plane avec un point double; menons par ce point " une droite quelconque et supposons que les plans A, B, C, ... menés par cette droite " correspondent anharmoniquement aux points $a, b, c, \ldots$ de la même droite {de manière qu'au point double de la cubique, considéré comme point de la droite, corre- " sponde le plan mené par l'une des tangentes au point double (Voir le mémoire de " M. Schläfli, à la fin, Phil. Trans., vol. 153, part. I, pag. 241)}; alors, si par un point m " quelconque de la droite on mène dans le plan correspondant M une droite qui ren- " contre la courbe cubique, le lieu de cette droite sera la surface gauche du 3.e ordre... "

Dans ce petit travail, j'ai l'intention de déduire cette surface particulière de la théorie générale que j'ai exposée dans mon mémoire " *Sulle superficie gobbe del terz'ordine* " *).

*) Atti del R. Instituto Lombardo, vol. II, 1861. [Queste Opere, n. **27** (t. 1.°)].

2. On doit à M. Salmon *) une proposition très-importante, qui est fondamentale dans la théorie des surfaces réglées. Cette proposition répond à la question: "Quel est l'ordre de la surface engendrée par une droite mobile qui s'appuie sur trois directrices données? „ C'est-à-dire: en combien de points cette surface est-elle percée par une droite arbitraire R? Soit m, m', m'' les ordres des lignes directrices données. La question revient à chercher le nombre des points où la courbe (m) rencontre la surface gauche dont les directrices soient les courbes $(m'), (m'')$ et la droite R. Ce nombre sera le produit de m par l'ordre de cette dernière surface.

Pareillement, l'ordre de cette surface sera le produit de m' par l'ordre d'une surface gauche, dont les directrices soient (m''), R et une autre droite R'. Et de même l'ordre de cette nouvelle surface sera égal au produit de m'' par l'ordre d'une surface gauche qui ait pour directrices trois droites R, R', R''.

Donc, l'ordre de la surface dont les directrices sont les lignes $(m), (m'), (m'')$ est, *en général*, $2mm'm''$.

Je dis *en général*, car ce nombre s'abaisse, lorsque les directrices ont des points communs, deux à deux. Si, par exemple, les courbes $(m'), (m'')$ ont r points communs, la surface dont les directrices sont (m''), R, R' est rencontrée par la courbe (m') en $2m'm''-r$ autres points, seulement; et par conséquent, l'ordre de la surface demandée sera $2mm'm''-rm$. Si, outre cela, la courbe (m) a r' points communs avec la courbe (m'') et r'' points communs avec (m'), l'ordre de la surface réglée, dont les directrices sont $(m), (m'), (m'')$, sera

$$2mm'm''-rm-r'm'-r''m''.$$

On peut regarder tout point p de la courbe (m) comme sommet d'un cône passant par la courbe (m') et d'un autre cône qui ait pour directrice la ligne (m''). Les $m'm''$ droites communes à ces cônes sont des génératrices de la surface dont il s'agit, et sont les seules qui passent par p. Donc, pour cette surface, les directrices $(m), (m'), (m'')$ sont des lignes multiples et leur multiplicité s'élève aux degrés $m'm''$, $m''m$, mm' respectivement.

Lorsque les directrices ont, deux à deux, r, r', r'' points communs, ces degrés de multiplicité deviennent

$$m'm''-r, \quad m''m-r', \quad mm'-r''.$$

Mais, si l'on a $m''=1$, c'est-à-dire, que l'une des directrices est une droite R, et si l'on prend un point p de cette droite comme sommet de deux cônes passant par les courbes $(m), (m')$ respectivement, cette droite est une génératrice multiple, dont la multiplicité

*) Cambridge and Dublin Mathematical Journal, vol. VIII, 1853.

est du degré r' pour le premier cône et du degré r pour l'autre; donc la multiplicité de R pour la surface gauche est du degré $mm'-r''-rr'$.

3. En vertu de ces principes généraux, si les directrices sont deux coniques C, C' et une droite D, ayant, deux à deux, un point commun, la surface gauche est du 3.e degré; D est la droite double; C, C' sont des lignes simples. Toute surface gauche cubique admet cette génération, savoir:

Une surface gauche quelconque du 3.e degré peut être engendrée par une droite mobile qui s'appuie sur trois directrices, une droite et deux coniques, qui aient, deux à deux, un point commun.

En général, en chaque point p de la droite double D se croisent deux génératrices, dont le plan tourne autour d'une droite fixe E, qui est la deuxième directrice rectiligne (non double). Ces deux génératrices, avec la droite double, déterminent deux plans qui sont tangents à la surface en p. Mais il y a, sur la droite D, deux points (réels ou imaginaires) qu'on peut nommer *cuspidaux:* en chacun de ces points il y a un seul plan tangent et une seule génératrice; et le long de ces deux génératrices particulières, la surface est touchée par deux plans qui passent par la deuxième directrice E.

On a donc quatre plans tangents, essentiellement distincts de tous les autres, savoir, les deux plans tangents aux points cuspidaux, et les plans tangents le long des génératrices correspondantes aux points cuspidaux. Ces plans sont tous réels ou tous imaginaires ensemble; et si l'on rapporte la surface au tétraèdre formé par eux, on a l'équation très-simple:

$$x^2z-w^2y=0.$$

4. Dans le cas singulier, signalé par M. CAYLEY, les droites D, E coïncident en une seule, D, et les quatre plans dont il a été question ci-dessus se réduisent à un plan unique. Pour obtenir cette surface particulière, il suffit de supposer que les coniques C, C' soient touchées par un même plan π, passant par D. Dans ce cas, les deux cônes ayant pour bases les courbes C, C' et pour sommet commun un point quelconque p de D, se touchent entr'eux le long de la droite D; donc, l'une des deux génératrices de la surface gauche, qui, dans le cas général, se croisent en p, se confond actuellement avec D; l'autre seule est différente de D. De même, l'un des deux plans qui, en général, sont tangents à la surface en p coïncide dans ce cas avec π, quelque soit p. Et il y a un seul point (cuspidal) de D, où les génératrices coïncident toutes deux avec D, et les deux plans tangents coïncident avec π.

On obtient aussi d'une autre manière ce cas singulier. Dans mon mémoire " *Sur quelques propriétés des courbes gauches de troisième ordre et classe* „ (tom. 58 de ce Journal)

[Queste Opere, n. **24** (t. 1.°)] j'ai démontré que, si l'on donne deux séries projectives de point ssur une droite E et sur une conique C, non situées dans un même plan, les droites qui joignent les couples de points homologues forment une surface cubique, dont la droite double est une droite D appuyée en un point sur la conique C, et la deuxième directrice rectiligne est E. Mais si la droite donnée E est elle-même appuyée en un point sur la conique C, on a précisément la surface de M. CAYLEY. C'est-à-dire, que l'on peut considérer cette surface comme lieu des droites qui joignent les points correspondants de deux séries projectives données, l'une sur une droite D, l'autre sur une conique C appuyée en un point a sur la droite D.

Si l'on considère ce point a comme appartenant à D et que l'on désigne par a' son homologue en C, la droite aa' est une génératrice de la surface. Et si l'on désigne par o' ce même point a considéré comme appartenant à C, son homologue o sur D sera le point cuspidal, savoir le point où la génératrice coïncide avec D.

5. Au moyen du principe de dualité, on conclut de ce qui précède, d'autres moyens d'engendrer la surface dont nous nous occupons.

Concevons deux cônes de 2[d] degré touchés par un même plan donné et par une même droite donnée E. Qu'une droite mobile rencontre toujours cette droite E et se maintienne tangente aux deux cônes, elle engendrera une surface gauche cubique, dont E est, en général, la directrice non double; c'est-à-dire que tout plan mené par E coupe la surface suivant deux génératrices qui se croisent sur une droite fixe D (la droite double). — Si la droite donnée touche dans un même point les deux cônes, les droites D, E coïncident, et on a la surface particulière de M. CAYLEY.

Concevons en second lieu une droite D et un cône de 2[d] degré; les plans menés par D correspondent anharmoniquement aux plans tangents du cône. Les droites, suivant lesquelles s'entrecoupent les plans homologues forment una surface gauche cubique, qui a pour droite double la droite donnée, mais qui, en général, admet une autre directrice rectiligne. Cette surface se réduit à celle de M. CAYLEY, lorsque la droite D est tangente au cône donné.

II.

6. Je saisis cette occasion pour énoncer quelques propriétés de la surface gauche générale du 3.e degré: propriétés qui ne me semblent pas dépourvues d'intérêt.

Soit m un point quelconque de la surface gauche cubique Σ, et m' le pôle de la génératrice passant par m, relatif à la conique, suivant laquelle la surface est coupée par le plan tangent en m. J'ai démontré dans mon mémoire déjà cité*) que, si m

*) Atti del R. Instituto Lombardo, vol. II.

parcourt la surface Σ, le pôle correspondant m' décrit une autre surface gauche cubique Σ', et les deux surfaces Σ, Σ' ont cette propriété que le tétraèdre fondamental dont il a été question à la fin du n.° 3 leur est commun.

(Dans la surface gauche cubique particulière qui a une seule directrice rectiligne, si m parcourt une génératrice, le pôle m' décrit une droite qui passe toujours par le point cuspidal et est située dans le plan tangent à la surface le long de la droite double. Donc, dans ce cas, ce plan considéré comme l'assemblage de droites, en nombre infini, menées par le point cuspidal, est le lieu complet des pôles m').

On peut aussi obtenir la surface Σ' de cette autre manière. Soit M un plan tangent quelconque de la surface donnée Σ, et M' le plan polaire de la génératrice contenue en M, relatif au cône du 2^d degré circonscrit à Σ et ayant pour sommet le point de contact du plan M. Si ce plan glisse sur la surface Σ, l'enveloppe du plan **M'** est la surface Σ'.

Un plan arbitraire P coupe la surface Σ suivant une courbe du 3.e ordre et de la 4.e classe. Les pôles correspondants aux points de cette courbe se trouvent dans une autre courbe plane de même ordre et classe, qui est l'intersection de la surface Σ' avec un certain plan P'. En variant simultanément, les plans P, P' engendrent deux figures homographiques, dans lesquelles la surface Σ' correspond à la surface Σ, et le tétraèdre fondamental (n.° 3) correspond à soi-même. Voici la relation entre deux points homologues p, p' de ces figures: les plans tangents à Σ menés par p forment un cône de 4.e ordre et 3.e classe, et les plans polaires correspondants forment un autre cône de même ordre et classe, circonscrit à Σ' et ayant son sommet en p.

Si le pôle m' s'éloigne à l'infini, la conique située dans le plan tangent en m a son centre sur la génératrice qui passe par ce point; donc, par toute génératrice de la surface gauche cubique on peut mener un plan coupant la surface suivant une conique, dont le centre soit sur la génératrice. Les plans des coniques analogues forment une développable de 4.e classe et 6.e ordre, circonscrite à la surface gauche donnée suivant une courbe plane. Le plan de cette courbe de contact est ce que devient P, lorsque P' s'éloigne à l'infini, dans les deux figures homographiques mentionnées ci-dessus.

7. Proposons nous cette question: parmi les coniques, en nombre doublement infini, suivant lesquelles la surface gauche cubique est coupée par ses plans tangents, y a-t-il des cercles?

Toutes les sphères sont coupées par le plan à l'infini suivant un même cercle (imaginaire) constant; je le désignerai par C_i. Réciproquement, toute surface de 2^d ordre passant par le cercle C_i est une sphère. Par conséquent, toute conique plane ayant deux points à l'infini sur C_i est une circonférence de cercle.

Le plan à l'infini coupe notre surface cubique gauche suivant une courbe L_i de

3.e ordre et 4.e classe, ayant un point double à l'intersection de la droite double. La courbe L_i rencontre le cercle imaginaire C_i en six points imaginaires situés, deux à deux, sur trois droites réelles. Soit R une de ces droites; soient ω, ω' les points (imaginaires) où elle rencontre simultanément C_i et L_i; r le troisième point (réel) où R coupe la cubique L_i. La génératrice de la surface Σ qui aboutit en r détermine, avec R, un plan tangent à la surface; ce plan coupe évidemment Σ suivant une conique dont les points a l'infini sont ω, ω', c'est-à-dire, suivant un cercle. De même pour les deux autres droites analogues à R, donc:

Parmi les coniques planes inscrites dans une surface gauche du 3.e degré il y a trois cercles.

Ces cercles se réduisent à *deux* seulement, lorsque le plan à l'infini est lui-même tangent à la surface, c'est-à-dire, lorsque la surface a une génératrice à l'infini.

8. Autre question: par une génératrice donnée de la surface cubique gauche peut-on mener un plan qui coupe la surface suivant une hyperbole équilatère?

L'hyperbole équilatère est une conique dont les points à l'infini sont conjugués harmoniques par rapport au cercle imaginaire C_i.

Soit a le point où la génératrice donnée rencontre le plan à l'infini. La question revient donc à la suivante: Par un point donné a d'une cubique L_i mener une droite qui rencontre L_i et une conique donnée C_i en quatre points harmoniques. Ce problème admet, comme on sait, trois solutions; donc:

Par toute génératrice d'une surface gauche cubique on peut mener trois plans qui coupent la surface suivant des hyperboles équilatères.

9. Considérons maintenant les plans qui coupent la surface Σ suivant des paraboles.

Toute droite ab, à l'infini, qui soit tangente à la cubique L_i en un point a, rencontre cette courbe en un autre point b. La génératrice de Σ, aboutissant à b, détermine, avec la droite ab, un plan qui coupe la surface suivant une conique tangente en a à la droite ab, c'est-à-dire, suivant une parabole; car une parabole n'est autre chose qu'une conique ayant une tangente à l'infini.

Par chaque point d'une courbe plane de 3.e ordre et 4.e classe, telle que L_i, on peut mener deux droites qui touchent la courbe en d'autres points. Ainsi *par toute génératrice de la surface gauche cubique on peut, en général, mener deux plans qui coupent la surface suivant des paraboles;* je les nommerai *plans paraboliques.*

Tous les plans paraboliques enveloppent une développable de 4.e classe et 6.e ordre, circonscrite à la surface donnée suivant une courbe gauche de 6.e ordre.

10. Toutes les coniques inscrites dans la surface Σ et situées dans des plans menés par une même génératrice ont un point commun: c'est le point où la génératrice s'appuie sur la droite double. Par tout autre point de la génératrice passe une seule conique inscrite, dont le plan touche la surface en ce point.

Les deux plans paraboliques (et par conséquent leurs points de contact) passant par une même génératrice donnée peuvent être réels, imaginaires ou coïncidents.

Dans le premier cas, les points de contact des deux plans paraboliques déterminent un segment fini sur la génératrice donnée; tous les points de ce segment sont les points de contact pour des plans tangents qui coupent la surface suivant des ellipses *(plans elliptiques)*; tandis que tous les autres points de la génératrice sont les points de contact pour des plans qui coupent la surface suivant des hyperboles *(plans hyperboliques)*.

Dans le deuxième cas, tous les plans menés par la génératrice donnée coupent la surface suivant des hyperboles.

Dans le dernier cas, à l'exception d'un seul plan parabolique, tous les plans menés par la génératrice donnent des hyperboles.

Il est superflu d'observer qu'ici on ne considère pas les deux plans tangents qu'on peut faire passer par la génératrice donnée et par l'une ou l'autre directrice rectiligne de la surface.

11. Le point double d'une cubique plane de la 4.e classe peut être ou un *point isolé (conjugué)*, ou un *node*. Dans le premier cas, tout point de la courbe est l'intersection de deux droites réelles et distinctes qui touchent la courbe en d'autres points. Dans le deuxième cas, le point nodal divise la courbe en deux parties; l'une de ces parties contient le point (réel) d'inflexion. Par chaque point de cette partie (et par aucun des points de l'autre) on peut mener deux droites réelles qui touchent la courbe ailleurs.

La cubique L_i a un node ou un point isolé suivant que le point à l'infini de la droite double est l'intersection de deux génératrices réelles ou imaginaires. En appliquant ces considérations aux divers cas offerts par les surfaces gauches du 3.e degré, on obtient les résultats qui suivent.

1.° *Surface gauche du 3.e degré avec deux points cuspidaux réels.* Ici il faut distinguer deux cas possibles. Nommons a, b les points cuspidaux.

a) Dans chaque point du segment fini ab (et dans aucun autre point de la droite double) se croisent deux génératrices réelles. Dans ce cas, par chaque génératrice de la surface passent deux plans paraboliques réels.

b) Les génératrices réelles se croisent, deux à deux, *exclusivement* sur les deux segments infinis de la droite double, dont l'un commence en a, et l'autre en b. Dans ce cas, par toute génératrice appuyée sur l'un des segments infinis, passent deux plans paraboliques réels; tandis que tous les plans menés par les génératrices appuyées sur l'autre segment infini sont hyperboliques. Dans ce même cas, il y a deux génératrices (réelles) parallèles à la droite double; par chacune de ces deux génératrices passe un seul plan parabolique.

2.° *Surface gauche du 3.e degré sans points cuspidaux réels.* Tout point de la droite double est l'intersection de deux génératrices réelles: deux plans paraboliques réels passent par l'une d'elles, aucun par l'autre. Il y a, aussi dans ce cas, deux génératrices (réelles) parallèles à la droite double; par chacune de ces génératrices passe un seul plan parabolique.

Voilà les seuls cas possibles de la surface gauche cubique *générale,* c. a. d. de celle qui a deux directrices rectilignes distinctes. Venons maintenant au cas particulier de M. Cayley.

3.° *Surface gauche du 3.e degré avec un seul point cuspidal.* La droite double, dans chacun de ses points, est rencontrée par une génératrice (réelle). Le point cuspidal divise la droite double en deux segments infinis. Deux plans paraboliques réels passent par toute génératrice appuyée sur l'un de ces segments; aucun par les génératrices appuyées sur l'autre segment. Il y a une génératrice parallèle à la droite double: par cette génératrice passe un seul plan parabolique.

Il serait maintenant bien facile d'établir les modifications que ces résultats subissent dans les cas où le plan à l'infini aurait une position particulière par rapport à la surface; j'en laisse le soin au lecteur.

Bologne, 1.er septembre 1861.

40.

SULLE TRASFORMAZIONI GEOMETRICHE DELLE FIGURE PIANE. [12]

NOTA I.

Memorie dell'Accademia delle Scienze dell'Istituto di Bologna, serie II, tomo II (1863), pp. 621-630.
Giornale di Matematiche, volume I (1863), pp. 305-311.

I signori MAGNUS e SCHIAPARELLI, l'uno nel tomo 8.° del giornale di CRELLE, l'altro in un recentissimo volume delle Memorie dell'Accademia scientifica di Torino, cercarono le formole analitiche per la trasformazione geometrica di una figura piana in un'altra pur piana, sotto la condizione che ad un punto qualunque dell'una corrisponda un sol punto nell'altra, e reciprocamente a ciascun punto di questa un punto unico di quella *(trasformazione di primo ordine)*. E dall'analisi de' citati autori sembrerebbe doversi concludere che, nella più generale ipotesi, alle rette di una figura corrispondono nell'altra coniche circoscritte ad un triangolo fisso (reale o no); ossia che la più generale trasformazione di primo ordine sia quella che lo SCHIAPARELLI appella *trasformazione conica*.

Ma egli è evidente che applicando ad una data figura più trasformazioni coniche successive, dalla composizione di queste nascerà una trasformazione che sarà ancora di primo ordine, benchè in essa alle rette della figura data corrisponderebbero nella trasformata, non già coniche, ma curve d'ordine più elevato.

In questo breve scritto mi propongo di mostrare direttamente la possibilità di trasformazioni geometriche di figure piane, nelle quali le rette abbiano per corrispondenti delle curve di un dato ordine qualsivoglia. Stabilisco dapprima due equazioni che devono aver luogo fra i numeri de' punti semplici e multipli comuni a tutte le curve che corrispondono a rette. Poi dimostro come, per mezzo di raggi appoggiati a due linee direttrici, si possano projettare i punti di un piano sopra un secondo piano, e così trasformare una figura data in quello, in un'altra figura situata in questo.

Sulle trasformazioni delle figure piane.

Considero due figure situate l'una in un piano P, l'altra in un piano P', e suppongo che la seconda sia stata dedotta dalla prima per mezzo di una qualunque legge di trasformazione: in modo però che *a ciascun punto della prima figura corrisponda un solo punto nella seconda, e reciprocamente ad ogni punto di questa un solo punto in quella.*

Le trasformazioni geometriche soggette alla condizione or ora enunciata sono le sole ch'io miri ad esaminare in questo scritto: e si chiameranno *trasformazioni di primo ordine* *), per distinguerle dalle altre determinate da condizioni diverse.

Supposto che la trasformazione per la quale le figure proposte sono dedotte l'una dall'altra sia, tra quelle di primo ordine, la più generale possibile, domando: quali linee di una figura corrispondono alle rette dell'altra?

Sia n l'ordine della linea che nel piano P' (o P) corrisponde ad una *qualsivoglia* retta del piano P (o P'). Siccome una retta del piano P è determinata da due punti a, b, così i due punti corrispondenti a', b' del piano P' basteranno a individuare la linea che corrisponde a quella retta. Dunque le linee di una figura corrispondenti alle rette dell'altra formano un tal sistema che per due punti dati ad arbitrio passa una sola di esse; cioè quelle linee formano una rete geometrica dell'ordine n **).

Una linea dell'ordine n è determinata da $\frac{n(n+3)}{2}$ condizioni; dunque le linee di una figura corrispondenti alle rette dell'altra sono soggette ad

$$\frac{n(n+3)}{2}-2=\frac{(n-1)(n+4)}{2}$$

condizioni comuni.

Due rette di una figura hanno un solo punto comune a, da esse determinato. Il punto a', corrispondente di a, apparterrà alle due linee di ordine n che a quelle due rette corrispondono. E siccome queste due linee devono individuare il punto a', così le loro rimanenti n^2-1 intersezioni dovranno essere comuni a tutte le linee della rete geometrica suaccennata.

Sia x_r il numero de' punti $(r)^{pli}$ (multipli secondo r) comuni a queste linee; siccome un punto $(r)^{plo}$ comune a due linee equivale ad r^2 intersezioni delle medesime,

*) SCHIAPARELLI. *Sulla trasformazione geometrica delle figure ed in particolare sulla trasformazione iperbolica* (Memorie della R. Accademia delle scienze di Torino, serie 2ª, tom. XXI, Torino 1862).

**) Vedi la mia *Introduzione ad una teoria geometrica delle curve piane,* p. 71 [Queste Opere, t. 1°, p. 396].

così avremo evidentemente:

$$(1) \qquad x_1 + 4x_2 + 9x_3 + \dots + (n-1)^2 x_{n-1} = n^2 - 1.$$

Gli $x_1 + x_2 + x_3 \dots + x_{n-1}$ punti comuni alle linee della rete costituiscono le $\frac{(n-1)(n+4)}{2}$ condizioni che la determinano. Se una linea deve passare r volte per un punto dato, ciò equivale ad $\frac{r(r+1)}{2}$ condizioni; dunque: *)

$$(2) \qquad x_1 + 3x_2 + 6x_3 + \dots + \frac{n(n-1)}{2} x_{n-1} = \frac{(n-1)(n+4)}{2}.$$

Le equazioni (1) e (2) sono evidentemente le sole condizioni alle quali debbano sodisfare i numeri interi e positivi $x_1, x_2, x_3, \dots x_{n-1}$ **).

Esempi. Per $n=2$, le equazioni (1) e (2) si riducono all'unica:

$$x_1 = 3,$$

cioè alle rette di una figura corrisponderanno nell'altra curve di second'ordine circoscritte ad un triangolo costante.

---

*) {Scrivendo che le curve d'ordine n, corrispondenti a rette, devono essere di genere zero, si ottiene un'equazione la quale coincide con quella che si avrebbe sottraendo la (2) dalla (1). Con ciò vien rimosso il dubbio se fra le condizioni determinanti la rete possano entrare altri elementi, oltre ai punti fissi comuni, nel qual caso la (2) avrebbe dovuto esser surrogata da una disuguaglianza.}

**) Non si ottengono nuove equazioni, quando si prendano a considerare le curve che nel piano P′ corrispondono a linee di un dato ordine μ nel piano P.

Infatti egli è evidente che ad una linea d'ordine μ situata nel piano P corrisponderà nell'altro piano una curva dell'ordine μn passante μr volte per ciascuno degli x_r punti multipli comuni alle curve corrispondenti alle rette del piano P. Quindi per le intersezioni comuni a tutte le curve d'ordine μn, corrispondenti alle linee d'ordine μ nel piano P, avremo l'equazione:

$$\mu^2 x_1 + (2\mu)^2 x_2 + (3\mu)^2 x_3 + \dots + \Big((n-1)\,\mu\Big)^2 x_{n-1} = \mu^2 n^2 - \mu^2,$$

la quale non è altro che la (1) multiplicata per μ^2.

Siccome poi gli $x_1 + x_2 + \dots + x_{n-1}$ punti multipli comuni costituiscono le condizioni a cui sodisfanno in comune le dette curve d'ordine μn, e siccome il numero di queste condizioni comuni deve essere eguale al numero delle condizioni che determinano una curva dell'ordine μn, diminuito del numero delle condizioni che determinano la corrispondente curva d'ordine μ, così avremo:

$$\frac{\mu(\mu+1)}{2} x_1 + \frac{2\mu(2\mu+1)}{2} x_2 + \dots + \frac{\mu(n-1)(\mu n - \mu + 1)}{2} x_{n-1} = \frac{\mu n(\mu n + 3) - \mu(\mu+3)}{2},$$

equazione che si può anche ottenere sommando la (1) moltiplicata per $\frac{\mu(\mu-1)}{2}$ colla (2) moltiplicata per μ.

È questa la così detta *trasformazione conica* considerata da STEINER *), da MAGNUS **) e da SCHIAPARELLI ***).

Per $n=3$, si ha dalle (1), (2):

$$x_1=4\,, \qquad x_2=1\,,$$

cioè alle rette di una figura corrisponderanno nell'altra curve di terz'ordine aventi tutte un punto doppio e quattro punti semplici comuni.

Per $n=4$, le (1), (2) divengono:

$$x_1+4x_2+9x_3=15\,,$$
$$x_1+3x_2+6x_3=12\,,$$

le quali ammettono le due soluzioni:

1.ª $\qquad x_1=3\,, \qquad x_2=3\,, \qquad x_3=0\,,$

2.ª $\qquad x_1=6\,, \qquad x_2=0\,, \qquad x_3=1\,.$

E così di seguito.

Eliminando x_1 dalle equazioni (1) e (2) si ottiene quest'altra:

$$x_2+3x_3+\ldots+\frac{(n-1)(n-2)}{2}x_{n-1}=\frac{(n-1)(n-2)}{2}\,, \tag{3}$$

dalla quale si scorge che x_{n-1} non può avere che uno di questi due valori:

$$x_{n-1}=1\,, \qquad x_{n-1}=0\,,$$

e che nel caso di $x_{n-1}=1$, si ha necessariamente:

$$x_2=0\,,\ x_3=0\,,\ \ldots\ x_{n-2}=0\,,$$

e in virtù della (1):

$$x_1=2(n-1)\,.$$

Io mi propongo di provare che la trasformazione corrispondente a questi valori di $x_1, x_2, \ldots x_{n-1}$ è, per un dato valore qualsivoglia di n, geometricamente possibile.

Supposte situate le due figure in due piani distinti P, P', affinchè a ciascun punto del primo piano corrisponda un unico punto del secondo, e reciprocamente a ciascun punto di questo corrisponda un sol punto di quello, imagino due linee direttrici tali che per un punto arbitrario dello spazio possa condursi una sola retta ad incontrarle

*) *Systematische Entwickelung u. s. w.*, Berlin 1832, p. 251.

**) Giornale di CRELLE, t. 8, p. 51.

***) *Loco citato.*

entrambe; e considero come *corrispondenti* i punti ne' quali questa retta incontra i piani P e P'.

Siano p, q gli ordini delle due linee direttrici, ed r il numero dei punti ad esse comuni. Assunto un punto arbitrario o dello spazio come vertice di due coni, le direttrici dei quali siano le due linee anzidette, gli ordini di questi coni saranno p, q, epperò avranno pq generatrici comuni. Del numero di queste sono le rette che uniscono o cogli r punti comuni alle due linee direttrici; e le rimanenti $pq-r$ generatrici comuni ai due coni saranno per conseguenza le rette che da o si possono condurre ad incontrare sì l'una che l'altra linea direttrice. Ma le rette dotate di tale proprietà voglionsi ridotte ad una sola; dunque dev'essere:

$$pq-r=1\,. \tag{4}$$

D'altronde, ad una retta qualunque R situata in uno de' piani P, P', dee corrispondere nell'altro una curva d'ordine n; cioè una retta mobile che incontri costantemente la retta R e le due direttrici d'ordine p, q, deve generare una superficie gobba d'ordine n. Si cerchi adunque l'ordine della superficie generata da una retta che si muova appoggiandosi sopra tre direttrici date, la prima delle quali sia una retta R, e le altre due, d'ordine p, q, abbiano r punti comuni.

Il numero delle rette che incontrano tre rette date ed una linea d'ordine p è $2p$: tanti essendo i punti comuni alla linea d'ordine p ed all'iperboloide che ha per direttrici le tre rette date. Ciò torna a dire che $2p$ è l'ordine di una superficie gobba le direttrici della quale siano due rette ed una linea d'ordine p. Questa superficie è incontrata dalla linea d'ordine q in $2pq-r$ punti non situati sulla linea d'ordine p.

Dunque l'ordine della superficie gobba che ha per direttrici una retta e le linee d'ordine p, q, aventi r punti comuni, è $2pq-r$. Epperò dovremo avere:

$$2pq-r=n\,. \tag{5}$$

Dalle equazioni (4) e (5) si ricava intanto:

$$pq=n-1\,, \qquad r=n-2\,. \tag{6}$$

Supposta la retta R situata nel piano P, consideriamo la corrispondente curva d'ordine n posta nel piano P', cioè l'intersezione di questo piano colla superficie gobba d'ordine $2pq-r$ dianzi accennata. La curva, della quale si tratta, avrà:

p punti multipli secondo q: essi sono le intersezioni del piano P' colla linea direttrice d'ordine p (infatti da ogni punto di questa linea si ponno condurre q rette ad incontrare l'altra linea direttrice e la retta R, ossia la linea direttrice d'ordine p è multipla secondo q sulla superficie gobba);

q punti multipli secondo p, e sono le intersezioni del piano P' colla linea direttrice d'ordine q (perchè analogamente questa è multipla secondo p sulla superficie gobba);

pq punti semplici nelle intersezioni della retta comune ai piani P, P', colle rette che dai punti ove la direttrice d'ordine p sega il piano P, vanno ai punti ove l'altra direttrice sega lo stesso piano.

Questi $p+q+pq$ punti non variano, variando R, cioè sono comuni a tutte le curve d'ordine n, del piano P', corrispondenti alle rette del piano P. Dunque avremo:

$$x_1 = pq, \qquad x_p = q, \qquad x_q = p$$

e gli altri x saranno eguali a zero: così che le equazioni (1) e (2) daranno, avuto riguardo alla prima delle (6):

$$p+q=n.$$

E questa, combinata colla medesima prima delle (6), somministra:

$$p=n-1, \qquad q=1.$$

Ciò significa che delle due direttrici, l'una sarà una curva dell'ordine $n-1$ e l'altra una retta, le quali abbiano $n-2$ punti comuni. Questa condizione può essere verificata da una retta e da una curva piana d'ordine $n-1$ (non situate in uno stesso piano), purchè questa abbia un punto multiplo secondo il numero $n-2$, e la retta direttrice passi per questo punto multiplo.

Del resto, la direttrice dell'ordine $n-1$ può essere una curva gobba; perchè, a cagion d'esempio, sulla superficie di un iperboloide si può descrivere *) una curva gobba K dell'ordine $n-1$, la quale sia incontrata da ciascuna delle generatrici di uno stesso sistema in $n-2$ punti (e per conseguenza da ciascuna generatrice dell'altro sistema in un solo punto). Potremo dunque assumere tale curva gobba ed una generatrice D del primo sistema come direttrici della trasformazione.

In questa trasformazione, ad ogni punto a del piano P corrisponde un solo punto a' del piano P' e reciprocamente. Il qual punto a' si determina così. Il piano condotto pel punto a e per la retta D incontra la curva K in un solo punto, all'infuori della retta medesima D: questo punto congiunto con a somministra una retta che incontra il piano P' nel richiesto punto a'.

Se R è una retta qualunque nel piano P, la superficie gobba (d'ordine n) che ha per direttrici le linee K, D, R, sega il piano P' secondo la curva (d'ordine n) corrispondente ad R. Tutte le curve che analogamente corrispondono a rette hanno in co-

*) Comptes rendus de l'Acad. de France, 24 juin 1861. [Queste Opere, n. **30** (t. 1.°)].

mune un punto multiplo secondo $n-1$ e $2(n-1)$ punti semplici, cioè: 1.° il punto in cui D incontra il piano P'; 2.° gli $n-1$ punti in cui il piano P' è incontrato dalla direttrice K; 3.° gli $n-1$ punti in cui la retta comune intersezione dei piani P, P' è incontrata dalle rette che uniscono il punto comune alla retta D ed al piano P coi punti comuni alla curva K ed allo stesso piano P.

In altre parole: le superficie gobbe analoghe a quella le direttrici della quale sono K, D, R, hanno tutte in comune: 1.° la direttrice D (multipla secondo $n-1$, epperò equivalente ad $(n-1)^2$ rette comuni); 2.° la direttrice curvilinea (semplice) K; 3.° $n-1$ generatrici (semplici) situate nel piano P. Tutte queste linee, insieme prese, equivalgono ad una linea dell'ordine $(n-1)^2+2(n-1)$. Quindi due superficie gobbe (dell'ordine n) determinate da due rette R, S, nel piano P, avranno inoltre in comune una retta; la quale evidentemente unisce il punto a d'intersezione delle R, S col corrispondente punto a', comune alle due curve che nel piano P' corrispondono alle rette R, S.

Se la retta R passa pel punto d in cui D incontra il piano P, è evidente che la relativa superficie rigata si decompone nel cono che ha il vertice in d e per direttrice la curva K, e nel piano che contiene le rette D, R.

Se la retta R passa per uno de' punti k comuni al piano P ed alla curva K, la relativa superficie rigata si decompone nel piano che contiene il punto k e la retta D, e nella superficie gobba d'ordine $n-1$, avente per direttrici K, D, R.

Se la retta R passa per due dei punti k, la relativa superficie rigata si decomporrà in due piani ed in una superficie gobba d'ordine $n-2$.

Ed è anche facilissimo il vedere che una curva qualunque C, d'ordine μ, data nel piano P, dà luogo ad una superficie gobba d'ordine $n\mu$, per la quale D è multipla secondo $\mu(n-1)$ e K è multipla secondo μ. Quindi alla curva C corrisponderà nel piano P' una linea d'ordine $n\mu$, avente: 1.° un punto multiplo secondo $\mu(n-1)$, sopra D; 2.° $n-1$ punti multipli secondo μ, sopra K; 3.° $n-1$ punti multipli secondo μ, sulla retta comune intersezione dei piani P, P'.

Applicando alle cose dette precedentemente il principio di dualità, otterremo due figure: l'una composta di rette e di piani passanti per un punto o; l'altra di rette e piani passanti per un altro punto o'. E le due figure avranno fra loro tale relazione, che a ciascun piano dell'una corrisponderà un solo piano nell'altra e viceversa; ed alle rette di una qualunque delle due figure corrisponderanno nell'altra superficie coniche della classe n, aventi in comune $x_1, x_2, \ldots x_{n-1}$ piani tangenti semplici e multipli. I numeri $x_1, x_2, \ldots x_{n-1}$ saranno connessi fra loro dalle stesse equazioni (1) e (2).

In particolare poi, per dedurre una figura dall'altra, potremo assumere come direttrici una retta D ed una superficie sviluppabile K della classe $n-1$, la quale abbia $n-2$ piani tangenti passanti per D. Allora, dato un piano qualunque π per o, il quale seghi D in un punto a, per questo punto passa (oltre agli $n-2$ piani per D) un solo piano tangente che segherà π secondo una certa retta. Il piano π' determinato da essa e dal punto o' è il corrispondente di π.

Segando poi le due figure rispettivamente con due piani P e P', otterremo in questi due figure tali che a ciascuna retta dell'una corrisponderà una sola retta nell'altra e viceversa; mentre ad un punto dell'un de' due piani corrisponderà nell'altro una curva della classe n, avente un certo numero di tangenti semplici e multiple, fisse.

41.

UN TEOREMA SULLE CUBICHE GOBBE.

Giornale di Matematiche, volume I (1863), pp. 278-279.

Siano date una cubica gobba ed una retta R, non aventi punti comuni. Un piano P condotto ad arbitrio per R incontra la cubica in tre punti abc; cioè R è incontrata da tre corde della cubica situate nel piano P. Siano α, β, γ i punti in cui le tre corde bc, ca, ab incontrano R. Uno qualunque dei punti $\alpha\beta\gamma$ determina gli altri due: perchè da ogni punto di R parte una sola corda della cubica, la quale insieme con R individua il corrispondente piano P. Dunque, se il piano P gira intorno ad R, la terna $\alpha\beta\gamma$ genera un' involuzione di terzo grado (*Introd.* 21). Tale involuzione ha quattro punti doppi; vale a dire, per la retta R passano quattro piani tangenti della cubica: teorema conosciuto.

Considerando il piano P in una sua posizione qualunque, sia m il polo ed M la conica polare di R rispetto al triangolo abc risguardato come un inviluppo di terza classe (*Introd.* 82). In altre parole: se da un punto qualunque i di R si tira la retta ia che seghi bc in a', e se y è il centro armonico di primo grado del sistema $a'bc$ rispetto ad α, il quale punto y si determina mediante l'equazione:

$$(1) \qquad \frac{ya'}{\alpha a'} + \frac{yb}{\alpha b} + \frac{yc}{\alpha c} = 0, \qquad (\textit{Introd.}\ 11, 19)$$

la retta iy passerà per un punto fisso m. E se si cercano i due centri armonici x di secondo grado (dello stesso sistema rispetto al medesimo punto α), mediante l'equazione:

$$(2) \qquad \frac{\alpha a'}{xa'} + \frac{\alpha b}{xb} + \frac{\alpha c}{xc} = 0,$$

l' inviluppo delle due rette ix sarà una conica M *).

*) Mediante le equazioni (1), (2) si mostra facilissimamente che, se a_0, b_0, c_0 sono rispettivamente i coniugati armonici di α, β, γ rispetto alle coppie bc, ca, ab, le rette aa_0, bb_0, cc_0 concorrono in m, e la conica M tocca in a_0, b_0, c_0 i lati del triangolo abc.

Qualunque sia il piano P, il punto m non può mai cadere in R; e siccome ogni piano condotto per R contiene un solo punto m, così *il luogo di m sarà una retta* S. Se i punti ab coincidono, cioè se il piano P sega la cubica in c e la tocca in b, è evidente che il punto m cadrà nella retta bc e sarà determinato dall'equazione

$$\frac{3}{\alpha m}=\frac{2}{\alpha b}+\frac{1}{\alpha c},$$

che si ricava dalla (1) pel caso attuale. Dunque *la retta* S *incontra le quattro corde della cubica gobba situate ne' piani tangenti che passano per* R.

Se i punti abc coincidono, m coincide con essi; cioè, se R giace in un piano osculatore della cubica, S passa pel punto di contatto. Ne segue che, se R è l'intersezione di due piani osculatori, S sarà la corda di contatto.

Ripreso il piano P qualsivoglia, cerchiamo i punti in cui la conica M sega la retta R. L'equazione (2) somministra le due tangenti che si possono condurre ad M da un punto arbitrario i di R: se i due punti x coincidono insieme, i sarà un punto di M. Ora si dimostra facilmente che i due centri armonici di secondo grado di un sistema di tre punti $a'bc$ rispetto ad un punto α coincidono insieme quando i quattro punti $\alpha a'bc$ formino un sistema *equianarmonico* *). Questo sistema si proietta in $\alpha i\gamma\beta$; dunque i punti i', i'' comuni ad R e ad M saranno quelli che rendono rispettivamente equianarmonici i sistemi $\alpha\beta\gamma i'$, $\alpha\beta\gamma i''$, ovvero (*Introd.* 26) i punti doppii dell'involuzione $(\alpha\alpha', \beta\beta', \gamma\gamma')$, ove α', β', γ' sono i coniugati armonici di α, β, γ rispetto alle coppie $\beta\gamma, \gamma\alpha, \alpha\beta$.

Si dimostra facilmente che in una involuzione di terzo grado, quale è quella formata dalle terne di punti $\alpha\beta\gamma$ in R, vi sono due terne, ciascuna delle quali associata ad un *dato* punto i di R fornisce un sistema equianarmonico. Dunque per ogni punto i della retta R passano due coniche M.

Ciò premesso, domandiamo quale sia il luogo della conica M. Ogni piano P, condotto per R, sega il luogo secondo una conica M e la retta R. Questa poi è *doppia* nel luogo medesimo, giacchè in ogni suo punto i vi saranno due piani tangenti determinati dalle tangenti in i alle due coniche M passanti pel punto medesimo. Dunque *il luogo di* M *è una superficie del quart'ordine.*

Quando il piano P sega la cubica in c e la tocca in b, la conica M, considerata come polare di R, si riduce al sistema di due punti, l'uno dei quali è c; l'altro x giace in bc ed è determinato dalla equazione:

$$\frac{3}{\alpha x}=\frac{1}{\alpha b}+\frac{2}{\alpha c}$$

*) Cioè un sistema avente i tre rapporti anarmonici fondamentali eguali tra loro (*Introduzione* 26, 27).

che si deduce dalla (2). Ma considerata come parte dell'intersezione della superficie di quart'ordine col piano P, la conica M si riduce alla retta *bc* presa due volte: cioè il piano P tocca la superficie lungo tutta la retta *bc*.

Se R giace in un piano osculatore, è facile vedere che esso fa parte della superficie di quart'ordine: perchè ogni retta condotta nel piano pel punto di contatto e contata due volte tien luogo di una conica M. Dunque, se R è l'intersezione di due piani osculatori, il luogo delle coniche M situate negli altri piani passanti per R sarà una superficie di second'ordine.

Cornigliano (presso Genova), 19 settembre 1863.

42.

QUESTIONI PROPOSTE NEL GIORNALE DI MATEMATICHE. [13]

Volume I (1863), p. 280.

16. Dati quattro punti in linea retta, *abco*, in generale la terna *abc* ammette due centri armonici di secondo grado rispetto al polo *o*. Condizione necessaria e sufficiente perchè i due centri coincidano è che il sistema *abco* sia equianarmonico. Viceversa, se un sistema di quattro punti (in linea retta) è equianarmonico, tre qualunque di essi hanno rispetto al restante due centri armonici di secondo grado coincidenti.

17. Se in una retta si hanno terne di punti in involuzione, vi sono in generale due terne, ciascuna delle quali associata con un dato punto della retta forma un sistema equianarmonico.

18. Se quattro punti dati in linea retta sono rappresentati dalla forma binaria biquadratica $U=0$, gli otto punti ciascuno de' quali unito a tre fra i dati formi un sistema equianarmonico sono rappresentati dall'equazione-covariante

$$I^2U^2-144\,JUC+192\,IC^2=0,$$

ove C è il covariante biquadratico ed I, J gli invarianti quadratico e cubico della forma U.

Volume I (1863), pp. 318-319.

19. Date due coniche

$$U=ax^2+by^2+cz^2+2dyz+2ezx+2fxy=0,$$
$$U'=a'x^2+b'y^2+c'z^2+2d'yz+2e'zx+2f'xy=0,$$

l'equazione della conica inviluppata dal lato libero di un triangolo inscritto in U, due lati del quale tocchino U', è

$$(\Theta'^2-4\Theta\Delta')\,U+4\Delta\Delta'U'=0,$$

ove Δ, Δ' sono i discriminanti di U, U', cioè:

$$\Delta = ad^2 + be^2 + cf^2 - abc - 2def,$$
$$\Delta' = a'd'^2 + b'e'^2 + c'f'^2 - a'b'c' - 2d'e'f',$$

e Θ, Θ' sono i due invarianti misti di U, U', cioè:

$$\Theta = a'(d^2 - bc) + b'(e^2 - ca) + c'(f^2 - ab) + 2d'(ad - ef) + 2e'(be - fd) + 2f'(cf - de),$$
$$\Theta' = a(d'^2 - b'c') + b(e'^2 - c'a') + c(f'^2 - a'b') + 2d(a'd' - e'f') + 2e(b'e' - f'd') + 2f(c'f' - d'e').$$

20. Date, come dianzi, due coniche rappresentate da equazioni complete, trovare l'equazione della polare reciproca dell'una rispetto all'altra.

21. Date di nuovo le due coniche $U = 0, U' = 0$, e trovata l'equazione $P = 0$ della conica polare reciproca di U rispetto ad U', dimostrare che l'equazione:

$$\Theta' U + P = 0$$

rappresenta la conica inviluppo di una retta che tagli U, U' in quattro punti armonici; e che l'equazione:

$$\Theta U' - P = 0$$

rappresenta la conica luogo di un punto dal quale si possono condurre due tangenti ad U e due tangenti ad U', coniugate armonicamente.

22. Date le due coniche U, U', come sopra, ed inoltre due rette

$$\xi x + \eta y + \zeta z = 0, \qquad \xi' x + \eta' y + \zeta' z = 0,$$

se ha luogo l'eguaglianza:

$$\xi\xi'(bc' + b'c - 2dd') + \eta\eta'(ca' + c'a - 2ee') +$$
$$+ \zeta\zeta'(ab' + a'b - 2ff') + (\eta\zeta' + \eta'\zeta)(ef' + e'f - ad' - a'd) +$$
$$+ (\zeta\xi' + \zeta'\xi)(fd' + f'd - be' - b'e) + (\xi\eta' + \xi'\eta)(de' + d'e - cf' - c'f) = 0,$$

le due rette date formano sistema armonico con due altre rette ciascuna delle quali taglia le coniche U, U' in quattro punti armonici. L. Romance. [14]

23. Data una conica circoscritta ad un triangolo *abc*, è noto che le rette, le quali insieme colle tangenti ai vertici dividono armonicamente gli angoli del triangolo, concorrono in uno stesso punto *o*. Dimostrare che ciascuna delle tangenti condotte per *o* alla conica forma un sistema equianarmonico con *oa*, *ob*, *oc*.

24. Due serie proiettive, l'una di semplici punti, l'altra di coppie di punti in involuzione, sono date su una medesima retta. Siano o', o'' i punti doppii della seconda serie; ed a, b, c i punti comuni alle due serie*). Se ciascuno dei due punti o', o'' forma insieme coi tre a, b, c un sistema equianarmonico, in tal caso ai punti o', o'' della seconda serie corrisponderanno nella prima i punti o'', o' rispettivamente.

25. Date le equazioni di due coniche, è nota l'equazione di condizione perchè vi sia un triangolo inscritto nell'una e coniugato all'altra. Dedurne direttamente le condizioni perchè un'equazione quadratica fra le coordinate rappresenti un'iperbole equilatera o una parabola.

Volume II (1864), p. 30.

28. Un quadrilatero completo abbia i vertici, a due a due opposti, aa', bb', cc', e le diagonali $\beta\gamma, \gamma\alpha, \alpha\beta$. Ciascuno dei lati del quadrilatero ($abc, ab'c', bc'a', ca'b'$) contiene tre punti: siano $\omega\omega'$ i punti ognun dei quali forma con quei tre un sistema equianarmonico. Ciascuna diagonale ($aa'.\beta\gamma, bb'.\gamma\alpha, cc'.\alpha\beta$) contiene 4 punti: siano ii' i punti doppii dell'involuzione da essi determinata. Gli otto punti analoghi ad $\omega\omega'$ ed i sei punti analoghi ad ii' sono situati in una sola e medesima conica.

Volume II (1864), p. 62.

30. Dati cinque piani qualsivogliano nello spazio, ciascuno dei quali sarà intersecato dagli altri quattro secondo quattro rette formanti un quadrilatero completo, le coniche de' 14 punti relative a questi cinque quadrilateri (analoghe alla conica di cui è parola nella questione 28, pag. 30 del Giornale) giacciono tutte in una stessa superficie di 2.° ordine.

Rappresentando i cinque piani colle equazioni

$$x=0\,,\quad y=0\,,\quad z=0\,,\quad w=0\,,\quad x+y+z+w=0\,,$$

l'equazione della superficie di 2.° ordine sarà:

$$x^2+y^2+z^2+w^2+yz+zx+xy+xw+yw+zw=0\,.$$

31. Date tre rette oa, ob, oc in un piano, siano ow, ow' quelle due rette ciascuna delle quali forma colle prime tre un sistema equianarmonico.

---

*) Cioè quei punti della prima serie, ciascun dei quali coincide con uno dei corrispondenti nella seconda (*Introd.* 24, *b*) [Queste Opere, t. 1.°, p. 339].

Allora le ow, ow' con due qualunque delle oa, ob, oc, formano un fascio di quattro rette il cui rapporto anarmonico è eguale ad una radice cubica imaginaria dell'*unità positiva.*

Se le ow, ow' sono i raggi doppi di un'involuzione nella quale due raggi coniugati comprendono costantemente un angolo retto, le oa, ob, oc comprenderanno fra loro angoli di 120°.

32. Dato un determinante gobbo R d'ordine n, i cui elementi principali siano tutti eguali a z, ed indicati con a_{rs} gli elementi del determinante reciproco, si ha

$$\sum_{i=1}^{i=n} a_{ri}\, a_{si} = \mathrm{R}\,.\, w_{rs}\,, \text{ se } n \text{ è pari}$$

ovvero

$$= \frac{\mathrm{R}}{2}\,.\, w_{rs}\,, \text{ se } n \text{ è dispari.}$$

Evidentemente le quantità w_{rs} sono gli elementi di un determinante simmetrico, il cui valore è R^{n-2} per n pari, ovvero $z^n . \mathrm{R}^{n-2}$ per n dispari.

Volume II (1864), p. 91.

33. Siano $u\, u_1 u_2$ i vertici di un triangolo equilatero inscritto in un circolo C, che ha per centro o; ed ab due punti della circonferenza di questo circolo, tali che si abbia fra gli archi au, ub la relazione $au = \frac{1}{2} ub$, e per conseguenza anche $au_1 = \frac{1}{2} u_1 b$, $au_2 = \frac{1}{2} u_2 b$. L'inviluppo della corda ab è una curva ipocicloidale di 3.ª classe e 4.° ordine, tangente in $u\, u_1 u_2$ al circolo C, ed avente tre cuspidi nei punti in cui i prolungamenti delle rette uo, u_1o, u_2o incontrano il circolo concentrico a C e di raggio triplo.

34. [15] Le tangenti nei vertici delle parabole inscritte in un triangolo inviluppano una medesima curva di 3.ª classe e 4.° ordine, che è l'ipocicloide della quistione precedente *).

Volume II (1864), p. 256.

41. Se dei $6n$ punti che sono i vertici e le intersezioni delle coppie de' lati corrispondenti di due poligoni, ciascuno di $2n$ lati, ve ne sono $6n-1$ situati in una curva di terz'ordine, anche il punto rimanente apparterrà alla medesima curva.

---

*) Steiner ha già enunciato il teorema che gli assi di quelle parabole sono tangenti ad una analoga ipocicloide (Crelle, LV, pag. 371).

42. Il rapporto anarmonico di quattro curve del terz'ordine, una delle quali sia la Hessiana delle altre tre, è eguale al rapporto anarmonico delle quattro tangenti che si possono condurre alla prima curva da un suo punto qualunque.

Volume III (1865), p. 64.

44. [16] In una serie di superficie di 2.° ordine, detti μ, ν, ρ i numeri esprimenti quante superficie della serie passano per un punto, toccano un piano, toccano una retta, sarà

$$\rho = \frac{\mu + \nu}{2}.$$

Sia poi p il numero delle superficie della serie che si riducono a semplici coniche, cioè che hanno un piano tangente doppio, e sia q il numero delle superficie della serie che sono coni, cioè che hanno un punto doppio; si avrà

$$p = \frac{3\mu - \nu}{2}, \quad q = \frac{3\nu - \mu}{2}.$$

43.

CORRISPONDENZA.

Giornale di Matematiche, volume I (1863), pp. 317-318.

Crediamo far cosa molto utile ai giovani lettori del Giornale, pubblicando la seguente lettera inviataci dal chiarissimo signor Cremona.

N. Trudi.

Carissimo amico,

I bei teoremi da voi enunciati a pag. 91 di questo giornale mi suggeriscono alcune considerazioni, forse non inutili agli egregi giovani studenti che già li hanno dimostrati (pag. 190 e 254). Queste considerazioni, che vi chieggo licenza di esporre qui brevemente, mirano a far rientrare quelle proprietà delle coniche nella teoria generale delle polari relative ad una curva di terz'ordine; epperò mi permetterete anche di citare alcuni paragrafi della mia *Introduzione* [Queste Opere, n. **29** (t. 1.°)].

Un trilatero abc ossia il sistema di tre rette (indefinitamente estese) bc, ca, ab può considerarsi come una linea di terz'ordine dotata di tre punti doppii a, b, c.

Condotta per un polo fisso o una trasversale arbitraria che seghi il trilatero in p, q, r, il luogo del centro armonico di primo grado dei punti pqr, rispetto al polo o (*Introd.* 11), è una retta R, ed il luogo dei centri armonici di secondo grado degli stessi punti pqr, rispetto al medesimo polo, è una conica K. Questa chiamasi *prima polare* di o rispetto al trilatero; la retta R è la *seconda polare* (68). La retta R è anche la polare di o rispetto alla conica K (69, b).

La conica K passa pei punti doppii della linea fondamentale (73), vale a dire è circoscritta al trilatero abc. La retta tangente a questa conica in a è la coniugata armonica di oa rispetto alle due tangenti della linea fondamentale in a (74, c), cioè rispetto ai due lati ab, ac del trilatero. Questa proprietà offre il mezzo di determinare la conica polare, se è dato il polo, e reciprocamente.

La conica polare di un punto (rispetto al trilatero dato) è dunque la stessa che voi chiamate *corrispondente* al punto, definendola mediante le tangenti nei vertici del trilatero. Ma la definizione come *polare* è più feconda, perchè in essa si comprende la proprietà caratteristica di un punto *qualunque* della conica.

Dal modo di costruzione della conica polare di un dato punto o risulta che essa non può ridursi ad un paio di rette, quando o giaccia fuori delle rette bc, ca, ab. Ma se o giace per es. in bc, le coniugate armoniche di ob, oc sono le stesse ob, oc, epperò coincidono in bc. La coniugata armonica di oa (rispetto ad ab, ac) incontri bc in o'; è evidente che la conica polare di o sarà il paio di rette bc, ao', e così pure la conica polare di o' sarà il paio bc, ao. Indi segue (132) che il luogo dei punti le cui coniche polari si risolvano in coppie di rette, ossia il luogo dei punti d'incrociamento di queste rette, ossia il luogo delle coppie di punti coniugati rispetto alle coniche circoscritte al trilatero abc *), è lo stesso sistema di tre rette bc, ca, ab; e due *punti coniugati* del luogo sono sempre situati sopra uno stesso lato del trilatero e coniugati armonicamente cogli estremi di esso.

Le coniche polari dei punti di una data retta R, oltre ad essere circoscritte al trilatero abc, passano per un quarto punto comune o, che è il polo di R (77). Di qui il mezzo per costruire il polo, se è data la retta polare.

Tutte le rette passanti per uno stesso punto o hanno i loro poli in una conica, che è la prima polare di o (130).

L'inviluppo delle rette polari dei punti di una data retta R, ossia il luogo dei poli delle coniche polari tangenti ad R, ossia il luogo dei poli di R rispetto alle coniche polari dei punti di R medesima (136), è una conica (*poloconica pura* di R) che tocca bc, ca, ab nei punti coniugati alle intersezioni di questi lati con R (137) **).

Il luogo di un punto rispetto alla conica polare del quale due rette R, R' siano coniugate, ossia il luogo dei poli di una qualunque di queste rette relativamente alle coniche polari dei punti dell'altra, è (136, c) una conica (*poloconica mista* di R, R'), che sega bc, ca, ab nei punti ove questi lati sono tangenti alle poloconiche pure di R e di R' (137, a).

Se da un polo o si conducono le rette oa, ob, oc, che incontrino bc, ca, ab in α, β, γ, la conica che tocca i lati in questi punti (conica *satellite* di o) tocca anche la conica polare di o nei punti in cui questa è segata dalla retta polare del medesimo polo (138).

*) Questo luogo, nella teoria generale, chiamasi *Hessiana* della linea fondamentale. Un trilatero ha per Hessiana sè stesso.

**) Questa conica può anche definirsi la *prima polare* della retta R rispetto al triangolo, o sistema di tre punti abc, risguardato come inviluppo di terza classe.

L'inviluppo delle rette polari dei punti di una data curva C_m d'ordine m è una linea della classe $2m$, che tocca ciascun lato del trilatero in m punti coniugati a quelli in cui il lato medesimo è segato da C_m (103). Se C_m passa rispettivamente p, q, r volte per a, b, c, la classe dell'inviluppo è diminuita di $p+q+r$ unità.

L'inviluppo delle coniche polari dei punti di una curva K_n della classe n è (104, d) una linea dell'ordine $2n$, che passa n volte per ciascuno dei punti a, b, c avendo ivi per tangenti le rette coniugate armoniche di quelle che dagli stessi punti vanno a toccare K_n.

State sano etc.

Cornigliano (presso Genova) 16 settembre 1863.

44.

AREA DI UN SEGMENTO DI SEZIONE CONICA.

Giornale di Matematiche, volume I (1863), pp. 360-364.

Problema. Trovare l'area compresa fra la conica:

(1) $$ax^2 + by^2 + cz^2 + 2fyz + 2gzx + 2hxy = 0$$

e la retta:

(2) $$\lambda x + \mu y + \nu z = 0.$$

Qui le x, y, z sono le distanze del punto variabile dai lati del triangolo di riferimento; onde chiamati α, β, γ i lati di questo e δ l'area, si avrà identicamente:

(3) $$\alpha x + \beta y + \gamma z = 2\delta.$$

Pongasi:

$$\Sigma = \begin{vmatrix} a & h & g & \lambda \\ h & b & f & \mu \\ g & f & c & \nu \\ \lambda & \mu & \nu & 0 \end{vmatrix}, \quad \Sigma' = \begin{vmatrix} a & h & g & \alpha \\ h & b & f & \beta \\ g & f & c & \gamma \\ \alpha & \beta & \gamma & 0 \end{vmatrix}, \quad \Sigma'_1 = \begin{vmatrix} a & h & g & \alpha \\ h & b & f & \beta \\ g & f & c & \gamma \\ \lambda & \mu & \nu & 0 \end{vmatrix},$$

$$\Delta = \begin{vmatrix} a & h & g \\ h & b & f \\ g & f & c \end{vmatrix}, \quad \Sigma'' = \begin{vmatrix} a & h & g & \lambda & \alpha \\ h & b & f & \mu & \beta \\ g & f & c & \nu & \gamma \\ \lambda & \mu & \nu & 0 & 0 \\ \alpha & \beta & \gamma & 0 & 0 \end{vmatrix};$$

così che sarà:

(4) $$\Delta\Sigma'' = \Sigma\Sigma' - \Sigma'^2_1.$$

Il significato di questi determinanti è conosciuto. Secondo che Σ sia positivo, nullo o negativo *), la retta (2) sega, tocca o non incontra la conica (1). L'analogo significato ha Σ' rispetto alla retta:

$$(5)\qquad \alpha x + \beta y + \gamma z = 0,$$

cioè, secondo che Σ' sia positivo, nullo o negativo, la conica (1) è un'iperbole, una parabola o un'ellisse.

Se si ha $\Sigma'_1 = 0$, le due rette (2), (5) sono coniugate rispetto alla conica data, cioè la retta (2) passa pel centro della conica medesima.

L'equazione $\Sigma'' = 0$ è il risultato della eliminazione di x, y, z fra le (1), (2), (5), ossia esprime la condizione che la retta (2) sia parallela ad un assintoto della conica (1).

Ritenuto che Σ sia positivo, cioè che la retta (2) seghi la conica (1) in due punti $(x_1 y_1 z_1)$, $(x_2 y_2 z_2)$ reali, sia

$$(6)\qquad lx + my + nz = 0$$

una retta condotta arbitrariamente per l'uno di essi.

Eliminando x, y, z fra le (1), (2), (6) si ha:

$$\begin{vmatrix} a & h & g & \lambda & l \\ h & b & f & \mu & m \\ g & f & c & \nu & n \\ \lambda & \mu & \nu & 0 & 0 \\ l & m & n & 0 & 0 \end{vmatrix} = \mathrm{A}l^2 + \mathrm{B}m^2 + \mathrm{C}n^2 + 2\mathrm{F}mn + 2\mathrm{G}nl + 2\mathrm{H}lm = 0,$$

risultato che dovrà coincidere con

$$(lx_1 + my_1 + nz_1)(lx_2 + my_2 + nz_2) = 0;$$

onde il confronto de' coefficienti di $l^2, m^2, \ldots$ somministrerà:

$$(7)\qquad \frac{\mathrm{A}}{x_1 x_2} = \frac{\mathrm{B}}{y_1 y_2} = \frac{\mathrm{C}}{z_1 z_2} = \frac{2\mathrm{F}}{y_1 z_2 + y_2 z_1} = \frac{2\mathrm{G}}{z_1 x_2 + z_2 x_1} = \frac{2\mathrm{H}}{x_1 y_2 + x_2 y_1} = \theta.$$

Il rapporto θ si determina osservando che le coordinate $(x_1 y_1 z_1)$, $(x_2 y_2 z_2)$ devono soddisfare alla relazione (3); di modo che le equazioni

$$\alpha x_1 + \beta y_1 + \gamma z_1 = 2\delta, \qquad \alpha x_2 + \beta y_2 + \gamma z_2 = 2\delta$$

*) Vedi la bella esposizione delle coordinate trilineari fatta dal prof. TRUDI (p. 151 di questo Giornale). [17]

moltiplicate fra loro, danno:

$$4\delta^2\theta = A\alpha^2 + B\beta^2 + C\gamma^2 + 2F\beta\gamma + 2G\gamma\alpha + 2H\alpha\beta,$$

ossia:

$$\theta = \frac{\Sigma''}{4\delta^2}.$$

Quindi dalle (7) si ricava:

$$(y_1z_2 - y_2z_1)^2 = \frac{4(F^2 - BC)}{\theta^2};$$

ma:

$$F^2 - BC = \lambda^2\Sigma,$$

dunque:

$$y_1z_2 - y_2z_1 = \frac{8\delta^2\Sigma^{\frac{1}{2}}}{\Sigma''}\lambda,$$

e analogamente:

$$z_1x_2 - z_2x_1 = \frac{8\delta^2\Sigma^{\frac{1}{2}}}{\Sigma''}\mu,$$

$$x_1y_2 - x_2y_1 = \frac{8\delta^2\Sigma^{\frac{1}{2}}}{\Sigma''}\nu.$$

D'altronde *) per la distanza ρ dei due punti $(x_1y_1z_1)$, $(x_2y_2z_2)$ si ha:

$$\rho^2 = \frac{\alpha^2\beta^2\gamma^2}{16\delta^4}\left\{\begin{matrix} (y_1z_2 - y_2z_1)^2 \\ +(z_1x_2 - z_2x_1)^2 - 2 \\ +(x_1y_2 - x_2y_1)^2 \end{matrix}\left|\begin{matrix} (z_1x_2 - z_2x_1)(x_1y_2 - x_2y_1)\cos\beta\gamma \\ (x_1y_2 - x_2y_1)(y_1z_2 - y_2z_1)\cos\gamma\alpha \\ (y_1z_2 - y_2z_1)(z_1x_2 - z_2x_1)\cos\alpha\beta \end{matrix}\right|\right\};$$

epperò sostituendo i trovati valori de' binomî $y_1z_2 - y_2z_1, \ldots$ si avrà:

$$\rho^2 = 4\alpha^2\beta^2\gamma^2\frac{\Sigma}{\Sigma''^2}\Xi, \tag{8}$$

ove si è posto:

$$\Xi = \lambda^2 + \mu^2 + \nu^2 - 2\mu\nu\cos\beta\gamma - 2\nu\lambda\cos\gamma\alpha - 2\lambda\mu\cos\alpha\beta.$$

Sia poi:

$$\lambda x + \mu y + \nu z - \omega(\alpha x + \beta y + \gamma z) = 0 \tag{9}$$

una retta condotta parallelamente alla (2) a segare la conica (1) in due punti; la di-

*) Vedi a pag. 25 di questo Giornale.

stanza r de' quali si desumerà dalla (8) mutando in Σ ed in Ξ le λ, μ, ν in $\lambda-\omega\alpha$, $\mu-\omega\beta$, $\nu-\omega\gamma$; Σ'' rimane inalterato. Si avrà così:

(10) $$r^2=\frac{4\alpha^2\beta^2\gamma^2}{\Sigma''^2}(\Sigma-2\omega\Sigma'_1+\omega^2\Sigma')(\Xi-2\omega\Xi'_1+\omega^2\Xi'),$$

ove:

$$\Xi'=\alpha^2+\beta^2+\gamma^2-2\beta\gamma\cos\beta\gamma-2\gamma\alpha\cos\gamma\alpha-2\alpha\beta\cos\alpha\beta,$$

$$\Xi'_1=\lambda\alpha+\mu\beta+\nu\gamma-(\nu\beta+\mu\gamma)\cos\beta\gamma-(\lambda\gamma+\nu\alpha)\cos\gamma\alpha-(\mu\alpha+\lambda\beta)\cos\alpha\beta.$$

La distanza perpendicolare ε fra la retta (9) e la sua parallela infinitamente vicina

(11) $$\lambda x+\mu y+\nu z-(\omega+d\omega)(\alpha x+\beta y+\gamma z)=0$$

è *) espressa da:

(12) $$\varepsilon=\frac{2\delta\,.\,d\omega}{(\Xi-2\omega\Xi'_1+\omega^2\Xi')^{\frac{1}{2}}};$$

quindi l'area elementare compresa fra le rette (9), (11) e la curva (1) sarà:

(13) $$r\varepsilon=\frac{4\alpha\beta\gamma\,.\,\delta}{\Sigma''}(\Sigma-2\omega\Sigma'_1+\omega^2\Sigma')^{\frac{1}{2}}d\omega.$$

Se la conica data è un'ellisse ($\Sigma'<0$), l'integrazione della precedente formula dà:

(14) $$\text{Area indefinita}=\frac{2\alpha\beta\gamma\,.\,\delta}{\Sigma''(-\Sigma')^{\frac{3}{2}}}\left\{\begin{array}{l}-(\omega\Sigma'-\Sigma'_1)(-\Sigma')^{\frac{1}{2}}(\Sigma-2\omega\Sigma'_1+\omega^2\Sigma')^{\frac{1}{2}}\\ -(\Sigma'^2_1-\Sigma\Sigma')\,\text{Ang. sen}\,\dfrac{\omega\Sigma'-\Sigma'_1}{(\Sigma'^2_1-\Sigma\Sigma')^{\frac{1}{2}}}\end{array}\right\}+\text{Cost.}^e$$

Invece se la conica (1) è un'iperbole ($\Sigma'>0$) integrando (13) si ha:

(15) $$\text{Ar. indef.}=\frac{2\alpha\beta\gamma\,.\,\delta}{\Sigma''\Sigma'^{\frac{3}{2}}}\left\{\begin{array}{l}(\omega\Sigma'-\Sigma'_1)\Sigma'^{\frac{1}{2}}(\Sigma-2\omega\Sigma'_1+\omega^2\Sigma')^{\frac{1}{2}}\\ +(\Sigma\Sigma'-\Sigma'^2_1)\log\left((\omega\Sigma'-\Sigma'_1)+\Sigma'^{\frac{1}{2}}(\Sigma-2\omega\Sigma'_1+\omega^2\Sigma')^{\frac{1}{2}}\right)\end{array}\right\}+\text{Cost.}^e$$

E per la parabola ($\Sigma'=0$) si ha:

(16) $$\text{Area indefinita}=-\frac{4\alpha\beta\gamma\,.\,\delta}{3\Sigma'_1\Sigma''}(\Sigma-2\omega\Sigma'_1)^{\frac{3}{2}}+\text{Cost.}^e$$

---

*) Vedi a pag. 24 di questo Giornale.

La condizione che la retta (9) tocchi la conica (1) è:

(17) $$\Sigma - 2\omega\Sigma'_1 + \omega^2\Sigma' = 0$$

donde si hanno due valori di ω:

$$\omega_1 = \frac{\Sigma'_1 + (\Sigma'^2_1 - \Sigma\Sigma')^{\frac{1}{2}}}{\Sigma'}, \qquad \omega_2 = \frac{\Sigma'_1 - (\Sigma'^2_1 - \Sigma\Sigma')}{\Sigma'},$$

i quali nel caso dell'ellisse sono sempre reali; e nel caso dell'iperbole sono reali purchè $\Sigma'^2_1 - \Sigma\Sigma' > 0$, ossia purchè la retta (2) tagli in due punti un solo ramo della curva.

Estendendo l'integrazione (14) da $\omega = \omega_1$ ad $\omega = 0$, per ottenere l'area del segmento ellittico compreso fra la curva (1) e la retta (2), si avrà:

$$\frac{2\alpha\beta\gamma \,.\, \delta}{\Sigma''(-\Sigma')^{\frac{3}{2}}} \left\{ \Sigma'_1(-\Sigma\Sigma')^{\frac{1}{2}} - \Delta\Sigma'' \text{Ang. sen} \left(\frac{\Sigma\Sigma'}{\Delta\Sigma''}\right)^{\frac{1}{2}} \right\} \text{*)}$$

ove si è avuto riguardo all'identità (4). Estendendo poi la stessa integrazione da $\omega = \omega_1$ ad $\omega = \omega_2$ si otterrà l'area dell'ellisse:

$$\frac{2\pi \,.\, \alpha\beta\gamma \,.\, \delta \,.\, \Delta}{(-\Sigma')^{\frac{3}{2}}} \text{**)}.$$

Per l'area del segmento iperbolico, estendendo l'integrazione (15) da $\omega = 0$ ad $\omega = \omega_2$ si ha:

$$\frac{2\alpha\beta\gamma \,.\, \delta}{\Sigma''\Sigma'^{\frac{3}{2}}} \left\{ \Sigma'_1(\Sigma\Sigma')^{\frac{1}{2}} - \frac{1}{2}(\Sigma'^2_1 - \Sigma\Sigma') \log \frac{\Sigma'_1 + (\Sigma\Sigma')^{\frac{1}{2}}}{\Sigma'_1 - (\Sigma\Sigma')^{\frac{1}{2}}} \right\}.$$

Per l'area del segmento parabolico, estendendo l'integrazione (16) da $\omega = \frac{\Sigma}{2\Sigma'_1}$ ad $\omega = 0$ si ottiene:

$$\frac{4\alpha\beta\gamma \,.\, \delta\, \Sigma^{\frac{3}{2}}\Delta}{3\Sigma'^3_1}.$$

Quando la conica (1) è un paio di rette (reali) Σ e Σ' sono positivi, e siccome $\Delta = 0$, così si ha $\Sigma'^2_1 = \Sigma\Sigma'$; onde la (13) diviene:

$$r\varepsilon = \frac{4\alpha\beta\gamma \,.\, \delta}{\Sigma''}(\sqrt{\Sigma} - \omega\sqrt{\Sigma'})\,d\omega.$$

---

*) Questa formola è dovuta al sig. Sylvester. A me la comunicò (senza dimostrazione) il sig. Salmon con sua gentilissima lettera del 23 novembre p. p.

**) Vedi Ferrers. *Treatise on trilinear coordinates.* p. 92.

Integrando ed estendendo l'integrazione da $\omega = \sqrt{\frac{\Sigma}{\Sigma'}}$ ad $\omega = 0$, si ottiene l'area del triangolo formato dalle due rette (1) e dalle rette (2):

$$-\frac{2\alpha\beta\gamma \cdot \delta}{\Sigma''} \cdot \frac{\Sigma}{\sqrt{\Sigma'}}.$$

Se le due rette formanti la conica sono date mediante le equazioni esplicite

$$\lambda_1 x + \mu_1 y + \nu_1 z = 0$$
$$\lambda_2 x + \mu_2 y + \nu_2 z = 0$$

si ha:

$$\Sigma = \frac{1}{4}\begin{vmatrix} \lambda & \lambda_1 & \lambda_2 \\ \mu & \mu_1 & \mu_2 \\ \nu & \nu_1 & \nu_2 \end{vmatrix}^2, \quad \Sigma' = \frac{1}{4}\begin{vmatrix} \alpha & \lambda_1 & \lambda_2 \\ \beta & \mu_1 & \mu_2 \\ \gamma & \nu_1 & \nu_2 \end{vmatrix}^2, \quad \Sigma'' = \begin{vmatrix} \alpha & \lambda & \lambda_1 \\ \beta & \mu & \mu_1 \\ \gamma & \nu & \nu_1 \end{vmatrix} \cdot \begin{vmatrix} \alpha & \lambda & \lambda_2 \\ \beta & \mu & \mu_2 \\ \gamma & \nu & \nu_2 \end{vmatrix},$$

onde l'area del triangolo risulterà formata simmetricamente coi parametri delle tre rette:

$$\alpha\beta\gamma \cdot \delta \frac{\begin{vmatrix} \lambda & \lambda_1 & \lambda_2 \\ \mu & \mu_1 & \mu_2 \\ \nu & \nu_1 & \nu_2 \end{vmatrix}^2}{\begin{vmatrix} \alpha & \lambda_1 & \lambda_2 \\ \beta & \mu_1 & \mu_2 \\ \gamma & \nu_1 & \nu_2 \end{vmatrix} \cdot \begin{vmatrix} \alpha & \lambda_2 & \lambda \\ \beta & \mu_2 & \mu \\ \gamma & \nu_2 & \nu \end{vmatrix} \cdot \begin{vmatrix} \alpha & \lambda & \lambda_1 \\ \beta & \mu & \mu_1 \\ \gamma & \nu & \nu_1 \end{vmatrix}}$$

formola nota.

Bologna, 4 dicembre 1863.

45.

SULLA PROJEZIONE IPERBOLOIDICA DI UNA CUBICA GOBBA.

Annali di Matematica pura ed applicata, serie I, tomo V (1863), pp. 227-231.
Giornale di Matematiche, volume II (1864), pp. 122-126.

Lemma 1.° Se K è la conica polare di un punto θ rispetto ad un trilatero (i cui vertici siano abc) risguardato come una linea del terz'ordine — cioè se K è la conica circoscritta al trilatero e tangente nei vertici a quelle rette che insieme colle $a\theta$, $b\theta$, $c\theta$ ne dividono armonicamente gli angoli — ciascuna delle tangenti condotte per θ alla conica medesima forma colle rette $\theta(a,b,c)$ un sistema equianarmonico*).

Lemma 2.° Due fasci projettivi (in uno stesso piano), l'uno di semplici rette, l'altro di coppie di rette in involuzione, abbiano lo stesso centro θ; e siano $\theta\omega_1$, $\theta\omega_2$ i raggi doppi del secondo fascio, e θa, θb, θc, i raggi *comuni* **) ai due fasci. Se ciascuno dei primi due raggi forma cogli ultimi tre un sistema equianarmonico, in tal caso ai raggi $\theta\omega_1$, $\theta\omega_2$ del secondo fascio corrispondono nel primo i raggi $\theta\omega_2$, $\theta\omega_1$ rispettivamente.

1. Sia data una cubica gobba, curva cuspidale di una superficie sviluppabile di terza classe. Data inoltre una retta R, un piano π condotto ad arbitrio per essa sega la cubica in tre punti p, q, r, vertici di tre coni (di secondo grado) prospettivi alla curva. Se le rette qr, rp, pq incontrano R in p', q', r', e se il piano π si fa girare intorno alla retta data, la terna $p'q'r'$ genera un'involuzione di terzo grado, ove le coppie $q'r'$, $r'p'$, $p'q'$ sono le intersezioni di R coi coni anzidetti. L'involuzione ha quattro punti doppi ***), in ciascun de' quali R tocca un cono prospettivo: i punti corrispondenti sono le intersezioni di R con altrettante tangenti della cubica. Dunque *per un punto arbitrario dello spazio passano due coni prospettivi, ed una retta arbitraria ne tocca quattro.*

2. Un dato piano Π seghi la cubica gobba ne' punti abc. Il cono prospettivo alla curva ed avente il vertice in un punto s della medesima ha per traccia su quel piano

*) *Introduzione ad una teoria geometrica delle curve piane* [Queste Opere, n. **29** (t. 1.°)], 27.

**) *Ibid.* 24, b.

***) *Ibid.* 22.

una conica S circoscritta ad *abc* *). Sia σ il polo di questa conica rispetto al trilatero *abc*, risguardato come una linea del terz'ordine; Σ la retta polare di σ rispetto al trilatero, o (ciò che qui torna lo stesso) rispetto alla conica S.

3. L'inviluppo delle coniche S è la curva W di quart'ordine e terza classe, secondo la quale il piano Π sega la sviluppabile formata dalle tangenti della cubica. La curva W ha tre cuspidi ne' punti *abc*, e tocca la conica S nel punto d'incontro del piano Π colla retta tangente alla cubica in *s*.

4. Quale è il luogo dei punti σ? Sia Λ una trasversale arbitraria (nel piano Π); λ il polo di questa retta. Ogni punto di Λ ha la sua conica polare passante per λ, dunque i punti σ in Λ saranno tanti quanti i coni prospettivi passanti per λ, cioè *due*. Perciò *il luogo del punto* σ *è una conica* K.

Fra le coniche prospettive (basi dei coni prospettivi sul piano Π) vi sono tre coppie di rette (ab, ac), (bc, ba), (ca, cb), i cui poli σ sono a, b, c; dunque *la conica* K *è circoscritta al trilatero abc.*

5. Sia θ il polo della conica K; le rette Σ polari dei punti di K (ossia dei poli delle coniche prospettive) passeranno tutte per θ **). Le rette θa, θb, θc fanno evidentemente l'ufficio di rette polari dei punti a, b, c.

Condotta ad arbitrio una retta Δ per θ, il polo di essa è un punto δ di K; e le due coniche prospettive passanti per δ hanno i loro poli nelle intersezioni di K con Δ. Siano Γ, Γ' le rette polari di questi due punti.

Variando Δ, le rette Γ, Γ' generano un fascio involutorio e projettivo al fascio semplice delle rette Δ. I raggi *comuni* de' due fasci sono evidentemente $\theta a, \theta b, \theta c$; cioè ciascuno di questi raggi, risguardato come retta Δ, coincide con una delle corrispondenti rette Γ, Γ'.

I raggi doppi del fascio involutorio corrisponderanno alle rette Δ tangenti a K; ma se Δ tocca K, anche le due coniche prospettive passanti per δ coincidono, epperò δ sarà un punto dell'inviluppo W.

Ciascuna delle due rette Δ_1, Δ_2 tangente a K forma (*lemma* 1.°) colla terna $\theta(a, b, c)$ un sistema equianarmonico; cioè nei due fasci projettivi, l'uno semplice, l'altro doppio involutorio, i tre raggi *comuni* formano con ciascuno dei raggi doppi del secondo fascio un sistema equianarmonico. Dunque (*lemma* 2.°) ai raggi doppi Δ_1, Δ_2 dell'involuzione corrispondono nel fascio semplice le stesse rette Δ_2, Δ_1 prese in ordine inverso. Cioè, se ω_1, ω_2 sono i punti in cui K è toccata dalle tangenti per θ (ossia segata dalla retta polare di θ), le rette polari di ω_1, ω_2 sono rispettivamente $\theta\omega_2, \theta\omega_1$. Ond'è che per

*) Nouv. Annales de Math. 2e série, t. 1er, Paris 1862, p. 291. [Queste Opere, n. **37**].

**) *Introd.* 130.

ciascuno de' punti ω_1, ω_2 passano la retta polare e la conica polare dell'altro; ossia la retta $\omega_1\omega_2$ tocca in ω_1, ω_2 le coniche polari dei punti ω_2, ω_1.

Ma i punti ω_1, ω_2 appartengono anche alla curva W, che ivi sarà toccata dalle coniche prospettive che vi passano: dunque *la retta* $\omega_1\omega_2$ *tocca in* ω_1, ω_2 *la curva* W, vale a dire è la sua tangente doppia.

In altre parole, $\omega_1\omega_2$ è l'intersezione di due piani osculatori della cubica, i cui punti di contatto o_1, o_2 sono i vertici di due coni prospettivi aventi per basi sul piano Π le coniche polari dei punti ω_1, ω_2; e le tangenti alla cubica in o_1, o_2 sono le rette $o_1\omega_2$, $o_2\omega_1$.

Da ciò segue che θ è il punto di concorso delle tangenti alla curva W nelle cuspidi a, b, c *). Inoltre le coniche polari di ω_1, ω_2 passano entrambe per θ ed ivi sono rispettivamente toccate dalle rette $\theta\omega_1$, $\theta\omega_2$.

6. Assunti come *corrispondenti* i punti s, σ, la cubica gobba e la conica K sono due forme proiettive, e *la superficie luogo della retta* $s\sigma$ *è un iperboloide* J. Infatti, siccome ad ogni punto di K corrisponde un solo punto della cubica, così K è una linea *semplice* della superficie, e nessuna generatrice di questa può giacere nel piano Π; cioè K è la *completa* intersezione della superficie con Π. Dunque la superficie di cui si tratta è del second'ordine.

Questa superficie incontra la retta $\omega_1\omega_2$ nei punti in cui questa è tangente alla data sviluppabile (osculatrice della cubica gobba); dunque l'iperboloide J non cambia, quando il piano Π si faccia ruotare intorno a quella retta.

7. Siccome l'iperboloide J passa pei punti ω_1, ω_2, così esso contiene le tangenti $o_1\omega_2$, $o_2\omega_1$ della cubica, epperò coincide coll'iperboloide inviluppato dai coni *congiunti,* i cui vertici sono nella retta o_1o_2; ossia, mentre le rette $s\sigma$ sono le generatrici di un sistema, quelle dell'altro sono le rette che uniscono a due a due i punti corrispondenti in cui la cubica è segata dalle coppie di piani congiunti passanti per $\omega_1\omega_2$ **).

L'identità dei due iperboloidi risulta anche dalla seguente considerazione. La retta che tocca in σ la conica K è la polare del punto σ relativa alla conica polare del punto θ, ossia ***) la polare del punto θ relativa alla conica polare del punto σ. Dunque *la conica* K *è l'inviluppo delle rette polari del punto* θ *relative alle coniche prospettive.*

8. Assunte come *corrispondenti* la retta $s\sigma$ e la tangente in s alla cubica gobba, l'iperboloide J e la sviluppabile data sono due sistemi projettivi di rette. Quale è l'inviluppo del piano che contiene due rette corrispondenti? Siccome il piano che tocca

*) Annali di Matematica, t. I, Roma 1858, p. 169. [Queste Opere, n. 9 (t. 1.°)].

**) Nouv. Ann. *ut supra,* p. 302.

***) *Introd.* 130, b.

l'iperboloide in s contiene anche la tangente della cubica gobba in quel punto, così l'inviluppo richiesto sarà il sistema polare reciproco della data cubica rispetto all'iperboloide, vale a dire sarà *una superficie sviluppabile di terza classe*, circoscritta all'iperboloide lungo la cubica gobba.

9. Siano l, l_1 due punti della cubica; x il punto in cui la retta ll_1 incontra il piano Π. Le coniche intersezioni di questo piano coi due coni prospettivi, i cui vertici sono l, l_1, passano entrambe per x, onde la retta polare di x passerà pei poli di quelle due coniche, cioè pei punti λ, λ_1 della conica K corrispondenti ad l, l_1. Donde segue che *le tangenti della conica* K *sono le polari dei punti della curva* W.

Descritta ad arbitrio una conica per abc, essa segherà la curva W in due altri punti w, w_1, piedi di due tangenti della cubica. Se l, l_1 sono i punti di contatto di tali tangenti, ne' corrispondenti punti λ, λ_1 la conica K sarà toccata dalle rette polari di w, w_1; e queste polari concorreranno nel polo della conica $abcww_1$. Per questa conica e per la cubica passa un iperboloide che contiene le due tangenti wl, w_1l_1, le quali separatamente giacciono anche nei due coni prospettivi i cui vertici sono l, l_1, e le cui sezioni col piano Π toccano la curva W rispettivamente in w, w_1.

Per tal guisa, come ogni punto della conica K individua un cono prospettivo, così un punto qualunque del piano Π (non situato nella conica anzidetta) individua un iperboloide passante per la cubica: iperboloide che sega il piano Π secondo la conica polare del punto che si considera.

10. Pei punti abc si può descrivere un circolo; dunque *per la cubica gobba passa un iperboloide* (un solo) *segato secondo circoli dai piani paralleli a* Π.

Se due de' tre punti abc fossero i punti circolari all'infinito del piano Π, tutte le coniche descritte per abc sarebbero circoli, cioè tutte le superficie di second'ordine passanti per la cubica gobba avrebbero una serie di sezioni cicliche parallele al piano Π.

11. Un piano Π_1 seghi la cubica in tre punti $a_1b_1c_1$; il triangolo $\alpha_1\beta_1\gamma_1$ (inscritto in K) formato dai punti corrispondenti ad $a_1b_1c_1$, sarà circoscritto alla poloconica *) della retta $\Pi\Pi_1$, perchè le rette $\beta_1\gamma_1, \gamma_1\alpha_1, \alpha_1\beta_1$ sono le polari dei punti in cui $\Pi\Pi_1$ è incontrata dalle b_1c_1, c_1a_1, a_1b_1. Ond'è che tutt'i triangoli, analoghi ad $\alpha_1\beta_1\gamma_1$, nascenti da piani che seghino Π secondo una medesima retta Λ, sono inscritti in K e circoscritti ad una stessa conica: la poloconica di Λ.

Viceversa, si inscriva nel trilatero abc una conica L: essa è la poloconica di quella retta Λ che coi punti di contatto di L divide armonicamente i lati bc, ca, ab; e i vertici degli infiniti triangoli inscritti in K e circoscritti ad L corrispondono a terne di

*) *Poloconica* di una retta data rispetto ad una linea del terz'ordine è la conica inviluppata dalle rette polari dei punti della retta data relative alla linea suddetta (*Introd.* 136).

punti comuni alla cubica ed a piani passanti per Λ: cioè ogni corda di K, tangente ad L, corrisponde ad una corda della cubica, incontrante Λ. Le quattro tangenti comuni a K e ad L corrisponderanno quindi alle quattro tangenti della cubica incontrate da Λ; e le corde della cubica situate ne' piani tangenti alla medesima che passano per Λ corrisponderanno alle rette che toccano L ne' punti comuni a K.

Se per la retta Λ passa un piano osculatore della cubica, cioè se Λ è una tangente della curva W, la conica L toccherà K nel punto che corrisponde al contatto della cubica col piano osculatore.

Finalmente, la poloconica T della retta $\omega_1\omega_2$, tangente doppia della curva W, ha doppio contatto in ω_1, ω_2, colla conica K.

12. Se la retta ll_1 (9) incontra il piano Π in un punto x della conica K, cioè se ll_1 è una generatrice (del secondo sistema) dell'iperboloide J (7), i punti l, l_1 appartengono rispettivamente a due piani *congiunti* passanti per la retta $\omega_1\omega_2$. Ma d'altronde (5) la retta $\lambda\lambda_1$ passa, in questo caso, pel punto θ; dunque, se si inscrive in K un triangolo $\lambda\mu\nu$ che sia circoscritto alla conica T, e se le rette $\theta\lambda$, $\theta\mu$, $\theta\nu$ incontrano di nuovo K in λ_1, μ_1, ν_1, anche il triangolo $\lambda_1\mu_1\nu_1$ sarà circoscritto a T, e i due triangoli $\lambda\mu\nu$, $\lambda_1\mu_1\nu_1$ corrisponderanno alle intersezioni lmn, $l_1m_1n_1$ della cubica con due piani congiunti passanti per la retta $\omega_1\omega_2$.

13. Rappresentati per tal modo sul piano Π i punti della cubica data, molti problemi relativi a questa si tradurranno in ricerche più facili relative alla conica K, che può chiamarsi *la proiezione iperboloidica* della cubica medesima. Evidentemente questa conica può ottenersi da qualunque iperboloide passante per la cubica, purchè il piano segante Π passi per l'intersezione de' due piani osculatori della cubica contenenti quelle tangenti di essa che sono anche generatrici dell'iperboloide medesimo.

Bologna, 26 ottobre 1863.

46.

NOTIZIA BIBLIOGRAFICA.

Oeuvres de Desargues réunies et analysées par M. Poudra. Deux tomes avec planches. Paris, Leiber éditeur, 1864.

Annali di Matematica pura ed applicata, serie 1, tomo V (1864), pp. 332-336.
Giornale di Matematiche, volume II (1864), pp. 115-121.

Il signor Poudra, autore di un *Traité de Perspective-relief* *), che ebbe gli incoraggiamenti dell'Accademia francese, in seguito a un dotto rapporto dell'illustre Chasles, si è reso ora vieppiù benemerito per un'altra pubblicazione, che è della più alta importanza per la storia della scienza. Mi sia concesso tenerne parola, per annunziare la buona novella ai giovani studiosi della geometria.

Gerardo Desargues (nato a Lione nel 1593, morto ivi nel 1662) fu uno de' più acuti geometri che illustrassero quel secolo celebre pel risorgimento degli studi. Si occupò di geometria pura e delle sue applicazioni alle arti: e sempre con tale successo che gli uomini più eminenti, come Descartes, Fermat, Leibniz,... l'ebbero a lodare, e Pascal si gloriava d'aver tutto appreso da lui. Possedendo i processi della geometria descrittiva, scienza della quale il solo nome è moderno, Desargues mirava principalmente a dare regole semplici e rigorose agli artisti, a sollievo de' quali impiegava le sue invenzioni. Il suo genio superiore spiccava nel ridurre la moltitudine de' casi particolari a poche generalità. Se non che, i pedanti e gli invidiosi d'allora insorsero contro il novatore che, colla geometria pura, pretendeva farla da maestro ai vecchi pratici **),

*) Paris, Corréard, éditeur, 1860.

**) *Ce qui fait voir evidemment que ledit Desargues n'a aucune vérité à déduire qui soit soustenable, puis qu'il ne veut pas des vrays experts pour les matières en conteste, il ne demande que des gens de sa cabale, comme de purs géomètres, lesquels n'ont jamais eu aucune experience des règles des pratiques en question et...* (2.° tomo, p. 401).

e gli mossero acerba e lunga guerra con maligni libelli, che il tempo ci ha conservati, perchè attestassero da qual parte stava la verità.

Ei pare che gli scritti di DESARGUES consistessero quasi tutti in semplici memorie, esponenti idee nuove sulla scienza, e stampate in un solo foglio, senza nome di stampatore. Ed è a credersi che non siano mai stati messi in vendita e che l'autore li distribuisse ai suoi amici. Perciò essi divennero subitamente sì rari che indi a poco e sino ad oggi furono riguardati come perduti. Malgrado la menzione che ne è fatta nelle lettere di DESCARTES, nelle opere di BOSSE (amico e discepolo di DESARGUES) ed altrove, il nome stesso dell'autore era pressochè dimenticato, quando il generale PONCELET ne risuscitò la memoria, designandolo come il MONGE del secolo XVII. Anche il signor CHASLES, nel suo *Aperçu historique,* assegnò a DESARGUES il posto glorioso che gli spetta.

Allo stesso CHASLES toccò la buona sorte di trovare, nel 1845, presso un librajo di Parigi la copia, fatta dal geometra DE LA HIRE, del trattato di DESARGUES sulle coniche. In seguito, il signor POUDRA è riuscito a raggranellare gli altri scritti del medesimo ad eccezione di una nota d'argomento meccanico, della quale non si conosce che un frammento, e di un altro lavoro, che alcuni autori chiamano *Leçons de ténèbres* e di cui s'ignora il contenuto [[18]].

Questi scritti di DESARGUES, tolti all'obblio in che erano caduti; l'analisi che ne ha fatto il signor POUDRA; e la riproduzione di notizie, frammenti, documenti, libelli,... per la completa illustrazione storica del soggetto: tutto ciò costituisce l'importante pubblicazione della quale facciamo parola, e nella quale dobbiamo ammirare la rara diligenza e il grande amore che hanno presieduto al compimento di sì nobile impresa.

L'opera consta di due tomi. Il primo contiene:

La biografia di DESARGUES;

Gli scritti di DESARGUES, cioè:

Méthode universelle de mettre en perspective les objets donnés réellement ou en devis, avec leurs proportions, mesures, éloignemens, sans employer aucun point qui soit hors du champ de l'ouvrage, par G. D. L., Paris, 1636;

Brouillon proiect d'une atteinte aux événemens des rencontres d'un cone avec un plan, par le sieur G. DESARGUES LYONOIS, Paris, 1639.

(A questo trattato sulle coniche tengono dietro una lettera ed un commento di DE LA HIRE (1679) ed un piccolo frammento di una nota annessa che aveva per titolo: *Atteinte aux événemens des contrarietez d'entre les actions des puissances ou forces).*

Brouillon proiect d'exemple d'une manière universelle du s. G. D. L. touchant la pratique du trait à preuves pour la coupe des pierres en l'architecture; et de l'esclaircissement d'une manière de réduire au petit pied en perspective comme en géométral; et de tracer tous quadrans plats d'heures égales au soleil, Paris, 1640;

Manière universelle de poser le style aux rayons du soleil en quelque endroit possible, avec la règle, l'esquerre et le plomb, Paris, 1640;

Recueil de propositions diverses ayant pour titre: Avertissement. 1.° *Proposition fondamentale de la pratique de la perspective.* 2.° *Fondement du compas optique.* 3.° 1.e *Proposition géometrique* — 2.e *Proposition géométrique* — 3.e *Proposition géometrique* (Extrait de la *Perspective* de BOSSE, 1648);

Perspective adressée aux théoriciens, Paris, 1643;

Reconnaissances de DESARGUES *placées en tête de divers ouvrages de* BOSSE;

Fragments de divers écrits et affiches publiés par DESARGUES.

Ciascuno de' trattati di DESARGUES è seguito da una chiara e sugosa analisi del signor POUDRA.

Il secondo tomo contiene:

L'analisi delle opere di BOSSE;

Notizie su DESARGUES estratte dalla *Vie de* DESCARTES *par* BAILLET (Paris, 1691), dalle lettere di DESCARTES, dall'*Histoire littéraire de la ville de Lyon par le* P. COLONIA (Lyon, 1730) e dalle *Recherches pour servir à l'histoire de Lyon par* PERNETTY (Lyon, 1757);

Le notizie scientifiche estratte dal *Traité des propriétés projectives* di PONCELET e dall'*Aperçu historique* di CHASLES;

Notizie sulla *Perspective spéculative et pratique* d'ALEAUME *et* MIGON (Paris, 1643), sul P. NICÉRON e su GREGORIO HURET;

Estratti de' libelli contro DESARGUES.

In ciascuno de' suoi scritti DESARGUES si palesa profondo e originale; rinnovando i metodi e persino il linguaggio, audacemente si stacca dalla servile imitazione degli antichi; impaziente per l'abbondanza delle idee, si esprime con una grande concisione, che talvolta nuoce alla chiarezza. Non gli sfugge mai l'aspetto più generale delle quistioni che prende a trattare *). Spesso non sa arrestarsi a dimostrare i suoi teoremi

*) *Quand il n'y a point icy d'avis touchant la diversité des cas d'une proposition, la démonstration en convient à tous les cas, sinon il en est icy fait mention pour avis* (1.° t., p. 151) — *Cette démonstration bien entendue s'applique en nombre d'occasions, et fait voir la semblable génération de chacune des droites et des points remarquables en chaque espèce de coupe de rouleau, et rarement une quelconque droite au plan d'une quelconque coupe de rouleau peut avoir une propriété considérable à l'egard de cette coupe, qu'au plan d'une autre coupe de ce rouleau la position et les propriétez d'une droite, correspondant à celle-là, ne soit aussi donnée par une semblable construction de ramée d'une ordonnance dont le but soit au sommet du rouleau* (p. 178). — *Il y a plusieurs semblables proprietez communes à toutes les espèces de coupe de rouleau qui seraient ennuyeuses icy* (p. 202). — *Semblable propriété se trouve à l'egard d'autres massifs qui ont du rapport à la boule, comme les ovales, autrement ellipses, en ont au cercle, mais il y a trop à dire pour n'en rien laisser* (p. 214).

o a svilupparne le conseguenze, ma si limita a dichiarare che chiunque vorrà sbozzare la tal proposiziene, potrà facilmente comporne un volume *). Perciò egli diede ad alcuni de' suoi trattatelli il titolo bizzarro di *brouillon proiect.*

Per la novità e l'arditezza delle sue idee sull'infinito, per la generalità del suo metodo di cercare le proprietà delle coniche, DESARGUES non ha nulla di comune coi geometri che lo hanno preceduto **), ma deve essere riguardato come l'iniziatore della geometria moderna. Egli considera una retta come estesa d'ambe le parti e le sue estremità come riunentisi all'infinito; ed anche, una retta come una circonferenza il cui centro sia a distanza infinita; le rette parallele come concorrenti in un punto all'infinito ***); ed i piani paralleli come aventi in comune una retta all'infinito. A questo proposito non dispiaccia di veder qui riportate le seguenti riflessioni dello stesso DESARGUES:

" *En géométrie on ne raisonne point des quantitez avec cette distinction, qu'elles existent ou bien effectivement en acte, ou bien seulement en puissance, n'y du général de la nature avec cette décision qu'il n'y ait rien en elle que l'entendement ne comprenne à propos de la droite infinie. L'entendement se sent vaguer en l'espace duquel il ne scait pas dabord s'il continue toujours ou s'il cesse de continuer en quelqu'endroit; afin de s'en éclaircir il raisonne par exemple en cette façon: ou bien l'espace continue toujours, ou bien cesse de continuer en quelqu'endroit; s'il cesse de continuer en quelqu'endroit, ou que ce puisse estre, l'imagination y peut aller en temps; or jamais l'imagination ne peut aller en aucun endroit de l'espace auquel cet espace cesse de continuer; donc l'espace et conséquemment la droite continue toujours. Le mesme entendement raisonne encore et conclud les quantitez si petites que leurs deux extremitez opposées sont unies entrelles, et se sent incapable de comprendre l'un et l'autre de ces deux espèces de quantitez sans avoir sujet de conclure que l'un ou l'autre n'est point en la nature, non plus que les propriétez qu'il a sujet de conclure de chacune encore qu'elles semblent impliquer, à cause qu'il ne scaurait comprendre comment elles sont telles qu'il les conclud par ses raisonnements.* „

---

*) ... *mais cecy peut suffire pour en ouvrir la minière avec ce qui suit* (p. 157). — *On verra bientot en gros quelles espèces de conséquences et de convers vrayes s'en suivent pour le sujet de ce brouillon, et qui l'enflerait trop pour les déduire au long* (p. 185). — *Dont la démonstration familière enflerait inutilement ce brouillon* (p. 200) — *Et cette seule proposition fournirait de matiere pour un livre entier à qui voudroit en bien éplucher toutes les consequences évidentes de ce qui est démontré cy devant* (p. 224).

**) *J'estime beaucoup* M. DESARGUES *et d'autant plus qu'il est lui seul inventeur de ses coniques* (FERMAT).

***) *Pour votre façon de considérer les lignes paralleles comme si elles s'assemblaient à un but à distance infinie, afin de les comprendre sous le même genre que celles qui tendent à un point, elle est fort bonne* (DESCARTES).

Nella teoria delle coniche, Desargues non assume sempre il cono a base circolare, nè fa uso del triangolo per l'asse: ma e cono e piano segante, tutto è concepito da lui nella più grande generalità.

Le molte idee nuove da lui introdotte nella geometria gli diedero occasione d'inventare molti vocaboli nuovi. Per esempio: egli chiama *ordonnance* un fascio di rette situate in un piano e passanti per uno stesso punto (*but*), o di piani passanti per una stessa retta (*essieu*); *tronc* una retta punteggiata; *bornes* i quattro vertici di un quadrangolo completo; *bornale droite* uno qualunque de' sei lati; *couple de bornales droites* una coppia di lati opposti; ecc.

Il capolavoro di Desargues è il suo trattato delle coniche: *Broullion proiect d'une atteinte aux événemens des rencontres d'un cone avec un plan.* Ivi è stabilita la teoria dell'involuzione *), ch'egli definisce dietro il valor costante del prodotto de' segmenti compresi da due punti coniugati (*nœuds couplés*) col punto centrale (*souche*); e ne trae le relazioni fra sei od otto segmenti determinati dai sei punti. Considera l'involuzione di cinque punti (un punto doppio e due coppie di punti coniugati) e l'involuzione di quattro punti (due punti doppi e due punti coniugati). Fa osservare che, se uno de' sei punti è all'infinito il suo coniugato è il centro dell'involuzione: ciò che riduce di nuovo questa a cinque punti. E dopo aver date molte formole relative alla divisione armonica (involuzione di quattro punti), enuncia la proposizione: se tre coppie di punti sono in involuzione, e se due di esse sono separatamente in involuzione con altre due, queste formeranno un'involuzione anche colla terza coppia.

Poi Desargues dimostra, per mezzo del teorema di Menelao (sul triangolo segato da una trasversale) che l'involuzione è una relazione projettiva, cioè che un fascio di rette passanti per sei punti in involuzione (*ramée*) è segato da una trasversale arbitraria in sei punti che sono pur essi in involuzione. Indi seguono le proprietà di un fascio armonico.

Non solo la teoria dell'involuzione, ma quella eziandio de' poli e delle rette polari, rispetto ad una conica, è dovuta a Desargues. La polare di un punto dato è da lui chiamata *transversale de l'ordonnance* delle rette passanti pel punto medesimo. Lascia chiaramente intendere, benchè non lo dica in modo del tutto esplicito, che il centro della conica è il polo della retta all'infinito. Accenna che la polare taglia, tocca o non incontra la conica, secondo che il polo è fuori, sopra o entro la curva; e che la polare diviene un diametro, quando il polo è a distanza infinita.

Uno de' più bei teoremi dovuti a Desargues è il seguente: Se un quadrangolo è

*) La parola *involution*, come esprimente la disposizione de' sei punti, è di Desargues Egli chiama *arbre* la retta sulla quale sono situati i punti in involuzione.

inscritto in una conica, una retta arbitraria taglia la curva ed i quattro lati del quadrangolo in sei punti in involuzione. Egli lo dimostra prima pel cerchio base del cono; poi per una sezione qualunque, mediante rette condotte dal vertice del cono ai punti della figura tracciata sul piano della base.

Dimostra inoltre che, se un quadrangolo completo è inscritto in una conica, i punti di concorso delle tre coppie di lati opposti formano un triangolo, ciascun vertice del quale è polo del lato opposto. Proposizione importantissima, che è la base della teoria de' triangoli coniugati.

Dalle cose premesse DESARGUES deduce che, come ogni punto del piano della conica data è polo di una retta determinata, viceversa ogni retta è polare di un certo punto; che ciascuna retta di un fascio è polare di un punto situato nella polare del centro del fascio, e che reciprocamente le polari de' punti di una retta passano pel polo di questa retta.

Enuncia il teorema che le coppie di poli reciproci situati in una retta data sono in involuzione. E qui osserva esservi due maniere di dimostrare questa verità: o sul piano del cerchio base del cono, ove la cosa è evidente per la perpendicolarità de' diametri alle loro ordinate, donde poi si conclude per una sezione qualunque, col mezzo di rette condotte dal vertice del cono; ovvero, la proprietà essendo evidente per un diametro qualunque, si conclude per qualsivoglia altra retta.

In seguito enuncia quest'altro teorema: se in una traversale data si considera l'involuzione de' poli reciproci, e se si congiunge un punto fisso della curva a due punti coniugati, i due nuovi punti in cui le congiungenti segano la conica sono in linea retta col polo della trasversale.

Ma la proposizione capitale, e che lo stesso DESARGUES dice essere *comme une assemblage de tout ce qui précède*, è la seguente:

" *Estant donné de grandeur et de position une quelconque coupe de rouleau à bord courbe pour assise ou base d'un quelconque rouleau, dont le sommet soit aussi donné de position, et qu'un autre plan, en quelconque position aussi donné, coupe ce rouleau, et que l'essieu de l'ordonnance de ce plan de coupe avec le plan d'assiette soit aussi donné de position, la figure qui vient de cette construction en ce plan de coupe, est donnée d'espèce et de position; chacune de ses diametrales avec leur distinction de conjuguées et d'essieux, comme encore chacune des espèces de leurs ordonnées et des touchantes à la figure, et la nature de chacune, leurs ordonnances, avec les distinctions possibles sont donnez tous de génération et de position.*

La dimostrazione o soluzione di DESARGUES è semplice, elegante e generale. Egli determina anche gli assintoti della sezione ed osserva che ciascuno d'essi può essere considerato come un diametro coincidente col suo coniugato.

Seguono alcune proposizioni sul sistema di due circoli e di due coniche tagliate da una trasversale.

Indi DESARGUES deduce la costruzione del *parametro* relativo ad un dato diametro da una formola che è un'immediata conseguenza del teorema d'APOLLONIO (*Con. III*, 16-23) sul rapporto costante de' prodotti de' segmenti che una conica determina su due trasversali condotte in direzioni date per un punto arbitrario *).

Definisce i fuochi come intersezioni dell'asse col circolo che ha per diametro la porzione di una tangente qualunque compresa fra le tangenti ne' vertici. Appoggia questa elegante costruzione alla proprietà che il rapporto de' segmenti intercetti fra i punti di contatto di due date tangenti parallele e le intersezioni di queste con una terza tangente qualunque è costante.

Stabilisce la teoria de' poli e de' piani polari relativi ad una sfera, e conchiude col dire che simili proprietà si trovano per altre superficie, le quali sono rispetto alla sfera ciò che le coniche sono rispetto al cerchio.

Ecco un altro teorema rimarchevolissimo di DESARGUES:

" Date due rette A, B, polari reciproche rispetto ad una conica data, si stabilisca in B un'involuzione di punti nella quale il punto AB sia coniugato al polo di A. Da un punto qualunque m di A si conducano due tangenti alla conica, le quali seghino B in n_1, n_2, e si uniscano i punti di contatto ad n'_1, n'_2, coniugati di n_1, n_2 nell'involuzione. Le due congiungenti incontrano A in uno stesso punto m', ed i punti m, m', variando insieme, generano un'involuzione " **).

Da questo teorema DESARGUES conclude spontaneamente una bella regola per la costruzione dei fuochi della conica risultante dal segare con un dato piano un cono del quale sian dati il vertice v e la base. Per v si conduca un piano parallelo al dato,

---

*) Quella formola; generalizzata mediante la prospettiva, diviene il teorema di CARNOT sui segmenti determinati nei lati di un triangolo da una linea del terz'ordine composta della conica data e di una retta qualsivoglia data.

**) Il teorema di DESARGUES può anche enunciarsi così: siano A, B, C tre rette formanti un triangolo coniugato ad una conica, ed in A si fissi un'involuzione nella quale siano coniugati i punti AB, AC; se da un punto qualunque m di A si tira una tangente alla conica, e il punto di contatto si unisce con m' coniugato di m nell'involuzione, questa congiungente e la tangente incontrano B o C in due punti, che variando simultaneamente generano un'involuzione. I punti doppi delle tre involuzioni in A, B, C sono i vertici di un quadrilatero completo circoscritto alla conica.

Se A è la retta all'infinito, e se l'involuzione in essa è determinata da coppie di rette perpendicolari, B e C saranno gli assi della conica, e si avrà il teorema notissimo: la tangente e la normale in un punto qualunque della conica dividono per metà gli angoli compresi dalle rette che congiungono questo punto ai due fuochi situati in uno stesso asse.

e siane A la traccia sul piano della base. Sia poi o il piede della perpendicolare calata da v sopra A, ed in questa retta si considerino i punti m, m' legati dalla relazione $mo \cdot om' = \overline{ov}^2$. I punti m, m' generano un'involuzione, nella quale si possono determinare due punti coniugati (reali) μ, μ', i quali siano poli reciproci rispetto alla conica base. Condotta per m una tangente a questa conica, sia n il punto in cui essa sega la retta B che unisce uno de' punti μ, μ' al polo di A (relativo alla conica medesima). Il punto in cui questa conica è toccata dalla mn si unisca al punto m', e sia n' l'intersezione della congiungente colla retta B. I punti n, n' generano un'involuzione, i cui punti doppi uniti al vertice v danno due rette e queste incontreranno il piano dato nei fuochi della sezione che esso fa nel cono *).

A buon dritto adunque il signor Poudra afferma che questo trattato delle coniche potrebbe essere studiato anche oggidì non senza frutto.

Nella *Proposition fondamentale de la pratique de la perspective,* Desargues dimostra quel teorema importantissimo che oggi si esprime dicendo che il rapporto anarmonico de' quattro punti in cui una trasversale qualunque sega un dato fascio di quattro rette è costante.

Le *Propositions géométriques* contengono i teoremi fondamentali sui triangoli e sui quadrangoli omologici.

Anche nelle opere di Bosse si incontrano molte idee originali di Desargues, e fra l'altre l'ingegnoso metodo per eseguire la prospettiva sopra qualunque superficie regolare o irregolare, semplice o composta; ed il concetto primo di costruire un bassorilievo come *prospettiva-rilievo* di un soggetto dato.

Possano queste mie disadorne parole invogliare gli amici della geometria a trarre profitto dall'eccellente pubblicazione del signor Poudra.

Bologna, 28 febbrajo 1864.

*) Il polo di A unito ai punti μ, μ' dà la retta B ed un'altra retta C. Una di queste rette determina i fuochi reali, l'altra i fuochi imaginari della sezione.

47.

SULLA TEORIA DELLE CONICHE. [19]

Annali di Matematica pura ed applicata, serie I, tomo V (1863), pp. 330-331.
Giornale di Matematiche, volume I (1863), pp. 225-226.

Scopo di quest'articolo è di indagare l'origine dell'apparente contraddizione che s'incontra nell'applicare la teoria generale delle curve piane alla ricerca delle coniche che soddisfano a cinque condizioni date (punti o tangenti) *).

1. Le coniche descritte per quattro punti $abcd$ formano un fascio, epperò una retta qualsivoglia L è da esse incontrata in coppie di punti, che sono in involuzione. In ciascuno de' due punti doppi dell' involuzione la retta L è toccata da una conica del fascio; in altre parole, le coniche passanti per tre punti dati abc e toccanti una data retta L formano una *serie d'indice* 2.

Le rette polari di un punto arbitrario o relative alle coniche della serie anzidetta inviluppano una conica (*Introd.* 84, b), ossia costituiscono una nuova serie d'indice 2. Le due serie, essendo projettive, generano colle scambievoli intersezioni degli elementi omologhi una curva del sesto ordine, luogo de' punti di contatto fra le rette tirate per o e le coniche della prima serie (*Introd.* 83, 85). Questa curva ha un punto doppio in o, a causa delle due coniche della serie che passano per questo punto; quindi una retta M condotta ad arbitrio per o tocca in altri quattro punti altrettante coniche della serie medesima.

2. Di qui si trae che le coniche descritte per due punti ab e toccanti due rette LM formano una serie d' indice 4. I punti ab e quelli ove la retta ab sega le LM determinano un' involuzione, i cui punti doppi siano ff'. In essi incrocciansi, com' è noto, tutte le corde di contatto delle coniche della serie colle tangenti LM. Se la corda di contatto dee passare per f, e la conica per un terzo punto c, il problema ammette due

*) *Journal de Liouville,* avril 1861, p. 121 [20] — *Introduzione ad una teoria geometrica delle curve piane,* p. 65 [n.i 83 e seg.i V. queste Opere, n. **29** (t. 1.°)]. — *Giornale di Matematiche di Napoli,* aprile 1863, p. 128. [21]

soluzioni, individuate dai punti doppi dell'altra involuzione che formano i punti *ac* con quelli comuni alla retta *ac* ed alle LM.

Dunque la suddetta serie di coniche d'indice 4 si compone di due distinte serie, ciascuna d'indice 2, corrispondenti ai due fasci di corde di contatto incrociate in f o in f' *).

Le rette polari di un punto arbitrario *u* relative alle coniche di una qualunque delle due serie or nominate formeranno una nuova serie d'indice 2. La serie di coniche e la serie di rette, essendo projettive, generano un luogo del sesto ordine, che però è composto di una curva del quarto e della retta *ab* presa due volte. Infatti, se *m* è un punto di *ab*, ciascuna delle *due* coniche della serie passanti per *m* riducesi al sistema di due rette coincidenti in *ab*, e come tale è incontrata dalla retta *um* in due punti sovrapposti in *m*; dunque *m* conta *due* volte come punto di contatto fra le rette uscenti da *u* e le coniche della serie (d'indice 2) che si considera.

La curva del quart'ordine passa due volte per *u*; epperò una retta N condotta ad arbitrio per *u* toccherà altrove due coniche di quella serie, e similmente toccherà due coniche dell'altra serie. Dunque vi sono quattro coniche tangenti a tre rette date LMN e passanti per due punti dati *ab*.

3. Ciò torna a dire che le coniche descritte per un punto dato *a* e toccate da tre rette LMN formano una serie d'indice 4. Le rette polari di un punto *i* costituiranno un'altra serie dello stesso indice; e le due serie, perchè projettive, genereranno un luogo del dodicesimo ordine; il quale però si decomporrà in una curva del sesto ordine e nelle tre rette *a*(MN), *a*(NL), *a*(LM), ciascuna contata due volte. Ed invero se *m* è un punto di una di queste rette, per es. di *a*(MN), per *m* passano due sole (vedi l'annotazione a piè di pagina) *effettive* coniche della serie; ciascuna delle altre due coincide colla retta *a*(MN), risguardata come un sistema di due rette sovrapposte.

La curva del sesto ordine passa quattro volte per *i*; dunque una retta H arbitrariamente condotta per questo punto toccherà altrove due sole coniche della serie. Ossia, per un punto dato passano due sole coniche che tocchino quattro rette date.

4. Donde si ricava che le coniche tangenti a quattro rette date LMNH formano una serie d'indice 2. Questa essendo projettiva all'altra, dello stesso indice, formata dalle rette polari di un punto *e*, le intersezioni degli elementi corrispondenti genereranno un luogo del sesto ordine: il quale è composto di una curva del terzo e delle

*) Se la retta *ab* passa pel punto LM, in questo coincide uno dei punti ff'; onde rimane soltanto la serie (d'indice 2) di coniche corrispondente all'altro punto, che con LM divide armonicamente il segmento *ab*. Cioè, se la retta *ab* passa pel punto LM, vi sono due sole coniche (effettive) passanti per i punti *ab* e toccanti le rette LM ed una terza retta N.

tre diagonali del quadrilatero completo LMNH. Infatti, se m è un punto di una diagonale, delle due coniche della serie passanti per m una sola è effettiva; l'altra riducesi alla diagonale medesima, considerata come un sistema di due rette coincidenti.

La curva del terz'ordine passa due volte per e; onde una retta arbitrariamente condotta per e toccherà (altrove) una sola conica della serie. Ossia, vi ha una sola conica tangente a cinque rette date.

Cornigliano (presso Genova), 4 agosto 1863.

48.

SULLA TEORIA DELLE CONICHE.

Giornale di Matematiche, volume II (1864), pp. 17-20 e p. 192.

1. Questa Nota fa seguito all'altra, sullo stesso argomento, inserita nel fascicolo di agosto 1863 di questo giornale (pag. 225). [[22]]

Proponendomi qui di ricercare il numero delle coniche che sodisfanno a cinque condizioni date (passare per punti dati o toccare curve date *)), premetto il seguente problema (*Introd.* 87): *quale è il luogo di un punto che abbia la stessa retta polare rispetto ad una curva* C_n *d'ordine n e ad alcuna delle coniche d'una data serie d' indice* M?

Per risolvere il quesito, cerchiamo quanti punti del luogo richiesto siano contenuti in una trasversale assunta ad arbitrio. Sia a un punto qualunque della trasversale; A la retta polare di a rispetto a C_n; e sia M' l'ordine della linea luogo dei poli della retta A rispetto alle coniche della data serie (cioè il numero delle coniche della serie che toccano una data retta qualsivoglia (*Introd.* 86)), la qual linea segherà la trasversale in M' punti a'. Reciprocamente, assunto ad arbitrio un punto a' nella trasversale, le rette polari di a' rispetto alle coniche anzidette formano (*Introd.* 84, b) una curva della classe M, la quale ha $M(n-1)$ tangenti comuni colla curva di classe $n-1$, inviluppo delle rette polari de' punti della trasversale relative a C_n (*Introd.* 81, a). Queste $M(n-1)$ tangenti comuni sono polari, rispetto a C_n, d'altrettanti punti a della trasversale. Così ad ogni punto a corrispondono M' punti a', e ad ogni punto a' corrispondono $M(n-1)$ punti a; dunque vi saranno $M'+M(n-1)$ punti a, ciascuno de' quali coinciderà con uno de' corrispondenti a'. Ne segue che il luogo cercato è una linea dell'ordine $M'+M(n-1)$. I punti ove questa linea interseca C_n sono evidentemente punti di contatto fra C_n e alcuna delle coniche della serie; dunque:

*) Le quali s'intenderanno affatto generali nel rispettivo ordine, cioè prive di punti multipli, ed inoltre del tutto indipendenti, sì fra loro, che riguardo agli altri dati della quistione.

Teorema 1.° *Se in una serie di coniche d'indice* M *ve ne sono* M' *tangenti ad una retta qualsivoglia, ve ne saranno* $M'n + Mn(n-1)$ *tangenti ad una data curva d'ordine* n.

2. Il numero M' è in generale eguale a 2M (*Introd.* 85); ma può ricevere una riduzione quando dalle coniche risolventi il problema si vogliano separare i sistemi di rette sovrapposte, che in certi casi vi figurano. Questo non può evidentemente accadere se le coniche della serie devono passare per quattro o per tre punti dati. Avendosi dunque per un fascio di coniche $M=1, M'=2$, il teorema 1.° darà:

Teorema 2.° *Vi sono* $n(n+1)$ *coniche passanti per quattro punti dati e tangenti ad una data linea d'ordine* n.

Cioè le coniche passanti per tre punti dati e tangenti ad una curva d'ordine n formano una serie d'indice $n(n+1)$, e ve ne sono $2n(n+1)$ tangenti ad una retta data. Quindi dallo stesso teorema 1.° si ricava:

Teorema 3.° *Vi sono* $nn_1(n+1)(n_1+1)$ *coniche passanti per tre punti dati e tangenti a due linee date d'ordini* n, n_1.

Ossia, le coniche passanti per due punti dati e tangenti a due curve date d'ordini n, n_1, formano una serie d'indice $nn_1(n+1)(n_1+1)$. In questo caso, siccome la retta che unisce i due punti dati, risguardata come un sistema di due rette coincidenti, può ben rappresentare una conica della serie, tangente a qualsivoglia retta data, il valore 2M del numero M' sarà suscettibile di riduzione.

Per determinare tale riduzione, ricordiamo che le coniche passanti per due punti dati e tangenti a due rette date formano una serie d'indice 4, nella quale, invece di otto, vi sono solamente quattro coniche (effettive) tangenti ad una terza retta. Se la retta che unisce i punti dati incontra le due rette date in a, b, il segmento ab, risguardato come una conica (di cui una dimensione è nulla) tangente alle rette date in a, b, riesce tangente anche a qualsivoglia terza retta; e, come tale, rappresenta quattro soluzioni (coincidenti) del problema: descrivere pei due punti dati una conica tangente alle due rette date e ad una terza retta. È dunque naturale di pensare che, ove in luogo delle due rette date si abbiano due curve d'ordini n, n_1, la riduzione del numero 2M sia $4nn_1$; essendo nn_1 le coppie di punti in cui le curve date sono incontrate dalla retta che passa pei punti dati. Accerteremo questa previsione.

3. Applicando il teorema 1.° alla serie delle coniche passanti per due punti e tangenti a due rette date, si ha:

Teorema 4.° *Vi sono* $4n^2$ *coniche passanti per due punti dati e tangenti a due rette e ad una curva d'ordine* n, *date.*

Dal teorema 3.° si desume che le coniche passanti per due punti e tangenti ad una retta e ad una curva d'ordine n formano una serie d'indice $2n(n+1)$, nella quale, pel teorema 4.°, vi sono $4n^2$ coniche tangenti ad un'altra retta; dunque (teorema 1.°):

Teorema 5.° *Vi sono* $2nn_1(nn_1+n+n_1-1)$ *coniche passanti per due punti dati e tangenti ad una retta e a due curve d'ordini* n, n_1, *date.*

Questo numero è precisamente eguale a $2nn_1(n+1)(n_1+1)$ diminuito di $4nn_1$.

4. I teoremi 3.° e 5.° fanno conoscere di quale indice sia la serie delle coniche passanti per due punti e tangenti a due curve date, e quante coniche di questa serie siano anche tangenti ad una retta data; dunque il teorema 1.° darà:

Teorema 6.° *Vi sono* $n\,n_1n_2(n\,n_1n_2+n_1n_2+n_2n+nn_1+n+n_1+n_2-3)$ *coniche passanti per due punti dati e tangenti a tre curve d'ordini* n, n_1, n_2, *date.*

5. Applicando lo stesso teorema 1.° alla serie (d'indice 4) delle coniche passanti per un punto dato e tangenti a tre rette date, nella quale sappiamo esservi due coniche tangenti ad una quarta retta, si ottiene:

Teorema 7.° *Vi sono* $2n(2n-1)$ *coniche passanti per un punto dato e tangenti a tre rette e ad una curva d'ordine* n, *date.*

Pel teorema 4.° e pel 7.° si conoscono i numeri M, M' relativi alla serie delle coniche che passano per un punto dato e toccano due rette ed una curva data; dunque (teorema 1.°):

Teorema 8.° *Vi sono* $2nn_1(2nn_1-1)$ *coniche passanti per un punto dato e tangenti a due rette e a due curve d'ordini* n, n_1, *date.*

Così dai teoremi 5.° ed 8.° si conclude:

Teorema 9.° *Vi sono* $2n\,n_1n_2\big(n\,n_1n_2+(n_1n_2+n_2n+nn_1)-(n+n_1+n_2)\big)$ *coniche passanti per un punto dato e tangenti ad una retta e a tre curve d'ordini* n, n_1, n_2, *date.*

E dai teoremi 6.° e 9.°:

Teorema 10.° *Vi sono* $n\,n_1n_2n_3\big(n\,n_1n_2n_3+(n_1n_2n_3+n_2n_3n+n_3n_1n+n_1n_2n)+(nn_1+n_2n_3+nn_2+n_3n_1+nn_3+n_1n_2)-3(n+n_1+n_2+n_3)+3\big)$ *coniche passanti per un punto dato e tangenti a quattro curve date d'ordini* n, n_1, n_2, n_3.

6. Il teorema 9.° manifesta che, per la serie delle coniche passanti per un punto e tangenti a tre curve, il valore ridotto di M' è $2M-n\,n_1n_2(4n+4n_1+4n_2-6)$. Questa riduzione è dovuta in parte alle tangenti delle curve date, che concorrono nel punto dato, ed in parte alle rette che uniscono questo punto alle intersezioni delle curve medesime, prese a due a due.

Se una retta condotta pel punto dato, a toccare una delle tre curve, incontra le altre due rispettivamente in a, b, il segmento ab conta per *quattro* fra le coniche della serie passanti per un punto qualunque di quella retta [23]. Invece, se una retta condotta pel punto dato, ad un'intersezione a di due curve, incontra la terza in b, il segmento ab tien luogo di *due* coniche della serie passanti per un punto arbitrario della retta medesima. Il numero totale de' primi segmenti è $n\,n_1n_2(n+n_1+n_2-3)$, e quello dei secondi è $3n\,n_1n_2$: quindi il quadruplo del primo numero aggiunto al doppio del secondo dà la riduzione da farsi a $2M$ per ottenere M'.

7. La serie delle coniche tangenti a quattro rette date è d'indice 2, e fra esse ve n'ha una sola che tocchi una quinta retta; dunque, pel teorema 1.°, si avrà:

Teorema 11.° *Vi sono* $n(2n-1)$ *coniche tangenti a quattro rette e ad una curva d'ordine* n, *date.*

Così dai teoremi 7.° ed 11.° si ha:

Teorema 12.° *Vi sono* $nn_1(4nn_1-2n-2n_1+1)$ *coniche tangenti a tre rette e a due curve d'ordini* n, n_1, *date.*

E dai teoremi 8.° e 12.°:

Teorema 13.° *Vi sono* $n\,n_1n_2(4n\,n_1n_2-2n-2n_1-2n_2+3)$ *coniche tangenti a due rette e a tre curve d'ordini* n, n_1, n_2, *date.*

E dai teoremi 9.° e 13.°:

Teorema 14.° *Vi sono* $n\,n_1n_2n_3\big(2n\,n_1n_2n_3+2(n_1n_2n_3+\ldots)-2(nn_1+\ldots)+3\big)$ *coniche tangenti ad una retta ed a quattro curve d'ordini* n, n_1, n_2, n_3, *date.*

E finalmente dai teoremi 10.° e 14.°:

Teorema 15.° *Vi sono* $n\,n_1n_2n_3n_4\big(n\,n_1n_2n_3n_4+(n_1n_2n_3n_4+\ldots)+(nn_1n_2+\ldots)-3(nn_1+\ldots)+3(n+\ldots)\big)$ *coniche tangenti a cinque curve date d'ordini* n, n_1, n_2, n_3, n_4.

8. [24] Il teorema 14.° mostra che la differenza tra 2M ed M', per la serie delle coniche tangenti a quattro curve date d'ordini n, n_1, n_2, n_3 è $nn_1n_2n_3\big(4(nn_1+\ldots)-6(n+\ldots)+3\big)$. Questa riduzione è dovuta in parte alle tangenti comuni a due delle curve medesime; in parte alle tangenti che dai punti comuni a due curve si possono condurre ad una delle rimanenti; ed in parte alle *diagonali* del sistema, cioè alle rette che uniscono i punti comuni a due curve coi punti comuni alle altre due. Se una retta tangente a due curve incontra le altre due rispettivamente in a, b, il segmento ab conta per *quattro* fra le coniche della serie, costituite da una coppia di punti. — Se per un punto a comune a due curve si conduce una tangente alla terza, che incontri la quarta in b, il segmento ab conta per *due* fra le coniche della serie, costituite da due punti. — Da ultimo, se il punto a comune a due curve si unisce col punto b comune alle altre due, il segmento ab rappresenta *una* conica della serie, costituita da due punti. Cioè le riduzioni parziali dovute alle tangenti comuni, alle tangenti pei punti d'intersezione ed alle diagonali, sono ordinatamente

$$4n\,n_1n_2n_3\big((nn_1+\ldots)-3(n+\ldots)+6\big)$$
$$6n\,n_1n_2n_3\big((n+\ldots)-4\big)$$
$$3n\,n_1n_2n_3.$$

Correlativamente, nella serie delle coniche tangenti a quattro curve si riscontrano le seguenti coniche dotate di punto doppio:

1.° Se da un punto comune a due curve si tira una tangente alla terza ed una tangente alla quarta curva, queste due tangenti formano una conica che conta per quattro fra quelle della serie, dotate di punto doppio;

2.° Se una tangente comune a due curve incontra la terza curva in un punto da cui si tiri una tangente alla quarta, si ha un paio di rette che conta per due fra le coniche della serie, dotate di punto doppio:

3.° Una tangente comune a due curve ed una tangente comune alle altre due formano insieme una conica della serie, dotata di punto doppio.

9. Queste riduzioni si determinano, senza grande difficoltà, per mezzo di considerazioni analoghe a quelle usate nella 1.ª Nota, e coll'aiuto del seguente teorema:

La condizione affinchè una conica sia tangente ad una curva C_n *d'ordine* n, *è del grado* $n(n+1)$ *ne' coefficienti della conica. Se il discriminante della conica è nullo, quella condizione assume la forma* $U^2. V=0$, *ove* U *è del grado* n *e* V *del grado* $n(n-1)$ *rispetto a quei coefficienti.* $U=0$ *è la condizione perchè* C_n *passi pel punto comune alle due rette nelle quali la conica si è decomposta; e* $V=0$ *è la condizione perchè l'una o l'altra di queste rette tocchi* C_n.

10. I teoremi 2.°, 3.°, ... 15.° sono stati enunciati, senza dimostrazione, dall'illustre Chasles in una recentissima comunicazione fatta all'Accademia delle scienze di Parigi (*Compte rendu* del primo febbraio 1864). Mi lusingo che le riduzioni sopra accennate spieghino il disaccordo fra quei teoremi e la formola data, nel tomo 56 del giornale matematico di Crelle-Borchardt, dal mio dotto amico, il signor Bischoff di Monaco.

Bologna, 21 febbraio 1864.

49.

CONSIDERAZIONI SULLE CURVE PIANE DEL TERZ'ORDINE, COLLE SOLUZIONI DELLE QUESTIONI 26 E 27. [25]

Giornale di Matematiche, volume II (1864), pp. 78-85.

I.

È noto per un celebre teorema di NEWTON *) che qualsivoglia curva piana del terz'ordine è projettiva ad una delle parabole divergenti, le quali sono comprese nell'equazione

$$ax^3+3bx^2+3cx+d+3ey^2=0. \tag{1}$$

La trasformazione projettiva si effettua **) mandando a distanza infinita un flesso e la relativa tangente stazionaria. Prendendo per asse delle x la polare armonica di questo flesso, la quale dopo la projezione risulta un *diametro* della curva, si ottiene l'equazione dianzi scritta ***).

NEWTON distingue nelle curve rappresentate da quell'equazione cinque forme essenzialmente diverse.

Se l'equazione

$$ax^3+3bx^2+3cx+d=0 \tag{2}$$

ha tre radici reali e differenti, la (1) rappresenta la *parabola campaniformis cum ovali* (specie 67.ª di NEWTON, fig. 70), composta di una branca parabolica e di un ovale.

*) *Enumeratio linearum tertii ordinis* (fa seguito all'edizione latina dell'*Optice,* Londini 1706), pag. 19.

**) CHASLES, *Aperçu historique,* note XX.

***) SALMON, *Higher plane curves,* 144.

Se l'equazione (2) ha due radici imaginarie, si ha la *parabola pura campaniformis* (specie 71.ª di NEWTON, fig. 74), costituita da una semplice branca parabolica.

Se l'equazione (2) ha due radici eguali, la (1) rappresenta la *parabola nodata* (specie 68.ª di NEWTON, fig. 72) o la *parabola punctata* (specie 69.ª di NEWTON, fig. 73).

Finalmente, se la (2) ha tre radici eguali, si ha la *parabola cuspidata*, detta anche *parabola Neiliana* o *parabola semicubica* (specie 70.ª di NEWTON, fig. 75).

Siano S e T gli invarianti di quarto e sesto grado, di una data curva di terz'ordine. Dalle conosciute espressioni generali di S, T *), si desume pel caso che la curva sia rappresentata dall'equazione (1),

$$S = e^2(b^2 - ac)\,, \qquad T = 4e^3(2b^3 + a^2d - 3abc)\,,$$

e, detto R il discriminante,

$$R = 64S^3 - T^2\,,$$

si avrà

$$R = 16e^6\left(4(b^2 - ac)^3 - (2b^3 + a^2d - 3abc)^2\right),$$

cioè

$$R = -16e^6a^2\Delta\,;$$

ove

$$\Delta = a^2d^2 - 3b^2c^2 + 4db^3 + 4ac^3 - 6abcd$$

è il discriminante della (2).

Ora è noto che l'equazione (2) ha tre radici reali distinte, ovvero ne ha due imaginarie, secondo che Δ è negativo o positivo; dunque se $R > 0$ la (1) rappresenta una *parabola campaniformis cum ovali*, e se $R < 0$ *una parabola pura campaniformis.*

Se $\Delta = 0$, all'equazione (1) si può dare la forma

$$a\left(x + \frac{b}{a} + \frac{T^{\frac{1}{3}}}{ae}\right)\left(x + \frac{b}{a} - \frac{T^{\frac{1}{3}}}{2ae}\right)^2 + 3ey^2 = 0\,,$$

ovvero

$$a^2x'\left(x' - \frac{3T^{\frac{1}{3}}}{2ae}\right)^2 + 3aey^2 = 0\,,$$

ove si è posto

$$x + \frac{b}{a} + \frac{T^{\frac{1}{3}}}{ae} = x'\,.$$

La parte reale della curva è situata dalla banda delle x' positive o delle x' nega-

*) SALMON, *Higher plane curves,* 199, 200.

tive, secondo che $ae<0$, ovvero $ae>0$; onde il punto doppio

$$x'=\frac{3T^{\frac{1}{3}}}{2ae}, \quad y=0$$

è situato, rispetto all'origine delle x', dalla stessa banda della curva o dalla banda contraria, secondo che T è negativo o positivo. Dunque la (1) rappresenta una *parabola nodata* se $R=0$ e $T<0$; invece rappresenta una *parabola punctata* se $R=0$ e $T>0$.

Se oltre ad $R=0$ si ha $T=0$ (epperò anche $S=0$), il primo membro della (2) diviene un cubo perfetto, e la (1) rappresenta una *parabola cuspidata.*

Supposto ora che la parabola divergente (1) venga trasformata mediante la prospettiva, le quantità R, S, T non muteranno di segno, ma si conserveranno positive, negative o nulle, quali erano per lo avanti. Dunque, data una qualsivoglia curva di terz'ordine:

1.° Se il discriminante R è positivo, la curva è composta di due *pezzi* distinti, cioè di due parti che rimangono separate per qualsivoglia projezione. Uno di questi pezzi contiene tre flessi reali; l'altro pezzo non ha punti singolari e può essere projettato in un ovale, e come tale può chiamarsi un *ovale*, estendendo questa parola a significare anche le forme paraboliche ed iperboliche che nascono dalla projezione di un ovale ordinaria *). (In questo senso, una curva di second'ordine è sempre un ovale).

2.° Se il discriminante R è negativo, la curva consta di un solo pezzo dotato di tre flessi reali.

3.° Se il discriminante R è nullo, la curva è costituita da un solo pezzo e possiede un punto doppio, il quale è un nodo o un punto isolato o una cuspide secondo che l'invariante T è negativo, positivo o nullo.

Per tal modo è risoluta la quistione 26, proposta dal sig. SYLVESTER.

II.

È noto che il rapporto anarmonico delle quattro rette che si possono condurre da un punto *qualunque* di una curva di terz'ordine (e sesta classe) a toccarla altrove è un numero *costante* **). Questo numero, che può essere denominato il *rapporto anarmonico* della cubica, si conserva inalterato nella prospettiva; cioè esso è comune a tutte le cubiche projettive; ed al contrario due cubiche di diverso rapporto anarmonico non possono essere projettive.

---

*) BELLAVITIS, *Sulla classificazione delle curve di terz'ordine* (Mem. della Società Italiana, tom. XXV, parte 2.), Modena 1851.

**) SALMON, *Higher plane curves,* 158.

Sia la *parabola campaniformis cum ovali:*

$$y^2 = x(x-a)(x-b) \tag{1}$$

(a e b positivi, $a<b$), ove l'origine delle coordinate è un punto d'intersezione dell'ovale col diametro $y=0$. Le tangenti che si possono condurre alla curva da questo punto sono rappresentate dalla equazione

$$y^4 + 2(a+b)y^2x^2 + (a-b)^2x^4 = 0,$$

da cui

$$\frac{y^2}{x^2} = -(a+b) \pm 2\sqrt{ab}.$$

E siccome $a+b>2\sqrt{ab}$, così quelle quattro tangenti sono tutte imaginarie.

Pongasi ora $x-b=x'$, cioè si trasporti l'origine delle coordinate nel punto in cui il diametro $y=0$ incontra la branca parabolica. L'equazione (1) diverrà

$$y^2 = x'(x'+b)(x'+b-a),$$

e le tangenti dalla nuova origine saranno

$$y^4 - 2(2b-a)y^2x'^2 + a^2x'^4 = 0,$$

da cui

$$\frac{y^2}{x^2} = (2b-a) \pm 2\sqrt{b(b-a)}.$$

E siccome $2b-a>2\sqrt{b(b-a)}$, così le quattro tangenti sono tutte reali.

Osserviamo poi che il rapporto anarmonico della cubica è *) eguale a quello dei quattro punti in cui il diametro $y=0$ (che è la polare armonica del flesso all'infinito) incontra la curva e la retta all'infinito (che è la tangente nel flesso medesimo); ond'è che quel rapporto anarmonico è eguale ad $\left(\frac{a}{b}\,,\ \frac{a-b}{a}\,,\ \frac{b}{b-a}\right)$. Se $b=2a$, la cubica è *armonica.*

Consideriamo ora la *parabola pura campaniformis:*

$$y^2 = x\left((x+a)^2 + b^2\right),$$

posta l'origine nel punto in cui la curva è segata dal diametro $y=0$. Le quattro tangenti condotte dall'origine sono rappresentate dall'equazione

$$y^4 - 4ay^2x^2 - 4b^2x^4 = 0,$$

*) *Introd. ad una teoria geom. delle curve piane* [Queste Opere, n. **29** (t. 1.º)], 145.

da cui

$$\frac{y^2}{x^2}=2a\pm 2\sqrt{a^2+b^2},$$

dunque due sole di esse sono reali.

Il rapporto anarmonico della cubica è $\left(\frac{-a+bi}{-a-bi}, \frac{2bi}{-a+bi}, \frac{a+bi}{2bi}\right)$ *); epperò, se $a=0$, la cubica è armonica.

Da quanto precede concludiamo che, data una qualsivoglia curva di terz'ordine:

1.° Se il discriminante R è positivo, nel qual caso la cubica è composta di due pezzi distinti, una branca coi flessi ed un ovale, da ciascun punto dell'ovale non si può condurre alcuna retta reale a toccare altrove la curva; mentre da ogni punto della branca coi flessi si possono condurre quattro rette reali, due a toccare altrove la branca medesima e due a toccare l'ovale. Il rapporto anarmonico della curva è sempre un numero reale, però diverso da $(0, 1, \infty)$; ma può essere $\left(-1, 2, \frac{1}{2}\right)$ nel qual caso la cubica è armonica.

2.° Se il discriminante R è negativo, da ciascun punto della curva si possono condurre due (e solamente due) rette reali a toccarla altrove. Il rapporto anarmonico della cubica è sempre imaginario, salvo che la cubica sia armonica, nel qual caso il rapporto suddetto diviene $\left(-1, 2, \frac{1}{2}\right)$.

3.° La cubica è armonica quando l'invariante T è nullo: onde in tal caso il segno del discriminante R sarà quello stesso dell'invariante S; cioè una cubica armonica consta di due pezzi distinti o di un pezzo unico, secondo che S è positivo o negativo.

4.° Quando S è nullo, si ha $R=-T^2$; dunque una cubica *equianarmonica* **) è sempre costituita da un pezzo solo.

5.° Finalmente, quando $R=0$, la cubica non è più della sesta classe, ed il suo rapporto anarmonico diviene $(0, 1, \infty)$.

III.

Data una curva di terz'ordine (e di sesta classe), è noto che si possono determinare quattro trilateri (*sizigetici*), ciascun de' quali è formato da tre rette contenenti i nove flessi della curva. Uno di questi trilateri è costituito da tre rette reali: prese le quali

*) $i=\sqrt{-1}$.

**) *Introd.* 131, *b*; 145.

come lati del triangolo fondamentale, in un sistema di coordinate trilineari, l'equazione della curva sarà

(1) $$x^3+y^3+z^3+6dxyz=0.$$

Condotta pel punto $y=z=0$ la retta $\omega y-z=0$, questa sarà tangente alla cubica, purchè sia sodisfatta la condizione

(2) $$(1+\omega^3)^2+32d^3\omega=0,$$

da cui

$$\omega^3=-(1+16d^3)\pm\sqrt{32d^3(1+8d^3)},$$

onde ω avrà un valor reale, quando sia $d>0$, ovvero quando sia $1+8d^3<0$. Siccome il discriminante R della (1) è eguale a $-(1+8d^3)^3$; così, quando la cubica sia composta di due pezzi distinti, ω avrà un valor reale.

Supposto adunque che ω abbia un valor reale θ, dalla

$$(1+\theta^3)^2+32d^3\theta^3=0,$$

si ricaverà

$$d=-\frac{1}{2\theta}\left(\frac{1+\theta^3}{2}\right)^{\frac{2}{3}},$$

epperò la (2), ossia la condizione affinchè la retta $\omega y-z=0$ sia tangente alla cubica (1) diverrà

$$(\theta^3\omega^3-1)(\theta^3-\omega^3)=0,$$

equazione di sesto grado le cui radici sono

$$\theta,\quad \alpha\theta,\quad \alpha^2\theta,\quad \frac{1}{\theta},\quad \frac{1}{\alpha\theta},\quad \frac{1}{\alpha^2\theta},$$

indicata con α una radice cubica imaginaria dell'unità. Dando questi sei valori ad ω nelle equazioni

$$\omega y-z=0,\quad \omega z-x=0,\quad \omega x-y=0,$$

si avranno i tre sistemi di sei tangenti che si ponno condurre alla curva dai vertici del triangolo fondamentale. In ciascun sistema vi sono due tangenti reali. Sono inoltre evidenti le proprietà che seguono:

1.° In ciascun sistema le sei tangenti sono accoppiate in involuzione, così:

$$\theta y-z=0,\quad y-\theta z=0,$$
$$\alpha\theta y-z=0,\quad y-\alpha\theta z=0,$$
$$\alpha^2\theta y-z=0,\quad y-\alpha^2\theta z=0;$$

nella quale involuzione le $y=0$, $z=0$ sono rette coniugate, e $y+z=0$, $y-z=0$ sono i raggi doppi.

Le medesime sei tangenti si possono accoppiare in involuzione anche altrimenti:

$$\theta y - z = 0\,, \quad y - \alpha\theta z = 0\,,$$
$$\alpha\theta y - z = 0\,, \quad y - \alpha^2\theta z = 0\,,$$
$$\alpha^2\theta y - z = 0\,, \quad y - \theta z = 0\,,$$

ove $y=0$, $z=0$ sono rette coniugate, mentre i raggi doppi sono $y+\alpha^2 z=0$, $y-\alpha^2 z=0$.

Ovvero anche così:

$$\theta y - z = 0\,, \quad y - \alpha^2\theta z = 0\,,$$
$$\alpha\theta y - z = 0\,, \quad y - \theta z = 0\,,$$
$$\alpha^2\theta y - z = 0\,, \quad y - \alpha\theta z = 0\,,$$

ove $y=0$, $z=0$ sono ancora rette coniugate, e $y+\alpha z=0$ $y-\alpha z=0$ sono le rette doppie.

Le tre coppie di raggi doppi formeranno adunque una nuova involuzione, cogli elementi doppi $y=0$, $z=0$.

2.° Ciascun sistema si divide in due terne,

$$\theta y - z = 0\,, \quad \alpha\theta y - z = 0\,, \quad \alpha^2\theta y - z = 0\,,$$
$$y - \theta z = 0\,, \quad y - \alpha\theta z = 0\,, \quad y - \alpha^2\theta z = 0\,,$$

e in ciascuna terna le tre tangenti formano un fascio equianarmonico con l'una o con l'altra delle rette $y=0$, $z=0$.

IV.

Per un flesso i della data cubica si conduca una trasversale a segare nuovamente la curva ne' punti m, n; le tangenti concorreranno in un punto t della retta I polare armonica di i. E siccome la retta I è incontrata dalla trasversale nel punto coniugato armonico di i rispetto ai due m, n, così le tangenti tm, tn, formeranno sistema armonico colle ti ed I *).

Se invece si assume un punto qualunque t in I, e da esso si tiri una tangente tm alla cubica, verrà con ciò ad essere data un'altra tangente passante per lo stesso punto t:

---

*) *Introd.* 139.

la quale può costruirsi in due modi: o come coniugata armonica di tm rispetto alle ti, I; o come tangente in quel punto n che è in linea retta con m e col flesso i.

Dunque le sei tangenti che si ponno condurre alla cubica da un punto qualunque t della polare armonica I di un flesso i, sono coniugate a due a due in modo che i punti di contatto di due coniugate sono in linea retta col flesso i, e le due coniugate medesime formano sistema armonico colla I e colla retta che da t va al flesso i; cioè le sei tangenti formano un fascio in involuzione, i cui raggi doppi sono I e ti *).

È noto **) che i punti in cui si segano a tre a tre le nove rette I, polari armoniche de' flessi, sono i vertici r de' trilateri sizigetici, cioè de' trilateri formati dalle dodici rette che contengono a tre a tre i flessi medesimi. Onde, se r è un vertice di un tale trilatero, in esso si segheranno le polari armoniche de' tre flessi situati nel lato opposto: e le sei tangenti della cubica passanti per r saranno coniugate in involuzione in tre modi distinti, avendo per elementi doppi la retta che va da r ad uno de' flessi nominati e la polare armonica corrispondente.

Sia $r_1r_2r_3$ un trilatero sizigetico, ed $i_1i_2i_3$ tre flessi della cubica situati in una stessa retta e rispettivamente nei lati r_2r_3, r_3r_1, r_1r_2; le loro polari armoniche concorrono in uno stesso punto e passano poi rispettivamente per r_1, r_2, r_3. Per ciascuno di questi tre ultimi punti potremo condurre alla cubica due tangenti i cui punti di contatto siano in linea retta col flesso corrispondente; e siccome le tre corde di contatto segano la curva in tre punti $i_1i_2i_3$ allineati sopra una retta, così le altre sei intersezioni, cioè i sei punti di contatto, saranno in una conica ***).

Questo teorema comprende in sè quello del signor SYLVESTER (questione 27). La cubica si supponga composta di due pezzi distinti: un ovale †) ed una branca con tre flessi reali $i_1i_2i_3$. Ed i punti $r_1r_2r_3$ siano i vertici di quello fra i trilateri sizigetici che è tutto reale: i lati del quale passeranno rispettivamente pei flessi anzidetti. Si è già dimostrato che da ciascuno de' punti $r_1r_2r_3$ si possono condurre due tangenti reali (due sole) alla curva: dunque quei punti sono tutti esterni all'ovale e le tangenti che passano per essi toccano tutte e sei l'ovale medesimo. Così è dimostrato che:

Se una curva di terz'ordine ha un ovale, e se dai vertici del trilatero sizigetico si

---

*) Di qui consegue che il problema (di sesto grado) di condurre da un punto dato una retta tangente ad una data curva di terz'ordine è risolubile algebricamente, se il punto dato è situato nella polare armonica di un flesso.

**) *Introd.* 142.

***) *Introd.* 39, *a*.

†) S'intenda questo vocabolo *ovale* nel senso generale attribuitogli dal prof. BELLAVITIS ed esplicato sopra (I).

conducono le coppie di tangenti all'ovale, i loro sei punti di contatto appartengono ad una conica.

Aggiungasi che le tangenti medesime vanno a segare la branca de' flessi in sei punti situati in un'altra conica *).

Ma dalle cose precedenti emerge una proprietà più generale. Ritenuto ancora che $i_1 i_2 i_3$ siano tre flessi in linea retta, di una qualsivoglia data cubica, siano $t_1 t_2 t_3$ tre punti presi ad arbitrio e rispettivamente nelle polari armoniche di quelli. Condotte per ciascuno de' punti $t_1 t_2 t_3$ due tangenti i cui punti di contatto siano in linea retta col flesso corrispondente, siccome le tre corde di contatto segano la curva in tre punti $i_1 i_2 i_3$ di una medesima retta, così le rimanenti intersezioni, cioè i punti di contatto delle sei tangenti saranno in una conica. E le medesime tangenti incontreranno di nuovo la curva in altri sei punti appartenenti ad una seconda conica.

Bologna, 24 maggio 1864.

---

*) *Introd.* 45, *b*.

50.

NUOVE RICERCHE DI GEOMETRIA PURA SULLE CUBICHE GOBBE ED IN ISPECIE SULLA PARABOLA GOBBA. [26]

Memorie dell'Accademia delle Scienze dell'Istituto di Bologna, serie II, tomo III (1863), pp. 385-398.
Giornale di Matematiche, volume II (1864), pp. 202-210.

I.

Ricordo alcune proprietà delle coniche, che sono o note o facilmente dimostrabili *).

1. Date in uno stesso piano due coniche S e C, il luogo di un punto dal quale si possano condurre due rette tangenti ad S e coniugate rispetto a C, è una conica G passante per gli otto punti in cui le coniche date sono toccate dalle loro tangenti comuni. Sia T la conica polare reciproca di S rispetto a C. La conica G tocca le quattro tangenti comuni ad S, T.

2. Se di due punti coniugati rispetto a C e situati in una tangente di S, l'uno giace in T (o in G), l'altro appartiene a G (o a T). Ossia:

Se un triangolo è circoscritto ad S e due suoi vertici giacciono in G, il terzo vertice cadrà in T; e viceversa, se di un triangolo circoscritto ad S due vertici sono coniugati rispetto a C e giacciono, l'uno in G, l'altro in T, il terzo vertice cadrà in G.

3. L'inviluppo di una retta che tagli le coniche S, C in quattro punti armonici è un'altra conica F, che tocca le otto rette tangenti alle coniche date ne' loro punti comuni, e passa pei punti comuni ad S, T.

Se un triangolo è inscritto in S e tocca con due lati la conica F, il terzo lato inviluppa T; e viceversa, se di un triangolo inscritto in S due lati sono coniugati rispetto a C e toccano l'uno F, l'altro T, il terzo lato sarà tangente ad F.

4. Il luogo di un punto dal quale tirate due tangenti alla conica T, queste riescano coniugate rispetto a C, è un'altra conica J, polare reciproca di F rispetto a C.

---

*) *Introd. ad una teoria geom. delle curve piane* [Queste Opere, n. 29 (t. 1.°)], 111.

Se un triangolo è circoscritto alla conica T e due suoi vertici sono situati in J, il terzo vertice cadrà in S; ecc.

5. Se la conica S è inscritta in uno, epperò in infiniti triangoli coniugati a C (i quali saranno per conseguenza inscritti in T), le coniche G e T coincidono, cioè T diviene il luogo di un punto ove si seghino due rette tangenti ad S e coniugate rispetto a C. Reciprocamente, le tangenti di S dividono armonicamente T e C.

6. Se la conica S è circoscritta ad uno, epperò ad infiniti triangoli coniugati a C (e circoscritti a T), la conica J coincide con S, e la conica F coincide con T; cioè T diviene l'inviluppo delle rette che tagliano armonicamente S e C. Viceversa le tangenti di T, che concorrono in un punto di S, sono coniugate rispetto a C.

7. Se la conica S tocca C in due punti, anche ciascuna delle coniche T, G, F,... avrà un doppio contatto con C.

8. A noi avverrà di dovere supporre la conica S reale e C imaginaria *). In tal caso T è sempre reale; mentre le coniche G, F, J possono essere tutte reali, non già tutte imaginarie. In particolare, se si fa l'ipotesi (5), F e J sono imaginarie; e nell'ipotesi (6) è imaginaria G.

II.

9. Sia ora data una cubica gobba **), spigolo di regresso di una superficie sviluppabile Σ di terza classe (e di quart'ordine). Un piano Π osculatore della cubica segherà la superficie secondo una conica S e la toccherà lungo una retta (generatrice) P tangente in un medesimo punto alla cubica gobba ed alla conica S. Per un punto qualunque a del piano Π passano altri due piani osculatori, le intersezioni de' quali con Π sono le tangenti che da a si ponno condurre ad S. I due piani medesimi si taglieranno poi fra loro lungo un'altra retta A.

È evidente che a ciascun punto a del piano Π corrisponde una sola retta A (che noi chiameremo *raggio*) in generale situata fuori del piano medesimo. Diciamo *in generale*, perchè, se a giace nella retta P, ivi Π rappresenta due piani osculatori coincidenti; epperò il corrispondente raggio A sarà la tangente che da a si può tirare alla conica S, oltre a P. La medesima retta P è il raggio corrispondente al punto in cui essa tocca la conica S.

---

*) Quando una linea o una superficie imaginaria (d'ordine pari) è considerata da sè sola (senza la sua coniugata), intendiamo che essa sia coniugata a sè medesima, cioè che una retta qualunque la incontri in coppie di punti imaginari coniugati (o se vuolsi, che essa sia rappresentata da una equazione a coefficienti reali).

) Veggasi *Mémoire de géométrie pure sur les cubiques gauches* (Nouvelles Annales de Mathématiques, 2e série, t.e 1er, Paris 1862, p. 287 [Queste Opere, n. **37]).

10. Sia Π_1 un altro piano osculatore della cubica, il quale seghi la sviluppabile Σ secondo una conica S', e la tocchi lungo una retta (generatrice) P_1. Se si chiamano *corrispondenti* i punti a, a' in cui i due piani Π, Π_1 sono incontrati da uno stesso raggio A, è evidente che ad ogni punto di Π corrisponderà un solo punto di Π_1, e reciprocamente. Se a giace in P, a' giacerà nella retta $\Pi\Pi_1$; e se a è in quest'ultima retta, a' cade in P_1. Se a è un punto della conica S, il raggio A diviene una generatrice della sviluppabile Σ; epperò a' apparterrà alla conica S'. Donde segue che ne' punti in cui P, P_1 incontrano la retta $\Pi\Pi_1$, questa tocca rispettivamente le coniche S', S.

11. Se il punto a descrive una retta D nel piano Π, quale sarà il luogo di a' in Π_1? Il raggio A genera un iperboloide Δ, segato da Π secondo la direttrice D ed una generatrice A_0, che è la tangente di S condotta pel punto a_0 comune a D e P. L'iperboloide Δ sega il piano Π_1 secondo un'altra generatrice A_1 (che è la tangente di S' condotta pel punto a_1 comune a D e Π_1) e secondo un'altra retta D' che unisce il punto in cui A_0 incontra Π_1, con quello in cui A_1 sega P_1. Per tal modo, ai punti a della retta D corrispondono i punti a' della retta D'; e le due serie di punti sono projettive (omografiche, collineari), perchè i raggi A sono generatrici di un sistema iperboloidico.

Da ciò che ad ogni retta e ad ogni punto del piano Π (o Π_1) corrispondono una retta ed un punto nel piano Π_1 (o Π), concludiamo che *i due piani*, mercè i raggi A, *sono figurati omograficamente* *).

12. In generale, *se il punto a descrive nel piano* Π *una curva* L *dell'ordine* n, *il corrispondente raggio* A *genererà una superficie gobba* Λ *del grado (ordine e classe)* 2n, avente n generatrici A_0 nel piano Π (le tangenti condotte ad S dai punti in cui P sega L) ed altrettante generatrici A_1 nel piano Π_1 (le tangenti condotte ad S' dai punti in cui L incontra Π_1). Dunque *i punti della curva* L, *mediante i raggi* A, *si proietteranno in una curva omografica* L', la quale insieme colle n rette A_1 forma l'intersezione della superficie Λ col piano Π_1.

La curva L' passa pei punti in cui le n rette A_0 incontrano il piano Π_1, ed incontra le n rette A_1 in n punti situati nella retta P_1, ne' quali il piano Π_1 è tangente alla superficie Λ. Così il piano Π tocca la medesima superficie ne' punti in cui la retta P incontra le n generatrici A_0. Dunque la sviluppabile Σ è n volte circoscritta alla superficie Λ, cioè *ciascuna generatrice di* Σ *tocca in* n *punti la superficie* Λ.

*) CHASLES, *Propriétés des courbes à double courbure du troisième ordre* (Comptes rendus de l'Acad. des sciences, 10 août 1857).

Le altre $n(n-1)$ intersezioni di L' colle n rette A_1 e le $\frac{n(n-1)}{2}$ mutue intersezioni di queste sono altrettanti punti doppi della superficie Λ: *questa ha dunque una curva doppia dell'ordine* $\frac{3n(n-1)}{2}$, *che incontra* $2(n-1)$ *volte ciascuna generatrice della superficie medesima.*

13. Il grado della superficie Λ si desume immediatamente dall'ordine della intersezione della medesima col piano Π; ma esso si può determinare anche per altra via. Innanzi tutto ricerchiamo il grado della superficie luogo di una retta per la quale passino due piani osculatori della data cubica gobba, e che incontri una retta data qualsivoglia R. Questa retta è tripla sulla superficie di cui si tratta, perchè in ogni suo punto s'incrociano tre piani osculatori, epperò tre generatrici della superficie. Se ora si conduce per R un piano arbitrario, questo contiene, com'è noto, una sola retta intersezione di due piani osculatori: epperò l'intersezione della superficie con quel piano, componendosi della direttrice R che è una retta tripla e di una semplice generatrice, dee risguardarsi come una linea del quart'ordine. Dunque la superficie in quistione è del quarto grado.

Ora, se vuolsi il grado della superficie Λ, luogo de' *raggi* che si appoggiano alla data curva L, basterà cercare quanti di questi raggi sono incontrati da una retta arbitraria R. I raggi che incontrano R giacciono nella superficie di quarto grado dianzi accennata, la quale sega il piano Π secondo due rette, passanti pel punto $(R\Pi)$ e tangenti ad S (e queste non sono da contarsi fra i raggi di cui si cerca il luogo), e secondo una conica. Questa incontra la linea L in $2n$ punti, i quali evidentemente sono i soli dai quali partano raggi appoggiati alle linee L, R. Dunque la retta R incontra $2n$ generatrici del luogo Λ; cioè questo luogo è del grado $2n$.

14. Se la curva L (epperò anche L') è imaginaria, il che suppone n pari, la corrispondente superficie Λ sarà pure imaginaria, ma avrà la curva doppia reale, perchè ogni piano tangente di Σ ne conterrà $\frac{n}{2}$ punti reali (le intersezioni delle $\frac{n}{2}$ coppie di generatrici A imaginarie coniugate).

15. In particolare, se $n=2$, cioè se L è una conica, la superficie Λ sarà del quart'ordine; la sua curva doppia sarà una *cubica gobba;* e la sviluppabile Σ le sarà doppiamente circoscritta. Però, se la conica L passa pei vertici di uno, epperò d'infiniti triangoli circoscritti ad S, in tal caso le tangenti condotte ad S pei punti in cui P incontra L s'incroceranno su L medesima: quindi nel piano Π, e così in ogni altro piano, i tre punti doppi della superficie Λ coincidono in un solo. Dunque, se vi hanno triangoli circoscritti ad S ed inscritti in L, la superficie Λ, in luogo di una curva doppia del terz'ordine, possiede una *retta tripla.*

Se la conica L è la stessa S, la superficie Λ cessa d'esser gobba e diviene la sviluppabile Σ.

16. Nel piano Π sia data una conica C, e siano inoltre: T la conica polare reciproca di S rispetto a C; G la conica luogo di un punto in cui s'incrocino due tangenti di S, coniugate rispetto a C; F la conica inviluppata dalle rette che tagliano armonicamente S e C; J la conica polare reciproca di F rispetto a C; ecc. Alle coniche S, C, T, G, F,... ne corrisponderanno altrettante S', C', T', G', F',... nel piano Π_1: la prima delle quali è l'intersezione della sviluppabile Σ col piano medesimo. E in causa dell'omografia delle figure corrispondenti ne' due piani Π, Π_1, le coniche T', G', F',... avranno rispetto alle S', C' lo stesso significato che le T, G, F,... hanno verso le S, C. Chiameremo poi $X, \Theta, \Gamma, \Phi,\ldots$ le superficie gobbe (analoghe a Λ (15)) del quarto grado, formate dai raggi A corrispondenti ai punti delle coniche C, T, G, F,...

17. La retta P incontri la conica T in due punti e la conica G in altri due punti, che saranno coniugati ordinatamente ai primi due (2), rispetto a C; e da questi punti si tirino quattro tangenti alla conica S. Di queste tangenti le ultime due, essendo entrambe coniugate a P (s'intenda sempre rispetto a C) (1), concorreranno nel polo di P, il qual punto giace nella conica T. La prima e la terza tangente, essendo coniugate fra loro, concorreranno in un punto di G; e per la stessa ragione la seconda e la quarta tangente s'incroceranno in un altro punto di G. Ora le prime due tangenti sono generatrici della superficie Θ, e le altre due della superficie Γ; e i punti doppi di quest'ultima, nel piano Π, sono i tre punti or ora accennati (12). Dunque la curva doppia della superficie Γ giace anche nella superficie Θ.

18. Pei punti in cui la retta $\Pi\Pi_1$ incontra le coniche T, G si conducano i piani osculatori $\pi^1, \pi^2, \omega^1, \omega^2$, le intersezioni de' quali coi piani Π, Π_1 saranno altrettante tangenti delle coniche S, S'. Le rette $\Pi(\omega^1, \omega^2)$ sono entrambe coniugate a $\Pi\Pi_1$ (rispetto a C), quindi esse concorrono nel polo di $\Pi\Pi_1$, cioè in un punto della conica T. Ne segue che la retta $\omega^1\omega^2$ è una generatrice della superficie Θ; epperò il punto in cui questa retta incontra il piano Π_1, ossia il punto comune alle rette $\Pi_1(\omega^1, \omega^2)$, appartiene alla conica T'.

Le rette $\Pi(\pi^1, \omega^1)$ sono coniugate fra loro (rispetto a C), cioè esse concorrono in un punto della conica G. Dunque la retta $\pi^1\omega^1$ è una generatrice della superficie Γ; epperò il punto comune a questa retta ed al piano Π_1, ossia l'intersezione delle rette $\Pi_1(\pi^1, \omega^1)$, appartiene alla conica G'.

Per la stessa ragione la retta $\pi^2\omega^2$ è pur essa una generatrice della superficie Γ, cioè il punto comune alle rette $\Pi_1(\pi^2, \omega^2)$ appartiene alla conica G'.

D'altronde le rette $\Pi_1(\pi^1, \pi^2)$ sono generatrici della superficie Θ, e le $\Pi_1(\omega^1, \omega^2)$ della superficie Γ (12); dunque il piano Π_1 incontra la curva doppia della superficie Γ ne' punti in cui esso è incontrato dalle rette $\omega^1\omega^2, \pi^1\omega^1, \pi^2\omega^2$: punti che appartengono anche alla superficie Θ; come già si è osservato.

III.

19. Applichiamo i risultati ottenuti al caso che la curva cuspidale di Σ sia una *parabola gobba*, cioè che la sviluppabile data abbia un piano tangente Π tutto all'infinito. Supponiamo inoltre che la conica C sia il *circolo imaginario all'infinito*, cioè l'intersezione del piano Π all'infinito con una sfera qualsivoglia. In tal caso, ecco le proprietà che immediate derivano dalle cose premesse.

Se per un punto arbitrario o *dello spazio si conducono rette parallele alle tangenti e piani paralleli ai piani osculatori della parabola gobba, quelle rette formano e quei piani inviluppano un cono $\mathcal{S}$ di secondo grado.*

Sia poi $\mathcal{T}$ il cono (di secondo grado) supplementare di $\mathcal{S}$, cioè il luogo delle rette condotte per o perpendicolarmente ai piani osculatori della parabola gobba, ossia l'inviluppo dei piani condotti per o perpendicolarmente alle tangenti della medesima curva.

20. *Il luogo di una retta condotta per* o *parallelamente a due piani osculatori perpendicolari fra loro è un cono $\mathcal{G}$ di secondo grado,* che ha in comune i piani ciclici col cono $\mathcal{T}$, e tocca i quattro piani tangenti comuni ai coni $\mathcal{S}$, $\mathcal{T}$ (1). Le due rette secondo le quali un piano tangente qualsivoglia del cono $\mathcal{S}$ sega il cono $\mathcal{T}$ sono rispettivamente perpendicolari alle rette secondo le quali il medesimo piano sega il cono $\mathcal{G}$. E se tre piani tangenti al cono $\mathcal{S}$ formano un triedro, due spigoli del quale giacciono nel cono $\mathcal{G}$, il terzo spigolo cadrà nel cono $\mathcal{T}$ (2).

21. *Un piano condotto per* o *parallelamente a due tangenti ortogonali della parabola gobba inviluppa un cono $\mathcal{F}$ di secondo grado,* che ha le stesse rette focali del cono $\mathcal{T}$, e passa per le quattro generatrici comuni ai coni $\mathcal{S}$, $\mathcal{T}$. I due piani tangenti che si ponno condurre al cono $\mathcal{T}$ per una generatrice qualunque del cono $\mathcal{S}$ sono rispettivamente perpendicolari ai piani tangenti del cono $\mathcal{F}$ passanti per la stessa retta; ecc. (3).

Il luogo di una retta condotta per o *perpendicolarmente a due tangenti ortogonali della parabola gobba è un cono $\mathcal{J}$ di secondo grado,* che ha gli stessi piani ciclici del cono $\mathcal{S}$, ecc. (4).

È superfluo accennare che la direzione degli assi principali per tutti questi coni è la medesima.

22. Se l'asse interno (principale) del cono $\mathcal{S}$ è il minimo in grandezza assoluta, questo cono comprende entro di sè tutto il cono $\mathcal{T}$ (cioè $\mathcal{T}$ non è incontrato da alcun piano tangente di $\mathcal{S}$ secondo rette reali), ed il cono $\mathcal{G}$ è imaginario.

Se l'asse interno di $\mathcal{S}$ è il massimo, i coni $\mathcal{F}$ ed $\mathcal{J}$ sono imaginari; il cono $\mathcal{T}$ è tutto compreso nel cono $\mathcal{G}$ e comprende entro sè il cono $\mathcal{S}$.

Quando l'asse interno è il medio in grandezza assoluta, i coni $\mathcal{S}$, $\mathcal{T}$ si segano secondo quattro rette reali ed hanno quattro piani tangenti comuni reali; ed i coni $\mathcal{G}$, $\mathcal{F}$, $\mathcal{J}$ sono tutti reali.

23. Se la parabola gobba ammette una, epperò infinite terne di piani osculatori ortogonali (quando il quadrato dell'asse interno del cono $\mathcal{S}$ è eguale alla somma dei quadrati degli altri due assi), ogni piano tangente di $\mathcal{S}$ taglia il cono $\mathcal{T}$ secondo due rette ortogonali; il cono $\mathcal{G}$ coincide con $\mathcal{T}$; e i coni $\mathcal{F}$, $\mathcal{J}$ divengono imaginari (5, 8).

24. Se la parabola gobba ammette una, epperò infinite terne di tangenti ortogonali (quando l'inverso quadrato dell'asse interno del cono $\mathcal{S}$ è uguale alla somma degli inversi quadrati degli altri due assi), per ogni generatrice di $\mathcal{S}$ passano due piani tangenti ortogonali di $\mathcal{T}$; il cono $\mathcal{G}$ diviene imaginario; ed i coni $\mathcal{F}$, $\mathcal{J}$ coincidono rispettivamente con $\mathcal{T}$, $\mathcal{S}$ (6, 8).

25. Se il cono $\mathcal{S}$ è di rivoluzione, tali sono anche tutti gli altri coni $\mathcal{T}$, $\mathcal{G}$, . . . (7).

IV.

26. *Il luogo di una retta per la quale passino due piani osculatori della parabola gobba, perpendicolari ad un terzo piano osculatore, è una superficie* Θ *del quarto grado* (16, 19).

Il luogo di una retta per la quale passino due piani osculatori ortogonali della parabola gobba è una superficie Γ *del quarto grado* (16, 20).

Per una retta intersezione di due piani osculatori della parabola gobba passano due piani, ciascun de' quali è parallelo a due tangenti ortogonali della medesima curva. *Se i due piani coincidono, il luogo della retta è una superficie* Φ *del quarto grado* (16, 21).

Il luogo di una retta per la quale passino due piani osculatori della parabola gobba ed alla quale siano perpendicolari due tangenti della medesima curva [27] *è una superficie* Υ *del quarto grado.* Ecc. ecc.

Ciascuna di queste superficie gobbe è doppiamente inscritta nella sviluppabile Σ; *ed ha una propria curva doppia, che è del terz'ordine* (15).

27. Sia Π_1 un piano osculatore qualsivoglia della parabola gobba; S' la parabola (piana) secondo la quale esso sega la sviluppabile Σ; P_1 la tangente della parabola gobba, contenuta nel piano Π_1. Le due generatrici della superficie Θ (o Γ o Φ o Υ) contenute nel piano Π_1 saranno le tangenti di S' parallele a quelle due generatrici del cono $\mathcal{T}$ (o $\mathcal{G}$ o $\mathcal{F}$ o $\mathcal{J}$) che sono in un piano parallelo a Π_1. E i punti ove la medesima superficie di quarto grado è toccata dal piano Π_1 saranno le intersezioni delle due anzidette generatrici colla retta P_1 (12).

Quelle superficie di quarto grado segano inoltre il piano Π_1 secondo altrettante coniche T', G', F',... La conica T' è la polare reciproca di S' rispetto ad una certa conica immaginaria C'. La conica G' è il luogo di un punto ove si taglino due tangenti di S', coniugate rispetto a C'. La conica F' è l'inviluppo di una retta che tagli S' in due punti coniugati rispetto a C'. Ecc.

28. Siano (π^1, π^2), (ω^1, ω^2) i piani osculatori della data parabola gobba, le intersezioni de' quali con Π_1 sono generatrici rispettivamente di Θ e di Γ (18). In virtù della definizione di queste superficie (26) i piani ω^1, ω^2 sono entrambi perpendicolari a Π_1, epperò si segano lungo una retta generatrice di Θ. Le rette $\Pi_1(\pi^1, \pi^2)$ sono rispettivamente perpendicolari alle rette $\Pi_1(\omega^1, \omega^2)$, epperò ai piani ω^1, ω^2; dunque le rette $\pi^1\omega^1$, $\pi^2\omega^2$ sono generatrici della superficie Γ.

Di qui si ricava ancora che il punto di concorso delle rette $\Pi_1(\pi^1, \omega^1)$, e il punto di concorso delle rette $\Pi_1(\pi^2, \omega^2)$ giacciono nella direttrice della parabola S'; che pel primo di questi punti passa anche la direttrice della parabola intersezione della sviluppabile Σ col piano π^1; che pel secondo punto passa anche la direttrice della parabola intersezione di Σ con π^2; e che pel punto $\Pi_1(\omega^1\omega^2)$ passano le direttrici delle due analoghe parabole contenute nei piani ω^1, ω^2. Ond'è che *quella cubica gobba, in ciascun punto della quale si incontrano due generatrici della superficie* Γ *ed una della superficie* Θ, *è anche il luogo dei punti ove s'incrociano a due a due le rette direttrici delle parabole piane inscritte nella sviluppabile* Σ.

29. Variando il piano osculatore Π_1, il luogo della conica C' è una superficie (imaginaria) gobba X del quarto grado, luogo di una retta che incontri il circolo imaginario all'infinito C, e per la quale passino due piani osculatori della parabola gobba (16). La superficie X ha due generatrici nel piano Π_1 e sono le tangenti della parabola S' dirette ai punti circolari all'infinito del medesimo piano. Ma queste tangenti (imaginarie coniugate) concorrono in un punto reale, che è il fuoco della parabola S'; dunque *la superficie imaginaria* X *ha una curva doppia reale* (14) *che è il luogo dei fuochi delle parabole inscritte nella sviluppabile* Σ. Questa curva è una cubica gobba incontrata da qualunque piano tangente di Σ in un solo punto reale. Gli altri due punti (imaginari coniugati) comuni a questa cubica ed al piano Π_1 giacciono nella conica C' e nelle due tangenti di S' che concorrono nel fuoco.

Nel piano all'infinito Π, le generatrici di X sono le tangenti condotte alla conica S pei punti in cui la retta P sega il circolo imaginario C (17). Quelle due tangenti si segano tra loro in un punto reale e incontrano nuovamente C in due punti imaginari coniugati; dunque la curva luogo dei fuochi ha un solo assintoto reale, e gli altri due imaginari diretti a due punti del circolo imaginario all'infinito: o in altre parole, *tutte le superficie di second'ordine passanti per essa hanno una serie comune (in direzione) di piani ciclici.*

30. Nel piano Π_1 tutte le coniche C', S', T', G', . . . sono coniugate ad uno stesso triangolo (reale). Inoltre le coniche C', T', F' sono inscritte in uno stesso quadrilatero (imaginario con due vertici reali): le coniche C', T', G' sono circoscritte ad uno stesso quadrangolo (imaginario con due lati reali); ecc. Or bene, *se si fa variare il piano* Π_1:

I vertici del triangolo coniugato alle coniche S', T', . . . *descrivono tre rette rispettivamente parallele agli assi principali dei coni* $\mathcal{S}, \mathcal{T}, \ldots$; *e i lati dello stesso triangolo generano tre paraboloidi aventi rispettivamente per piani direttori i piani principali de' medesimi coni* (9, 10, 11, 19);

I due lati reali del quadrangolo inscritto nelle coniche T', G' *generano due paraboloidi aventi rispettivamente per piani direttori i piani ciclici dei coni* $\mathcal{T}, \mathcal{G}$ (20);

I due vertici reali del quadrilatero circoscritto alle coniche T', F' *descrivono due rette rispettivamente parallele alle focali dei coni* $\mathcal{T}, \mathcal{F}$ (21); ecc.

V.

31. Supponiamo che la data parabola gobba abbia una terna di piani osculatori ortogonali, cioè che la conica S' sia inscritta in un triangolo coniugato a C'. Allora vi saranno infiniti altri triangoli circoscritti ad S' e coniugati a C'; cioè la parabola gobba avrà infinite terne di piani osculatori ortogonali. I triangoli circoscritti ad S e coniugati a C' sono inscritti nella conica T'; quindi la conica G' si confonde con T' (5).

Ne segue che le tangenti di S' condotte pei punti in cui la retta P_1 sega T' (le quali tangenti sono generatrici della superficie Θ) sono coniugate rispetto a C', epperò s'incontrano in un punto di T' medesima, polo di P_1 rispetto a C'. Dunque i tre punti doppi della superficie Θ, contenuti in un piano osculatore qualunque della parabola gobba, si riducono ad un solo punto triplo (15). Ossia *la superficie di quarto grado* Θ, *luogo delle rette per le quali passano coppie di piani osculatori ortogonali* [28], *ha una retta tripla, perpendicolare alla direzione dei piani che toccano all'infinito la parabola gobba. Per ogni punto di questa retta passano tre piani osculatori ortogonali; e per conseguenza il piano dei tre punti di contatto passa per un' altra retta fissa.*

32. Nel piano osculatore Π_1 le due generatrici di Θ sono fra loro perpendicolari: dunque il loro punto comune giace nella direttrice della parabola S'; ossia *le direttrici delle parabole inscritte nella sviluppabile* Σ *si segano a tre a tre sulla retta tripla della superficie* Θ.

VI.

33. Per un punto qualunque p_1 della parabola gobba passa una retta (diametro) dimezzante le corde parallele al piano che tocca la curva in p_1 e la sega all'infinito

in p *). Questo diametro è l'intersezione del piano Π_1 osculatore in p_1 col piano $p_1 P$ che sega la curva in p_1 e la tocca all'infinito; onde la traccia di esso diametro sul piano Π all'infinito sarà il punto $(\Pi_1 P)$, e la retta che unisce p col punto $(P_1 \Pi)$ sarà la traccia all'infinito del piano parallelo alle corde bisecate. Se questa retta, che è la polare del punto $(\Pi_1 P)$ rispetto alla conica S, fosse anche la polare dello stesso punto rispetto al circolo imaginario C, cioè se il punto $(\Pi_1 P)$ fosse uno dei vertici del triangolo coniugato alle coniche S, C, il diametro considerato sarebbe perpendicolare alle corde bisecate. *Dunque la parabola gobba avrà un diametro perpendicolare alle corde bisecate, quando i piani che la toccano all'infinito siano paralleli ad uno degli assi esterni del cono* $\mathcal{S}$ (19); e in tal caso il diametro sarà parallelo a questo medesimo asse.

34. Se il cono è di rotazione (25), ogni punto della corda di contatto fra le coniche S, C ha la stessa polare rispetto ad entrambe; quindi vi sarà in questo caso un diametro perpendicolare alle corde bisecate. Questo diametro è perpendicolare all'asse principale del cono $\mathcal{S}$.

*) Journal für die reine und angewandte Mathematik, Bd. 58, Berlin 1860 [Queste Opere, n. **24** (t. 1.°)], p. 147.

51.

SUR LE NOMBRE DES CONIQUES QUI SATISFONT À DES CONDITIONS DOUBLES.

NOTE DE M. L. CREMONA, COMMUNIQUÉE PAR M. CHASLES.

Comptes rendus de l'Académie des Sciences (Paris), tome LIX (1864), pp. 776-779.

« Votre idée heureuse de définir une série de coniques assujetties à quatre conditions communes par deux caractéristiques indépendantes, peut s'étendre tout naturellement à la définition d'un système de coniques assujetties à trois seules conditions communes, par trois nombres λ, μ, ν dont la signification est la suivante:

$$N(2p., 3Z) = \lambda, \quad N(1p., 1d., 3Z) = \mu, \quad N(2d., 3Z) = \nu,$$

où $3Z$, (Z_1, Z_2, Z_3), est le symbole des trois conditions aux modules (α_1, β_1), (α_2, β_2), (α_3, β_3).

« Cette extension est, du reste, explicite déjà dans votre dernière communication (*Comptes rendus*, 22 août); seulement, au lieu des deux équations

$$(1p., 3Z) \equiv (\lambda, \mu), \quad (1d., 3Z) \equiv (\mu, \nu),$$

j'en écrirai une seule,

$$(3Z) \equiv (\lambda, \mu, \nu).$$

« Je me propose de déterminer la fonction de λ, μ, ν qui représente le nombre des coniques du système (λ, μ, ν) ayant un contact double, ou un contact du deuxième ordre avec une courbe donnée quelconque.

« Les formules que vous avez données (*Comptes rendus*, 1er août) donnent immédiatement les valeurs de λ, μ, ν en fonction des coefficients (α, β) des modules des conditions $3Z$, c'est-à-dire

$$\lambda = A + 2B + 4C + 4D,$$
$$\mu = 2A + 4B + 4C + 2D,$$
$$\nu = 4A + 4B + 2C + D,$$

où j'ai posé

$$A = \alpha_1 \alpha_2 \alpha_3, \quad B = \Sigma \alpha_1 \alpha_2 \beta_3, \quad C = \Sigma \alpha_1 \beta_2 \beta_3, \quad D = \beta_1 \beta_2 \beta_3.$$

« Soit W le symbole d'une condition double; soit, de plus,

$$(2\text{p.}, W) \equiv (x, y), \quad (1\text{p.}, 1\text{d.}, W) \equiv (y, z), \quad (2\text{d.}, W) \equiv (z, u);$$

en introduisant dans ces séries, par votre méthode si simple et lumineuse, les conditions Z_1, Z_2, Z_3, on trouve

$$N(3Z, W) = xA + yB + zC + uD.$$

Posons maintenant

$$xA + yB + zC + uD = a\lambda + b\mu + c\nu,$$

c'est-à-dire

$$\begin{aligned} a + 2b + 4c &= x, \\ 2a + 4b + 4c &= y, \\ 4a + 4b + 2c &= z, \\ 4a + 2b + c &= u; \end{aligned}$$

on aura entre x, y, z, u la relation

(1) $$2x - 3y + 3z - 2u = 0,$$

et pour a, b, c les valeurs

(2) $$4a = 2u - z, \quad 4c = 2x - y,$$

$$8b = 2(2y - z) - 3(2x - y) = 2(2z - y) - 3(2u - z)$$
$$= \frac{5}{2}(y + z) - 3(x + u).$$

« Dans chaque question il ne sera pas difficile de déterminer les nombres x, y, z, u, d'où l'on tirera a, b, c, et par suite,

$$N(3Z, W) = a\lambda + b\mu + c\nu.$$

« *Premier exemple.* — Que la condition double soit un contact double avec une courbe donnée W d'ordre m, avec d points doubles et r rebroussements. En vertu d'une transformation très-connue, le nombre x des coniques passant par trois points fixes et ayant un contact double avec W est égal au nombre des tangentes doubles d'une courbe d'ordre $2m$, avec $d + \frac{3m(m-1)}{2}$ points doubles et r rebroussements. En désignant par n la classe de W, la classe de la nouvelle courbe sera $2m + n$, et, par suite,

$$2x = 2d + 3m(m-1) + n(4m + n - 9).$$

« Il est très-facile de trouver le nombre des coniques infiniment aplaties, dans la série (2p., W); on a évidemment

$$2x - y = 2m(m-1),$$

d'où l'on tire

$$y = 2d + m(m-1) + n(4m+n-9).$$

« Les nombres z, u sont corrélatifs de y, x; donc

$$z = 2t + n(n-1) + m(4n+m-9),$$
$$2u = 2t + 3n(n-1) + m(4n+m-9),$$

en désignant par t le nombre des tangentes doubles de W.

« La relation (1) est satisfaite, et les (2) donnent

$$4a = 2n(n-1), \quad 4c = 2m(m-1),$$
$$8b = 8mn - (m^2+n^2) - 7(m+n) + 2(d+t)$$
$$= 8mn - 9(m+n) - 3(r+i),$$

en désignant par i le nombre des inflexions de W. Donc, enfin, le nombre des coniques du système (λ, μ, ν) qui ont un contact double avec la courbe W est

$$\frac{1}{2}n(n-1)\lambda + \frac{1}{8}\Big(8mn - 9(m+n) - 3(r+i)\Big)\mu + \frac{1}{2}m(m-1)\nu.$$

« Il va sans dire qu'on peut réduire les quatre nombres m, n, r, i à trois seulement, qu'on peut choisir arbitrairement parmi les six suivants m, n, d, t, r, i.

« *Deuxième exemple.* — Que la condition double soit un contact du second ordre avec la courbe W. Le nombre x sera, dans ce cas, égal au nombre des tangentes stationnaires de la courbe d'ordre $2m$ et classe $2m+n$, avec r rebroussements; donc

$$x = 3n + r.$$

Il n'y a pas de coniques infiniment aplaties dans la série (2p., W); donc

$$2x - y = 0,$$

et, par suite,

$$y = 2(3n+r).$$

Corrélativement,

$$z = 2(3m+i), \quad u = 3m+i.$$

La relation (1) est satisfaite, car on a identiquement

$$3n + r = 3m + i.$$

et les valeurs de a, b, c seront

$$a=0, \qquad b=\frac{1}{2}(3m+i), \qquad c=0,$$

et, par conséquent, le nombre des coniques du système (λ, μ, ν) qui ont un contact du second ordre avec la courbe W est

$$\frac{1}{2}(3m+i)\mu \quad \text{ou bien} \quad \frac{1}{2}(3n+r)\mu.$$

“ *Troisième exemple.* — A la condition double substituons deux contacts simples avec deux courbes distinctes V, V' d'ordre m, m' et classe n, n'. Le nombre x sera, dans ce cas, égal au nombre des tangentes communes à deux courbes de classes $2m+n$, $2m'+n'$; donc

$$x=4mm'+2(m'n+mn')+nn'.$$

Le nombre des coniques infiniment aplaties dans la série (2p., V, V') est évidemment

$$2x-y=4mm',$$

d'où

$$y=4mm'+4(mn'+m'n)+2nn';$$

et, corrélativement,

$$z=4nn'+4(mn'+m'n)+2mm',$$

$$u=4nn'+2(mn'+m'n)+nn'.$$

Ces valeurs, qui satisfont à la relation (1), donnent

$$a=nn', \qquad b=mn'+m'n, \qquad c=mm'.$$

Ainsi le nombre des coniques du système (λ, μ, ν) qui sont tangentes aux deux courbes V, V' est

$$nn'\lambda+(mn'+m'n)\mu+mm'\nu,$$

ce qui s'accorde avec la formule que vous, Monsieur, avez déjà donnée (*Comptes rendus*, 1er août) pour le nombre des coniques qui satisfont à cinq conditions simples.

“ D'après ce qui précède, on peut calculer les caractéristiques λ, μ, ν d'un système (Z, W) de coniques assujetties à une condition simple et à une condition double. On introduira ensuite, par la même méthode, une nouvelle condition double W', et on obtiendra de cette manière les caractéristiques de la série (W, W') et le nombre N(Z, W, W') des coniques qui satisfont à deux conditions doubles et à une condition simple „.

52.

RIVISTA BIBLIOGRAFICA.
SULLA TEORIA DELLE CONICHE. [29]

Annali di Matematica pura ed applicata, serie I, Tomo VI (1864), pp. 179-190.
Giornale di Matematiche, volume III (1865), pp. 60-64 e pp. 113-120.

CHASLES. = *Détermination du nombre des sections coniques qui doivent toucher cinq courbes données d'ordre quelconque, ou satisfaire à diverses autres conditions* (Comptes rendus, 1er février 1864). — *Construction des coniques qui satisfont à cinq conditions. Nombre des solutions dans chaque question* (C. r. 15 février). — *Systèmes de coniques qui coupent des coniques données sous des angles donnés, ou sous des angles indéterminés, mais dont les bissectrices ont des directions données* (C. r. 7 mars). — *Considérations sur la méthode générale exposée dans la séance du* 15 *février. Différences entre cette méthode et la méthode analytique. Procédés généraux de démonstration* (C. r. 27 juin, 4 et 18 juillet). — *Questions dans lesquelles il y a lieu de tenir compte des points singuliers des courbes d'ordre supérieur. Formules générales comprenant la solution de toutes les questions relatives aux coniques* (C. r. 1er août). — *Questions dans lesquelles entrent des conditions multiples, telles que des conditions de double contact ou de contact d'ordre supérieur* (C. r. 22 août).

1.

Data una serie di coniche soggette a quattro condizioni comuni, della quale si sappia che μ coniche passano per un punto dato ad arbitrio, si cerchi il numero delle coniche tangenti ad una retta data. Il metodo che sembra essersi pel primo offerto ai geometri per risolvere questo problema, è il seguente *):

*) Giornale di LIOUVILLE, aprile 1861, p. 117. [30] — *Introduzione ad una teoria geometrica delle curve piane,* 85 [Queste Opere, n. **29** (t. 1.º)].

Si fissi un punto o nella retta data; le rette polari di o rispetto alle coniche della serie formano una curva di classe μ, le tangenti della quale incontreranno le coniche corrispondenti nei punti in cui queste sono toccate da rette passanti per o. Quindi il luogo di questi punti è una curva d'ordine 3μ, che passa μ volte per o. Le 2μ rimanenti intersezioni di questa curva colla retta data sono i punti in cui questa tocca altrettante coniche della serie; epperò 2μ è il numero domandato.

Ma che cosa è veramente il numero 2μ trovato in questa maniera? Esso è il numero delle coniche della serie per le quali i due punti d'intersezione colla retta data coincidono. Ora quei due punti coincidono non solamente quando vi ha un'effettiva conica tangente alla retta data, ma anche qualora la conica sia un pajo di punti: perchè in tal caso la conica, risguardata come *luogo*, si riduce ad una retta contata due volte, epperò le due intersezioni colla retta data coincidono in un solo punto.

E si noti che, siccome basta sodisfare ad una sola condizione affinchè una curva di seconda classe sia dotata di tangente doppia, così una serie di coniche conterrà in generale un certo numero di sistemi di due punti, ossia di due rette coincidenti (*coniques infiniment aplaties*).

Bisogna adunque introdurre la considerazione di queste coniche eccezionali, se si vuole arrivare alla vera soluzione del problema. Quando una conica è una retta contata due volte, con questa retta coincide la polare di qualsivoglia punto o; perciò la retta medesima farà parte del luogo d'ordine 3μ sopra accennato. Prescindendo dai sistemi di due punti, il cui numero supporremo essere p, l'ordine del luogo dei punti di contatto delle coniche della serie colle tangenti per o, sarà $3\mu - p$; e per conseguenza il numero ν delle coniche toccate dalla retta data è

$$\nu = 2\mu - p.$$

Il numero p dipende dalla natura delle quattro condizioni comuni alle quali sodisfanno le coniche della serie, e può avere diversi valori per diverse serie, benchè dello stesso indice μ (Per es. sì le coniche circoscritte ad un triangolo e tangenti ad una retta, che le coniche inscritte in un quadrilatero, formano una serie d'indice $\mu = 2$; ma nel primo caso si ha $p = 0$, e nel secondo $p = 3$). Questi numeri μ, p, dei quali è funzione ν, sono indipendenti fra loro ed entrambi necessari per la definizione della serie: la quale vuol dunque essere designata non col solo indice μ, ma coi due numeri μ e p, quando nella ricerca delle coniche sodisfacenti ad una quinta condizione data, si vogliano escluse le soluzioni corrispondenti a sistemi di due rette coincidenti.

Correlativamente: una serie di coniche contiene in generale un certo numero di coppie di rette (non coincidenti). Una conica qualunque della serie è toccata da due rette concorrenti in un punto dato: e se queste due rette coincidono, se ne conclude che la conica passa pel punto dato. Ma la coincidenza avviene anche, qualunque sia il punto dato, se la conica è dotata di punto doppio. Dunque, se ν è il numero delle coniche della serie che toccano una retta data ad arbitrio, e se q è il numero dei sistemi di due rette incrociate (numeri mediante i quali la serie può essere definita), il numero μ delle coniche effettive della serie che passano per un punto dato sarà

$$\mu = 2\nu - q.$$

I numeri μ, ν, p, q, essendo fra loro legati da due equazioni lineari, due qualunque di essi possono servire come *caratteristiche* indipendenti per designare la serie. È naturale di adottare due caratteristiche che si corrispondano correlativamente, come μ, ν; e così appunto ha fatto il sig. CHASLES che primo ha veduta la necessità di definire una serie per mezzo di due variabili indipendenti. Allora le due equazioni superiori daranno

$$p = 2\mu - \nu, \qquad q = 2\nu - \mu,$$

cioè faranno conoscere quante coppie di punti e quante coppie di rette (cioè quante coniche con tangente doppia, e quante coniche con punto doppio) esistano in una serie, le caratteristiche della quale siano μ, ν; cioè in una serie tale che per un punto arbitrario passino μ coniche della medesima, ed una retta qualunque ne tocchi ν. [31]

2.

Le memorie del sig. CHASLES contengono un grandissimo numero di teoremi che conducono spontaneamente alla soluzione del problema: quante coniche di una serie (μ, ν) sodisfanno ad una data condizione? Ecco qualche esempio. [32]

Teorema. Il luogo di un punto la cui polare relativa ad una conica di una serie (μ, ν) coincida colla retta polare dello stesso punto rispetto ad una curva C_m d'ordine m, è una curva d'ordine $\mu(m-1)+\nu$.

Dimostrazione. Sia L una trasversale arbitraria, ed x un punto qualunque di L. La retta polare di x rispetto a C_m avrà i suoi poli relativi alle coniche della serie, situati in una curva d'ordine ν segante L in ν punti x'. Se invece si prende ad arbitrio in L un punto x', le rette polari di x' rispetto alle coniche formano una curva della classe μ, che ha $\mu(m-1)$ tangenti comuni colla curva di classe $m-1$ inviluppata dalle rette polari dei punti di L relative a C_m (*Introd.* 81, a). Queste tangenti determinano in L [come loro poli rispetto a C_m] altrettanti punti x. Per tal modo ad un punto x corrispondono ν punti x', mentre ad un punto x' corrispondono $\mu(m-1)$ punti x. Quindi L conterrà $\mu(m-1)+\nu$ punti x coincidenti con uno de' corrispondenti x': cioè questo numero esprime l'ordine del luogo di cui si tratta.

Se C_m ha un punto o multiplo secondo r, e se L passa per o, le rette polari de' suoi punti relative a C_m inviluppano una curva di classe $m-r$ (*Introd.* 81, b); quindi [33] o tien luogo di $\mu(r-1)$ intersezioni del luogo colla trasversale, cioè per o passano $\mu(r-1)$ rami del luogo. È poi facile vedere che le tangenti del luogo in o sono le rette costituenti le prime polari (relative al fascio delle r tangenti di C_m) delle μ rette che toccano in o le μ coniche che passano per questo punto. Ond'è che, se una medesima retta tocca s rami di C_m, essa toccherà $\mu(s-1)$ rami del luogo (*Introd.* 73, a).

Se la trasversale L passa pel punto multiplo o ed ivi tocca s rami di C_m, le rette polari de' punti di L inviluppano una curva della classe $m-(r+1)$ (*Introd.* 81, c *)), epperò o rappresenta in questo caso μr intersezioni della retta L col luogo.

Di qui segue **) [35] che, oltre ad o, il luogo e la curva C_m hanno

$$m\Big(\mu(m-1)+\nu\Big)-\mu\Big(r(r-1)+s-1\Big)$$

punti comuni, il qual numero equivale a $\mu n+\nu m$; ove con n si indichi la classe di C_m. Ora, i punti ove il luogo è segato da C_m sono evidentemente quelli ove quest'ultima curva è toccata da coniche della data serie; dunque:

In una serie (μ,ν) *vi sono* $\mu n+\nu m$ *coniche che toccano una data curva d'ordine* m *e di classe* n. [36]

Teorema. Il luogo di un punto x tale che la normale in questo ad una delle coniche d'una serie (μ,ν) che vi passano, e la retta polare di x rispetto ad una curva C_m d'ordine m, si taglino sopra una retta fissa D, è una curva dell'ordine $(m+1)\mu+\nu$.

Dimostrazione. Sia L una trasversale arbitraria. Preso in D un punto qualunque a, per esso passano ***) $2\mu+\nu$ rette che sono normali ad altrettante coniche della

---

*) Nel passo qui citato dell'*Introduzione* si deve leggere $(n-1)-(r-1)-1$ ed $n-(r+1)$ in luogo di $(n-1)-(r-1)-(s-1)$ ed $n-(r+s-1)$. [34]

**) Se un punto o è multiplo secondo r per una curva e multiplo secondo $\mu r'$ per un'altra curva; e se una stessa retta tocca in quel punto s rami della prima curva e $\mu s'$ rami della seconda, avendo ivi $r+1$ punti riuniti in comune colla prima e $\mu(r'+1)$ comuni colla seconda; in queste ipotesi, o equivarrà a $\mu(rr'+s')$ o $\mu(rr'+s)$ intersezioni delle due curve, secondo che sia $s'<s$ od $s'>s$.

***) Perchè le normali alle coniche d'una serie (μ,ν) nei punti ove queste sono segate da una retta data inviluppano una curva della classe $2\mu+\nu$.

serie, in punti di L: e le rette polari dei piedi di queste normali, rispetto a C_m, incontrano D in $2\mu+\nu$ punti a'. Invece in un punto arbitrario a' di D s'incrociano le rette polari (relative a C_m) di $m-1$ punti di L (le intersezioni di L colla prima polare di a'), pei quali passano $\mu(m-1)$ coniche della serie; e le normali a queste nei punti medesimi determineranno in D lo stesso numero $\mu(m-1)$ di punti a. Dunque L contiene $2\mu+\nu+\mu(m-1)=(m+1)\mu+\nu$ punti del luogo cercato: come si doveva dimostrare.

L'ordine del luogo si può stabilire anche osservando che esso passa μ volte per ciascuno de' punti in cui D sega C_m, e passa inoltre pei $\mu+\nu$ punti in cui D taglia ad angolo retto altrettante coniche della serie *).

Se C_m ha r rami incrociati in un punto o, e se la trasversale L passa per questo punto, la prima polare di a' avrà in o un punto $(r-1)^{plo}$, epperò segherà L in altri $m-r$ punti soltanto; d'onde segue che o terrà le veci di $\mu(r-1)$ intersezioni del luogo colla trasversale; cioè il luogo avrà in o un punto multiplo secondo $\mu(r-1)$. Anche qui è manifesto che le tangenti in o ai $\mu(r-1)$ rami del luogo sono le tangenti alle prime polari (relative a C_m) dei μ punti in cui D è segata dalle normali (in o) alle μ coniche che passano per o. Per conseguenza, se C_m ha s rami toccati in o da una stessa retta, questa toccherà $s-1$ rami d'ogni prima polare, cioè $\mu(s-1)$ rami del luogo.

Se la trasversale L tocca in o uno [37] o più rami di C_m, essa incontrerà la prima polare d'ogni punto a' in altri $m-r-1$ punti: epperò L avrà col luogo μr punti comuni riuniti in o.

Da tutto ciò segue che, oltre ad o, il luogo avrà

$$m\big((m+1)\mu+\nu\big)-\mu\big(r(r-1)+s-1\big)$$

punti comuni con C_m: fra i quali punti sono comprese anche le intersezioni di C_m con D, ciascuna contata μ volte. Messe queste da parte, i rimanenti

$$m\nu+\big(m^2-r(r-1)-(s-1)\big)\mu \quad \text{ossia} \quad m\nu+(m+n)\mu$$

(ove n è la classe di C_m) saranno i punti ove C_m è incontrata sotto angolo retto da altrettante coniche della serie. Dunque:

In una serie (μ, ν) *vi sono* $\mu(m+n)+\nu m$ *coniche che incontrano sotto angolo retto (ovvero sotto un qualunque angolo dato di grandezza e di senso) una data curva d'ordine* m *e di classe* n.

---

*) Perchè le tangenti condotte alle coniche d'una serie (μ,ν) ne' punti in cui queste incontrano una retta data inviluppano una curva della classe $\mu+\nu$.

3.

In tutti i teoremi del sig. Chasles si osserva questa importantissima proprietà, che il numero delle coniche d'una serie (μ, ν) che sodisfanno ad una data condizione è sempre espresso da un binomio della forma $\alpha\mu+\beta\nu$, ove α, β sono numeri indipendenti da μ, ν, uno de' quali può anche essere zero. A questo binomio l'illustre geometra dà il nome di *modulo* della condizione proposta.

Ciò premesso, ecco in qual modo egli risolve i due problemi generali:

Trovare le caratteristiche della serie formata dalle coniche soggette a quattro condizioni, i moduli delle quali siano dati;

Trovare il numero delle coniche che sodisfanno a cinque condizioni, delle quali i moduli sono dati.

Ben inteso le condizioni in discorso s'intendono affatto indipendenti fra loro.

Innanzi tutto notiamo che, se le quattro condizioni comuni consistono nel passare per punti dati e toccare rette date, le caratteristiche della serie sono conosciute *). Per es. se le coniche passano per quattro punti dati, le caratteristiche sono $\mu=1$, $\nu=2$, e se le coniche passano per tre punti e toccano una retta, le caratteristiche sono $\mu=2$, $\nu=4$. Ciò si esprime scrivendo:

$$(4p)\equiv(1,2), \qquad (3p,1r)\equiv(2,4).$$

Ed inoltre si ha:

$$(2p,2r)\equiv(4,4), \qquad (1p,3r)\equiv(4,2), \qquad (4r)\equiv(2,1).$$

Ora, se di una condizione, che indicheremo col simbolo Z, si conosce il modulo $\alpha\mu+\beta\nu$, ciò vuol dire che $\alpha\mu+\beta\nu$ coniche della serie (μ, ν) sodisfanno a quella; dunque il numero delle coniche della serie $(4p)$ sodisfacenti alla condizione medesima sarà $\alpha+2\beta$: la qual cosa si esprime così:

$$N(4p, Z)=\alpha+2\beta.$$

Ed analogamente:

$$N(3p, 1r, Z)=2\alpha+4\beta, \qquad N(2p, 2r, Z)=4\alpha+4\beta,$$
$$N(1p, 3r, Z)=4\alpha+2\beta, \qquad N(4r, Z) \quad =2\alpha+\beta.$$

Ciò torna a dire che le coniche passanti per tre punti e sodisfacenti alla condi-

*) Annali di Matematica, t. V, p. 330. [Queste Opere, n. **47**].

zione Z formano una serie le cui caratteristiche sono $\alpha+2\beta$ e $2\alpha+4\beta$: proprietà la cui espressione simbolica sarà la seguente:

$$(3p, Z)\equiv(\alpha+2\beta, 2\alpha+4\beta).$$

Analogamente:

$$(2p, 1r, Z)\equiv(2\alpha+4\beta, 4\alpha+4\beta),$$
$$(1p, 2r, Z)\equiv(4\alpha+4\beta, 4\alpha+2\beta),$$
$$(3r, Z)\equiv(4\alpha+2\beta, 2\alpha+\beta).$$

Sia ora $\alpha_1\mu+\beta_1\nu$ il simbolo di una nuova condizione Z_1; il numero delle coniche della serie $(3p, Z)$ sodisfacenti alla medesima sarà

$$\alpha_1(\alpha+2\beta)+\beta_1(2\alpha+4\beta),$$

ossia:

$$N(3p, Z, Z_1)=\alpha\alpha_1+2(\alpha\beta_1+\alpha_1\beta)+4\beta\beta_1,$$

ed analogamente:

$$N(2p, 1r, Z, Z_1)=2\alpha\alpha_1+4(\alpha\beta_1+\alpha_1\beta)+4\beta\beta_1,$$
$$N(1p, 2r, Z, Z_1)=4\alpha\alpha_1+4(\alpha\beta_1+\alpha_1\beta)+2\beta\beta_1,$$
$$N(3r, Z, Z_1)=4\alpha\alpha_1+2(\alpha\beta_1+\alpha_1\beta)+\beta\beta_1.$$

Donde segue:

$$(2p, Z, Z_1)\equiv\left(\alpha\alpha_1+2(\alpha\beta_1+\alpha_1\beta)+4\beta\beta_1, 2\alpha\alpha_1+4(\alpha\beta_1+\alpha_1\beta)+4\beta\beta_1\right),$$
$$(1p, 1r, Z, Z_1)\equiv\left(2\alpha\alpha_1+4(\alpha\beta_1+\alpha_1\beta)+4\beta\beta_1, 4\alpha\alpha_1+4(\alpha\beta_1+\alpha_1\beta)+2\beta\beta_1\right),$$
$$(2r, Z, Z_1)\equiv\left(4\alpha\alpha_1+4(\alpha\beta_1+\alpha_1\beta)+2\beta\beta_1, 4\alpha\alpha_1+2(\alpha\beta_1+\alpha_1\beta)+\beta\beta_1\right).$$

Assunta ora una condizione Z_2 il cui modulo sia $\alpha_2\mu+\beta_2\nu$, il numero delle coniche della serie $(2p, Z, Z_1)$ sodisfacenti alla nuova condizione sarà

$$\alpha_2\left(\alpha\alpha_1+2(\alpha\beta_1+\alpha_1\beta)+4\beta\beta_1\right)+\beta_2\left(2\alpha\alpha_1+4(\alpha\beta_1+\alpha_1\beta)+4\beta\beta_1\right),$$

ciò che si esprime così:

$$N(2p, Z, Z_1, Z_2)=\alpha\alpha_1\alpha_2+2(\alpha\alpha_1\beta_2+\alpha_1\alpha_2\beta+\alpha_2\alpha\beta_1)+4(\alpha\beta_1\beta_2+\alpha_1\beta_2\beta+\alpha_2\beta\beta_1)+4\beta\beta_1\beta_2,$$

e similmente:

$$N(1p, 1r, Z, Z_1, Z_2)=2\alpha\alpha_1\alpha_2+4(\alpha\alpha_1\beta_2+\alpha_1\alpha_2\beta+\alpha_2\alpha\beta_1)+4(\alpha\beta_1\beta_2+\alpha_1\beta_2\beta+\alpha_2\beta\beta_1)+2\beta\beta_1\beta_2,$$
$$N(2r, Z, Z_1, Z_2)=4\alpha\alpha_1\alpha_2+4(\alpha\alpha_1\beta_2+\alpha_1\alpha_2\beta+\alpha_2\alpha\beta_1)+2(\alpha\beta_1\beta_2+\alpha_1\beta_2\beta+\alpha_2\beta\beta_1)+\beta\beta_1\beta_2;$$

epperò:

$$(1p, Z, Z_1, Z_2) \equiv (\alpha\alpha_1\alpha_2 + 2\Sigma\alpha\alpha_1\beta_2 + 4\Sigma\alpha\beta_1\beta_2 + 4\beta\beta_1\beta_2,$$
$$2\alpha\alpha_1\alpha_2 + 4\Sigma\alpha\alpha_1\beta_2 + 4\Sigma\alpha\beta_1\beta_2 + 2\beta\beta_1\beta_2),$$
$$(1r, Z, Z_1, Z_2) \equiv (2\alpha\alpha_1\alpha_2 + 4\Sigma\alpha\alpha_1\beta_2 + 4\Sigma\alpha\beta_1\beta_2 + 2\beta\beta_1\beta_2,$$
$$4\alpha\alpha_1\alpha_2 + 4\Sigma\alpha\alpha_1\beta_2 + 2\Sigma\alpha\beta_1\beta_2 + \beta\beta_1\beta_2).$$

Di qui, assunta una quarta condizione Z_3, il cui modulo sia $\alpha_3\mu + \beta_3\nu$, si ricaveranno i numeri $N(1p, Z, Z_1, Z_2, Z_3)$ e $N(1r, Z, Z_1, Z_2, Z_3)$, i quali altro non sono che le caratteristiche della serie formata dalle coniche che sodisfanno alle quattro condizioni $Z Z_1 Z_2 Z_3$. Dunque

$$(ZZ_1Z_2Z_3) \equiv (\alpha\alpha_1\alpha_2\alpha_3 + 2\Sigma\alpha\alpha_1\alpha_2\beta_3 + 4\Sigma\alpha\alpha_1\beta_2\beta_3 + 4\Sigma\alpha\beta_1\beta_2\beta_3 + 2\beta\beta_1\beta_2\beta_3,$$
$$2\alpha\alpha_1\alpha_2\alpha_3 + 4\Sigma\alpha\alpha_1\alpha_2\beta_3 + 4\Sigma\alpha\alpha_1\beta_2\beta_3 + 2\Sigma\alpha\beta_1\beta_2\beta_3 + \beta\beta_1\beta_2\beta_3).$$

E finalmente, se $\alpha_4\mu + \beta_4\nu$ è il modulo di una quinta condizione Z_4, il numero delle coniche sodisfacenti alle cinque condizioni $Z Z_1 Z_2 Z_3 Z_4$ sarà

$$N(ZZ_1Z_2Z_3Z_4) = \alpha\alpha_1\alpha_2\alpha_3\alpha_4 + 2\Sigma\alpha\alpha_1\alpha_2\alpha_3\beta_4 + 4\Sigma\alpha\alpha_1\alpha_2\beta_3\beta_4$$
$$+ 4\Sigma\alpha\alpha_1\beta_2\beta_3\beta_4 + 2\Sigma\alpha\beta_1\beta_2\beta_3\beta_4 + \beta\beta_1\beta_2\beta_3\beta_4.$$

Così sono risoluti i due problemi proposti.

Esempi. La condizione di toccare una curva d'ordine β e di classe α ha per modulo $\alpha\mu + \beta\nu$: dunque la formola ora trovata pel $N(ZZ_1Z_2Z_3Z_4)$ dà il numero delle coniche tangenti a cinque curve date i cui ordini siano $\beta, \beta_1, \beta_2, \beta_3, \beta_4$ e le classi $\alpha, \alpha_1, \alpha_2, \alpha_3, \alpha_4$.

La condizione di tagliare sotto angolo dato (in grandezza ed in senso) una curva d'ordine β e di classe α ha per modulo $\mu(\alpha+\beta)+\nu\beta$; onde se nella formola anzidetta si pone $\alpha+\beta$, $\alpha_1+\beta_1, \ldots$ in luogo di $\alpha, \alpha_1, \ldots$ si otterrà il numero delle coniche che incontrano sotto angoli dati cinque curve date.

4.

A quel modo che una serie di coniche sodisfacenti a quattro condizioni comuni è definita con due caratteristiche μ, ν, esprimenti il numero delle coniche della serie che passano per un punto o toccano una retta; così un sistema di coniche soggetto a tre condizioni potrà essere rappresentato per mezzo di tre numeri λ, μ, ν il cui significato sia:

$$N(2p,\ 3Z) = \lambda, \qquad N(1p,\ 1r,\ 3Z) = \mu, \qquad N(2r,\ 3Z) = \nu,$$

ove 3Z è il simbolo delle tre condizioni.

In virtù della formola trovata sopra pel numero delle coniche che sodisfanno a cinque condizioni date, avremo

$$\lambda = A + 2B + 4C + 4D\ ,$$
$$\mu = 2A + 4B + 4C + 2D\ ,$$
$$\nu = 4A + 4B + 2C + D\ ,$$

ove si è posto per brevità:

$$A = \alpha_1\alpha_2\alpha_3\ , \qquad B = \Sigma\alpha_1\alpha_2\beta_3\ , \qquad C = \Sigma\alpha_1\beta_2\beta_3\ , \qquad D = \beta_1\beta_2\beta_3\ ,$$

essendo (α_1, β_1), (α_2, β_2), (α_3, β_3) i parametri dei moduli delle tre condizioni Z.

Sia poi W il simbolo di una condizione doppia (doppio contatto, contatto tripunto, ecc.), e pongasi:

$$(2p, W) \equiv (x, y)\ , \qquad (1p, 1r, W) \equiv (y, z)\ , \qquad (2r, W) \equiv (z, u)\ .$$

Introducendo successivamente in questa serie le condizioni Z_1, Z_2, Z_3 col suesposto metodo del sig. Chasles, si trova subito

$$N(3Z, W) = xA + yB + zC + uD\ .$$

Pongasi

$$xA + yB + zC + uD = a\lambda + b\mu + c\nu\ ,$$

ossia:

$$a + 2b + 4c = x\ ,$$
$$2a + 4b + 4c = y\ ,$$
$$4a + 4b + 2c = z\ ,$$
$$4a + 2b + c = u\ ;$$

ne segue fra x, y, z, u la relazione

$$2x - 3y + 3z - 2u = 0\ ,$$

e per a, b, c i valori:

$$4a = 2u - z\ , \qquad 4c = 2x - y\ ,$$
$$8b = 7y - 6x - 2z = 7z - 6u - 2y\ .$$

Ne' casi speciali, data la condizione W, si cercherà di determinare i numeri x, y, z, u, coi quali si formeranno i valori di a, b, c, e quindi si otterrà il numero

$$N(3Z, W) = a\lambda + b\mu + c\nu$$

delle coniche che sodisfanno ad una condizione doppia ed a tre semplici.

Così si possono calcolare le caratteristiche λ, μ, ν per un sistema di coniche (Z, W) sodisfacenti ad una condizione doppia e ad una semplice: indi collo stesso metodo si potrà introdurre una nuova condizione doppia W', e si otterranno le due caratteristiche della serie (W, W'), od anche il numero (Z, W, W') delle coniche soggette a due condizioni doppie e ad una semplice.

Esempi. 1.° La condizione doppia W consista nel dovere le coniche toccare in un punto dato una retta data. In questo caso si ha evidentemente

$$x=1\,,\quad y=2\,,\quad z=2\,,\quad u=1\,,$$

quindi

$$a=0\,,\qquad 2b=1\,,\qquad c=0\,,$$

e per conseguenza

$$N(3Z,W)=\frac{1}{2}\mu\,,$$

cioè:

Il numero delle coniche di un sistema (λ, μ, ν) *che toccano una retta data in un punto dato è* $\frac{1}{2}\mu$.

2.° La condizione doppia W consista in due contatti ordinari con due curve V, V' i cui ordini siano m, m' e le classi n, n'. In virtù di una nota trasformazione*), il numero x delle coniche passanti per tre punti e tangenti alle due curve V, V' è eguale a quello delle tangenti comuni a due curve di classi

$$2m+n\,,\qquad 2m'+n'\,;$$

dunque

$$x=(2m+n)(2m'+n')\,.$$

Il numero delle coniche *infiniment aplaties* nella serie ($2p$, V, V') è **)

$$2x-y=4mm'\,,$$

quindi

$$y=4mm'+4(mn'+m'n)+2nn'\,.$$

I numeri z, u sono correlativi di y, x, dunque:

$$z=4nn'+4(mn'+m'n)+2mm'\,,$$

$$u=(2n+m)(2n'+m')\,.$$

Ne segue:

$$a=nn'\,,\qquad b=mn'+m'n\,,\qquad c=mm'\,,$$

epperò:

---

*) Beltrami, *Intorno alle coniche di nove punti* (Mem. dell'Accad. di Bologna, serie 2.ª, tom. 2.°, pag. 390; 1863).

) Giornale di Matematiche, t. 2.°, Napoli 1864, pag. 18. [Queste Opere, n. **48].

Il numero delle coniche del sistema (λ, μ, ν) *che toccano due curve date d'ordini* m, m' *e di classi* n, n' *è*

$$\lambda nn' + \mu(mn' + m'n) + \nu mm'.$$

3.° Il simbolo W ora esprima la condizione di un doppio contatto con una curva W d'ordine m, di classe n, dotata di d punti doppi, t tangenti doppie, r regressi ed i flessi. In virtù della citata trasformazione, il numero x delle coniche passanti per tre punti e doppiamente tangenti a W è eguale al numero delle tangenti doppie di una curva d'ordine $2m$, avente r regressi, e d punti doppi oltre a tre punti $(m)^{pli}$, cioè $d + \frac{3}{2} m(m-1)$ punti doppi. La classe di questa curva è $2m+n$, quindi il numero delle sue tangenti doppie sarà dato dalla equazione

$$2x = 2d + 3m(m-1) + n(4m+n-9).$$

Il numero delle coniche *infiniment aplaties* nella serie $(2p, \mathrm{W})$ è evidentemente

$$2x - y = 2m(m-1),$$

quindi

$$y = 2d + m(m-1) + n(4m+n-9).$$

E correlativamente:

$$z = 2t + n(n-1) + m(4n+m-9),$$

$$2u = 2t + 3n(n-1) + m(4n+m-9).$$

Formando poi i valori di a, b, c:

$$a = \frac{1}{2} n(n-1), \qquad c = \frac{1}{2} m(m-1),$$

$$8b = 8mn - (m^2+n^2) - 7(m+n) + 2(d+t),$$

ossia per le formole di Plücker:

$$8b = 8mn - 9(m+n) - 3(r+i),$$

si concluderà:

Il numero delle coniche del sistema (λ, μ, ν) *che hanno doppio contatto con una curva d'ordine* m *e di classe* n, *dotata di* r *cuspidi e di* i *flessi, è*

$$\frac{1}{2} n(n-1)\lambda + \frac{1}{8}\Big(8mn - 9(m+n) - 3(r+i)\Big)\mu + \frac{1}{2} m(m-1)\nu.$$

4.° La condizione doppia consista in un contatto tripunto colla curva W. Il numero x sarà in questo caso eguale al numero delle tangenti stazionarie della curva (accennata nell'esempio precedente) d'ordine $2m$ e di classe $2m+n$ con r cuspidi. Dunque

$$x = 3n + r.$$

La serie $(2p, W)$ non contiene, in questo caso, coniche consistenti in un pajo di punti, epperò

$$2x - y = 0\,,$$

donde

$$y = 2(3n + r)\,;$$

e correlativamente:

$$z = 2(3m + i)\,,$$
$$u = 3m + i\,.$$

Di qui si deducono per a, b, c i valori:

$$a = 0\,, \qquad b = \frac{1}{2}(3m + i) = \frac{1}{2}(3n + r)\,, \qquad c = 0\,,$$

e per conseguenza:

Il numero delle coniche del sistema (λ, μ, ν) *che hanno un contatto tripunto con una data curva d'ordine* m *con* i *flessi* (*ovvero di classe* n *con* r *cuspidi*) *è* $\frac{1}{2}(3m + i)\mu$ *ovvero* $\frac{1}{2}(3n + r)\mu$ . . . *).

Bologna, novembre 1864.

---

*) Comptes rendus, 7 novembre 1864, p. 776 [Queste Opere, n. **51**].

53.

SOPRA ALCUNE QUESTIONI NELLA TEORIA DELLE CURVE PIANE *). [38]

Annali di Matematica pura ed applicata, serie I, tomo VI (1864), pp. 153-168.

Sulla generazione di una curva mediante due fasci projettivi.

1. Siano dati due fasci projettivi di curve. Le curve del primo fascio abbiano in un punto-base o la tangente comune, e questo punto giaccia anche sulla curva del secondo fascio che corrisponde a quella curva del primo per la quale o è un punto doppio. In questo caso, è noto (*Introd.* 51, b) che il luogo delle intersezioni delle curve corrispondenti dei due fasci passa due volte per o. Ora ci proponiamo di determinare le due tangenti del luogo nel punto doppio.

2. *Lemma.* Siano (U, V, W,...), (U', V', W',...) le curve corrispondenti di due fasci projettivi dello stesso ordine n, i quali generano una curva K dell'ordine $2n$, passante pei punti-base dei due fasci.

Le curve U, U' individuano un nuovo fascio i cui punti-base sono in K; ogni curva U'' di questo fascio segherà K in altri n^2 punti, pei quali e per un punto fissato ad arbitrio in K descrivendo una curva d'ordine n, questa segherà K in altri n^2-1 punti *fissi*, qualunque sia la curva U'' scelta nel fascio (UU') (*Introd.* 54, a). Se il punto arbitrario è un punto-base del fascio (VV'), esso cogli altri n^2-1 punti fissi costituirà la base (VV'). Infatti la curva U sega K in $2n^2$ punti, de' quali n^2 giacciono in U', e gli altri n^2 in V; e così U' sega K in $2n^2$ punti de' quali n^2 appartengono ad U e gli altri a V'. Dunque una qualsivoglia curva U'' del fascio (UU') segherà K in altri n^2 punti

*) Queste brevi note sono destinate ad emendare o completare alcuni punti dell'*Introduzione ad una teoria geometrica delle curve piane.* [Queste Opere, n. **29** (t. 1.°)]. Nell'impresa di scemare alquanto i moltissimi difetti di questo libro, io sono stato fraternamente consigliato e ajutato dal mio egregio amico, il ch. Dr. Hirst.

situati in una curva V″ del fascio (VV′). Donde segue che i fasci (U, U′, U″,...), (V, V′, V″,...) sono projettivi e che la curva da essi generata è ancora K.

Analogamente le seconde n^2 intersezioni di U″ con K saranno anche situate in una curva W″ del fascio (WW′). E per tal modo otteniamo un nuovo fascio (U″, V″, W″,...) projettivo ai dati, i punti-base del quale giacciono in K. Siccome poi le curve U″, V″, W″,... appartengono rispettivamente ai fasci (UU′), (VV′), (WW′),... i cui punti-base sono tutti in K, così il fascio (U″, V″, W″,...) insieme con l'uno o con l'altro dei dati genera di nuovo la medesima curva K. Ossia:

Dati due fasci projettivi (U, V, W,...), (U′, V′, W′,...) *di curve dello stesso ordine, i quali generano una curva* K; *se* U″ *è una curva scelta ad arbitrio nel fascio* (UU′), *si possono determinare altre curve* V″, W″,... *che appartengano rispettivamente ai fasci* (VV′), (WW′),... *e formino con* U″ *un nuovo fascio projettivo ai dati e generante con ciascuno di questi la medesima curva* K.

3. Siano ora (U, V,...), (U′, V′,...) due fasci projettivi di curve d'ordine qualunque, i quali generino una curva K. Se L, L′ sono due linee arbitrarie, i due fasci projettivi (UL, VL,...), (U′L′, V′L′,...) che si ottengono accoppiando L o L′ a ciascuna curva dell'uno o dell'altro fascio dato, genereranno evidentemente un luogo composto delle tre curve KLL′. Le linee L, L′ siano poi scelte di tale ordine che i due nuovi fasci risultino dello stesso ordine; e, secondo il teorema precedente, si formi un nuovo fascio ($\mathcal{U}$, $\mathcal{V}$,...) projettivo ai precedenti, le cui curve appartengano rispettivamente ai fasci (UL, U′L′), (VL, V′L′),... e siano tali che il nuovo fascio insieme col precedente (U′L′, V′L′,...) generi il luogo KLL′. Allora è evidente che i due fasci projettivi ($\mathcal{U}$, $\mathcal{V}$,...) e (U′, V′,...) genereranno il luogo KL.

4. Supponiamo ora che tutte le curve del fascio (UV) tocchino una stessa retta R in uno stesso punto o; sia V la curva per la quale o è un punto doppio; e la corrispondente curva V′ passi anch'essa per o. Allora K avrà due rami incrociati in o: quali saranno le tangenti di K nel punto medesimo?

Si scelga per L una linea non passante per o; ed L′ sia composta della retta R e di un'altra linea non passante per o. In tal caso le curve del fascio (UL, U′L′,...) avranno in o la stessa tangente R: sia $\mathcal{U}$ quella curva di questo fascio, per la quale o è un punto doppio. Questo punto è doppio per le due curve complesse VL, V′L′; epperò esso sarà doppio per tutte le curve del fascio (VL, V′L′), fra le quali trovasi $\mathcal{V}$. Ora, la curva K (insieme con L) è generata dai due fasci projettivi (U′, V′,...), ($\mathcal{U}$, $\mathcal{V}$,...) nel secondo de' quali tutte le curve hanno un punto doppio in o; dunque (in virtù del teorema *Introd.* 52, [39] ove si faccia $r=0$, $r'=2$) le tangenti di K in o sono le tangenti della curva $\mathcal{V}$ del secondo fascio la quale corrisponde a quella curva V′ del primo che passa per o.

Siccome $\mathfrak{V}$ appartiene al fascio (VL, V'L'), così le due tangenti di K in o sono raggi coniugati in una involuzione quadratica nella quale le tangenti di V sono coniugate fra loro, e la tangente di V' è coniugata con R (*Introd.* 48).

Dimostrazione del teorema fondamentale per le polari miste. [40]

5. *Lemma* 1.° La polare *) di un punto qualunque passa pei punti doppi della curva fondamentale (*Introd.* 16).

Lemma 2.° Le polari di un punto fisso rispetto alle curve di un fascio formano un altro fascio (*Introd.* 84, a).

Lemma 3.° Se la curva fondamentale è composta di una retta e di un'altra curva, e se il polo è preso in questa retta, la polare è composta della retta medesima e della polare relativa alla seconda curva (Questa proprietà consegue dalla definizione delle polari e dal teorema *Introd.* 17).

Lemma 4.° Se per gli n^2 punti in cui una curva d'ordine n è incontrata da n rette passanti per un punto o, si descrive un'altra curva dello stesso ordine, il punto o ha la stessa polare rispetto alle due curve (Infatti le polari di o rispetto alle due curve hanno $n-1$ punti comuni sopra ciascuna delle n rette date).

6. Sia ora data una curva (fondamentale) C_n d'ordine n, e siano o, o' due punti qualisivogliano dati. Indichiamo con $P_{oo'}$ la polare di o rispetto alla polare di o'; ed analogamente con $P_{o'o}$ la polare di o' rispetto alla polare di o; dimostreremo che $P_{oo'}$ e $P_{o'o}$ coincidono in una sola e medesima curva.

Si conduca per o' una retta arbitraria R, e sia J_n il fascio delle n rette condotte da o alle n intersezioni di C_n ed R. Le altre $n(n-1)$ intersezioni dei luoghi C_n, J_n giaceranno tutte (*Introd.* 43, b) in una curva C_{n-1} d'ordine $n-1$. Siccome C_n appartiene al fascio (J_n, RC_{n-1}), così la polare di o' rispetto a C_n apparterrà (lemma 2°) al fascio (φ_{n-1}, $R\Gamma_{n-2}$), ove φ_{n-1} è il fascio di $n-1$ rette concorrenti in o che costituiscono la polare di o' rispetto a J_n (*Introd.* 20), e Γ_{n-2} è la polare di o' rispetto a C_{n-1}: la qual curva Γ_{n-2} accoppiata con R forma la polare di o' rispetto al luogo RC_{n-1} (lemma 3°). Dal lemma 4° poi segue che la curva $P_{oo'}$ non è altra cosa che la polare di o rispetto ad $R\Gamma_{n-2}$, epperò essa passa per le $n-2$ intersezioni di Γ_{n-2} ed R (lemma 1°).

Da ciò che C_n passa per le n^2 intersezioni dei luoghi J_n ed RC_{n-1}, segue ancora (lemma 4°) che la polare di o rispetto a C_n coincide colla polare di o rispetto ad RC_{n-1}, epperò passa per le $n-1$ intersezioni di C_{n-1} ed R (lemma 1°). La curva $P_{o'o}$ passerà adunque per gli $n-2$ centri armonici del sistema formato dalle anzidette

*) S'intenda sempre *prima polare*.

$n-1$ intersezioni, rispetto al polo o'; cioè $P_{o'o}$ passerà per gli $n-2$ punti in cui R sega Γ_{n-2}.

Da ciò si raccoglie che le polari miste $P_{oo'}$, $P_{o'o}$ hanno $n-2$ punti comuni sopra una trasversale condotta arbitrariamente pel punto o'. Dunque esse non sono altro che una sola e medesima curva d'ordine $n-2$.

7. Abbiansi ora nel piano $\mu+1$ punti qualisivogliano $o, o', o'', \ldots o^{(\mu)}$, e si indichi con $P_{oo'o''}$ la polare di o rispetto a $P_{o'o''}$, con $P_{oo'o''o'''}$, la polare di o rispetto a $P_{o'o''o'''}$ ecc. Dal teorema ora dimostrato segue manifestamente che la polare $P_{oo'o''\ldots o^{(\mu)}}$ rimane la stèssa curva, in qualunque ordine siano presi i poli $o, o', o'', \ldots o^{(\mu)}$. Se poi si suppone che r di questi punti coincidano in un solo o, e che gli altri $\mu+1-r=r'$ si riuniscano insieme in o', avremo il teorema generale:

Per una qualsivoglia curva fondamentale, la polare $(r)^{ma}$ di un punto o rispetto alla polare $(r')^{ma}$ di un altro punto o' coincide colla polare $(r')^{ma}$ di o' rispetto alla polare $(r)^{ma}$ di o. [41]

Sui punti doppi delle curve di un fascio. [42]

8. Le curve di un dato fascio d'ordine n abbiano un punto $(r)^{plo}$ o comune, e siano o', o'' due punti fissati ad arbitrio nel piano (*Introd.* 88). Le polari di o rispetto a quelle curve hanno in o un punto $(r)^{plo}$ colle stesse tangenti delle curve date, e queste tangenti formano un'involuzione di grado r. Invece le polari di o' hanno in o un punto $(r-1)^{plo}$, e le loro tangenti sono aggruppate in un'involuzione di grado $r-1$. Le due involuzioni sono projettive ed un gruppo qualunque della seconda è (*Introd.* 74) la polare di o' rispetto al fascio di rette costituenti il corrispondente gruppo della prima.

I due fasci di polari di o ed o', essendo projettivi, generano una curva d'ordine $2(n-1)$, la quale ha in o un punto $(2r-1)^{plo}$ e per tangenti i raggi comuni alle due involuzioni, i quali sono evidentemente la retta oo' ed i raggi doppi dell'involuzione di grado r (*Introd.* 19).

Analogamente le polari di o ed o'' generano un'altra curva d'ordine $2(n-1)$, passante $2r-1$ volte per o ed avente ivi per tangenti la retta oo'' ed i raggi doppi dell'involuzione di grado r.

Per tal modo le due curve d'ordine $2(n-1)$ hanno in o un punto $(2r-1)^{plo}$ e $2(r-1)$ tangenti comuni: epperò il punto o rappresenta $(2r-1)^2+2(r-1)$ intersezioni delle medesime. Siccome poi o tiene anche le veci di r^2 punti-base del fascio delle polari di o, e siccome $(2r-1)^2+2(r-1)-r^2=(r-1)(3r+1)$, così:

Se le curve di un fascio hanno un punto $(r)^{plo}$ comune, questo equivale ad $(r-1)(3r+1)$ punti doppi del fascio medesimo.

9. Supponiamo ora che le curve del fascio dato abbiano, nel punto $(r)^{plo}$ o, anche le r tangenti comuni: nel qual caso una di quelle, chiamisi C_n, avrà $r+1$ rami incrociati in o (*Introd.* 48).

Le polari di o hanno un punto $(r)^{plo}$ in o; ma la polare relativa a C_n passa $r+1$ volte per questo punto. Il medesimo punto è multiplo secondo $r-1$ per le polari di o', ad eccezione di quella che è relativa a C_n, la quale ha r rami incrociati in o. I due fasci di polari essendo projettivi, generano una curva d'ordine $2(n-1)$ con un punto $(2r)^{plo}$ in o (*Introd.* 51).

Analogamente le polari di o e di o'' generano un'altra curva dello stesso ordine, avente anch'essa $2r$ rami incrociati in o: ond'è che questo punto fa le veci di $4r^2$ intersezioni delle due curve d'ordine $2(n-1)$. D'altra parte o rappresenta r^2+r punti-base del fascio delle polari di o (*Introd.* 32); dunque in o sono riuniti $3r^2-r$ punti doppi del fascio dato.

10. Se delle tangenti comuni alle curve date in o ve ne sono s coincidenti in una retta R, questa toccherà in o (*Introd.* 74) s rami di ciascuna polare di o ed $s-1$ rami di ciascuna polare di o' e di o'': quindi anche ciascuna delle due curve d'ordine $2(n-1)$ avrà in o un numero $s-1$ di tangenti riunite in R. In questo caso adunque, il punto o rappresenta $4r^2+s-1$ intersezioni delle due curve suaccennate. Ossia:

Se le curve di un fascio hanno uno stesso punto $(r)^{plo}$ ed in questo tutte le tangenti comuni, delle quali ve ne sia un numero s di coincidenti in una retta unica, quel punto tien luogo di $r(3r-1)+s-1$ punti doppi del fascio.

Ed in particolare, se $s=r$, cioè se tutte le tangenti coincidono in una sola retta, il punto multiplo comune equivale a $3r^2-1$ punti doppi del fascio.

11. Si supponga invece che una sola curva C_n, tra quelle del dato fascio, passi r volte per un punto o ed ivi abbia s tangenti riunite in una retta R. Allora la polare di o rispetto a C_n avrà r rami incrociati in o colle stesse tangenti di C_n. E la polare di un punto qualunque o' rispetto alla medesima curva C_n avrà in o un punto $(r-1)^{plo}$ con $s-1$ tangenti coincidenti in R. Quindi i fasci delle polari di o e di o' genereranno una curva d'ordine $2(n-1)$, avente un punto $(r-1)^{plo}$ in o ed $s-1$ tangenti riunite in R (*Introd.* 51, g). Una curva analoga colle stesse proprietà sarà generata dalle polari di o e da quelle di un altro punto qualunque o'': e per queste due curve d'ordine $2(n-1)$ il punto o terrà luogo di $(r-1)^2+s-1$ intersezioni; dunque:

Se in un fascio vi ha una curva dotata di un punto $(r)^{plo}$ con s tangenti coincidenti, questo punto fa le veci di $(r-1)^2+s-1$ punti doppi del fascio.

12. Se il punto o, che è $(r)^{plo}$ per C_n, appartiene anche (come punto semplice) alle altre curve del dato fascio, le quali in tal caso avranno ivi un contatto $(r)^{punto}$, le polari di o passano tutte per o; epperò in questo punto si taglieranno r rami di ciascuna delle

curve d'ordine $2(n-1)$ generate dai fasci di polari. Ne segue che queste curve hanno r^2+s-1 intersezioni coincidenti in o. Ma in questo punto sono anche riuniti r punti-base del fascio delle polari di o; dunque:

Se una curva di un fascio passa r volte per uno de' punti base ed ha ivi s tangenti riunite, quel punto tien luogo di $r(r-1)+s-1$ punti doppi del fascio. [43]

Sulle reti geometriche d'ordine qualunque.

13. Una rete di curve d'ordine n (*Introd.* 92) è dessa in generale una rete di prime polari? Siccome una rete è determinata da tre curve, così è da ricercarsi se, date tre curve A_1, A_2, A_3 d'ordine n e non appartenenti ad uno stesso fascio, sia possibile di determinare tre punti a_1, a_2, a_3 (non in linea retta) ed una curva d'ordine $n+1$ rispetto alla quale le tre curve date siano le prime polari di a_1, a_2, a_3.

La curva fondamentale ed i tre poli dipendono da $\frac{1}{2}(n+1)(n+4)+6$ condizioni: mentre se si domanda l'identità delle tre curve date colle polari dei tre punti, bisognerà sodisfare a $\frac{3}{2}n(n+3)$ condizioni. La differenza $(n-2)(n+4)$ di questi numeri è nulla soltanto per $n=2$. Eccettuato adunque il caso di $n=2$, una rete di curve non è in generale una rete di prime polari. [44]

14. Consideriamo pertanto una rete affatto generale, la quale sia individuata da tre curve A_1, A_2, A_3 d'ordine n; e sia A_0 un'altra curva della rete, tale che tre qualunque delle quattro curve $A_0\,A_1\,A_2\,A_3$ non appartengano ad uno stesso fascio. Fissiamo ad arbitrio nel piano quattro punti $a_0\,a_1\,a_2\,a_3$, tre qualunque dei quali non siano in linea retta, e consideriamoli come corrispondenti alle quattro curve anzidette. Ciò premesso, i punti del piano e le curve della rete si possono far corrispondere fra loro, in modo che a punti in linea retta corrispondano curve di un fascio (projettivo alla punteggiata). Se consideriamo dapprima una retta che unisca due de' punti dati, per es. a_0a_1, la projettività fra i punti della retta a_0a_1 e le curve del fascio A_0A_1 sarà determinata dalla condizione che ai punti a_0, a_1 corrispondano le curve A_0, A_1, ed al punto d'intersezione delle rette a_0a_1, a_2a_3 corrisponda la curva comune ai fasci A_0A_1, A_2A_3: poste le quali cose, ad un altro punto qualunque di a_0a_1 corrisponderà una curva affatto individuata del fascio A_0A_1.

Per una retta qualunque R, ai punti in cui essa è segata da tre lati del quadrangolo $a_0a_1a_2a_3$ corrispondono tre curve già determinate in ciò che precede, le quali apparterranno necessariamente ad uno stesso fascio: quindi ad un quarto punto qualsivoglia in R corrisponderà una determinata curva del fascio medesimo; e viceversa. — E la curva A corrispondente ad un dato punto a si troverà considerando questo come l'intersezione di due rette (che per semplicità si potranno condurre rispettivamente per due de' punti dati) ed assumendo la curva comune ai due fasci relativi alle rette medesime.

15. Per tal modo ad un punto a corrisponde una certa curva A della rete (comune a tutti i fasci relativi alle rette che passano per a), e viceversa ad una curva A della rete corrisponde un punto individuato a (comune a tutte le rette i cui fasci corrispondenti contengano la curva A).

Tutte le curve della rete che passano per uno stesso punto a formano un fascio, epperò corrispondono ai punti di una certa retta R; e reciprocamente questa retta contiene i punti corrispondenti a quelle curve della rete che passano per certi n^2 punti fissi, uno de' quali è a. Onde possiamo dire che ad un punto qualunque a corrisponde una certa retta R (luogo de' punti le cui curve corrispondenti A passano per a); ma viceversa ad una retta R, fissata ad arbitrio, corrispondono n^2 punti (costituenti la base del fascio delle curve A corrispondenti ai punti di R).

Dunque ad un punto del piano corrispondono una curva A della rete ed una retta, e viceversa ad una curva della rete corrisponde un punto individuato, mentre ad una retta corrispondono n^2 punti. E dalle cose precedenti segue:

Se la curva A *di un punto a passa per un altro punto a', viceversa la retta* R *di a passa per a; e reciprocamente.*

16. Quale è il luogo dei punti che giacciono nelle rispettive curve A, ovvero (ciò che è la medesima cosa, in virtù del teorema precedente) nelle corrispondenti rette R? Sia T un'arbitraria trasversale: ad un punto a di questa corrisponde una curva A che sega T in n punti a'. Viceversa, se si prende ad arbitrio in T un punto a', le curve A passanti per a' corrispondono ai punti di una retta R, che incontra T in un punto a. Cioè ad un punto a corrispondono n punti a', e ad un punto a' corrisponde un punto a; epperò la trasversale T contiene $n+1$ punti del luogo di cui si tratta. Dunque:

Il luogo di un punto situato nella corrispondente curva A *è una curva* K *d'ordine* $n+1$.

Quale è l'inviluppo delle rette R che contengono uno de' loro punti corrispondenti? Sia a un punto arbitrario; le rette passanti per a hanno i loro punti corrispondenti situati nella curva A del punto a, la quale sega la curva K (del teorema precedente) in $n(n+1)$ punti; ciascuno de' quali corrisponde alla retta R che lo unisce ad a. Dunque:

L'inviluppo di una retta R *che passi per uno degli n^2 punti che le corrispondono è una curva* H *della classe* $n(n+1)$.

Il punto a apparterrà ad H, se due di quelle rette che uniscono a alle intersezioni di A e K coincidono, cioè se A tocca K; dunque:

La curva H *è l'inviluppo delle rette* R *che corrispondono ai punti della curva* K, *ed è anche il luogo dei punti ai quali corrispondono curve* A *che tocchino* K.

Quando le curve della data rete sono le prime polari de' loro punti corrispondenti rispetto ad una curva fondamentale, in questa coincidono insieme le due curve H e K.

17. Ma anche nel caso più generale sussistono quasi tutte le proprietà dimostrate nell'*Introduzione* per un sistema di prime polari: anzi rimangono invariate le stesse dimostrazioni; e ciò perchè quelle proprietà e quelle dimostrazioni in massima parte dipendono non già dalla connessione polare delle curve della rete con una curva fondamentale, ma piuttosto dalla determinabilità *lineare* delle medesime per mezzo di tre sole fra esse. Così si hanno i seguenti enunciati, che sussistono per una rete qualsivoglia e si dimostrano col soccorso della definizione delle reti e dei teoremi superiori (15, 16).

Se un punto percorre una curva C_m *d'ordine* m, *la corrispondente retta* R *inviluppa una curva* L *della classe* mn, *che è anche il luogo di un punto al quale corrisponda una curva* A *tangente a* C_m. *Se* C_m *non ha punti multipli, l'ordine di* L *è* $m(m+2n-3)$; *ma questo numero è diminuito di* $r(r-1)+s-1$ *se* C_m *ha un punto* $(r)^{plo}$ *con* s *tangenti coincidenti.*

Da questo teorema segue che il numero delle curve A che toccano due curve C_m, $C_{m'}$ è eguale al numero delle intersezioni delle due corrispondenti curve L, gli ordini delle quali sono conosciuti.

Alle cuspidi di C_m corrispondono le tangenti stazionarie di L, e siccome si conoscono così di questa curva la classe, l'ordine ed il numero de' flessi, si potranno determinare, per mezzo delle formole di Plücker, i numeri de' punti doppi, delle tangenti doppie e delle cuspidi della medesima curva L. Questi numeri poi esprimono quante curve A hanno un doppio contatto con C_m, quante un contatto tripunto colla stessa C_m, ecc. (*Introd.* 103).

18. *Il luogo di un punto* p *le cui rette polari relative alle curve* A *della rete passino per uno stesso punto* o *è una curva dell'ordine* $3(n-1)$, *che si può chiamare la* Hessiana *o la* Jacobiana *della rete* [45], *e che può essere definita anche come il luogo dei punti di contatto fra le curve della rete, o il luogo dei punti doppi delle curve medesime* (*Introd.* 90a, 92, 95).

Il luogo di un punto o *nel quale si seghino le rette polari di uno stesso punto* p, *rispetto alle curve della rete, è una curva d'ordine* $3(n-1)^2$, *che si può chiamare la curva* Steineriana *della rete* (*Introd.* 98, a).

Quindi ad ogni punto p della Jacobiana corrisponde un punto o della Steineriana, e reciprocamente: e l'inviluppo della retta po, la quale tocca in p tutte le curve della rete che passano per questo punto, è una curva della classe $3n(n-1)$ (*Introd.* 98, b).

Il luogo di un punto a *al quale corrisponda una curva* A *dotata di un punto doppio* p *è una curva* Σ *dell'ordine* $3(n-1)^2$.

La curva Σ coincide colla Steineriana quando le curve A sono le prime polari de' punti corrispondenti, rispetto ad una curva fondamentale (*Introd.* 88, d).

La retta R che corrisponde al punto p tocca (*Introd.* 118) in a la curva Σ; ossia: *La curva* Σ *è l'inviluppo delle rette* R *che corrispondono ai punti della Jacobiana.*

Di qui si può immediatamente concludere la classe della curva Σ, non che le singolarità della medesima, e si avranno quindi le formole (*Introd.* 119-121) esprimenti: quanti fasci vi siano in una data rete qualsivoglia le curve de' quali si tocchino in due punti distinti, o abbiano fra loro un contatto tripunto; e quante curve contenga la rete le quali siano dotate di due punti doppi o di una cuspide.

19. E qui giova notare che quelle formole presuppongono la Jacobiana sprovveduta d'ogni punto multiplo. Ma è ben facile di assegnare le modificazioni che subirebbero i risultati medesimi quando la Jacobiana avesse punti multipli.

Se le curve di una rete hanno d punti comuni con tangenti distinte, ed altri k punti comuni ne' quali esse si tocchino, la Jacobiana avrà (*Introd.* 96, 97) in ciascun di quelli un punto doppio, ed in ciascun di questi un punto triplo con due tangenti coincidenti nella tangente comune alle curve della rete [46]. Ne segue che quei punti equivalgono a $2d+4k$ intersezioni della Jacobiana con una qualunque delle curve della rete, epperò (*Introd.* 118, b) la classe di Σ sarà

$$3n(n-1)-2d-4k.$$

Supponiamo poi che, astrazione fatta dai punti comuni alle curve della rete, la Jacobiana abbia altri δ punti doppi e $\varkappa$ cuspidi. Allora (*Introd.* 103) l'ordine del luogo di un punto a cui corrisponda una curva A tangente alla Jacobiana sarà

$$3(n-1)(5n-6)-2(d+\delta)-3\varkappa-7k; \quad [47]$$

epperò il numero dei flessi di Σ sarà (*Introd.* 118, d)

$$3(n-1)(4n-5)-2(d+\delta)-3\varkappa-7k, \quad [48]$$

donde si concluderanno poi, colle formole di PLÜCKER, le altre singolarità della curva.

Se le curve della rete avessero un punto $(r)^{plo}$ comune, il medesimo sarebbe multiplo secondo $3r-1$ per la Jacobiana. Siccome poi un fascio qualunque della rete conterrà, oltre a quel punto, solamente altri $3(n-1)^2-(r-1)(3r+1)$ punti doppi (8), così l'ordine di Σ subirà in questo caso la diminuzione di $(r-1)(3r+1)$ unità (*Introd.* 88, d) *), ecc.

---

*) { E la classe di Σ subirà la diminuzione $r(3r-1)$. }

20. *Se una curva* C_m *sega la Jacobiana in* $3m(n-1)$ *punti* p, *la curva* Σ *toccherà ne' corrispondenti* $3m(n-1)$ *punti* a *il luogo* L *dei punti ai quali corrispondono curve* A *tangenti a* C_m (*Introd.* 122). Ecc. ecc. [49]

Sulle reti di curve di second'ordine.

21. Data una rete di coniche, consideriamole come polari relative ad una curva di terz'ordine incognita, e cerchiamone i poli. Siano A_1, A_2, A_3 tre coniche della rete, non circoscritte ad uno stesso quadrangolo: e si supponga, ciò che evidentemente è lecito senza punto scemare la generalità della ricerca, che A_1, A_2 siano due paja di rette rispettivamente incrociate in o_1, o_2; ed A_3 passi per questi due punti. Sia poi o_3 il terzo punto diagonale del quadrangolo formato dalle quattro intersezioni di A_1, A_2; e si chiamino a_1, a_2, a_3 i poli incogniti delle tre coniche. Siccome la retta polare di a_2 rispetto ad A_1 dee coincidere (6) colla retta polare di a_1 rispetto ad A_2, così tale polare sarà necessariamente la retta o_1o_2; epperò a_1, a_2 saranno rispettivamente situati in o_2o_3, o_1o_3. La polare di a_1 rispetto ad A_3 dev'essere anche la polare di a_3 rispetto ad A_1, dunque passerà per o_1; cioè a_1 giace anche sulla tangente ad A_3 in o_1. Analogamente a_2 è situato nella tangente ad A_3 in o_2.

Trovati così a_1, a_2, siano $o_1\omega_1$, $o_2\omega_2$ le loro polari rispetto ad A_3: queste rette saranno anche le polari di a_3 rispetto ad A_1, A_2: dunque a_3 è l'intersezione della coniugata armonica di $o_1\omega_1$ rispetto alle due rette A_1, colla coniugata armonica di $o_2\omega_2$ rispetto alle due rette A_2.

Ed ora si potrà costruire il polo a di qualunque altra conica A della rete: infatti il punto a sarà, rispetto ad A_3, il polo di quella retta che è la polare di a_3 rispetto ad A.

Viceversa, dato un punto a, si potrà determinare la sua conica polare A per es. nel seguente modo. Si cerchi la retta R che unisce i poli di due coniche della rete passanti per a. La conica richiesta A sarà quella rispetto alla quale a è il polo della retta R.

Ed ecco come si possono determinare le intersezioni della cubica fondamentale con una trasversale qualunque T. Se x è un punto in T, la sua conica polare sega T in due punti x'. Viceversa, se si prende in T un punto x', le coniche polari passanti per x' hanno i loro poli nella retta polare di questo punto, la quale segherà T in un punto x. Quindi le coppie di punti x' formano un'involuzione (quadratica) projettiva alla serie semplice de' punti x. I tre punti comuni alle due serie sono quei punti di T che giacciono nelle rispettive coniche polari, cioè sono i punti ove la cubica fondamentale è incontrata dalla trasversale T.

22. Veniamo ora a casi particolari e supponiamo che nella rete vi sia una conica

consistente in una retta P presa due volte: conica che indicheremo col simbolo P^2. Se anche in questo caso le coniche della rete formano un sistema di polari, ciascun punto della retta P dev'essere il polo di una conica dotata di punto doppio [nel polo p della conica P^2] (*Introd.* 78); ma d'altronde le coniche polari dei punti di una retta formano un fascio: dunque nella rete vi dev'essere un fascio di coniche tutte dotate di punto doppio [in p]. Un tal fascio non può essere che un fascio di coppie di rette [passanti per p] in involuzione: ed i raggi doppi, Q, R, daranno due nuove coniche Q^2, R^2 della rete. [[50]] Donde segue (*Introd.* 79) che le rette P, Q, R formano un trilatero, ciascun lato del quale preso due volte costituisce la conica polare del vertice opposto.

Queste tre coniche P^2, Q^2, R^2, in causa della loro speciale natura, non bastano per individuare tutto il sistema dei poli: cioè qui il problema di trovare la curva fondamentale rimane indeterminato. Esso diverrà determinato se per un'altra conica della rete (che non sia un pajo di rette) si assume ad arbitrio il polo (fuori delle rette PQR). [[51]]

La conica della rete che debba passare per due punti dati o, o' si determina col metodo ordinario (*Introd.* 77, a). La conica del fascio (P^2, Q^2) che passa per o è un pajo di rette formanti sistema armonico con P, Q, e così pure la conica del fascio (P^2, R^2) passante per o è un pajo di rette coniugate armoniche rispetto alle due P, R. Queste due coniche intersecandosi determinano un quadrangolo completo, il cui triangolo diagonale è PQR. Ora la conica richiesta è quella che passa pei vertici di questo quadrangolo e per o': dunque, per essa, PQR è un triangolo coniugato. Cioè tutte le coniche della rete sono coniugate ad uno stesso triangolo.

La curva Hessiana si compone in questo caso delle tre rette P, Q, R, [[52]] e per conseguenza (*Introd.* 145) la cubica fondamentale è equianarmonica.

Di qui risulta che la rete non può contenere una quarta conica che sia una retta presa due volte. Ciò è anche evidente perchè una tal retta farebbe necessariamente parte della Hessiana la quale, essendo una linea del terz'ordine, non può contenere più di tre rette.

23. Supposta adunque l'esistenza di una conica P^2 in una rete di coniche, affinchè queste siano un sistema di polari, è d'uopo che i punti di P siano poli di coniche consistenti in coppie di rette d'un fascio in involuzione. Se questa involuzione ha due raggi doppi Q, R, distinti fra loro e dalla retta P, otteniamo il caso or ora considerato (22). Supponiamo ora invece che i due raggi doppi coincidano, ossia che tutte le coppie anzidette abbiano una retta comune Q: in questo caso, de' tre lati del trilatero PQR due, Q, R, coincidono, epperò la Hessiana consterà della retta Q presa due volte e della retta P. (Si ottiene questo medesimo caso se uno de' raggi doppi dell'involuzione, supposti distinti, coincide colla retta P).

I punti di Q sono poli di coniche consistenti in coppie di rette coniugate armonicamente con PQ; ed i punti di P sono poli di coniche composte della retta fissa Q e di una retta variabile intorno ad un punto fisso *o* di Q. Il punto PQ, appartenendo ad entrambe quelle rette, sarà il polo della conica Q^2; ed il punto *o*, doppio per le coniche polari de' punti di P, avrà per conica polare P^2. Si vede anche facilmente che, come nel caso precedente i punti QR, RP, PQ erano i poli delle rette P, Q, R rispetto a tutte le coniche della rete, così nel caso attuale i punti *o* e PQ sono i poli delle rette P, Q relativamente a tutte le coniche della rete.

Da ciò che precede si raccoglie che tutte le coniche della rete toccano Q nel punto PQ, e siccome questo punto ha per polare la conica Q^2, così la cubica fondamentale avrà una cuspide nel punto PQ colla tangente Q. E la retta P (che nel caso precedente, più generale, conteneva tre flessi della cubica) nel caso attuale congiunge la cuspide al flesso (unico) della curva fondamentale. La conica polare del flesso è composta della retta Q e della tangente stazionaria: quindi il punto *o* è l'intersezione della tangente cuspidale colla tangente stazionaria.

24. Può aver luogo il caso ancor più particolare che tutti e tre i lati del triangolo coniugato PQR coincidano in una sola retta P. Allora è chiaro che ogni punto di P sarà il polo di una conica composta della stessa retta P e di una seconda retta variabile intorno ad un punto fisso *o* di P; e questo punto *o* sarà il polo della conica P^2. Ne segue che tutte le coniche della rete hanno fra loro un contatto tripunto in *o* colla tangente P; e che tutti i punti di questa retta appartengono alla cubica fondamentale, la quale risulta composta della retta P e di una conica tangente a P in *o*.

Naturalmente la Hessiana è in questo caso la retta P presa tre volte.

25. Le considerazioni precedenti manifestano che allorquando la rete contiene una conica P^2, o due coniche P^2, Q^2, affinchè quella ammetta una cubica fondamentale è necessario che le coniche della rete si possano risguardare come coniugate ad uno stesso triangolo di cui i tre lati o due soltanto coincidono insieme: ossia è necessario che, nel primo caso, tutte le coniche della rete abbiano fra loro un contatto tripunto colla tangente comune P; e nel secondo caso, che le coniche della rete tocchino una delle rette P, Q nel punto comune a queste, ed abbiano rispetto all'altra uno stesso polo fisso. [53]

Ma se la rete contiene una o due coniche consistenti in un pajo di rette coincidenti, e non sono sodisfatte le dette condizioni, le coniche della rete non costituiscono un sistema di polari. Ciò ha luogo per es. se la rete è individuata da una conica P^2 e da due coniche che non seghino P negli stessi punti; se la rete è formata da coniche seganti una retta P in due punti fissi e rispetto alle quali un altro punto fisso di P abbia per polare una retta data; se la rete contiene due coniche P^2, Q^2 ed un'altra conica qualunque non passante pel punto PQ; ecc. Nel primo di questi casi la Jacobiana è composta della retta P e di una conica che sega P ne' due punti coniugati armonici rispetto alle coniche della rete; nel secondo caso la Jacobiana contiene due volte la retta P ed inoltre quell'altra retta data che è polare di un punto di P rispetto a tutte le coniche della rete; nel terzo caso la Jacobiana è composta delle due rette P, Q e della corda di contatto di quella conica della rete che è tangente a P e Q. [54]

Concludiamo pertanto che il problema " data una rete di coniche, trovare una cubica rispetto alla quale le coniche siano le polari dei punti del piano " ammette una (una sola) soluzione sempre allorquando nella rete non vi sia alcuna conica che consista in due rette coincidenti. Se di tali coniche ve n'è una sola o ve ne sono due, il problema ammette o nessuna soluzione, o infinite soluzioni: e vi sono infinite soluzioni anche nel caso che la rete contenga tre di quelle coniche eccezionali. Nei casi in cui il problema è indeterminato, ciascuna soluzione è individuata col fissare ad arbitrio il polo di una conica della rete, [55] conica che non consista in due rette coincidenti.

Sulle curve di terz'ordine.

26. Sia i un flesso di una data curva di terz'ordine ed I la retta polare armonica di i. Siccome due tangenti della curva i cui punti di contatto siano in linea retta col flesso i concorrono in un punto m della retta I e formano sistema armonico colla mi e colla medesima I (*Introd.* 139, a), così:

Le sei tangenti che si possono condurre ad una cubica da un punto della polare armonica di un flesso sono accoppiate in involuzione, in modo che la corda di contatto di due tangenti coniugate passa pel flesso *).

E siccome le polari armoniche dei flessi sono le medesime per tutte le cubiche sizigetiche alla data, così:

Dato un fascio di cubiche sizigetiche, se da un punto della polare armonica di un flesso si tirano coppie di tangenti alle cubiche in modo che la corda di contatto passi sempre pel flesso suddetto, quelle infinite coppie di tangenti formano un'involuzione, i cui raggi doppi sono la retta condotta al flesso e la polare armonica.

Siano $m_1 m_2 m_3$ tre punti presi ad arbitrio e rispettivamente nelle polari armoniche di tre flessi 1 2 3 situati in linea retta. Condotte per ciascuno de' punti $m_1 m_2 m_3$ due tangenti alla cubica i cui punti di contatto siano in linea retta col flesso corrispondente, siccome le tre corde di contatto segano la curva in tre punti 1 2 3 che sono in una

*) Giornale di matematiche, t. 2, pag. 84 (Napoli 1964). [Queste Opere, n. **49**].

retta, così le altre sei intersezioni, cioè i punti di contatto delle sei tangenti, giaceranno in una conica (*Introd.* 39, a).

Se r è un vertice di un trilatero rr_1r_2 sizigetico alla cubica data, per r passano le polari armoniche dei tre flessi situati nel lato opposto (*Introd.* 142). Dunque le sei tangenti che si possono condurre da r alla cubica sono accoppiate in involuzione in tre maniere diverse: a ciascuna di queste maniere corrispondono come raggi doppi la retta che congiunge r ad uno de' tre flessi e la relativa polare armonica.

Conducendo per un flesso i situato in r_1r_2 una trasversale qualunque, il coniugato armonico di i rispetto alle intersezioni della trasversale con rr_1, rr_2 è situato nella polare armonica di i (*Introd.* 139). Ne segue che le rr_1, rr_2 sono coniugate armoniche rispetto alla retta ri ed alla polare armonica di i. Dunque i raggi doppi delle tre involuzioni formate dalle tangenti che si possono condurre per r alla cubica data (ed alle altre cubiche sizigetiche) sono accoppiati pur essi in una nuova involuzione i cui elementi doppi sono i lati rr_1, rr_2 del trilatero sizigetico. Ossia:

Tre flessi in linea retta e le intersezioni di questa retta colle polari armoniche dei flessi medesimi formano tre coppie di punti in involuzione *).

È noto (*Introd.* 132,c) che se due tangenti ad una data cubica concorrono in un punto della medesima curva, ciascuna di quelle tangenti è la retta polare del punto di contatto dell'altra rispetto ad una cubica di cui la data è la Hessiana. È noto inoltre (*Introd.* 148) che se una retta tocca una cubica in un punto e la sega in un altro, le rette polari del primo punto, rispetto alle cubiche sizigetiche colla data, passano tutte pel secondo punto. Ne segue che:

Le quattro tangenti che si possono condurre ad una cubica da un suo punto sono le rette polari di uno qualunque de' punti di contatto rispetto alla cubica medesima ed a quelle altre tre cubiche delle quali la data è la Hessiana **).

Ora, il rapporto anarmonico delle rette polari di un punto rispetto a quattro curve date di un fascio è costante, qualunque sia quel punto: si ha dunque così una nuova dimostrazione del teorema di SALMON (*Introd.* 131), essere costante il rapporto anarmonico delle quattro tangenti che arrivano ad una cubica da un suo punto qualunque.

27. Nel piano di una data curva del terz'ordine si immaginino condotte $n+1$ trasversali che seghino la curva nelle $n+1$ terne di punti

$$(v_1 v_2 a_1), \quad (v_3 v_4 a_3), \quad (v_5 v_6 a_5), \ldots (v_{2n+1} v_{2n+2} a_{2n+1}).$$

*) Questa proprietà si rende evidente anche osservando che il punto in cui la polare armonica di i sega $r_1 r_2$ è coniugato armonico di i rispetto agli altri due flessi situati nella medesima retta $r_1 r_2$. Ne segue ancora (*Introd.* 26) che ciascuno de' due punti $r_1 r_2$ combinato coi tre flessi situati nella retta $r_1 r_2$ forma un sistema equianarmonico.

**) Educational Times, december 1864, p. 214 (London).

Si unisca il punto v_{2n+2} al punto a_1 mediante una retta che seghi di nuovo la curva in v_{2n+3}. Si tiri la retta $v_2 v_3$ che incontri ulteriormente la curva in a_2; e sia v_{2n+4} la terza intersezione della curva colla retta $v_{2n+3} a_2$. Continuando in questo modo si otterranno altre $3n$ trasversali contenenti le terne di punti

$$(v_{2n+2} a_1 v_{2n+3}), \quad (v_2 v_3 a_2), \quad (v_{2n+3} a_2 v_{2n+4}), \quad (v_{2n+4} a_3 v_{2n+5}), \quad (v_4 v_5 a_4),$$
$$(v_{2n+5} a_4 v_{2n+6}), \ \dots \ (v_{4n+1} a_{2n} v_{4n+2}).$$

Ora dei $3(2n+1)$ punti $v_1 v_2 \dots v_{4n+2}$, $a_1 a_2 \dots a_{2n+1}$ risultanti dall'intersezione della cubica colle $2n+1$ rette

$$(v_1 v_2 a_1), \quad (v_3 v_4 a_3), \quad (v_5 v_6 a_5), \ \dots \ (v_{2n+1} v_{2n+2} a_{2n+1}),$$
$$(v_{2n+3} v_{2n+4} a_2), \quad (v_{2n+5} v_{2n+6} a_4), \ \dots \ (v_{4n+1} v_{4n+2} a_{2n}),$$

ve ne sono $6n$ distribuiti sulle $2n$ rette

$$(v_{2n+2} v_{2n+3} a_1), \quad (v_{2n+4} v_{2n+5} a_3), \ \dots \ (v_{4n} v_{4n+1} a_{2n-1}),$$
$$(v_2 v_3 a_2), \quad (v_4 v_5 a_4), \ \dots \ (v_{2n} v_{2n+1} a_{2n});$$

dunque gli altri tre punti $v_1 v_{4n+2} a_{2n+1}$ si troveranno pur essi in linea retta (*Introd.* 44). Dunque:

Se dei $3(2n+1)$ *punti che sono i vertici e le intersezioni delle coppie di lati opposti d'un poligono di* $4n+2$ *lati, ve ne sono* $6n+2$ *situati in una curva di terz'ordine, anche il punto rimanente apparterrà alla medesima curva* *).

28. Nel piano di una curva del terz'ordine si tirino due trasversali che seghino la curva nelle terne di punti $(v_1 v_2 a_1)$, $(w_2 w_3 a_2)$. Le due rette $w_2 a_1$, $v_2 a_2$ incontrino la curva di nuovo in w_1, v_3. Per v_3 si tiri ad arbitrio una trasversale che seghi la curva in $(v_3 v_4 a_3)$; quindi congiunto w_3 con a_3, si ottenga la terna $(w_3 w_4 a_3)$. Per w_4 si conduca ad arbitrio una trasversale che seghi la curva di nuovo nei punti $w_5 a_4$, e congiunto v_4 con a_4, si ottenga la terza intersezione v_5. Si continui colla stessa legge finchè siansi ottenute le terne $(v_{2n-1} v_{2n} a_{2n-1})$, $(w_{2n-1} w_{2n} a_{2n-1})$. Congiungasi allora v_{2n} con v_1 e la retta così ottenuta incontri di nuovo la curva in a_{2n}.

Ora, dei $6n$ punti $v_1 v_2 \dots v_{2n}$, $w_1 w_2 \dots w_{2n}$, $a_1 a_2 \dots a_{2n}$, che risultano dall'intersecare la cubica col sistema delle $2n$ rette

$$(w_1 w_2 a_1), \quad (w_3 w_4 a_3), \ \dots \ (w_{2n-1} w_{2n} a_{2n-1}),$$
$$(v_2 v_3 a_2), \quad (v_4 v_5 a_4), \ \dots \ (v_{2n} v_1 a_{2n}),$$

*) Questo teorema, generalizzazione di uno notissimo dovuto a Poncelet (*Introd.* 45, c), mi è stato comunicato dal ch. prof. Brioschi.

ve ne sono $6n-3$ distribuiti sulle $2n-1$ rette

$$(v_1 v_2 a_1), \quad (v_3 v_4 a_3), \ldots (v_{2n-1} v_{2n} a_{2n-1}),$$
$$(w_2 w_3 a_2), \quad (w_4 w_5 a_4), \ldots (w_{2n-2} w_{2n-1} a_{2n-2});$$

epperò gli altri tre punti $w_1 w_{2n} a_{2n}$ saranno pure in una retta. Cioè:

Se dei $6n$ *punti che sono i vertici e le intersezioni delle coppie di lati corrispondenti di due poligoni, di* $2n$ *lati ciascuno, ve ne sono* $6n-1$ *situati in una curva di terz'ordine, anche il punto rimanente giacerà nella medesima curva* *).

*) Questo teorema ed il precedente sono stati enunciati da MÖBIUS nel caso che la cubica sia il sistema di una conica e di una retta (*Verallgemeinerung des Pascalschen Theorems*, Giornale di CRELLE, tom. 36, Berlin 1848, p. 219).

54.

SUR LES HYPERBOLOÏDES DE ROTATION QUI PASSENT PAR UNE CUBIQUE GAUCHE DONNÉE.

Journal für die reine und angewandte Mathematik, Band 63 (1864), pp. 141-144.

Commençons par rappeler quelques propriétés des coniques planes.

1. Si plusieurs coniques se touchent mutuellement en deux points fixes, l'involution formée par les couples de points communs aux coniques et à une transversale arbitraire a un point double sur la corde de contact; car celle-ci comptée deux fois représente une conique (du système) tangente à la transversale. D'où il suit que:

" Si l'on cherche une conique passant par deux points donnés s', s'' et ayant un
" double contact avec une conique donnée C, la corde de contact passera par l'un ou
" par l'autre des points doubles a, α de l'involution déterminée par les couples $s's'', l'l''$;
" où $l'l''$ sont les points communs à la conique C et à la droite $s's''$ „.

2. Ces points doubles sont imaginaires seulement dans le cas que, les points $s's'', l'l''$ étant tous réels, les segments $s's'', l'l''$ empiètent en partie l'un sur l'autre; c'est-à-dire dans le cas que des deux points $s'\,s''$ l'un soit intérieur et l'autre extérieur à la conique C, supposée réelle.

3. Si la conique cherchée doit contenir un troisième point s, menons ss'' qui rencontre C en mm'', et cherchons les points doubles b, β de l'involution (ss'', mm''); la corde de contact passera par b ou par β. Donc cette corde sera l'une des quatre droites ab, $\alpha\beta$, $a\beta$, αb. Si ab, $\alpha\beta$ s'entrecoupent en c, et $a\beta$, αb en γ, il est évident que c, γ sont les points doubles de l'involution déterminée par ss' et par les points nn', où C est rencontrée par la droite ss'.

" Ainsi, si l'on cherche à décrire une conique qui passe par trois points donnés $ss's''$
" et qui soit doublement tangente à une conique donnée C, le problème admet quatre
" solutions. Les quatre cordes de contact forment un quadrilatère complet, dont les
" diagonales sont les droites $s's''$, $s''s$, ss'. „

4. Il est d'ailleurs évident que, si les points $s\,s's''$ sont tous réels, les quatre cordes de contact sont toutes réelles, ou toutes imaginaires. On obtient le premier cas, si la conique C est imaginaire (bien entendu qu'elle soit toujours l'intersection d'une surface réelle du second ordre par un plan réel) ou bien si les points $s\,s's''$ sont tous intérieurs ou tous extérieurs à la conique C supposée rélle (2).

5. Si les points $s's''$ sont imaginaires (conjugués), et s réel (la conique C étant réelle ou imaginaire), les points $b\beta c\gamma$ seront aussi imaginaires: b conjugué à γ, et c à β. Donc il y aura deux cordes réelles seulement, $b\gamma$ et $c\beta$.

6. Il est superflu d'ajouter que les coniques correspondantes à des cordes réelles sont toujours réelles, encore que la conique donnée C soit imaginaire. Le pôle d'une droite réelle par rapport à une conique imaginaire est réel; donc le problème revient à décrire une conique par trois points donnés (dont l'un au moins soit réel, les deux autres étant imaginaires conjugués), de manière qu'une droite donnée (réelle) ait son pôle en un point donné (réel).

7. Si les deux points $s's''$ appartiennent à la conique donnée C, le probleme admet une solution unique, c'est-à-dire une conique tangente à C en s', s'', et passant par s.

8. Si les deux points $s's''$ sont infiniment voisins sur une doite donnée S, c'est-à-dire si la conique cherchée, par-dessus le double contact avec C, doit être tangente à S en s' et passer par s, la corde de contact passera par le point a conjugué harmonique (sur S) de s' par rapport à C; et de plus elle passera par l'un des points c, γ doubles dans l'involution déterminée par le couple ss' avec les points où la conique C est rencontrée par la droite ss'. Donc le problème admet deux solutions, correspondantes aux cordes ac, $a\gamma$.

9. Supposons enfin que les trois points $s\,s's''$ soient infiniment proches dans une conique donnée Z, c'est-à-dire que l'on cherche une conique qui, par-dessus le double contact avec C, soit osculatrice à une autre conique donnée Z en un point donné s. Soit S la droite tangente à Z en s; et soit a le point de S qui est conjugué harmonique de s par rapport à C. On a déjà vu (8) que, si une conique doit toucher S en s et avoir un double contact avec C, la corde de contact passe par a. Observons de plus que, si l'on mène par a deux sécantes arbitraires, les quatre points où ces droites rencontrent C appartiennent à une conique touchée par S en s. Mais, si l'on veut que cette conique soit osculée par Z en s, les sécantes cessent d'être toutes les deux arbitraires; plutôt, chacune d'elles détermine l'autre, si bien qu'elles, en variant ensemble, engendreront un faisceau en involution. Evidemment la droite S est un rayon double de ce faisceau (et la conique correspondante est la même droite S, comptée deux fois); donc l'autre rayon double sera la corde de contact de C avec la conique (unique) qui oscule Z en s et a un double contact avec C.

10. Ces propriétés ont une application immédiate à la recherche des surfaces du second degré (hyperboloïdes) de rotation, passant par une cubique gauche donnée.

Toute surface du second degré passant par la cubique gauche est coupée par le plan à l'infini suivant une conique circonscrite à un triangle fixe, dont les sommets $ss's''$ sont les points à l'infini de la cubique; et réciproquement toute conique passant par $ss's''$ est la trace à l'infini d'une surface du second degré qui contient la cubique gauche.

Si la surface du second degré doit être de rotation, sa trace à l'infini aura un double contact avec le cercle imaginaire C, intersection d'une sphère arbitraire par le plan à l'infini; et la corde de contact sera la trace des plans (cycliques) des cercles parallèles. Ainsi la recherche des surfaces du second degré de rotation, passant par la cubique gauche, est réduite à la détermination des coniques circonscrites au triangle $ss's''$ et doublement tangentes au cercle imaginaire C.

11. Si la cubique gauche a trois asymptotes réelles et distinctes *(hyperbole gauche)*, les points $ss's''$ sont eux-mêmes réels et distincts; donc (3, 4):

Par l'hyperbole gauche passent quatre hyperboloïdes (réels) *de rotation.*

Si par un point arbitraire de l'espace on mène six droites (perpendiculaires deux à deux) *bissectrices des angles des asymptotes, ces droites* (arêtes d'un angle tétraèdre complet, dont chaque plan diagonal est parallèle à deux asymptotes) *sont situées, trois à trois, dans quatre plans qui représentent les directions des sections circulaires des quatre hyperboloïdes de rotation.*

12. Si deux asymptotes coïncident en se réduisant à une droite unique S à l'infini (c'est le cas de l'*hyperbole parabolique gauche)*, aussi deux points $s's''$ se réduisent à un seul point s' sur S. Donc (8):

Par l'hyperbole parabolique gauche passent deux hyperboloïdes (réels) *de rotation. Les plans cycliques de ces surfaces sont tous parallèles à une même droite située dans la direction des plans asymptotiques* (tangents à la cubique à l'infini) *et perpendiculaire à la direction du cylindre hyperbolique qui passe par la courbe. Ces mêmes plans cycliques sont en outre respectivement parallèles à deux droites perpendiculaires, dont les directions divisent en parties égales l'angle des deux cylindres, parabolique et hyperbolique, passant par la courbe.*

13. Si la cubique gauche a une seule asymptote réelle *(ellipse gauche)*, deux points $s's''$, deviennent imaginaires (conjugués); donc (5):

Par l'ellipse gauche passent deux hyperboloïdes (réels) *de rotation* (les deux autres étant imaginaires).

Ici les directions des sections circulaires sont déterminées, comme pour l'hyperbole gauche (11), par les faces d'un angle tétraèdre complet qui, dans le cas actuel, n'a que deux arêtes réelles perpendiculaires et deux faces réelles passant par l'une des arêtes susdites.

14. Si l'ellipse gauche a deux points sur le cercle imaginaire à l'infini (7), on a la propriété suivante:

Si les surfaces du second degré passant par la cubique gauche ont une série commune de plans cycliques, il n'y en a qu'une seule qui soit de rotation.

15. Si la cubique gauche est osculée par le plan à l'infini *(parabole gauche)*, les coniques, suivant lesquelles ce plan coupe les surfaces du second degré passant par la courbe, s'osculent entr'elles en un même point, qui appartient à la cubique, et en ce point elles ont pour tangente commune la droite tangente à la courbe gauche. Parmi ces surfaces considérons celles, en nombre infini, qui ont un axe principal parallèle à la direction des plans asymptotiques et perpendiculaire à la direction du cylindre qui passe par la courbe (9). En concevant ces axes transportés parallèlement à eux-mêmes et réunis ensemble, si bien qu'on aura un seul axe, les couples de plans cycliques passant par cet axe et correspondants aux surfaces individuelles formeront un faisceau en involution, dont un plan double est asymptotique à la cubique. *L'autre plan double de l'involution représentera la direction des sections circulaires de l'hyperboloïde* (unique) *de rotation, passant par la parabole gauche.*

Bologne, octobre 1863.

55.

SUR LA SURFACE DU QUATRIÈME ORDRE QUI A LA PROPRIÉTÉ D'ÊTRE COUPÉE SUIVANT DEUX CONIQUES PAR CHACUN DE SES PLANS TANGENTS.

Journal für die reine und angewandte Mathematik, Band 63 (1864), pp. 315-328.

1. Dans les *Monatsberichte* de l'Académie royale des sciences de Berlin (juillet et novembre 1863) on lit des communications très-intéressantes, faites par MM. KUMMER, WEIERSTRASS et SCHRÖTER au sujet de la surface du quatrième ordre qui jouit de la propriété d'être coupée suivant deux coniques (courbes du second degré) par chacun de ses plans tangents: surface, dont la première découverte est due à l'illustre STEINER.

Dans ce mémoire, je me suis proposé d'étudier cette remarquable surface. J'aurai occasion de démontrer, par les moyens de la géométrie pure, non-seulement les théorèmes déjà connus, mais d'autres encore, nouveaux et peut-être dignes d'attention.

2. Je considère, dans un plan donné E, une courbe du troisième ordre *(cubique fondamentale)*, sa *Hessienne*, qui est une autre courbe du même ordre, et le système des coniques polaires des points du plan, par rapport à la première courbe, lesquelles forment un *réseau* géométrique du second ordre. Je considère, en outre, les *poloconiques pures* et *mixtes* des droites du plan *).

Toute droite R a quatre pôles, qui forment la base du faisceau des coniques polaires des points de R: le triangle conjugué à ces coniques est inscrit dans la Hessienne, et ses sommets r sont conjugués (par rapport à toutes les coniques du réseau) aux points où R rencontre la même courbe. De plus, la Hessienne est tangente, aux points r, à la poloconique pure de R, et est coupée, en ces mêmes points, par la poloconique mixte de R et d'une autre droite arbitraire.

*) Voir mon *Introduzione ad una teoria geometrica delle curve piane,* sez.[e] III[a] (Bologna 1862). [Queste Opere, n. **29** (t. 1.°)].

3. Soit $J^{(2)}$ une surface du second degré; o un point fixe de cette surface; T la droite intersection du plan E par le plan tangent à $J^{(2)}$ en o. Désignons par t les points de contact de la Hessienne avec la poloconique pure de T.

4. Considérons, dans le plan E, une conique polaire S; trois droites menées du point o aux sommets d'un triangle conjugué à cette conique, percent la surface $J^{(2)}$ en trois points, dont le plan passe constamment par un point fixe s, quel que ce soit le triangle conjugué *). Ce point s, qu'on peut regarder comme *correspondant* à la conique S, est évidemment situé sur la droite qui joint o au pôle de T, par rapport à S.

5. Supposons maintenant que la conique S soit variable autour des sommets d'un quadrangle fixe (pôles d'une droite fixe R). Les points diagonaux r de ce quadrangle forment un triangle conjugué à toutes les positions de S; donc le point correspondant s se maintiendra dans le plan P des trois points, où la surface $J^{(2)}$ est rencontrée par les droites or. Les pôles de la droite T, par rapport aux coniques S du faisceau, sont situés dans une autre conique K, passant par les points r; donc le lieu du point s est la conique H, intersection du plan P par le cône oK **).

6. La courbe K est la poloconique mixte des droites R, T, elle passe donc par les points t (2.). Il s'ensuit que, si l'on fait varier (dans le réseau) le faisceau des coniques polaires S, c'est-à-dire que si l'on fait varier la droite R, la conique K passera toujours par les trois points fixes t: et par conséquent, les coniques H, lieux des points s correspondants à toutes les coniques du réseau, rencontreront les trois droits fixes ot***).

7. Tout plan P contient deux coniques H. En effet, le plan P coupe la surface $J^{(2)}$ suivant une conique, et le cône déterminé par celle-ci, avec le sommet o, rencontrera la Hessienne, non-seulement aux points r, mais encore en trois points nouveaux r', par lesquels (et par les points t) passe la poloconique mixte K' de T et d'une autre droite R', coupant la Hessienne dans les pôles conjugués aux points r' (2.). Le cône oK' tracera sur le plan P une conique H', passant par les points où la première conique H s'appuie aux droites ot. La quatrième intersection des coniques H, H' sera le point s qui correspond (4.) à la conique S, polaire du point RR' †).

8. Si la droite R coïncide avec T, K deviendra la poloconique pure de T. Le plan de la conique H coupe la surface $J^{(2)}$ suivant une conique qui, dans ce cas, se confond avec H'; car le cône passant par cette conique, avec le sommet o, rencontre la Hes-

---

*) Chasles, *Mémoire sur deux principes généraux de la science: la dualité et l'homographie* (Mémoires couronnés par l'Académie royale de Bruxelles, t. XI, 1837; pag. 707-708).

**) Weierstrass (Monatsb. p. 337); Schröter (ibid. p. 524).

***) Schröter (ibid. p. 533).

†) Weierstrass (ibid. p. 338); Schröter (ibid. p. 534).

sienne aux points t et en trois autres points; et la conique passant par ces derniers points et par les t détermine de nouveau le même cône. La surface $J^{(2)}$ contient donc une certaine conique H *).

9. Soient τ_1, τ_2, τ_3 les points où T rencontre la Hessienne, c'est-à-dire les pôles conjugués aux points t_1, t_2, t_3; on sait que $\tau_1 t_2 t_3$, $t_1 \tau_2 t_3$, $t_1 t_2 \tau_3$ sont des ternes de points en ligne droite. Supposons que la droite R prenne la position $\tau_1 t_2 t_3$; dans ce cas, la conique K passera (2.) par les points $t_1 \tau_2 \tau_3$, $t_1 t_2 t_3$, et par conséquent elle se décomposera en deux droites, $t_1 t_2$, $t_1 t_3$. Les droites or, qui, dans ce cas, deviennent $o(t_1, \tau_2, \tau_3)$, percent $J^{(2)}$ en trois points, dont les deux derniers coïncident avec o, parce que le plan $o\tau_2\tau_3$ est tangent à la surface $J^{(2)}$ en o (3.); le plan P de ces points passe donc par ot_1, mais il est du reste indéterminé. Et la section du cône oK par ce plan P, c'est-à-dire la conique H, se réduit à la droite ot_1, regardée comme un système de deux droites superposées. De même pour ot_2 et ot_3 **).

10. De quel ordre est la surface, lieu des points s, ou bien des coniques H? Chacune des droites ot représente une conique H pour tout plan qui passe par cette droite (9.): ainsi ot est une droite *double* sur la surface. Toutes les coniques H rencontrent ces trois droites ot (6.): donc les droites $o(t_2, t_3)$ représentent l'intersection complète de la surface par le plan ot_2t_3. Il s'ensuit que *le lieu du point s est une surface $J^{(4)}$ du quatrième ordre*, sur laquelle $o(t_1, t_2, t_3)$ sont des droites doubles, et o est un point triple: en effet, toute droite menée par o contient un seul point s ***).

11. Dès que la Hessienne est le lieu des sommets des triangles conjugués aux coniques S, prises deux à deux, il est évident que la surface $J^{(4)}$ passe par la courbe gauche du sixième ordre, intersection de $J^{(2)}$ avec le cône, dont o est le sommet et la Hessienne est la base. Cette courbe gauche et une certaine conique H (8.) forment ensemble la complète intersection des surfaces $J^{(2)}$, $J^{(4)}$ †).

12. Tout plan tangent à $J^{(4)}$ coupe cette surface suivant une ligne du quatrième ordre ayant quatre points doubles: le point de contact et les intersections du plan par les droites doubles ot. *Donc la section de la surface $J^{(4)}$ par un quelconque de ses plans tangents est le système de deux lignes du second degré.*

Réciproquement, *tout plan qui coupe $J^{(4)}$ suivant deux coniques est tangent à la surface.* En effet, parmi les quatre points communs aux coniques, trois appartiendront aux droites doubles; le quatrième est nécessairement un point de contact ††).

---

*) Schröter (ibid. p. 535).

**) Schröter (ibid. p. 533-534).

***) Weierstrass (ibid. p. 338); Schröter (ibid. p. 537).

†) Schröter (ibid. p. 535).

††) Kummer (ibid. p. 332); Weierstrass (ibid. p. 338).

13. Quelle est la classe de la surface $J^{(4)}$? Menons, dans l'espace, une droite arbitraire G, qui rencontrera la surface en quatre points $ss_1s_2s_3$. Si un plan tangent passe par G, les deux coniques H contenues dans ce plan rencontreront G en deux couples de points, qui seront ss_1, s_2s_3, ou ss_2, s_3s_1, ou ss_3, s_1s_2. Il y a donc au plus trois plans tangents qui passent par G; c'est-à-dire que *la surface* $J^{(4)}$ *est de la troisième classe* *).

Par deux points ss_1 donnés sur la surface, on peut, en général, mener une seule conique H. En effet, les droites $o(s, s_1)$, avec les trois droites ot, déterminent un cône du second degré, qui, passant par les droites doubles de la surface $J^{(4)}$, la coupera de nouveau suivant une ligne du deuxième ordre.

Si les points ss_1 sont infiniment proches, on trouve qu'une droite G, tangente à la surface $J^{(4)}$ en un point s, touche en ce point une conique H. Le plan de cette conique en contient une autre H', qui, en général, ne passe pas par s, mais par les deux autres intersections de $J^{(4)}$ par G. Toutefois, si G est osculatrice à la surface, H' passe par s et touche en ce point une autre droite G': la deuxième osculatrice correspondante au point s. Dans ce cas, le plan des coniques HH' (et des droites GG') est tangent à la surface en s.

14. La section faite par un plan quelconque dans la surface $J^{(4)}$ est une courbe du quatrième ordre qui possède, en général, trois points doubles (sur les droites ot) et est, par suite, de la sixième classe. D'où il suit que *le cône circonscrit à la surface, dont le sommet soit un point arbitraire de l'espace, est du sixième ordre.* Ce cône est d'ailleurs, ainsi que la surface $J^{(4)}$, de la trosième classe; il aura donc neuf génératrices cuspidales, c'est-à-dire que *par un point quelconque de l'espace on peut mener neuf droites osculatrices à la surface. Et un plan arbitraire contient six droites osculatrices*, car la courbe du quatrième ordre, suivant laquelle $J^{(4)}$ est coupée par ce plan, a six points d'inflexion.

Par un point de la courbe susdite on peut lui mener quatre tangentes, dont les points de contact soient ailleurs; donc *le cône circonscrit, dont le sommet soit sur la surface* $J^{(4)}$, *est du quatrième ordre.* Ce cône, étant de la troisième classe, aura trois génératrices cuspidales et un plan bitangent: le plan qui touche $J^{(4)}$ au sommet du cône. On conclut d'ici que *par un point quelconque de la surface* $J^{(4)}$ *on peut lui mener trois droites osculatrices, dont le contact soit ailleurs.*

La même courbe de la sixième classe a deux tangentes issues de chacun de ses points doubles; donc *le cône circonscrit, dont le sommet soit sur une droite double, est du deuxième ordre* et, par suite, de la deuxième classe **).

15. Les plans tangents qu'on peut mener à la surface $J^{(4)}$ par un point d d'une

*) Schröter (ibid. p. 538).

**) Kummer (ibid. p. 333); Schröter (ibid. p. 538).

droite double ot se partagent en deux séries: les uns passent par ot; les autres enveloppent le cône du second degré, déjà mentionné. Pour les premiers plans, les points de contact sont sur la droite ot; pour les derniers, le contact a lieu ailleurs. Mais le cône susdit admet deux plans tangents qui passent par ot: ces plans donc sont ceux qui touchent $J^{(4)}$ au point d; c'est-à-dire qu'ils sont le lieu des droites osculatrices à la surface en d. En effet, un plan mené arbitrairement par ot coupe la surface $J^{(4)}$ suivant une conique qui passe par o, car ce point est triple sur la surface: la deuxième intersection de la conique par la droite ot est un point d, où ce plan est tangent à la surface (12.).

Les plans menés par une droite double ot forment une involution, où deux plans conjugués sont tangents à la surface en un même point d. Les plans correspondants au point o sont évidemment ceux qui passent par ot et par l'une des deux autres droites doubles. Les points de contact des plans doubles de l'involution sont des points *cuspidaux* pour la surface $J^{(4)}$.

16. Ainsi, par un point arbitraire d de la droite double ot on peut mener deux droites dont chacune rencontre la surface en quatre points coïncidents: ces droites sont les tangentes en d aux coniques H situées dans les deux plans qui touchent la surface au même point. De quel degré est la surface, lieu de ces droites? Pour ce lieu, ot est une droite double; en outre, tout plan mené par ot ne contient qu'une de ces droites: *le lieu cherché est*, par suite, *une surface du troisième degré.* D'où je conclus que le plan des deux génératrices issues d'un même point d de ot passe par une droite fixe A*). Or les génératrices correspondantes au point o sont évidemment les deux autres droites doubles de $J^{(4)}$; donc le plan de celles-ci contient la droite A.

Nous aurons ainsi trois droites fixes A_1, A_2, A_3, correspondantes aux droites doubles $o(t_1, t_2, t_3)$, et situées respectivement dans les plans ot_2t_3, ot_3t_1, ot_1t_2. Un point quelconque α de A_1 détermine une droite génératrice de la surface du troisième degré relative à ot_1: cette génératrice passe par α et est située dans le plan αot_1. Si le point α tombe à l'intersection des droites A_1, ot_3, la génératrice correspondante est ot_3: mais cette droite est une génératrice aussi de la surface du troisième degré relative à ot_2; le point commun à A_1 et ot_3 appartient donc aussi à A_2. *Les trois droites* $A_1A_2A_3$ *sont*, par suite, *dans un même plan* Π *et forment un triangle, dont les sommets* $a_1a_2a_3$ *sont situés sur les droites* $o(t_1, t_2, t_3)$.

17. Il suit d'ici que le plan Π contient six droites passant, deux à deux, par a_1, a_2, a_3, et ayant chacune quatre points coïncidents communs avec la surface $J^{(4)}$

*) Voir mon Mémoire *Sulle superficie gobbe del terz'ordine* (Atti del R. Istituto Lombardo, vol. II, Milano 1861). [Queste Opere, n. **27** (t. 1.°)].

(elles sont les génératrices des trois surfaces gauches du troisième degré relatives à $o(t_1, t_2, t_3)$, qui correspondent aux points a_1, a_2, a_3); c'est-à-dire que la courbe du quatrième ordre, $L^{(4)}$, intersection de $J^{(4)}$ par le plan Π, a, dans chacun de ses points doubles a, non seulement trois, mais quatre points consécutifs communs avec chacune de ses tangentes au point double. Or l'on sait, par la théorie des courbes planes du quatrième ordre avec trois points doubles, que, lorsque les deux droites, qu'on peut, en général, mener par un point double à toucher une telle courbe ailleurs, coïncident respectivement avec les tangentes au point double, dans ce cas, ces tangentes sont conjuguées harmoniques par rapport aux droites qui joignent ce point aux deux autres points doubles. Chaque droite double oat a donc cette propriété que *les deux plans tangents en a sont conjugués harmoniques, non seulement par rapport aux plans tangents aux points cuspidaux* (15.), *mais aussi par rapport aux plans déterminés par cette droite avec les deux autres droites doubles.*

18. Par la même théorie des courbes du quatrième ordre avec trois points doubles, on sait que les six droites tangentes aux points doubles d'une telle courbe forment un héxagone de *Brianchon:* donc les trois couples de plans tangents en $a_1 a_2 a_3$ enveloppent un cône du second degré, conjugué au trièdre des droites doubles.

Autrement: dans l'involution (15.) des couples de plans tangents aux points d'une droite double ot, on pourra déterminer deux plans conjugués (soit a leur point de contact) qui divisent harmoniquement l'angle des plans passant par les autres droites doubles. Les points de contact, $a_1 a_2 a_3$, de ces trois couples singulières, correspondantes aux trois droites doubles, déterminent un plan Π coupant la surface $J^{(4)}$ suivant une telle courbe du quatrième ordre, que ses six tangentes aux points doubles enveloppent une conique conjuguée au triangle $a_1 a_2 a_3$.

19. Soient ω, $\bar{\omega}$ les points cuspidaux sur la droite double oa. Par chacun de ces points on peut mener une seule droite qui rencontre $J^{(4)}$ en quatre points consécutifs: c'est la tangente à la conique suivant laquelle le plan (unique) tangent en ce point coupe la surface. Les deux droites analogues, correspondantes à ω et $\bar{\omega}$, marqueront sur la droite A les points doubles ε, η, de l'involution déterminée sur cette droite par les couples de plans qui passent par oa (15.).

Si d est un point quelconque de oa, il est évident qu'on pourra trouver, sur la même droite, un autre point d', tel que les plans tangents en d, d' forment un faisceau harmonique. Si l'on fait varier ensemble les points d, d', on a une involution dans laquelle o, a sont des points conjugués (17.), et ω, $\bar{\omega}$ sont les points doubles. Donc *les points cuspidaux ω, $\bar{\omega}$ divisent harmoniquement le segment oa.*

20. Toute conique H, tracée sur la surface $J^{(4)}$, est projectée, du point o sur le plan Π, suivant une conique K, circonscrite au triangle $a_1 a_2 a_3$ (6.). Réciproquement,

toute conique K décrite par les points a est la perspective d'une conique H déterminée (la section de $J^{(4)}$ par le cône oK). La conique K rencontre la courbe du quatrième ordre, $L^{(4)}$, en deux autres points s, s_1; soient s_2, s_3 les nouvelles intersections de $L^{(4)}$ par la droite ss_1. La conique K', décrite par les points $a_1a_2a_3$ et s_2s_3, est évidemment la perspective de la conique H' située avec H dans un même plan P, dont la trace sur Π est la droite $ss_1s_2s_3$. Je nommerai *conjuguées* ces coniques K, K'.

Si le plan P rencontre la droite double oa en d, les deux plans tangents en d contiendront, séparément, les droites tangentes aux coniques H, H', et traceront, par suite, sur le plan Π les droites tangentes en a aux coniques K, K'. Et, à cause de la relation d'involution entre les couples de plans passant par oa (15.), *les couples de droites menées par* a (dans le plan Π) *formeront une involution, dans laquelle deux droites conjuguées sont tangentes, en ce point, à deux coniques* K, K' *conjuguées.* Dans cette involution, les droites qui joignent a aux deux autres points doubles de $L^{(4)}$ sont évidemment conjuguées; tandis que les rayons doubles de l'involution sont les traces des plans tangents aux points cuspidaux de oa, c'est-à-dire les droites $a\varepsilon$, $a\eta$ (19.).

Ce qui est démontré dans ce numéro et dans les deux suivants ne cesse pas de subsister, si, au lieu du plan Π, l'on considère un autre plan transversal, arbitraire.

21. On sait que toute courbe plane du quatrième ordre, avec trois points doubles, a quatre tangentes doubles, dont les points de contact sont situés sur une même conique. Si ii' sont les points communs à la courbe $L^{(4)}$ et à une de ses tangentes doubles, la conique décrite par les points $a_1a_2a_3ii'$ sera conjuguée à elle-même, et par suite elle sera la perspective de deux coniques H superposées. On voit bien d'ailleurs que les plans tangents en i, i' ne peuvent pas être différents, car ils représenteraient quatre plans tangents menés par une même droite: ce qui est en opposition avec la classe de la surface (13.). Donc un même plan (représentant trois plans tangents consécutifs) touche la surface en i, i': et par conséquent, ce plan contient deux coniques H coïncidentes en une seule, dans chaque point de laquelle le même plan est tangent à la surface.

Ainsi nous arrivons à la conclusion *qu'entre les plans tangents de la surface* $J^{(4)}$, *il y en a quatre singuliers*, $\mathcal{P}$, $\mathcal{P}_1$, $\mathcal{P}_2$, $\mathcal{P}_3$, *dont chacun contient une seule conique* ($\mathcal{H}$, $\mathcal{H}_1$, $\mathcal{H}_2$, $\mathcal{H}_3$) *et touche la surface tout le long de cette conique* *). Les droites situées dans ces plans sont tangentes à la surface, chacune en deux points: de plus, il est évident que toute tangente double de la surface, qui ne rencontre aucune des droites doubles oa, est située dans l'un des plans $\mathcal{P}$.

Et les tangentes de ces quatre coniques $\mathcal{H}$ sont les droites qui, sans s'appuyer

*) Kummer (ibid. p. 395).

sur une droite double oa, rencontrent la surface en quatre points consécutifs. Par conséquent, *le système de ces quatre coniques constitue le lieu des* points paraboliques *de la surface* $J^{(4)}$ *).

22. Les perspectives des coniques $\mathcal{H}$ sont les quatre coniques $\mathcal{K}$, dont chacune coïncide avec sa conjuguée. Les tangentes aux coniques $\mathcal{K}$, en a, sont les rayons doubles de l'involution des droites tangentes aux couples de coniques conjuguées: donc *les coniques $\mathcal{H}$ rencontrent les droites doubles oa aux points cuspidaux* ω, $\tilde{\omega}$ (20.).

D'où il suit que *deux plans $\mathcal{P}$ se coupent suivant une droite tangente aux deux coniques $\mathcal{H}$ correspondantes, en un même point: et ce point est l'un des six points cuspidaux de la surface.* Autrement: les droites $\omega_1\varepsilon_1$, $\tilde{\omega}_1\eta_1$, qui passent par les points cuspidaux de oa_1, et les autres droites analogues, relatives à oa_2 et oa_3, sont les arêtes du tétraèdre formé par les quatre plans $\mathcal{P}$.

Pour fixer les idées, supposons que

le plan $\mathcal{P}$ contienne les points $\omega_1\omega_2\omega_3\varepsilon_1\varepsilon_2\varepsilon_3$,

" $\mathcal{P}_1$ " " $\omega_1\tilde{\omega}_2\tilde{\omega}_3\varepsilon_1\eta_2\eta_3$,

" $\mathcal{P}_2$ " " $\tilde{\omega}_1\omega_2\tilde{\omega}_3\eta_1\varepsilon_2\eta_3$,

" $\mathcal{P}_3$ " " $\tilde{\omega}_1\tilde{\omega}_2\omega_3\eta_1\eta_2\varepsilon_3$;

et soient p, p_1, p_2, p_3 les sommets du même tétraèdre, de manière que ses arêtes contiendront les systèmes de points qui suivent:

$$\mathcal{P}\mathcal{P}_1 \equiv p_2p_3\omega_1\varepsilon_1, \qquad \mathcal{P}_2\mathcal{P}_3 \equiv pp_1\tilde{\omega}_1\eta_1,$$
$$\mathcal{P}\mathcal{P}_2 \equiv p_3p_1\omega_2\varepsilon_2, \qquad \mathcal{P}_3\mathcal{P}_1 \equiv pp_2\tilde{\omega}_2\eta_2,$$
$$\mathcal{P}\mathcal{P}_3 \equiv p_1p_2\omega_3\varepsilon_3, \qquad \mathcal{P}_1\mathcal{P}_2 \equiv pp_3\tilde{\omega}_3\eta_3.$$

23. La droite $\omega_1\varepsilon_1$ est coupée en ω_1, ε_1 par les plans oa_2a_1, oa_2a_3, et en p_2, p_3 par les droites $\tilde{\omega}_2\eta_2$, $\omega_2\varepsilon_2$, ou (ce qui est la même chose) par les plans tangents à la surface en $\tilde{\omega}_2$, ω_2. Or ces quatre plans forment un faisceau harmonique (15.); donc l'arête p_2p_3 du tétraèdre $pp_1p_2p_3$ (et de même l'arête pp_1) est divisée harmoniquement par les arêtes oa_1, a_2a_3 du tétraèdre $oa_1a_2a_3$. Cela peut être répété pour les autres couples d'arêtes: *on a donc une telle relation de réciprocité entre les deux tétraèdres, que chaque couple d'arêtes opposées de l'un est divisée harmoniquement par deux arêtes*

*) En général, si une surface donnée a une droite *double*, cette droite est *quadruple* sur la surface Hessienne. Dans notre question, les trois droites oa et les quatre coniques $\mathcal{H}$ constituent ensemble la complète intersection de la surface du quatrième ordre, $J^{(4)}$, avec sa Hessienne, qui est une surface du huitième ordre.

opposées de l'autre. Et chaque couple d'angles dièdres opposés de l'un (des tétraèdres) est divisée harmoniquement par des plans passant par deux arêtes opposées de l'autre.

J'observe en outre que les quatre droites $\varepsilon_1\varepsilon_2\varepsilon_3$, $\varepsilon_1\eta_2\eta_3$, $\eta_1\varepsilon_2\eta_3$, $\eta_1\eta_2\varepsilon_3$ (intersections du plan Π par les plans $\mathcal{P}$, et, par suite, tangentes doubles de la courbe $L^{(4)}$) forment un quadrilatère complet, dont les diagonales sont a_2a_3, a_3a_1, a_1a_2; car, ces dernières droites étant divisées harmoniquement par les couples de points $\varepsilon_1\eta_1$, $\varepsilon_2\eta_2$, $\varepsilon_3\eta_3$, il s'ensuit que les droites $\varepsilon_1\eta_1$, $\varepsilon_2\eta_2$, $\varepsilon_3\eta_3$ sont les côtés d'un triangle ayant ses sommets aux points a_1, a_2, a_3.

24. La conique $\mathcal{H}$ est inscrite dans le triangle $p_1p_2p_3$; ω_1, ω_2, ω_3 sont les points de contact (22.), et ε_1, ε_2, ε_3 sont les conjugués harmoniques des points de contact, par rapport aux couples de sommets du triangle circonscrit. Soient ii' les points où la conique $\mathcal{H}$ rencontre le plan Π; on sait que chacun de ces points forme, avec $\varepsilon_1\varepsilon_2\varepsilon_3$, un système *équianharmonique*, c'est-à-dire un tel système dont les rapports anharmoniques fondamentaux sont égaux entre eux *). Analoguement pour les coniques $\mathcal{H}_1$, $\mathcal{H}_2$, $\mathcal{H}_3$, par rapport aux droites $\varepsilon_1\eta_2\eta_3$, $\eta_1\varepsilon_2\eta_3$, $\eta_1\eta_2\varepsilon_3$. Or ces quatre droites forment un quadrilatère, dont $a_1a_2a_3$ est le triangle diagonal; *donc les huit points $ii'i_1i'_1i_2i'_2i_3i'_3$ appartiennent à une même conique conjuguée aux triangles $a_1a_2a_3$, $a_1\varepsilon_1\eta_1$, $a_2\varepsilon_2\eta_2$, $a_3\varepsilon_3\eta_3$* **), c'est-à-dire à une conique $L^{(2)}$ passant par les points doubles des trois involutions $(a_2a_3, \varepsilon_1\eta_1)$, $(a_3a_1, \varepsilon_2\eta_2)$, $(a_1a_2, \varepsilon_3\eta_3)$. Ces points doubles sont déterminés par les couples de droites tangentes en a_1, a_2, a_3 à la courbe $L^{(4)}$ (18.); donc $L^{(2)}$ coïncide avec la conique enveloppée par les six droites tangentes à $L^{(4)}$ dans ses points doubles.

(Cette coïncidence n'a pas lieu, si au plan Π on substitue un autre plan transversal quelconque; car, dans ce cas, les tangentes à $L^{(4)}$ en a_1 ne sont plus conjuguées harmoniques par rapport à a_1a_2, a_1a_3; etc.).

On démontre aisément que la même conique $L^{(2)}$ est l'enveloppe d'une droite qui coupe la courbe $L^{(4)}$ en quatre points équianharmoniques. Réciproquement, la courbe $L^{(4)}$ est l'enveloppe d'une conique circonscrite au triangle $a_1a_2a_3$, laquelle coupe $L^{(2)}$ en quatre points équianharmoniques.

25. La conique $\mathcal{H}$ passe par les points $\omega_1\omega_2\omega_3ii'$, et touche en ω_1 la droite $\omega_1\varepsilon_1$; la conique $\mathcal{H}_1$ passe par les points $\omega_1\bar{\omega}_2\bar{\omega}_3i_1i'_1$, et touche en ω_1 la même droite $\omega_1\varepsilon_1$. Les points $\eta_1\omega_2\bar{\omega}_3$ sont en ligne droite, parce qu'ils appartiennent à deux plans, $\mathcal{P}_2$ et oa_2a_3; de même pour les points $\eta_1\bar{\omega}_2\omega_3$. En outre, les points $ii'i_1i'_1$ (intersections

*) *Introduzione* etc. 27; *Giornale di matematiche,* Napoli 1863, p. 319, 377. [Queste Opere, n. **42**].

**) J'ignore si cette propriété est connue, mais on la démontre avec facilité. Du reste, la situation des huit points i sur le périmètre d'une même conique peut être déduite aussi de ce qu'ils sont les points de contact de la courbe $L^{(4)}$ avec ses tangentes doubles (21.).

des coniques $\mathcal{H}\mathcal{H}_1$ par le plan Π) forment un quadrangle complet inscrit dans la conique $L^{(2)}$, dont $a_1 \varepsilon_1 \eta_1$ sont les points diagonaux (24). Par conséquent, les cônes dont le sommet commun soit η_1 et les bases soient les coniques $\mathcal{H}$, $\mathcal{H}_1$, ont les génératrices $\eta_1(\omega_1, \omega_2, \omega_3, i, i')$ communes, et au surplus ils sont touchés par le même plan, le long de la génératrice $\eta_1\omega_1$. Donc ces cônes coïncident entre eux; c'est-à-dire que les coniques $\mathcal{H}\mathcal{H}_1$ sont situées sur un même cône au sommet η_1. De même, ε_1 est le sommet d'un cône qui passe par les coniques $\mathcal{H}_2\,\mathcal{H}_3$; etc. En d'autres mots: *la tangente commune à deux coniques $\mathcal{H}$ et le sommet du cône qui passe par elles divisent harmoniquement l'un des côtés du triangle $a_1a_2a_3$.*

26. Les plans $oa_1\varepsilon_1$, $oa_2\varepsilon_2$, $oa_3\varepsilon_3$ coupent les côtés du triangle $a_1a_2a_3$ en trois points $\varepsilon_1\varepsilon_2\varepsilon_3$, qui sont en ligne droite; donc les plans $oa_1\eta_1$, $oa_2\eta_2$, $oa_3\eta_3$ conjugués harmoniques de ceux-là (par rapport aux couples de plans passant par les droites doubles oa) rencontreront le plan Π au point ν pôle harmonique de la droite $\varepsilon_1\varepsilon_2\varepsilon_3$ par rapport au triangle $a_1a_2a_3$. Or ces trois derniers plans passent ensemble par p; les points o, ν, p sont donc en ligne droite. Il s'ensuit que les droites $o(p, p_1, p_2, p_3)$ rencontrent le plan Π en quatre points ν, ν_1, ν_2, ν_3, qui sont les pôles harmoniques des droites $\varepsilon_1\varepsilon_2\varepsilon_3$, $\varepsilon_1\eta_2\eta_3$, $\eta_1\varepsilon_2\eta_3$, $\eta_1\eta_2\varepsilon_3$, par rapport au triangle $a_1a_2a_3$. Ces quatre points forment un quadrangle complet, dont les couples de côtés opposés sont

$$\nu\nu_1 a_1\eta_1, \qquad \nu_2\nu_3 a_1\varepsilon_1,$$
$$\nu\nu_2 a_2\eta_2, \qquad \nu_3\nu_1 a_2\varepsilon_2,$$
$$\nu\nu_3 a_3\eta_3, \qquad \nu_1\nu_2 a_3\varepsilon_3,$$

et par suite les points diagonaux sont a_1, a_2, a_3.

27. Je prends maintenant le quadrangle $\nu\nu_1\nu_2\nu_3$ comme base de cette *trasformation conique* que mon ami M. Beltrami a étudiée dans son intéressant mémoire *Intorno alle coniche di nove punti* *). Dans cette transformation, à un point m (du plan Π) *correspond* le point m' déterminé par les droites $m'(a_1, a_2, a_3)$ conjuguées harmoniques des droites $m(a_1, a_2, a_3)$, par rapport aux couples de côtés opposés du quadrangle, qui se croisent en a_1, a_2, a_3.

Les tangentes, en a, à la courbe $L^{(4)}$ sont des droites correspondantes, parce qu'elles divisent harmoniquement l'angle des droites $a(\varepsilon, \eta)$, côtés du quadrangle. Par conséquent, *à la courbe $L^{(4)}$ correspondra la conique $L^{(2)}$* touchée par les six tangentes de $L^{(4)}$ aux points doubles; et les points de contact de ces droites avec $L^{(2)}$ appartiendront aux côtés du triangle $a_1a_2a_3$.

Si l'on circonscrit au triangle $a_1a_2a_3$ une conique K, soit k son pôle harmonique

*) Memorie dell'Accademia di Bologna, serie 2ª, vol. IIº, 1863.

par rapport au même triangle, et D la droite polaire de k, par rapport à K. Soit k' le point correspondant à k; D' la droite correspondante à la conique K; et K' la conique correspondante à la droite D. Il est évident que les coniques K, K' sont conjuguées (20.); le point k' est le pôle harmonique de K' par rapport au triangle $a_1a_2a_3$, et, en outre, le pôle de D' par rapport à K'.

La polaire de k par rapport à K' et la polaire de k' par rapport à K sont une seule et même droite $\mathcal{D}$, qui passe par le points où les coniques conjuguées K, K' rencontrent la courbe du quatrième ordre $L^{(4)}$.

Si les points kk' coïncident en un seul, ce qui arrive aux sommets du quadrangle fondamental, par ex. en ν, les droites DD' et aussi $\mathcal{D}$ deviennent une seule et même droite, $\varepsilon_1\varepsilon_2\varepsilon_3$; et les coniques KK' se confondent avec la conique $\mathcal{K}$. Celle-ci est donc la conique polaire harmonique du point ν (par rapport au triangle $a_1a_2a_3$) et correspond (dans la transformation) à la droite $\varepsilon_1\varepsilon_2\varepsilon_3$. Dès que cette droite passe par ε_1, point de a_2a_3, la conique correspondante sera touchée en a_1 par la droite $a_1\varepsilon_1$. Donc les côtés du triangle $\nu_1\nu_2\nu_3$ sont tangentes en a_1, a_2, a_3 à la conique $\mathcal{K}$ (22). D'où l'on conclut que *les quatre coniques $\mathcal{K}$ se touchent entre elles, deux à deux, aux points* a_1, a_2, a_3 (22.).

Les intersections ii' de la droite $\varepsilon_1\varepsilon_2\varepsilon_3$ par sa conique correspondante sont des points correspondants; et dès que ces points sont situés sur la courbe $L^{(4)}$, ils appartiendront aussi à la conique $L^{(2)}$: résultat déjà obtenu autrement (24.).

Le point ν a pour polaire la droite $\varepsilon_1\varepsilon_2\varepsilon_3$, soit par rapport à la conique $\mathcal{K}$, soit par rapport à $L^{(2)}$: donc ces deux coniques se touchent entre elles en i, i'; ce qui est évident aussi, parce que la droite $\varepsilon_1\varepsilon_2\varepsilon_3$ est une tangente double de la courbe $L^{(4)}$ (23.).

28. Concevons maintenant une surface Σ du second degré, passant par le six points cuspidaux $\omega\bar{\omega}$. Or ces points divisent harmoniquement les segments oa (19.); le point o est donc le pôle du plan Π par rapport à Σ. On a encore trois conditions libres pour déterminer complètement cette surface: je dispose de deux entre elles, de manière que le plan tangent en ω_1 passe par la droite a_2a_3. Ainsi les droites oa_1, a_2a_3 deviennent réciproques (par rapport à Σ); et par suite le plan tangent (à Σ) en $\bar{\omega}_1$ passe par a_2a_3, et le plan polaire de a_1 est oa_2a_3. Cela posé, la droite réciproque de oa_2 passe par a_1 et est située dans le plan Π. Maintenant, je dispose de la troisième condition libre de manière que Σ soit touchée en ω_2 par le plan $a_1\omega_2a_3$; alors la droite a_3a_1 sera réciproque de oa_2; oa_3a_1 sera le plan polaire de a_2; et le plan tangent en $\bar{\omega}_2$ passera par a_3a_1. Ainsi la surface Σ est pleinement déterminée: les droites oa_3, a_1a_2 sont réciproques et, par suite, les plans tangents en ω_3, $\bar{\omega}_3$ passent par a_1a_2. Donc le tétraèdre $oa_1a_2a_3$ est conjugué à la surface Σ; et les droites $\omega\varepsilon$, $\bar{\omega}\eta$ sont tangentes à cette même surface en ω, $\bar{\omega}$.

La conique $\mathscr{H}$ et la surface Σ ont en commun les points $\omega_1\omega_2\omega_3$ et les droites tangentes en ces points: donc $\mathscr{H}$ est située entièrement sur Σ. C'est-à-dire que *les quatre coniques $\mathscr{H}$ résultent de l'intersection de la surface du quatrième ordre* $J^{(4)}$ *par une seule et même surface du second degré, Σ, conjuguée au tétraèdre $oa_1a_2a_3$.*

29. Cette propriété n'est qu'un cas particulier d'un théorème plus général que je vais démontrer.

J'observe en premier lieu que, si une droite G rencontre une droite double oa en un point d et ensuite la surface $J^{(4)}$ en deux autres points ss_1, on pourra mener (13.) par G deux plans tangents P, P_1, par-dessus le plan Goa qui coupe la surface suivant une conique (15.) passant par ss_1. Les deux coniques H situées dans P rencontrent G aux couples de points ds, ds_1; et de même pour les deux coniques situées dans P_1. D'où l'on tire cette conséquence: que si, entre ces quatre coniques, l'on en choisit deux, qui ne soient pas dans un même plan et qui n'aient pas leurs tangentes en d situées dans un même plan passant par oa, ces deux coniques auront, outre d, un autre point commun s.

Cela posé, qu'on circonscrive au triangle $a_1a_2a_3$ une première conique K, dont soient a_1l_1, a_2l_2, a_3l_3 les tangentes aux sommets. Après, qu'on circonscrive au même triangle une deuxième conique K_1 qui soit touchée en a_1 par la droite $a_1l'_1$ conjuguée de a_1l_1 (dans l'involution dont il a été question ailleurs (20.)); et soient $a_2\lambda_2$, $a_3\lambda_3$ ses tangentes en a_2, a_3. Décrivons ensuite, autour du même triangle, une troisième conique K_2; qui touche en a_2, a_3 les droites $a_2l'_2$, $a_3\lambda'_3$ conjuguées de a_2l_2, $a_3\lambda_3$. Enfin, soit K_3 la conique décrite par $a_1a_2a_3$, qui est tangente en a_2, a_3 aux droites $a_2\lambda'_2$, $a_3l'_3$ conjuguées de $a_2\lambda_2$, a_3l_3. Les tangentes en a_1 aux coniques K_2, K_3 seront évidemment deux droites conjuguées $a_1\lambda_1$, $a_1\lambda'_1$.

Désignons par H, H_1, H_2, H_3 les coniques, situées sur la surface $J^{(4)}$, dont les perspectives sur le plan Π (le centre de projection étant toujours en o) sont les quatre coniques susdites K, K_1, K_2, K_3.

Or deux droites conjuguées (dans le plan Π) issues du point a sont les traces des plans tangents à la surface en un même point de oa; les coniques H, H_1 ont donc un point commun d_1, sur oa_1. Ces deux coniques ne sont pas dans un même plan, car leurs perspectives K, K_1 n'ont pas en a_2, a_3 des tangentes conjuguées; par conséquent, H, H_1 auront, outre d_1, un autre point commun s_1, dont la projection est la quatrième intersection des coniques K, K_1. De même, les coniques H_2, H_3 auront en commun un point δ_1 sur oa_1 et un autre point σ_1; etc. Soient (d_2, s_2), (δ_2, σ_2), (d_3, s_3), (δ_3, σ_3) les points analogues correspondants aux couples de coniques HH_2, H_3H_1, HH_3, H_1H_2.

Les coniques H, H_1, sans être dans un même plan, ont deux points communs d_1, s_1. On pourra donc décrire par ces deux coniques et par le point δ_1 une surface du second degré, Φ. Cette surface passe par cinq points $\delta_1 d_2 \delta_3 s_2 \sigma_3$ de la conique H_2 et par cinq points $\delta_1 \delta_2 d_3 \sigma_2 s_3$ de la conique H_3; donc *les quatre coniques* $H H_1 H_2 H_3$ *sont situées dans une seule et même surface* Φ *du second degré.*

Les plans de ces coniques coupent la surface du quatrième ordre $J^{(4)}$ suivant quatre autres coniques $H' H'_1 H'_2 H'_3$, qui résulteront par suite de l'intersection de $J^{(4)}$ par une autre surface Φ' du second degré *).

Bologne, 12 février 1864.

---

*) Dans ce mémoire j'ai employé la considération du système des coniques polaires relatives à une courbe du troisième ordre (2.), et cela seulement parce que les notations qui en résultent sont très-simples. Mais on obtient les mêmes propriétés et on les démontre absolument de la même manière, lorsqu'on prend pour point de départ un réseau *quelconque* de coniques.

56.

SOLUTIONS DES QUESTIONS 563, 564 ET 565 (FAURE). [56]

Nouvelles Annales de Mathématiques, 2.me série. tome III (1864), pp. 21-25.

1. On donne un faisceau de courbes de l'ordre n, ayant n^2 points communs. Quel est le lieu des foyers *) de ces courbes? Pour connaître l'ordre de ce lieu, il suffit de découvrir le nombre de foyers qui tombent sur une droite quelconque, par exemple sur la droite à l'infini.

Parmi les courbes du faisceau, il y en a $2(n-1)$ du genre parabolique, c'est-à-dire qui sont tangentes à la droite à l'infini. Ces courbes seules peuvent avoir des foyers à l'infini.

Soient ω, ω' les points circulaires à l'infini. Si par chacun de ces points on mène les $n(n-1)$ tangentes à une courbe du faisceau, les $n^2(n-1)^2$ intersections de ces tangentes sont les foyers de la courbe. Lorsque celle-ci est parabolique, il n'y a que $n(n-1)-1$ tangentes (autres que la droite à l'infini) issues de ω ou de ω'; donc $\left(n(n-1)-1\right)^2$ foyers seulement seront à distance finie; les autres $2n(n-1)-1$ tombent à l'infini. Cela doit être répété pour chacune des $2(n-1)$ courbes paraboliques; donc la droite à l'infini contient

$$2(n-1)\left(2n(n-1)-1\right)$$

foyers, et par conséquent ce nombre est l'ordre du lieu cherché.

De ces foyers à l'infini, $2(n-1)$ sont les points de contact des courbes paraboliques avec la droite $\omega\omega'$: les autres $4(n-1)\left(n(n-1)-1\right)$ coïncident évidemment avec ω, ω'; donc, chacun des points circulaires est multiple, suivant le nombre $2(n-1)\left(n(n-1)-1\right)$.

Parmi les courbes du faisceau, il y en a $3(n-1)^2$ qui ont un point double; ces $3(n-1)^2$ points sont des points doubles aussi pour la courbe des foyers.

*) On appelle *foyers* d'une courbe les intersections des tangentes menées à la courbe par les deux points circulaires à l'infini.

En résumé: Le lieu des foyers de toutes les courbes de l'ordre n, ayant n^2 points communs, est une courbe de l'ordre

$$2(n-1)\left(2n(n-1)-1\right),$$

qui passe $2(n-1)\left(n(n-1)-1\right)$ fois par chacun des points circulaires à l'infini, et deux fois par chacun des $3(n-1)^2$ points doubles des courbes données.

Pour $n=2$ on a le théorème de M. Faure, qui constitue la question 565, savoir: *le lieu des foyers des coniques qui passent par quatre points est une courbe du sixième ordre.*

2. Soit donnée une série de courbes de la classe m, c'est-à-dire le système de toutes les courbes de cette classe qui ont m^2 tangentes communes. En suivant le même raisonnement, on trouve que le lieu des foyers est une courbe de l'ordre $2m-1$, ayant deux points imaginaires, multiples de l'ordre $m-1$, situés à l'infini sur un cercle, et un seul point réel à l'infini, déterminé par la courbe qui, seule dans le système donné, est parabolique.

3. Soient données quatre droites abc, $ab'c'$, $a'bc'$, $a'b'c$ formant un quadrilatère complet, dont a et a', b et b', c et c' sont les sommets opposés. Les diagonales aa', bb', cc forment un triangle ABC (A intersection de bb' et de cc', etc.). Considérons les coniques inscrites dans le quadrilatère donné: parmi ces coniques, il y a une parabole et trois systèmes de deux points, c'est-à-dire (a, a'), (b, b'), et (c, c').

Toute conique du système considéré a quatre foyers: ce sont les quatre intersections des tangentes menées par les points circulaires, ω et ω'. Pour la parabole, trois foyers tombent à l'infini en ω, ω' et au point i où la parabole est tangente à la droite $\omega\omega'$. Ce dernier point est sur la droite qui passe par les milieux des diagonales aa', bb', cc', parce que cette droite contient les centres de toutes les coniques du système. La parabole a un quatrième foyer o, qui n'est pas à l'infini: c'est l'intersection des tangentes $o\omega$, $o\omega'$ à la courbe, qui passent par les points circulaires.

Les deux triangles $o\omega\omega'$, bca' étant circonscrits à une même conique (la parabole du système), sont inscrits dans une seconde conique. Mais toute conique passant par ω, ω' est un cercle: donc o appartient au cercle qui passe par b, c, a'. De même pour les triangles cab', abc', $a'b'c'$; donc, le foyer o de la parabole est le point commun aux cercles circonscrits aux quatre triangles formés par les droites données.

En vertu de ce qu'on a observé au n.° 2, le lieu des foyers des coniques (courbes de la deuxième classe) tangentes aux quatre droites données est une courbe du troisième ordre passant par les points circulaires à l'infini, c'est-à-dire une *cubique circulaire*, selon l'expression de M. Salmon. Cette courbe a une seule asymptote réelle, qui est parallèle à la droite des centres. Les six sommets du quadrilatère appartiennent aussi à la cubique, parce que ces points sont des foyers pour les coniques $(a\,a')$, $(b\,b')$, $(c\,c')$.

Ainsi, sur chacune des diagonales aa', bb', cc' nous connaissons deux points de la cubique, lieu des foyers: cherchons la troisième intersection.

Si l est cette troisième intersection de la diagonale aa' par la cubique, les droites $l\omega$, $l\omega'$ seront tangentes à une même conique du système. Or, les couples des tangentes menées par l aux coniques du système forment une involution. La diagonale aa' est un rayon double de cette involution, parce qu'elle est la seule tangente qu'on puisse mener de l à la conique (a, a'). Le second rayon double est lA; en effet, A est le pôle de aa' par rapport à toute conique du système, donc lA est tangente en l à la conique du système qui passe par l.

Deux droites conjuguées de l'involution (les tangentes menées par l à une même conique du système) et les droites doubles doivent former un faisceau harmonique; par conséquent, l'angle des droites laa', lA doit être divisé harmoniquement par $l\omega$, $l\omega'$. Mais si, dans un faisceau harmonique, deux rayons conjugués passent par les points circulaires à l'infini, on sait que les deux autres sont rectangulaires *); donc, laa' et lA sont à angle droit, c'est-à-dire, les troisièmes intersections de la cubique par les diagonales sont les pieds l, m, n des hauteurs du triangle ABC.

Remarquons que les neuf points a, a', b, b', c, c', l, m, n ne suffisent pas pour déterminer la cubique dont il s'agit. En effet, par ces points passent les trois droites aa', bb', cc' et, par conséquent, un nombre infini d'autres courbes du troisième ordre. Pour déterminer notre courbe, lieu des foyers, ajoutons qu'elle est circulaire, qu'elle a son asymptote réelle parallèle à la droite qui passe par les milieux des diagonales du quadrilatère, et qu'elle passe par le point o commun aux cercles circonscrits aux quatre triangles du quadrilatère.

Ainsi, les théorèmes de M. Faure **) sont démontrés.

---

*) On peut définir ces droites qui vont aux points circulaires à l'infini comme les rayons doubles de l'involution engendrée par un angle droit qui tourne autour de son sommet fixe. (Chasles, *Géometrie supérieure*).

**) 563. *La courbe du troisième ordre qui passe par les six sommets d'un quadrilatère complet et par les pieds des hauteurs du triangle formé par ses diagonales passe par les points circulaires à l'infini.* [57]

564. *Cette courbe est le lieu des foyers des coniques inscrites dans le quadrilatère et rappelle le cercle dans la théorie des courbes du troisième ordre.*

57.

SOLUTION DE LA QUESTION 491. [58]

Nouvelles Annales de Mathématiques, 2me série, tome III (1864), pp. 25-30.

1. A est une courbe de l'ordre n, B une conique, dans un même plan. D'un point quelconque situé sur A on abaisse une perpendiculaire sur la polaire de ce point relativement à B. 1.° Quelle est l'enveloppe de cette perpendiculaire? 2.° Quel est le lieu du pied de la perpendiculaire?

Deux droites perpendiculaires sont polaires conjuguées par rapport à la conique (enveloppe de deuxième classe) formée par les points circulaires ω, ω' à l'infini; ainsi, le premier problème revient à celui-ci:

Soit m *un point quelconque de* A; M *la droite polaire de* m, *relativement à la conique* B; μ *le pôle de* M, *relativement à la conique* (ω, ω'), *c'est-à-dire le conjugué harmonique du point à l'infini sur* M, *par rapport à* (ω, ω'); *quelle est l'enveloppe de la droite* $m\mu$?

Cherchons combien de droites analogues à $m\mu$ passent par un point arbitraire o. Si l'on mène par o une droite quelconque qui rencontrera A en n points $m, m', \ldots$, les polaires M, M',..., de ces points, par rapport à la conique B, auront leurs pôles $\mu, \mu', \ldots$, relatifs à (ω, ω'), situés sur n droites $o\mu, o\mu', \ldots$. Si, au contraire, on mène arbitrairement une droite $o\mu$ (μ point à l'infini), soit ν le conjugué harmonique de μ, par rapport à (ω, ω'); du point ν on pourra mener n tangentes M, M',... à la courbe A' polaire réciproque de A, par rapport à la conique B. Ces tangentes auront leurs pôles $m, m', \ldots$, relatifs à B, situés sur n droites $om, om', \ldots$. Ainsi, à une droite om correspondent n droites $o\mu$, et à une droite $o\mu$ correspondent n droites om. Donc, par un principe connu (dont M. de Jonquières a fait un heureux usage), il y aura $2n$ coïncidences de deux droites om, $o\mu$ correspondantes; c'est-à-dire, l'enveloppe de $m\mu$ est une courbe K de la classe $2n$.

2. Si m est à l'infini (sur la courbe A), la droite $m\mu$ tombe entièrement à l'infini; donc la droite à l'infini est une tangente de K multiple suivant n, c'est-à-dire K a

$2n$ branches paraboliques. Ainsi, K n'a que n tangentes parallèles à une direction donnée, ou bien passant par un point μ donné à l'infini. Si ν est le conjugué harmonique de μ par rapport à ω, ω', et m, m',..., les pôles, relatifs à B, des n tangentes de A' qui passent par ν, les droites $m\mu$, $m'\mu$,... seront les n tangentes de K qui aboutissent à μ. Si ν est un point (à l'infini) de A', deux tangentes de cette courbe coïncident et, par conséquent, deux tangentes $m\mu$ de K coïncideront aussi, c'est-à-dire μ sera un point de K. Il s'ensuit que la courbe K a $n(n-1)$ asymptotes respectivement perpendiculaires aux asymptotes de A'. En particulier, si ν tombe en ω, le point μ y tombe aussi; donc, si A' a des branches (imaginaires) passant par ω, ω', la courbe K y passe autant de fois.

3. Les droites tangentes des courbes A' et K correspondent entre elles, une à une. En effet, si l'on donne M tangente de A', soient m, μ les pôles de M par rapport aux coniques B et (ω, ω'); $m\mu$ sera la tangente de K qui correspond à M. Réciproquement, soit N une tangente de K, ν le pôle de N par rapport à (ω, ω'); la droite polaire de ν par rapport à la conique B coupera N en un point m, et la droite polaire de m par rapport à la même conique B sera la tangente de A' qui correspond à N. Cela étant, le deuxième problème que je me suis proposé peut être énoncé comme suit:

Trouver le lieu du point commun à deux tangentes correspondantes des courbes A', K.

Menons une transversale arbitraire et cherchons combien de fois deux tangentes correspondantes de A', K se rencontrent sur cette transversale. D'un point quelconque p de la transversale on peut mener n tangentes à A'; les n tangentes correspondantes de K rencontreront la transversale en n points q. Réciproquement, d'un point quelconque q de la transversale on peut mener $2n$ tangentes à K; les $2n$ tangentes correspondantes de A' couperont la transversale en $2n$ points p. Ainsi, à un point p correspondent n points q, et à un point q correspondent $2n$ points p. Donc, il y aura sur la transversale $3n$ coïncidences de deux points p, q correspondants, c'est-à-dire, le lieu cherché est une courbe H de l'ordre $3n$.

Par chacun des points ω, ω' passent n tangentes de A' et les n tangentes correspondantes de K; donc, les points circulaires à l'infini sont des points multiples suivant n, pour la courbe H.

Nous avons vu que la droite à l'infini représente n tangentes de K; par conséquent, les points à l'infini sur les n tangentes correspondantes de A' appartiendront à H; c'est-à-dire, la courbe H a n asymptotes respectivement parallèles aux diamètres de la conique B, qui sont conjugués aux directions des asymptotes de A.

Il est évident que la courbe H passe par les $2n$ intersections de A et B.

4. Si l'on fait $n=2$ (question 491), A et A' sont deux coniques (polaires réciproques par rapport à B); K est de la quatrième classe et H est du sixième ordre. Je vais considérer deux cas particuliers.

1.° Soient A, B et, par conséquent, A′ des paraboles semblables; a leur point commun à l'infini. La polaire de a, par rapport à B, est la droite à l'infini: donc, toute droite menée par a est une tangente de K, c'est-à-dire que cette enveloppe est composée du point a (enveloppe de première classe) et d'une courbe K′ de troisième classe. D'un point quelconque ν à l'infini on peut mener une seule tangente à la parabole A′: donc il y a une seule tangente de K′ qui aboutit à μ, conjugué harmonique de ν par rapport à (ω, ω'). Mais si ν tombe en a, cette tangente de A′ tombe à l'infini; par conséquent, au point a', conjugué harmonique de a par rapport à (ω, ω'), il n'y a qu'une tangente de K′, la droite à l'infini. Cela signifie que a' est un point d'inflexion de K′, et la droite à l'infini est la tangente relative, c'est-à-dire que K′ a deux branches perpendiculaires (avec les convexités intérieures) aux diamètres des paraboles données; autrement K′ est une *parabola cuspidata* (classification newtonienne).

Lorsque A est une conique quelconque, la droite à l'infini représente deux tangentes de K; dans le cas que nous considérons, les tangentes correspondantes de A′ tombent elles mêmes à l'infini: donc, tout point à l'infini compte deux fois comme point du lieu H; par conséquent ce lieu se décompose en deux droites qui coïncident à l'infini et en une courbe H′ du quatrième ordre. On voit aisément que H′ passe par les points circulaires et touche en a la droite à l'infini, c'est-à-dire que H′ a deux branches paraboliques parallèles aux branches des paraboles données.

2.° Soient A, B, et, par conséquent, A′ des cercles concentriques, c'est-à-dire des coniques passant par ω, ω' et ayant en ces points les mêmes tangentes $o\omega$, $o\omega'$ (o centre commun des cercles). On conclut immédiatement de la théorie générale que, dans ce cas particulier, K se réduit à quatre points, dont deux coïncident en o; les deux autres sont ω, ω'; et H se décompose en quatre droites et un cercle; les quatre droites coïncident deux à deux avec $o\omega$ et $o\omega'$; le cercle est A′.

5. Pour $n=1$, on a ce théorème connu:

On donne une droite A et un faisceau A′ de droites: les points de A correspondent anharmoniquement aux rayons de A′; d'un point quelconque de A on abaisse la perpendiculaire sur le rayon correspondant. L'enveloppe de cette perpendiculaire est une parabole; le lieu du pied de la perpendiculaire est une *cubique circulaire* dont l'asymptote réelle est parallèle au rayon de A′ qui correspond au point à l'infini de A.

6. On démontre d'une manière analogue les théorèmes dans l'espace:

A est une courbe gauche de l'ordre n; B une surface du second degré. D'un point quelconque de A on abaisse la perpendiculaire sur le plan polaire de ce point relativement à B; le lieu de cette perpendiculaire est une surface gauche du degré $2n$, qui a n génératrices à l'infini et un cône asymptote de l'ordre n, dont les génératrices sont respectivement perpendiculaires aux plans tangents du cône asymptote de la surface développable A′, polaire réciproque de A par rapport à B.

Le lieu du pied de la perpendiculaire est une courbe gauche de l'ordre $3n$ qui a $2n$ points sur le cercle imaginaire à l'infini.

Si $n=1$, on a ce théorème:

On donne une droite A dont les points correspondent anharmoniquement aux plans passant par une deuxième droite A'. D'un point quelconque de A on abaisse la perpendiculaire sur le plan correspondant; le lieu de la perpendiculaire est un paraboloïde qui a un plan directeur perpendiculaire à la droite A'; le lieu du pied de la perpendiculaire est une courbe gauche du troisième ordre (cubique gauche) qui passe par les points où le plan directeur nommé rencontre le cercle imaginaire à l'infini. On peut donner à cette espèce de *cubique gauche* le nom de *cercle gauche* ou *cubique gauche circulaire.*

58.

SOLUTIONS DES QUESTIONS 677, 678 ET 679 (SCHRÖTER). [59]

Nouvelles Annales de Mathématiques, 2me série, tome III (1864), pp. 30-33.

On trouve démontré analytiquement dans les Mémoires de M. M. Hesse et Cayley, et géométriquement dans mon *Introduzione ad una teoria geometrica delle curve piane*, que dans un réseau (rete) de coniques *) il y en a certaines, en nombre infini, qui se réduisent à deux droites, et que ces droites enveloppent une courbe (générale) de troisième classe, que j'ai nommée *courbe cayleyenne* du réseau. [60] Les trois tangentes qu'on peut mener à cette courbe par un point donné *o* sont les trois côtés [61] du quadrangle complet inscrit aux coniques du réseau qui passent par *o*.

Un réseau est déterminé par trois coniques données et contient toutes les coniques des trois faisceaux auxquels les coniques données, considérées deux à deux, donnent lieu. Donc

Trois coniques quelconques ont généralement, deux à deux, six cordes communes; les dix-huit cordes qui en résultent touchent une même courbe de la troisième classe (question 679).

Si les trois coniques données (et par conséquent toutes celles du réseau) ont un point commun *o*, les neuf droites qui joignent *o* aux neuf points d'intersection des coniques (deux à deux) seront tangentes à la *cayleyenne*. Mais une courbe (propre) de la troisième classe ne peut admettre que trois tangentes au plus, issues d'un même point; donc, dans le cas actuel, la cayleyenne se décompose en une enveloppe de première classe (le point *o*) et en une enveloppe de deuxième classe (une conique); donc

Si trois coniques ont un point commun, les neuf côtés des trois triangles qui sont formés par les autres points d'intersection des coniques, considérées deux à deux, touchent une même conique (question 678).

*) Un réseau de coniques est l'ensemble de toutes les coniques assujetties à trois conditions communes telles, que par deux points pris à volonté sur le plan il ne passe qu'une seule de ces coniques.

On déduit des mêmes considérations le théorème suivant, très-connu:

Si trois coniques ont une corde commune, les autres cordes communes aux coniques, considérées deux à deux, passent par un même point.

La question 677 est l'inverse de 678. Soient donnés trois triangles $a_1b_1c_1$, $a_2b_2c_2$, $a_3b_3c_3$, circonscrits à une même conique K; les sommets de ces triangles, considérés deux à deux, déterminent trois coniques C_1, C_2, C_3, c'est-à-dire

$$C_1 \equiv (a_2b_2c_2a_3b_3c_3), \quad C_2 \equiv (a_3b_3c_3a_1b_1c_1), \quad C_3 \equiv (a_1b_1c_1a_2b_2c_2).$$

La cayleyenne du réseau déterminé par les trois coniques C_1, C_2, C_3 aura, d'après la définition de cette courbe, neuf tangentes (les côtés des trois triangles) communes avec la conique K. Mais une courbe (propre) de troisième classe et une conique ne sauraient avoir que six tangentes communes au plus; donc la cayleyenne est formée par deux enveloppes partielles, la conique K et un point.

Soit o la quatrième intersection de C_2 et C_3 (outre $a_1b_1c_1$), et supposons qu'une conique C soit décrite par $oa_2b_2c_2a_3$ et qu'elle rencontre C_2 en $\beta_3\gamma_3$ (outre oa_3). En vertu d'un théorème démontré ci-devant (question 678), les côtés des triangles $a_1b_1c_1$, $a_2b_2c_2$, $a_3\beta_3\gamma_3$ seront tangents à une même conique, la conique donnée K. Mais K ne peut pas admettre quatre tangentes distinctes $a_3(b_3, c_3, \beta_3, \gamma_3)$ issues d'un même point a_3; donc les triangles $a_3b_3c_3$, $a_3\beta_3\gamma_3$ doivent coïncider, c'est-à-dire la conique C se confondra avec C_1. Ainsi „ les trois coniques C_1, C_2, C_3 ont un point commun o „.

Du théorème 679 on tire aisément les suivants:

Si l'on donne un faisceau de coniques conjointes C *) *et une autre conique quelconque* K, *les cordes communes à* K *et à une conique* C *enveloppent une courbe de troisième classe tangente aux droites conjointes du faisceau et ayant un foyer au centre commun des coniques* C. *Et le lieu des points où se rencontrent deux à deux les cordes opposées est une courbe du troisième ordre qui passe par le centre et par les points à l'infini sur les axes principaux des coniques* C.

Si l'on donne un système de coniques confocales C *et une autre conique quelconque* K, *le lieu des sommets des quadrilatères complets circonscrits à* K *et à une conique* C, *est une courbe de troisième ordre qui passe par les foyers du système* C *et par les deux points circulaires à l'infini. Et les diagonales des quadrilatères nommés enveloppent une courbe de troisième classe tangente aux axes principaux des coniques* C *et à la droite à l'infini.*

---

*) Coniques concentriques et décrites par quatre points (imaginaires) appartenant à un cercle de rayon nul (*Memoria sulle coniche e sulle superficie di second'ordine congiunte; Annali di Matematica, t. III; Roma, 1860*). [Queste Opere, n. **20** (t. 1.°)].

59.

SOLUTION DE LA QUESTION 380. [62]

Nouvelles Annales de Mathématiques, 2me série, tome III (1864), pp. 127-129.

Soient donnés un angle trièdre trirectangle ayant le sommet au point S, *et un point quelconque* O *par lequel on mène un plan* P *coupant les faces de l'angle suivant* ABC; *trois parallèles aux côtés du triangle et passant par le point* O *partagent ce triangle en trois parallélogrammes et trois triangles:* p, p', p'' *étant les aires des parallélogrammes, on a*

$$\frac{1}{p^2 sin^2(\mathrm{SA},\mathrm{P})}+\frac{1}{p'^2 sin^2(\mathrm{SB},\mathrm{P})}+\frac{1}{p''^2 sin^2(\mathrm{SC},\mathrm{P})}=\left(\frac{1}{p}+\frac{1}{p'}+\frac{1}{p''}\right)^2\frac{1}{sin^2(\mathrm{SO},\mathrm{P})}.$$

(Mannheim).

Prenons les arêtes SA, SB, SC du trièdre trirectangle pour axes coordonnés; soient a, b, c les coordonnées du point O, et

$$\lambda(x-a)+\mu(y-b)+\nu(z-c)=0$$

l'équation du plan ABC. Alors, en supposant O placé dans l'intérieur du triangle, on a les aires

$$p=\frac{bc\sqrt{\lambda^2+\mu^2+\nu^2}}{\lambda},\quad p'=\frac{ca\sqrt{\lambda^2+\mu^2+\nu^2}}{\mu},\quad p''=\frac{ab\sqrt{\lambda^2+\mu^2+\nu^2}}{\nu},$$

c'est-à-dire que les aires p, p', p'' sont proportionnelles aux quantités $\frac{1}{\lambda a}$, $\frac{1}{\mu b}$, $\frac{1}{\nu c}$. Il s'ensuit que

$$\frac{1}{\lambda^2 p^2}+\frac{1}{\mu^2 p'^2}+\frac{1}{\nu^2 p''^2}\quad \text{et} \quad \left(\frac{1}{p}+\frac{1}{p'}+\frac{1}{p''}\right)^2$$

sont proportionnelles aux quantités

$$a^2+b^2+c^2 \quad \text{et} \quad (\lambda a+\mu b+\nu c)^2,$$

d'où

$$\frac{1}{\lambda^2 p^2}+\frac{1}{\mu^2 p'^2}+\frac{1}{\nu^2 p''^2}=\left(\frac{1}{p}+\frac{1}{p'}+\frac{1}{p''}\right)\frac{a^2+b^2+c^2}{(\lambda a+\mu b+\nu c)^2}, \tag{1}$$

ce qui exprime le théorème énoncé dans la question 380.

Si le point O tombe hors du triangle ABC, mais dans l'intérieur de l'un des angles BAC, CBA, ACB, par exemple dans ABC, les aires p, p', p'' seront proportionnelles aux quantités $-\frac{1}{\lambda a}, \frac{1}{\mu b}, -\frac{1}{\nu c}$, d'où il suit que, dans ce cas, il faut changer le signe de p' dans l'équation (1).

Si le point O se trouve hors des angles BAC, ABC, BCA, l'équation (1) reste la même.

Tout cela suit immédiatement de la manière dont l'aire du triangle ABC, qui est

$$\frac{1}{2}\sqrt{\lambda^2+\mu^2+\nu^2}\,\frac{(\lambda a+\mu b+\nu c)^2}{\lambda\mu\nu},$$

est composée avec les aires des parallélogrammes et des triangles qui résultent des trois parallèles aux côtés BC, CA, AB. Ces dernières aires sont

$$\frac{1}{2}\frac{\sqrt{\lambda^2+\mu^2+\nu^2}}{\mu\nu}\lambda a^2,\quad \frac{1}{2}\frac{\sqrt{\lambda^2+\mu^2+\nu^2}}{\nu\lambda}\mu b^2,\quad \frac{1}{2}\frac{\sqrt{\lambda^2+\mu^2+\nu^2}}{\lambda\mu}\nu c^2.$$

60.

ON THE GEOMETRICAL TRANSFORMATION OF PLANE CURVES.

By prof. CREMONA, OF BOLOGNA.

(Comunicated by T. A. HIRST, F. R. S.).

Report of the meetings of the British Association for the advancement of Science (1864), pp. 3-4.

In a note on the geometrical transformation of plane curves, published in the "Giornale di Matematiche", vol. I, pag. 305, several remarkable properties possessed by a certain system of curves of the n-th order, situated in the same plane, were considered. The important one which forms the subject of this note has been more recently detected, and as a reference to the Jacobian of such a system, that is to say, to the *locus* of a point whose polar lines, relative to all curves of the system, are concurrent.

The curves in question form in fact a *réseau;* in other words, they satisfy, in common, $\frac{n(n+3)}{2}-2$ conditions in such a manner that through any two assumed points only *one* curve passes. They have, moreover, so many fixed *(fundamental)* points in common that no two curves intersect in more than a *variable* point. In short, if, in general, x_r denote the number of fundamental points which are multiple points of the r-th order on every curve of the *réseau*, the following two equations are satisfied:

$$x_1+3x_2+6x_3+\ldots+\frac{n(n-1)}{2}x_{n-1}=\frac{n(n+3)}{2}-2$$

$$x_1+4x_2+9x_3+\ldots+(n-1)^2x_{n-1}=n^2-1.$$

This being premised, the property alluded to is, that the Jacobian of ever ysuch *réseau* resolves itself into y_1 right lines, y_2 conics, y_3 cubics, &c., and y_{n-1} curves of the order $n-1$; where the integers y_1, y_2, &c., also satisfy the above equations, and constitute a *coniugate* solution to x_1, x_2, &c., being connected therewith by the relation

$$x_1+x_2+\ldots+x_{n-1}=y_1+y_2+\ldots+y_{n-1}.$$

EINLEITUNG

IN EINE

GEOMETRISCHE THEORIE

DER

EBENEN CURVEN

VON

DR. LUDWIG CREMONA,

PROFESSOR DER HOEHEREN GEOMETRIE AN DER UNIVERSITAET ZU BOLOGNA.

NACH EINER FÜR DIE DEUTSCHE AUSGABE VOM VERFASZER ZUM TEIL UMGEARBEITETEN REDACTION INS DEUTSCHE ÜBERTRAGEN

VON

MAXIMILIAN CURTZE,

ORDENTLICHEM LEHRER AM KOENIGL. GYMNASIUM ZU THORN.

MIT EINER LITHOGRAPHIERTEN TAFEL.

GREIFSWALD 1865.

C. A. KOCHS VERLAGSBUCHHANDLUNG.

TH. KUNIKE.

61.

EINLEITUNG IN EINE GEOMETRISCHE THEORIE DER EBENEN CURVEN. [63]

Vorwort des Herausgebers.

Die nachfolgende Uebersetzung ist vorzugsweise durch die Aufforderung des Herrn Professor GRUNERT im *Archiv der Mathematik und Physik Th. XXXIX Heft 3 Litr. Ber. CLV.* veranlaszt worden, in welchem dieser ausgezeichnete Gelehrte folgendermaszen urtheilt:

« Sollten wir nun unser Urtheil in der Kürze noch im Allgemeinen aussprechen, so würden « wir dasselbe in den Worten zusammenfassen: *dass wir das vorliegende schöne Werk für ein « vortreffliches, sehr vollständiges, in seiner Art jetzt einzig dastehendes Lehrbuch der rein geo- « metrischen Theorie der ebenen Curven halten, durch welches ein Jeder in den Stand gesetzt « wird, sich mit Leichtigkeit und grosser Befriedigung eine vollständige Kenntniss des betreffen- « den Gegenstandes zu verschaffen.* Der Herr Verfasser verdient für die Publication dieses « Werkes jedenfalls den grössten Dank und *wir würden eine sofortige Uebersetzung desselben « ins Deutsche für ein überaus verdienstliches Unternehmen und eine wahre Bereicherung un- « serer Literatur halten.* »

Eine Rücksprache darauf hin mit dem Verleger des Archivs hatte das hier vorliegende Unternehmen zur Folge. Herr Professor CREMONA erlaubte mit der gröszten Bereitwilligkeit die Uebersetzung des Werkes und hat einige Partien desselben für die deutsche Ausgabe einer nicht unwesentlichen Aenderung unterzogen. Diese Aenderungen betreffen die Curvenreihen vom Index N. [64] Der Erfinder der Hauptsätze über diese Gebilde, Herr E. DE JONQUIÈRES, Commandant der Fregatte Le Bertolet vor Vera Cruz, hatte nämlich in dem *Giornale di Matematiche ad uso degli studenti delle Università Italiane* durch einen Brief an den Herrn Verfasser diese Sätze einer nicht unwichtigen Einschränkung unterworfen, und es konnten eben deshalb diese Teile des Werkes in ihrer ursprünglichen Gestalt nicht bestehen bleiben. Eine Vergleichung mit dem Originale wird am ersten die Wichtigkeit derselben hervortreten laszen. Die am Schlusze beigegebenen *Zusätze und weiteren Ausführungen* sind ebenso die Frucht einer genauen Revision des Werkes durch den Verfaszer und einen befreundeten englischen Mathematiker Dr. HIRST. Durch die lange Verzögerung des Druckes ist es auch möglich geworden, im Haupttexte die neuesten Publicationen des Herrn Professor CHASLES zu Paris und andere neuere Arbeiten benutzen zu können, und dadurch teilweise Verbeszerungen anzubringen.

Im Uebrigen ist das vorliegende Werk eine treue Uebersetzung des Originals mit einigen wenigen, der Consequenz wegen eingeführten und vom Autor gebilligten Aenderungen der Bezeichnung. Wo z. B. in dieser Uebersetzung die Schwabacher Schrift zur Anwendung gekommen, hat das Original grosze lateinische Buchstaben gewählt. Da aber in den übrigen Partien diese Buchstabengattung nur Linien, nie Puncte bezeichnete, so hielt ich mich zu dieser Vertauschung für ebenso berechtigt, als verpflichtet. Aus dem gleichen Grunde habe ich für die Coefficienten überall, wo sie im Originale nicht zur Anwendung gekommen, griechische kleine Buchstaben einzuführen mir erlaubt.

Die Orthographie mag Manchem anstöszig sein. Ich hatte die Absicht, dieselbe in die gewöhnliche umzuändern, als mir von den beiden ersten Bogen die Aushängebogen zukamen, und ich also ohne grosze Opfer des Verlegers eine Aenderung in dieser Beziehung nicht mehr ausführen konnte.

Schlieszlich sage ich noch dem Herrn Professor Grunert, der mir mit liebenswürdiger Bereitwilligkeit die Benutzung seines Dedicationsexemplars des Originals für die Uebersetzung gestattete, sowie dem Herrn Stud. math. Thiel zu Greifswald, der von dem vierten Bogen an die ersten Correcturen besorgt hat, und der Verlagshandlung für die Bereitwilligkeit, mit der sie meine Wünsche in Betreff der Ausstattung genehmigte, hiermit meinen aufrichtigen Dank.

Thorn im September 1864.

Der Uebersetzer.

ZUSÄTZE UND WEITERE AUSFÜHRUNGEN. [65]

. . . .

I.

UEBER GEOMETRISCHE NETZE. [66]

. . . .

Wir beschlieszen diese Bemerkungen, indem wir einige ganz specielle Beispiele geometrischer Netze betrachten, bei welchen die Bestimmung der Curve Jacobi's sehr leicht ist.

1. Die Curven des Netzes seien von der vierten Ordnung und mögen drei Doppelpuncte d_1, d_2, d_3 und drei einfache Puncte s_1, s_2, s_3 gemein haben. Ist m ein Punct der Geraden d_1d_2, so stellen diese Gerade und die Curve der dritten Ordnung, die in d_3 einen Doppelpunct hat und durch die Puncte $m, d_1, d_2, s_1, s_2, s_3$ geht, zusammen eine Curve des Netzes vor, die in m einen Doppelpunct hat. Ist m ferner ein Punct des Kegelschnittes $d_1d_2d_3s_1s_2$, so bildet ebenso dieser mit dem Kegelschnitt $d_1d_2d_3s_3m$ eine Curve des Netzes mit einem Doppelpuncte in m. Folglich bilden die drei Seiten des Dreiecks $d_1d_2d_3$ und die drei Kegelschnitte, die demselben Dreieck umgeschrieben und bezüglich durch je zwei Scheitel des zweiten Dreiecks $s_1s_2s_3$ beschrieben sind, zusammen die Curve Jacobi's des Netzes.

Die Curven des Netzes, die durch einen und denselben Punct a gehen, bilden ein Büschel, in welchem sechs Curven existieren, die einen Doppelpunct haben (auszer den gegebenen Puncten), nämlich drei Systeme aus einer Geraden und einer Curve dritter Ordnung und drei Systeme aus zwei Kegelschnitten. Man kann nämlich die Gerade d_1d_2 mit der Curve dritter Ordnung, die einen Doppelpunct in d_3 hat und durch $a, d_1, d_2, s_1, s_2, s_3$ geht, combinieren oder den Kegelschnitt $d_1d_2d_3s_1s_2$ mit dem Kegelschnitt $d_1d_2d_3s_3a$, u.s.w.

2. Die Curven des Netzes seien von der fünften Ordnung und mögen sechs Doppelpuncte $d_1, d_2, d_3, d_4, d_5, d_6$ gemein haben. Ist m ein Punct des Kegelschnitts

$d_1d_2d_3d_4d_5$, so stellt dieser zusammen mit der Curve dritter Ordnung, die einen Doppelpunct in d_6 hat und durch $m, d_1, d_2, d_3, d_4, d_5$ geht, eine Curve des Netzes mit einem Doppelpuncte in m dar. Die Curve Jacobi's des Netzes ist daher das System der sechs Kegelschnitte, die man durch die gegebenen Puncte $d_1, d_2, d_3, d_4, d_5, d_6$ beschreiben kann, wenn man sie zu je fünf und fünf combiniert.

Ein Büschel des Netzes enthält sechs Curven mit einem Doppelpuncte, deren jede das System eines Kegelschnitts und einer Curve dritter Ordnung ist.

3. Die Curven des Netzes seien von der fünften Ordnung und mögen einen dreifachen Punct t, drei Doppelpuncte d_1, d_2, d_3 und drei einfache Puncte s_1, s_2, s_3 gemein haben. Ist m ein Punct der Geraden td_1, und man combiniert sie mit der Curve vierter Ordnung, welche die Doppelpuncte t, d_2, d_3 hat und durch die Puncte m, d_1, s_1, s_2, s_3 geht; oder ist m ein Punct des Kegelschnittes $td_1d_2d_3s_1$, und man combiniert diesen mit der Curve dritter Ordnung, die durch $d_1, d_2, d_3, m, s_2, s_3$ und zweimal durch t geht; oder ist endlich m ein Punct der Curve dritter Ordnung, die einen Doppelpunct in t hat und durch $d_1, d_2, d_3, s_1, s_2, s_3$ geht, und man combiniert sie mit dem Kegelschnitt $td_1d_2d_3m$; so erhält man in jedem dieser drei Fälle eine Curve des Netzes mit einem Doppelpuncte in m. Folglich bilden die drei Geraden $t(d_1, d_2, d_3)$, die drei Kegelschnitte $td_1d_2d_3(s_1, s_2, s_3)$ und die Curve dritter Ordnung, die durch $d_1, d_2, d_3, s_1, s_2, s_3$ geht und einen Doppelpunct in t hat, zusammen die Curve von Jacobi des Netzes.

Ein Büschel des Netzes enthält sieben Curven mit einem Doppelpuncte, nämlich drei Systeme aus einer Geraden und einer Curve vierter Ordnung und vier Systeme aus einem Kegelschnitt und einer Curve dritter Ordnung.

4. Die Curven des Netzes seien von der n-ten Ordnung und haben einen $(n-1)$-fachen Punct o und $2(n-1)$ einfache Puncte $s_1, s_2, \ldots, s_{2(n-1)}$ gemein *). Ist m ein Punct der Geraden os_1, und man combiniert diese Gerade mit der Curve $(n-1)$-ter Ordnung, die in o einen $(n-2)$-fachen Punct hat und durch $m, s_2, s_3, \ldots, s_{2(n-1)}$ geht, oder wenn m ein Punct der Curve C_{n-1} der $(n-1)$-ten Ordnung ist, die einmal durch $s_1, s_2, \ldots, s_{2(n-1)}$ und $(n-2)$-mal durch o geht, und man diese Curve mit der Geraden mo combiniert, in jedem dieser Fälle erhält man eine Curve des Netzes mit einem Doppelpuncte in m. Die $2(n-1)$ Geraden $o(s_1, s_2, \ldots, s_{2(n-1)})$ und die Curve C_{n-1} bilden daher gemeinschaftlich die Curve von Jacobi für das Netz.

Betrachtet man das Curvenbüschel des Netzes, das durch einen weiteren beliebigen

---

*) Cremona, *Sulle trasformazioni geometriche delle figure piane* (Memorie dell'Accademia di Bologna, serie 2ª, tomo 2°, Bologna 1863) [Queste Opere, n. **40**]. — Jonquières, *De la transformation géométrique des figures planes* (Nouvelles Annales de mathématiques, 2.e série, tom. 3e, Paris 1864). — Jonquières, *Du contact des courbes planes etc.* (ibidem).

Punct s_0 gehen musz, so zerfällt, wenn eine Curve dieses Büschels einen Doppelpunct auszer dem $(n-1)$-fachen Puncte o hat, diese nothwendigerweise in eine Gerade und in eine Curve $(n-1)$-ter Ordnung. Und wirklich, verbindet man die Curve K^r der $(n-1)$-ten Ordnung, die $(n-2)$-mal durch o und auszerdem durch die Puncte $s_0, s_1, s_2, \ldots, s_{2(n-1)}$ mit Ausnahme des einen s_r geht, mit der Geraden, die diesen ausgelaszenen Punct mit o verbindet, so hat man offenbar eine Curve des Büschels, welche auszer in o im Durchschnittspuncte der Curve K^r mit der Geraden os_r einen Doppelpunct hat. Auf diese Weise erhalten wir $2n-1$ Curven des Büschels, die einen Doppelpunct haben, und diese $2n-1$ Doppelpuncte zusammen mit dem $(n-1)$-fachen Punct o, der für $(n-2)(3n-2)$ Doppelpuncte gilt (m. s. den Zusatz zu Nr. 88 [67]), geben genau die $3(n-1)^2$ Doppelpuncte des Büschels. U. s. w., u. s. w.

II.

UEBER NETZE VON KEGELSCHNITTEN. [68]

. . . .

III.

UEBER REIHEN VON KEGELSCHNITTEN. [69]

. . . .

Lehrsatz V. *Der Ort der Durchschnittspuncte der gemeinschaftlichen Tangenten einer Curve* K *der n-ten Classe und der Kegelschnitte einer Reihe* (μ, ν) *ist von der Ordnung* $(2n-1)\nu$.

Eine beliebige Tangente von K berührt nämlich ν Kegelschnitte der Reihe, und wird von andern $(2n-1)\nu$ diesen Kegelschnitten und K gemeinschaftlichen Tangenten in $(2n-1)\nu$ Puncten geschnitten, die dem Orte angehören.

Lehrsatz VI. (Correlat zu V.) *Die gemeinschaftlichen Sehnen einer Curve m-ter Ordnung und der Kegelschnitte einer Reihe* (μ, ν) *werden von einer Curve der* $(2m-1)\mu$*-ten Classe umhüllt.*

Lehrsatz VII. *Der Ort der Berührungspuncte der Tangenten, die von einem gegebenen Puncte o an die Kegelschnitte einer Reihe* (μ, ν) *gezogen sind, ist eine Curve der* ($\mu+\nu$)*-ten Ordnung, die* μ*-mal durch o geht.*

Dieser Lehrsatz ist so unmittelbar klar, dasz er keines Beweises bedarf. Sein Correlat ist:

Lehrsatz VIII. *Die Tangenten der Kegelschnitte einer Reihe* (μ, ν) *in den Puncten, wo diese von einer gegebenen Geraden geschnitten werden, werden von einer Curve* ($\mu+\nu$)*-ter Classe umhüllt, die die gegebene Gerade in* ν *Puncten berührt.*

Diese Curve hat $n(\mu+\nu)$ gemeinschatfliche Tangenten mit einer Curve der n-ten Classe, folglich entsteht:

Lehrsatz IX. *Die Berührungspuncte der Kegelschnitte einer Reihe* (μ, ν) *mit den gemeinschaftlichen Tangenten, die sie mit einer Curve n-ter Classe haben, liegen auf einer Curve der* $n(\mu+\nu)$*-ten Ordnung.*

Und hiervon das Correlat:

Lehrsatz X. *Die Tangenten an die Kegelschnitte einer Reihe* (μ, ν) *in den Puncten, wo diese von einer Curve m-ter Ordnung geschnitten werden, umhüllen eine Curve der* $m(\mu+\nu)$*-ten Classe.*

Lehrsatz XI. *Die Zahl der Kegelschnitte einer Reihe* (μ, ν) *die einen gegebenen Abschnitt ab harmonisch teilen, ist* μ, *und die Zahl der Kegelschnitte derselben Reihe, für welche zwei gegebene Gerade* A, B *conjugiert sind, ist* ν.

Denn die Polaren von a werden nach Lehrsatz II. [70] von einer Curve μ-ter Classe umhüllt, die μ in b sich schneidende Tangenten hat, und die Pole von A liegen nach Lehrsatz I. auf einer Curve ν-ter Ordnung, die ν Puncte auf B hat.

Ebenso lässt sich sehr leicht beweisen:

Lehrsatz XII. *Zieht man von jedem Puncte a einer Geraden* L *Gerade nach den Polen einer Geraden* D *in Bezug auf die Kegelschnitte einer Reihe* (μ, ν), *die durch a gehen, so werden diese Geraden von einer Curve* ($\mu+2\nu$)*-ter Classe umhüllt, welche* 2ν*-mal* L *berührt.*

Daraus folgt:

Wenn man von einem gegebenen Puncte Gerade nach den Polen einer festen Geraden in Bezug auf die Kegelschnitte einer Reihe (μ, ν) *zieht, so liegen die Durchschnittspuncte dieser Geraden mit den Kegelschnitten auf einer Curve* ($\mu+2\nu$)*-ter Ordnung.*

Lehrsatz XIII. *Legt man durch die Pole p einer Geraden* D *in Bezug auf die Kegelschnitte einer Reihe* (μ, ν) *conjugierte Geradenpaare* $p\mathrm{a}$, $p\mathrm{a}'$ *in der Art, dasz* $p\mathrm{a}$ *durch einen festen Punct o geht, so umhüllt die Gerade* $p\mathrm{a}'$ *eine Curve der* ($\mu+\nu$)*-ten Classe, für welche* D *eine* ν*-fache Tangente ist.*

D berührt ν Kegelschnitte der Reihe; nimmt man nun einen Berührungspunct **als**

Punct p an, und zieht die Gerade $p\mathbf{a}$, so ist diese zu D conjugiert, und D stellt daher ν Tangenten vor.

Es sei nun i ein beliebiger Punct, und man ziehe durch ihn eine beliebige Gerade $i\mathbf{a}_1$, die D in $\mathbf{a}_1$ schneidet. Dann enthält $i\mathbf{a}_1$ nach Lehrsatz I. ν Pole von D, und verbindet man diese mit o, so schneiden die zu den Verbindungsgeraden conjugierten Geraden D in ν Puncten $\mathbf{a}'$; das heiszt, dem Puncte $\mathbf{a}_1$ entsprechen ν Puncte $\mathbf{a}'$. Nimmt man umgekehrt den Punct $\mathbf{a}'$ beliebig auf D an, so umhüllen seine Polaren eine Curve der μ-ten Classe (nach Lehrsatz II.), und es gehen also μ Polaren durch o. Die Geraden, die man durch die Pole von D in Bezug auf die μ entsprechenden Kegelschnitte nach i zieht, schneiden D in μ Puncten $\mathbf{a}_1$. Es gibt also $\mu+\nu$ Gerade $i\mathbf{a}_1$ deren jede mit einer der entsprechenden $i\mathbf{a}'$ zusammenfällt, folglich u. s. w.

Lehrsatz XIV. *Zieht man durch jeden Punct a einer Geraden* D *Gerade nach den Polen einer andern Geraden* D' *in Bezug auf die Kegelschnitte einer Reihe* (μ, ν), *die durch a gehen, so liegen die Puncte, in welchen diese Geraden die Kegelschnitte schneiden, auf einer Curve* $(\mu+2\nu)$*-ter Ordnung, für welche der Punct* DD' *ein* μ*-facher ist.*

Der Punct DD' ist μ-fach, weil durch ihn μ Kegelschnitte der Reihe gehen, und er, wenn man ihn mit den entsprechenden Polen von D' verbindet, μ Gerade liefert, welche dieselben Kegelschnitte in dem obigen Puncte schneiden. Auszerdem schneidet D ν Kegelschnitte, deren Pole auf D liegen, in 2ν Puncten, und folglich u. s. w.

Lehrsatz XV. *Zieht man durch einen Punct o Tangenten an die Kegelschnitte einer Reihe* (μ, ν), *so werden die Geraden, welche von den Berührungspuncten nach den Polen einer gegebenen Geraden* D *gezogen sind, von einer Curve der* $(2\mu+\nu)$*-ten Classe umhüllt.*

Durch o gehen μ Kegelschnitte der Reihe, und also auch ebensoviele Gerade, die nach den entsprechenden Polen von D gezogen sind. Auszerdem gehen durch o $\mu+\nu$ Tangenten der von den Tangenten der Kegelschnitte in den Puncten, wo sie von D geschnitten werden, umhüllten Curve (Lehrsatz VIII.). Folglich u. s. w. Es folgt noch:

Lehrsatz XVI. *Zieht man von einem festen Puncte Gerade nach den Polen einer gegebenen Geraden* D *in Bezug auf die Kegelschnitte einer Reihe* (μ, ν), *so umhüllen die Tangenten in den Puncten, wo diese Geraden die Kegelschnitte schneiden, eine Curve* $(2\mu+\nu)$*-ter Classe, für welche* D *eine* ν*-fache Tangente ist.*

Lehrsatz XVII. *Zieht man durch den Pol p einer Geraden* D *in Bezug auf jeden Kegelschnitt einer Reihe* (μ, ν) *zwei Gerade* $p\mathbf{a}, p\mathbf{a}'$, *deren erste durch einen festen Punct o geht, und die einen gegebenen Abschnitt ef der Geraden* D *in einem gegebenen Doppelverhältnisz schneiden, so umhüllt die Gerade* $p\mathbf{a}'$ *eine Curve der* 2ν*-ten Classe, für welche oe, of und* D ν*-fache Tangenten sind.*

Die einzigen Tangenten durch o sind nämlich oe und of und jede derselben repräsentiert ν-mal die Gerade $p\mathbf{a}'$ in Folge der ν Pole, die sie enthält. Auch D repräsentiert ν Gerade $p\mathbf{a}'$, wegen der ν Kegelschnitte, die sie berührt.

Lehrsatz XVIII. *Zieht man für jeden Kegelschnitt einer Reihe* (μ, ν) *durch den Pol* p *einer gegebenen Geraden* D *zwei conjugierte Gerade* $p\mathbf{a}$, $p\mathbf{a}'$, *die einen gegebenen Abschnitt ef von* D *in einen gegebenen anharmonischen Verhältnisz schneiden, so umhüllt jede dieser Geraden eine Curve* $(\mu+\nu)$*-ter Classe, für welche* D *eine* ν*-fache Tangente ist.*

D ist eine ν-fache Tangente in Folge der ν Kegelschnitte, die sie berührt. Auszerdem gehen durch jeden Punct $\mathbf{a}$ von D μ Gerade $p\mathbf{a}$, weil $\mathbf{a}$ auf D einen andern Punct $\mathbf{a}'$ mittelst der Bedingung bestimmt, dasz das Doppelverhältnisz $(ef\mathbf{a}\mathbf{a}')$ gegeben sei, und folglich μ Kegelschnitte existieren, die nach Lehrsatz XI. $\mathbf{a}\mathbf{a}'$ harmonisch teilen; folglich u. s. w.

Lehrsatz XIX. *Zieht man durch den Pol* p *einer gegebenen Geraden* D *in Bezug auf jeden Kegelschnitt der Reihe* (μ, ν) *zwei conjugierte Gerade* $p\mathbf{a}, p\mathbf{a}'$, *die einen Abschnitt ef von* D *in einem gegebenen Doppelverhältnisz schneiden, so schneiden die Geraden* $p\mathbf{a}$ *und* $p\mathbf{a}'$ *die Kegelschnitte in Puncten, die auf zwei Curven der* $(2\mu+3\nu)$*-ten Ordnung liegen.*

Wir müszen nachweisen, dasz auf einer beliebigen Geraden L von den Durchschnittspuncten der Kegelschnitte mit den Geraden $p\mathbf{a}$ $2\mu+3\nu$ liegen. Man nehme auf D einen beliebigen Punct $\mathbf{a}$ und bestimme dann $\mathbf{a}'$ der Art, dasz das Doppelverhältnisz $(ef\mathbf{a}\mathbf{a}')$ den gegebenen Wert habe. Durch $\mathbf{a}'$ ziehe man die Tangenten an die Kegelschnitte, dann enthält L nach Lehrsatz VII. $\mu+\nu$ Berührungspuncte und die Geraden, die von diesen Puncten nach den Polen der $\mu+\nu$ entsprechenden Kegelschnitte gezogen sind, treffen D in $\mu+\nu$ Puncten $\mathbf{a}_1$. Nimmt man umgekehrt auf D beliebig den Punct $\mathbf{a}_1$, so gehen durch ihn $\mu+2\nu$ Gerade, deren jede den Pol der Geraden D in Bezug auf einen Kegelschnitt der Reihe mit einem Puncte a, der diesem und der Geraden L gemeinschaftlich ist, verbindet (Lehrsatz XII.). Die $\mu+2\nu$ Tangenten der Kegelschnitte in den Puncten a treffen D in $\mu+2\nu$ Puncten $\mathbf{a}'$, denen ebensoviele Puncte $\mathbf{a}$ entsprechen, bestimmt durch das gegebene Doppelverhältnisz. Es wird also $(\mu+\nu)+(\mu+2\nu)$ Puncte $\mathbf{a}$ geben, die mit einem der entsprechenden Puncte $\mathbf{a}_1$ zusammenfallen, oder u. s. w.

Lehrsatz XX. *Der Ort eines solchen Punctes* x, *dasz die Tangente, die in ihm an einen Kegelschnitt der Reihe* (μ, ν), *der durch* x *geht, gelegt ist, und die gerade Polare von* x *in Bezug auf eine Curve* K *der m-ten Ordnung, welche einen r-fachen Punct* o *mit* s *in die Gerade* R *zusammenfallenden Tangenten hat, sich auf einer festen Geraden* D *schneiden, ist eine Curve der* $(m\mu+\nu)$*-ten Ordnung mit* $\mu(r-1)$ *Zweigen, die durch* o *gehen und mit* $\mu(s-1)$ *mit* R *zusammenfallenden Tangenten. Letztere Gerade hat in* o *mit dem Orte* $\mu . r$ *Puncte gemein.*

Wir müszen untersuchen, wieviele Puncte des Ortes auf einer Geraden L liegen. Nimmt man beliebig in D den Punct a an, so gehen durch ihn nach Lehrsatz VII. $\mu+\nu$ Tangenten von Kegelschnitten der Reihe, deren Berührungspuncte auf L liegen. Die geraden Polaren dieser Puncte in Bezug auf K treffen D in $\mu+\nu$ Puncten a'. Umgekehrt gehen durch einen Punct a' von D die geraden Polaren in Bezug auf K von $m-1$ Puncten von L, den Durchschnittspuncten von L mit der ersten Polare von a'. Durch diese Puncte gehen $\mu(m-1)$ Kegelschnitte der Reihe, deren Tangenten auf D ebensoviele Puncte a bestimmen. L zählt daher für $\mu+\nu+\mu(m-1)=\mu m+\nu$ Puncte des Ortes.

Die Ordnung des Ortes lässt sich auch unmittelbar bestimmen, wenn man beachtet, dasz er μ-mal durch jeden Punct geht, in denen D die Curve K schneidet und auszerdem durch die Puncte, in denen D Kegelschnitte der Reihe berührt

Geht L durch den r-fachen Punct o, so hat die erste Polare von a' in o einen $(r-1)$-fachen Punct, schneidet also L nur noch in andern $m-r$ Puncten. Dadurch kommt also, dasz L auszer o nicht mehr als $\mu+\nu+\mu(m-r)$ Puncte des Ortes enthält, das heiszt, $\mu(r-1)$ Zweige des Ortes gehen durch o.

Die Tangenten der $\mu(r-1)$ Zweige des Ortes in o sind offenbar die Tangenten an die ersten Polaren der μ Puncte, in denen D von den Tangenten [in o] an die μ Kegelschnitte der Reihe, die durch o gehen, geschnitten wird. Daraus folgt, dasz, wenn K in o s Zweige hat, die eine und dieselbe Gerade berühren, diese $s-1$ Zweige jeder ersten Polare berühren musz, also $\mu(s-1)$ Zweige des Ortes.

Ist L in o die gemeinschaftliche Tangente der s Zweige von K, so berührt sie $s-1$ Zweige der ersten Polare von a', die L in noch weiteren $m-r-1$ Puncten schneidet. L enthält also noch $\mu+\nu+\mu(m-r-1)$ Puncte des Ortes, das heiszt, o repräsentiert in diesem Falle $\mu . r$ Durchschnittspuncte von L mit demselben Orte.

Aus diesem Satze kann man augenblicklich den Lehrsatz IV. [[71]] erschlieszen.

U. s. w., u. s. w.

. . . .

62.

SULLE TRASFORMAZIONI GEOMETRICHE DELLE FIGURE PIANE. [72]

NOTA II.

Memorie dell'Accademia delle Scienze dell' Istituto di Bologna, serie II, tomo V (1865), pp. 3-35.
Giornale di Matematiche, volume III (1865), pp. 269-280, 363-376.

In una breve Memoria che ebbe l'onore d'essere inserita nei volumi della nostra Accademia *), io mi ero proposto il problema generale della trasformazione di una figura piana in un'altra piana del pari, sotto la condizione che i punti delle due figure si corrispondano ciascuno a ciascuno, in modo unico e determinato, e che alle rette della figura data corrispondano nella derivata curve di un dato ordine n. Ed ivi ebbi a dimostrare che le curve della seconda figura, corrispondenti alle rette della prima, debbono avere in comune certi punti, alcuni de' quali sono semplici, altri doppi, altri tripli, ecc.; e che i numeri di punti di queste varie specie debbono sodisfare a certe due equazioni. Naturalmente queste equazioni ammettono in generale più soluzioni, il numero delle quali è tanto più grande quanto è più grande n; e ciascuna soluzione offre una speciale maniera di trasformazione.

Fra tutte le diverse trasformazioni corrispondenti a un dato valore di n ve n'ha una che può dirsi la più semplice, perchè in essa le curve d'ordine n che corrispondono alle rette della figura proposta hanno in comune null'altro che un punto $(n-1)^{plo}$ e $2(n-1)$ punti semplici. Di questa speciale trasformazione si è occupato un abilissimo geometra francese, il sig. JONQUIÈRES, il quale **) ne ha messe in luce parecchie ele-

*) *Sulle trasformazioni geometriche delle figure piane,* Nota 1.ª (Memorie dell'Accademia di Bologna, serie 2ª, tomo 2º, 1863). [Queste Opere, n. **40**].

**) Nouvelles Annales de Mathématiques, Paris 1864.

ganti proprietà e ne ha fatta applicazione alla generazione di una certa classe di curve gobbe.

Ora io mi propongo di mostrare che lo stesso metodo e le stesse proprietà si possono estendere anche alle trasformazioni che corrispondono a tutte le altre soluzioni delle due equazioni che ho accennate. E per tal modo si acquisterà anche un mezzo facile per la costruzione di altrettante classi di curve gobbe.

Però lo scopo principale di questa seconda memoria è uno studio intorno alla curva *Jacobiana*, cioè intorno al luogo dei punti doppi delle curve di una figura che corrispondono alle rette dell'altra. Tale studio chiarirà che la Jacobiana si decompone in più linee di vari ordini, e che i numeri delle linee di questi vari ordini costituiscono una soluzione delle due equazioni di condizione sopra citate. Le soluzioni di queste due equazioni si presentano così coniugate a due a due. Ho anche potuto determinare alcune coppie di soluzioni coniugate corrispondenti ad n qualunque: ma la ricerca del completo sistema delle soluzioni supera di troppo le mie forze perchè io non l'abbia a lasciare a chi può risolvere i difficili problemi dell'analisi indeterminata.

1. Imagino in un dato piano P una rete di curve d'ordine n aventi x_1 punti semplici, x_2 punti doppi, $\dots x_r$ punti $(r)^{pli}$ $,\dots x_{n-1}$ punti $(n-1)^{pli}$ comuni: e suppongo che due curve qualunque della rete possano avere un solo punto comune, oltre agli anzidetti che dirò *punti-base* o *punti principali* {*fondamentali*}. Avremo allora le due equazioni *) [73]

$$(1)\qquad \sum \frac{r\,(r+1)}{2}\,x_r = \frac{n\,(n+3)}{2} - 2\,,$$

$$(2)\qquad \sum r^2 x_r = n^2 - 1\,,$$

alle quali devono sodisfare i numeri $x_1\, x_2 \dots x_{n-1}$.

Una rete siffatta ha parecchie rimarchevoli proprietà che si mettono in evidenza stabilendo una corrispondenza projettiva fra le curve della rete medesima e le rette di un piano.

Imaginiamo infatti un altro piano P', che può anche coincidere con P, ed assumiamo in esso quattro rette $R^1\, R^2\, R^3\, R^4$ (tre qualunque delle quali non passino per uno stesso punto) come corrispondenti a quattro curve $C_n^1\, C_n^2\, C_n^3\, C_n^4$ scelte ad arbitrio nella rete del piano P, in modo però che tre qualunque di esse non appartengano ad uno stesso fascio, e quindi si proceda con metodo analogo a quello che si terrebbe per la costruzione di due figure omografiche **). Alla retta che unisce, a cagion di

*) Veggasi la 1.ª Nota già citata.

**) Chasles, *Géom. Sup.* n.° 507.

esempio, il punto $R^1 R^2$ al punto $R^3 R$ si faccia corrispondere quella curva che è comune ai fasci $C_n^1 C_n^2$, $C_n^3 C_n^4$; ed allora per qualunque altra retta del fascio $R^1 R^2$ la corrispondente curva del fascio $C_n^1 C_n^2$ sia determinata dalla condizione che il rapporto anarmonico di quattro rette del primo fascio sia eguale al rapporto anarmonico de' corrispondenti elementi del secondo. Analoghe considerazioni s'intendano fatte per tutt'i vertici del quadrilatero completo formato dalle quattro rette $R^1 R^2 R^3 R^4$: onde si potrà costruire un fascio di curve, appartenenti alla rete del piano P, il quale sia projettivo al fascio delle rette incrociate in uno qualunque dei vertici del quadrilatero menzionato.

Se ora si fissa ad arbitrio un punto nel piano P', e lo si congiunge a tre vertici del quadrilatero, le rette congiungenti corrispondono a curve del piano P già individuate, ed appartenenti ad uno stesso fascio: epperò a qualunque retta condotta per quel punto corrisponderà una curva unica e determinata.

Per tal modo le rette del piano P' e le curve della rete nel piano P si corrispondono anarmonicamente, ciascuna a ciascuna, in modo che ad un fascio di rette in P' corrisponde in P un fascio projettivo di curve della rete. Alle rette che nel piano P' passano per uno stesso punto a' corrispondono adunque, in P, altrettante curve le quali formano un fascio e per conseguenza hanno in comune, oltre ai punti principali della rete, un solo e individuato punto a. E viceversa, dato un punto a nel piano P, le curve della rete, che passano per a, formano un fascio e corrispondono a rette nel piano P' che s'incrociano in un punto a'. Donde segue che ad un punto qualunque di uno de' piani P, P' corrisponde nell'altro un punto unico e determinato.

2. Se il punto a si muove nel piano P descrivendo una retta R, quale sarà il luogo del corrispondente punto a'? Una qualsivoglia curva della rete in P contiene n posizioni del punto a; dunque la corrispondente retta in P' conterrà le n corrispondenti posizioni di a'. Cioè il luogo di a' sarà una curva d'ordine n: ossia ad una retta qualunque nel piano P corrisponde in P' una curva d'ordine n.

Tutte le rette che nel piano P passano per un medesimo punto formano un fascio: quindi, anche nel piano P', le corrispondenti curve saranno tali che tutte quelle passanti per uno stesso punto formino un fascio, cioè per due punti presi ad arbitrio passi una sola di quelle curve che corrispondono alle rette del piano P. Queste curve costituiscono adunque una rete. E siccome due rette qualunque nel piano P determinano un punto unico, così anche in P' le due corrispondenti curve individueranno un punto solo: le rimanenti loro intersezioni saranno cioè punti comuni a tutte le curve analoghe. Siano $y_1, y_2, \ldots y_r, \ldots y_{n-1}$ i numeri dei punti semplici, doppi, $\ldots (r)^{pli}, \ldots (n-1)^{pli}$ comuni a tutte le curve menzionate (cioè i punti principali della rete formata nel piano P' dalle curve che corrispondono alle rette del piano P); avremo in virtù delle cose discorse,

$$\sum \frac{r(r+1)}{2} y_r = \frac{n(n+3)}{2} - 2, \tag{3}$$

$$\sum r^2 y_r = n^2 - 1. \tag{4}$$

3. Sia ora L_n una data curva della rete in P; L' la corrispondente retta in P'; ed o uno de' punti principali pel quale L_n passi r volte. Se intorno ad o facciamo girare (nel piano P) una retta M, su di essa avremo $n-r$ punti variabili della curva L_n, le altre r intersezioni essendo fisse e riunite in o. La curva variabile M'_n corrispondente (in P') alla retta M segherà per conseguenza la retta data L' in n punti de' quali $n-r$ soltanto varieranno col variare della curva medesima. Dunque M'_n è composta di una curva fissa d'ordine r e di una curva variabile d'ordine $n-r$. I punti della curva fissa corrispondono tutti al punto principale o; ed al fascio delle rette condotte per o nel piano P corrisponderà in P' un fascio di curve d'ordine $n-r$, ciascuna delle quali accoppiata colla curva fissa d'ordine r dà una curva d'ordine n della rete.

Analogamente ad ogni punto principale $(r)^{plo}$ in P' corrisponderà in P una certa curva d'ordine r; cioè ad una retta variabile in P' intorno a quel punto corrisponderà nell'altro piano una linea composta d'una curva variabile d'ordine $n-r$ e d'una curva fissa d'ordine r.

Si chiameranno *curve principali* {*fondamentali*} le curve di un piano (P o P') che corrispondono ai punti principali dell'altro piano (P' o P).

4. In sostanza, i punti di una curva principale nell'uno de' due piani corrispondono ai punti infinitamente vicini al corrispondente punto principale nell'altro piano *). Donde segue che le due curve, l'una principale d'ordine r, l'altra d'ordine $n-r$, che insieme compongono la curva corrispondente ad una retta R passante per un punto principale o di grado r, hanno, oltre ai punti principali, un solo punto comune, il quale è quel punto della curva principale che corrisponde al punto di R infinitamente vicino ad o. E ne segue inoltre che una curva principale, considerata come una serie di punti, è projettiva ad un fascio di rette o, ciò che torna lo stesso, ad una retta punteggiata. Le curve principali hanno dunque la proprietà, del pari che le curve delle reti ne' due piani, di avere il massimo numero di punti multipli che possano appartenere ad una curva di dato ordine **). Così fra le curve principali, le cubiche avranno un punto doppio; le curve del quart'ordine un punto triplo o tre punti doppi;

*) {Da ciò segue che le curve fondamentali sono di genere zero}.

**) Clebsch, *Ueber diejenigen ebenen Curven, deren Coordinaten rationale Functionen eines Parameters sind* (Giornale di Crelle-Borchardt, t. 64, p. 43, Berlin 1864).

le curve del quint'ordine un punto quadruplo, o un punto triplo e tre punti doppi, o sei punti doppi; ecc.

5. Un fascio di rette nel piano P', le quali passino per un punto qualsivoglia dato, contiene y_r raggi diretti ai punti principali di grado r; quindi il fascio delle corrispondenti curve della rete, nel piano P, conterrà y_r curve, ciascuna *composta* di una curva principale d'ordine r e di un'altra curva d'ordine $n-r$. Se vogliamo calcolare i punti doppi del fascio, osserviamo *) che un punto $(r)^{plo}$ comune a tutte le curve del fascio conta per $(r-1)(3r+1)$ punti doppi: epperò tutt'i punti principali del piano P equivalgono insieme a $\Sigma(r-1)(3r+1)x_r$ punti doppi. A questi dobbiamo aggiungere tanti punti doppi quante sono le curve composte (giacchè le due curve componenti di ciascuna curva composta hanno un punto comune oltre ai punti principali), cioè quanti sono i punti principali del piano P', ossia Σy_r. D'altronde il numero totale dei punti doppi d'un fascio di curve d'ordine n è $3(n-1)^2$; e siccome le curve della rete, avendo già ne' punti principali il massimo numero di punti multipli, non possono avere un ulteriore punto doppio senza decomporsi in due curve separate, così avremo

$$\Sigma(r-1)(3r+1)x_r+\Sigma y_r=3(n-1)^2.$$

Ma le equazioni (1), (2) combinate insieme dànno

$$\Sigma r(3r-2)x_r=3(n-1)^2 \tag{5}$$

cioè

$$\Sigma(r-1)(3r-1)x_r+\Sigma x_r=3(n-1)^2$$

dunque

$$\Sigma y_r=\Sigma x_r \tag{6}$$

ossia le due reti nei piani P, P' hanno lo stesso numero di punti principali.

6. Dal fatto che una curva della rete (nel piano P) non può avere, oltre ai punti principali, un altro punto doppio senza decomporsi in due curve una delle quali è una curva principale: nel qual caso poi il punto doppio ulteriore è l'intersezione delle curve componenti distinta dai punti principali; da questo fatto, io dico, si raccoglie evidentemente che le curve principali del piano P sono il luogo dei punti doppi delle curve della rete in questo piano, ossia ne costituiscono la *Jacobiana*. Ciò combina anche colla equazione

$$\Sigma r y_r=3(n-1) \tag{7}$$

che è una conseguenza delle (3), (4) e che esprime essere la somma degli ordini delle

*) Annali di Matematica, tom. VI, p. 156. [Queste Opere, n. **53**].

curve principali eguale all'ordine della Jacobiana della rete. Analogamente la Jacobiana della rete nel piano P' è costituita dalle curve principali di questo piano: alla quale proprietà corrisponde l'equazione

$$(8) \qquad \Sigma r x_r = 3(n-1)$$

che si deduce dalle (1), (2).

7. Sia x il numero delle volte che la curva principale C_r (nel piano P) corrispondente al punto principale o'_r (nel piano P') passa pel punto principale o_s (nel piano P) al quale corrisponda (in P') la curva principale C'_s. Si conduca per o_s una retta arbitraria T che seghi C_r in altri $r-x$ punti. Alla retta T corrisponda una curva d'ordine n composta di C'_s e di un'altra curva K'_{n-s}. La C'_s corrisponde al solo punto o_s, mentre K'_{n-s} corrisponde agli altri punti di T. Ma i punti di C_r corrispondono al punto o'_r; dunque K'_{n-s} passa $r-x$ volte per o'_r, e conseguentemente C'_s passerà $r-(r-x)$ volte per lo stesso punto o'_r. Ossia la curva C_r passa tante volte per o_s quante C'_s per o'_r.

8. È noto che, se un punto è multiplo secondo s per tutte le curve di una rete, esso sarà multiplo secondo $3s-1$ per la Jacobiana. Dunque il numero totale dei rami delle curve principali (in P) che passano per un punto principale di grado s è $3s-1$. Ne segue, in virtù del teorema (7), che una curva principale d'ordine s passa con $3s-1$ rami pei punti principali del suo piano *).

9. Una curva qualunque C'_n della rete nel piano P' ha r rami incrociati nel punto principale o'_r, i quali hanno le rispettive tangenti tutte distinte, se nel piano P la retta R che corrisponde a C'_n incontra in r punti distinti la curva principale C_r corrispondente ad o'_r. Ora siccome C_r ha un numero di punti multipli equivalente ad $\frac{(r-1)(r-2)}{2}$ punti doppi, la classe di questa curva **) sarà $2(r-1)$; dunque in un

*) { Indicando con $x_s^{(r)}$ la molteplicità di un punto principale d'ordine s del piano P per una curva principale d'ordine r dello stesso piano, siccome questa curva è di genere zero, si ha

$$\sum_{s=1}^{s=r-1} \frac{1}{2} x_s^{(r)} (x_s^{(r)} - 1) = \frac{1}{2} (r-1)(r-2) .$$

Inoltre si è dimostrato che

$$\sum_{s=1}^{s=r-1} x_s^{(r)} = 3r - 1 .$$

Di qui

$$\sum_{s=1}^{s=r-1} \frac{1}{2} x_s^{(r)} (x_s^{(r)} + 1) = \frac{1}{2} r(r+3) ,$$

ossia ogni curva principale è pienamente determinata dai punti principali. }

) Vedi anche *Introduzione ad una teoria geometrica delle curve piane,* 104 f. (Memorie dell'Accademia di Bologna, serie 1.ª tomo 12.°, 1862). [Queste Opere, n. **29 (t. 1.°)].

fascio di curve della rete (in uno de' piani dati) vi sono $2(r-1)$ curve ciascuna delle quali ha, in un dato punto principale di grado r, due rami toccati da una stessa retta.

La curva principale C_r ha poi $3(r-2)$ flessi e $2(r-2)(r-3)$ tangenti doppie; dunque la rete (di uno qualunque de' piani dati) conta $3(r-2)$ curve ciascuna delle quali ha tre rami toccati da una stessa tangente in un dato punto principale di grado r; e la rete medesima conta $2(r-2)(r-3)$ curve che in questo punto hanno due rami toccati da una retta e due altri rami toccati da una seconda retta.

10. Essendo $2(r-1)$ la classe di una curva principale d'ordine r, la classe della Jacobiana (in una qualunque delle due reti) sarà $2\Sigma(r-1)y_r$ ossia $6(n-1)-2\Sigma x_r$ in virtù delle (7), (6).

La classe della Jacobiana si trova anche dietro la conoscenza del suo ordine che è $3(n-1)$, e de' suoi punti multipli che equivalgono a $\Sigma\frac{(3r-1)(3r-2)}{2}x_r$ punti doppi. Si ha così

$$3(n-1)(3n-4)-\Sigma(3r-1)(3r-2)x_r=6(n-1)-\Sigma x_r,$$

equazione identica in virtù delle (2), (8).

11. Siccome quei punti di una curva principale del piano P, che non sono punti principali di questo piano, corrispondono tutti ad un solo punto principale dell'altro piano, così tutte le intersezioni di due curve principali sono necessariamante punti principali. Ne segue che se due date curve principali d'ordini r, s passano l'una ρ volte, l'altra σ volte per uno stesso punto principale, la somma dei prodotti analoghi a $\rho\sigma$ e relativi a tutt'i punti principali del piano sarà eguale ad rs.

Analogamente una curva principale ed una curva d'ordine n della rete (nello stesso piano) non si segano altrove che ne' punti principali: infatti, se una curva della rete passa per un punto di una curva principale che non sia un punto principale, essa si decompone in due curve, una delle quali è la curva principale medesima. Dunque, se una data curva principale d'ordine r passa ρ volte per un punto principale di grado s, la somma dei prodotti analoghi a ρs e relativi ai punti principali del piano è eguale ad rn.

Donde si conclude, in virtù di una proprietà già notata (7):

Se una curva principale passa rispettivamente ρ, σ volte per due dati punti principali i cui gradi siano r, s, la somma dei prodotti analoghi a $\rho\sigma$ e relativi a tutte le curve principali del piano è eguale ad rs.

Se una curva principale d'ordine s passa ρ volte per un dato punto principale di grado r, la somma dei prodotti analoghi a ρs e relativi a tutte le curve principali del piano è eguale ad rn.

12. Le equazioni (1), (2), (3), (4) manifestano che le proprietà dei due piani P, P'

sono perfettamente reciproche: ossia che le soluzioni delle equazioni (1), (2) sono coniugate a due a due nel modo seguente:

Se le curve d'ordine n di una rete hanno in comune x_1 punti semplici, x_2 punti doppi, ... x_r punti $(r)^{pli}$, ... x_{n-1} punti $(n-1)^{pli}$, ove $(x_1, x_2, \ldots x_r, \ldots x_{n-1})$ è una soluzione delle equazioni (1), (2), *allora la Jacobiana della rete è composta di y_1 rette, y_2 coniche, ... y_r curve d'ordine r, ... ed y_{n-1} curve d'ordine $n-1$, ove $(y_1, y_2, \ldots y_r, \ldots y_{n-1})$ è un' altra soluzione delle medesime equazioni* (1), (2). *Inoltre questa seconda soluzione è tale che, se si considera una rete di curve d'ordine n aventi in comune y_1 punti semplici, y_2 punti doppi, ... y_r punti $(r)^{pli}$, ... ed y_{n-1} punti $(n-1)^{pli}$, la Jacobiana di questa seconda rete sarà composta di x_1 rette, x_2 coniche, ... x_r curve d'ordine r, ... ed x_{n-1} curve d'ordine $n-1$* *).

Le due soluzioni $(x_1, x_2, \ldots x_r, \ldots x_{n-1})$, $(y_1, y_2, \ldots y_r, \ldots y_{n-1})$ definite nel precedente enunciato si chiameranno *soluzioni coniugate*. Esse sodisfanno alle relazioni seguenti

$$\Sigma r x_r = \Sigma r y_r = 3(n-1),$$
$$\Sigma r^2 x_r = \Sigma r^2 y_r = n^2 - 1$$
$$\Sigma x_r = \Sigma y_r,$$

ma sono poi meglio caratterizzate da un'altra proprietà che sarà dimostrata in seguito.

13. Esaminiamo ora alcuni casi particolari. Sia $n=2$, cioè la rete sia formata da coniche passanti per tre punti $o_1 o_2 o_3$. La Jacobiana è costituita dalle tre rette $o_2 o_3$, $o_3 o_1$, $o_1 o_2$; infatti un punto qualunque m della retta $o_2 o_3$ è doppio per una conica della rete, composta delle due rette $o_2 o_3$, $o_1 m$; ecc.

Ad $x_1=3$ corrisponde adunque $y_1=3$, ossia le equazioni (1), (2) ammettono in questo caso una (sola) coppia di soluzioni coniugate che coincidono in una soluzione unica.

$n=2$
$x_1=3$

14. Sia $n=3$; le (1), (2) danno $x_1=4$, $x_2=1$, cioè la rete sia formata da cubiche aventi in comune un punto doppio d e quattro punti ordinari $o_1 o_2 o_3 o_4$. La Jacobiana si compone della conica $d o_1 o_2 o_3 o_4$ e delle quattro rette $d(o_1, o_2, o_3, o_4)$. Infatti, un punto

*) Questo teorema è stato comunicato dal ch. sig. Hirst, a mio nome, all'*Associazione Britannica pel progresso delle scienze* (in Bath, 19 settembre 1864). Vedi *the Reader*, 1 october 1864, p. 418. [Queste Opere, n. **60**].

qualunque m della conica anzidetta è doppio per una cubica della rete che sia composta della conica medesima e della retta md; ed un punto qualunque m della retta do_1 è doppio per la cubica della rete composta della stessa retta do_1 e della conica $dmo_2o_3o_4$. Ad $x_1=4, x_2=1$ corrisponde così $y_1=4$, $y_2=1$, cioè le due soluzioni coniugate coincidono.

$n=3$
$x_1=4$
$x_2=1$

15. Sia $n=4$; le (1), (2) ammettono le due soluzioni (non coniugate):

$$x_1=3, \quad x_2=3, \quad x_3=0,$$
$$x_1=6, \quad x_2=0, \quad x_3=1.$$

Nel primo caso la rete è formata da curve del quart'ordine aventi in comune tre punti doppi $d_1d_2d_3$ e tre punti semplici $o_1o_2o_3$; e la Jacobiana è composta delle tre coniche $d_1d_2d_3(o_2o_3, o_3o_1, o_1o_2)$ e delle tre rette d_2d_3, d_3d_1, d_1d_2. Infatti un punto qualunque m della conica $d_1d_2d_3o_2o_3$ è doppio per una curva della rete composta di questa conica e dell'altra conica $d_1d_2d_3o_1m$; ed un punto qualunque m della retta d_2d_3 è doppio per una curva della rete composta della retta medesima e della cubica $d_1^2d_2d_3o_1o_2o_3m$ *).

Analogamente, nel secondo caso, cioè quando le curve della rete abbiano in comune un punto triplo t e sei punti semplici $o_1o_2 \dots o_6$, si dimostra che la Jacobiana è costituita dalla cubica $t^2o_1o_2 \dots o_6$ e dalle sei rette $t(o_1, o_2, \dots o_6)$.

Per tal modo ad

$$x_1=3, \quad x_2=3, \quad x_3=0$$

corrisponde

$$y_1=3, \quad y_2=3, \quad y_3=0,$$

e ad

$$x_1=6, \quad x_2=0, \quad x_3=1$$

corrisponde

$$y_1=6, \quad y_2=0, \quad y_3=1;$$

*) Con questo simbolo si vuol indicare la cubica che ha un punto doppio in d_1 e passa inoltre pei punti $d_2d_3o_1o_2o_3m$.

cioè le equazioni (1), (2) ammettono due soluzioni distinte, ciascuna delle quali coincide colla propria coniugata.

$n=4$
$x_1=6, 3$
$x_2=0, 3$
$x_3=1, 0$

16. Sia $n=5$; le (1), (2) ammettono le tre seguenti soluzioni:

$$x_1=8, \quad x_2=0, \quad x_3=0, \quad x_4=1;$$
$$x_1=3, \quad x_2=3, \quad x_3=1, \quad x_4=0;$$
$$x_1=0, \quad x_2=6, \quad x_3=0, \quad x_4=0;$$

ciascuna delle quali coincide colla propria coniugata.

Nel primo caso le curve (del quint'ordine) della rete hanno in comune un punto quadruplo q ed otto punti semplici $o_1 o_2 \ldots o_8$; e la Jacobiana è costituita dalla curva di quart'ordine $q^3 o_1 o_2 \ldots o_8$ *) e dalle otto rette $q(o_1, o_2, \ldots o_8)$.

Nel secondo caso le curve della rete hanno in comune un punto triplo t, tre punti doppi $d_1 d_2 d_3$ e tre punti semplici $o_1 o_2 o_3$. La Jacobiana si compone della cubica $t^2 d_1 d_2 d_3 o_1 o_2 o_3$, delle tre coniche $t d_1 d_2 d_3 (o_1, o_2, o_3)$ e delle tre rette $t(d_1, d_2, d_3)$.

Nel terzo caso le curve della rete hanno in comune sei punti doppi $d_1 d_2 \ldots d_6$, e la Jacobiana è il sistema delle sei coniche che si possono descrivere per quei punti presi a cinque a cinque.

$n=5$
$x_1=8, 3, 0$
$x_2=0, 3, 6$
$x_3=0, 1, 0$
$x_4=1, 0, 0$

17. Per $n=6$ si hanno le seguenti quattro soluzioni:

$$x_1=10, \quad x_2=0, \quad x_3=0, \quad x_4=0, \quad x_5=1;$$
$$x_1=1, \quad x_2=4, \quad x_3=2, \quad x_4=0, \quad x_5=0;$$
$$x_1=3, \quad x_2=4, \quad x_3=0, \quad x_4=1, \quad x_5=0;$$
$$x_1=4, \quad x_2=1, \quad x_3=3, \quad x_4=0, \quad x_5=0;$$

*) Che ha un punto triplo in q e passa inoltre per $o_1 o_2 \ldots o_8$.

delle quali le prime due coincidono colle rispettive coniugate, mentre le ultime due sono coniugate fra loro.

Omettendo di considerare i primi due casi, limitiamoci ad osservare che nel terzo la rete è formata da curve del sest'ordine aventi in comune un punto quadruplo q, quattro punti doppi $d_1d_2d_3d_4$ e tre punti semplici $o_1o_2o_3$ *), e la Jacobiana risulta dalle tre cubiche $q^2d_1d_2d_3d_4\,(o_2o_3,\, o_3o_1,\, o_1o_2)$, dalla conica $qd_1d_2d_3d_4$ e dalle quattro rette $q\,(d_1,\, d_2,\, d_3,\, d_4)$; cioè ad

$$x_1=3,\quad x_2=4,\quad x_3=0,\quad x_4=1,\quad x_5=0,$$

corrisponde

$$y_1=4,\quad y_2=1,\quad y_3=3,\quad y_4=0,\quad y_5=0.$$

Invece ad

$$x_1=4,\quad x_2=1,\quad x_3=3,\quad x_4=0,\quad x_5=0$$

corrisponde

$$y_1=3,\quad y_2=4,\quad y_3=0,\quad y_4=1,\quad y_5=0;$$

infatti nel quarto caso le curve della rete hanno in comune tre punti tripli $t_1t_2t_3$, un punto doppio d, e quattro punti semplici $o_1o_2o_3o_4$; e la Jacobiana è composta della curva di quart'ordine $t_1^2t_2^2t_3^2do_1o_2o_3o_4$, delle quattro coniche $t_1t_2t_3d(o_1,\, o_2,\, o_3,\, o_4)$, e delle tre rette $t_2t_3,\, t_3t_1,\, t_1t_2$.

$n=6$

$x_1=$	10,	1,	4,	3
$x_2=$	0,	4,	1,	4
$x_3=$	0,	2,	3,	0
$x_4=$	0,	0,	0,	1
$x_5=$	1,	0,	0,	0

18. Analogamente, per $n=7$ si hanno cinque soluzioni, due delle quali sono coniugate fra loro. Per $n=8$ si hanno due coppie di soluzioni coniugate, e quattro [74] altre soluzioni rispettivamente coniugate a sè stesse. Ecc.

*) Vedi MAGNUS, *Sammlung von Aufgaben und Lehrsätzen aus der analytischen Geometrie,* Bd. 1, p. VII, Berlin 1833.

$n = 7$

$x_1 =$	12,	2,	0,	5,	3
$x_2 =$	0,	3,	3,	0,	5
$x_3 =$	0,	2,	4,	3,	0
$x_4 =$	0,	1,	0,	1,	0
$x_5 =$	0,	0,	0,	0,	1
$x_6 =$	1,	0,	0,	0,	0

$n = 8$

$x_1 =$	14,	3,	1,	0,	3,	6	0,	2
$x_2 =$	0,	2,	3,	0,	6,	0	5,	0
$x_3 =$	0,	3,	2,	7,	0,	1	2,	5
$x =$	0,	0,	2,	0,	0,	3	0,	1
$x_5 =$	0,	1,	0,	0,	0,	0	1,	0
$x_6 =$	0,	0,	0,	0,	1,	0	0,	0
$x_7 =$	1,	0,	0,	0,	0,	0	0,	0

$n = 9$

$x_1 =$	16,	4,	2,	0,	3,	7	1,	3	0,	1
$x_2 =$	0,	1,	3,	4,	7,	0	4,	0	3,	1
$x_3 =$	0,	4,	1,	0,	0,	0	3,	4	3,	3
$x_4 =$	0,	0,	2,	4,	0,	3	0,	1	1,	3
$x_5 =$	0,	0,	1,	0,	0,	1	0,	1	1,	0
$x_6 =$	0,	1,	0,	0,	0,	0	1,	0	0,	0
$x_7 =$	0,	0,	0,	0,	1,	0	0,	0	0,	0
$x_8 =$	1,	0,	0,	0,	0,	0	0,	0	0,	0

$n = 10$

$x_1 =$	18,	5,	1,	0,	0	3,	8	2,	4	1,	2	3,	3	3,	0	0,	1
$x_2 =$	0,	0,	4,	2,	0	8,	0	3,	0	3,	1	3,	3	0,	6	1,	0
$x_3 =$	0,	5,	0,	2,	7	0,	0	4,	3	2,	3	0,	1	0,	0	5,	2
$x_4 =$	0,	0,	2,	3,	0	0,	1	0,	2	2,	1	3,	0	6,	0	0,	5
$x_5 =$	0,	0,	2,	1,	0	0,	3	0,	0	0,	2	0,	3	0,	3	2,	0
$x_6 =$	0,	0,	0,	0,	1	0,	0	0,	1	1,	0	1,	0	0,	0	0,	0
$x_7 =$	0,	1,	0,	0,	0	0,	0	1,	0	0,	0	0,	0	0,	0	0,	0
$x_8 =$	0,	0,	0,	0,	0	1,	0	0,	0	0,	0	0,	0	0,	0	0,	0
$x_9 =$	1,	0,	0,	0,	0	0,	0	0,	0	0,	0	0,	0	0,	0	0,	0

Ecc. ecc.

19. Ben inteso, si sono tralasciati quei sistemi di valori delle $x_1, x_2, \ldots$ che, pur risolvendo aritmeticamente le equazioni (1), (2), non sodisfanno al problema geometrico: infatti questo esige che una curva d'ordine n possa avere x_2 punti doppi, x_3 punti tripli,... senza decomporsi in curve d'ordine minore. Per es., siccome una curva del quint'ordine non può avere due punti tripli, così per $n=5$ deve escludersi la soluzione

$$x_1=6\,,\quad x_2=0\,,\quad x_3=2\,,\quad x_4=0\,.$$

Una curva del settimo ordine non può avere cinque punti tripli, perchè la conica descritta per essi intersecherebbe quella curva in quindici punti, mentre due curve (effettive, non composte) non possono avere in comune un numero di punti maggiore del prodotto de' loro ordini; dunque, nel caso $n=7$, si deve escludere la soluzione

$$x_1=3\,,\quad x_2=0\,,\quad x_3=5\,,\quad x_4=0\,,\quad x_5=0\,,\quad x_6=0\,.$$

Per la stessa ragione, una curva del decimo ordine non può avere simultaneamente un punto quintuplo e quattro punti quadrupli, nè due punti quintupli, due punti quadrupli ed uno triplo; e nemmeno tre punti quintupli con due tripli. Perciò, nel caso di $n=10$, devono essere escluse le soluzioni [75]:

$$x_1=2\,,\quad x_2=2\,,\quad x_3=0\,,\quad x_4=4\,,\quad x_5=1\,,\quad x_6=0\,,\quad x_7=0\,,\quad x_8=0\,,$$

$$x_1=4\,,\quad x_2=1\,,\quad x_3=1\,,\quad x_4=2\,,\quad x_5=2\,,\quad x_6=0\,,\quad x_7=0\,,\quad x_8=0\,,$$

$$x_1=6\,,\quad x_2=0\,,\quad x_3=2\,,\quad x_4=0\,,\quad x_5=3\,,\quad x_6=0\,,\quad x_7=0\,,\quad x_8=0\,.$$

Ecc. ecc.

20. Passiamo ora a determinare alcune soluzioni delle equazioni (1), (2) per n qualunque. E avanti tutto, osserviamo che, siccome una retta non può incontrare una curva d'ordine n in più di n punti, così, supposto $2r>n$, il numero x_r non può avere che uno di questi due valori: lo *zero* o l'*unità*; e supposto $r+s>n$, se $x_r=1$, sarà $x_s=0$.

21. Per $n>2$, il massimo valore di x_{n-1} è adunque l'*unità*, e supposto $x_{n-1}=1$, tutte le altre x saranno eguali a *zero* ad eccezione di x_1. In questa ipotesi, una qualunque delle equazioni (1), (2) dà

$$x_1=2\,(n-1).$$

Questo è anche il massimo valore che in qualunque caso possa avere x_1, come si fa manifesto dall'equazione

$$\Sigma r(n-r-1)\,(x_r+x_{n-r-1})=2\,(n-1)\,(n-2),$$

che si ottiene eliminando x_{n-1} dalle (1), (2).

La rete (nel piano P) è adunque composta di curve d'ordine n aventi in comune un punto $(n-1)^{plo}$ p e $2(n-1)$ punti semplici $o_1 o_2 \dots o_{2(n-1)}$ *). La Jacobiana è costituita dalle $2(n-1)$ rette $p(o_1, o_2, \dots o_{2(n-1)})$ e dalla curva d'ordine $n-1$ che ha in p un punto $(n-2)^{plo}$ e passa per tutti gli altri punti dati. Infatti, se m è un punto della retta po_1 e si combina questa colla curva $p^{n-2} m o_2 o_3 \dots o_{2(n-1)}$ d'ordine $n-1$; ovvero se m è un punto della curva $p^{n-2} o_1 o_2 o_3 \dots o_{2(n-1)}$ d'ordine $n-1$ e si combina questa colla retta pm; in entrambi questi casi si ottiene una curva (composta) della rete.

Abbiamo dunque

$$y_1 = 2(n-1), \quad y_2 = 0, \quad y_3 = 0, \dots y_{n-2} = 0, \quad y_{n-1} = 1;$$

ossia, la soluzione di cui ora si tratta è coniugata a sè stessa **).

n qualunque
$x_1 = 2(n-1)$
$x_{n-1} = 1$

22. Suppongasi ora $x_{n-1} = 0$; e ritenuto $n > 4$, diasi ad x_{n-2} il massimo valore

$$x_{n-2} = 1.$$

Le altre x saranno nulle, ad eccezione di x_1, x_2, per le quali le (1), (2) danno

$$x_1 = 3, \qquad x_2 = n-2.$$

Le curve della rete hanno in comune tre punti [semplici] $o_1 o_2 o_3$, $n-2$ punti doppi $d_1 d_2 \dots d^{n-2}$ ed un punto $(n-2)^{plo}$ p. La Jacobiana avrà quindi tre punti doppi in $o_1 o_2 o_3$, $n-2$ punti quintupli in $d_1 d_2 \dots d_{n-2}$ ed un punto $(3n-7)^{plo}$ in p. Di essa fanno parte, per n pari, le linee seguenti:

1.° le $n-2$ rette $p(d_1, d_2, \dots d_{n-2})$; infatti un punto qualunque m della retta pd^1 è doppio per la curva della rete composta della retta medesima e della curva $p^{n-3} d_2^2 d_3^2 \dots d_{n-2}^2 d_1 m o_1 o_2 o_3$ d'ordine $n-1$;

2.° la curva $p^{\frac{n}{2}-2} d_1 d_2 \dots d_{n-2}$ d'ordine $\frac{n}{2}-1$; infatti un suo punto qualunque m è doppio per una curva della rete composta dell'anzidetta curva d'ordine $\frac{n}{2}-1$ e della curva $p^{\frac{n}{2}} d_1 d_2 \dots d_{n-2} o_1 o_2 o_3 m$ d'ordine $\frac{n}{2}+1$;

---

*) È questo il caso considerato dal sig. De Jonquières.

**) D'ora innanzi ci limiteremo a scrivere i valori di quelle x che non sono nulle.

3.º le tre curve $p^{\frac{n}{2}-1}d_1d_2\ldots d_{n-2}(o_2o_3, o_3o_1, o_1o_2)$ d'ordine $\frac{n}{2}$; infatti, se m è un punto qualunque della curva $p^{\frac{n}{2}-1}d_1d_2\ldots d_{n-2}o_2o_3$, questa insieme coll'altra $p^{\frac{n}{2}-1}d_1d_2\ldots d_{n-2}mo_1$ dello stesso ordine $\frac{n}{2}$, forma una curva della rete avente un punto doppio in m.

Ad

$$x_1=3, \quad x_2=n-2, \quad x_{n-2}=1$$

corrisponde adunque, per n pari,

$$y_1=n-2, \quad y_{\frac{n}{2}-1}=1, \quad y_{\frac{n}{2}}=3.$$

n pari		
x_1	$=3$,	$n-2$
x_2	$=n-2$,	0
$x_{\frac{n}{2}-1}$	$=0$,	1
$x_{\frac{n}{2}}$	$=0$,	3
x_{n-2}	$=1$,	0

Invece, per n dispari, si dimostra analogamente che la Jacobiana della rete (in P) è composta

1.º delle $n-2$ rette $p(d_1, d_2, \ldots d_{n-2})$;

2.º delle tre curve $p^{\frac{n-3}{2}}d_1d_2\ldots d_{n-2}(o_1, o_2, o_3)$ d'ordine $\frac{n-1}{2}$; e

3.º della curva $p^{\frac{n-1}{2}}d_1d_2\ldots d_{n-2}o_1o_2o_3$ d'ordine $\frac{n+1}{2}$; cioè ad

$$x_1=3, \quad x_2=n-2, \quad x_{n-2}=1$$

corrisponde, per n dispari,

$$y_1=n-2, \quad y_{\frac{n-1}{2}}=3, \quad y_{\frac{n+1}{2}}=1.$$

n dispari		
x_1	$=3,$	$n-2$
x_2	$=n-2,$	0
$x_{\frac{n-1}{2}}$	$=0,$	3
$x_{\frac{n+1}{2}}$	$=0,$	1
x_{n-2}	$=1,$	0

È facile persuadersi che nel caso di

$$x_1=n-2, \quad x_{\frac{n}{2}-1}=1, \quad x_{\frac{n}{2}}=3,$$

cioè quando le curve della rete (d'ordine n pari) abbiano in comune $n-2$ punti semplici $o_1o_2 \dots o_{n-2}$, un punto $\left(\frac{n}{2}-1\right)^{plo}$ a e tre punti $\left(\frac{n}{2}\right)^{pli}$ $b_1b_2b_3$, la Jacobiana è composta

1.° delle tre rette b_2b_3, b_3b_1, b_1b_2;

2.° delle $n-2$ coniche $b_1b_2b_3a(o_1, o_2, \dots o_{n-2})$; e

3.° della curva $b_1^{\frac{n}{2}-1} b_2^{\frac{n}{2}-1} b_3^{\frac{n}{2}-1} a^{\frac{n}{2}-2} o_1o_2 \dots o_{n-2}$ di ordine $n-2$.

E nel caso di

$$x_1=n-2, \quad x_{\frac{n-1}{2}}=3, \quad x_{\frac{n+1}{2}}=1,$$

cioè quando la rete sia formata da curve (d'ordine n dispari) aventi in comune $n-2$ punti semplici $o_1o_2 \dots o_{n-2}$, tre punti $\left(\frac{n-1}{2}\right)^{pli}$ $a_1a_2a_3$ ed un punto $\left(\frac{n+1}{2}\right)^{plo}$ b, fanno parte della Jacobiana le linee seguenti:

1.° le tre rette $b(a_1, a_2, a_3)$;

2.° le $n-2$ coniche $ba_1a_2a_3(o_1, o_2, \dots o_{n-2})$;

3.° la curva $b^{\frac{n-1}{2}} a_1^{\frac{n-3}{2}} a_2^{\frac{n-3}{2}} a_3^{\frac{n-3}{2}} o_1o_2 \dots o_{n-2}$ d'ordine $n-2$.

23. Suppongasi ora $x_{n-1}=0$, $x_{n-2}=0$; se $n>6$, il massimo valore di x_{n-3} è l'*unità*. Ritenuto $x_{n-3}=1$, le altre x saranno nulle ad eccezione di x_1, x_2, x_3, per le quali le (1), (2) danno

$$x_1+3x_2+6x_3=4n-5,$$

$$x_1+4x_2+9x_3=6n-10,$$

ossia

$$x_1 + x_2 = 5, \qquad x_2 + 3x_3 = 2n - 5;$$

onde si hanno i sei seguenti sistemi:

$$x_1 = 1, \quad x_2 = 4, \quad x_3 = \frac{2n-9}{3}, \quad x_{n-3} = 1,$$

$$x_1 = 4, \quad x_2 = 1, \quad x_3 = \frac{2n-6}{3}, \quad x_{n-3} = 1;$$

$$x_1 = 2, \quad x_2 = 3, \quad x_3 = \frac{2n-8}{3}, \quad x_{n-3} = 1,$$

$$x_1 = 5, \quad x_2 = 0, \quad x_3 = \frac{2n-5}{3}, \quad x_{n-3} = 1;$$

$$x_1 = 0, \quad x_2 = 5, \quad x_3 = \frac{2n-10}{3}, \quad x_{n-3} = 1,$$

$$x = 3, \quad x_2 = 2, \quad x_3 = \frac{2n-7}{3}, \quad x_{n-3} = 1;$$

de' quali i primi due risolvono le equazioni (1), (2) nel caso che n sia divisibile per 3; il terzo ed il quarto quando n sia della forma $3\mu + 1$, e gli ultimi due nel caso che n sia della forma $3\mu + 2$.

Nel primo sistema, le curve della rete hanno in comune un punto semplice o, quattro punti doppi $d_1 d_2 d_3 d_4$, $\frac{2n}{3} - 3$ punti tripli $t_1 t_2 \ldots t_{\frac{2n}{3}-3}$ ed un punto $(n-3)^{plo}$ a; e la Jacobiana è composta

1.° delle $\frac{2n}{3} - 3$ rette $a(t_1, \ldots t_{\frac{2n}{3}-3})$;

2.° delle quattro curve $a^{\frac{n}{3}-1} t_1 t_2 \ldots t_{\frac{2n}{3}-3} (d_2 d_3 d_4,\ d_1 d_3 d_4,\ d_1 d_2 d_4,\ d_1 d_2 d_3)$ d'ordine $\frac{n}{3}$;

3.° della curva $a^{\frac{n}{3}} t_1 t_2 \ldots t_{\frac{2n}{3}-3} d_1 d_2 d_3 d_4 o$ d'ordine $\frac{n}{3} + 1$; e

4.° della curva $a^{\frac{2n}{3}-3} t_1^2 t_2^2 \ldots t^2_{\frac{2n}{3}-3} d_1 d_2 d_3 d_4 o$ d'ordine $\frac{2n}{3} - 1$.

Nel secondo sistema, le curve della rete hanno in comune quattro punti semplici $o_1 o_2 o_3 o_4$, un punto doppio d, $\frac{2n}{3} - 2$ punti tripli $t_1 t_2 \ldots t_{\frac{2n}{3}-2}$ ed un punto $(n-3)^{plo}$ a. Della Jacobiana fanno parte le linee seguenti:

1.° le $\frac{2n}{3} - 2$ rette $a\left(t_1, t_2, \ldots t_{\frac{2n}{3}-2}\right)$;

2.° la curva $a^{\frac{n}{3}-2} t_1 t_2 \ldots t_{\frac{2n}{3}-2}$ d'ordine $\frac{n}{3} - 1$;

3.° le quattro curve $a^{\frac{n}{3}-1} t_1 t_2 \ldots t_{\frac{2n}{3}-2} d(o_1, o_2, o_3, o_4)$ d'ordine $\frac{n}{3}$; e

4.° la curva $a^{\frac{2n}{3}-2} t_1^2 t_2^2 \ldots t^2_{\frac{2n}{3}-2} do_1 o_2 o_3 o_4$ d'ordine $\frac{2n}{3}$.

Per tal modo, nel caso che n sia un multiplo di 3, otteniamo le due coppie seguenti di soluzioni coniugate delle equazioni (1), (2):

n multiplo di 3

$x_1 = 1$,	$\frac{2n}{3} - 3$	$x_1 = 4$,	$\frac{2n}{3} - 2$
$x_2 = 4$,	0	$x_2 = 1$,	0
$x_3 = \frac{2n}{3} - 3$,	0	$x_3 = \frac{2n}{3} - 2$,	0
$x_{\frac{n}{3}} = 0$,	4	$x_{\frac{n}{3}-1} = 0$,	1
$x_{\frac{n}{3}+1} = 0$,	1	$x_{\frac{n}{3}} = 0$,	4
$x_{\frac{2n}{3}-1} = 0$,	1	$x_{\frac{2n}{3}} = 0$,	1
$x_{n-3} = 1$,	0	$x_{n-3} = 1$,	0

Analogamente, considerando i casi che il numero n sia della forma $3\mu + 1$ o della forma $3\mu + 2$, si hanno le coppie di soluzioni coniugate che seguono:

$n \equiv 1$ (mod. 3)

$x_1 = 2$,	$\frac{2n-8}{3}$	$x_1 = 5$,	$\frac{2n-5}{3}$
$x_2 = 3$,	0		
$x_3 = \frac{2n-8}{3}$,	0	$x_3 = \frac{2n-5}{3}$,	0
$x_{\frac{n-1}{3}} = 0$,	3	$x_{\frac{n-1}{3}} = 0$,	5
$x_{\frac{n+2}{3}} = 0$,	2	$x_{\frac{2n+1}{3}} = 0$,	1
$x_{\frac{2(n-1)}{3}} = 0$,	1		
$x_{n-3} = 1$,	0	$x_{n-3} = 1$,	0

$n \equiv 2 \pmod{3}$

$x_1 = 3$,	$\frac{2n-7}{3}$	$x_1 = 0$,	$\frac{2n-10}{3}$
$x_2 = 2$,	0	$x_2 = 5$,	0
$x_3 = \frac{2n-7}{3}$,	0	$x_3 = \frac{2n-10}{3}$,	0
$x_{\frac{n-2}{3}} = 0$,	2	$x_{\frac{n+1}{3}} = 0$,	5
$x_{\frac{n+1}{3}} = 0$,	3	$x_{\frac{2(n-2)}{3}} = 0$,	1
$x_{\frac{2n-1}{3}} = 0$,	1		
$x_{n-3} = 1$,	0	$x_{n-3} = 1$,	0

24. Facciasi $x_{n-1} = 0$, $x_{n-2} = 0$, $x_{n-3} = 0$; ed inoltre $x_{n-4} = 1$, che è il massimo valore di x_{n-4} per $n > 8$. Le altre x saranno nulle ad eccezione di x_1, x_2, x_3, x_4; ond'è che dalle (1), (2) si ricava

$$x_1 + 3x_2 + 6x_3 + 10x_4 = 5n - 8,$$

$$x_1 + 4x_2 + 9x_3 + 16x_4 = 8n - 17,$$

ossia

$$3x_1 + 4x_2 + 3x_3 = 21,$$

$$2x_4 = x_1 + x_2 + n - 10.$$

Cercando di sodisfare a queste equazioni in tutt'i modi possibili, e quindi determinando per ciascun caso la Jacobiana della rete, si ottengono le seguenti coppie di soluzioni coniugate delle (1), (2) le quali differiscono secondo i casi offerti dal numero n rispetto alla divisibilità per 4.

$n \equiv 0 \pmod{4}$

$x_1 = 1$,	$\frac{n}{2} - 3$	$x_1 = 2$,	$\frac{n}{2} - 4$	$x_1 = 3$,	$\frac{n}{2} - 2$	$x_1 = 6$,	$\frac{n}{2} - 2$
$x_2 = 3$,	0			$x_2 = 3$,	0		
$x_3 = 2$,	0	$x_3 = 5$,	0			$x_3 = 1$,	0
$x_4 = \frac{n}{2} - 3$,	0	$x_4 = \frac{n}{2} - 4$,	0	$x_4 = \frac{n}{2} - 2$,	0	$x_4 = \frac{n}{2} - 2$,	0
$x_{\frac{n}{4}} = 0$,	3	$x_{\frac{n}{4}} = 0$,	5	$x_{\frac{n}{4}-1} = 0$,	1	$x_{\frac{n}{4}-1} = 0$,	1
$x_{\frac{n}{4}+1} = 0$,	1	$x_{\frac{n}{4}+1} = 0$,	2	$x_{\frac{n}{4}} = 0$,	3	$x_{\frac{n}{4}} = 0$,	6
$x_{\frac{n}{2}-1} = 0$,	1	$x_{\frac{3n}{4}-1} = 0$,	1	$x_{\frac{n}{2}} = 0$,	3	$x_{\frac{3n}{4}} = 0$,	1
$x_{\frac{n}{2}} = 0$,	2	$x_{n-4} = 1$,	0	$x_{n-4} = 1$,	0	$x_{n-4} = 1$,	0
$x_{n-4} = 1$,	0						

$n \equiv 1 \pmod{4}$

$x_1 = 0$,	$\frac{n-7}{2}$	$x_1 = 2$,	$\frac{n-5}{2}$	$x_1 = 3$,	$\frac{n-7}{2}$	$x_1 = 7$,	$\frac{n-3}{2}$
$x_2 = 3$,	0	$x_2 = 3$,	0				
$x_3 = 3$,	0	$x_3 = 1$,	0	$x_3 = 4$,	0		
$x_4 = \frac{n-7}{2}$,	0	$x_4 = \frac{n-5}{2}$,	0	$x_4 = \frac{n-7}{2}$,	0	$x_4 = \frac{n-3}{2}$,	0
$x_{\frac{n-1}{4}} = 0$,	1	$x_{\frac{n-1}{4}} = 0$,	3	$x_{\frac{n-1}{4}} = 0$,	4	$x_{\frac{n-1}{4}} = 0$,	7
$x_{\frac{n+3}{4}} = 0$,	3	$x_{\frac{n+3}{4}} = 0$,	1	$x_{\frac{n+3}{4}} = 0$,	3	$x_{\frac{3n+1}{4}} = 0$,	1
$x_{\frac{n-1}{2}} = 0$,	3	$x_{\frac{n-1}{2}} = 0$,	2	$x_{\frac{3(n-1)}{4}} = 0$,	1	$x_{n-4} = 1$,	0
$x_{n-4} = 1$,	0	$x_{\frac{n+1}{2}} = 0$,	1	$x_{n-4} = 1$,	0		
		$x_{n-4} = 1$,	0				

$n \equiv 2 \pmod{4}$

$x_1 = 0, \quad \frac{n}{2} - 5$	$x_1 = 1, \quad \frac{n}{2} - 3$	$x_1 = 3, \quad \frac{n}{2} - 2$	$x_1 = 4, \quad \frac{n}{2} - 3$
	$x_2 = 3, \quad 0$	$x_2 = 3, \quad 0$	
$x_3 = 7, \quad 0$	$x_3 = 2, \quad 0$		$x_3 = 3, \quad 0$
$x_4 = \frac{n}{2} - 5, \quad 0$	$x_4 = \frac{n}{2} - 3, \quad 0$	$x_4 = \frac{n}{2} - 2, \quad 0$	$x_4 = \frac{n}{2} - 3, \quad 0$
$x_{\frac{n+2}{4}} = 0, \quad 7$	$x_{\frac{n-2}{4}} = 0, \quad 1$	$x_{\frac{n-2}{4}} = 0, \quad 3$	$x_{\frac{n-2}{4}} = 0, \quad 3$
$x_{\frac{3(n-2)}{4}} = 0, \quad 1$	$x_{\frac{n+2}{4}} = 0, \quad 3$	$x_{\frac{n+2}{4}} = 0, \quad 1$	$x_{\frac{n+2}{4}} = 0, \quad 4$
$x_{n-4} = 1, \quad 0$	$x_{\frac{n-2}{2}} = 0, \quad 1$	$x_{\frac{n}{2}} = 0, \quad 3$	$x_{\frac{3n-2}{4}} = 0, \quad 1$
	$x_{\frac{n}{2}} = 0, \quad 2$	$x_{n-4} = 1, \quad 0$	$x_{n-4} = 1, \quad 0$
	$x_{n-4} = 1, \quad 0$		

$n \equiv 3 \pmod{4}$

$x_1 = 0, \quad \frac{n-7}{2}$	$x_1 = 1, \quad \frac{n-9}{2}$	$x_1 = 2, \quad \frac{n-5}{2}$	$x_1 = 5, \quad \frac{n-5}{2}$
$x_2 = 3, \quad 0$		$x_2 = 3, \quad 0$	
$x_3 = 3, \quad 0$	$x_3 = 6, \quad 0$	$x_3 = 1, \quad 0$	$x_3 = 2, \quad 0$
$x_4 = \frac{n-7}{2}, \quad 0$	$x_4 = \frac{n-9}{2}, \quad 0$	$x_4 = \frac{n-5}{2}, \quad 0$	$x_4 = \frac{n-5}{2}, \quad 0$
$x_{\frac{n+1}{4}} = 0, \quad 3$	$x_{\frac{n+1}{4}} = 0, \quad 6$	$x_{\frac{n-3}{4}} = 0, \quad 1$	$x_{\frac{n-3}{4}} = 0, \quad 2$
$x_{\frac{n+5}{4}} = 0, \quad 1$	$x_{\frac{n+5}{4}} = 0, \quad 1$	$x_{\frac{n+1}{4}} = 0, \quad 3$	$x_{\frac{n+1}{4}} = 0, \quad 5$
$x_{\frac{n-1}{2}} = 0, \quad 3$	$x_{\frac{3n-5}{4}} = 0, \quad 1$	$x_{\frac{n-1}{2}} = 0, \quad 2$	$x_{\frac{3n-1}{4}} = 0, \quad 1$
$x_{n-4} = 1, \quad 0$	$x_{n-4} = 1, \quad 0$	$x_{\frac{n+1}{2}} = 0, \quad 1$	$x_{n-4} = 1, \quad 0$
		$x_{n-4} = 1, \quad 0$	

Noi non protrarremo più oltre, per ora, la ricerca delle soluzioni delle equazioni (1), (2), e passeremo invece alla dimostrazione di altre proprietà generali delle reti che sodisfanno a quelle equazioni medesime.

25. Se si getta uno sguardo sulle coppie di soluzioni coniugate ottenute sin qui, si scorgerà che le x di una soluzione qualunque sono eguali alle x della soluzione coniugata, prese in ordine differente. Vediamo se questa proprietà debba verificarsi necessariamente in ogni caso.

Consideriamo la rete nel piano P e le y_1 rette che fanno parte della Jacobiana. Siccome queste rette si segano fra loro esclusivamente ne' punti principali (11), i quali a due a due devono appartenere alle rette medesime, così non può aver luogo che uno de' seguenti due casi:

1.° $y_1 = 3$; le tre rette principali sono i lati di un triangolo i cui vertici sono punti principali, d'egual grado di moltiplicità e soli in quel grado (per legge di simmetria). Dunque uno de' numeri x sarà $= 3$, cioè $= y_1$.

2.° y_1 qualunque > 1, compreso 3. Le y_1 rette passano tutte per uno stesso punto principale a (unico nel suo grado di moltiplicità) ed inoltre rispettivamente per altri punti principali $b_1, b_2, \ldots$, egualmente multipli e soli nel loro grado. Il numero x di questi punti $b_1, b_2, \ldots$ sarà dunque $= y_1$ *).

Le y_2 coniche che fanno parte della Jacobiana possono dar luogo ai casi seguenti:

1.° y_2 qualunque > 1; le y_2 coniche hanno quattro punti comuni ed inoltre passano rispettivamente per uno de' punti principali $b_1, b_2, \ldots$, egualmente molteplici, il numero x de' quali sarà $= y_2$.

2.° $y_2 = \nu + 1$ ove ν ha uno de' valori seguenti: 2, 3, 4, 5. Le $\nu + 1$ coniche hanno $5 - \nu$ punti comuni e passano inoltre rispettivamente per ν de' $\nu + 1$ punti principali $b_1, b_2, \ldots b_{\nu+1}$ egualmente molteplici e soli nel loro grado: onde il numero x de' medesimi è eguale ad y_2.

Le y_3 curve principali del terz'ordine offrono i seguenti casi possibili:

1.° y_3 qualunque > 1; le y_3 cubiche hanno in comune il punto doppio e cinque altri punti, e passano poi rispettivamente per uno de' punti principali $b_1, b_2, \ldots$ egualmente molteplici, il numero x de' quali sarà eguale ad y_3.

2.° y_3 qualunque > 1; le cubiche hanno sei punti comuni, ed il punto doppio in uno de' punti principali $b_1, b_2, \ldots$ egualmente molteplici, il numero x de' quali sarà eguale ad y_3.

*) Pei due punti principali situati in una retta principale devono evidentemente passare tutte le curve principali. Dunque, se $y_1 > 2r$, non vi può essere una curva principale d'ordine r, cioè $y_r = 0$.

3.° $y_3 = \nu + 1$, ove ν è uno de' numeri 2, 3, 4, 5, 6. Le $\nu + 1$ cubiche hanno in comune il punto doppio e $6 - \nu$ punti ordinari, e passano rispettivamente per ν de' $\nu + 1$ punti principali $b_1, b_2, \ldots b_{\nu+1}$ egualmente molteplici e soli nel loro grado.

4.° $y_3 = \nu$, ove ν è uno de' numeri 2, 3, 4, 5, 6, 7. Le ν cubiche hanno in comune $7 - \nu$ punti, e fra ν punti principali egualmente molteplici e soli nel loro grado hanno il punto doppio nell'uno di essi e passano pei rimanenti.

È evidente che analoghe considerazioni si possono istituire per le curve principali d'ordine superiore, onde si concluderà che se la Jacobiana contiene $y_r (y_r > 1)$ curve d'ordine r, uno de' numeri x sarà eguale ad y_r.

Rimarrebbe a considerare il caso di $y_r = 1$, e quello di $y_r = 0$. Se non che, essendo la somma di tutte le x eguale alla somma di tutte le y; ed anche la somma di tutte le x maggiori dell'unità eguale alla somma di tutte le y maggiori dell'unità, è evidente che il numero delle x eguali a zero o all'unità sarà eguale al numero delle y eguali del pari a zero od all'unità.

Concludiamo adunque che le *y sono eguali alle x prese generalmente in ordine diverso.* [[76]]

26. Supponiamo ora che i due piani P, P' coincidano, ossia consideriamo due figure in uno stesso piano, le quali si corrispondano punto per punto, in modo che alle rette di una figura corrispondano nell'altra curve d'ordine n di una rete (soggetta alle condizioni (1), (2)).

Le rette di un fascio in una figura e le corrispondenti curve nella seconda figura costituiscono due fasci projettivi, epperò il luogo delle intersezioni delle linee corrispondenti sarà una curva d'ordine $n+1$ passante r volte per ogni punto principale di grado r della seconda figura.

27. Quale è l'inviluppo delle rette che uniscono i punti di una retta R nella prima figura ai punti omologhi nella seconda? La retta R è una tangente $(n)^{pla}$ per l'inviluppo di cui si tratta, a cagione degli n punti di R omologhi di quelli ove R sega la sua corrispondente curva d'ordine n. Ogni altro punto di R unito al suo omologo dà una tangente dell'inviluppo; dunque la classe di questo è $n+1$.

28. Quale è il luogo dei punti nella prima figura che uniti ai loro corrispondenti nella seconda danno rette passanti per un punto fisso p? Il luogo passa per p, perchè la retta che unisce p al punto corrispondente p' passa per p. Se poi si tira per p una retta arbitraria, questa sega la curva che le corrisponde (nella seconda figura) in n punti, risguardati i quali come appartenenti alla seconda figura, i punti omologhi della prima appartengono al luogo: e questo è per conseguenza una curva **P** dell'ordine $n+1$.

Se o_r è un punto principale di grado r della prima figura, la retta po_r contiene r punti della seconda figura corrispondenti ad o_r: onde il luogo **P** passerà r volte per o_r.

Se o'_r è un punto principale della seconda figura, la retta po'_r contiene r punti della prima corrispondenti ad o'_r; la curva **P** passerà per questi r punti, cioè per le intersezioni di po'_r colla curva principale che corrisponde ad o'_r.

I punti ove una retta R, considerata nella prima figura, taglia la corrispondente curva d'ordine n sono nella seconda figura gli omologhi di quelli (della prima) ove R, considerata nella seconda, incontra la curva che le corrisponde nella prima. Dunque la curva **P** anzidetta è anche il luogo delle intersezioni delle rette passanti per p, considerate nella seconda figura, colle corrispondenti curve della prima figura (26).

I punti omologhi a quelli della curva **P**, considerata nella prima figura, sono in un'altra curva **P'**, luogo dei punti della seconda figura che uniti ai corrispondenti della prima danno delle rette passanti per p, ossia luogo delle intersezioni delle rette passanti per p, considerate nella prima figura, colle corrispondenti curve della seconda.

Ogni retta passante per p taglia le due curve **P**, **P'** in due sistemi di n punti corrispondenti.

29. Sia q un altro punto qualunque del piano, e **Q** la curva che dipende da q come **P** da p. Gli n punti ove la retta pq, considerata nella seconda figura, incontra la corrispondente curva della prima appartengono evidentemente ad entrambe le curve **P**, **Q**, come anche alle curve analoghe relative agli altri punti della retta pq. Le due curve **P**, **Q** si segano inoltre nei punti principali della prima figura, ciò che costituisce $\Sigma r^2 x_r = n^2 - 1$ intersezioni; esse avranno dunque altri $(n+1)^2 - n - (n^2 - 1) = n+2$ punti comuni, ciascun de' quali unito al punto omologo della seconda figura dovrebbe dare una retta passante sì per p che per q. Questi $n+2$ punti coincidono necessariamente coi propri corrispondenti, cioè *il sistema delle due figure ammette* $n+2$ *punti doppi.*

Tutte le curve analoghe a **P**, **Q** e relative ai punti del piano formano una rete, *)

*) | Il dott. GUCCIA mi fa giustamente osservare che questa dimostrazione non è rigorosa perchè gli $n+2$ punti uniti delle due figure non sono indipendenti dai punti principali. Per dimostrare che quelle curve formano una rete basta osservare che per due punti a, b passa una sola curva: infatti se a', b' sono i punti della 2.ª figura corrispondenti ad a, b, la curva che deve passare per a, b, deve corrispondere ad un punto allineato con aa' e con bb' ossia all'(unico) punto d'intersezione di aa' con bb'. Soltanto se aa', bb' coincidono in una sola retta, si hanno infinite curve corrispondenti ai punti di questa retta, le quali formano un fascio, avendo in comune n punti di questa retta.

La rete non è omaloide; infatti le curve non sono razionali il loro genere essendo

$$\frac{1}{2}\Big((n+1)^2 - 3(n+1) + 2\Big) - \sum \frac{1}{2} i(i-1)\, \alpha_i = \frac{1}{2} n\,(n-1) - \frac{1}{2}(n-1)\,(n-2) = n-1.$$

Si ha così un'involuzione di grado n, ogni gruppo della quale è formato da n punti in linea

perchè hanno in comune i punti principali della prima figura ed i punti doppi del sistema, ciò che equivale a

$$\sum \frac{r(r+1)}{2} x_r + n + 2 = \frac{(n+1)(n+4)}{2} - 2$$

condizioni comuni.

30. I due piani P, P′ ora non coincidano; e fissati nello spazio due punti π, π', si unisca π ad un punto qualunque a del piano P, e π' al corrispondente punto a' del piano P′. Se il punto a varia in tutt'i modi possibili nel piano P, le rette $\pi a, \pi' a$ generano due fasci conici *) aventi tra loro questa relazione che ad una retta qualunque nell'uno corrisponde una retta determinata (in generale unica) nell'altro e ad un piano nell'un fascio corrisponde nell'altro un cono d'ordine n: e tutt'i coni analoghi di un fascio che corrispondono ai piani dell'altro hanno in comune un certo numero $x_r (r=1, 2, \ldots n-1)$ di generatrici $(r)^{plo}$, ove i numeri x_r sodisfanno alle equazioni (1), (2).

Se i due fasci conici $(\pi), (\pi')$ si segano con un piano trasversale qualunque, otterremo in questo due figure che si corrisponderanno punto per punto, in modo che alle rette dell'una corrisponderanno nell'altra curve d'ordine n; e siccome il sistema di queste due figure ammette $n+2$ punti doppi, così ne segue che il luogo dei punti ove si segano raggi omologhi de' due fasci conici $(\pi), (\pi')$ è una curva gobba d'ordine $n+2$. È evidente poi che questa curva passa pei punti π, π' ed è ivi toccata dalle rette che corrispondono alla $\pi\pi'$, considerata come appartenente, prima al fascio (π'), indi al fascio (π).

Se o_r è un punto principale di grado r della prima figura (in P), al raggio πo_r corrisponderà il cono avente il vertice in π' e per base la curva principale d'ordine r che (in P′) corrisponde ad o_r; le r intersezioni di questo cono colla retta πo_r saranno punti della curva gobba. Ond'è che questa ha $r+1$ punti sul raggio πo_r; ed altrettanti sul raggio $\pi' o'_r$, se o'_r è un punto principale di grado r della seconda figura.

31. Arriviamo ai medesimi risultati se poniamo la quistione in questi altri termini: quale è il luogo di un punto a nel piano P, se il raggio πa incontra il raggio omologo $\pi' a'$? Se a'' è l'intersezione del piano P colla retta $\pi' a'$, i punti a'' costituiranno una terza figura avente colla prima (costituita dai punti a) la stessa corrispondenza che

retta. Assunto un punto a, e riguardato come appartenente alla 1.ª figura, sia a' il corrispondente nella 2.ª; allora le intersezioni di aa', riguardata come retta della 2.ª figura, colla curva corrispondente d'ordine n nella 1.ª figura, tra le quali intersezioni è a, sono gli n punti di un gruppo dell'involuzione. (Novembre 1884) }

*) *Strahlenbündel* dei tedeschi (STAUDT, *Geometrie der Lage*, p. 4, Nürnberg 1847).

intercede fra la prima e la seconda (costituita dai punti a'). D'altronde, se i raggi πa, $\pi' a'$ s'incontrano, i punti a, a'' dovranno essere in linea retta col punto p ove la retta $\pi\pi'$ incontra il piano P; dunque il luogo del punto a, ossia la prospettiva della curva gobba sul piano P, l'occhio essendo in π, è la curva **P** relativa al punto p (28), luogo delle intersezioni delle rette passanti per p, considerate come appartenenti alla terza figura, colle corrispondenti curve d'ordine n della prima.

Da ultimo, se si applicano alla curva gobba le note formole di Cayley *), si trova:

1.° che essa ha $16(n-1)$ punti di flesso (punti ove il piano osculatore è stazionario);

2.° che le sue tangenti formano una sviluppabile dell'ordine $4n$, della classe $3(3n-2)$, dotata di una curva nodale dell'ordine $8n(n-1)$;

3.° che i suoi piani bitangenti inviluppano una sviluppabile della classe $8(n-1)^2$;

4.° che per un punto arbitrario dello spazio passano $\frac{1}{2}(n^2-n+2)$ corde della curva;

5.° che un piano qualunque contiene $\frac{1}{2}(81n^2-169n+90)$ tangenti doppie della sviluppabile osculatrice; ecc.

E se si adotta la divisione delle curve geometriche, piane o gobbe, in *generi*, proposta recentissimamente dal sig. Clebsch **), in relazione alla classe delle funzioni abeliane da cui le curve stesse dipendono, si trova ***) che la nostra curva gobba è del genere $n-1$.

---

*) Giornale di Liouville, t. X, p. 245 (Paris 1845).

**) Giornale di Crelle-Borchardt, t. 64, p. 43 (Berlin 1864).

***) Ibid. p. 99.

63.

SUR L'HYPOCYCLOÏDE À TROIS REBROUSSEMENTS.

Journal für die reine und angewandte Mathematik, Band 64 (1864), pp. 101-123.

1. On sait que l'illustre STEINER a énoncé (sans démonstration) des théorèmes très nombreux relatifs à une certaine courbe de la troisième classe et du quatrième ordre (tome 53 de ce journal, p. 231). Je crois qu'il ne sera pas sans intérêt de voir ces propriétés si élégantes découler tout naturellement de la théorie générale des courbes planes du troisième degré (ordre ou classe), qui a été établie principalement par les beaux travaux de MM. HESSE et CAYLEY *). Cette manière d'envisager la question mettra en évidence le lien naturel qui enchaîne toutes ces propriétés, en apparence si différentes, et fera aussi connaître quelques résultats nouveaux.

La courbe, dont il s'agit dans le mémoire cité de STEINER, passe par les points circulaires à l'infini et a une tangente double, qui est la droite à l'infini. Mais les mêmes théorèmes continuent de subsister pour une courbe quelconque du même ordre et de la même classe: il n'y a presque rien à changer, même aux démonstrations. Il suffit seulement de substituer deux points fixes quelconques aux points circulaires à l'infini: ce qui revient à faire une transformation homographique. Les cercles seront alors surrogés par des coniques passant par les points fixes; au lieu des fonctions trigonométriques d'un angle, on aura certaines fonctions du rapport anharmonique d'un faisceau, dont deux droites soient dirigées aux points fixes **); etc.

*) Voir les tomes 36 et 38 de ce journal; tomes 9 et 10 du journal de M. LIOUVILLE (1e série), et vol. 147, part 2e, des *Philosophical Transactions*. On trouvera l'exposition géométrique de cette théorie dans mon *Introduzione ad una teoria geometrica delle curve piane* (Bologna 1862) [Queste Opere, n. **29** (t. 1.°)], à laquelle je renverrai souvent le lecteur.

**) Si P, Q sont les asymptotes d'un cercle dont le centre soit à l'intersection de deux droites M, N, on sait que le rapport anharmonique du faisceau MNPQ est $\cos 2(\mathrm{MN}) - i \sin 2(\mathrm{MN})$. (CHASLES, *Géométrie supérieure*, p. 125).

Comme il n'y a pas, au fond, plus de généralité à considérer ces points fixes quelconques au lieu des points circulaires à l'infini, je retiendrai la même courbe qui a été l'objet des recherches de STEINER: ce qui me permettra d'user un langage plus concis et plus expéditif.

2. Soit donc C^3 une courbe de la troisième classe (et du quatrième ordre), qui soit tangente à la droite à l'infini, en deux points ω, ω', situés sur un cercle quelconque.

Toute droite G qui soit tangente à C^3 en un point g, coupera cette courbe en deux autres points k, k'. La droite à l'infini étant une tangente double de la courbe, celle-ci n'admet qu'une seule tangente ayant une direction donnée; donc, si l'on fait varier G, les droites tangentes en k, k', détermineront sur la droite à l'infini une involution, dont les points doubles sont ω, ω'. Il s'ensuit que les tangentes en k, k' sont *perpendiculaires.*

Ainsi les tangentes de notre courbe sont conjuguées par couples: deux tangentes conjuguées sont perpendiculaires, et leurs points de contact sont situées sur une troisième tangente.

3. Les propriétés des tangentes conjuguées de cette courbe de troisième classe correspondront, par la loi de dualité, aux propriétês des points conjugués d'une courbe de troisième ordre; donc:

La tangente perpendiculaire à G passe par le point commun aux tangentes en k, k (*Introd.* 133).

4. Si trois tangentes G, H, I passent par un même point, les tangentes G', H', I' perpendiculaires respectivement à celles-là, forment un triangle dont les sommets sont situés sur G, H, I (Introd. 134), c'est-à-dire un triangle, dont G, H, I sont les hauteurs. Autrement: si GG', HH' sont deux couples de tangentes perpendiculaires, les droites I I', qui joignent les points où G G' rencontrent H H', formeront une autre couple de tangentes perpendiculaires. Ces trois couples sont les côtés d'un quadrangle complet orthogonal.

5. On voit donc que, si deux tangentes variables H I concourent en x sur une tangente fixe G, les tangentes perpendiculaires H'I' se couperont en un autre point x' de G. Les couples de points xx' sont en involution (*Introd.* 134, a). Les points doubles de cette involution sont évidemment le point à l'infini sur G, et le point μ (de G) où se coupent deux tangentes perpendiculaires J J' *), autres que G. Donc μ est le point milieu du segment variable xx'.

Le point s où G rencontre sa conjuguée G', et le point g, où G est tangente à la

---

*) Les points de contact de ces tangentes J J' sont situés sur la tangente G', perpendiculaire à G (2.); d'où l'on conclut que chaque tangente G contient un seul point μ.

courbe C^3, sont évidemment deux points conjugués de l'involution; les points kk' où G coupe la courbe (2.) sont de même deux points conjugués; donc chacun des segments sg, kk' a son milieu au point μ.

6. Le lieu du point commun à deux tangentes perpendiculaires est une ligne du troisième ordre (Introd. 132, a; 133, b), à laquelle appartiennent tous les points à l'infini (du plan), parce que la droite à l'infini est une tangente conjuguée à soi-même. En outre, toute tangente G contient deux points (à distance finie) du lieu: le point μ, où se coupent deux tangentes perpendiculaires, autres que G (5.), et le point s, où G est rencontrée par sa conjuguée G'. Donc le lieu des points μ, s est une conique: de plus, ce lieu est un cercle, car il passe par les points ω, ω', où les trois tangentes de C^3 coïncident ensemble sur la droite à l'infini. Ce cercle C^2 forme donc, avec la droite $\omega\omega'$, le lieu complet des intersections des couples de tangentes conjuguées de C^3.

7. Tout point μ (ou s) du cercle C^2 est l'intersection de trois tangentes de la courbe C^3, dont deux sont perpendiculaires entre elles (6.); de plus, elles sont conjuguées harmoniques par rapport à la troisième tangente et à la droite qui touche le cercle au même point (*Introd.* 135, c); c'est-à-dire que l'angle de ces dernières droites a pour bissectrices les deux tangentes perpendiculaires.

Soit ν le point à l'infini sur la troisième tangente: on peut regarder μ, ν comme deux points *correspondants* du lieu de troisième ordre formé par le cercle C^2 avec la droite à l'infini (*Introd.* 133, a; 135, c).

Si l'on joint un point fixe s du cercle à deux points correspondants variables μ, ν, les droites $s\mu, s\nu$ engendreront un faisceau en involution (*Introd.* 134, a), dont les rayons doubles sont les tangentes perpendiculaires de C^2, qui se coupent en s. Réciproquement, si le point μ et la direction $\mu\nu$ sont fixes, et l'on fait varier s sur le cercle, les bissectrices de l'angle $\mu s \nu$ envelopperont la courbe C^3.

8. La courbe de troisième classe C^3, étant du quatrième ordre, possède forcément trois points de rebroussement (de première espèce) pqr, qui sont tous réels, car les points de contact de la tangente double sont imaginaires*). Un point de rebroussement, p, représente trois intersections réunies de la courbe avec sa tangente en ce point; cette tangente rencontrera donc C^3 en un autre point u. Pour cette même tangente, regardée comme droite G (2.), le point de contact g coïncide avec l'une des intersections k, en p; et l'autre intersection k' est représentée par u; d'ailleurs les segments sg et kk' ont le même milieu μ (5.); donc s coïncide avec k' en u. Ce qui revient à dire que le point u et les deux autres points analogues v, w (correspondants à q, r) appartiennent à la courbe C^3 et au cercle C^2.

---

*) Salmon, *Higher plane curves*, p. 171.

Par conséquent la courbe C^3 est touchée en u par une droite U perpendiculaire à pu. Et, comme u est un point de C^3, la droite U représente deux des trois tangentes qu'on peut mener à la courbe par un point quelconque du cercle; ainsi U est aussi tangente au cercle en u (7.).

Donc les droites pu, qv, rw, tangentes aux rebroussements de C^3 et perpendiculaires aux tangentes en u, v, w (communes au cercle et à la courbe C^3) passent par le centre o du cercle.

Soient $u'v'w'$ les points μ relatifs aux tangentes de rebroussement, c'est-à-dire les points du cercle C^2, diamétralement opposés à uvw. Pour une tangente quelconque G, le point μ est le milieu du segment sg; donc u' est le point milieu de up, c'est-à-dire: $op = 3ou'$, $oq = 3ov'$, $or = 3ow'$. Ainsi les points de rebroussement sont situés sur un cercle concentrique à C^2 et de rayon triple que celui-ci.

9. On sait d'ailleurs *) que, pour une courbe de troisième classe et quatrième ordre, le point commun aux tangentes de rebroussement est le pôle harmonique de la tangente double par rapport au triangle formé par les trois rebroussements. Il s'ensuit **) que deux quelconque des tangentes op, oq, or forment, avec les asymptotes $o\omega, o\omega'$ du cercle C^2, un faisceau dont le rapport anharmonique est une racine cubique imaginaire de l'unité; c'est-à-dire que chacun des angles qor, rop, poq est de 120°. Donc le triangle pqr, et par suite les triangles $uvw, u'v'w'$ sont equilatères.

Cela étant, si l'on fait rouler, dans la concavité du cercle (pqr), un autre cercle de diamètre pu', qui soit d'abord tangent au premier cercle en p, ce point considéré comme appartenant au cercle mobile engendrera une courbe ***) du quatrième ordre, qui aura trois rebroussements en p, q, r, avec les tangentes se coupant en o, et qui touchera en u, v, w le cercle C^2. Cette roulette est précisément notre courbe C^3.

La courbe C^3 est donc l'*hypocycloïde à trois rebroussements* engendrée par un cercle de rayon $= \frac{1}{3} op$ (ou, ce qui donne le même résultat †), de rayon $= \frac{2}{3} op$) qui roule dans l'intérieur du cercle (pqr).

Ainsi toute courbe de troisième classe et quatrième ordre, dont la tangente double soit à l'infini et les points de contact sur un cercle, est nécessairement une hypocycloïde à trois rebroussements. Cette courbe joue donc, parmi les courbes de la troisième classe et du quatrième ordre, le même rôle que le cercle parmi les coniques.

---

*) SALMON, *Higher plane curves*, p. 171.

) Giornale di Matematiche, vol. I, Napoli 1863, p. 319; vol. II, 1864, p. 62. [Queste Opere, n. **42 (23, 31)].

***) SALMON, *Higher plane curves*, p. 214.

†) EULER, *de duplici genesi tam epicycloïdum quam hypocycloïdum* (Acta Acad. Scient. Imp. Petropolitanae pro anno 1781, pars prior, p. 48).

Je ne m'arrêtrai pas aux théorèmes que STEINER énonce sur la figure de la courbe, sur la longueur de ses arcs et sur la quadrature de son aire, car ils sont des cas particuliers d'autres propositions déjà anciennes et bien connues *).

10. Deux tangentes perpendiculaires de l'hypocycloïde C^3 se coupent en un point s du cercle C^2 (6.), et par suite rencontrent de nouveau la circonférence en deux points μ, μ' en ligne droite avec le centre o; de plus, ces tangentes sont les bissectrices des angles formés par la tangente du cercle avec la troisième tangente ss_1 de C^3 (7.); cette troisième tangente est donc perpendiculaire au diamètre $\mu\mu'$.

D'où il suit, qu'étant donnée une première tàngente μs, ainsi que le cercle C^2, on construira toutes les autres tangentes de C^3, de la manière suivante: menez par s la perpendiculaire à μs et la corde ss_1 perpendiculaire au diamètre qui passe par μ; menez par s_1 la perpendiculaire à ss_1 et la corde s_1s_2 perpendiculaire au diamètre qui passe par s; et toujours ainsi de suite, après avoir obtenue une corde s_ns_{n+1}, menez par s_{n+1} la perpendiculaire à s_ns_{n+1} et une nouvelle corde $s_{n+1}s_{n+2}$ perpendiculaire au diamètre qui passe par s_n. Toutes ces perpendiculaires et ces cordes seront évidemment tangentes à la même courbe C^3.

11. Le point s, où se coupent deux tangentes perpendiculaires $s\mu$, $s\mu'$, soit nommé μ_1 par rapport à la troisième tangente, qui rencontre de nouveau le cercle en s_1. De ce que la troisième tangente μ_1s_1 est perpendiculaire au diamètre $\mu\mu'$, on tire cette simple relation entre les arcs μs, μ_1s_1 mesurés dans le même sens:

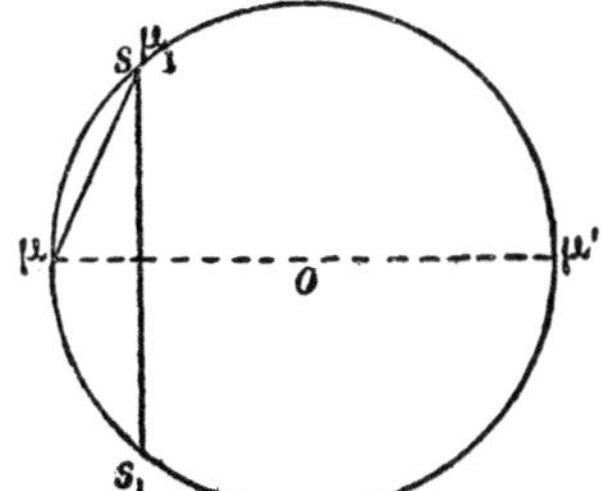

$$\widehat{\mu_1s_1} + 2\widehat{\mu s} = 2\pi.$$

Donc, si deux rayons os, $o\mu$ du cercle C^2 tournent simultanément autour du point o, en sens opposés et avec la condition que leurs vitesses angulaires aient le rapport constant $2:1$, la corde $s\mu$ enveloppera l'hypocycloïde C^3 ou une courbe égale à C^3.

12. Deux tangentes conjuguées de l'hypocycloïde se coupent en s (ou s') et rencontrent de nouveau le cercle C^2 en μ, μ'. Soit μ_0 le point du cercle diamétralement opposé à s; et menons par μ_0 la parallèle à $\mu\mu'$, qui coupe en s_0, g, g' le cercle et

*) NEWTON, *Philosophiae nat. Principia math.* lib. I, prop. 49. — DE LA HIRE, *Traité des epicycloïdes et de leur usage dans les méchaniques* (Mém. de math. et de physique, Paris 1694), p. 10-47. — Voir en outre: MAGNUS, *Sammlung von Aufgaben und Lehrsätzen aus der analyt. Geometrie,* Bd. I. (Berlin 1833) p. 310, 519, 536. — PADULA, *Intorno le curve di 4.º grado che hanno tre punti di regresso di prima specie* (Annali di TORTOLINI, t. 3. Roma 1852, p. 383). — SALMON, *Higher plane curves,* p. 251, 267. — BELLAVITIS, *Sulla classificazione delle curve della 3.ª classe* (Atti dell'Istituto Veneto, serie 2.ª, vol. IV, p. 247, Venezia 1853).

les droites $s\mu$, $s'\mu'$. On aura $\mu g = s\mu$ et $\mu' g' = s'\mu'$; g et g' sont donc (5.) les points où l'hypocycloïde est touchée par les droites $s\mu$, $s'\mu'$, et par suite (2.) gg' est une nouvelle tangente, dont le point de contact g_0 sera déterminé par la condition $\mu_0 g_0 = s_0 \mu_0$. Or on a $gg' = 2\mu\mu'$; donc la distance des deux points où l'hypocycloïde est coupée par une tangente quelconque est toujours égale au diamètre du cercle C^2.

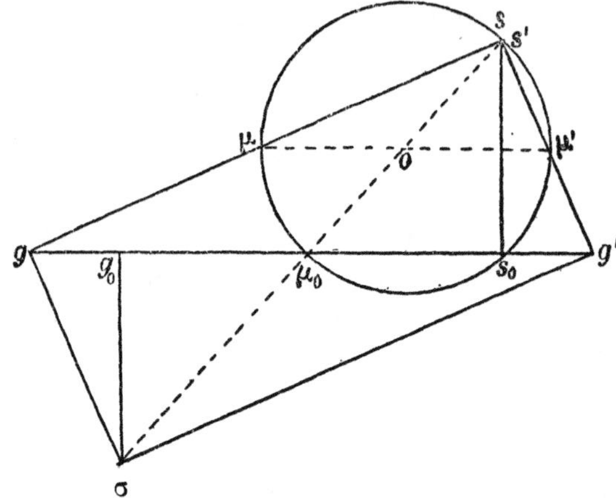

13. Menons par g, g' les normales à l'hypocycloïde, c'est-à-dire les droites $g\sigma$, $g'\sigma$ perpendiculaires resp. à gs, $g's$. La figure $sg\sigma g'$ est un rectangle, et par suite le point σ, commun à ces normales, est en ligne droite avec o et s; et l'on a $\sigma o = 3os$. La perpendiculaire abaissée de s sur gg' passe par s_0 et est tangente à l'hypocycloïde (10.); donc la perpendiculaire abaissée du point σ sur gg' passera par g_0 et sera par conséquent normale, en ce point, à l'hypocycloïde.

Ainsi les normales à l'hypocycloïde aux trois points g, g', g_0 (où cette courbe est touchée par trois droites issues d'un même point s du cercle C^2) concourent en un même point σ (situé sur le diamètre os), dont le lieu est le cercle (pqr) concentrique à C^2 et de rayon triple que celui-ci. Autrement: les normales de l'hypocycloïde C^3 enveloppent une autre hypocycloïde inversement homothétique à C^3; o est le centre, et $3:1$ le rapport de similitude.

14. On a déjà vu que, si trois tangentes de l'hypocycloïde concourent en un même point d, les tangentes resp. perpendiculaires à celles-là forment un triangle abc, dont les sommets appartiennent aux premières droites (4.). Les quatre points $abcd$ sont les sommets d'un quadrangle complet orthogonal circonscrit à la courbe; c'est-à-dire que chacun de ces points est le concours des hauteurs du triangle formé par les trois restants. Soient $a_1 b_1 c_1$ les points diagonaux du quadrangle (les intersections des couples de côtés opposés); ils sont situés sur le cercle C^2, car chacun d'eux est l'intersection de deux tangentes perpendiculaires de C^3. Donc le cercle C^2 contient les pieds des hauteurs, et par suite aussi les milieux des côtés *), pour tout triangle analogue à abc, c'est-à

*) FEUERBACH, *Eigenschaften einiger merkwürdigen Punkte des geradlinigen Dreiecks* (Nürnberg 1822), p. 38. Il résulte d'un autre théorème dû à FEUERBACH (ibidem) que le cercle C^2 est l'enveloppe des cercles inscrits et ex-inscrits à tous les triangles analogues à *abc*.

dire pour chaque triangle formé par trois tangentes de l'hypocycloïde, dont les conjuguées passent par un même point. Autrement: le cercle C^2 passe par les points milieux des six côtés de tout quadrangle complet orthogonal analogue à *abcd* (c'est-à-dire circonscrit à l'hypocycloïde); et les droites qui joignent les points milieux des couples de côtés opposés sont des diamètres du cercle.

Il y a un des triangles *abc* qui est équilatère et par suite circonscrit au cercle C^2; c'est le triangle formé par les tangentes en u, v, w (9.).

15. La courbe C^3 étant le lieu d'un point où se croisent deux seules tangentes distinctes, il en résulte qu'elle partage le plan en deux parties, dont l'une est le lieu des points où se coupent trois tangentes réelles distinctes; l'autre au contraire contient les points situés sur une seule tangente réelle. Or, chaque point du cercle C^2 est l'intersection de trois tangentes réelles de l'hypocycloïde; la même propriété appartient donc à tous les points situés dans l'intérieur de l'hypocycloïde, et l'opposée aux points extérieures.

Il s'ensuit que, si le quadrangle *abcd* a un sommet à l'intérieur, les trois autres sommets sont aussi intérieurs, et le quadrangle est complètement réel. Si, au contraire, il y a un sommet extérieur, il y en aura un second qui sera aussi au dehors, mais les deux restants seront imaginaires.

Si l'un des sommets, *a*, tombe sur la circonférence de C^2, un autre sommet, *d*, coïncidera en *a*, à cause des deux tangentes perpendiculaires qui se coupent en ce point. Dans ce cas donc, le quadrangle *abcd* devient un triangle rectangle *sgg'* (12.), dont l'angle droit a son sommet sur le cercle C^2, et les autres sommets appartiennent à l'hypocycloïde.

16. On peut regarder deux tangentes, $G G'$, perpendiculaires, de l'hypocycloïde comme les asymptotes d'un faisceau d'hyperboles équilatères, qui aient un double contact à l'infini, et parmi lesquelles on doit compter la paire de droites $G G'$ (hyperbole équilatère avec un point double) et la droite à l'infini regardée comme un système de deux droites coïncidentes (hyperbole équilatère avec une infinité de points doubles). A une autre paire de tangentes perpendiculaires correspondra un autre faisceau d'hyperboles équilatères; et les deux faisceaux auront en commun une hyperbole (la droite à l'infini). Toutes les hyperboles équilatères de ces faisceaux correspondants aux couples de tangentes perpendiculaires de l'hypocycloïde forment donc un *réseau* géométrique (*Introd.* 92); c'est-à-dire que par deux points choisis arbitrairement on peut faire passer une (une seule) hyperbole équilatère, dont les asymptotes soient tangentes à l'hypocycloïde.

Les points doubles des hyperboles du réseau sont les points de croisement des asymptotes (c'est-à-dire les centres des hyperboles) et les points de la droite à l'infini;

cette droite forme donc, avec le cercle C^2 comme *lieu des centres* de toutes ces hyperboles équilatères, la courbe *Hessienne* du réseau (*Introd.* 95).

Les droites qui composent les hyperboles du réseau, douées d'un point double, sont les paires de droites GG'; ainsi l'hypocycloïde C_3, comme *enveloppe des asymptotes* de toutes ces hyperboles équilatères, est la courbe *Cayleyenne* du réseau (*Introd.* 133, b).

La Hessienne est le lieu des couples de pôles conjugués par rapport aux coniques du réseau (*Introd.* 132, b), tandis que la Cayleyenne est l'enveloppe de la droite qui joint deux pôles conjugués (*Introd.* 132, a; 133, b); donc les points correspondants μ, ν du cercle C^2 et de la droite à l'infini (7.) sont des pôles conjugués par rapport à toutes les hyperboles équilatères du réseau; et l'hypocycloïde est l'enveloppe de la droite $\mu\nu$ *).

17. Deux hyperboles équilatères du réseau se coupent en quatre points, sommets d'un quadrangle complet orthogonal, dont le côtés sont tangents à l'hypocycloïde et les points diagonaux sont situés sur le cercle C^2 (*Introd.* 133, d). Ces quatre intersections forment donc l'un des quadrangles *abcd* déjà considérés (14).

Ainsi tout quadrangle *abcd* (orthogonal et circonscrit à C^3) est la base d'un faisceau d'hyperboles du réseau; et réciproquement, chaque hyperbole du réseau passe par les sommets d'un nombre infini de ces quadrangles.

Si le quadrangle *abcd* dégénère en un triangle rectangle, dont le sommet μ de l'angle droit appartiendra au cercle C^2 (15.), toutes les hyperboles équilatères circonscrites auront en μ la même tangente $\mu\nu$ (*Introd.* 135). Donc le cercle C^2 est le lieu des points de contact des hyperboles du réseau (*Introd.* 92), et l'hypocycloïde est l'enveloppe des tangentes communes en ces points de contact entre les hyperboles du réseau.

18. Soit δ le centre du cercle D^2 circonscrit au triangle abc; on sait **) que d, intersection des hauteurs de ce triangle, est le centre de similitude directe des cercles C^2, D^2, et que le centre o de C^2 est le point milieu du segment $d\delta$. D'où il suit que le rayon de D^2 est double du rayon de C^2: c'est-à-dire que les cercles circonscrits à tous les triangles analogues à abc sont égaux.

Il résulte d'ici encore que les centres $\alpha, \beta, \gamma, \delta$ des cercles circonscrits aux triangles bcd, cad, abd, abc sont des points symétriques à a, b, c, d, par rapport au point o; et par conséquent que $\alpha\beta\gamma\delta$ est un quadrangle égal et symétrique à $abcd$: o étant le centre de symétrie. Donc les points diagonaux des quadrangles analogues à $\alpha\beta\gamma\delta$

*) M. Schröter a déjà défini la courbe C^3 comme enveloppe de la droite $\mu\nu$ qui joint les points homologues de deux séries projectives de points, dont l'une soit donnée sur la circonférence du cercle C^2, et l'autre sur la droite à l'infini (tom. 54 de ce journal, p. 31).

**) Steiner, *Die geometrischen Konstructionen* (Berlin 1833), p. 51.

sont situés sur la circonférence C^2 (14.), et l'enveloppe des côtés de ces mêmes quadrangles est une courbe égale et symétrique à C^3 (o centre de symétrie).

On sait *) que dans un quadrangle complet orthogonal la somme des carrés de deux côtés opposés $\left(\text{par ex. } \overline{bc}^2 + \overline{da}^2\right)$ est égale à quatre fois le carré du diamètre du cercle (C^2) décrit par les milieux des côtés; cette somme est donc constante pour toutes les couples de côtés opposés dans tous les quadrangles analogues à $abcd$ et $\alpha\beta\gamma\delta$.

19. D'un point quelconque f du cercle D^2 circonscrit au triangle abc abaissons les perpendiculaires sur les côtés de ce triangle. D'après un théorème très-connu, les pieds des trois perpendiculaires sont allignés sur une droite G. Cherchons l'enveloppe de cette droite, lorsque le point f se déplace sur le cercle D^2.

Si f tombe sur l'un des sommets abc, la droite G devient l'une des hauteurs aa_1, bb_1, cc_1 du triangle; et si f est opposé diamétralement à l'un des sommets, G coïncide avec l'un des côtés bc, ca, ab. Les six côtés du quadrangle complet $abcd$ sont donc autant de tangentes de l'enveloppe dont il s'agit.

Si f coïncide avec l'un ou l'autre des points circulaires $\omega\omega'$, la droite G tombe entièrement à l'infini: d'ou il résulte que la droite à l'infini est une tangente double de l'enveloppe. En outre, si G doit avoir une direction donnée, le point f est unique et déterminé; et pour le construire, il suffit de tracer par d une droite ayant la direction donnée, et de joindre les intersections de cette droite par les côtés bc, ca, ab, aux intersections correspondantes (différentes de a, b, c) du cercle D^2 par les hauteurs aa_1, bb_1, cc_1; les trois droites ainsi tracées concourent au point f **).

La courbe enveloppée par les droites G est donc de la troisième classe et a, en commun avec l'hypocycloïde C^3, la tangente double et six autres tangentes, ce qui équivaut à dix tangentes communes: par conséquent les deux courbes coïncident ensemble.

Ainsi l'hypocycloïde C^3 est l'enveloppe des droites G pour tout triangle analogue à abc; c'est-à-dire que, si aux points où les côtés d'un triangle abc sont coupés par une tangente quelconque de l'hypocycloïde, on élève les perpendiculaires sur ces côtés ces perpendiculaires se couperont sur la circonférence du cercle circonscrit au triangle abc.

20. La droite G (19.) est la tangente au sommet d'une parabole N^2, qui a son foyer an f et est inscrite au triangle abc ***). La courbe C^3 est donc l'enveloppe des tangentes au sommet des paraboles inscrites aux triangles (dont l'un quelconque suffit pour déterminer la courbe) analogues à abc.

---

*) Carnot, *Géométrie de position* (Paris 1803), N. 154.

**) Steiner, *Développement d'une série de théorèmes relatifs aux sections coniques* (Annales de Mathématiques de Gergonne, t. 19, p. 60).

***) Steiner, *Développement* etc. p. 45.

Du reste, cette dèfinition de la courbe C^3 rentre dans la méthode de M. Chasles *) pour engendrer les courbes de troisième ordre ou classe. Soient, en effet, N^2 une parabole inscrite au triangle abc, et ν le point à l'infini sur la direction perpendiculaire aux diamètres de N^2. La parabole N^2 et le point correspondant ν, en variant ensemble, engendrent deux séries projectives: donc, si par ν on conçoit la droite G tangente à la parabole correspondante N^2, l'enveloppe de G sera une courbe de troisième classe touchée par la droite à l'infini aux points circulaires ω, ω'.

21. Soit f' le point du cercle D^2 (19.), qui donne naissance à une droite G' perpendiculaire à G. Si l'on fait varier simultanément les points ff', ils engendrent (sur le cercle D^2) une involution, dont les points doubles sont évidemment les points circulaires à l'infini: d'où l'on conclut que la droite ff' passe par le centre d du cercle. Or le point d est (18.) le centre de similitude directe des cercles C^2, D^2 (le rapport de similitude étant 1 : 2), et de plus, ce même point d est situé sur la directrice de la parabole N^2 **); le point milieu μ de la droite fd est donc commun à la droite G et au cercle C^2. De même, ce cercle et la droite G' passent par le point μ' milieu de $f'd$. Ainsi les triangles dff', $d\mu\mu'$ sont directement semblables; et par conséquent la droite $\mu\mu'$ est parallèle à ff' et passe par o, point milieu de $d\delta$ (et centre de C^2).

22. Une droite quelconque R coupe l'hypocycloïde C^3 en quatre points: les tangentes en ces points déterminent une parabole P^2, qui est l'*enveloppe-polaire* de la droite R par rapport à C^3, regardée comme courbe de troisiéme classe (*Introd.* 82). Les diamètres de cette parabole sont perpendiculaires à R (*Introd.* 74).

Si, au lieu de R, l'on considère une droite G qui soit tangente à C^3 en g et sécante en k, k', la parabole P^2 sera tangente à C en g, et par conséquent aura son sommet en ce point. En outre, les tangentes à l'hypocycloïde en k, k', étant perpendiculaires (2.), se couperont sur la directrice de P^2; donc la directrice de la parabole P^2 relative à une tangente G de l'hypocycloïde est parallèle à cette tangente et passe par le point μ' du cercle C^2 qui correspond à la tangente G', perpendiculaire à G (6.).

Il résulte d'ici que les directrices des paraboles P^2, relatives aux tangentes de l'hypocycloïde, enveloppent une autre courbe égale, concentrique et symétrique à C^3. Les axes de ces paraboles sont évidemment les normales de C^3, et par suite enveloppent la développée de C^3 (13.). Le lieu des sommets de ces paraboles est l'hypocycloïde C^3 elle-même.

Si R est la tangente double de C^3, c'est-à-dire la droite à l'infini, la parabole P^2 se réduit évidemment aux points circulaires $\omega\omega'$, regardés comme formant une enveloppe de la deuxième classe.

---

*) Comptes rendus de l'Acad. des sciences (Paris 1853) t. 36, p. 949; t. 37, p. 443.

**) Steiner, *Développement* etc. p. 59.

23. Les paraboles P^2 relatives à toutes les droites du plan forment un *système* qui est corrélatif de ce qu'on appelle *réseau* (16.). Il y a une (une seule) parabole P^2 tangente à deux droites données arbitrairement. Toutes les paraboles P^2 qui touchent une droite donnée ont deux autres tangentes communes (*Introd.* 77), sans compter la droite à l'infini: c'est-à-dire que ces paraboles sont inscrites dans un même quadrilatère, dont un côté est à distance infinie, et correspondent à autant de droites R issues d'un même point (pôle des droites qui forment le quadrilatère).

24. Lorsqu'on considère un faisceau de droites R parallèles, les axes des paraboles correspondantes P^2 auront tous une direction commune, perpendiculaire aux droites R (22.). Mais il y a de plus: la droite à l'infini appartenant, dans ce cas, au faisceau des droites R, l'une des paraboles est formée par les points circulaires $\omega\omega'$; donc toutes les paraboles P^2 correspondantes à un faisceau de droites parallèles ont le même foyer et, par suite, le même axe.

D'où il résulte que le système (23.) des enveloppes-polares de toutes les droites du plan est composé d'un nombre infini de séries, correspondantes aux différentes directions de ces droites: chaque série étant constituée par des paraboles P^2 qui ont le même foyer et le même axe.

25. Tout point du plan est pôle de quatre droites (y comprise la droite à l'infini), qui forment un quadrilatére circonscrit à toutes les paraboles P^2 correspondantes aux droites qui concourent au point dont il s'agit. Ainsi, à chaque point du plan correspond un quadrilatère, et le lieu des sommets de tous ces quadrilatères complets est une courbe du troisiéme ordre, la Cayleyenne du système des paraboles P^2 (*Introd.* 133, d). Or, chacun de ces quadrilatères a trois sommets à l'infini, car l'une des quatre droites dont il résulte est la droite à l'infini: donc la Cayleyenne se compose de la droite à l'infini et d'une conique, lieu des sommets d'un triangle circonscrit aux paraboles P^2 qui correspondent à des droites issues d'un même point (variable dans le plan).

Pour une série de paraboles P^2 ayant le même foyer et le même axe (24.), le triangle circonscrit a l'un de ses sommets au foyer, et les deux autres aux points circulaires à l'infini: donc la conique qui fait partie de la Cayleyenne est un cercle.

Les droites dont le pôle est le point o (concours des tangentes de rebroussement de la courbe fondamentale C^3) sont la droite à l'infini et les côtés du triangle formé par les points de rebroussement (*Introd.* 139, d). Donc le cercle qui, avec la droite à l'infini, constitue la Cayleyenne du système des paraboles P^2, passe par les rebroussements pqr de l'hypocycloïde C^3, et est, par suite, concentrique au cercle C^2 (8.).

Ainsi, ce cercle (pqr) est le lieu des foyers des paraboles P^2 (24.).

26. Les diagonales des quadrilatères qu'on a considérés ci-devant (25.) enveloppent

une courbe de la troisième classe, la Hessienne du système des paraboles P^2 (*Introd.* 133, d). Or, dans une série de paraboles ayant le même foyer et le même axe (24.), l'axe commun est une diagonale du quadrilatère circonscrit; donc la Hessienne est l'enveloppe des axes de toutes le paraboles P^2*).

La Hessienne touche la droite à l'infini aux deux points circulaires $\omega\omega'$ (*Introd.* 96, d); donc elle ne possède que trois points de rebroussement. En outre, elle est touchée par les tangentes de rebroussement de la courbe fondamentale (*Introd.* 100), et par conséquent, ces droites *op*, *oq*, *or* sont des tangentes de rebroussement, aussi pour la Hessienne (*Introd.* 140, a).

Les points *pqr* (rebroussements de C^3) sont des points simples de la Hessienne, qui y est touchée par le cercle Cayleyen (*Introd.* 141), c'est-à-dire, par des droites perpendiculaires aux tangentes de rebroussement.

De ce qui précède il résulte que la Hessienne du système des paraboles P^2 est une courbe inversement homothétique à C^3: *o* étant le centre et 3:1 le rapport de similitude. Autrement: la Hessienne est la développée de la courbe fondamentale (13.).

On voit encore que toutes les courbes de la troisième classe touchées par les tangentes communes à C^3 et à sa Hessienne sont des hypocycloïdes semblables et concentriques à C^3. Et les cercles Cayleyens correspondants à ces hypocycloïdes ont le même centre *o*.

27. Soit Γ^3 l'hypocycloïde semblable et concentrique à C^3, dont les points de rebroussement soient *uvw*, où C^3 est touchée par le cercle C^2 (8.). Alors l'hypocycloïde C^3 sera la développée et la Hessienne de Γ^3; et le cercle C^2 formera, avec la droite à l'infini, la Cayleyenne de Γ^3; donc:

L'hypocycloïde C^3 est l'enveloppe des axes des paraboles Π^2, enveloppes-polaires des droites du plan, par rapport à l'hypocycloïde Γ^3 (26.);

Le cercle C^2 est le lieu des foyers des paraboles Π^2 (25.);

Deux tangentes perpendiculaires de l'hypocycloïde C^3 sont des droites conjuguées par rapport à toutes les paraboles Π^2 (*Introd.* 132, b);

Deux paraboles Π^2 sont inscrites dans un même triangle qui est inscrit dans le cercle C^2. Ce triangle, avec la droite à l'infini, forme un quadrilatère complet, dont les diagonales (c'est-à-dire les côtés du triangle circonscrit et homothétique au précédent) sont tangents à l'hypocycloïde C^3 (25., 26.).

28. Soit $\mu\mu_1\mu_2$ l'un de ces triangles inscrits dans C^2 et circonscrits à deux (et par suite à un nombre infini de) paraboles Π^2. Parmi les paraboles inscrites dans le triangle $\mu\mu_1\mu_2$ il y a trois systèmes de deux points, c'est-à-dire $(\mu\nu)$, $(\mu_1\nu_1)$, $(\mu_2\nu_2)$: en désignant

*) Voir à ce propos: Steiner, *Vermischte Sätze und Aufgaben* (t. 55 de ce journal, p. 371).

par ν, ν_1, ν_2 les points à l'infini sur les directions $\mu_1\mu_2$, $\mu_2\mu$, $\mu\mu_1$. Au point μ se croisent deux tangentes perpendiculaires de C^3, qui, étant conjuguées par rapport à toute parabole Π^2 (27.), divisent harmoniquement les segments $\mu_1\nu_1$, $\mu_2\nu_2$, et par suite sont les bissectrices de l'angle $\mu_1\mu\mu_2$. Ainsi les trois couples de tangentes perpendiculaires de l'hypocycloïde, qui se coupent aux points $\mu\mu_1\mu_2$, sont les bissectrices des angles du triangle formé par ces points: ces six tangentes sont donc les côtés de l'un des quadrangles orthogonaux *abcd*, qu'on a déjà rencontrés (14.).

Les troisièmes tangentes qu'on peut mener des points $\mu\mu_1\mu_2$ à l'hypocycloïde sont resp. parallèles aux côtés $\mu_1\mu_2$, $\mu_2\mu$, $\mu\mu_1$ (27.), et par suite (10.) elles sont resp. perpendiculaires aux diamètres de C^2 qui joignent les milieux des côtés opposés du quadrangle formé par les bissectrices.

Ces troisièmes tangentes forment un triangle, dont les côtés ont leurs milieux en μ, μ_1, μ_2; donc ce triangle est l'un des triangles *abc* déjà considérés (14.); et les nouvelles intersections du cercle C^2 par les côtés sont les pieds des hauteurs du même triangle; et ces hauteurs sont elles-mêmes tangentes à l'hypocycloïde.

29. Deux triangles analogues à $\mu\mu_1\mu_2$ sont inscrits dans le cercle C^2, circonscrits à une parabole Π^2 (27.) et conjugués à une hyperbole équilatère Q^2 du réseau dont l'hypocycloïde C^3 est la courbe Cayleyenne (16.); donc le cercle C^2 et la parabole Π^2 sont *polaires réciproques* par rapport à l'hyperbole équilatère Q^2. Ainsi le cercle est circonscrit à un nombre infini de triangles conjugués à l'hyperbole équilatère et circonscrits à la parabole. Toute tangente de la parabole coupe le cercle et l'hyperbole équilatère en quatre points harmoniques; et reciproquement les tangentes qu'on peut mener d'un point du cercle à la parabole et à l'hyperbole équilatère forment un faisceau harmonique (*Introd.* 108, g).

Le centre de l'hyperbole équilatère Q^2 est un point μ du cercle C^2 (16.); le triangle $s\omega\omega'$ est inscrit dans le cercle et conjugué à l'hyperbole; donc il est circonscrit à la parabole Π^2, c'est-à-dire que μ est le foyer de cette parabole.

La tangente au cercle en μ doit être conjuguée à la direction de la parabole, par rapport à l'hyperbole équilatère; donc les asymptotes de cette dernière courbe sont les bissectrices des angles compris par l'axe de la parabole et la tangente du cercle. Ceci revient à une propriété déjà démontrée (7.), car l'axe de la parabole (27.) et les asymptotes de l'hyperbole équilatère (16.) sont les tangentes de l'hypocycloïde qui se coupent au point μ.

30. Toutes les paraboles Π^2 qui sont tangentes à une même droite G, tangente à l'hypocycloïde C^3, ont le même point de contact (*Introd.* 90, b).

En regardant toujours Γ^3 comme courbe fondamentale, par rapport à laquelle toute droite a son enveloppe-polaire et son pôle (*Introd.* 130, a), une droite G tangente à l'hypocycloïde C^3 aura son pôle au point g', où C^3 est touchée par une droite G perpendiculaire à G (*Introd.* 132, c).

Les paraboles Π^2 qui passent par un même point a sont les enveloppes-polaires des droites tangentes à une même conique A^2, qui est le lieu des pôles des droites issues du point a (*Introd.* 136).

Il y a un nombre infini de coniques A^2 qui se réduisent à une couple de points gg': ces deux points appartiennent toujours à l'hypocycloïde C^3, et la droite gg' est tangente à cette même courbe. Les points a auxquels correspondent ces coniques A^2 sont situés sur le cercle C^2 (*Introd.* 136, b).

Toute conique A^2 est tangente à l'hypocycloïde C^3 en trois points, où cette dernière courbe est touchée par les droites resp. perpendiculaires aux tangentes issues du point a (auquel correspond A^2) (*Introd.* 137). D'où il suit que, si a tombe en o, A^2 coïncide avec le cercle C^2; et que l'hypocycloïde C^3 a un contact du cinquième ordre, aux points u, v, w, avec les coniques A^2 correspondantes aux points de rebroussement p, q, r (8.), considérés comme points a.

En outre, pour un point quelconque a, la conique A^2 coupe l'hypocycloïde C^3 én deux points, qui sont les pôles des tangentes du cercle C^2, issues du point a. Cette propriété résulte de ce que les droites tangentes à ce cercle ont leurs pôles sur l'hypocycloïde C^3 (*Introd.* 135).

Les tangentes de l'hypocycloïde C^3, perpendiculaires aux trois droites qui touchent cette courbe et une conique (A^2) aux mêmes points se rencontrent en un point.

Si l'on mène par deux points quelconques six tangentes à l'hypocycloïde, les tangentes resp. perpendiculaires à celles-là forment un hexagone de BRIANCHON.

Si l'on inscrit une conique quelconque dans l'un des triangles abc, dont il a été question ailleurs (14.), cette conique a trois droites tangentes communes avec l'hypocycloïde, autres que les côtés du triangle abc; et, aux points de contact de ces droites, l'hypocycloïde est touchée par une autre conique (*Introd.* 137, a).

31. Au moyen de l'un quelconque de ces triangles abc, on peut encore engendrer la courbe C^3 d'une autre manière. Concevons la série des coniques Δ^2, inscrites dans le triangle abc et passant par le concours d des hauteurs aa_1, bb_1, cc_1; et supposons qu'on ait tracé, pour chaque conique Δ^2, la droite H tangente en d et la tangente K parallèle à H. On demande quelle courbe est enveloppée par les droites K?

Les coniques Δ^2 qui touchent la droite à l'infini sont deux paraboles (imaginaires) tangentes en d aux droites $d\omega$, $d\omega'$; et l'on voit aisément que, pour chacune de ces paraboles, la droite K tombe entièrement à l'infini. La droite à l'infini est donc une tangente double (idéelle) de l'enveloppe dont il s'agit. Et comme il n'y a qu'une conique Δ^2 tangente en d à une droite donnée, cette enveloppe n'a qu'une tangente dont la direction soit donnée, et par suite elle est une courbe de la troisième classe.

Si l'on donne à la droite H la position perpendiculaire à l'un des côtés du triangle *abc*, la tangente K coïncidera avec H; car la conique Δ^2 devient, dans ce cas, l'une des couples de points aa_1, bb_1, cc_1, ou, ce qui est la même chose, l'un des segments aa_1, bb_1, cc_1 considérés comme des ellipses dont une dimension soit nulle.

Si H est parallèle à l'un des côtés du triangle *abc*, K sera ce même côté; donc les côtés et les hauteurs du triangle *abc* sont autant de tangentes de la courbe enveloppée par les droites K.

Ainsi cette courbe et l'hypocycloïde C^3 ont la tangente double et six tangentes simples communes; et par suite elles coïncident (19.).

32. Observons que les centres des coniques Δ^2 sont sur la circonférence d'une ellipse inscrite dans le triangle formé par les milieux des côtès du triangle donnè *abc**), et circonscrite au triangle formé par les milieux des hauteurs.

Et les points des coniques Δ^2, qui sont diamétralement opposés à *d*, forment une autre ellipse homothétique à la précédente et de dimensions doubles. Ces points et les droites H correspondantes engendrent deux systèmes projectifs. D'où il suit réciproquement que:

Ètant donnés une conique E^2 et un faisceau de droites, dont le point commun soit *d*, et dont les rayons H correspondent anharmoniquement aux points *h* de E^2; si l'on mène par chaque point *h* la droite K parallèle au rayon correspondant H, l'enveloppe de K est une courbe de troisième classe et quatrième ordre, pour laquelle la droite à l'infini est la tangente double et les points de contact sont située sur les rayons H qui correspondent aux points à l'infini de E^2. Cette courbe est donc (9.) une hypocycloïde lorsque, E^2 étant une ellipse, les points à l'infini de cette conique correspondent aux droites $d\omega, d\omega'$.

Les points $i\,i'$, où la droite variable H coupe E^2, forment sur cette ellipse une involution; et les couples de points conjugués $i\,i'$ correspondent anharmoniquement aux points *h*. Il y a trois points *h* qui coïncident avec l'un des points $i\,i'$ correspondants; c'est-à-dire qu'il y a trois droites H qui passent par les points correspondants *h*. Ces droites sont les tangentes à l'hypocycloïde qui passent par *d*.

33. Voici encore un autre moyen d'engendrer cette merveilleuse courbe, douée de propriétés si nombreuses et si élégantes. Soient *uvw* les sommets d'un triangle équilatère inscrit dans le cercle C^2. Cherchons l'enveloppe d'une corde μs telle que l'on ait, entre les arcs, la relation $\widehat{\mu u}=\frac{1}{3}\widehat{\mu s}$, ou bien $\widehat{\mu u}=\frac{1}{2}\widehat{us}$ (et par suite, $\widehat{\mu v}=\frac{1}{2}\widehat{vs}$, $\widehat{\mu w}=\frac{1}{2}\widehat{ws}$).

*) Hearn, Researches on curves of the second order etc. (London 1846), p. 39.

Combien de ces cordes μs passent par un point x pris arbitrairement sur la circonférence de C^2? Si l'on considère ce point comme point μ, il suffira de prendre un arc $\widehat{us} = 2\,\widehat{\mu u}$ (ce qu'on peut faire d'une seule maniére), et nous aurons, dans la corde μs, une tangente K de l'enveloppe dont il s'agit. Si, au contraire, on considère x comme point s, il faudra prendre un arc $u\mu = \frac{1}{2} su$, ce qui donne deux points μ, μ' diamétralement opposés; et $s\mu$, $s\mu'$ seront deux autres tangentes de l'enveloppe. Ces deux tangentes, G, G', sont évidemment perpendiculaires entre elles, et la première tangente K est perpendiculaire au diamètre $\mu\mu'$. Notre enveloppe est donc une courbe de la troisième classe.

De la construction qui précède, on déduit que, pour chacun des points uvw la tangente K coïncide avec l'une des G G'; et, par suite, que l'enveloppe est tangente en uvw au cercle C^2, et que les diamètres ou, ov, ow lui sont aussi tangents.

Cette courbe de troisiéme classe est donc l'hypocycloïde à trois rebroussements. Par conséquent, les points u, v, w, où l'hypocycloïde est tangente au cercle C^2, sont des points de trisection pour les arcs sous-tendus par une tangente quelconque de la même courbe.

34. On peut encore rencontrer l'hypocycloïde à trois rebroussements dans la théorie des cubiques gauches (courbes à double courbure du troisième ordre). On sait*) qu'un plan quelconque contient une droite tangente en deux points distincts à une surface développable du quatrième ordre, donnée. Si donc on coupe la surface par un plan passant par la tangente double à l'infini, la section sera une courbe de la troisième classe et du quatrième ordre, ayant la tangente double à l'infini. Et par conséquent, si la développable est tangente en deux points (imaginaires conjuguès) au cercle imaginaire à l'infini, tout plan, dont la trace à l'infini soit la corde de contact, coupera la surface suivant une hypocycloïde (à trois rebroussements). D'où il résulte que:

Si une surface développable du quatriéme ordre est coupée par un plan donné suivant une hypocycloïde, tout plan parallèle au donné coupera la surface suivant une autre hypocycloïde;

Si une cubique gauche passe par les sommets de deux triangles équilatères situés sur deux plans parallèles, et a deux plans osculateurs (imaginaires) parallèles à ces plans, la surface développable formée par les tangentes de la cubique est coupée par tous les plans parallèles aux donnés suivant des hypocycloïdes.

35. Deux hypocycloïdes (à trois rebroussements) sont situées sur deux plans pa-

---

*) Cayley, Mémoire sur les courbes à double courbure et sur les surfaces développables (Journal de mathématiques de *Liouville*, t. 10, 1.ᵉ série, p. 245).

rallèles Π_1, Π_2; cherchons l'enveloppe du plan qui coupe les plans donnés suivant deux tangentes de ces courbes. Si par un point arbitraire de l'espace on mène les plans tangents resp. aux deux hypocycloïdes, ces plans enveloppent deux cônes de troisième classe et quatrième ordre, qui ont un plan bitangent commun (parallèle aux plans donnés) et mêmes génératrices de contact, dirigées aux points ω, ω', où le cercle imaginaire à l'infini est rencontré par les plans Π. Ces cônes n'auront donc plus que trois autres plans tangents communs: ce sont les seuls plans qu'on puisse mener par le sommet (pris arbitrairement) à toucher en même temps les deux hypocycloïdes. L'enveloppe demandée est donc une surface développable de la troisième classe et, par suite, du quatrième ordre. La cubique gauche K^3, courbe cuspidale de cette développable, passe évidemment par les points pqr de rebroussement de chacune des hypocycloïdes données et y est osculée par trois plans qui concourent au centre o du triangle équilatère pqr (8.). C'est-à-dire que ce point o est le *foyer* *) du plan Π, par rapport à la cubique gauche.

Et, par suite, la droite à l'infini, commune aux plans donnés, est l'intersection de deux plans tangents (imaginaires) de la développable, dont les génératrices de contact passent par les points circulaires ω, ω'. La cubique gauche K^3 a donc trois asymptotes réelles: autrement, elle est une *hyperbole gauche* **).

De ce qui précède on déduit que tout plan Π, parallèle aux plans donnés, coupe la développable suivant une courbe de troisième classe et quatrième ordre, ayant la tangente double à l'infini et les points de contact en ω, ω', c'est-à-dire, suivant une hypocycloïde C^3, dont les rebroussements pqr appartiennent à la cubique gauche K^3. Le lieu des cercles circonscrits aux triangles équilatères pqr est une hyperboloïde gauche Y ***).

Les plans Π sont conjugués, par couples, en involution: de deux plans conjugués, l'un contient la conique lieu des pôles de l'autre, par rapport aux hyperboles H^2 suivant lesquelles la développable est coupée par ses plans tangents. Toutes les coniques, locales des pôles dans les différents plans Π, passent par les points $\omega\omega'$, et par suite sont des cercles, dont les centres (situés sur une droite, corde idéelle de la cubique gauche) sont les points o, centres des triangles équilatères pqr. Ces cercles sont précisément les cercles C^2 (8.) tangents intérieurement aux hypocycloïdes C^3, c'est-à-dire les cercles lieux des intersections des couples de tangentes perpendiculaires †).

*) Mémoire de géométrie pure sur les cubiques gauches (Nouv. Ann. de Math. 2.e série, t. I, p. 287) [Queste Opere, n. **37**] n.º 3.

**) Ibid. n.^i 4, 13.

***) Ibid. n.º 8.

†) Ibid. n.^i 3, 11.

Tous ces cercles C^2 sont situés sur un hyperboloïde Φ, semblable à Y. Cet hyperboloïde Φ est, en outre, le lieu de la droite intersection de deux plans (conjugués) tangents à la développable et coupant les plans Π suivant des droites perpendiculaires. Ce même hyperboloïde est inscrit dans la développable, et la courbe de contact est une cubique gauche semblable à K^3 *).

Dans l'involution des plans Π, les plans doubles (imaginaires) sont tangents à la développable, et le plan central Π_0 coupe l'hyperboloïde Φ suivant un cercle C_0^2 qui est le lieu des centres des hyperboles H^2 inscrites dans la développable. Les points $u\,v\,w$, où le cercle C_0^2 est tangent à l'hypocycloïde C_0^3 correspondante, sont les traces des asymptotes de la cubique gauche K^3; et les points $u'v'w'$ de C_0^2, diamétralement opposés à $u\,v\,w$, sont les centres des hyperboles (circonscrites au triangle formé par les rebroussements de l'hypocycloïde), suivant lesquelles la cubique gauche est projétée sur le plan central par les trois cylindres passant par elle**).

Un plan tangent quelconque de la développable coupe le cercle C_0^2 en deux points s, μ; et le plan tangent conjugué passe par le même point s et par un autre point μ' (10.). Ces deux points $\mu\,\mu'$, diamétralement opposés dans le cercle, sont les centres des hyperboles H^2, suivant lesquelles la développable est coupée par les deux plans tangents nommés***).

36. Revenons maintenant à un théorème déjà démontré (10.). Ètant donné un point s_1 sur la circonférence d'un cercle C^2, menons arbitrairement une corde s_1s_2; ensuite, une autre corde s_2s_3 perpendiculaire au diamètre qui passe par s_1; après, une troisième corde s_3s_4 perpendiculaire au diamètre qui passe par s_2, ... et ainsi de suite. Ces cordes forment une ligne brisée, inscrite dans le cercle et circonscrite à une hypocycloïde douée de trois rebroussements.

La relation entre deux cordes successives $s_{x-1}\,s_x$, $s_x\,s_{x+1}$ est telle que l'arc $\widehat{s_x\,s_{x+1}}$ est double de l'arc $\widehat{s_{x-1}\,s_x}$, mais dirigé en sens contraire; c'est-à-dire, qu'en regardant comme égaux deux arcs, dont la différence soit un multiple de la circonférence 2π, l'on a

$$\widehat{s_x\,s_{x+1}} + 2\widehat{s_{x-1}s_x} = 0\;,$$

ou bien, en désignant par θ_x l'arc $\widehat{s_1\,s_x}$,

$$\theta_{x+1} + \theta_x - 2\theta_{x-1} = 0\;,$$

d'où l'on tire aisément

$$\theta_{x+1} + 2\,\theta_x = \theta_2\;,$$

*) Ibid. n.i 8, 11.
**) Ibid. n.o 14.
***) Ibid. n.o 21.

et par suite

$$(a.)\qquad \theta_x = \frac{1-(-2)^{x-1}}{3}\cdot\theta^2\,.$$

37. Supposons qu'après une série de sommets tous distincts, $s_1, s_2, \ldots s_{n-1}$ l'on parvienne à un sommet s_n qui coïncide avec l'un de ceux qui précèdent, s_m; et nommons $\mathcal{P}$ le polygone fermè dont les sommets successifs sont les points $s_m, s_{m+1}, \ldots s_{n-1}$. La condition pour la coïncidence des points s_n, s_m est évidemment que la différence $\theta_n - \theta_m$ soit un multiple de 2π, et, par suite de $(a.)$, $\frac{\theta_2}{2\pi}$ doit être un nombre rationnel.

Soit donc $\frac{\theta_2}{2\pi} = \frac{q}{p}$, où q, p désignent deux nombres entiers (positifs) premiers entre eux. L'équation $(a.)$ donne

$$(a'.)\qquad \frac{\theta_n - \theta_m}{2\pi} = \frac{(-2)^{m-1}-(-2)^{n-1}}{3}\cdot\frac{q}{p}\,;$$

par conséquent, si les points s_n, s_m doivent coïncider, il faut satisfaire à la congruence

$$(b.)\qquad q(-2)^{m-1}\Big((-2)^{n-m}-1\Big) \equiv 0 \pmod{3p}.$$

Soit $p = 2^\alpha . p'$, p' étant un nombre impair. La plus petite valeur de m qui satisfait à $(b.)$ est évidemment

$$m = \alpha + 1,$$

d'où il suit que, si p contient le facteur 2^α, le point $s_{\alpha+1}$ sera le premier sommet du polygone $\mathcal{P}$, c'est-à-dire le sommet où ce polygone se ferme. Autrement: la ligne brisée $s_1 s_2 \ldots s_n$ se composera d'une partie ouvert $s_1 s_2 \ldots s_{\alpha+1}$, qui a α côtés, et d'un polygone fermé $s_{\alpha+1} \ldots s_n$.

Donc, si l'on a simplement $p = 2^\alpha$, il n'y aura pas de polygone fermé; mais la ligne brisée $s_1 s_2 \ldots$ s'arrêtra au point $s_{\alpha+1}$, et tous les sommets successifs coïncideront avec celui-ci.

Au contraire, le polygone $\mathcal{P}$ se ferme au point s_1, toutes les fois que p est un nombre impair.

38. Ayant ainsi déterminé le nombre m, chercons la valeur de n. Si $p = 2^\alpha . p'$, et p' n'est pas premier à 3, la congruence $(b.)$ devient

$$(c.)\qquad (-2)^{n-\alpha-1} - 1 \equiv 0 \pmod{3p'}.$$

Mais si p' est premier à 3 (quelque soit q), le binome $(-2)^{n-\alpha-1}-1$ étant divisible par 3, la congruence à satisfaire sera la suivante

$$(d.) \qquad (-2)^{n-\alpha-1}-1 \equiv 0 \qquad (\text{mod. } p').$$

Ainsi la valeur de $n-\alpha-1$ sera le plus petit exposant qui rend $(-2)^{n-\alpha-1}-1$ divisible par $3p'$ ou par p' suivant que p' est divisible par 3 ou premier à ce nombre. Par exemple,

pour $p = 3, 5, 6, 7, 9, 10, 11, 12, 13, 14, 15, 17, 18, 19, 21, 23, 27, 29, 31, \ldots$
on a $m = 1, 1, 2, 1, 1, 2, 1, 3, 1, 2, 1, 1, 2, 1, 1, 1, 1, 1, 1, \ldots$
et $n = 4, 5, 5, 7, 10, 6, 6, 6, 13, 8, 13, 9, 11, 10, 7, 23, 28, 28, 11, \ldots$

Ici les propriétés connues des nombres pourraient donner lieu à des théorèmes intéressants, relatifs à ces polygones $\mathcal{P}$ inscrits dans le cercle et circonscrits à l'hypocycloïde. Par exemple: si à deux nombres p, p_1, premiers entre eux, correspondent deux valeurs de $n-m$, dont l'une soit multiple de l'autre, la plus grande de ces valeurs conviendra aussi au nombre pp_1; donc etc.

39. Je me borne à observer qu'en général la valeur de n est plus petite ou au plus égale à p, sauf le cas que p soit une puissance du nombre 3. Si $p=3^\beta$, la congruence ($c.$) devient

$$(-2)^{n-1}-1 \equiv 0 \qquad (\text{mod. } 3^{\beta+1}).$$

Dans ce cas, le plus petit exposant est

$$n-1 = 3^\beta,$$

d'où

$$n = p+1.$$

40. Je suppose la circonférence du cercle divisée en p parties égales; soit $\mathcal{Q}$ le polygone régulier qu'on obtient en joignant les successifs points de division. Je suppose en outre que la ligne brisée $s_1 s_2 \ldots$ (36.) ait son premier côté commun avec le polygone $\mathcal{Q}$.

Comme les cordes s_1s_2, $s_2s_3, \ldots$ sous-tendent les arcs $\frac{2\pi}{p}, \frac{4\pi}{p}, \frac{8\pi}{p}, \ldots \frac{2(p-2)\pi}{p}$, $\frac{2(p-1)\pi}{p}, \ldots$, il s'ensuit que tous les côtés de la ligne brisée sont des côtés ou des diagonales du polygone régulier $\mathcal{Q}$. Mais réciproquement, les sommets de $\mathcal{Q}$ n'appartiennent pas tous en général (39.) à la ligne brisée $s_1 s_2 \ldots s_n$, et d'autant moins au polygone $\mathcal{P}$ qui en fait partie. Seulement, lorsque p est une puissance de 3, on a $m=1$ et $n=p+1$, et par suite, la ligne brisée $s_1 s_2 \ldots s_n$ forme un polygone fermé $\mathcal{P}$ de p côtés, dont les sommets sont, dans un ordre différent, les sommets du polygone régulier $\mathcal{Q}$ (39.).

41. Dans ce cas de $p = 3^\beta$, les grandeurs des côtés du polygone $\mathcal{P}$ se réproduisent avec la période $3^{\beta-1}$; c'est-à-dire que la longueur d'un côté $s_{x-1}s_x$ ne change pas si x reçoit l'accroissement $3^{\beta-1}$. En effet, l'équation $(a'.)$ donne pour l'arc soustendu par le côte $s_{x-1}s_x$, l'expression

$$\theta_x - \theta_{x-1} = \frac{(-2)^{x-2}-(-2)^{x-1}}{3} \cdot \frac{2q\pi}{p};$$

ou bien

$$(e.) \qquad \frac{\theta_x-\theta_{x-1}}{2q\pi} = \frac{(-2)^{x-2}}{3^\beta},$$

puisque $p = 3^\beta$. Si l'on fait maintenant $x + 3^{\beta-1} = y$, on aura

$$\frac{\theta_y-\theta_{y-1}}{2q\pi} = \frac{(-2)^{x-2}}{3^\beta} \cdot (-2)^{3^{\beta-1}};$$

mais l'on a identiquement (39.)

$$(-2)^{3^{\beta-1}} - 1 = k.3^\beta,$$

k étant un nombre entier; donc

$$\frac{\theta_y-\theta_{y-1}}{2q\pi} = \frac{(-2)^{x-2}}{3^\beta} + k(-2)^{x-2};$$

c'est-à-dire que l'arc $\theta_y - \theta_{y-1}$ ne diffère de l'arc $\theta_x - \theta_{x-1}$ que par un multiple de 2π; et par suite les côtes $s_{y-1}s_y$, $s_{x-1}s_x$ sont égaux. En ajoutant de nouveau 3^{-1} à l'index x, on obtiendra un troisième côté égal à $s_{x-1}s_x$; mais il faut s'arrêter là, car un troisième accroissement $3^{\beta-1}$ donné à x reviendrait à ajouter 2π à l'arc $\widehat{s_{x-1}s_x}$, ce qui reproduirait le premier côté $s_{x-1}s_x$. Ainsi les côtés du polygone $\mathcal{P}$ (pour $p = 3^\beta$) sont égaux trois à trois.

L'équation $(e.)$ fait voir que le rapport $(\theta_x - \theta_{x-1}) : \frac{2\pi}{p}$ n'est jamais un multiple de 3; et d'ailleurs, puisque les côtés du polygone $\mathcal{P}$ sont égaux trois à trois, le nombre des côtés différents sera $3^{\beta-1}$: ce qui est précisément la moitié du nombre qui marque combien il y a de nombres inférieurs et premiers à p. Les côtés du polygone $\mathcal{P}$ sont donc les côtés et les diagonales, de tous les ordres non divisibles par 3, du polygone régulier $\mathcal{Q}$.

Bologne, 10. mai 1864.

64.

ON THE FOURTEEN-POINTS CONIC. [77]

By prof. CREMONA.

(Communicated by T. A. HIRST, F. R. S.).

The Oxford, Cambridge, and Dublin Messenger of Mathematics, vol. III, N.° IX (1864), pp. 13-14.

Theorem. If ω, ω' be the two points on any side of a complete quadrilateral, each of which determines, with the three vertices on that side, an equianharmonic system; and if i, i' be the double points of the involution determined, on any diagonal, by two opposite vertices and by the intersections of the other two diagonals; then the four pairs of points ω, ω' will lie, with the three pairs i, i', upon one and the same conic.

Demonstration. Let α, β, γ be the corners of the triangle formed by the diagonals which connect the opposite vertices a, a'; b, b'; c, c'; and on any side, say abc, let a point ω be taken so as to make the anharmonic ratio $(abc\omega)$ equal to one of the imaginary cube roots of -1. The four points ω, relative to the four triads abc, $ab'c'$, $a'bc'$, $a'b'c$, will be the points of contact of a conic Σ inscribed in the quadrilateral, since these points of contact necessarily determine homographic ranges and the diagonals aa', bb', cc' represent three of the inscribed conics. Similarly, if ω' be taken so as to make the anharmonic ratio $(abc\omega')$ equal to the *other* imaginary cube root of -1, the four points ω' will be points of contact of another inscribed conic Σ'.

Again, the eight points of contact of *any* two inscribed conics Σ and Σ' lie, as is well known, on a third conic S, with respect to which the triangle $\alpha\beta\gamma$ is self-conjugate; the polar of a relative to S, therefore, will pass through α. This polar will, moreover, pass through A, the harmonic conjugate of a relative to bc, since $\omega\omega'$ is divided harmonically by a and A, and, passing through α and A. It will necessarily also pass through the vertex a', opposite to a. But if so, the conic S, which is already known to cut $\beta\gamma$ harmonically, will do the same to aa', and consequently will pass through the points i, i'. By similar considerations with respect to the other two diagonals, therefore, the theorem may readily be established.

65.

ON NORMALS TO CONICS, A NEW TREATMENT OF THE SUBJECT.

By Prof. CREMONA.

(Communicated by T. A. HIRST, F. R. S.).

The Oxford, Cambridge, and Dublin Messenger of Mathematics, vol. III, N.° X (1865), pp. 88-91.

LET $a\,a'\,b\,b'\,c\,c'$ be the vertices of a quadrilateral whose diagonals aa', bb', cc' form the triangle $\alpha\beta\gamma$. Any line R intersects the diagonals in three points whose harmonic conjugates relative to the couples aa', bb', cc', respectively, lie on another line R′, which may be said to *correspond* to R *). The four sides of the quadrilateral are the only lines which coincide with their corresponding ones. When R passes through a vertex of the quadrilateral, R′ passes through the same vertex, and the two lines are harmonic conjugates relative to the sides which intersect at that vertex. When R coincides with a diagonal, R′ is an indeterminate line passing through the intersection of the other two diagonals.

When R turns around a fixed point p, R′ envelopes a conic P inscribed to the triangle $\alpha\beta\gamma$, and obviously identical with the envelope of the polars of p relative to the several conics inscribed in the quadrilateral. Hence it follows that the tangents from p to P form a pair of corresponding lines, and that they are the tangents at p to the two inscribed conics which pass through the latter point.

*) This property is easily demonstrated; it is in fact a particular case of a more general theorem due to HESSE (CRELLE'S *Journal,* vol. XX.) in virtue of which any three pairs of harmonic conjugates relative to aa', bb', cc' lie on a conic. A geometrical demonstration of this more general theorem is also given by CHASLES at p. 96, of the first part of his excellent *Traité des Sections Coniques.* T. A. H.

In a similar manner, the harmonic conjugates relative to aa', bb', cc' of the six intersections of the diagonals with any conic C lie on a second conic C′. If the former be conjugate to the triangle $\alpha\beta\gamma$, so also will the latter, and the two conics C, C′, in this case, will be the reciprocal polars relative to the fourteen-points conic (p. 13) [Queste Opere, n. **64**]. L. C.

Conversely, when R envelopes a conic P inscribed to the triangle $\alpha\beta\gamma$, its corresponding line R′ always passes through a fixed point p *corresponding* to that conic.

When p is on a diagonal, the conic P resolves itself into a pair of points of which one coincides with the intersection of the other two diagonals, and the other with the harmonic conjugate of p relative to the vertices situated on the first diagonal.

In this manner we have a method of transformation in which to a line corresponds a line, and to a point corresponds a conic inscribed in a fixed triangle $\alpha\beta\gamma$. It can, moreover, be shown, that to a curve of mth class which touches the sides of this triangle in λ, μ, ν points, respectively, corresponds a curve of the class $2m-(\lambda+\mu+\nu)$, having these sides for multiple tangents of the orders

$$m-(\mu+\nu),\ m-(\nu+\lambda),\ m-(\lambda+\mu).\,^{*)}$$

If the points c, c' coincide with the imaginary circular points at infinity, the inscribed conics will form a system of confocal conics; a, a' and b, b' being their common foci (real and imaginary), and γ their common centre.

Corresponding lines R, R′ are now perpendicular to each other, and divide harmonically the focal segments aa', bb'. Two such lines, therefore, are necessarily tangent and normal to each of the two confocal conics passing through their intersection. In other words, any line R whatever being regarded as a tangent (or as a normal) at one of its points to a determinate conic of the confocal system, the corresponding line R′ will be the normal (or the tangent) to that conic at that point.

To a point p corresponds a parabola P touching the axes aa', bb' and having the line $p\gamma$ for directrix.

To the normals which can be drawn from p to any conic C of the confocal system, correspond the tangents common to C and to the parabola P; so that the problem to draw the normals from a point p to a given conic C, is transformed to this: to find the common tangents to a conic C and a parabola P, which touches the axes of C as well as the bisectors of the angle subtended at p by C. The four common tangents being constructed, the required normals will be the lines joining p to their points of contact with C. The anharmonic ratio of the four normals, it may be added, is equal to that of the four tangents.

---

*) A similar method of transformation is given by STEINER in his *Geometrische Gestalten*, p. 277, and a precisely correlative method has been investigated by Prof. H. A. NEWTON (*Math. Monthly*, Vol. III. p. 235), and by Prof. BELTRAMI (*Mem. dell'Accad. delle Scienze di Bologna*, Ser. II. Vol. II.). Formulæ analogous to the above are also given in my paper « On the Quadric Inversion of Plane Curves » (Proc. of R. S. March, 1865) the effects of such inversion being the same as those of the transformations of Professors NEWTON and BELTRAMI. T.A.H.

The feet of the four normals are the intersections of C, and the conic H which is the reciprocal polar of P relative to C. Now P being inscribed to a triangle $\alpha\beta\gamma$ which is conjugate to C, H will be circumscribed to this triangle; that is to say, it will be an equilateral hyperbola passing through the centre of C, and having its asymptotes parallel to the axes of C. Moreover H is intersected by the polar of p, relative to C in two points, conjugate with respect to C, whose connector subtends a right angle at p.

Conversely, every equilateral hyperbola H circumscribed to $\alpha\beta\gamma$ will intersect C in four points, the normals (to C) at which will converge to a point p; in fact, to that point which corresponds to the parabola P of which H is the polar reciprocal, relative to C.

Since to the several tangents of any conic C of the confocal system correspond the normals at the points of contact; the curve corresponding to C itself will be its envolute E; which, by the above, must be a curve of the *fourth* class, having for double tangents the axes aa', bb' of C and the line cc' at infinity; moreover, E will touch C at the four imaginary points where the latter touches the sides of the quadrilateral whose six vertices are the four foci a, a', b, b', and the two circular points c, c'. To the several points of E correspond parabolas P which touch C; hence, since there are four parabolas P which have double contact with C, E has four double points. Further, the points will be stationary ones on E, which correspond to parabolas P having three-pointic contact with C. But to possess this property such a parabola must necessarily resolve itself into a vertex of the triangle $\alpha\beta\gamma$, and an intersection of the opposite side with the conic C. Hence E has six cusps e, e'; f. f'; g ,g'; situated, two and two, on the sides of the triangle $\alpha\beta\gamma$; they are in fact, the harmonic conjugates. relative to the vertices aa', bb', cc', of the intersections of C with the sides of $\alpha\beta\gamma$. Hence it follows (see note) first, that the six cusps lie on the conic C', which constitutes the polar reciprocal of C relative to the fourteen-points conic; secondly, that E is a curve of the sixth order; and thirdly, that this curve is touched by its double tangents aa', bb', cc' precisely at its cusps.

This will suffice to show with what facility questions concerning normals to conics may be treated by the above method, and how by its means the numerous theorems due to Poncelet, Chasles, Joachimsthal, and others; as well as the more recent theorems of Steiner (Crelle's *Journal*, Vol. XLIX.) and Clebsch (*Ibid.* Vol. LXII.) may be rendered geometrically evident.

Bologna, *Sept.* 1864.

66.

SOLUTION OF THE PROBLEM 1751.

(Proposed by Professor Cayley).

The Educational Times, and Journal of the College of Preceptors,
New Series, Vol. XVIII (1865), p. 113.

Let ABCD be any quadrilateral. Construct, as shown in the figure, the points F, G, H, I: in BC find a point Q such that $\frac{BG}{BC} \cdot \frac{CQ}{GQ} = \frac{1}{\sqrt{2}}$; and complete the construction as shown in the figure. Show that an ellipse may be drawn passing through the eight points F, G, H, I, α, β, γ, δ, and having at these points respectively the tangents shown in the figure.

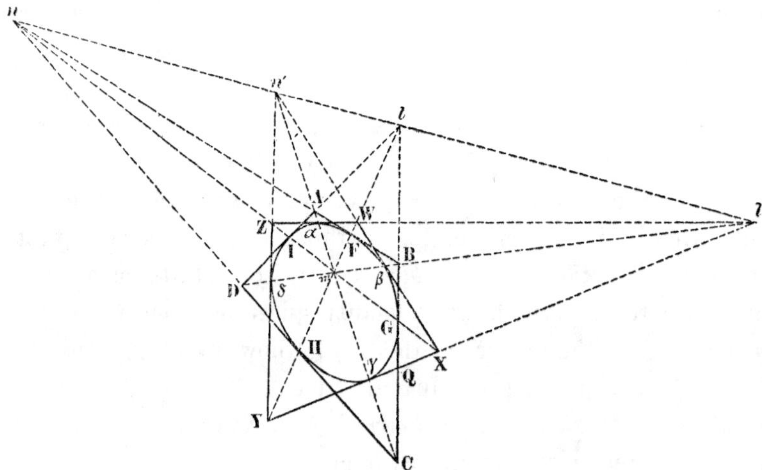

Remark. — If ABCD is the perspective representation of a square, then the ellipse is the perspective representation of the inscribed circle; the theorem gives eight points and the tangent at each of them; and the ellipse may therefore be drawn by hand with an accuracy quite sufficient for practical purposes.

Solution by Professor CREMONA.

Conservons la figure de M. Cayley, et désignons, de plus, par des lettres les points (BC, AD) $= l$, (CA, BD) $= m$, (AB, CD) $= n$, (BD, ln) $= l'$, (AC, ln) $= n'$. On sait, par les propriétés connues du quadrilatère complet (AC, BD, ln), que les systèmes (AB, Fn), (BC, Gl), (CD, Hn), (DA, Il) sont harmoniques ; on sait en outre que quatre points pris dans les côtés d'un quadrilatère complet et tels qu'ils forment avec les ternes de sommets le même rapport anharmonique sur chaque côté, sont les points de contact d'une conique inscrite. Donc les droites AB, BC, CD, DA touchent en F, G, H, I une même conique ; et pour cette conique le quadrilatère circonscrit est *harmonique*, parce que chaque côté est divisé harmoniquement par les trois autres et par le point de contact. Les points m, n' sont, par rapport à cette conique, les poles des droites ln, BD ; donc la polaire de l' est mn' savoir AC ; c'est-à-dire que les points α, γ, où la conique est touchée par les tangentes issues du point l', sont collinéaires avec mn' AC. De même les points β, δ où la conique est touchée par les tangentes issues de n' sont sur la droite ml'BD. Ces quatre tangentes issues de l' et n' forment un second quadrilatère circonscrit harmonique ; car ex. g. les 4 points (W Z, l' a) sont perspectifs aux 4 points (ln, $l'n'$) qui forment un système harmonique.

On peut observer encore que, des propriétés connues du quadrilatère complet (X Z, W Y, $l'n'$), pour lequel le triangle diagonal est lmn, il suit évidemment que les droites $\alpha\delta$, $\beta\gamma$ passent par l, et que les droites $\alpha\beta$, $\gamma\delta$ passent par n ; de même que l' est l'intersection de FI, GH, et n' est l'intersection de FG, HI.

Pour construire le point Q, duquel dépend le nouveau quadrilatère, calculons le rapport anharmonique (BQGC) $= x$. Le point Q étant un point double de l'involution (Bl, GC, . . .), on aura l'égalité (BQGC) $=$ (Ql GC), et par conséquent (QlGC) $= x$. De cette égalité et de cette autre (BlGC) $= \frac{1}{2}$, qui exprime l'harmonie du système (BC, Gl), on tire par la division (BQGC) $= \frac{1}{2x}$. Mais l'on a (BQGC) $= x$; donc $x^2 = \frac{1}{2}$, ce qui donne les deux point doubles de l'involution, c'est-à-dire les points où BC est coupée par les tangentes issues de l'.

67.

DÉMONSTRATION GÉOMÉTRIQUE DE DEUX THÉORÈMES RELATIFS À LA SURFACE D'ÉGALE PENTE CIRCONSCRITE À UNE CONIQUE.

Extrait d'une Lettre à M. de la Gournerie.

Nouvelles Annales de Mathématiques, 2.me série, tome IV (1865), pp. 271-275.

Monsieur,

Dans votre excellent *Traité de Géométrie descriptive*, vous démontrez analytiquement deux beaux théorèmes relatifs aux coniques doubles de la surface d'égale pente dont la directrice est une conique. Un passage de votre *Lettre à* M. Liouville *), en faisant allusion à ces théorèmes, m'a engagé à en rechercher la démonstration géométrique. C'est cette démonstration que je vous demande la permission de vous communiquer.

On donne deux coniques (A), (D) dans deux plans A, D: soient d, a les pôles de la droite AD par rapport aux coniques (A), (D) respectivement. Les plans tangents

---

*) *Journal de Mathématique,* décembre 1864.

On sait que la surface d'égale pente circonscrite à une conique a trois lignes doubles qui sont des coniques. L'une d'elles est la directrice; la détermination graphique des deux autres présentait quelque difficulté. Le passage de ma Lettre à M. Liouville, que rappelle M. Cremona, est le suivant:

... Je trouve que les proiections horizontales des deux lignes doubles cherchées et de la directrice sont des coniques homofocales, et que l' intersection des plans de deux d'entre elles est perpendiculaire au plan de la troisième. Il y a probablement quelque moyen facile de démontrer ces théorèms par la Géométrie

Je suis heureux d'avoir, par cette phrase, provoqué les recherches d'un géomètre aussi distingué que M. Cremona. J. de la G.

communs à ces coniques enveloppent une développable qui a deux coniques *doubles*, autres que (A), (D). Les plans des quatre coniques forment un tétraèdre conjugué commun à toutes les surfaces du second ordre inscrites dans la développable. Il s'ensuit que si l'on détermine sur la droite AD les points *b*, *c* conjugués entre eux par rapport aux deux coniques (A), (D), les plans *adc*, *adb* contiendront les deux autres coniques doubles que nous nommerons (B), (C).

Imaginons maintenant dans le plan D une autre conique K ayant un double contact avec la conique (D); soient *e*, *f*, les points de contact; *g* le point de concours des tangentes communes; soient a', b', c', les points où la corde de contact *ef* est rencontrée par les côtés *bc*, *ca*, *ab* du triangle *abc*, conjugué à (D). On sait que lorsque deux coniques ont un contact double, les polaires d'un même point quelconque concourent sur la corde de contact; donc *a* et a', *b* et b', *c* et c' sont des couples de points conjugués entre eux, non-seulement par rapport à la conique (D), mais aussi par rapport à la conique K.

Concevons qu'on mène par *ge* (et de même par *gf*) deux plans tangents à la conique (A); ces plans touchent la conique (D), donc ils sont tangents aussi aux coniques (B), (C); c'est-à-dire que *ge*, *gf* sont les intersections de deux couples de plans tangents communs aux coniques (A), (B), (C). Ces plans couperont un plan mené arbitrairement par *ef* suivant quatre droites (dont deux se coupent en *e*, et les deux autres en *f*), et ces quatre droites seront tangentes aux sections des cônes *g*(A), *g*(B), *g*(C) par ce plan. C'est-à-dire que si l'on fait la perspective des coniques (A), (B), (C) sur un plan passant par *ef*, l'œil étant en *g*, on aura trois coniques inscrites dans un même quadrilatère dont deux sommets sont les points *e* et *f*.

Supposons maintenant que le plan D soit à une distance infinie, et considérons la conique (D) comme la section à l'infini d'un cône (D) de sommet *d*; alors *d* sera le centre commun des coniques (A), (B), (C); et les droites (*db*, *dc*), (*dc*, *da*), (*da*, *db*) seront des couples de diamètres conjugués des coniques (A), (B), (C) respectivement. D'où il suit qu'étant donnés la conique (A) et le cône (D), la droite *da* sera la conjuguée au plan A par rapport au cône, et les droites *db*, *dc* seront conjuguées entre elles par rapport au cône et par rapport à la conique (A), c'est-a-dire qu'elles seront les droites qui divisent harmoniquement l'angle des asymptotes de (A) et l'angle des génératrices du cône (D) comprises dans le plan A. Par conséquent, si (A) est une ellipse, les droites *db*, *dc* seront toujours réelles; mais si (A) est une hyperbole, elles peuvent être imaginaires.

Si des points où la conique (A) coupe le plan D on mène les tangentes à la conique (D), ces quatre tangentes sont des génératrices de la développable et se rencontrent en quatre points qui, étant des points doubles de la développable, appartiennent aux deux coniques (B), (C). Si (A) est une ellipse, ces quatre tangentes sont imaginaires, mais donnent deux intersections réelles: donc l'une des coniques (B), (C) sera une hyperbole, et l'autre une ellipse.

Supposons que la conique K soit le cercle imaginaire à l'infini (section d'une sphère arbitraire par le plan à l'infini); le cône (D), dont la section à l'infini a un contact double avec K, devient un cône de révolution, dont l'axe est dg. Que cet axe soit vertical; les plans menés par ef seront horizontaux. Dans ces hypothèses la développable sera une *surface d'égale pente.*

Les points a et a' étant conjugués par rapport à K, il s'ensuit que les droites da, da' sont perpendiculaires; c'est-à-dire que les coniques doubles (A), (B), (C) ont cette propriété, que *l'intersection des plans de deux d'entre elles est perpendiculaire à la trace horizontale du plan de la troisième.* C'est l'un de vos théorèmes. Autrement, les trois plans A, B, C et un plan horizontal quelconque forment un tétraèdre dont les arêtes opposées sont orthogonales.

Les perspectives des coniques (A), (B), (C), sur un plan passant par ef, avec l'œil en g, deviennent des projections orthogonales sur un plan horizontal. Or ces projections sont inscrites dans un même quadrilatère (imaginaire) ayant deux sommets aux points circulaires à l'infini, e, f, donc *elles sont des coniques homofocales.* C'est l'autre de vos théorèmes.

J'ajoute que l'étude analytique de ces développables devient tres-simple lorsqu'on fait usage de coordonnées planaires, en rapportant les points de l'espace au tétraèdre formé par les plans des coniques doubles, comme tétraèdre fondamental, ainsi que je l'ai fait dans une autre occasion (*Annali di Matematica*, t. II, p. 65) [Queste Opere, n. **11** (t. 1°)]. Il est bien entendu que cette méthode ne peut être employée que dans le cas où le tétraèdre est réel.

Vous pouvez, Monsieur et cher collègue, faire de cette comunication l'usage que vous voudrez; par exemple, vous pouvez la transmettre à M. Prouhet pour les *Nouvelles Annales...*

Bologne, 19 mai 1865.

68.

SULLA STORIA DELLA PROSPETTIVA ANTICA E MODERNA.

Rivista italiana di scienze, lettere ed arti colle Effemeridi della pubblica istruzione,
Anno VI (1865), pp. 226-231, 241-245.

Il sig. Poudra, che noi già conosciamo come autore di un importante trattato originale sulla prospettiva in rilievo *) e di una bella edizione delle opere di Desargues **), ha, or sono pochi mesi, pubblicato un altro libro ***) nel quale tesse la storia della prospettiva dal tempo della sapienza greca sino ai dì nostri, menziona moltissime delle opere che furono scritte intorno a questo soggetto, ne indica il contenuto facendone una chiara e sugosa analisi, e descrive abilmente i varî metodi e processi che in esse si trovano esposti. Crediamo far cosa utile ai geometri ed agli artisti italiani dando loro a conoscere, mediante una rapida rivista, questo nuovo ed importante lavoro che, secondo le intenzioni dell'autore, forma seguito al corso di prospettiva da lui già professato alla scuola di stato maggiore a Parigi.

Di tutti i sensi quello della vista è il più soggetto ad ingannarsi, quello che più spesso ci fa cadere in errore. Un oggetto ci diviene visibile per mezzo de' raggi luminosi, che partendo dai singoli suoi punti arrivano al nostro occhio formando ciò che si chiama *cono visuale.* Per mezzo del qual cono noi ci formiamo bensì un qualche concetto sulla forma e sulla posizione dell'oggetto: ma un concetto spesso vago e indeterminato, perchè, non ci essendo note nè le distanze de' varî punti obbiettivi dall'occhio, nè le distanze mutue fra i medesimi, nulla possiamo conchiudere di preciso

---

*) *Traité de perspective-relief,* Paris 1860. Vedi *Politecnico,* luglio 1861. [Queste Opere, n. **26** (t. 1.°)].

) *Oeuvres de* Desargues *réunies et analysées par* M. Poudra, Paris 1864. Vedi *Rivista Italiana,* n.° 181. [Queste Opere, n. **46].

***) *Histoire de la perspective ancienne et moderne* ecc. Paris, Corréard éditeur, 1864, in 8.°.

e di assoluto. Questa indeterminazione è scemata o anche tolta del tutto quando l'abitudine e la riflessione ci abilitano a valutare, almeno in via di approssimazione, quegli elementi che il cono visuale lascia incerti. Ma se noi prescindiamo da questa correzione mentale che non ha sempre luogo, egli è chiaro che l'occhio proverà la stessa sensazione comunque si deformi l'oggetto senza che venga ad alterarsi il cono visuale: ossia, ad un osservatore immobile possono parere identici due oggetti differenti, quando i loro punti siano situati a due a due sopra uno stesso raggio visuale e presentino all'occhio lo stesso coloramento. Di qui risulta che un oggetto può essere giudicato tutt'altra cosa da quella che veramente è. Per es. due rette parallele sembrano concorrere in un punto situato nel raggio visuale lungo il quale s'intersecano i due piani visuali.

Queste illusioni variano all'infinito. In primo luogo esse sono diverse secondo la natura della via che il raggio luminoso ha percorso per giungere da un punto obbiettivo al nostro occhio: giacchè questa via è una semplice retta quando la visione è diretta; è una spezzata quando vi ha riflessione all'incontro del raggio con uno specchio e quando vi ha rifrazione pel passaggio della luce da un mezzo in un altro; è una curva quando la luce si rifrange continuamente attraverso un mezzo eterogeneo, ecc. In secondo luogo, moltissime illusioni dipendono dagli effetti d'ombra e di luce, a causa del diversissimo aspetto che assumono le cose secondo che il sole le illumini con luce diretta, ovvero sia nascosto dalle nubi, ecc. A modificare le illusioni interviene poi anche la fantasia, ed allora esse mutano da individuo ad individuo.

La riflessione e l'esperienza fecero accorti gli antichi di una gran parte degli errori che nascono dalla visione: essi ne fecero uno studio speciale e così crearono una scienza che si chiamò *ottica* presso i Greci, *prospettiva (ars bene videndi)* presso i Latini, e meglio *scienza delle apparenze (de aspectibus)* presso gli Arabi. Intorno al quale argomento il più antico libro che ci sia pervenuto è l'*Ottica* di Euclide *) il celebre autore degli *Elementi*.

In Euclide troviamo affermato che la luce cammina in linea retta e che l'angolo di riflessione è uguale all'angolo di incidenza: due principii usciti dalla scuola platonica. Vi troviamo inoltre, fra i teoremi, che delle parti uguali di una retta le più lontane sembrano più piccole, che due rette parallele allontanandosi da noi sembrano concorrere, che una circonferenza sembra una retta se l'occhio è nel piano di essa, ecc. Vi sono analizzate le apparenze dei diametri di un circolo, diverse secondo la posizione dell'occhio; vi è detto in qual modo, restando fisso

*) Euclidis, *Optica et Catoptrica,* per Joh. Penam. Parisiis 1557.

l'occhio, si possa muovere (in un piano) una retta finita senza che muti la sua apparenza in grandezza, ovvero in qual modo può muoversi l'occhio senza che muti la grandezza dell'apparenza di una retta fissa, ecc. Vi si tratta degli specchi piani e degli sferici concavi o convessi, della grandezza e della posizione delle imagini formate per riflessione, delle imagini ottenute con più specchi, ecc.

EUCLIDE, come PLATONE, credeva che la visione si effettuasse per raggi usciti dall'occhio e diretti dalla volontà sugli oggetti. Questa opinione prevalse presso gli antichi e durò ancora per molto tempo: ma non mancò (e primo PITAGORA) chi avesse l'opinione contraria, che fa l'occhio impressionato dai raggi che partono dagli oggetti illuminati. Del resto si avevano allora le idee più inesatte sulla visione, ed ARISTOTILE ce ne dà la prova. Nel secolo decimosesto dell'era volgare, MAUROLICO *) e PORTA **) toccarono davvicino alla spiegazione del fenomeno: ma entrambi si ingannarono credendo che il cristallino fosse destinato a ricevere le imagini. Fu KEPLER ***) il primo che abbia riconosciuto le imagini formarsi rovesciate sulla retina.

Anche l'astronomo TOLOMEO (an. 125 d. C.) ha lasciato uno scritto sulle apparenze †), ove si tratta non solamente della visione diretta e della visione per riflessione, ma anche di quella per rifrazione: ciò che EUCLIDE non aveva fatto. Oltre alle spiegazioni esclusivamente geometriche che EUCLIDE dà per gli errori del vedere, TOLOMEO fa intervenire anche altri elementi, come le ombre, i colori, l'umidità dell'aria, gli effetti dovuti alla imaginazione ed all'abitudine, ecc.

Scrissero del pari sulle apparenze: ELIODORO di Larissa ††), l'arabo ALHAZEN †*), ALKINDI arabo pur esso, il polacco VITELLIONE †††) e gli inglesi GIOVANNI PECHAM ††*)

---

*) *Theoremata de lumine et umbra etc.* Lugduni 1613.

**) *Magia naturalis.* Neapoli 1558.

***) *Paralipomena ad Vitellionem.* Francofurthi 1604.

†) Di quest'opera rarissima il signor POUDRA ha consultata una traduzione *(Incipit liber Ptolomaei de Opticis sive Aspectibus, translatus ab* AMMIRATO EUGENIO SICULO, *de arabico in latinum)* che appartiene al sig. CHASLES.

††) *Capita opticorum.* Florentiae 1573.

†*) *Opticae thesaurus.* Basileae 1572.

†††) *Perspectiva.* Norimbergae 1535.

††*) Il mio erudito amico, dott. CARONTI, mettendomi sotto gli occhi le molte opere di prospettiva antica e moderna possedute dalla Biblioteca della nostra Università [di Bologna], mi ha aiutato a porre in sodo che i due libri esaminati dal POUDRA a pag. 63 e 66 della sua *Histoire* non sono che due edizioni della *Perspectiva communis*, piccolo trattato geometrico sulle apparenze, il cui autore è GIOVANNI PECHAM *(Pechamus, Pithsanus, Pisanus)* vescovo di Cantorbery. Se ne conoscono parecchie edizioni: Milano, senza data, ma prima del 1500, per

e RUGGERO BACONE *): i quali ultimi tre vissero nel decimoterzo secolo. Fra le cose che ci sono rimaste è assai notevole la *Prospettiva* di VITELLIONE che vi raccolse tutto ciò che si sapeva al suo tempo, aggiungendovi del proprio ampi sviluppi e ingegnose considerazioni. In quest'opera, che fu molto studiata dai matematici posteriori, si tratta della visione diretta, delle ombre, della riflessione su specchi piani, sferici, cilindrici e conici, concavi o convessi e da ultimo della rifrazione. Vi si trova la considerazione del cono visuale, non che quella dei limiti d'ombra e di luce; e merita d'esser notato che fra le proposizioni di geometria di cui l'autore fa uso vi sono quelle che costituiscono oggidì la teoria della divisione armonica delle rette e dei fasci armonici. Rispetto alla teoria della visione, VITELLIONE, contrariamente ad EUCLIDE e TOLOMEO, e d'accordo invece con ALHAZEN, crede impossibile che il vedere abbia luogo *per radios ab oculis egressos* ed afferma che *visio fit ex actione formae visibilis in visum et ex passione visus ab hac forma.* BACONE, fra le due sentenze, lascia sospeso il giudizio.

L'opera di BACONE, è divisa in tre parti; contiene molta metafisica e perfino delle idee mistiche, ma in generale ha un carattere strettamente scientifico. Meritano d'essere letti principalmente i capitoli sulla catottrica e sulla diottrica, ove l'argomento è trattato geometricamente e con vedute originali.

Nei secoli seguenti incontriamo REISCH ed OROZIO FINEO **) autori di una enciclopedia filosofica che contiene alcune cose relative alla prospettiva ed all'ottica; PIETRO LA RAMÉE e FEDERICO RISNER ***), l'opera dei quali è un commento a VITELLIONE, arricchito delle nuove idee dovute al progresso de' tempi, assai intelligibile e fatto con molta abilità geometrica; MAUROLICO di Messina che diede pel primo la soluzione esatta di importanti problemi ottici †); AGUILLON autore di un esteso trattato ††) filosofico e geometrico che comprende tutto quanto tocca da vicino o da lontano all'argomento della visione e riassume in sè i lavori anteriori di EUCLIDE, TOLOMEO,

---

FACIO CARDANO matematico; Venezia 1504, per LUCA GAURICO Napoletano; Norimberga 1542, per GIORGIO HARTMANN; Parigi 1556, per PASCASIO DUHAMEL (HAMELIUS, il traduttore dell'*Arenarius* d'ARCHIMEDE), conservata la prefazione o dedica di HARTMANN, che per errore dice *Cameracensis* invece di *Cantuariensis;* Colonia 1580; Colonia 1592: tutte queste in latino, poi Venezia 1593, in italiano per G. P. GALLUCCI. Di queste sette edizioni la nostra Biblioteca possiede quella di LUCA GAURICO, quella di HARTMANN e quella di HAMELIUS. Questa ultima e quella di Colonia 1592 sono le due esaminate dal POUDRA.

*) ROGERII BACONIS... *Perspectiva etc.* Francofurthi 1614.

**) *Margarita philosophica.* Basileae 1535.

***) *Opticae libri quatuor ex voto* PETRI RAMI... *per* FREDERICUM RISNERUM ecc. Cassel 1615.

†) *De lumine et umbra etc.*

††) *Opticorum libri sex etc.* Antuerpiae 1613.

ALHAZEN e VITELLIONE; MILLIET-DECHALES il quale, al pari di AGUILLON, lasciò un'opera *) abbracciante tutte le cognizioni che si collegano alle matematiche, e consacrò capitoli speciali all'ottica, alla prospettiva, alla catottrica ed alla diottrica.

Ma intanto la scienza delle apparenze aveva generato due altre scienze: l'ottica moderna e la prospettiva moderna (prospettiva grafica), che è la determinazione della sezione fatta nel cono visuale da una superficie chiamata *quadro*. Per un certo tempo i trattati di ottica e di prospettiva grafica si cominciarono con l'esposizione della dottrina delle apparenze: anzi questa era risguardata come la teoria e quella come la pratica applicazione della medesima. A poco a poco però questa teoria venne ridotta e poi interamente negletta: LACAILLE è l'ultimo autore che ne abbia trattato con una certa estensione **). Il sig. POUDRA crede che l'abbandono di questa vecchia scienza *de aspectibus* non sia abbastanza giustificato. Vero è che l'ottica attuale contiene molte di quelle osservazioni che si trovavano allora nei trattati delle apparenze (per es. ciò che risguarda la riflessione e la rifrazione della luce) e che nella prospettiva grafica si fa uso di quelle leggi che ne' trattati medesimi erano dimostrate. Ma rimangono molte altre osservazioni, molti altri principii di quell'antica dottrina che ora a torto sembrano dimenticati e che il sig. POUDRA si è provato a far rivivere. Chi abbia letto il suo *Traité de perspective-rélief* ***) avrà notato senza dubbio quanto utili applicazioni si possono fare della scienza delle apparenze all'architettura, alla scultura, alle decorazioni teatrali,' in generale a tutte quelle arti che si giovano della prospettiva in rilievo: mentre la prospettiva ordinaria non serve che al disegno e alla pittura.

La *Margarita philosophica*, l' *Ottica* di AGUILLON, l'enciclopedia matematica di DECHALES ed altre opere consimili rappresentano la transizione dall'ottica di EUCLIDE e dalla prospettiva di VITELLIONE alle scienze omonime d'oggidì. La nostra prospettiva è ben altra cosa da quella degli antichi. I quali, del pari che i moderni, consideravano bensì il cono visuale che ha il vertice nell'occhio e la base nella superficie visibile dell'oggetto, e per mezzo del quale si effettua la visione; ma gli antichi non si occupavano che della sensazione ricevuta, cioè consideravano le apparenze soltanto per rispetto all'apertura degli angoli visuali: mentre i moderni hanno per iscopo principale di determinare sopra una superficie, ordinariamente piana, la figura che deve fornire all'occhio lo stesso cono visuale che è sommistrato dall'oggetto †).

*) *Cursus seu mundus mathematicus*. Lugduni 1674.

**) *Leçons élémentaires d'optique, avec un traitè de perspective*. Paris 1750.

***) Pag. 159 e seg.

†) FAGNOLI, *Specimen criticae analysis de prospectiva theoretica*. Bononiae 1849 [pp. 553-571 del vol. IX (1849) dei Novi Commentarii Academiae Scientiarum Instituti Bononiensis].

Gli antichi non conoscevano la nostra prospettiva: o almeno nulla ci hanno lasciato che possa farci supporre che essi nelle loro opere d'arte, fossero guidati da altri principii oltre a quelli della scienza delle apparenze. A questi soli principii sembra accennare VITRUVIO là *) dove fa menzione dei commentari scritti da AGATARCO, DEMOCRITO ed ANASSAGORA, sul modo di fare le scene teatrali: commentari, che probabilmente servirono di base all'*Ottica* di EUCLIDE. In VITRUVIO è anche indicata la *scenografia* **) ma è molto verosimile ***) che per essa si debba intendere la proiezione obliqua o prospettiva parallela, nella quale l'occhio è supposto essere a distanza infinita.

Vero è che TOLOMEO nel suo *Planisphaerium* ha poste le basi della proiezione stereografica, la quale è la prospettiva dei cerchi di una sfera, l'occhio essendo collocato all'estremità del raggio perpendicolare al quadro. Ma allora e poi questa proiezione fu limitata alla costruzione delle carte geografiche; e della prospettiva come mezzo generale di rappresentare un oggetto qualunque sopra una superficie data non si trova alcun ricordo anteriore alla metà del quindicesimo secolo.

Ma prima di entrare nella storia della prospettiva moderna, crediamo utile di ricordare il significato di alcuni vocaboli tecnici, per comodo di quei lettori che di prospettiva non si fossero mai occupati. S'imagini fra l'occhio e un dato oggetto interposta una superficie trasparente *(quadro)*: si determini il punto in cui essa è incontrata da ciascun raggio luminoso e a questo punto si supponga data la stessa tinta onde è colorato il raggio: evidentemente il complesso di tutti i punti così determinati produrrà sull'occhio la stessa sensazione che l'oggetto dato, questo e quello essendo veduti per mezzo dello stesso cono visuale La determinazione esatta di questa figura che si chiama *prospettiva* dell'oggetto, costituisce l'argomento della prospettiva attuale. Si suole dividerla in due parti: la *prospettiva lineare* che insegna a costruire geometricamente le traccie dei raggi visuali sul quadro; e la *prospettiva aerea* che ha per iscopo di dare ad ogni parte della rappresentazione la tinta d'ombra o di luce che le spetta. Qui non s'intende far parola che della prima, la quale è essenzialmente una diramazione della geometria: la seconda è piuttosto una applicazione delle scienze fisiche.

Il piano *(quadro)* su cui si fa la rappresentazione si suppone per lo più verticale; dicesi *icnografico* il piano orizzontale che passa pei piedi dell'osservatore, e sul quale s'intende ordinariamente delineata l'*icnografia* o *pianta* dell'oggetto; *ortogra-*

---

*) *Architectura,* lib. VII, praef. (Utini, 1825-1830).

**) *Architectura,* lib. I, cap. 2.

***) RANDONI, *Osservazioni sulla prospettiva degli antichi* (Mem. Accad. di Torino, t. 29, classe delle scienze morali, p. 28).

fico un piano verticale sul quale può essere data l' *ortografia (alzato o facciata)* dell' oggetto; *piano dell' orizzonte* il piano orizzontale che passa per l' occhio; *piano verticale principale*, il piano verticale che passa per l' occhio ed è perpendicolare al quadro. Dicesi poi *linea di terra* l' intersezione del quadro col piano icnografico; *linea dell' orizzonte* od *orizzontale del quadro* l' intersezione del quadro col piano dell' orizzonte; *verticale del quadro* l' intersezione del quadro col piano verticale principale. *Punto di stazione* e *punto principale* o *centro del quadro* sono rispettivamente le proiezioni dell' occhio sul piano icnografico e sul quadro; *raggio principale* la distanza dell' occhio dal quadro; *punto di distanza* un punto del quadro che abbia dal punto principale una distanza eguale al raggio principale. Vi sono dunque infiniti punti di distanza, allogati in una circonferenza il cui centro è il punto principale; ma d'ordinario i punti di distanza s' intendono presi sulla linea dell'orizzonte.

Il più antico autore conosciuto di prospettiva è Pietro della Francesca del Borgo S. Sepolcro (an. 1390 - 1476), pittore e geometra, del quale si sa che aveva composto un trattato di prospettiva in tre libri, ma che non lo potè pubblicare a causa della cecità da cui fu colpito nella sua vecchiaia. Questo trattato fu considerato come perduto sino ai nostri giorni ed è ancora inedito: ma ora è noto esisterne una copia antica nelle mani di un privato, a Parigi *). Al sig. Poudra non è stato però possibile di consultare questo prezioso manoscritto.

Secondo le notizie date da parecchi storici, Pietro della Francesca è stato il primo ad imaginare la rappresentazione degli oggetti come veduti attraverso un piano trasparente posto fra essi e l' osservatore. A lui o a Baldassare Peruzzi, suo contemporaneo, si attribuisce l' idea dei punti di distanza.

Anche il pittore Bramantino di Milano, che viveva in Urbania con Pietro della Francesca, ed il celebre Leonardo da Vinci sono ricordati come abili nella prospettiva. Pomponio Gaurico **) ha lasciato alcune considerazioni sulle generalità della pittura e della prospettiva. Leon Battista Alberti nel suo trattato sulla pittura ***) dà alcune definizioni di geometria e di prospettiva: si vede che egli si serve del cono visuale, del centro e della base del quadro e dei punti di distanza, ma non entra in esplicazioni abbastanza chiare. Nell' opera *Divina proportione* †) di Luca

*) Chasles, *Rapport sur un ouvrage intitulé:* Traité de perspective-relief etc. (Compte-rendu de l'Académie des sciences, 12 déc. 1853).

**) Pomponii Gaurici Neapolitani, *De sculptura ubi agitur de symetria... et de perspectiva*, Florentiae 1504.

***) *La pittura*, trad. da Lod. Domenichi. Vinegia 1547.

†) Venetiis 1509.

Paccioli si trovano molte figure ben fatte che rappresentano le prospettive dei corpi regolari e di altri oggetti.

Ma il libro più antico che tratti esclusivamente di prospettiva è la *Prospettiva positiva* di Viator, canonico di Toul *). Questo libro contiene assai poco di testo e molte figure, dalle quali si comprende che già a quei tempi gli artisti sapevano mettere con grande esattezza in prospettiva l'insieme di un edificio e l'interno d'una sala con persone distribuite a diverse distanze. Ecco in che consiste il metodo usato da Viator.

Dato un punto nel piano icnografico, lo si proietti sulla linea di terra e si unisca la proiezione al centro del quadro; la congiungente è la proiezione del raggio visuale sul quadro. A partire da questa proiezione si prenda sulla linea di terra una lunghezza eguale alla distanza del punto dato dal quadro, e il punto così ottenuto si congiunga al *punto di distanza* preso nella linea dell' orizzonte (dall' altra parte della proiezione del raggio visuale). La congiungente incontra la proiezione del raggio visuale in un punto che è la prospettiva del punto dato. Che se il punto dato è nello spazio ad una altezza data sul piano icnografico, si cominci a determinare la prospettiva dell' icnografia del punto: la verticale elevata da questa prospettiva incontrerà la proiezione del raggio visuale nel punto cercato. La qual costruzione dimostra che quei primi autori di prospettiva avevano notato che le rette verticali si conservano ancora tali nella prospettiva e che le perpendicolari al quadro hanno le prospettive concorrenti al centro del quadro.

Questo metodo, che è ancora uno dei più usitati, non risulta dal testo ma dalle figure dell' opera menzionata. Il sig. Poudra crede che Viator non ne sia l' inventore, ma che esso rimonti a Peruzzi o a Pietro della Francesca.

Alberto Dürer, in una sua opera celebre **) dà (senza spiegazioni, come Viator) due metodi di prospettiva, l' uno dei quali è lo stesso adoperato da Viator. L' altro dev' essere ancora più antico perchè si fonda sull' idea primitiva di trovare l' intersezione del cono visuale col quadro: ecco in che esso consiste. Data l' icnografia e l' ortografia dell' oggetto, si assuma il quadro perpendicolare ai due piani di proiezione. Si congiungano l' icnografia e l' ortografia dell' occhio rispettivamente all' icnografia ed all' ortografia di un punto qualunque dell' oggetto: le congiungenti incontrano la traccia icnografica e la traccia ortografica del quadro in due punti che sono le proiezioni della prospettiva di quel punto obbiettivo. Ottenute così le proiezioni

*) *De artificiali perspectiva*, Tulli 1505. La Biblioteca della nostra Università possiede questa che è la più antica edizione.

**) *Institutionum geometricarum etc.* Lutetiae 1532.

o, se vuolsi, le coordinate di ciascun punto della prospettiva, questa può essere costruita in un foglio a parte.

Sebastiano Serlio nel secondo libro della sua opera sull'architettura *) tratta della prospettiva. Ivi indica due metodi per mettere in prospettiva dei quadrati posti nel piano icnografico: ma entrambi questi metodi sono inesatti, a meno che, per l' uno di essi, sia corso un errore di stampa, come pare probabile al Poudra.

Federico Commandino **) fa uso delle due proiezioni dell' oggetto, dispone il quadro perpendicolare ai due piani di proiezione e poi lo ribalta sul piano ortografico. Colloca l' occhio nel piano ortografico. Indica due metodi per trovare la prospettiva di un punto, che in sostanza rientrano nei due usati da Dürer; poichè nell' uno si fa uso dell' ortografia dell'occhio che dopo il ribaltamento del quadro diviene punto di distanza; e nell' altro si determinano le coordinate di ciascun punto della prospettiva.

Ma il primo trattato compiuto di prospettiva si deve a Daniele Barbaro ***), abile geometra che raccolse tutti i metodi noti prima di lui e ne aggiunse dei nuovi di sua invenzione.

In uno di questi egli assume nel piano icnografico un quadrato ausiliario, un lato del quale sia nella linea di terra, ne conduce le diagonali, lo divide in tanti quadratelli eguali e mette il tutto in prospettiva servendosi del centro e del punto di distanza (sulla linea dell'orizzonte). Allora per trovare la prospettiva di un punto qualunque del piano icnografico, conduce per esso la perpendicolare e la parallela alla linea di terra e le mette in prospettiva: la prima, congiungendone il piede al centro del quadro, la seconda adoperando i punti ov'essa incontra le diagonali del quadrato ausiliario. Questo metodo è l' origine di quelli venuti dappoi, nei quali si fa uso delle scale di prospettiva.

In un altro suo metodo, Barbaro si giova ancora del quadrato ausiliario; e per avere la prospettiva di una figura data nel piano icnografico ne unisce i vertici a due vertici del quadrato; indi, trovate le prospettive dei punti in cui le congiungenti e i lati della figura incontrano i due lati del quadrato che sono paralleli alla linea di terra, ottiene la prospettiva desiderata.

Da entrambi questi metodi si può concludere che Barbaro faceva uso della proprietà che una retta e la sua prospettiva s' incontrano sul piano del quadro.

*) *Libri cinque d'architettura.* Venetia 1537.

**) Ptolomaei *Planisphaerium,* Jordani *Planisphaerium,* Federici Commandini Urbinatis *in Planisphaerium commentarius etc.* Venetiis 1558.

***) *La pratica della perspectiva.* Venetia 1559.

Barbaro dichiara d'aver imparato molte cose relative alla pratica della prospettiva dal veneziano Giovanni Zamberto.

Il pittore Giovanni Cousin è l'autore del più antico trattato di prospettiva *) che sia stato scritto in francese: trattato che è anche il primo in cui sia fatta menzione dei punti di fuga, che l'autore chiama *punti accidentali* **). Il metodo adoperato da Cousin è in fondo il medesimo di Viator: dal punto obbiettivo dato nel piano icnografico si conducano due rette alla linea di terra, l'una perpendicolare, l'altra inclinata di 45.°: uniti i termini di queste rette rispettivamente al centro del quadro ed al punto di distanza, l'intersezione delle congiungenti è la prospettiva domandata.

Un altro pittore francese, Androuet du Cerceau, ci lasciò un trattato di prospettiva ***) che è destinato agli artisti e dal quale appare che a quell'epoca già si conosceva l'uso dei punti accidentali, non solamente per le rette perpendicolari al quadro o inclinate di un angolo semiretto, ma anche per le orizzontali aventi una inclinazione qualunque.

Ad Hans Leucker è dovuto un metodo di prospettiva nel quale si fa uso del quadrato ausiliario †).

Il metodo usato dal Cousin è anche una delle regole di Barozzi da Vignola, l'opera del quale, composta probabilmente prima del 1540, non fu pubblicata che nel 1583, dieci anni dopo la morte dell'autore ††). Ivi è stabilito che due rette parallele nel piano icnografico hanno le prospettive concorrenti sull'orizzontale del quadro.

La seconda regola di Vignola consiste nel fare uso di quattro punti di distanza (due sull'orizzontale, gli altri due sulla verticale del quadro) per trovare la prospettiva di un solido.

Qui mi sia lecito di accennare ad un altro geometra italiano, il patrizio veneto Giambattista Benedetti, di cui il Poudra non parla nella sua *Histoire.* L'opera

---

*) *Livre de la perspective.* Paris 1560.

**) *Punto di fuga, punto di concorso* o *punto accidentale* è quel punto del quadro ove concorrono le prospettive di più rette obbiettive parallele.

***) *Leçons de perspective positive.* Paris 1576.

†) *Perspectiva,* Norimberga 1571. Montucla menziona altri artisti tedeschi che scrissero di prospettiva a quel tempo, cioè Hirschvogel (1543), Lauterbach (1564), Storck (1567), Jamitzer (1568): i quali però si occuparono di alcuni casi curiosi e difficili piuttosto che della teoria e de' metodi utili nella pratica. Si può ricordare anche Brunn, autore di una *Praxis perspectiva.* Lipsiae 1595.

††) *Le due regole della prospettiva pratica di* Jacomo Barozzi da Vignola *coi commenti del* P. Egnatio Danti. Roma 1583.

Diversarum speculationum mathematicarum et physicarum liber *) contiene alcune pagine sulla prospettiva, ove l'autore si propone di dare la teoria corrispondente alle regole in uso, di rettificare alcuni errori dei pratici e di suggerire nuovi metodi.

A tale uopo egli si serve di due figure, l'una solida, l'altra superficiale: cioè considera le cose prima nello spazio ed in rilievo, poi sul foglio di carta destinato a ricevere il disegno. Per trovare la prospettiva di una retta situata nel piano icnografico e parallela alla linea di terra, Benedetti considera il triangolo rettangolo di cui un cateto e l'ipotenusa sono le perpendicolari calate dall'occhio sul piano icnografico e sulla retta obbiettiva. Se questo triangolo si ribalta sul quadro, facendolo girare intorno alla verticale del centro, l'occhio diviene un punto di distanza, il cateto menzionato si conserva verticale, mentre l'altro cateto, eguale alla distanza del punto di stazione dalla retta obbiettiva, cade nella linea di terra. Allora l'ipotenusa incontra la verticale del quadro in un punto che appartiene alla retta prospettiva richiesta: la quale è così determinata, perchè essa dev' essere inoltre parallela alla linea di terra. Questo metodo serve all'autore per mettere in prospettiva un punto dato nel piano icnografico: giacchè basta condurre pel punto obbiettivo la parallela e la perpendicolare al quadro e trovare le prospettive di queste due rette. Benedetti indica due modi di mettere in prospettiva anche le altezze.

Col processo suesposto si ottiene la prospettiva di un rettangolo di cui un lato sia nella linea di terra. Ma l'autore generalizza ed applica lo stesso metodo ad un rettangolo situato comunque nel piano icnografico: solamente, in questo caso, al punto principale sostituisce l'intersezione del quadro col raggio visuale parallelo a due lati del rettangolo ossia il punto di fuga di questi lati. Ottiene gli incontri della verticale abbassata da questo punto colle prospettive degli altri due lati considerando, come dianzi, il triangolo rettangolo di cui un cateto e l'ipotenusa sono le perpendicolari condotte dall'occhio al piano icnografico ed all'uno o all' altro dei due lati medesimi. Finalmente, se un vertice qualunque della figura data si unisce col punto di stazione, la verticale condotta pel punto ove la congiungente sega la linea di terra conterrà la prospettiva del vertice considerato.

Benedetti accenna anche un altro metodo per trovare la prospettiva di un punto dato nel piano icnografico, quando siasi già costruita la prospettiva di un rettangolo orizzontale avente un lato nella linea di terra. Le rette che dal punto dato vanno a due vertici del rettangolo incontrano la linea di terra ed il lato opposto

*) Taurini 1585.

in punti di cui si hanno subito le prospettive e quindi anche le prospettive di quelle medesime due rette.

Lorenzo Sirigati è autore di un trattato di prospettiva *), destinato agli artisti, non ai geometri, nel quale il metodo esclusivamente adoperato è il più antico, quello che suppone date due proiezioni dell'oggetto.

Ma all'aprirsi del secolo decimosettimo la prospettiva ricevette un potente impulso e fu rinnovata e stabilita su basi geometriche da Guido Ubaldo Del Monte, uno dei più fecondi geometri del suo tempo.

Nella sua opera sulla prospettiva **) si trova per la prima volta quella teoria che ora è la base principale di questa scienza, la teoria generale dei punti di concorso, non solo per le rette orizzontali, ma per qualunque sistema di rette parallele. Per mettere in prospettiva una retta, Del Monte unisce la traccia di essa al punto di fuga, che determina come intersezione del quadro col raggio visuale parallelo alla retta obbiettiva. Indica ventitrè metodi diversi per trovare la prospettiva di una figura orizzontale, ed aggiunge che li ha scelti come i preferibili fra gli innumerevoli che si possono imaginare. Insegna a mettere in prospettiva i punti situati fuori del piano icnografico e le figure solide, ed a tale uopo stabilisce che la prospettiva di una figura piana posta in un piano orizzontale qualunque si ottiene cogli stessi procedimenti come se fosse nell'icnografico, non vi essendo divario che nell'altezza dell'occhio. Egli è anche il primo che siasi proposto il problema della prospettiva (panorama) sopra un cilindro verticale a base circolare od anche a base qualsivoglia, sulla superficie di una sfera, sulla superficie concava di un cono, ecc.

Quest'opera di Del Monte contiene tutta la geometria descrittiva del suo tempo. Adoperando un solo piano di proiezione (l'icnografico), per conoscere le figure esistenti in piani inclinati all'orizzonte, li ribalta intorno alle rispettive tracce e così determina gli angoli dei poliedri e le forme delle facce.

Determina la prospettiva di un circolo ed anche di una curva qualsivoglia giacente in' piano comunque situato nello spazio. Tratta delle ombre e delle scene o deviazioni teatrali, ed ivi s'incontrano le prime idee esatte sulla prospettiva in rilievo. Il sig. Poudra afferma che la teoria generale dei punti di fuga basta da sè a costituirgli un titolo di gloria; ma Del Monte ha abbracciato l'argomento in tutte le sue parti, ed il trattato da lui scritto è completo, e potrebbe essere studiato con frutto anche ai nostri dì.

---

*) *La pratica di prospettiva.* Venetia 1596.

**) Guidi Ubaldi e Marchionibus Montis, *Perspectivae libri sex.* Pisauri 1600.

La sostanza dei metodi di DEL MONTE è la seguente. Per ottenere la prospettiva di un punto (dato nel piano icnografico) conduce per esso due rette e di queste trova le prospettive servendosi delle tracce e dei punti di fuga. Ovvero ribalta sul piano icnografico il piano verticale che contiene il raggio visuale. Ovvero unisce i due punti di distanza (sulla linea dell'orizzonte) a que' due punti della linea di terra che si ottengono conducendo a questa dal punto obbiettivo due rette inclinate di 45.°: le due congiungenti s'incrociano nella prospettiva richiesta. Determina la prospettiva di una figura piana o cercando le prospettive di ciascun lato della medesima o riferendone i vertici ad un quadrato circoscritto avente due lati paralleli al quadro. Ovvero anche fa vedere che, quando si abbiano le prospettive m', n', di due punti m, n, si trova la prospettiva di qualunque altro punto a, senza più aver bisogno nè dell'occhio, nè del punto di stazione. Infatti, se le am, an incontrano il quadro in p, q, le pm', qn', s'intersecano nella prospettiva di a.

Al DEL MONTE succede un altro insigne geometra, SIMONE STEVIN fiammingo, il quale ha dimostrata l'importante proprietà che segue *). Data una figura obbiettiva nel piano icnografico, se il piano del quadro si fa rotare intorno alla linea di terra e se la verticale dell'osservatore ruota del pari intorno al suo piede in modo da non uscire dal piano verticale principale e da conservarsi parallela al quadro, la prospettiva non si cambia: donde segue che se il quadro e l'occhio sono ribaltati sul piano icnografico, la figura obbiettiva e la prospettiva verranno a trovarsi in uno stesso piano. Si hanno così due figure, che da PONCELET **) furono poi chiamate *omologiche:* due punti omologhi sono in linea retta con un punto fisso (il ribaltamento dell'occhio) e due rette omologhe si segano sulla linea di terra. STEVIN insegna anche a trovare la prospettiva di un punto, sia sul suolo, sia in posizione elevata, quando il quadro non è verticale. Risolve in parecchi casi l'importante problema: dati due quadrilateri piani, collocarli nello spazio in modo che riescano l'uno la prospettiva dell'altro. La soluzione generale di questo problema è dovuta a CHASLES ***).

SALOMONE DE CAUS è autore di un trattato di prospettiva †) nel quale non si trova alcun cenno dei punti di concorso: il metodo adoperato consiste nel cercare le intersezioni del quadro coi raggi visuali, per mezzo di due proiezioni ortogonali.

AGUILLON nella sua *Ottica* tratta ampiamente della prospettiva: fa la osservazione che delle rette non parallele possono avere le prospettive parallele, e risolve

---

*) SIMONIS STEVINI *Hypomnemata mathematica* (per SNELLIUM) Lugduni Batav. 1608. Le opere originali (scritte in fiammingo) furono pubblicate a Leyda dal 1605 al 1608.

**) *Traité des propriétés projectives de figures*. Paris 1822, p. 159.

***) Mém. couronnés de l'Acad. de Bruxelles, t. XI (1837), p. 839.

†) *La perspective avec la raison des ombres et miroirs*. Londres 1612.

il problema: trovare la posizione dell'occhio, affinchè rette date non parallele riescano in prospettiva parallele. È forse il primo che abbia utilizzati i rapporti numerici fra le coordinate di un punto e della sua prospettiva e le distanze dell'occhio dal quadro e dal suolo. Per rappresentare un circolo, mette in prospettiva due diametri ortogonali e le tangenti alle estremità. Risolve, come già aveva fatto anche il Del Monte, la quistione di trovare la posizione dell'occhio, perchè la prospettiva di un circolo sia di nuovo un circolo.

Anche Samuele Marolais è un rinomato autore di prospettiva *). Uno dei metodi da lui suggeriti consiste nel servirsi di un punto di distanza situato nella verticale del quadro: si unisce questo punto al punto obbiettivo dato nel piano icnografico, e la proiezione di questo sulla linea di terra al centro: le due congiungenti s'intersecano nella prospettiva cercata. Marolais risolve i problemi di prospettiva anche per mezzo di calcoli aritmetici risultanti da proporzioni **).

Pietro Accolti ***) è il primo che, in luogo dei punti di distanza, abbia insegnato ad usare altri punti aventi una distanza dal centro eguale alla metà o ad un terzo del raggio principale.

L'architetto olandese Friedmann Vries ha lasciato un gran numero di figure assai ben fatte che provano una grande maestria nella pratica della prospettiva †).

Il celebre Desargues, come fu innovatore in geometria razionale, così lo è stato anche nella pratica della prospettiva ††). Il suo metodo riposa essenzialmente sopra una conformità di costruzione con quella impiegata per delineare le proiezioni ortogonali di una figura qualunque data. S'intendano riferiti i punti della figura obbiettiva a tre assi ortogonali, uno dei quali sia la linea di terra, il secondo sia perpendicolare al quadro ed il terzo per conseguenza verticale. Allora ogni punto dell'oggetto è definito dalle sue tre coordinate, cioè da tre numeri: ben inteso che non è necessario di conservare le grandezze delle cose naturali, ma si può ridurle mediante una scala di parti eguali *(échelle de petits pieds)* aventi un rapporto conosciuto colle misure reali. Questa scala serve per tutti e tre gli assi che s'intendono divisi in parti eguali all'unità della scala medesima.

---

*) *Perspective, contenant la théorie et la pratique.* La Haye 1614.

**) Qui possiamo aggiungere l'artista Enrico Hondius, autore di una *Instruction en la science de perspective.* La Haye 1625. V'è un'edizione in olandese del 1622.

***) *Lo inganno degli occhi.* Florenza 1625.

†) *Perspectiva theoretica ac practica,* Johannis Vredemanni Frisii, Amstelodami 1632-33.

††) *Méthode universelle de mettre en perspective ecc.* Paris 1636. Ed anche: *Brouillon d'un projet d'exemple d'une manière universelle du s.* G. D. L. *touchant la pratique etc.* Paris 1640.

Ciò premesso, uno degli assi (la linea di terra) ha per prospettiva sè medesimo; la prospettiva del secondo asse (perpendicolare al quadro) è una retta compresa fra il centro del quadro e la linea di terra, e le parti eguali in cui è diviso quest'asse divengono in prospettiva parti ineguali degradantisi verso il centro. Due punti corrispondenti di divisione dell'asse e della sua prospettiva si segnino collo stesso numero; avremo così ciò che DESARGUES chiama *échelle des éloignements*, che serve a determinare la distanza della linea di terra dalla prospettiva di un punto di cui si conosca la distanza dal quadro.

Se poi dai punti di divisione della prospettiva del secondo asse si conducono le parallele alla linea di terra, queste, terminate alla verticale del quadro, costituiranno l'*échelle des mesures* che dà la diminuzione che prova una retta parallela al quadro, secondo l'allontanamento dal medesimo, epperò serve per mettere in prospettiva anche le altezze verticali. Ora è evidente che, mediante queste due *scale prospettive*, si può ottenere immediatamente la prospettiva di un punto qualunque del quale siano date le tre coordinate.

Per costruire la scala degli allontanamenti DESARGUES fa uso di un processo semplice ed ingegnoso (a tal uopo imaginò anche uno strumento che disse *compasso ottico)*, nel quale non ha bisogno del punto di distanza che bene spesso cade fuori del campo del disegno.

Il metodo di DESARGUES è pregevole a cagione della sua semplicità e generalità, e perchè, mediante due scale prospettive, fa trovare ciò che divengono in prospettiva le tre coordinate di un punto obbiettivo qualunque, ed anche perchè circoscrive le costruzioni entro i limiti del quadro. Ma d'altra parte esso ha l'inconveniente di non giovarsi del soccorso che dà la teoria dei punti di fuga, e d'aver bisogno delle tre coordinate di ciascun punto: onde non basta che siano date le dimensioni dell'oggetto, ma è duopo conoscere anche le distanze de' suoi punti da tre piani.

DESARGUES ebbe molti contemporanei che scrissero di prospettiva: DU BREUIL *), ALLEAUME e MIGON **), VAULEZARD ***), BATTAZ †), CURABELLE ††), BOSSE †*), GAU-

*) *La perspective pratique nécessaire à tous peintres etc.* Paris 1642.

**) *La perspective speculative et pratique... de l'invention du feu sieur* ALLEAUME... *mise au jour par* ETIENNE MIGON ecc. Paris 1643.

***) *Abrégé ou raccourcy de la perspective par l'imitation.* Paris 1643.

†) *Abréviation des plus difficiles operations de perspective pratique.* Annecy 1644.

††) *Examen des oeuvres du sieur Desargues, par* I. CURABELLE. Paris 1644.

†*) *Manière universelle de M. Desargues pour pratiquer la perspective par petit-pied, etc. par* A. BOSSE, Paris 1648. - *Moyen universel de pratiquer la perspective sur les tableaux ou*

THIER *), NICERON **), BOURGOING ***), HURET †), ecc. ††).

STEFANO MIGON rese più facile la costruzione e l'uso delle due scale prospettive (l'invenzione delle quali fu disputata a DESARGUES da ALLEAUME) e ne aggiunse una terza di non minore importanza. Ecco in che consiste. Nel piano dell' orizzonte si imagini descritta una circonferenza il cui centro sia l'occhio: divisa questa in gradi e minuti, i raggi visuali condotti ai punti di divisione incontrano la linea dell'orizzonte in una serie di punti che costituiscono una *scala delle direzioni o scala di angoli*, mediante la quale, data la prospettiva di una retta orizzontale, si determina immediatamente l'angolo che la retta obbiettiva fa colla linea di terra, e reciprocamente si trova il punto di fuga delle rette orizzontali che fanno un angolo dato col quadro. Per mezzo di questa nuova scala, del ribaltamento del piano dell'orizzonte sul quadro, e dell'uso del *punto di concorso delle corde* †*) MIGON costruisce la prospettiva di una figura situata in un piano qualunque, senza ricorrere alle proiezioni e senza far uso delle coordinate dei singoli punti, ma risolvendo (come nella geometria ordinaria) diversi problemi sulle lunghezze e le direzioni delle rette. Il sig. POUDRA osserva rettamente che queste invenzioni di MIGON costituiscono uno dei più importanti perfezionamenti della prospettiva.

A NICCOLA BATTAZ è dovuta la seguente maniera di trovare la prospettiva di un

---

surfaces irreguliers, Paris, 1653. *Traité des pratiques géométrales et perspectives etc.* Paris 1665. *Le peintre converti aux précises et universelles règles de son art etc.* Paris 1653.

*) *Invention nouvelle et briève pour reduire en perspective etc.* La Flèche, 1648.

**) *Thaumaturgus opticus*, Lutetiae Parisiorum 1646. - *La perspective curieuse.* Paris 1651.

***) *La perspective affranchie.* Paris 1661.

†) *Optique de portraiture et peinture.* Paris 1670.

††) Agli autori menzionati dal POUDRA possiamo aggiungere MARIO BETTINI che trattò delle deformazioni e delle rappresentazioni prospettive nella sua enciclopedia matematica *Apiaria universae philosophiae mathematicae*, Bononiae 1645, e PIETRO HÉRIGON che considerò la prospettiva nel suo *Cursus Mathematicus*, Paris 1634-1644.

†*) Si domanda la prospettiva di una retta data per la sua lunghezza, la sua direzione e la prospettiva a di un suo estremo. Se la retta obbiettiva fosse parallela alla linea di terra, basterebbe unire il centro al punto a e dal centro stesso tirare una seconda retta in modo che sulla linea di terra sia intercetta la lunghezza data: le medesime due rette tirate dal centro intercetterebbero sull'orizzonte che passa per a una porzione ac che sarebbe la prospettiva richiesta. Ma, se la retta obbiettiva non è parallela alla linea di terra, la sua direzione farà conoscere il suo punto di fuga f: conducasi per f la parallela alla linea di terra ed in essa si prenda fp eguale alla distanza che f ha dall'occhio. Trovato il punto b in cui la retta pc incontra af, sarà ab la prospettiva della retta data. Il punto p che dipende unicamente dal punto f, cioè dalla direzione della retta obbiettiva, dicesi *punto di concorso delle corde*.

punto dato nel piano icnografico: si consideri il punto dato ed il suo simmetrico rispetto alla linea di terra, le rette che congiungono questi due punti rispettivamente a due punti di distanza presi nella verticale del quadro si intersecano nella prospettiva domandata. Battaz risolve con processi nuovi ed ingegnosi i casi più difficili della prospettiva, e fra le altre cose osserva che si possono adoperare infiniti punti di distanza (tutti equidistanti dal centro del quadro).

Nelle opere di Abramo Bosse, che fu l'allievo, l'amico ed il commentatore di Desargues, troviamo che questo grande geometra si era formata una scala d'angoli e conosceva l'uso del punto di concorso delle corde per risolvere i problemi sulle direzioni e le grandezze rettilinee.

Niceron fu abile principalmente nella *perspective curieuse* o *anamorfosi*, genere di prospettiva che era già stato considerato da altri autori (p. e. Barbaro, Du Breuil, Vaulezard) e che consiste nell'assumere per quadro una superficie curva o un piano molto obliquo rispetto ai raggi visuali, affinchè la rappresentazione non possa essere guardata che da una sola posizione dell'occhio, senza presentare una deformazione più o meno sorprendente.

Nella *Perspective affranchie* di Bourgoing è espresso il concetto che il punto di fuga di una retta è la prospettiva di quel punto della retta che è a distanza infinita, e che la *retta di fuga* *) di un piano è la prospettiva della retta all'infinito di quel piano. Bourgoing fa uso del ribaltamento dell'occhio sul quadro, considerando l'occhio come situato in un piano visuale qualunque che si ribalta intorno alla retta di fuga. Il suo metodo si distingue per una grande generalità, perchè egli costruisce la prospettiva di una figura contenuta in un piano qualunque, come se essa giacesse in un piano orizzontale la cui linea dell'orizzonte fosse la linea di fuga del piano dato; e collo stesso processo trova le prospettive di figure poste in altri piani facenti angoli dati col primo piano.

Andrea Albrecht, ingegnere tedesco, è autore di un libro di prospettiva che fu tradotto in latino **) e che ha qualche analogia coi trattati di Marolais e di Aguillon. Vi s'insegna a praticare la prospettiva sì geometricamente coi vecchi metodi di Viator e Dürer, che aritmeticamente riducendo a tavole il calcolo delle coordinate dei punti della rappresentazione.

La prospettiva di un quadrato orizzontale, un lato del quale sia nella linea di terra, è un trapezio che ha due lati concorrenti nel centro del quadro. Fra questi

---

*) *Retta di fuga* di un piano è l'intersezione del quadro col piano visuale parallelo al dato.

**) Andreae Alberti, *Duo libri; prior de perspectiva etc.* Norimbergae 1671.

due lati si inserisca una retta parallela ad una delle diagonali del trapezio ed eguale all' altezza del medesimo: per mezzo di questa retta si può trovare la prospettiva di un punto qualunque (del piano icnografico) senza fare uso ulteriore nè delle diagonali, nè dei punti di distanza. Questo metodo è indicato nell' opera di Albrecht, fra le aggiunte del traduttore.

Giulio Troili *da Spilimberto* *) applicò il pantografo di Scheiner **) non solamente alla riduzione geometrica delle figure, ma anche alla costruzione della prospettiva.

Dechales ha trattato estesamente della prospettiva nella sua enciclopedia *Mundus mathematicus.* Egli si serve dei punti di fuga e del teorema: se da due punti dati si tirano due rette parallele di lunghezze costanti in una direzione variabile, la retta che unisce gli estremi mobili delle due parallele passerà sempre per un punto fisso che è in linea retta coi due punti dati. Questo teorema è dovuto a Stevin.

Altri autori di prospettiva sono: Leclerc ***), Andrea Pozzo †), Ozanam ††); coi quali, ricordati dal Poudra, possiamo accompagnare Giacomo Rohault d' Amiens †*) Bernardino Contino †††) e Bernardo Lamy ††*).

Arriviamo così al celebre matematico e filosofo S' Gravesande, che nella sua prima giovinezza compose un eccellente trattato scientifico intorno alla prospettiva †**). Vi è da notare che l' autore ribalta sul quadro il piano dell' orizzonte e poscia il quadro sul piano icnografico, ove si suppone data la figura obbiettiva. Allora, come già aveva indicato Stevin, la figura data e la sua prospettiva riescono (per dirla con vocabolo moderno) omologiche: centro d' omologia è il ribaltamento dell' occhio, asse d' omologia è la linea di terra. In virtù di questa proprietà è facile rendersi conto di parecchi ingegnosi metodi di prospettiva esposti da S' Gravesande: anzi uno di essi coincide precisamente colla costruzione di cui si fa uso in due figure omologiche allorquando, dati il centro e l' asse d' omologia e due punti omologhi, si cerca il punto corrispondente ad un altro dato.

---

*) *Paradossi per praticare la prospettiva ecc.* Bologna 1672.

**) Cristophori Scheineri, *Pantographia seus ars delineandi etc.* Romae 1631.

***) *Discours touchant le point de vue etc.* Paris 1679.

†) Andreae Putei, *Perspectiva pictorum et architectorum.* Roma 1693-1700.

††) *Cours de mathématiques, tome 4me.* Paris 1699, ed anche: *La perspective théorique et pratique*, Paris 1711.

†*) *Tractatus physicus, tomus 2*, Coloniae 1713. La prima edizione risale al 1671.

†††) *La prospettiva pratica.* Venezia 1684.

††*) *Traité de perspective.* Paris 1701.

†**) *Essai de perspective.* La Haye 1711.

Un altro metodo di S' GRAVESANDE (più curioso che utile) per trovare la prospettiva di un punto consiste nel prendere questo e il ribaltamento dell' occhio come centri di due circoli rispettivamente tangenti alla linea di terra ed alla linea dell' orizzonte; le tangenti comuni di questi circoli si segano nella prospettiva del punto dato.

La retta passante pel punto di stazione e parallela alla linea di terra ha la sua prospettiva a distanza infinita: donde segue che, se due punti presi ad arbitrio in quella retta si uniscono prima ad un punto obbiettivo dato (nel piano icnografico) e poi al ribaltamento dell' occhio, le prospettive delle prime congiungenti riusciranno parallele alle seconde congiungenti. Siccome poi queste prospettive si intersecano nella prospettiva del punto dato, così si ha un nuovo metodo, che S' GRAVESANDE ha applicato alla costruzione di due diametri coniugati della conica prospettiva di un circolo.

S' GRAVESANDE dà inoltre parecchie regole per mettere in prospettiva le altezze, cioè per rappresentare sul quadro un punto situato al disopra del piano icnografico.

Di BROOK TAYLOR, il noto autore del *Methodus incrementorum*, abbiamo un aureo opuscolo *) ove la prospettiva è trattata in modo originale e colla più grande generalità. Il quadro è un piano situato comunque nello spazio: l' autore si serve inoltre di un piano, ch' egli chiama *direttore*, ed è quello che passa per l' occhio ed è parallelo al quadro. Tutti i più importanti problemi diretti e inversi della prospettiva sono risoluti con un' ammirabile semplicità: come li può trattare la più perfetta geometria descrittiva, adoperando un solo piano di proiezione.

In seguito, il signor POUDRA parla di molti altri autori di prospettiva, fra i quali ci limiteremo a notare gli inglesi HAMILTON **) e PATRIZIO MURDOCH ***); SEBASTIANO JEAURAT †), che trattò l' argomento con originalità e diede nuovi ed originali processi; l' illustre LAMBERT che ne lasciò un eccellente trattato ††) ov' è principalmente notevole il metodo di tracciare la prospettiva di una figura piana qualsivoglia, senza fare uso del piano icnografico; JACQUIER che tradusse in italiano e corredò d' importanti note il libro di TAYLOR †*), ecc.

Un buon trattato di prospettiva †††) è dovuto al valente astronomo bolognese Eu-

---

*) *Linear Perspective.* London 1715.

**) *Stereography or a compleat body of perspective.* London 1738.

***) *Newtoni genesis curvarum per umbras, seu Perspectivae universalis elementa etc.* Londini 1746.

†) *Traité de Perspective à l'usage des artistes.* Paris 1750.

††) *Freie Perspective.* Zürich 1744.

†*) *Elementi di prospettiva.* Roma 1745.

†††) *Trattato teorico e pratico di prospettiva.* Bologna 1766.

STACHIO ZANOTTI. Egli determina la prospettiva di un punto proiettando il raggio visuale sul quadro e dividendo la proiezione in parti proporzionali alle distanze che il punto obbiettivo e l' occhio hanno dal quadro. Espone assai bene il modo di eseguire la rappresentazione sul quadro senza ricorrere alle proiezioni ortogonali e risolve con pari abilità i problemi inversi della prospettiva.

La prospettiva è trattata con molta abilità geometrica nell' *Ottica* di LACAILLE. Importante è pur l' opera di LAVIT *), nella quale sono da notarsi alcune proprietà relative alle figure omologiche ed alle polari nel cerchio. Il TACCANI è autore di un libro istruttivo e fatto con buon indirizzo geometrico **). L' opera di THIBAULT è bene appropriata agli artisti ***).

CLOQUET †) applica alla prospettiva i principii elementari della geometria descrittiva: dà un mezzo ingegnoso per trovare gli assi di una elisse quando se ne conoscono due diametri coniugati. Pei punti lontani, usa spesso dell' artificio di diminuire la loro distanza insieme con quella dell' occhio dal quadro, senza alterare con ciò i resultati.

Il colonnello svizzero DUFOUR si propose ††) di trattare, coi processi ordinarii della prospettiva, i problemi della geometria, principalmente quelli che risguardano la determinazione delle ombre, e di risparmiare con ciò agli artisti il fastidio di ricorrere alle proiezioni ortogonali. Il suo metodo consiste nell' imaginare che il piano ortografico sia allontanato a distanza infinita e che l' icnografia e l' ortografia di una data figura siano messe in prospettiva sul quadro. Per tal modo una retta ed un piano sono determinati per le prospettive delle traccie. La traccia ortografica è la stessa per più rette parallele, per più piani paralleli. Con tali premesse, l' autore risolve con grande facilità i problemi fondamentali relativi alle rette, ai piani, alle intersezioni delle superficie, ai piani tangenti e finalmente al delineamento delle ombre. Questo modo di rappresentazione riunisce i vantaggi della prospettiva a quelli delle proiezioni sopra due piani.

Un concetto somigliante inspirò quasi contemporaneamente all' ingegnere COUSINERY un libro †*) che porta pur esso il titolo di *Géométrie perspective.* È un buon trattato di geometria descrittiva ove, in luogo di due piani di proiezione ortogonale, si fa

*) *Traité de perspective.* Paris 1804.

**) *La prospettiva.* Milano 1825

***) *Application de la perspective linéaire aux arts du dessein.* Paris 1827.

†) *Nouveau traité de perspective, à l'usage des artistes etc.* Paris 1823.

††) *Géométrie perspective avec ses applications à la recherche des ombres.* Genève 1827.

†*) *Géométrie perspective.* Paris 1828.

uso di un solo piano (quadro) e di un punto (occhio) situato fuori di esso. Una retta qualunque è rappresentata per la sua traccia sul quadro e pel suo punto di fuga; così pure un piano è individuato dalla sua intersezione col quadro e dalla retta di fuga.

ADEMHAR *) ha trattato la prospettiva con molta abilità di geometra e di artista. Diede nuovi ed ingegnosi metodi per evitare di fare uso di punti che cadrebbero fuori del campo del disegno, per determinare la prospettiva di un punto, di una retta, di un circolo, ecc. Degne d'attenzione sono le applicazioni ch'egli fece de' suoi metodi a tutti i particolari dell'architettura.

Anche il signor POUDRA è autore di un corso di geometria descrittiva, ove fu presa in ispeciale considerazione la prospettiva. Ci duole di non averlo sott' occhio, onde possiamo qui parlarne solamente dietro la notizia che ne dà lo stesso autore nell' *Histoire de la perspective.*

Quando una figura obbiettiva è data per le sue proiezioni su due piani (icnografico ed ortografico), la prospettiva si eseguisce determinando l' intersezione del cono visuale col piano del quadro che si può assumere in una posizione qualsivoglia. A questa determinazione si riducono i metodi più antichi; ma naturalmente essa riesce ora più facile e spedita pei progressi della geometria descrittiva. Tuttavia il POUDRA considera, e a buon dritto, con predilezione un altro caso, quando gli oggetti sono conosciuti per un abbozzo nel quale siano indicate numericamente le grandezze rettilinee ed angolari, in modo che si abbiano gli elementi necessari e sufficienti per eseguire le proiezioni. Ma di queste si può fare a meno; si può costruire addirittura la prospettiva. È un concetto emesso la prima volta da MIGON, poi applicato da altri e segnatamente da LAMBERT e da ZANOTTI, ma non eretto a metodo generale di prospettiva. Supposto dapprima che la figura obbiettiva sia in un piano orizzontale, si presentano due problemi da risolvere: quello di tracciare sul quadro la prospettiva di una retta di direzione data, e quello di trovare la prospettiva di una retta di lunghezza data. Entrambi questi problemi si risolvono in prospettiva colla stessa facilità come nell' ordinaria geometria: ed in particolare il secondo coll' uso del punto di concorso delle corde. Inoltre l' autore fa suo prò della costruzione delle scale prospettive di DESARGUES e della teoria dei punti e delle rette di fuga. Anzi, grazie a quest' ultima, siccome un piano è individuato dalla sua traccia sul quadro e dalla sua retta di fuga, così la prospettiva di un piano inclinato si eseguisce colla stessa facilità e collo stesso processo come quella di un piano orizzontale. L' autore dà anche un metodo per tracciare la prospettiva di una figura piana rendendo il

*) *Traité de perspective linéaire,* 3.e *edition.* Paris 1860.

piano di questa parallelo al quadro, e poi riconducendo la prospettiva nella sua vera posizione col mezzo del punto di concorso delle corde.

Eccoti dunque, benevolo lettore, un magro sunto di un eccellente libro, una storia della prospettiva a volo d'uccello. Ammiriamo il signor POUDRA che si è coraggiosamente sobbarcato all'ardua impresa di frugare entro a tanti vecchi volumi ne' quali la scienza veste forme sì diverse da quelle alle quali noi siamo oggidì assuefatti, ed è per lo più sminuzzata in un grandissimo numero di casi particolari; onde la lettura ne riesce estremamente penosa. Ammiriamolo e siamogli grati, perchè ora la sua opera istorica basta a farci conoscere i classici scrittori di prospettiva ed i successivi progressi di questa scienza. Notiamo però che per la maggior parte gli autori de' quali egli ha analizzato gli scritti sono francesi o italiani: con che vogliamo significare che, malgrado ogni diligenza, non gli è riuscito di determinare compiutamente quanto si deve agli inglesi ed ai tedeschi. Pur troppo a noi mancano le necessarie cognizioni bibliografiche per riempire la lacuna: e dobbiamo limitarci ad alcune indicazioni somministrateci dal nostro amico già menzionato. Scrissero adunque di prospettiva, fra tanti altri, nel secolo decimottavo gli italiani AMATO *) ed ORSINI **), lo spagnuolo VELASCO ***), i tedeschi WOLF ed HAMBERGER, l'alsaziano HERTTENSTEIN, l'inglese PRIESTLEY †) e l'olandese PHILIPS. Nel secolo attuale (oltre al sommo MONGE, che lasciò alcune lezioni di prospettiva raccolte poi da BRISSON nella 4.ª edizione della *Géométrie descriptive*) i francesi GERGONNE, VALLÉE, LACHAVE, GUIOT, LEROY, OLIVIER, DE LA GOURNERIE....; i tedeschi EYTELWEIN, KLEINKNECHT, BARTH, ADLER, ANGER, GRUNERT, MENZEL, HEINE, SUTTER, HIESER, STEINER (diverso dal grande geometra svizzero di questo nome)....; l'inglese HAYTER....; gli italiani PASI, ANGELINI, PIERI, COCCHI.....

È pure da lamentarsi che l'esecuzione tipografica sia riuscita poco felice; abbondano gli errori nei titoli delle opere citate, i nomi degli autori non francesi sono spesso sfigurati, e manca non di rado la corrispondenza fra le tavole e i rimandi dal testo alle medesime. [78]

Ma queste inezie non iscemano punto il merito del sig. POUDRA, il quale ha reso colla sua nuova pubblicazione un insigne servigio ai geometri ed agli artisti.

---

*) *La nuova pratica di prospettiva.* Palermo 1714.

**) *Geometria e prospettiva pratica.* Roma 1773.

***) *El Museo pictorico y escala optica.* Madrid 1715-1724.

†) *Familiar introduction in the theory and practice of perspective.* London 1770.

69.

I PRINCIPII DELLA PROSPETTIVA LINEARE SECONDO TAYLOR

PER MARCO UGLIENI. [79]

Giornale di Matematiche, volume III (1865), pp. 338-343.

Riuscirà forse non isgradito ai giovani studenti che qui si espongano le proposizioni fondamentali della prospettiva lineare, quali si ricavano da un aureo opuscoletto, ora troppo dimenticato. [80]

Occhio è il punto dal quale partono i *raggi visuali*. *Prospettiva* di un *punto obbiettivo* è l'intersezione di una superficie data, che si chiama *quadro*, colla retta *(raggio visuale)* che dall'occhio va al punto obbiettivo. *Prospettiva* di una data figura *(oggetto)* è il complesso delle prospettive dei punti di questa figura, ossia l'intersezione del quadro col cono *(cono visuale)* formato dai raggi visuali diretti ai punti obbiettivi.

Si chiama *centro del quadro* (che qui si supporrà sempre essere una superficie piana) il piede della perpendicolare abbassata dall'occhio sul quadro medesimo. La lunghezza di questa perpendicolare dicesi *distanza dell'occhio;* e similmente *distanza di un punto obbiettivo* la sua distanza dal quadro.

Il *punto di fuga* di una retta obbiettiva è la prospettiva del suo punto all'infinito, ossia l'intersezione del quadro col raggio visuale parallelo alla retta obbiettiva. La *retta di fuga* di un dato piano obbiettivo è la prospettiva della retta all'infinito di questo piano, ossia l'intersezione del quadro col piano visuale (cioè passante per l'occhio) parallelo al piano obbiettivo. *Centro della retta di fuga* è il piede della perpendicolare abbassata su questa retta dall'occhio.

Nel presente articolo per *projezione di un punto obbiettivo* s'intenderà la projezione ortogonale del medesimo sul quadro. E per *traccia di una retta obbiettiva* l'intersezione di questa col quadro.

Analogamente per la *projezione di una retta* e per la *traccia di un piano.*

Problema 1.° Essendo dati il centro ω del quadro, la distanza dell'occhio, la projezione α e la distanza di un punto obbiettivo, trovare la prospettiva di questo punto.

Soluzione. Tirate le rette ωO, αA parallele, eguali rispettivamente alla distanza dell'occhio ed alla distanza del punto obbiettivo, e dirette nello stesso senso o in senso contrario secondo che l'occhio ed il punto obbiettivo sono dalla stessa banda o da bande opposte del quadro. Le rette ωα, OA s'intersecheranno nella prospettiva *a* richiesta.

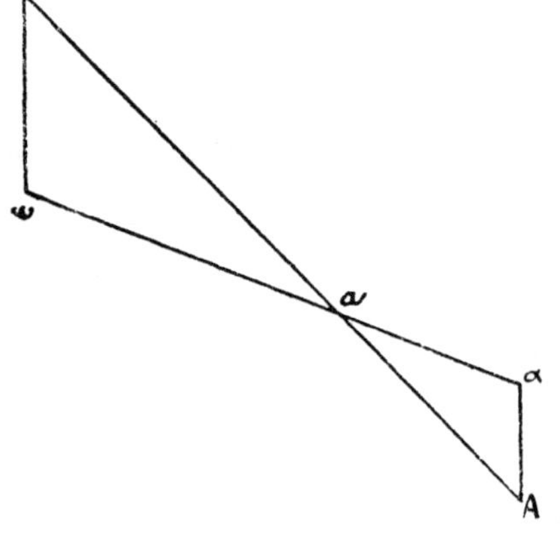

Dimostrazione. Se l'angolo ω fosse retto, fatta girare la figura OωaαA intorno ad ωα finchè il suo piano divenga perpendicolare al quadro, il punto O sarebbe l'occhio, A il punto obbiettivo, e quindi OA il raggio visuale ed *a* la prospettiva. Ma il punto *a* è indipendente dalla grandezza dell'angolo ω, perchè la sua posizione è data dalla proporzione $\omega a : \alpha a = \omega O : \alpha A$. Dunque la prospettiva è quel punto che divide la projezione del raggio visuale in parti proporzionali alle distanze dell'occhio e del punto obbiettivo.

Problema 2.° Essendo dati il centro ω del quadro, la distanza dell'occhio, la traccia B, la projezione Bα e l'inclinazione d'una retta obbiettiva sul quadro, trovare la prospettiva e il punto di fuga di questa retta.

Soluzione. Tirate BA in modo che l'angolo ABα sia eguale al dato; ω*i* parallela a Bα; ωO perpendicolare ad ω*i* ed eguale alla distanza dell'occhio; O*i* parallela a BA. Sarà B*i* la prospettiva richiesta, *i* il punto di fuga ed O*i* la distanza di questo dall'occhio.

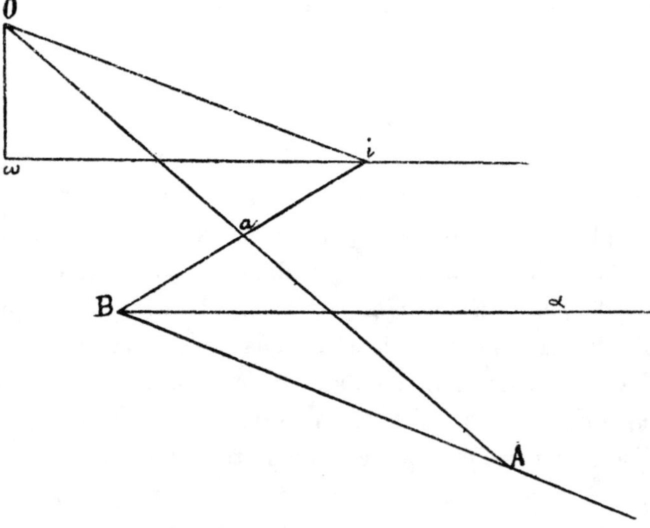

Dimostrazione. Se si imagina che i piani Oω*i*, ABα ruotino rispettivamente intorno alle rette ω*i*, Bα finchè riescano perpendicolari al quadro, O diverrà l'occhio, BA la retta obbiettiva, *i* il punto di fuga, e quindi B*i* la prospettiva di BA.

Osservazione. Il ribaltamento A d'un punto della retta obbiettiva, la sua prospettiva a ed il ribaltamento O dell'occhio sono evidentemente tre punti in linea retta.

Problema 3.° Essendo dati il punto di fuga i e la prospettiva ab di una retta obbiettiva (finita), trovare la prospettiva del punto che divide la retta obbiettiva in un dato rapporto λ.

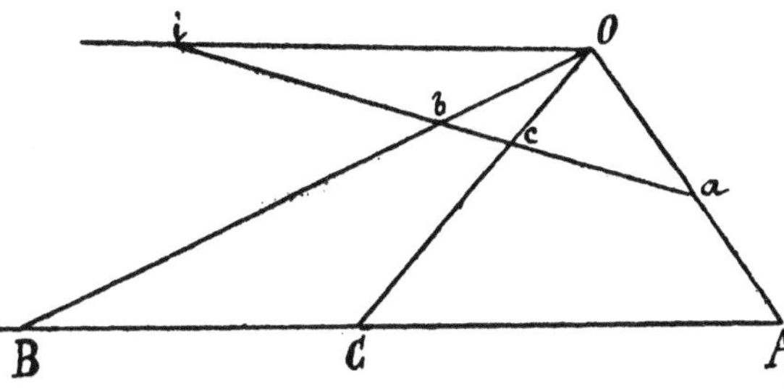

Soluzione. Preso un punto O ad arbitrio, si tirino le Oi, Oa, Ob, e queste ultime due si seghino in A,B con una retta parallela ad Oi. Trovisi in AB il punto C pel quale si abbia $\frac{AC}{BC}=\lambda$; ed il punto c comune alle ab, OC sarà il domandato.

Dimostrazione. Infatti il proposto problema equivale a cercare il punto c che rende il rapporto anarmonico $(abci)$ eguale a λ.

Corollario. Se $\lambda=-1$, cioè se si domanda la prospettiva del punto di mezzo della retta obbiettiva, c sarà il coniugato armonico di i rispetto ad ab.

Osservazione. Nello stesso modo si risolvono altri problemi analoghi, relativi ad una retta della quale sia data la prospettiva col punto di fuga.

Problema 4.° Essendo dati il centro ω del quadro, la distanza dell'occhio, la traccia AB e l'inclinazione di un piano obbiettivo sul quadro, trovare la retta di fuga di questo piano e il centro di essa.

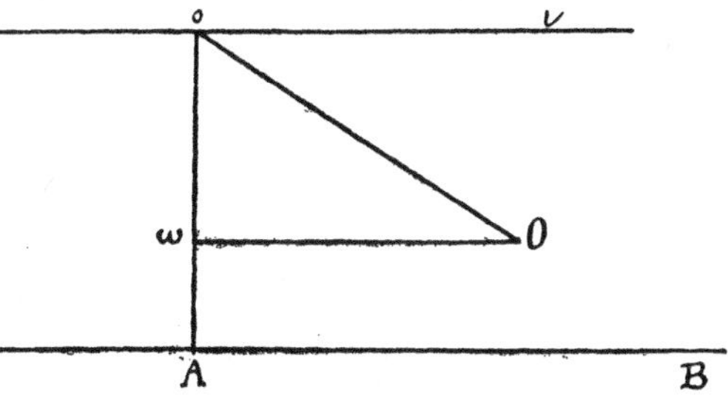

Soluzione. Tirate ωO parallela ad AB ed eguale alla distanza dell'occhio; Aωo perpendicolare ad AB; Oo che formi con oA l'angolo dato; e da ultimo oi parallela ad AB. Sarà oi la domandata retta di fuga, o il suo centro, ed oO la distanza di questo centro dall'occhio.

Dimostrazione. Imaginando che il triangolo Oωo ruoti intorno ad $o\omega$ finchè riesca perpendicolare al quadro, O sarà l'occhio, ed Ooi il piano visuale parallelo all'obbiettivo; dunque ecc.

Problema 5.° Trovare la prospettiva di una figura data in un piano del quale si conoscono il ribaltamento, la traccia PQ, la retta di fuga gh, il centro o di questa e la distanza del centro dall'occhio.

Soluzione. Si conduca oO perpendicolare a gh ed eguale alla distanza di questa retta di fuga dall'occhio. Il piano obbiettivo ed il piano visuale parallelo all'obbiettivo s'intendano ribaltati sul quadro intorno alle rispettive tracce PQ, gh. Il ribaltamento della figura data sia ABC, i cui lati hanno per tracce P, Q, R. I punti di fuga di questi lati saranno i punti *g*, *h*, *i* ove la retta di fuga è incontrata dalle rette condotte per O rispettivamente parallele a BC, CA, AB; quindi le prospettive (indefinite) dei lati medesimi saranno P*g*, Q*h*, R*i* che formano la figura *abc* prospettiva della data.

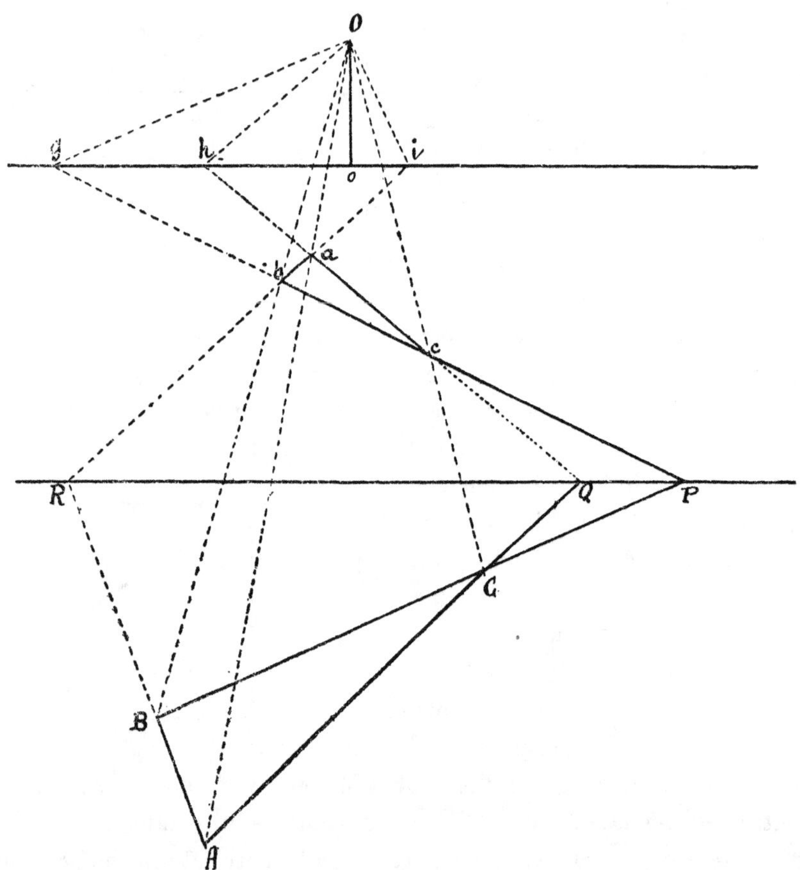

I punti *a*, *b*, *c* essendo le prospettive dei punti ribaltati in A, B, C, ne segue (prob. 2.°, oss.) che le rette A*a*, B*b*, C*c* passano per O. Dunque il ribaltamento e la prospettiva di una data figura piana sono due figure omologiche: il centro d'omologia (cioè il punto ove concorrono le rette che uniscono le coppie di punti corrispondenti) è il ribaltamento O dell'occhio (considerato come situato nel piano visuale parallelo al piano obbiettivo), e l'asse d'omologia (cioè la retta nella quale concorrono le coppie di rette corrispondenti) è la traccia del piano obbiettivo sul quadro.

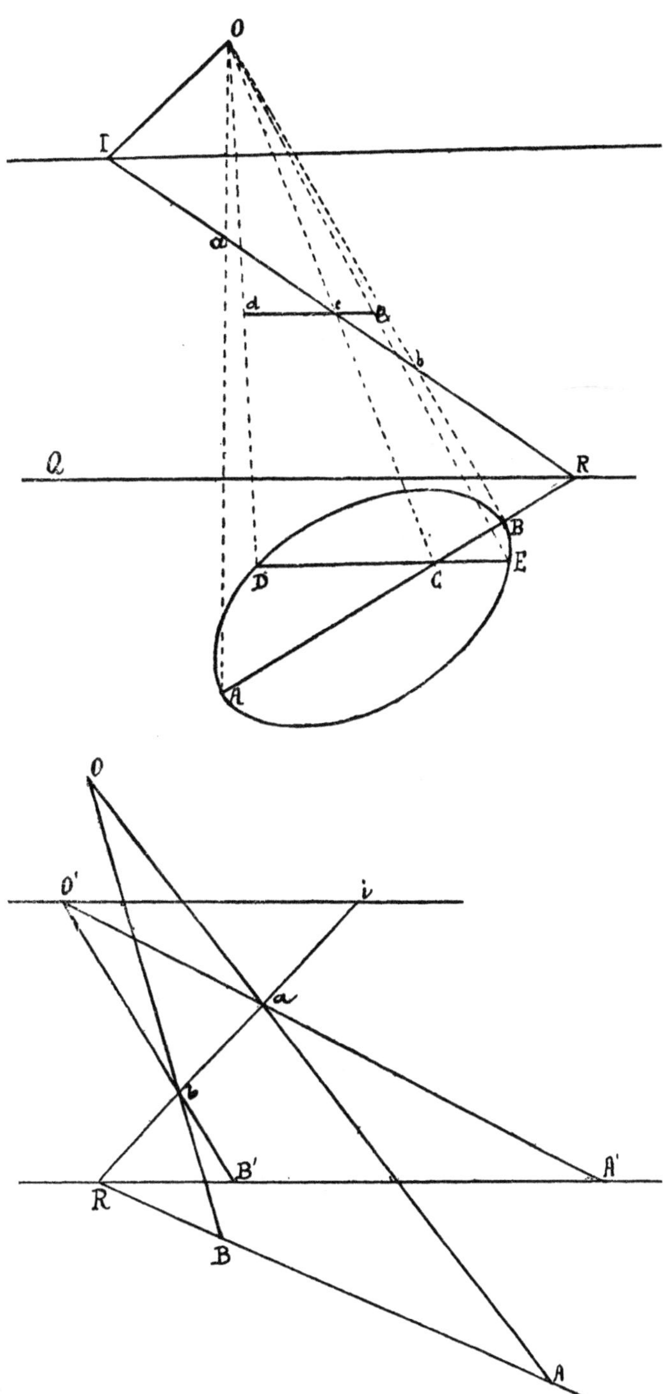

Esempio. La figura data (in ribaltamento) sia l'ellisse ADBE; AB il diametro coniugato alle corde parallele al quadro, ed *ab* la sua prospettiva. Divisa *ab* per metà in *c*, sarà *c* il centro della conica prospettiva. Si trovi quel punto C di AB, la cui prospettiva è *c*, e si conduca per C la corda DE parallela al quadro, ossia alla traccia QR. La retta *de* (parallela a QR), prospettiva di DE, sarà il diametro della conica prospettiva, coniugato ad *ab*.

Osservazione. Se il punto O si fa rotare intorno ad *i* finchè cada in O' sulla retta di fuga; e se simultaneamente si fa rotare AB intorno ad R finchè cada in A'B' sulla traccia, le rette A'*a*, B'*b* concorreranno evidentemente in O'. Dunque, ove si tratti, coi dati del problema 5.°, di trovare la lunghezza obbiettiva di un segmento *ab* dato in prospettiva, basta prendere sulla retta di fuga *i*O'= *i*O, e tirare le O'*a*, O'*b* che determineranno sulla traccia la lunghezza richiesta A'B'.

Problema 6.° Conoscendo la retta di fuga *ih* del piano di un dato angolo obbiettivo, il centro *o* di quella retta, la sua distanza dall'occhio, ed il punto

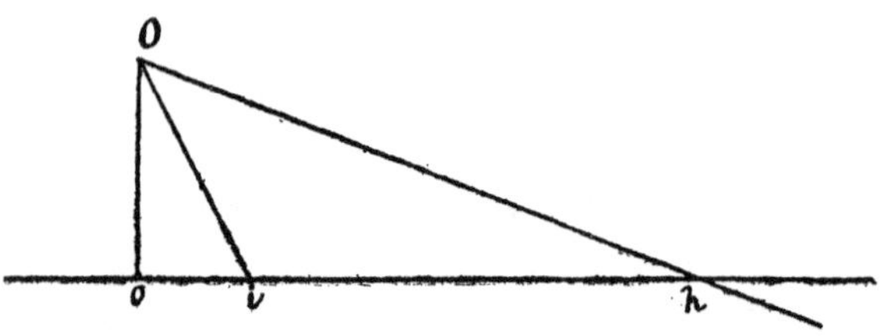

di fuga i di un lato dell'angolo, trovare il punto di fuga dell'altro lato.

Soluzione. Conducete oO perpendicolare ad ih ed eguale alla distanza di o dall'occhio; indi congiungete O,i e fate l'angolo iOh eguale al dato. Il punto h è evidentemente il richiesto.

Osservazione. Per mezzo del problema 6.° e dell'*osservazione* del problema 5.°, si può costruire la prospettiva di una figura piana della quale si conoscono i lati e gli angoli.

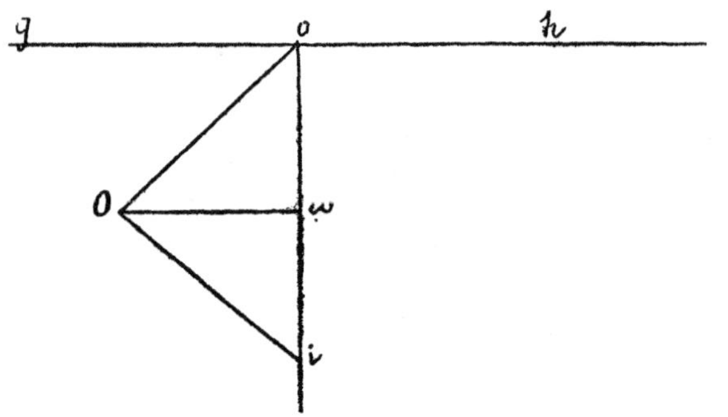

Problema 7.° Essendo dati il centro ω del quadro, la distanza dell'occhio, e la retta di fuga gh di un piano, trovare il punto di fuga delle rette perpendicolari a questo piano.

Soluzione. Conducasi ωo perpendicolare a gh; ωO parallela a gh ed eguale alla distanza dell'occhio; poi Oi perpendicolare ad Oo; il punto i sarà il domandato.

Dimostrazione. Se il triangolo Ooi si fa girare intorno ad oi finchè riesca perpendicolare al quadro, O diviene l'occhio, il piano Ogh risulta parallelo al piano obbiettivo, epperò Oi sarà il raggio visuale perpendicolare all'obbiettivo medesimo.

Osservazione. Colla stessa costruzione eseguita in ordine inverso, si risolverebbe il problema: conoscendo il centro ω del quadro, la distanza dell'occhio e il punto di fuga i di una retta, trovare la retta di fuga dei piani perpendicolari a questa retta.

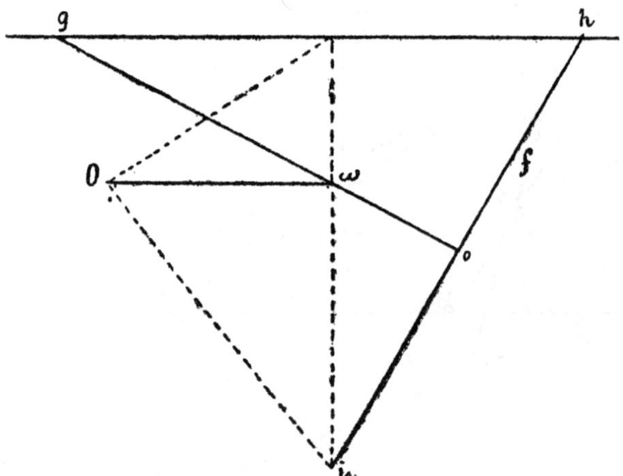

Problema 8.° Essendo dati il centro ω e la distanza dell'occhio, condurre per un punto dato f la retta di fuga di un piano perpendicolare ad un altro piano, la cui retta di fuga gh sia pur data.

Soluzione. Si trovi (prob. 7.°) il punto di fuga i delle rette perpendicolari al piano obbiettivo la cui retta di fuga è gh; ed if sarà la retta domandata.

Il centro o di questa retta di fuga si ottiene abbassando ωo perpendicolare ad if; e la distanza del punto o dall'occhio sarà l'ipotenusa del triangolo rettangolo i cui cateti sono ωo, ωO.

Dimostrazione. Siccome il piano del quale si domanda la retta di fuga dev'essere perpendicolare a quello la cui retta di fuga è gh, così la retta richiesta passerà pel punto i; dunque ecc.

Corollario. Se si prolunga $o\omega$ fino ad incontrare gh in g, questo sarà il punto di fuga delle rette perpendicolari ai piani che hanno per retta di fuga if. Dunque, se gh, if si segano in h, i punti g, h, i saranno i punti di fuga di tre rette ortogonali.

Problema 9.° Essendo dati il centro ω del quadro, la distanza dell'occhio, il punto di fuga g della retta intersezione di due piani inclinati fra loro d'un angolo dato, non che la retta di fuga gh di uno di questi piani, trovare la retta di fuga dell'altro piano.

Soluzione. Si trovi (prob. 7°, oss.) la retta di fuga oh dei piani perpendicolari alle rette il cui punto di fuga è g. Poi si cerchi (prob. 6.°) in oh il punto di fuga i delle rette che formano l'angolo dato con quelle che hanno per punto di fuga h: cioè, presa oO perpendicolare ad oh ed eguale alla distanza dell'occhio, si faccia l'angolo hOi eguale al dato. Sarà gi la retta domandata.

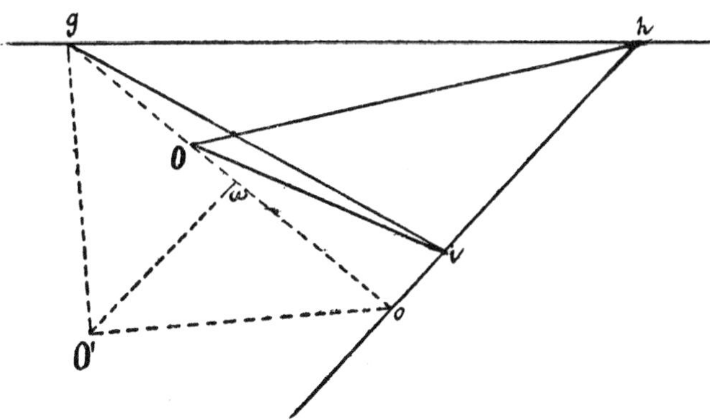

Dimostrazione. Fatto girare il triangolo hOi intorno ad oh finchè divenga perpendicolare al quadro, O diviene l'occhio, e i piani Ogh, Ogi, Ooh riescono paralleli a quelli che hanno per rette di fuga gh, gi, oh. L'ultimo di questi è perpendicolare ai primi due; epperò i piani Ogh, Ogi comprendono l'angolo hOi ossia l'angolo dato. Dunque ecc.

Osservazione. Mediante questa proposizione e le precedenti si può mettere in prospettiva un solido del quale si conoscono le facce e gli angoli diedri.

Ducèntola, settembre 1865.

PRELIMINARI

DI UNA

TEORIA GEOMETRICA

DELLE

SUPERFICIE.

PEL

DR LUIGI CREMONA,

Professore di Geometria Superiore nella R. Università di Bologna.

BOLOGNA,

TIPI GAMBERINI E PARMEGGIANI.

1866.

70.

PRELIMINARI
DI UNA TEORIA GEOMETRICA DELLE SUPERFICIE. [81]

Memorie dell'Accademia delle Scienze dell'Istituto di Bologna, serie II, tomo VI (1866), pp. 91-136; e tomo VII (1867), pp. 29-78.

« Nisi utile est quod facimus, stulta est gloria. »
PHAEDRI *Fabulæ*, III. 17.

La benevola accoglienza fatta da questa Accademia e dagli studiosi della geometria all'*Introduzione ad una teoria geometrica delle curve piane* *) mi ha animato a tentare l'impresa analoga per la geometria dello spazio a tre dimensioni. Naturalmente la materia è qui molto più complessa ed il campo senza paragone più vasto; onde m'è uopo chiedere venia delle lacune e delle sviste, che pur troppo avverrà al lettore d'incontrare, nè lievi nè rade.

Primo concetto di questo lavoro è stato quello di dimostrare col metodo sintetico le più essenziali proposizioni di alta geometria che appartengono alla teoria delle superficie d'ordine qualunque, e sono esposte analiticamente o appena enunciate nelle opere e nelle memorie di SALMON, CAYLEY, CHASLES, STEINER, CLEBSCH, ... **); e di

---

*) Memorie dell'Accademia di Bologna, t. 12 (prima serie), 1862. All'*Introduzione* fanno seguito alcune brevi memorie inserite negli Annali di matematica (pubblicati a Roma dal prof. TORTOLINI), cioè: *Sulla teoria delle coniche* (t. 5, p. 330) — *Sopra alcune questioni nella teoria delle curve piane* (t. 6, p. 153) — *Sulla teoria delle coniche* (t. 6, p. 179). Dell'*Introduzione* e di queste aggiunte è stata fatta una traduzione tedesca dal sig. CURTZE professore a Thorn (*Einleitung in eine geometrische Theorie der ebenen Curven.* Greifswald 1865). [V. in queste Opere rispettivamente i n. **29**, **47**, **53**, **52** e **61**].

**) Mi sono giovato inoltre dei lavori di MONGE, DUPIN, PONCELET, JACOBI, PLÜCKER, HESSE, GRASSMANN, KUMMER, SCHLAEFLI, STAUDT, JONQUIÈRES, LA GOURNERIE, BELLAVITIS, SCHRÖTER, AUGUST, PAINVIN, BISCHOFF, BATTAGLINI, SCHWARZ, FIEDLER, { REYE }, ecc. ecc.

connetterle o completarle in qualche parte coi risultati delle mie proprie ricerche. Ma per dare una forma decorosa allo scritto, e per renderlo accessibile ai giovani, ho dovuto convincermi ch'era conveniente allargare il disegno e farvi entrare alcune nozioni introduttive che senza dubbio i dotti giudicheranno troppo note ed elementari. Per contrario io spero che coloro i quali incominciano lo studio della geometria descrittiva, vi troveranno le dottrine che attualmente costituiscono lo stromento più efficace per addentrarsi in quella scienza.

PARTE PRIMA

Coni.

1. *Cono* è il luogo di una retta (*generatrice*) che si muova intorno ad un punto fisso, o vertice, v secondo una legge data, p. e. incontrando sempre una data linea.

Un cono dicesi dell'*ordine n* se un piano condotto ad arbitrio pel vertice lo taglia secondo n rette generatrici (reali, imaginarie, distinte, coincidenti).

Un cono dell'ordine n è incontrato da una retta arbitraria in n punti, ed è tagliato da un piano arbitrario secondo una linea dell'ordine n.

Un cono di primo ordine è un piano.

2. Se una retta R incontra un cono in due punti μ, μ' infinitamente vicini, dicesi *tangente* al cono in μ. Ogni piano condotto per R sega il cono secondo una curva tangente ad R nello stesso punto μ. Viceversa, se R tocca una sezione del cono, essa è tangente anche al cono.

Il piano condotto per v e per la tangente R conterrà due rette generatrici $v\mu$, $v\mu'$ infinitamente vicine; quindi le rette tangenti al cono nei diversi punti di una stessa retta generatrice $v\mu$ giacciono tutte in un medesimo piano. Questo piano dicesi *tangente* al cono, e la retta $v\mu$ *generatrice di contatto.*

Come due generatrici successive $v\mu$, $v\mu'$ sono situate nel piano che è tangente lungo $v\mu$, così due piani tangenti successivi (lungo $v\mu$ e $v\mu'$) si segheranno secondo la generatrice $v\mu'$. Dunque il cono può essere considerato e come *luogo di rette* (generatrici) e come *inviluppo di piani* (tangenti).

Classe di un cono è il numero de' suoi piani tangenti passanti per un punto preso ad arbitrio nello spazio, ossia per una retta condotta arbitrariamente pel vertice. Un cono di prima classe è una retta, cioè un *fascio di piani* passanti per una retta.

Se si sega il cono con un piano qualunque, si otterrà una curva o sezione, i cui punti e le cui tangenti saranno le tracce delle generatrici e dei piani tangenti del cono. Questa curva è adunque, non solamente del medesimo ordine, ma anche della medesima classe del cono.

3. Alle singolarità della curva corrisponderanno altrettante singolarità del cono e viceversa. Chiamiamo *doppie* (nodali o coniugate), *triple*, ..., *cuspidali* o *stazionarie* o *di regresso* le generatrici che corrispondono ai punti doppi, tripli, ... e alle cuspidi della sezione; *piani bitangenti, tritangenti*, ..., *stazionari* quei piani passanti per v le cui tracce sono le tangenti doppie, triple, ..., stazionarie della sezione. Una generatrice doppia sarà l'intersezione di due falde della superficie (reali o imaginarie); e quando queste siano toccate da uno stesso piano, la generatrice diviene cuspidale. Un piano bitangente tocca il cono lungo due generatrici distinte; un piano stazionario lo tocca lungo due generatrici consecutive, cioè lo sega secondo tre generatrici consecutive (inflessione); ecc.

Siano n l'ordine ed
m la classe del cono;
δ il numero delle generatrici doppie,
$\varkappa$ „ „ cuspidali,
τ „ dei piani bitangenti,
ι „ „ stazionari.

Siccome questi medesimi numeri esprimono le analoghe singolarità della curva piana, così avranno luogo per essi le formole di Plücker *)

$$m = n(n-1) - 2\delta - 3\varkappa,$$
$$n = m(m-1) - 2\tau - 3\iota,$$
$$\iota = 3n(n-2) - 6\delta - 8\varkappa,$$
$$\varkappa = 3m(m-2) - 6\tau - 8\iota,$$

una qualunque delle quali è conseguenza delle altre tre.

4. Le proprietà dei coni e in generale delle figure composte di rette e piani passanti per un punto fisso (vertice) si possono dedurre da quelle delle curve piane e delle figure composte di punti e rette, tracciate in un piano fisso, sia per mezzo della projezione o prospettiva, sia in virtù del principio di dualità. In quest'ultimo caso ai punti ed alle rette della figura piana corrispondono ordinatamente i piani e le rette della figura conica.

Aggiungiamo qui alcuni enunciati dedotti dalla teoria delle curve piane, nei quali le rette e i piani s'intenderanno passanti per uno stesso punto fisso, vertice comune di tutti i coni che si verranno menzionando.

*) *Introduzione ad una teoria geometrica delle curve piane* [Queste Opere, n. **29** (t. 1°)], 99, 100.

Due coni d'ordini n, n' e di classi m, m', hanno nn' generatrici comuni ed mm' piani tangenti comuni. Se i due coni hanno lungo una generatrice comune lo stesso piano tangente, essi avranno inoltre $nn' - 2$ generatrici ed $mm' - 2$ piani tangenti comuni.

Un cono d'ordine o di classe n (il cui vertice sia dato) è determinato da $\frac{n(n+3)}{2}$ condizioni. Per $\frac{n(n+3)}{2}$ rette date ad arbitrio passa un solo cono d'ordine n; ed $\frac{n(n+3)}{2}$ piani dati ad arbitrio toccano un solo cono di classe n. Per le generatrici comuni a due coni d'ordine n passano infiniti altri coni dello stesso ordine, formanti un complesso che si chiama *fascio di coni* d'ordine n. Un cono d'ordine n non può avere più di $\frac{(n-1)(n-2)}{2}$ generatrici doppie (comprese le stazionarie) senza decomporsi in coni d'ordine inferiore; ecc.

Un piano condotto ad arbitrio per una retta fissa segherà un cono dato d'ordine n secondo n generatrici; allora il luogo degli assi armonici *) di grado r del sistema delle n generatrici rispetto alla retta fissa sarà un cono d'ordine r che può essere denominato *cono polare* $(n-r)^{mo}$ della retta fissa (*retta polare*) rispetto al cono dato (*cono fondamentale*). Per tal modo una retta dà origine ad $n-1$ coni polari i cui ordini sono $n-1$, $n-2$, ..., 2, 1. L'ultimo cono polare è un piano. Se il cono polare $(r)^{mo}$ di una retta passa per un'altra retta, viceversa il cono polare $(n-r)^{mo}$ di questa passa per la prima. I coni polari di una generatrice del cono fondamentale sono tangenti a questo lungo la generatrice medesima. I coni polari d'ordine $n-1$ delle rette di un piano fisso formano un fascio. Le rette che sono generatrici doppie di coni polari d'ordine $n-1$ formano un cono (*Hessiano*) d'ordine $3(n-2)$ che sega il cono fondamentale lungo le generatrici d'inflessione di questo; ecc. **).

5. Un cono di second'ordine è anche di seconda classe, e viceversa. La teoria di questi coni (*coni quadrici*) è una conseguenza immediata di quella delle coniche ***).

Un cono quadrico può essere generato e come luogo della retta intersezione di due piani corrispondenti in due fasci projettivi di piani (s'intenda sempre passanti per uno stesso punto fisso), e come inviluppo del piano passante per due raggi corrispondenti in due stelle [82] projettive (situate in piani diversi, ma aventi lo stesso centro). Viceversa, in un cono quadrico, i piani che passano per una stessa generatrice varia-

---

*) *Introd.* 19, 68.

**) *Introd.* art. XIII e XV.

***) *Introd.* art. XI e XVIII.

bile e rispettivamente per due generatrici fisse, generano due fasci projettivi; ed un piano tangente variabile sega due piani tangenti fissi secondo rette formanti due stelle projettive *).

Rispetto ad un cono quadrico fondamentale, ogni retta ha il suo piano polare, e viceversa ogni piano ha la sua retta polare. Se una retta si muove in un piano fisso, il piano polare di quella ruota intorno alla retta polare del piano fisso, e viceversa.

Chiamansi *coniugate* due rette tali che l'una giaccia nel piano polare dell'altra; e *coniugati* due piani ciascun de' quali contenga la retta polare dell'altro. Due rette coniugate formano sistema armonico colle generatrici del cono fondamentale contenute nel loro piano; e l'angolo di due piani coniugati è diviso armonicamente dai piani tangenti al cono che passano per la retta comune a quelli.

Un triedro dicesi *coniugato* ad un cono quadrico quando ciascuno spigolo di quello ha per piano polare la faccia opposta. Due triedri coniugati ad un cono sono inscritti in un altro cono e circoscritti ad un terzo cono. Se un cono è circoscritto ad un triedro coniugato ad un altro cono, viceversa questo è inscritto in un triedro coniugato al primo cono. Due coni hanno un triedro coniugato comune, le cui facce sono i piani diagonali del tetraedro completo formato dai piani tangenti comuni ai due coni, ed i cui spigoli sono le intersezioni delle coppie di piani opposti che passano per le generatrici comuni ai due coni medesimi; ecc.

Un cono di second'ordine avente una retta doppia è il sistema di due piani passanti per quella retta. Un cono di seconda classe avente un piano bitangente è il sistema di due rette poste in quel piano.

I coni quadrici soggetti a tre condizioni comuni, tali che ciascun cono sia determinato in modo unico da due rette, formano un complesso che può chiamarsi *rete*. In una rete di coni quadrici, ve ne sono infiniti che si decompongono in coppie di piani, ossia che sono dotati di una retta doppia; l'inviluppo di questi piani è un cono di terza classe e il luogo delle rette doppie è un cono di terz'ordine; ecc. **).

Sviluppabili e curve gobbe.

6. Consideriamo una *curva* come il luogo di tutte le posizioni di un punto che si muova continuamente nello spazio secondo una tal legge che un piano arbitrario

---

*) Chasles, *Mémoire de géométrie pure sur les propriétés générales des cônes du second degré* (Nouveaux Mémoires de l'Acad. de Bruxelles, t. 6; 1830).

**) A scanso d'equivoci ripeto che negli enunciati di questo numero come in quelli del precedente, i coni de' quali si fa parola hanno lo stesso vertice, pel quale passano tutte le rette e tutt'i piani ivi considerati.

non contenga che un sistema discreto di posizioni del mobile *). La curva è *gobba* quando quattro punti *qualisivogliano* di essa non siano in uno stesso piano.

La curva dicesi dell'*ordine* n quando un piano arbitrario la incontra in n punti (reali, imaginari, distinti, coincidenti). Segue da questa definizione che una curva gobba è almeno del terz'ordine.

La retta che unisce il punto μ della curva al punto consecutivo μ' (infinitamente vicino) dicesi *tangente* alla curva in μ. Ogni piano passante per la retta $\mu\mu'$ dicesi anch'esso *tangente* alla curva in μ, e non può incontrare altrove la curva in più di $n-2$ punti.

Classe di una curva gobba è il numero de' suoi piani tangenti che passano per una retta arbitraria, ossia il numero delle sue rette tangenti incontrate dalla retta arbitraria. [83].

Siano μ, μ', μ'', μ''',... punti consecutivi (infinitamente vicini) della curva. Le rette tangenti consecutive $\mu\mu'$, $\mu'\mu''$ hanno il punto comune μ', e determinano un piano $\mu\mu'\mu''$ che, avendo un contatto tripunto colla curva, dicesi *osculatore* in μ. Due piani osculatori consecutivi $\mu\mu'\mu''$, $\mu'\mu''\mu'''$ si segano secondo la tangente $\mu'\mu''$, e tre piani osculatori consecutivi $\mu\mu'\mu''$, $\mu'\mu''\mu'''$, $\mu''\mu'''\mu''''$ si segano nel punto μ'' della curva.

Ossia: un punto della curva è determinato da due tangenti consecutive o da tre piani osculatori consecutivi; una tangente è determinata da due punti consecutivi o da due piani osculatori consecutivi; ed un piano osculatore è determinato da tre punti consecutivi o da due tangenti consecutive.

7. Dicesi *sviluppabile* il luogo delle tangenti alla curva; le tangenti sono le *generatrici* della sviluppabile. *Ordine* della sviluppabile è il numero de' punti in cui essa è incontrata da una retta arbitraria, epperò questo numero è eguale alla classe della curva. Il piano $\mu\mu'\mu''$, osculatore alla curva in μ, dicesi *tangente alla sviluppabile lungo la generatrice* $\mu\mu'$, perchè contiene le due generatrici consecutive $\mu\mu'$, $\mu'\mu''$, onde ogni retta condotta nel piano è tangente alla sviluppabile (cioè la incontra in due punti infinitamente vicini) in un punto della *generatrice di contatto* $\mu\mu'$; e reciprocamente ogni retta tangente alla sviluppabile in un punto di questa generatrice è situata nel detto piano. Come ogni piano tangente della sviluppabile contiene due generatrici consecutive, così ciascuna generatrice è situata in due piani tangenti consecutivi; dunque la sviluppabile è ad un tempo il *luogo delle tangenti della curva* e *l'inviluppo dei piani osculatori* della medesima.

*) Cioè in modo che tutte le successive posizioni del punto mobile dipendano dalla variazione di un solo parametro; onde una curva potrà dirsi una *serie semplicemente infinita di punti.*

Abbiamo dedotto la nozione di *sviluppabile* da quella di *curva*, ma possiamo invece ricavare la curva dalla sviluppabile. Imaginiamo un piano che si muova continuamente nello spazio, secondo una tal legge che per un punto arbitrariamente preso non passi che un sistema discreto di posizioni del piano mobile *). L'inviluppo delle posizioni del piano mobile, ossia il luogo della retta secondo la quale si segano due posizioni successive di quello, è ciò che si chiama una *sviluppabile* **).

Siano π, π', π'', π''',... posizioni successive del piano mobile. Il piano π' contiene le due rette consecutive $\pi\pi'$, $\pi'\pi''$. I tre piani consecutivi π, π', π'' si segheranno in un punto, luogo del quale sarà una certa curva situata nella sviluppabile. Il punto $\pi\pi'\pi''$ giace nelle due generatrici consecutive $\pi\pi'$, $\pi'\pi''$, e viceversa la generatrice $\pi'\pi''$ contiene i due punti consecutivi $\pi\pi'\pi''$, $\pi'\pi''\pi'''$ della curva; dunque le generatrici della sviluppabile sono tangenti alla curva. Il piano π'' contiene i tre punti consecutivi $\pi\pi'\pi''$, $\pi'\pi''\pi'''$, $\pi''\pi'''\pi''''$; dunque i piani tangenti della sviluppabile sono osculatori alla curva.

Classe della sviluppabile è il numero de' suoi piani tangenti che passano per un punto arbitrario dello spazio.

8. [84] Quando il punto generatore della curva passa due volte per una medesima posizione, in questa s'incroceranno due rami (reali o imaginari) formando un *punto doppio* (nodo o punto coniugato). S'indichino con a e b le due posizioni del mobile che sovrapponendosi formano il punto doppio; con a', a'',... i punti consecutivi ad a nel primo ramo, e con b', b'', ... i punti consecutivi a b nel secondo ramo della curva. Saranno aa', bb' le rette tangenti ed $aa'a''$, $bb'b''$ i piani osculatori ai due rami nel punto doppio. Il quale tien luogo di quattro intersezioni della curva con ciascuno de' piani osculatori anzidetti e col piano delle due tangenti; di tre intersezioni con ogni altro piano che passi per una delle due tangenti; e di due sole con qualunque altro piano passante pel punto medesimo.

Quando le due tangenti (epperò anche i due piani osculatori) coincidono, si ha una *cuspide*, che dicesi anche *punto stazionario*, perchè ivi si segano tre tangenti consecutive ***) ossia quattro piani osculatori consecutivi.

Analogamente si potrebbero considerare punti tripli, quadrupli,..., ne' quali le tangenti siano distinte, ovvero tutte o in parte coincidenti; ecc.

Come la curva può avere punti singolari, così la sviluppabile potrà essere dotata di piani tangenti singolari. Un piano dicesi *bitangente* quando tocca la sviluppabile

*) Cioè in modo che tutte le posizioni del piano mobile dipendano dalla variazione di un solo parametro; onde una sviluppabile è una *serie semplicemente infinita di piani*. I coni ne costituiscono un caso particolare.

**) MONGE, *Application de l'analyse à la géométrie* § XII.

***) *Introd.* 30.

lungo due generatrici distinte, ossia oscula la curva in due punti distinti; *stazionario* quando tocca la sviluppabile lungo due generatrici consecutive ossia ha un contatto quadripunto colla curva; ecc.

La curva e la superficie possono avere altre singolarità più elevate che per ora non si vogliono considerare.

9. Seghiamo la sviluppabile con un piano P; la sezione che ne risulta sarà una curva dello stesso ordine della sviluppabile; i punti della quale saranno le tracce delle generatrici, e le tangenti le tracce dei piani tangenti, perchè, come si è già osservato, ogni retta condotta in un piano tangente alla sviluppabile è tangente a questa medesima. Ne segue che anche la classe della sezione coinciderà colla classe della sviluppabile: infatti le tangenti che le si possono condurre da un punto qualunque del suo piano sono le tracce dei piani che dallo stesso punto vanno a toccare la sviluppabile. Le tangenti doppie della sezione saranno (oltre le tracce dei piani bitangenti) quelle rette del piano P per le quali passano due piani tangenti; e le tangenti stazionarie saranno le tracce dei piani stazionari.

Ogni punto μ della curva gobba (le cui tangenti sono le generatrici della sviluppabile) situato nel piano P sarà una cuspide per la sezione; infatti, essendo quel punto l'intersezione di tre piani tangenti consecutivi, in esso si segheranno tre tangenti consecutive della sezione. A cagione di questa proprietà si dà alla curva gobba il nome di *spigolo di regresso* o *curva cuspidale* della sviluppabile. Viceversa dicesi *sviluppabile osculatrice* di una curva gobba l'inviluppo dei suoi piani osculatori.

Le rette condotte ad arbitrio pel punto μ nel piano P incontrano ivi la sezione in due punti coincidenti; ma vi è una retta, la tangente cuspidale (cioè la traccia del piano osculatore alla curva gobba in μ), per la quale il punto μ rappresenta tre intersezioni riunite. Dunque una retta condotta ad arbitrio per un punto della curva cuspidale incontra ivi la sviluppabile in due punti coincidenti; ma fra quelle rette ve ne sono infinite per le quali quel punto rappresenta un contatto tripunto, ed il luogo delle medesime è il piano che in quel punto oscula la curva.

Se due generatrici non consecutive si segano sul piano P, il punto d'incontro sarà un punto doppio per la sezione, perchè questa sarà ivi toccata dalle tracce dei due piani che toccano la sviluppabile lungo quelle generatrici. Queste tracce sono le sole rette che in quel punto abbiano un contatto tripunto colla sezione, mentre ogni altra retta condotta nel piano P per lo stesso punto incontrerà ivi la sezione medesima in due punti coincidenti. Tutti i punti analoghi, intersezioni di due generatrici non consecutive, formano sulla sviluppabile una curva che, a cagione della proprietà or notata, chiamasi la *curva doppia* o *la curva nodale* della sviluppabile. La tangente alla curva doppia in un suo punto qualunque è evidentemente la retta intersezione dei due piani che in quel punto toccano la sviluppabile.

Dunque una retta condotta ad arbitrio per un punto della curva doppia incontra ivi la sviluppabile in due punti coincidenti; ma fra le rette analoghe ve ne sono infinite per le quali quel punto rappresenta tre intersezioni riunite, e il luogo di esse è costituito dai due piani che toccano la sviluppabile lungo le generatrici incrociate in quel medesimo punto.

Invece, come già si è notato, le rette che toccano la sviluppabile in un punto ordinario sono tutte situate in un solo piano (il piano tangente lungo l'unica generatrice che passa per quel punto) ed hanno colla sviluppabile un contatto bipunto.

{ Aggiungasi che la sezione fatta dal piano P avrà una cuspide nella traccia di ogni generatrice stazionaria [85] ed un punto doppio nella traccia di ogni generatrice doppia. }

10. Siano ora

n l'ordine della curva gobba data;

m la classe della sviluppabile osculatrice;

r l'ordine di questa sviluppabile, ossia la classe della curva gobba [86];

g il numero delle rette situate in un piano P (qualsivoglia) per ciascuna delle quali passano due piani tangenti della sviluppabile; aggiuntovi il numero dei piani bitangenti, se ve ne sono;

x il numero dei punti del piano P per ciascuno de' quali passano due generatrici della sviluppabile, ossia l'ordine della curva doppia; { aggiuntovi il numero delle generatrici doppie, se ve ne sono };

α il numero dei piani stazionari;

{ θ il numero delle generatrici stazionarie } [87].

Allora la sezione fatta dal piano P nella sviluppabile sarà una curva d'ordine r, di classe m, dotata di x punti doppi, $n+\theta$ cuspidi, g tangenti doppie ed α inflessioni; dunque, in virtù delle formole di Plücker, avremo:

$$m = r(r-1) - 2x - 3(n+\theta)$$
$$r = m(m-1) - 2g - 3\alpha$$
$$n + \theta - \alpha = 3(r-m). \qquad [88]$$

11. Si assuma un punto arbitrario o dello spazio come vertice di un cono passante per la data curva gobba (*cono prospettivo*). Le generatrici di questo cono saranno le rette che dal punto o vanno ai punti della curva, ed i piani tangenti del cono saranno i piani passanti pel vertice e per le tangenti della curva. Un piano condotto per o segherà il cono secondo tante generatrici quanti sono i punti della curva situati nello stesso piano; dunque l'ordine del cono è eguale all'ordine della curva. Per un punto qualunque o' dello spazio passeranno tanti piani tangenti del

cono quante sono le tangenti della curva incontrate dalla retta oo'; dunque la classe del cono è eguale alla classe della curva ossia all'ordine della sviluppabile osculatrice.

Saranno generatrici doppie del cono le rette congiungenti il punto o ai punti doppi della curva ed anche le rette passanti per o ed appoggiate in due punti distinti alla curva, perchè in entrambi i casi il cono avrà due piani tangenti lungo una stessa generatrice. Saranno poi generatrici cuspidali del cono le rette congiungenti il vertice o alle cuspidi della curva.

Se un piano passante per o è osculatore alla curva, esso sarà stazionario pel cono, perchè ne contiene tre generatrici consecutive. Condotta ad arbitrio per o una retta nel piano stazionario, questo conta per *due* fra gli r piani che passano per la retta e toccano il cono: ma vi è una retta, la generatrice di contatto del piano stazionario, per la quale questo piano conterà per *tre* *). Dunque, se in un piano osculatore della curva conduciamo una retta arbitraria, fra i piani che per questa si possono condurre a toccare la curva il piano osculatore conta per *due*: ma vi sono infinite rette per le quali il piano osculatore conta per *tre*, e tutte queste rette passano pel punto di osculazione.

Se un piano passante per o tocca la curva in due punti distinti μ, ν, esso toccherà il cono lungo due generatrici $o\mu$, $o\nu$, epperò sarà un piano bitangente del cono. Il piano bitangente conta per *due* fra i piani che toccano il cono e passano per una retta condotta ad arbitrio per o nello stesso piano bitangente; conta invece per *tre*, se la retta è una delle due generatrici di contatto. Dunque, se in un piano bitangente della curva gobba si tira una retta arbitraria, quel piano conta per *due* fra i piani che passano per questa retta e toccano la curva; ma conta per *tre* per le infinite rette che si possono condurre nel detto piano per l'uno o per l'altro de' punti di contatto.

Tutti i piani analoghi, ciascun de' quali tocca la curva gobba in due punti ossia contiene due tangenti non consecutive, inviluppano (7) una sviluppabile che dicesi *doppiamente circoscritta* o *bitangente* alla curva. Uno qualunque di quei piani tocca questa sviluppabile secondo la retta che unisce i due punti di contatto di quel piano colla curva data.

{ Aggiungasi che ogni piano passante per o, il quale contenga una tangente doppia della curva, sarà bitangente al cono; mentre se contiene una tangente stazionaria, sarà un piano stazionario del cono. }

12. Se adunque si indica con

*) Il che si ricava dalle analoghe proprietà delle curve piane, *Introd.* 31.

h il numero delle rette che da un punto (arbitrario) o si possono condurre a incontrare due volte la curva gobba data, aggiuntovi il numero de' punti doppi di questa: o in altre parole il numero de' punti doppi *apparenti* ed *attuali* della curva;

y il numero dei piani che passano per o e contengono due tangenti non consecutive della curva, ossia la classe della sviluppabile bitangente, [aggiuntovi il numero delle tangenti doppie della curva [89]]; e con

β il numero delle cuspidi della curva;

il cono prospettivo di vertice o sarà dell'ordine n, della classe r, ed avrà h generatrici doppie, β generatrici stazionarie, y piani bitangenti ed $m+\theta$ piani stazionari. Dunque avremo (3)

$$\begin{aligned} r &= n(n-1) - 2h - 3\beta, \\ n &= r(r-1) - 2y - 3(m+\theta), \\ m+\theta-\beta &= 3(r-n). \end{aligned}$$ [90]

Le sei equazioni che precedono sono dovute al sig. Cayley *). Per mezzo di esse, o di altre che se ne possono dedurre, come p. e. le seguenti

$$\begin{aligned} \alpha-\beta &= 2(m-n), \\ x-y &= m-n, \\ 2(g-h) &= (m-n)(m+n-7), \end{aligned}$$

ogniqualvolta si conoscono quattro delle dieci quantità [91]

$$n,\ m,\ r,\ \alpha,\ \beta,\ g,\ h,\ x,\ y,\ \theta$$

si potranno determinare le altre sei. [92]

Le cose qui esposte mostrano che lo studio delle curve gobbe non può essere disgiunto da quello delle sviluppabili. Si può dire che una sviluppabile colla sua curva cuspidale forma un *sistema unico* nel quale sono a considerare punti (i punti della curva), rette (le tangenti della curva ossia le generatrici della sviluppabile) e piani (i piani tangenti della sviluppabile). Del resto, come le proprietà dei coni si ricavano col principio di dualità da quelle delle curve piane, così lo stesso principio serve a mettere in correlazione le curve gobbe e le sviluppabili (che non siano coni), ossia a

*) *Mémoire sur les courbes à double courbure et les surfaces développables* (G. di Liouville, t. 10; 1845). | — *On a special sextic developable* (Quarterly Journ. of math. t. 7; 1866) |

dedurre dalle proprietà di un sistema le cui caratteristiche siano

$$n\,,\; m\,,\; r\,,\; \alpha\,,\; \beta\,,\; g\,,\; h\,,\; x\,,\; y\,,\; \theta$$

quelle del sistema (reciproco) avente le caratteristiche

$$m\,,\; n\,,\; r\,,\; \beta,\; \alpha\,,\; h\,,\; g\,,\; y\,,\; x\,,\; \theta.$$

13. Abbiamo veduto come si determinano le caratteristiche del cono prospettivo alla curva gobba e di una sezione della sviluppabile, quando il vertice del cono ed il piano segante sono affatto arbitrari. In modo analogo si procederebbe se quel punto o quel piano avessero una posizione particolare. Diamo qui alcuni esempi.

Se il piano segante passa per una retta τ del sistema, la sezione sarà composta di questa e di una curva d'ordine $r-1$. La classe di questa curva sarà m come nel caso generale; ed $n+\theta-2$ il numero delle cuspidi perchè il piano segante, essendo tangente alla curva cuspidale, la incontrerà in altri $n-2$ punti. Le formole di Plücker c'insegnano poi che la curva-sezione ha $\alpha+1$ flessi, $g-1$ tangenti doppie ed $x-r+4$ punti doppi. Abbiamo un flesso di più che nel caso generale, e questo nuovo flesso è il punto μ ove la retta τ tocca la curva cuspidale. Che in μ la retta τ tocchi la curva-sezione risulta da ciò che μ dev'essere una cuspide per la sezione completa. Siccome poi τ è l'intersezione di due piani consecutivi del sistema, così per un punto qualunque di τ non passano che $m-2$ tangenti della curva-sezione, e per μ non ne passano che $m-3$ (oltre a τ); dunque τ è una tangente stazionaria per la curva medesima. Nel caso attuale la sezione non ha che $x-r+4$ punti doppi, mentre la curva doppia deve avere x punti nel piano segante; gli altri $r-4$ punti saranno le intersezioni della retta τ colla curva-sezione; dunque una generatrice qualunque di una sviluppabile d'ordine r incontra altre $r-4$ generatrici non consecutive.

Se il piano segante è uno dei piani π del sistema, la sezione sarà composta di una retta τ (la generatrice di contatto del piano π colla sviluppabile) contata due volte e di una curva il cui ordine sarà $r-2$. Per un punto qualunque del piano passeranno altri $m-1$ piani del sistema, dunque la sezione è della classe $m-1$. Il piano oscula la curva cuspidale e la sega in altri $n-3$ punti; dunque la sezione avrà $n+\theta-3$ cuspidi. Dalle formole di Plücker si ricava poi che questa curva possiede α flessi, $g-m+2$ tangenti doppie ed $x-2r+8$ punti doppi. Nel caso che si considera, il punto μ, in cui il piano π oscula la curva cuspidale, non è più un flesso per la curva-sezione, ma un punto di semplice contatto colla retta τ; perchè ora il numero $m-2$ delle tangenti che da un punto di τ si possono condurre (oltre a τ) alla curva non è inferiore che di un'unità alla classe di questa. La sezione ha $x-2r+8$ punti doppi; altri $r-4$ punti della curva doppia sono le intersezioni della retta τ colla curva-sezione, ma ciascun di essi conta come due punti doppi della sezione completa, perchè questa comprende in sè due volte la retta τ. Dunque in questi $r-4$ punti la curva doppia è toccata dal piano π. Ossia, ogni piano del sistema contiene $r-4$ tangenti della curva doppia, e i punti di contatto sono nella retta del sistema, posta in quel piano *).

Se il piano segante π è uno de' piani stazionari del sistema, la retta τ rappresenta nella sezione tre rette coincidenti, onde avremo inoltre una curva d'ordine $r-3$. Questa sarà della classe $m-2$, perchè un piano stazionario rappresenta due piani consecutivi del sistema, onde per ogni punto di esso non passeranno che $m-2$ altri piani. Il piano π, avendo un contatto quadripunto colla curva cuspidale, la segherà in altri $n-4$ punti, cioè la curva-sezione avrà $n+\theta-4$ cuspidi. Dalle formole di Plücker si ha poi che questa curva possiede $\alpha-1$ flessi, $g-2m+6$ tangenti doppie ed $x-3r+13$ punti doppi. La medesima curva è incontrata dalla retta τ, che la tocca nel punto μ, in altri $r-5$ punti, ciascun de' quali conta tre volte fra i punti doppi della sezione completa, perchè la retta τ conta come tre rette in questa sezione. Dunque ciascun piano stazionario oscula la curva doppia in $r-5$ punti, situati nella retta del sistema che è in quel piano. Anche il punto μ appartiene alla curva doppia, perchè in esso si segano tre rette consecutive del sistema, sicchè, riguardato come intersezione della prima colla terza tangente, quel punto dee giacere nella curva doppia. In questo punto la curva doppia è toccata dal piano π, come risulta da un'osservazione fatta superiormente. Dunque i punti in cui la curva cuspidale è toccata dai piani stazionari appartengono anche alla curva doppia, la quale è ivi toccata dai piani medesimi **).

Analogamente possiamo determinare le caratteristiche dei coni prospettivi, ovvero possiamo dedurle dalle precedenti per mezzo del principio di dualità. Ci limiteremo ad enunciare i risultati.

---

*) Ciò risulta anche dall'osservazione che in un suo punto qualunque la curva doppia ha per tangente la retta comune ai due piani che in quel punto toccano la sviluppabile. Donde si scorge inoltre che le $r-4$ tangenti menzionate della curva doppia sono anche tangenti alla curva-sezione d'ordine $r-2$.

**) Vi sono altri punti comuni alla curva cuspidale ed alla curva doppia, oltre ai punti ove la prima è osculata dai piani stazionari. I punti stazionari della curva cuspidale sono situati anche nella curva doppia, perchè in ciascun di quelli si segano tre rette consecutive del sistema. Inoltre se la tangente alla curva cuspidale in un punto va ad incontrare la stessa curva in un altro punto non consecutivo, questo sarà un punto stazionario della curva doppia, perchè in esso due rette consecutive del sistema sono segate da una terza retta non consecutiva.

Se il vertice è preso sopra una retta del sistema, il cono prospettivo è dell'ordine n, della classe $r-1$, ha $m+\theta-2$ generatrici di flesso, $\beta+1$ generatrici cuspidali, $y-r+4$ piani bitangenti ed $h-1$ generatrici doppie. Donde si vede che una tangente della data curva gobba è una generatrice cuspidale pel cono prospettivo che ha il vertice in un punto di quella retta.

Se il vertice è un punto del sistema, il cono prospettivo è dell'ordine $n-1$, della classe $r-2$, ha $m+\theta-3$ generatrici di flesso, β generatrici cuspidali, $y-2r+8$ piani bitangenti ed $h-n+2$ generatrici doppie. Di qui s' inferisce che in un punto qualunque della data curva gobba s'incrociano $r-4$ generatrici della sviluppabile bitangente, e i relativi piani tangenti passano per la retta che in quel punto tocca la curva data. Quelle $r-4$ generatrici sono anche situate nel cono prospettivo che ha il vertice nel punto che si considera.

Se il vertice è un punto stazionario *) del sistema, il cono prospettivo è dell'ordine $n-2$, della classe $r-3$, ha $m+\theta-4$ generatrici di flesso, $\beta-1$ generatrici cuspidali, $y-3r+13$ piani bitangenti ed $h-2n+6$ generatrici doppie. Quindi si trova che una cuspide della curva gobba data è un punto multiplo secondo il numero $r-5$ per lo spigolo di regresso della sviluppabile bitangente, e i corrispondenti $r-5$ piani tangenti di questa sviluppabile passano per la tangente cuspidale della curva data. Questa sviluppabile è toccata anche dai piani osculatori della curva data nelle cuspidi.

14. Per dare un esempio, supponiamo di avere una sviluppabile della classe m, i cui piani tangenti corrispondano projettivamente, ciascuno a ciascuno, ai punti di una retta A. Di quale ordine sarà questa sviluppabile? Assunta una retta arbitraria R, per un punto qualunque ω di essa passeranno m piani tangenti, ai quali corrisponderà un gruppo di m punti τ [93] in A. Viceversa, assunto un punto τ in A, a questo corrisponderà un piano tangente che segherà R in un punto ω; e gli altri $m-1$ piani tangenti passanti per ω determineranno gli altri $m-1$ punti del gruppo in A. Ne segue che variando il punto ω in R, il gruppo dei punti τ genererà in A un'involuzione di grado m, projettiva alla semplice punteggiata formata dai punti ω **). Quell'involuzione ha $2(m-1)$ punti doppi; cioè $2(m-1)$ gruppi ciascun de' quali contiene due punti τ coincidenti. Ad uno qualunque di questi gruppi corrisponderà in R un punto pel quale due degli m piani tangenti coincideranno, cioè un punto che apparterrà o ad un piano stazionario, o all'intersezione di due piani tangenti consecutivi cioè alla sviluppabile. Avremo dunque [94]

$$r=2(m-1)-\alpha.$$

*) Se il vertice è un punto $(r)^{plo}$ della curva, il cono prospettivo è dell'ordine $n-r$, perchè ogni piano per quel punto incontrerà la curva solamente in altri $n-r$ punti.

**) *Introd.* 21.

Poi dalle formole di Cayley si trae

$$n = 3(m-2) - 2\alpha\,,$$
$$\beta = 4(m-3) - 3\alpha\,,$$
$$g = \frac{1}{2}(m-1)(m-2) - \alpha\,,$$
$$h = \frac{1}{2}(9m^2 - 53m + 80) - 2\alpha(3m - \alpha - 9)\,,$$
$$x = 2(m-2)(m-3) - \frac{\alpha}{2}(4m - \alpha - 11)\,,$$
$$y = 2(m-1)(m-3) - \frac{\alpha}{2}(4m - \alpha - 7) \ldots .\ ^{*})$$

Superficie d'ordine qualunque.

15. Consideriamo una *superficie* qualsivoglia come il luogo di tutte le posizioni di un punto che si muova continuamente nello spazio, secondo una tal legge che una retta arbitraria contenga un sistema discreto di posizioni del mobile **).

La superficie dicesi dell'*ordine* n quando una retta arbitraria la incontra in n punti (reali, imaginari, distinti, coincidenti). Onde se una retta ha più di n punti comuni con una superficie d'ordine n, la retta giace per intero nella superficie.

Una superficie di primo ordine è un piano.

Un piano sega una superficie d'ordine n secondo una linea dello stesso ordine n.

Una retta dicesi *tangente* ad una superficie se la incontra in due punti infinitamente vicini (contatto bipunto); *osculatrice* se la incontra in tre o più punti consecutivi (contatto tripunto, ...).

16. Per un punto μ di una data superficie si conducano due rette R, R′ che ivi siano tangenti alla superficie. Il piano RR′ taglierà la superficie secondo una linea L che in μ ha un contatto bipunto sì con R che con R′; dunque μ è un punto doppio

*) Salmon, *On the classification of curves of double curvature* (Cambridge and Dublin Math. Journal t. 5, 1850). Veggasi inoltre l'eccellente *Treatise on the analytic geometry of three dimensions* (2 ed. Dublin 1865) dello stesso autore, ovvero l'edizione tedesca che ne ha fatta il prof. Fiedler con ricche aggiunte (*Analytische Geometrie des Raumes*. Leipzig 1863-65).

) Cioè in modo che tutte le successive posizioni del punto mobile corrispondano alle variazioni di due parametri indipendenti. Una superficie è dunque *una serie doppiamente infinita di punti.* E i punti comuni a due superficie formeranno una serie semplicemente infinita cioè **una curva (6).

per la linea L *). Quindi tutte le rette condotte per μ nel piano RR′ avranno ivi un contatto bipunto con L, cioè saranno tangenti alla superficie. Fra quelle rette ve ne sono due (le tangenti ai due rami di L) che hanno in μ un contatto tripunto con L e quindi anche colla superficie. Si chiameranno le *rette osculatrici* nel punto μ **). Ogni piano condotto per una di queste rette taglierà la superficie secondo una curva avente un contatto tripunto in μ colla retta stessa, vale a dire una curva avente il punto μ per flesso e la retta per tangente stazionaria.

Le due rette osculatrici sono reali o imaginarie secondochè μ sia per L un vero nodo o un punto coniugato. Nel primo caso μ dicesi *punto iperbolico*, nel secondo *punto ellittico*. Se μ è una cuspide per la curva L, le due rette osculatrici coincidono in una sola, e μ dicesi *punto parabolico* ***).

In generale, tutte le rette tangenti alla superficie nel punto μ giacciono nel piano RR′, cioè una retta condotta per μ fuori di questo piano ha ivi in generale un solo punto comune colla superficie †). Ma se altrimenti fosse per una retta così fatta R″, lo stesso avrebbe luogo per qualunque altra retta R‴ passante per μ. In fatti, se R″ ha in μ un contatto bipunto colla superficie, il piano R″R‴ segherà questa secondo una linea toccata in μ da R″ e dalla intersezione de' due piani R″R‴, RR′, epperò anche da R‴; dunque, in quell'ipotesi, tutte le rette condotte per μ avrebbero ivi un contatto bipunto colla superficie, e tutti i piani per μ segherebbero la superficie secondo una curva avente in μ un punto doppio. La qual cosa non può verificarsi che per punti singolari della superficie.

Il piano RR′, nel quale sono contenute tutte le rette che toccano la superficie in un *punto ordinario* μ, dicesi *piano tangente alla superficie* in μ. Dunque un piano tangente ad una superficie in un punto qualunque taglia questa secondo una linea avente due rami (reali o no) incrociati nel punto di contatto ††).

Si può anche dire che il piano tangente alla superficie in μ è il luogo delle rette che toccano ivi le curve tracciate sulla superficie.

Classe della superficie è il numero dei piani tangenti che le si possono condurre per una retta data ad arbitrio nello spazio.

---

*) *Introd.* 31.

**) *Inflexional tangents* secondo SALMON { *Haupttangenten* secondo CLEBSCH }. Se la superficie contiene una retta, questa sarà una delle osculatrici per ciascuno de' suoi punti.

***) In una sviluppabile (compresi i coni) tutti i punti sono parabolici. Le rette osculatrici coincidono colle generatrici.

†) DUPIN, *Développements de géométrie* (Paris 1813) p. 59.

††) PLÜCKER, *Ueber die allgemeinen Gesetze, nach welchen irgend zwei Flächen einen Contact der verschiedenen Ordnungen haben* (G. di Crelle, t. 4; 1829) p. 359.

17. Quando tre rette (non situate in uno stesso piano) e per conseguenza tutte le rette passanti per μ incontrano ivi la superficie in due punti coincidenti, il punto μ dicesi *doppio* per la superficie medesima. Ogni piano condotto per esso sega la superficie secondo una curva avente ivi un punto doppio; le tangenti ai due rami hanno colla curva un contatto tripunto; perciò vi sono infinite rette che hanno nel punto doppio μ un contatto tripunto colla superficie, e il luogo delle medesime è un cono di second'ordine (1). Ogni piano tangente a questo cono segherà la superficie data secondo una curva cuspidata in μ. Dimostreremo in seguito [n. 71] esservi sei generatrici di questo cono, ciascuna delle quali ha in μ un contatto quadripunto colla superficie.

Può avvenire che il cono si decomponga in due piani P, Q; in tal caso le rette osculatrici son quelle che passano per μ e giacciono in P o in Q. I piani passanti per la retta PQ segano la superficie secondo curve per le quali μ è una cuspide. La sezione fatta da ciascuno de' piani P, Q è una curva avente un punto triplo in μ; il che si fa evidente considerando che ogni retta passante per μ e situata nel piano incontra la superficie epperò la curva in tre punti riuniti in μ. Le tangenti ai tre rami sono altrettante rette aventi un contatto quadripunto in μ colla superficie.

Può anche darsi che i piani P, Q coincidano in uno solo: il quale in tal caso è l'unico che seghi la superficie secondo una curva con punto triplo in μ. Ogni piano per μ dà allora una curva cuspidata nel punto stesso.

Per distinguere queste tre sorta di punto doppio si sogliono chiamare *punto conico*, *punto biplanare*, *punto uniplanare* *).

Si possono anche distinguere ulteriori varietà del punto biplanare (secondochè una o due o tre delle rette aventi contatto quadripunto coincidono colla retta comune ai due piani tangenti) e del punto uniplanare (secondochè le tre rette aventi contatto quadripunto sono distinte ovvero coincidenti) **).

18. La superficie può avere punti *tripli*, *quadrupli*, ... *multipli* secondo un numero qualunque. Un punto μ si dirà $(r)^{plo}$ quando una retta qualunque condotta per μ incontri ivi la superficie in r punti coincidenti. Ogni piano passante per μ segherà allora la superficie secondo una curva avente in μ un punto $(r)^{plo}$, e le tangenti agli r rami avranno ivi colla superficie un contatto $(r+1)^{punto}$. Vi sono dunque infinite rette aventi colla superficie un contatto $(r+1)^{punto}$ in μ, e il loro luogo è un cono d'ordine r.

*) Il vertice di un cono di second'ordine, un punto qualunque della curva doppia ed un punto qualunque della curva cuspidale di una sviluppabile sono esempi di queste tre sorta di punti doppi.

**) Schlaefli, *On the distribution of surfaces of the third order into species* (Phil. Trans. 1863) p. 198.

Si dimostrerà in seguito [n. 71] che $r(r+1)$ generatrici di questo cono hanno colla superficie un contatto $(r+2)^{punto}$. Il cono può in certi casi decomporsi in coni d'ordine inferiore od anche in r piani, distinti o coincidenti, e così dar luogo a molte specie di punto $(r)^{plo}$.

Una superficie però non avrà mai un punto multiplo, il cui grado di moltiplicità superi l'ordine di quella. Perchè in tal caso ogni retta condotta per quel punto avrebbe in comune colla superficie più punti di quanti ne comporti l'ordine, epperò giacerebbe per intero sulla superficie.

Se una superficie d'ordine n ha un punto $(n)^{plo}$ o, essa è necessariamente un cono di vertice o. Infatti la retta congiungente o ad un altro punto qualunque della superficie, avendo con questa $n+1$ punti comuni, giace per intero nella medesima *).

Una superficie può altresì avere linee multiple, cioè linee tutti i punti delle quali siano punti multipli **). P. e. abbiamo già veduto che una sviluppabile ha in generale

---

*) Quale è il numero delle condizioni che determinano una superficie d'ordine n? Sia x_{r-1} il numero delle condizioni da soddisfarsi perchè la superficie abbia un punto $(r-1)^{plo}$ μ. Le rette che hanno in μ un contatto $(r)^{punto}$ formano un cono d'ordine $r-1$ il quale è individuato da $\frac{(r-1)(r+2)}{2}$ generatrici; onde, se si obbliga la superficie ad avere un contatto $(r)^{punto}$ in μ con $\frac{(r-1)(r+2)}{2}+1$ rette condotte arbitrariamente per μ (non allogate sopra un cono d'ordine $r-1$), μ diverrà un punto $(r)^{plo}$. Donde segue che $x_r = x_{r-1} + \frac{(r-1)(r+2)}{2} + 1$ cioè $x_r = \frac{r(r+1)(r+2)}{2.3}$. Ma se una superficie d'ordine n ha un punto $(n)^{plo}$, essa è un cono, il quale, dato il vertice, sarà determinato da $\frac{n(n+3)}{2}$ condizioni. Dunque il numero delle condizioni che determinano una superficie d'ordine n è $\frac{n(n+1)(n+2)}{2.3} + \frac{n(n+3)}{2} = \frac{n(n^2+6n+11)}{2.3} = \frac{(n+1)(n+2)(n+3)}{2.3} - 1$ (numero che d'ora in avanti indicheremo col simbolo $N(n)$). E in fatti $\frac{(n+1)(n+2)(n+3)}{2.3}$ è appunto il numero de' coefficienti in un polinomio completo del grado n fra tre variabili.

**) Una linea è multipla secondo il numero r quando lungo la medesima s'intersecano r falde della superficie, epperò questa avrà in ogni punto della linea multipla r piani tangenti; cioè il luogo delle rette che in quel punto hanno un contatto $(r+1)^{punto}$ colla superficie sarà formato da r piani. P. e. se la superficie (supposta d'ordine n) ha una retta doppia R, ciascun punto di questa sarà un punto biplanare. In fatti un piano P, condotto ad arbitrio per R, sega la superficie secondo una curva d'ordine $n-2$ che avrà $n-2$ punti comuni con R; sia a uno di essi. Ogni retta tirata per a in P ha ivi tre punti coincidenti comuni colla superficie; dunque il cono osculatore in a si decompone in due piani, uno de' quali è P. Condotto per a un piano qualunque E, esso taglierà la superficie secondo una curva che avrà un punto doppio in a; una delle relative tangenti sarà la retta PE; l'altra determinerà con R il

una curva doppia ed una curva cuspidale. Se una superficie ha una curva $(r)^{pla}$ d'ordine n ed una curva cuspidale d'ordine n', la sezione fatta nella superficie da un piano qualunque avrà n punti $(r)^{pli}$ ed n' cuspidi. Una superficie d'ordine n (che non sia il complesso di più superficie d'ordine inferiore) non può avere una curva doppia il cui ordine superi $\frac{(n-1)(n-2)}{2}$, perchè una linea piana non può avere più di questo numero di punti doppi senza decomporsi in linee d'ordine minore *).

Se un cono ha, oltre al suo vertice o, un altro punto δ multiplo secondo r, tutta la retta $o\delta$ è multipla secondo r. Ciò si fa manifesto osservando che la sezione fatta con un piano condotto ad arbitrio per $o\delta$ deve avere un punto $(r)^{plo}$ in δ, e d'altronde deve constare di rette tutte concorrenti in o; onde r di queste rette coincideranno in $o\delta$.

19. Abbiamo veduto che il piano tangente ad una superficie in un punto ordinario taglia la superficie secondo una curva che ha un punto doppio nel punto di contatto. Reciprocamente, se un piano taglia la superficie secondo una curva che abbia un punto doppio μ e se questo non è un punto doppio della superficie **), quel piano sarà ad essa tangente in μ, perchè tutte le rette condotte per μ nel piano hanno ivi un contatto bipunto colla curva epperò colla superficie.

Ma ha luogo un teorema più generale. Se due superficie qualunque hanno un punto comune μ ed ivi lo stesso piano tangente, cioè se *le due superficie si toccano nel punto* μ, qualunque piano passante per questo punto segherà le due superficie secondo due linee toccantisi in μ; dunque questo piano avrà in μ un contatto bipunto colla curva intersezione delle due superficie. Ciò equivale a dire che questa curva ha in μ un punto doppio ***). Il comune piano tangente sega entrambe le superficie secondo linee che hanno un punto doppio in μ; perciò esso ha ivi un contatto quadripunto colla curva d'intersezione delle due superficie. In questo piano sono situate le tangenti ai due rami della curva, le quali sono le rette per ciascuna delle quali facendo passare un piano segante, la curva ha con esso un contatto tripunto in μ, cioè le sezioni delle

secondo piano P′ tangente alla superficie in a. I piani P, P′ sono connessi tra loro in modo che a ciascuna posizione dell'uno corrispondono $n-2$ posizioni dell'altro; dunque avranno luogo $2(n-2)$ coincidenze di P con P′ (*Introd.* 83), cioè nella retta doppia vi sono $2(n-2)$ punti uniplanari.

*) *Introd.* 35.

**) P. e. un piano passante per una generatrice di una sviluppabile d'ordine r taglia questa secondo quella retta ed una curva d'ordine $r-1$ che è osculata dalla retta in un punto e segata in altri $r-4$ punti. Ma essi non sono veri punti di contatto; il primo appartiene alla curva cuspidale, e gli altri alla curva doppia.

***) Viceversa, se la curva comune a due superficie ha un punto doppio, che non sia doppio nè per l'una nè per l'altra superficie, in quel punto le due superficie si toccano.

due superficie si osculano in questo punto. Se le due tangenti coincidono, cioè se la curva ha una cuspide nel punto μ, le due superficie diconsi avere un *contatto stazionario.*

Se vi fosse una terza retta (per μ, nel piano tangente) tale che i piani passanti per essa tagliassero le due superficie secondo linee osculantisi fra loro, la curva intersezione delle due superficie avrebbe in μ un punto triplo; epperò ogni piano per μ avrebbe ivi un contatto tripunto colla curva, cioè taglierebbe le due superficie secondo linee osculantisi fra loro. In tal caso si dice che *le due superficie si osculano in* μ *). Le quali avranno in comune le due rette osculatrici in μ; e il piano tangente, segandole entrambe secondo linee aventi un punto doppio in μ colle stesse tangenti, avrà ivi un contatto sipunto colla curva intersezione delle due superficie. Le tangenti ai tre rami di questa curva saranno le rette per le quali passano i piani che segano le superficie secondo linee aventi in μ un contatto quadripunto.

20. Due superficie i cui ordini siano n, n' sono segate da un piano arbitrario secondo due curve che hanno nn' punti comuni; dunque le due superficie si intersecano secondo una curva d'ordine nn' **). La retta tangente a questa curva in un suo

---

*) In generale, si dice che due superficie hanno un contatto d'ordine r in un punto μ quando un piano qualunque passante per μ le sega secondo due curve aventi ivi un contatto $(r+1)^{\text{punto}}$. La curva intersezione delle due superficie avrà in μ un punto $(r+1)^{\text{pla}}$ (PLÜCKER l. c. p. 351). Si vede facilmente che, se una superficie deve avere con un'altra data un contatto d'ordine r in un punto dato, ciò equivale a doverla far passare per $\frac{(r+1)(r+2)}{2}$ punti (infinitamente vicini).

**) Per la curva d'ordine n^2, intersezione di due superficie d'ordine n, passano infinite altre superficie dello stesso ordine. Ciò si dimostra osservando, sia che ha luogo l'analoga proprietà per le curve risultanti dal segare le due superficie date con un piano arbitrario; sia che, se $U=0$, $V=0$ sono le equazioni di quelle superficie, l'equazione $U+\lambda V=0$ rappresenta per ogni valore del parametro λ una superficie passante per tutt'i punti comuni alle due date.

Abbiamo dimostrato altrove (18) che una superficie d'ordine n è determinata da $N(n)$ condizioni. Per $N(n)$ punti dati ad arbitrio nello spazio passerà dunque una superficie d'ordine n, ed una sola, perchè, se per quei punti passassero due superficie di quest'ordine, in virtù della proprietà notata dianzi, se ne potrebbero descrivere infinite altre.

Per $N(n)-1$ punti dati si potranno descrivere infinite superficie d'ordine n; due delle quali si segheranno lungo una curva d'ordine n^2 (passante per quei punti), e per questa curva passeranno infinite altre superficie dello stesso ordine, cioè tutte quelle che contengono i punti dati; dunque:

Tutte le superficie d'ordine n che passano per $N(n)-1$ punti dati ad arbitrio si segano secondo una stessa curva d'ordine n^2; ossia $N(n)-1$ punti dati ad arbitrio determinano una curva d'ordine n^2, per la quale passano infinite superficie d'ordine n. PLÜCKER, *Recherches sur les surfaces algéb. de tous les degrés* (Annales de Math. de Gergonne, t. 19, 1828-29).

Il complesso di tutte le superficie d'ordine n passanti per una stessa curva d'ordine n^2

punto qualunque, dovendo toccare ivi entrambe le superficie, sarà l'intersezione dei piani che nel medesimo punto toccano le due superficie. I punti doppi della curva, ove non siano punti doppi per alcuna delle superficie, saranno punti di contatto fra le medesime. Quando le due superficie si segano secondo due curve distinte, ogni punto comune a queste sarà un punto di contatto fra le superficie.

---

dicesi *fascio d'ordine* n. Per un punto dato ad arbitrio nello spazio passa una (una sola) superficie del fascio. Viceversa, se un complesso di superficie d'ordine n, soggette ad $N(n)-1$ condizioni comuni, è tale che per un punto qualunque dello spazio passi una sola di quelle superficie, la curva comune a due di esse sarà comune a tutte, epperò quel complesso sarà un fascio. La retta tangente alla *curva-base* del fascio (curva comune alle superficie del fascio) in un suo punto qualunque sarà situata nel piano tangente a ciascuna delle superficie; dunque i piani che toccano la superficie d'un fascio in uno stesso punto t della curva-base passano per una medesima retta T, cioè formano un fascio di piani. Come ad ogni superficie del fascio corrisponde un piano tangente, così viceversa ad ogni piano per la retta T corrisponde una superficie del fascio, la quale sarà la superficie che passa per un punto del piano, infinitamente vicino a t ma esterno a T. Diremo adunque [[95]] che il fascio di superficie ed il fascio de' piani tangenti sono *projettivi*, e chiameremo *rapporto anarmonico di quattro superficie del fascio* il rapporto anarmonico de' quattro piani tangenti in un punto qualunque della curva-base. Due fasci di superficie poi si diranno *projettivi* quando il fascio de' piani tangenti in un punto della curva-base del primo sia projettivo al fascio dei piani tangenti in un punto della curva-base del secondo, ossia quando le superficie di ciascun fascio corrispondano, ciascuna a ciascuna, alle superficie dell'altro.

Un fascio di superficie è evidentemente segato da un piano arbitrario secondo curve formanti un fascio.

È poi facile trovare il numero de' punti che determinano la curva d'ordine $n_1 n_2$, intersezione di due superficie d'ordini n_1, n_2 ove sia $n_1 > n_2$. Le due superficie siano F_1, F_2; e sia F una superficie arbitraria d'ordine $n_1 - n_2$. La curva d'ordine n_1^2, nella quale la superficie F_1 sega il sistema delle due superficie $F_2 F$ sarà la base d'un fascio d'ordine n_1, onde per essa e per un punto preso ad arbitrio nello spazio si potrà far passare una nuova superficie d'ordine n_1. Ora F, essendo arbitraria, può sodisfare ad $N(n_1 - n_2)$ condizioni; dunque per la curva $F_1 F_2$ e per $N(n_1 - n_2) + 1$ punti arbitrari si potrà far passare una superficie d'ordine n_1. Ma una superficie di quest'ordine è individuata da $N(n_1)$ punti; dunque tutte le superficie d'ordine n_1 che passano per $N(n_1) - N(n_1 - n_2) - 1$ punti arbitrari della curva d'ordine $n_1 n_2$ la contengono per intero, cioè questa curva è individuata da quel numero di punti [[96]]. JACOBI, *De relationibus, quæ locum habere debent inter puncta intersectionis etc.* (G. di Crelle t. 15; 1836).

P. e. una curva piana d'ordine n è determinata da $\frac{n(n+3)}{2}$ punti; una curva intersezione di una quadrica con una superficie d'ordine n è determinata da $n(n+2)$ punti; una curva intersezione di una cubica (superficie di terz'ordine) con una superficie d'ordine n è determinata da $\frac{3n(n+1)}{2}$ punti; ecc.

Se un punto comune a due superficie è $(r)^{plo}$ per l'una ed $(r')^{plo}$ per l'altra, sarà multiplo secondo rr' per la curva ad esse comune. Infatti un piano condotto ad arbitrio per quel punto sega le due superficie secondo due linee che, avendo ivi rispettivamente r ed r' rami incrociati, vi si segheranno in rr' punti coincidenti. Se il punto comune fosse $(r)^{plo}$ per entrambe le superficie e queste avessero ivi lo stesso cono osculatore (il luogo delle rette che incontrano la superficie in $r+1$ punti consecutivi), le due linee-sezioni avrebbero il punto $(r)^{plo}$ e le r tangenti comuni, cioè r^2+r punti coincidenti comuni; epperò quel punto sarebbe multiplo secondo $r(r+1)$ per la curva comune alle due superficie.

Se due superficie si toccano, si osculano, ... lungo una linea (cioè in tutti punti di una linea), questa dee contarsi due, tre, ... volte nell'intersezione completa. Ciò si fa evidente osservando che un piano trasversale qualunque sega le due superficie secondo curve che avranno fra loro tanti contatti bipunti, tripunti, ... quant'è l'ordine di quella linea.

Se una linea è multipla secondo r per una superficie e secondo r' per l'altra, essa si dovrà calcolare rr' volte nella intersezione delle due superficie.

21. Ammesso come evidente che il numero dei punti in cui una curva d'ordine n è incontrata da una superficie d'ordine n' non dipenda che dai numeri n, n', si può concludere che la superficie incontra la curva in nn' punti, perchè questo sarebbe il numero delle intersezioni nel caso che la superficie fosse composta di n' piani. Ne segue che, se una curva d'ordine n avesse più di nn' punti comuni con una superficie d'ordine n', la curva giacerebbe interamente nella superficie. [97]

Se un punto è $(r)^{plo}$ per la curva ed $(r')^{plo}$ per la superficie, esso si conterà come rr' intersezioni. P. e. un cono d'ordine r' avente il vertice in un punto $(r)^{plo}$ di una curva d'ordine n incontrerà questa in altri $nr'-rr'$ punti; in fatti il cono prospettivo alla curva che ha il vertice in quel punto (13) è dell'ordine $n-r$, epperò sega il primo cono secondo $(n-r)r'$ generatrici.

Si dice che *una curva ed una superficie hanno un contatto bipunto* quando hanno due punti infinitamente vicini in comune, cioè quando una retta le tocca entrambe nello stesso punto; *un contatto tripunto* quando hanno tre punti infinitamente vicini in comune [98]; ecc.

L'intersezione di due superficie d'ordini n_1, n_2 è una curva d'ordine n_1n_2 che ha $n_1n_2n_3$ punti comuni con una superficie d'ordine n_3; dunque tre superficie d'ordini n_1, n_2, n_3 hanno $n_1n_2n_3$ punti comuni *).

---

*) Ciò corrisponde al fatto analitico che tre equazioni algebriche di grado n_1, n_2, n_3 fra tre variabili sono risolute simultaneamente da $n_1n_2n_3$ sistemi di valori di queste variabili. [99].

Se le tre superficie avessero un comune punto di contatto, questo si conterebbe come *quattro* intersezioni. In fatti la curva comune alle prime due superficie ha col piano tangente comune, e quindi anche colla terza superficie, un contatto quadripunto.

22. Due superficie d'ordini n, n' abbiano un contatto d'ordine $r-1$ lungo una curva d'ordine m; esse si segheranno inoltre secondo un'altra curva d'ordine $nn'-rm$. Una superficie d'ordine n'' avente colla prima curva un contatto $(s)^{punti}$ in un punto o, la segherà in altri $n''m-s$ punti ed incontrerà la seconda curva in $n''(nn'-rm)$ punti. Dunque le due linee secondo le quali la terza superficie taglia le prime due avranno $n''m-s$ conattti $(r)^{punti}$ ed $n''(nn'-rm)$ intersezioni semplici. E siccome i punti comuni a queste linee sono quelli in cui s'incontrano le tre superficie, così le dette linee avranno $nn'n''-r(n''m-s)-n''(nn'-rm)$ intersezioni riunite in o. Dunque le due linee hanno in o un contatto $(rs)^{punto}$ *).

Il teorema non è applicabile quando $m=1$ ed $n''=1$. Per es. una sviluppabile d'ordine n è toccata da un suo piano tangente lungo una generatrice e segata dal medesimo secondo una curva d'ordine $n-2$, che tocca la generatrice in un punto o e la sega in altri $n-4$ punti. Un altro piano passante per la generatrice segherà la sviluppabile secondo una curva d'ordine $n-1$, che in o avrà $n-1-(n-4)$ punti comuni colla generatrice, cioè questa curva sarà osculata dalla generatrice; come già si è veduto altrove (13).

Superficie di second'ordine.

23. Dicesi di second'ordine o *quadrica* una superficie (15) quando una retta arbitraria la incontra in due punti (reali, imaginari, distinti, coincidenti), ossia quando un piano arbitrario la sega secondo una conica o linea di second'ordine (reale o imaginaria).

Se una retta ha tre punti comuni colla superficie, giacerà interamente in questa; dunque la superficie contiene per intero le due rette che la osculano in un punto qualunque μ (16); e queste rette formano l'intersezione della superficie col piano tangente in μ, perchè una linea di second'ordine dotata di punto doppio si risolve necessariamente in due rette GG' (reali, imaginarie, ecc.).

Supponiamo da prima le rette GG' coincidenti, nel quale caso il piano sarà tangente alla superficie in tutti i punti della retta G. Un altro piano condotto per G segherà la superficie secondo una nuova retta che incontrerà la prima in un punto δ, il quale sarà doppio per la superficie, perchè questa è ivi toccata da entrambi i piani (17).

*) Dupin, *Développements* p. 231.

Ma una superficie di second'ordine dotata di punto doppio è un cono col vertice in questo punto (18); e per ogni suo punto μ avrà luogo la coincidenza delle rette GG'. Donde s'inferisce che, se una quadrica ha un punto parabolico, tutti gli altri suoi punti sono pure parabolici, e la superficie è un cono.

24. Ora le rette GG', relative al punto μ, siano reali e distinte. Un piano condotto per la retta G e per un punto arbitrario ν della superficie segherà questa lungo una nuova retta H' passante per ν; e il piano tangente in ν, siccome contiene già la retta H', così conterrà un'altra retta H passante per ν e situata nella superficie. Dunque, se una quadrica ha un punto iperbolico, tutti i suoi punti sono iperbolici. Ossia, se una quadrica contiene una retta (reale), ne contiene infinite altre, ed eccettuato il caso che la superficie sia un cono, ne passano due per ciascun punto di essa.

Facendo, come dianzi, girare un piano intorno alla retta G, per ciascuna posizione di questo avremo una retta H', la quale incontrerà G in un punto ove il piano è tangente alla superficie. Questo punto non è mai lo stesso per due posizioni del piano, ossia per due rette H'; perchè la superficie, non essendo un cono, non può ammettere tre rette situate in essa e concorrenti in uno stesso punto. Da ciò che due rette H' incontrano G in punti diversi, segue che esse non possono mai cadere in uno stesso piano. Diremo che tutte queste rette H' (tra le quali è anche G') formano *un sistema di generatrici rettilinee* della superficie.

Se ora facciamo girare un piano intorno a G', otterremo analogamente *un altro sistema di generatrici rettilinee* della medesima superficie, le quali a due a due non sono mai in uno stesso piano, e sono tutte diverse dalle generatrici del primo sistema, perchè tutte incontrano G'. Fra queste nuove rette trovasi anche G.

Per tal modo la superficie contiene due sistemi di rette *). Per ciascun punto della superficie passa una retta dell'uno ed una retta dell'altro sistema; e così ogni piano tangente contiene una retta di ciascun sistema. Il punto d'incontro di due rette di diverso sistema è il punto ove la superficie è toccata dal piano che contiene le due rette. Due rette dello stesso sistema non sono mai in uno stesso piano; ma ciascuna retta di un sistema incontra tutte le rette dell'altro.

Per evitare confusione nel linguaggio giova di chiamare *generatrici* le rette di un sistema e *direttrici* quelle dell'altro.

25. Se ora vogliamo considerare il terzo caso, che le rette GG' siano imaginarie (coniugate, col punto d'incrociamento reale), possiamo concludere a dirittura che, se

*) WREN, *Generatio corporis cylindroidis hyperbolici* etc. (Phil. Trans. 1669, p. 961.). Cfr. Journal de l'éc. polyt. cah. 1 (1794) p. 5.

una quadrica ha un punto ellittico, tutt'i suoi punti sono ellittici *). In questo caso si potrà dire che la superficie contiene due sistemi di rette tutte imaginarie, e che ogni piano tangente sega la superficie secondo due rette imaginarie incrociate nel punto (reale) di contatto **).

Per tal modo le superficie quadriche si dividono in tre specie ben distinte: superficie a punti iperbolici, superficie a punti ellittici, superficie a punti parabolici o coni.

Le superficie della prima specie offrono l'esempio più semplice di quelle che sono generate dal movimento di una linea retta e non sono sviluppabili (superficie gobbe).

Le superficie delle tre specie ammettono diverse forme, che si classificano in relazione alla sezione fatta dal piano all'infinito, come ha luogo nelle coniche ***).

Le superficie della prima specie, essendo formate da rette, si estendono all'infinito; ma il piano all'infinito può segarle secondo una curva, ovvero toccarle cioè segarle secondo due rette. Nel primo caso la superficie dicesi *iperboloide gobbo* o *ad una falda;* nel secondo *paraboloide gobbo* o *iperbolico.*

Le superficie della seconda specie o non si estendono all'infinito (*ellissoide*), o sono segate dal piano all'infinito secondo una curva (*iperboloide a due falde*), o sono toccate dal piano all'infinito in un punto (*paraboloide ellittico*).

Le superficie della terza specie o hanno il vertice a distanza finita (*cono* propriamente detto) o hanno le generatrici parallele (*cilindro*), ed in quest'ultimo caso, secondochè il piano all'infinito sega la superficie lungo due rette reali distinte, imaginarie, o reali coincidenti, il cilindro dicesi *iperbolico, ellittico o parabolico* †).

26. Prendiamo a considerare la quadrica di prima specie. Tre rette di un sistema, che riguarderemo come direttrici, bastano a individuarla. In fatti, per ogni punto di una delle tre rette si può condurre una trasversale che incontri le altre due; e tutte le trasversali analoghe saranno le generatrici della superficie ††). Da tre generatrici

*) Dupin *Développements* p. 209.

In generale, una superficie d'ordine superiore al secondo ha una regione i cui punti sono tutti iperbolici ed un'altra regione i cui punti sono tutti ellittici; e le due regioni sono separate dalla curva parabolica, luogo dei punti parabolici. Gergonne, *De la courbure des surfaces courbes* (Ann. Gerg. t. 21, 1830-31, p. 233).

**) Poncelet, *Traité des propriétés projectives des figures* (Paris 1822) art. 594.

***) Una conica dicesi iperbole, ellisse, parabola secondochè i suoi due punti all'infinito sono reali distinti, imaginari, coincidenti.

†) Euler, *Introductio in analysin infinitorum,* t. 2, app. cap. 5.

††) È facilissimo rispondere alla domanda di quale ordine sia la superficie luogo delle rette X che incontrano tre rette date G, H, K. Sia T una trasversale arbitraria; l'ordine della superficie sarà il numero delle rette X che incontrano le quattro rette G, H, K, T. Da un punto qualunque g di G si conduca una retta che incontri H ed anche T in t e dallo stesso

si dedurranno poi in modo analogo tutte le direttrici *).

Due direttrici scelte ad arbitrio sono incontrate da tutte le generatrici in punti formanti due punteggiate projettive; il che riesce evidente considerando che da un punto qualunque di ciascuna direttrice parte una sola generatrice **). Dunque il rapporto anarmonico de' quattro punti ne' quali quattro generatrici fisse incontrano una direttrice è costante qualunque sia questa direttrice.

Analogamente due direttrici determinano con tutte le generatrici due fasci projettivi di piani; ossia il rapporto anarmonico de' quattro piani che passano rispettivamente per quattro generatrici fisse e si segano tutti lungo una stessa direttrice è costante qualunque sia questa direttrice.

Viceversa: le rette che uniscono i punti corrispondenti di due rette punteggiate projettive, non situate nello stesso piano, formano una superficie di second'ordine. Siano G, H le due rette, g, h due punti corrispondenti, e g' il punto in cui G è incontrata dalla retta che parte da h e sega una trasversale T fissata ad arbitrio. Variando h, i punti g, g' generano due punteggiate projettive in G, ed i punti comuni a queste daranno le due rette che uniscono punti corrispondenti di G, H e sono incontrate da T.

Se le due rette date sono divise in parti proporzionali ne' punti corrispondenti, la superficie generata sarà il paraboloide gobbo ***).

Ed anche le rette intersezioni dei piani corrispondenti di due fasci projettivi formano una superficie di second'ordine. Perchè un piano arbitrario segherà i piani de' due fasci secondo rette formanti due stelle projettive, i raggi corrispondenti delle

punto g si conduca un'altra retta che incontri K e T in t'. Variando g, i punti t, t' generano due punteggiate projettive; i due punti comuni a queste daranno le due rette appoggiate alle quattro rette G, H, K, T. Cioè la superficie di cui si tratta è di second'ordine.

*) Se osserviamo che ogni direttrice ha un punto all'infinito pel quale dee passare una generatrice, troviamo che nell'iperboloide gobbo ogni direttrice ha la sua parallela fra le generatrici. Il piano che contiene due rette parallele, una direttrice e una generatrice, è tangente in un punto all'infinito, epperò dicesi *piano assintoto*. Ma nel paraboloide gobbo il piano all'infinito, essendo tangente alla superficie, contiene una generatrice nella quale sono i punti all'infinito di tutte le direttrici e una direttrice nella quale sono i punti all'infinito di tutte le generatrici. Perciò in questo caso ogni piano assintoto sega la superficie secondo una sola retta a distanza finita; e tutti i piani assintoti formano due fasci di piani paralleli.

**) Ne segue che la superficie è anche determinata da due direttrici e da tre punti fuori di queste; perchè condotte le generatrici per questi tre punti, si avranno le tre coppie di punti corrispondenti necessarie e sufficienti per individuare le punteggiate projettive.

***) Perchè i punti all'infinito delle due punteggiate essendo punti corrispondenti, la superficie ha una generatrice a distanza infinita.

quali intersecandosi formeranno una curva di second'ordine; cioè la superficie di cui si tratta è segata da un piano qualunque lungo una curva di second'ordine *).

Se le due rette date, [100] per le quali passano i due fasci projettivi di piani, giacciono in uno stesso piano { che non corrisponda a se stesso }, la superficie generata sarà un cono quadrico avente il vertice nel punto comune alle rette date (5).

27. Se da un punto o fissato nello spazio come *polo* si tiri una trasversale qualunque ad incontrare una data superficie quadrica in due punti $a_1 a_2$, e si prenda il punto m coniugato armonico di o rispetto ad $a_1 a_2$, quale sarà il luogo dei punti m corrispondenti a tutte le trasversali che escono da o? Ogni trasversale contiene un solo punto m; e questo punto non può mai cadere in o, finchè o si supponga non situato nella superficie. Dunque il luogo cercato è di prim'ordine, ossia un piano. Lo chiamano il *piano polare* del polo o **).

Se il punto o è preso sulla superficie, una delle intersezioni $a_1 a_2$ coinciderà col polo; onde per tutte le trasversali che incontrano la superficie in un secondo punto distinto da o, il coniugato armonico m cadrà in o. Ma se la trasversale diviene tangente in o alla superficie, allora, coincidendo insieme il polo e i due punti $a_1 a_2$, il punto m diviene indeterminato e può essere uno qualunque della trasversale ***); cioè il luogo del punto m sarà il luogo delle rette che toccano in o la superficie. Dunque, se il polo è un punto della superficie, il piano polare è il piano che la tocca in questo punto. Viceversa un punto non può giacere nel suo piano polare senza essere un punto della superficie.

Se nella trasversale che contiene i quattro punti $o m a_1 a_2$ si considerà m come polo, il punto coniugato armonico sarà o; cioè se il piano polare di o passa per m, viceversa il piano polare di m passerà per o. Onde, se è dato un piano e si prendono i piani polari di tre suoi punti, il punto ove concorrono questi tre piani sarà il polo del piano dato. Il quale non potrà mai avere due poli diversi o_1, o_2 †); perchè se la retta $o_1 o_2$ incontra la quadrica in $a_1 a_2$ ed il piano in m, il punto m non può avere due diversi punti coniugati armonici rispetto alla stessa coppia $a_1 a_2$.

Così avviene che ogni punto dello spazio ha il suo piano polare e viceversa ogni piano ha il suo polo. Tutt'i punti che giacciono in un piano fisso hanno i loro piani

---

*) Steiner, *Systematische Entwickelung der Abhängigkeit geometrischer Gestalten von einander* (Berlin 1832) § 51.

**) Evidentemente un piano condotto ad arbitrio per o sega il piano polare secondo una retta che è la polare di o rispetto alla conica, sezione della superficie.

***) *Introd.* 17.

†) Ciò nel caso generale che la quadrica non abbia un punto doppio. Vedi la prima nota all'art. 30.

polari passanti pel polo del piano fisso, e tutti i piani passanti per un punto fisso hanno i loro poli nel piano polare del punto fisso.

28. Siano M, N i piani polari di due punti *m*, *n*. Ciascun punto della retta MN, essendo situato in entrambi i piani M, N, avrà il suo piano polare passante per *m* e per *n*, cioè per la retta *mn*; dunque il luogo di un punto i cui piani polari passino per una retta fissa *mn* è un'altra retta MN. Il piano polare di un punto qualunque di MN passa per ogni punto della *mn*; dunque il piano polare di qualunque punto della *mn* passerà per la retta MN; ossia le rette *mn*, MN sono così tra loro connesse che ciascuna contiene i poli dei piani passanti per l'altra e giace nei piani polari dei punti dell'altra. Due rette aventi tra loro questa relazione diconsi *coniugate o reciproche* rispetto alla quadrica, ovvero anche *polari* l'una dell'altra.

Ogni retta ha la sua coniugata. Se una retta R passa per un punto *m*, la coniugata R' giacerà nel piano M polare di *m*, e viceversa *). Dunque tutte le rette passanti per *m* hanno per coniugate tutte le rette del piano M; per conseguenza due rette coniugate non possono essere insieme in un piano M senza passare tutte e due pel polo *m*. Ma in questo caso *m* è un punto della superficie, M è il piano tangente; e le due rette coniugate sono entrambe tangenti alla superficie. Viceversa, se una retta tocca la quadrica in *m*, la coniugata sarà nel piano M tangente in *m*; e siccome la prima retta giace anch'essa in M, la seconda passerà pur essa per *m*; cioè le due rette saranno tangenti alla superficie nello stesso punto. Dunque una retta in generale non incontra la sua coniugata; ma se ha luogo l'incontro, le due rette sono tangenti in uno stesso punto alla superficie.

Le rette tangenti in *m* alla superficie sono coniugate a due a due, epperò formano un'involuzione (di secondo grado **)). Questa avrà due raggi doppi, cioè vi sono fra quelle tangenti due rette coniugate a sè medesime. Una retta coniugata a sè stessa è situata nei piani polari de' suoi punti, cioè ha tutt'i suoi punti giacenti ne' rispettivi piani polari epperò nella superficie; vale a dire, una retta coniugata a sè stessa è necessariamente una retta situata nella superficie. Dunque i raggi doppi dell'involuzione formata dalle tangenti coniugate in *m* sono le rette della superficie incrociate in *m*. Ne risulta che due tangenti coniugate formano sistema armonico colle rette della superficie incrociate nel punto di contatto.

*) Dicesi *centro* il polo del piano all'infinito; in esso si bisecano tutte le corde della superficie che vi passano. *Diametro* è una retta la cui coniugata è tutta a distanza infinita, cioè una retta passante pel centro. Un piano dicesi *diametrale* quando ha il polo all'infinito. Un diametro e un piano diametrale diconsi *coniugati* quando il secondo contiene la retta coniugata al primo; il piano divide per metà le corde parallele al diametro. Tre diametri diconsi *coniugati* quando ciascuno d'essi è coniugato al piano degli altri due.

**) *Introd.* 25.

Se la quadrica è un cono, i due raggi doppi dell'involuzione coincidono nella generatrice che passa pel punto che si considera. Questa generatrice è coniugata non solo a sè stessa, ma anche a qualunque retta tangente al cono in un punto di essa.

29. Cerchiamo ora di qual classe (16) sia una superficie di second'ordine. I piani tangenti, passanti per una retta data R, avranno i loro poli (i punti di contatto) sulla retta coniugata R'; dunque tanti sono i piani che per R si ponno condurre a toccare la superficie quante le intersezioni di questa con R'. Una superficie di second'ordine è dunque di seconda classe.

Se le intersezioni m, m' della superficie con R' coincidono, coincideranno anche i piani tangenti in m, m', cioè i piani tangenti che passano per R. Ma in questa ipotesi le rette R, R' sono tangenti coniugate (28); dunque una tangente non è soltanto la retta che unisce due punti infinitamente vicini, ma è anche l'intersezione di due piani tangenti consecutivi; e di due tangenti coniugate ciascuna è l'intersezione de' piani che toccano la superficie ne' punti infinitamente vicini situati nell'altra.

30. Condotta per un punto o dello spazio, preso come polo (27), una retta che tocchi la superficie in un punto a (rappresentante le due intersezioni $a_1 a_2$), il punto coniugato armonico m cadrà anch'esso in a; cioè a sarà un punto del piano polare di o *). Dunque il luogo dei punti in cui la quadrica è toccata da rette uscenti dal polo è la curva (di second'ordine) intersezione della superficie col piano polare. La tangente in a a questa curva, essendo una retta situata nel piano polare, avrà per sua coniugata la retta ao diretta al polo; e il piano di queste due rette sarà simultaneamente tangente in a alla quadrica e lungo oa al cono luogo delle rette ao. Questo cono, che è di second'ordine (perchè una sua sezione piana è di second'ordine), dicesi *circoscritto* alla quadrica **).

---

*) Donde segue che, se la quadrica data è un cono di vertice v, il piano polare di qualunque polo o passa per v. Questo piano polare non cambia se il polo si muove sulla retta ov; in fatti il piano polare è in questo caso il luogo della retta coniugata armonica di ov rispetto alle due generatrici del cono che si ottengono segandolo con un piano variabile intorno ad ov. Se ov si muove in un piano fisso (passante pel vertice), il piano polare roterà intorno ad una retta i cui punti sono i poli del piano fisso. Ritroviamo così quel sistema di rette e di piani polari, che già avevamo dedotto dalla teoria delle coniche (5). Il piano polare del vertice è evidentemente indeterminato.

**) Se due quadriche si toccano lungo una curva, questa è necessariamente piana. In fatti, se a, b, c sono tre punti della curva di contatto, il piano abc segherà le due superficie secondo due coniche che, avendo tre punti di contatto fra loro, necessariamente coincidono. All'infuori di questa conica di contatto, le due superficie non hanno alcun punto comune (20). Un piano condotto per una tangente di questa conica segherà le due quadriche seconde due coniche aventi un contatto quadripunto (22).

Dunque il luogo delle rette passanti per un punto dato e tangenti alla superficie quadrica, ossia l'inviluppo dei piani passanti per lo stesso punto dato e tangenti alla superficie, è un cono di second'ordine *); la curva di contatto è piana; ed il piano di essa è il piano polare del vertice del cono. Viceversa, i piani tangenti alla superficie ne' punti di una sezione piana inviluppano un cono il cui vertice è il polo del piano della sezione **).

Superficie di classe qualunque. Polari reciproche.

31. Sia μ un punto qualunque di una data superficie, M il piano tangente in quel punto; e $\mu\mu_1$, $\mu\mu_2$, $\mu\mu_3$ siano punti successivi in questo piano, in tre diverse direzioni, cioè $\mu\mu_1$, $\mu\mu_2$, $\mu\mu_3$ siano tre tangenti in μ. Se si fa passare pei punti μ, μ_1, μ_2 una superficie di second'ordine, questa sarà toccata in μ dal piano M, epperò essa conterrà anche il punto μ_3, qualunque sia la direzione $\mu\mu_3$ (nel piano M); cioè le due superficie avranno in μ il piano tangente comune. Suppongasi ora che la superficie data venga segata da un piano passante per $\mu\mu_1$, da un altro piano per $\mu\mu_2$ e da un terzo piano per $\mu\mu_3$, in modo che ne risultino tre curve, nelle quali siano μ'_1, μ'_2, μ'_3 i punti consecutivi a $\mu\mu_1$, $\mu\mu_2$, $\mu\mu_3$. Allora, se si imagina che l'anzidetta quadrica sia obbligata a passare anche pei punti μ'_1, μ'_2, μ'_3, le due superficie si osculeranno in μ, cioè le sezioni delle medesime, ottenute con un piano condotto ad arbitrio per μ, avranno ivi un contatto tripunto (19), e in particolare le rette osculatrici alla superficie qualsivoglia giaceranno per disteso nella quadrica. Per conseguenza, le due superficie avranno il piano tangente comune, non solamente in μ, ma anche in ciascuno de' punti μ_1, μ_2, μ_3, ... immediatamente consecutivi a μ. Quindi, come avviene per la superficie quadrica, così anche per la superficie qualsivoglia ogni retta tangente in μ

---

*) Dunque i piani passanti per un punto fisso e per le rette che congiungono i punti corrispondenti di due date rette punteggiate projettive (26) inviluppano un cono quadrico (Steiner *System. Ent.* pag. 187).

**) Di qui risulta che i piani assintoti (i piani tangenti ne' punti all'infinito) inviluppano un cono il cui vertice è il polo del piano all'infinito cioè il centro della superficie. Se ne conclude una regola semplicissima per trovare il centro dell'iperboloide del quale siano date tre direttrici. Hachette, *Einige Bemerkungen über Flächen zweiter Ordnung* (G. di Crelle t. 1; 1826) p. 345.

Combinando il teorema dell'art. 30 con quelli degli art. 27 e 28, possiamo dire che, se il vertice di un cono circoscritto ad una quadrica data si muove descrivendo una retta o un piano, il piano della curva di contatto passerà costantemente per una retta fissa o per un punto fisso: proposizione dovuta a Monge (*Géométrie descriptive* art. 40).

sarà l'intersezione di due piani tangenti consecutivi, i cui punti di contatto saranno situati in un'altra tangente; e viceversa nei due punti consecutivi comuni alla prima tangente ed alla superficie, questa sarà toccata da due piani passanti per la seconda tangente. Cioè le tangenti in μ alla superficie qualsivoglia sono *coniugate* a due a due per modo che di due coniugate ciascuna contiene i punti di contatto de' due piani tangenti consecutivi che passano per l'altra *). Le coppie di tangenti coniugate formeranno un'involuzione i cui raggi doppi saranno le rette della quadrica, cioè le osculatrici della superficie qualsivoglia.

Se μ è un punto parabolico per la data superficie, ivi coincideranno le due rette osculatrici, epperò la quadrica osculatrice sarà un cono. In μ e nel punto μ' successivo a μ nella retta osculatrice (cioè nella generatrice del cono) le due superficie hanno il piano tangente comune; ma il cono è toccato in μ e in μ' dallo stesso piano; dunque il piano che tocca in μ la superficie data la tocca anche in μ'. Un piano tangente in un punto parabolico è dunque da risguardarsi come un piano tangente in due punti infinitamente vicini; a cagione della quale proprietà dicesi *piano stazionario.* Siccome in questo caso ogni tangente in μ è coniugata alla retta osculatrice, così il piano tangente in qualunque punto consecutivo a μ passerà per quest'ultima retta **).

Se due superficie si toccano in un punto μ, le loro tangenti coniugate formeranno due involuzioni, e siccome queste hanno una sola coppia di raggi coniugati comuni ***), così le due superficie avranno in generale una sola coppia di tangenti coniugate comuni. Che se vi fossero due coppie di tangenti coniugate comuni, le due involuzioni coinciderebbero; ogni tangente avrebbe la stessa coniugata rispetto ad entrambe le superficie, alle quali per conseguenza sarebbero comuni anche le rette osculatrici.

32. S'imaginino ora tutte le rette che da un dato punto o dello spazio si possono condurre a toccare una superficie data qualsivoglia, sulla quale i punti di contatto formeranno una certa curva. Se μ, μ' sono due punti consecutivi di questa, le rette $o\mu$, $\mu\mu'$, essendo tangenti coniugate per la quadrica osculatrice in μ, saranno tali anche per la superficie qualsivoglia. Il piano che tocca in μ questa superficie, toccherà lungo $o\mu$ il cono che le è *circoscritto*, cioè il cono formato dalle tangenti condotte da o. Questo cono è dunque l'inviluppo dei piani che si possono condurre per o a toccare la superficie.

33. Le cose suesposte mostrano che una superficie d'ordine qualunque può anche essere definita come *inviluppo* de' suoi piani tangenti. Un *inviluppo* si può risguardare

*) DUPIN, *Développements* p. 44.

**) SALMON, *On the condition that a plane should touch a surface* ecc. (Camb. and. D. Math. J. t. 3; 1848) p. 45.

***) *Introd.* 25 b.

come generato da un piano che si muova continuamente nello spazio secondo una legge tale che una retta arbitraria giaccia in un numero discreto di posizioni del piano variabile *). La superficie-inviluppo dicesi della *classe n* **) quando per una retta arbitraria passano n de' suoi piani (reali, imaginari, ecc.). Onde se per una retta passassero più di n piani tangenti ad una superficie della classe n, tutt' i piani passanti per la medesima retta apparterrebbero all'inviluppo, cioè [101] la retta giacerebbe per intero nella superficie.

L'inviluppo di prima classe è un semplice punto.

I piani tangenti d'una superficie di classe n che passano per un punto fisso inviluppano un cono circoscritto della stessa classe.

Si dirà che una retta è *tangente* alla superficie in un piano M (tangente alla superficie medesima), quando due dei piani tangenti passanti per essa coincidono in M. Siano R, R' due rette tangenti nel piano M, e il punto μ ad esse comune si consideri come vertice di un cono circoscritto. Siccome due de' piani tangenti che si possono condurre al cono per R o per R' coincidono in M, così questo è un piano bitangente del cono e rappresenta due piani tangenti (al cono e quindi anche alla superficie) consecutivi per qualunque altra retta condotta per μ nel detto piano; cioè tutte queste rette saranno tangenti nel piano M alla superficie. Donde risulta che le rette le quali toccano la superficie nel piano M (cioè le rette per le quali M rappresenta due piani tangenti consecutivi) passano per uno stesso punto μ, che dicesi *punto di contatto* del piano M colla superficie. Fra quelle rette ve ne sono due, le generatrici di contatto del cono col piano bitangente, per le quali M rappresenta tre piani tangenti consecutivi. Le tangenti poi saranno coniugate a due a due, in modo che di due coniugate ciascuna contenga i punti di contatto de' piani tangenti consecutivi che passano per l'altra. E i raggi doppi dell'involuzione formata da queste coppie di tangenti saranno le rette per le quali M rappresenta tre piani tangenti consecutivi. Ossia, queste rette sono le stesse che hanno in μ un contatto tripunto colla superficie (16).

34. Per tal modo una superficie qualunque può essere considerata e come *luogo di punti* e come *inviluppo di piani*. Applicando le considerazioni precedenti ad una superficie di seconda classe (una superficie alla quale si possano condurre due piani tangenti per una retta arbitraria), troviamo che i piani tangenti che passano per un punto μ della superficie inviluppano un cono di seconda classe dotato di un piano

*) Ossia in modo che tutte le successive posizioni del piano mobile si possano ottenere dalle variazioni di due parametri indipendenti. Dunque una superficie-inviluppo (escluse le sviluppabili) è una *serie doppiamente infinita di piani.*

**) GERGONNE, *Rectification de quelques théorèmes etc.* (Ann. Gerg. t. 18; 1827-28) p. 151.

bitangente M; ossia quei piani passano per due rette G, G' incrociate in μ e situate nel piano M che tocca ivi la superficie (5). Ciascuna di queste rette, essendo posta in infiniti piani tangenti, giacerà per disteso nella superficie.

Un piano condotto ad arbitrio per G sarà un piano tangente alla superficie e quindi segherà questa secondo una nuova retta H'. Similmente ogni piano passante per G' conterrà un'altra retta H della superficie. In questa esistono adunque due sistemi di rette generatrici (G, H, ...), (G', H', ...); e per ciascun punto della superficie passa una retta dell'uno ed una retta dell'altro sistema.

Di quale ordine è la superficie? Ciò equivale a domandare quante generatrici di uno stesso sistema sono incontrate da una retta arbitraria. Per questa retta passano due soli piani tangenti, cioè due soli piani ciascun de' quali contenga una generatrice del sistema; dunque una superficie di seconda classe è anche di second'ordine.

In un piano arbitrariamente dato O si tiri comunque una trasversale, per la quale passeranno due piani $A_1 A_2$ tangenti ad una data quadrica (superficie di seconda classe e second'ordine); sia poi M il piano coniugato armonico di O rispetto ad $A_1 A_2$. Siccome per ogni posizione della trasversale non si ha che un solo piano M, e siccome M non può coincidere col piano O, supposto che questo non sia tangente alla superficie, così l'inviluppo di tutti i piani analoghi ad M è di prima classe, ossia tutti quei piani passeranno per un punto fisso *o*.

Se la trasversale è condotta in modo che tocchi la superficie in un punto *a* (della sezione fatta dal piano O), i piani $A_1 A_2$ coincideranno in un solo, cioè nel piano A tangente in *a*; epperò anche il piano M coinciderà con A. Dunque i piani che toccano la superficie ne' punti della sezione fattavi dal piano O passano tutti per *o*. Ne segue che *o* è il polo del piano O secondo la definizione data altrove (27).

35. Ciascuno avrà notato che il ragionamento corre qui affatto parallelo a quello che si è tenuto per la superficie considerata come luogo di punti, e tuttavia senza che l'una investigazione presupponga necessariamente l'altra. Ciò costituisce la legge di *dualità geometrica*, in virtù della quale accanto ad una proprietà relativa a punti, rette, piani, ne sussiste un'altra analoga relativa a piani, rette, punti *). Le due proprietà si chiamano *reciproche*.

Però, invece di dimostrare due teoremi reciproci indipendentemente l'uno dall'altro, ovvero di concludere l'uno dall'altro, invocando *la legge di dualità, ammessa a priori come principio assoluto*, si può anche ricavare l'un teorema dall'altro per mezzo della

*) GERGONNE, *Considérations philosophiques sur les élémens de la science de l'étendue* (Ann. Gerg. t. 16; 1825-26) p. 209. CHASLES, *Aperçu historique sur l'origine et le développement des méthodes en géométrie* (Mém. couronnés par l'Acad. de Bruxelles, t. 11; 1827) Notes 5 et 34.

teoria dei poli relativi ad una data superficie di second'ordine. Data una figura, se di ogni punto, di ogni retta e di ogni piano in essa prendiamo il piano polare, la retta coniugata ed il polo (rispetto alla quadrica fissa), otterremo una seconda figura, nella quale i punti, le rette, i piani corrisponderanno ordinatamente ai piani, alle rette, ai punti della prima. Ai punti di una retta corrisponderanno i piani per un'altra retta; cioè ad una retta punteggiata corrisponderà un fascio di piani; ed è evidente che queste due forme saranno projettive, onde il rapporto anarmonico di quattro punti in linea retta sarà eguale a quello de' quattro piani corrispondenti.

Due figure così fatte diconsi *polari reciproche*. Ad un teorema relativo all'una corrisponderà il teorema reciproco relativo all'altra. Per tal modo la legge di dualità si presenta come una conseguenza della teoria delle superficie di second'ordine *(metodo delle polari reciproche)* *).

36. Se nella prima figura un punto descrive una superficie S d'ordine n, nella seconda il piano corrispondente si conserverà tangente ad una superficie S' di classe n **). Ad un punto p della prima superficie corrisponderà un piano P' tangente ad S'; ed alle rette tangenti in p ad S corrisponderanno le rette tangenti ad S' in P'. Ma le prime tangenti giacciono nel piano P che tocca S in p; e le seconde passano pel punto p' ove S' è toccata da P'; dunque il piano P è precisamente quello che corrisponde al punto p'. Donde segue che, se nella seconda figura un punto descrive la superficie S', il piano corrispondente si manterrà tangente alla superficie S; epperò, se S è della classe m, S' sarà dell'ordine m. E così appare manifesta la perfetta reciprocità fra le superficie S, S', che a cagione di ciò diconsi *polari reciproche* ***).

37. Se nella prima figura è data una sviluppabile Σ, cioè una serie semplicemente infinita di piani, ad essa corrisponderà nella seconda figura una serie semplicemente infinita di punti, ossia una curva Σ' (e viceversa ad una curva corrisponderà una sviluppabile). Alle generatrici di Σ, cioè alle rette per ciascuna delle quali passano due piani tangenti consecutivi, corrisponderanno le rette che uniscono due punti consecutivi di Σ', cioè le tangenti di questa curva. Ai punti di una generatrice di Σ corrisponderanno i piani che passano per la corrispondente tangente di Σ', cioè i piani che

---

*) PONCELET, *Mémoire sur la théorie générale des polaires réciproques* (G. di Grelle t. 4, 1829).

**) Dunque, se il polo descrive una superficie di second'ordine, il piano polare inviluppera un'altra superficie dello stesso ordine. LIVET, *Propriétés des surfaces du second degré;* e BRIANCHON, *Mémoire sur les surfaces du second dégré* (Journ. de l'éc. polyt. cah. 10, 1806).

***) MONGE, *Mémoire (inédit) sur les surfaces réciproques* (vedi *Aperçu*, Note 30).

Abbiamo già veduto (18) quanti punti sono necessari per individuare una superficie-luogo d'ordine n. Lo stesso numero di piani tangenti individuerà una superficie-inviluppo di classe n.

toccano Σ' in uno stesso punto. Onde, come una sviluppabile è una serie doppiamente infinita di punti, cioè un caso particolare delle superficie-luoghi, così una curva è una serie doppiamente infinita di piani, cioè un caso particolare delle superficie-inviluppi.

Sia P un piano tangente di Σ, p' il punto corrispondente di Σ'. Il piano P conterrà due generatrici consecutive di Σ, e al punto p comune ad esse corrisponderà il piano P' determinato dalle due tangenti consecutive di Σ' incontrantisi in p'; ossia al punto p della curva cuspidale di Σ corrisponderà il piano P' osculatore a Σ' in p'. Dunque, se un punto percorre la curva cuspidale di Σ, il piano corrispondente si manterrà osculatore a Σ', cioè inviluppérà la sviluppabile osculatrice di Σ'. Ai punti ove concorrono due generatrici non consecutive di Σ corrisponderanno i piani che contengono due tangenti non consecutive di Σ', cioè alla curva nodale di Σ corrisponderà la sviluppabile bitangente di Σ'; ecc. Epperò se per Σ, r è l'ordine, m la classe, n l'ordine della curva cuspidale, x l'ordine della curva doppia, α il numero de' piani stazionari, g il numero delle rette situate in un piano qualunque per ciascuna delle quali passano due piani tangenti, ecc.; la curva Σ' sarà dell'ordine m, la sua sviluppabile osculatrice sarà dell'ordine r e della classe n, la sua sviluppabile bitangente sarà della classe x; Σ' avrà α punti stazionari e g corde concorrenti in un punto arbitrario, ecc.

Se, come caso speciale, la sviluppabile Σ è un cono, cioè se tutti i piani della serie passano per un punto fisso, i punti corrispondenti saranno tutti in un piano fisso, cioè Σ' sarà una curva piana *).

38. Assunte di nuovo le superficie reciproche S, S', alle sezioni piane dell'una corrisponderanno i coni circoscritti all'altra. Se la superficie S ha un punto doppio ove sia osculata da infinite rette formanti un cono quadrico, S' avrà un *piano tangente doppio* nel quale coincideranno *due* piani tangenti per ogni retta tracciata in esso ad arbitrio, e *tre* per ciascuna delle tangenti di una certa conica, che è una curva di contatto fra il piano e la superficie. Quel cono può decomporsi in due piani distinti *(punto biplanare)* o coincidenti *(punto uniplanare)*, così questa conica potrà degenerare in due punti distinti *(piano bitangente)* o consecutivi *(piano stazionario)*

In generale, se S ha un punto $(r)^{plo}$, cioè un punto che rappresenti r intersezioni riunite con una retta condotta per esso ad arbitrio, ed $r+1$ intersezioni riunite per le generatrici di un certo cono osculatore d'ordine r; S' avrà un piano tangente $(r)^{plo}$,

---

*) Livet e Brianchon l. c.

Se Σ è un cono quadrico, Σ' sarà una conica. Perciò, come un cono quadrico è un caso particolare fra le superficie di secondo ordine, così una conica è un caso particolare fra le superficie di seconda classe. Si ottiene questo caso quando in uno, epperò in tutti i piani tangenti le due rette osculatrici coincidono in una sola retta (che è tangente alla curva). Tutti i piani che passano per questa retta hanno lo stesso punto di contatto.

ossia un piano che terrà luogo di r piani tangenti coincidenti per una retta tirata in esso ad arbitrio, e di $r+1$ piani tangenti coincidenti per ciascuna retta toccata da una certa curva (curva di contatto) di classe r. E secondochè il cono osculatore si spezza in coni minori od anche in piani, così la curva di contatto si decomporrà in curve di classe inferiore od anche in punti.

Come un luogo d'ordine n avente un punto $(n)^{plo}$ è un cono, così un inviluppo di classe n dotato di un piano tangente $(n)^{plo}$ sarà una curva piana *).

39. Ad una curva Σ' tracciata sopra S' corrisponderà una sviluppabile Σ formata da piani tangenti di S (sviluppabile circoscritta ad S); ed alla curva dei punti di contatto fra Σ ed S corrisponderà la sviluppabile formata dai piani tangenti ad S' ne' punti di Σ', cioè la sviluppabile circoscritta ad S' lungo Σ'. Se Σ' è una curva doppia per S', cioè una curva ciascun punto della quale sia biplanare per la superficie, la sviluppabile Σ sarà bitangente per S, cioè sarà formata da piani, ciascuno avente due punti distinti di contatto con S. Se Σ' è una curva cuspidale per S', cioè una curva in ciascun punto della quale la superficie abbia due piani tangenti coincidenti, la sviluppabile Σ sarà osculatrice ad S, cioè sarà formata da piani ciascuno avente due punti consecutivi di contatto con S. Questi piani sono quelli che diconsi *stazionari* ed i cui punti di contatto sono i punti parabolici della superficie (31).

Alla curva lungo la quale si segano due superficie S, T, corrisponderà la sviluppabile formata dai piani tangenti comuni alle superficie corrispondenti S', T' **); ai punti comuni a tre superficie corrisponderanno i piani che toccano le tre superficie corrispondenti; alle superficie che passano per una stessa curva le superficie toccate da una stessa sviluppabile, ecc.

---

*) Più avanti si vedrà che, se una superficie ha un punto doppio, per esso devono passare quattro superficie (polari) le quali, nel caso che la superficie sia affatto generale nel suo ordine, non hanno alcun punto comune. Donde segue che la superficie più generale di un dato ordine non ha punti doppi. Affinchè un piano tocchi la superficie in un punto, in due punti (distinti o consecutivi), in tre punti (s'intenda che i punti di contatto non sono dati), bisogna soddisfare ad una, due, tre condizioni. Ora un piano è appunto determinato da tre condizioni; dunque una superficie generale nel suo ordine avrà una serie (semplicemente) infinita di piani bitangenti, una serie (semplicemente) infinita di piani stazionari, ed un numero finito di piani tritangenti.

Reciprocamente: una superficie affatto generale nella sua classe non avrà piani tangenti multipli, bensì infiniti punti biplanari formanti una curva nodale, infiniti punti uniplanari formanti una curva cuspidale, ed un numero finito di punti triplanari (punti tripli colle rette osculatrici in tre piani).

**) Abbiamo trovato quanti punti individuano la curva comune a due superficie d'ordini n_1, n_2; altrettanti piani tangenti individueranno la sviluppabile circoscritta a due superficie di classi n_1, n_2.

Se due superficie S, T si toccano in un punto p, cioè se hanno un punto comune p collo stesso piano tangente P, le superficie reciproche S′, T′ avranno il piano tangente comune P′ collo stesso punto di contatto p', ossia anche S′, T′ si toccheranno in un punto p'. Se S, T si toccano lungo una curva, anche S′, T′ si toccheranno lungo un'altra curva, ecc.

40. Se due superficie d'ordine n hanno in comune una curva d'ordine nr situata sopra una superficie d'ordine r ($r<n$), esse si segheranno inoltre secondo un'altra curva d'ordine $n(n-r)$ situata in una superficie d'ordine $n-r$ *). Da questo teorema si ricava, col metodo delle polari reciproche, quest'altro: se due superficie di classe n sono inscritte in una sviluppabile della classe nr, nella quale sia anche inscritta una superficie della classe r, vi sarà un'altra sviluppabile della classe $n(n-r)$ che sarà circoscritta alle due superficie di classe n e ad una nuova superficie di classe $n-r$.

Per es. per $n=2$, $r=1$ si ha:

Se due quadriche passano per una stessa curva piana, esse si segheranno secondo un'altra curva piana **). E se due quadriche sono inscritte in uno stesso cono (necessariamente di secondo ordine) esse avranno un altro cono circoscritto comune.

---

*) Si dimostra questo teorema tagliando le superficie proposte con un piano arbitrario, ed osservando che per le curve che ne risultano ha luogo il teorema: se due curve d'ordine n si segano in rn punti situati in una curva d'ordine r, esse avranno altri $n(n-r)$ punti comuni giacenti in una curva d'ordine $n-r$ (*Introd.* 43).

**) Ciò avviene quando le due quadriche si toccano in due punti a, b non situati sopra una retta comune. I punti a, b saranno doppi per la intersezione completa delle due superficie (19); quindi il piano condotto per ab e per un altro punto comune ad esse le segherà secondo una stessa conica, perchè due coniche aventi tre punti comuni e in due di questi le stesse tangenti coincidono. Così il piano condotto per ab e per un nuovo punto comune, non situato nella conica anzidetta, segherà le due superficie secondo un'altra conica. Viceversa, se due quadriche hanno una epperò due coniche comuni, queste si segheranno in due punti (nella retta intersezione de' loro piani), ne' quali le superficie si toccheranno.

La proposizione reciproca è che, se due quadriche si toccano in due punti (non situati sopra una retta comune), esse sono inscritte in due coni i cui vertici si trovano nella retta intersezione de' piani A, B tangenti in quei punti; e viceversa, se due quadriche sono inscritte in uno epperò in due coni, esse si toccheranno in due punti, ecc.

Dalla combinazione delle due proposizioni reciproche segue che, *se due quadriche passano per due curve piane, sono anche inscritte in due coni, e viceversa.*

Un teorema un po' più generale è il seguente: *quando due quadriche sono inscritte in una stessa quadrica, esse hanno due coniche comuni.* In fatti, le due curve di contatto si segheranno in due punti, situati nella retta comune ai loro piani; in ciascuno di questi punti le tre quadriche si toccano, epperò ha luogo la proprietà enunciata. I piani delle due coniche comuni alle prime due quadriche passeranno pei due punti di contatto, cioè per la retta intersezione dei piani delle curve di contatto colla terza quadrica. Dal teorema reciproco si ricava inoltre

Due quadriche si segano in generale secondo una curva gobba del quarto ordine. Ma se hanno una retta (direttrice) comune, la loro rimanente intersezione sarà una curva gobba del terzo ordine (*cubica gobba*), che incontra quella retta in due punti *).

---

che i vertici dei due coni circoscritti simultaneamente alle due prime superficie sono in una stessa retta coi vertici dei coni circoscritti separatamente alle medesime lungo le loro curve di contatto colla terza superficie. Viceversa, se due quadriche si segano secondo due coniche, esse sono inscritte simultaneamente in infinite altre quadriche, fra le quali vi sono due coni, ecc. Queste proprietà delle superficie di second'ordine sono dovute a MONGE (Correspondance sur l'école polyt., t. 2, p. 321 e seg.). Cfr. PONCELET, *Propriétés projectives des figures* (Paris 1822), supplément.

Siano Q_1, Q_2, Q_3 tre quadriche toccantisi negli stessi punti a, b; ed A_1B_1, A_2B_2, A_3B_3 le coppie di piani (passanti per ab) contenenti le coniche nelle quali si segano Q_2 e Q_3, Q_3 e Q_1, Q_1 e Q_2. Siano poi AB i piani (anch'essi passanti per ab) ne' quali sono le coniche comuni a Q_1 e ad una quadrica qualunque Q del fascio (Q_2, Q_3); dico che le coppie di piani (A_2B_2, A_3B_3, AB, ...) sono in involuzione. In fatti, un piano A condotto ad arbitrio per ab segherà Q_1 secondo una conica tangente in a e b a tutte le superficie del fascio (Q_2, Q_3); onde la quadrica di questo fascio passante per un punto arbitrario di quella conica la conterrà per intiero; e questa quadrica segando Q_1 secondo una nuova conica ne individua il piano B. I piani A, B si determinano l'un l'altro nello stesso modo, dunque ha luogo la proprietà enunciata. Fra le superficie del fascio (Q_2, Q_3) c'è quella formata dai piani A_1B_1, per la quale i corrispondenti piani AB coincidono cogli stessi A_1 B_1; dunque le tre coppie di piani A_1B_1, A_2B_2, A_3B_3 sono in involuzione.

Questo teorema conduce ad una proprietà delle superficie d'ordine qualunque. Date due superficie che si tocchino in un punto a, si cerchino le rette che ivi toccano la curva intersezione di quelle. Evidentemente si può in questa ricerca sostituire a ciascuna superficie una quadrica osculatrice in a, perchè se un piano per a segherà le due quadriche osculatrici secondo curve aventi ivi almeno tre punti coincidenti comuni, avrà luogo un contatto tripunto anche fra le sezioni fatte dallo stesso piano nelle superficie date. Siccome poi una quadrica osculatrice ad una superficie data in un punto dato non è soggetta che a sei condizioni, e quindi può sodisfare a tre altre condizioni arbitrarie, così potremo supporre che le due quadriche si tocchino, non solo in a, ma anche in un altro punto b. Allora le due quadriche si segheranno secondo due coniche i cui piani intersecheranno il piano tangente in a lungo le rette domandate (OLIVIER, *Sur la construction des tangentes en un point multiple etc.* (J. de l'éc. polyt., cah. 21,1832; p. 307)). Se poi si hanno tre superficie toccantisi in a, il teorema premesso intorno alle quadriche dà come corollario, che le *coppie di tangenti in a alle tre curve nelle quali si segano le superficie prese a due a due, sono in involuzione* (CHASLES, *Aperçu* Note 10).

*) Questa decomposizione della curva di quarto ordine ha luogo quando le due superficie si toccano in due punti situati in una retta (direttrice) comune. Ogni piano passante per questa retta segherà le due quadriche secondo due generatrici (una per ciascuna superficie), e il luogo del punto comune a queste due rette sarà la linea che insieme colla direttrice data forma la completa intersezione delle superficie. Questa linea dovrà adunque essere di terz'ordine ed incontrerà la direttrice nei due punti ove le quadriche si toccano.

Questa curva si può ottenere come *luogo del punto in cui s'incontrano tre piani corrispondenti di tre fasci projettivi di piani.* Le rette lungo le quali si segano i piani corrispondenti del primo e del secondo fascio formano un iperboloide; così il primo ed il terzo fascio generano un altro iperboloide; e i due iperboloidi, avendo in comune l'asse del primo fascio, si segheranno inoltre secondo una curva (gobba) del terzo ordine.

L'enunciato reciproco esprimerà che due quadriche sono in generale inscritte in una sviluppabile di quarta classe formata dai loro piani tangenti comuni. Ma se le due quadriche hanno una retta comune, i piani tangenti comuni che non passano per questa invilupperanno una sviluppabile di terza classe, due piani tangenti della quale passano per la retta suddetta *). Questa sviluppabile può essere ottenuta come *inviluppo del piano che passa per tre punti corrispondenti di tre rette punteggiate projettive,* non situate in uno stesso piano.

Sistemi lineari.

41. Si dimostra per le superficie, come per le curve piane **), che i gruppi di punti ne' quali una retta arbitraria incontra le superficie di un fascio d'ordine n formano un'involuzione di grado n ***). Questa involuzione ha $2(n-1)$ punti doppi, dunque:

In un fascio d'ordine n vi sono $2(n-1)$ superficie che toccano una retta data.

---

*) Ciò accade quando le due superficie si toccano in due punti di una retta (direttrice) comune. Dunque, se due quadriche passano per una stessa cubica gobba, esse saranno inscritte in una stessa sviluppabile di terza classe, e viceversa.

Per un punto qualunque della retta comune passa una generatrice della prima ed una generatrice della seconda quadrica. Il piano delle due generatrici ha per inviluppo la sviluppabile di terza classe. I piani tangenti di questa corrispondono projettivamente ai punti di una retta. Si noti inoltre che questa sviluppabile non può avere piani doppi o stazionari: perchè il punto in cui un piano così fatto incontra altri due piani tangenti qualunque giacerebbe in quattro piani tangenti il che contraddice all'esser la sviluppabile di terza classe. Dunque le caratteristiche di questa saranno (14)

$$m=3,\ n=3,\ r=4,\ \alpha=0,\ \beta=0,\ g=1,\ h=1,\ x=0,\ y=0.$$

Vedi la mia memoria *Sur les cubiques gauches* (Nouv. Annales de Math. 2e série, t. 1, Paris 1862). [Queste Opere, n. **37**].

**) *Introd.* 49.

***) Viceversa, se le superficie (dello stesso ordine) di una serie semplicemente infinita sono incontrate da qualunque retta in gruppi di punti in involuzione, quelle superficie appartengono ad uno stesso fascio, perchè, in virtù dell'ipotesi, un punto dello spazio giacerà in una sola o in tutte le superficie della serie.

Un piano segherà le superficie d'un fascio secondo curve formanti un altro fascio i cui punti-base saranno le intersezioni del piano trasversale colla curva-base del primo fascio. Ora in un fascio di curve piane d'ordine n ve ne sono $3(n-1)^2$ dotate di punto doppio *), dunque:

In un fascio d'ordine n vi sono $3(n-1)^2$ superficie tangenti ad un piano dato.

42. Chiameremo *sistema lineare di dimensione* [102] *m e d'ordine n* la serie (m volte infinita) delle superficie d'ordine n che sodisfanno ad $N(n)-m$ condizioni comuni tali che, presi m punti ad arbitrio nello spazio, per essi passi una sola superficie soggetta alle condizioni predette **).

Per $m=1, 2, 3$, la serie si chiama ordinatamente *fascio*, *rete* e *sistema lineare* in senso stretto ***).

43. Dalla precedente definizione segue tosto che quelle superficie d'un sistema lineare di dimensione m, le quali passano per r punti dati ad arbitrio, formano un sistema lineare (minore) di dimensione $m-r$, compreso nel sistema proposto.

Quelle superficie dello stesso primo sistema, che passano per altri r' punti dati, costituiranno un altro sistema lineare (minore) di dimensione $m-r'$. Se i due gruppi di r ed r' punti hanno s punti comuni, e se $r+r'-s<m$, le superficie passanti per gli $r+r'-s$ punti distinti formeranno un sistema lineare di dimensione $m-r-r'+s$, che sarà compreso tanto nel sistema di dimensione $m-r$ quanto in quello di dimensione $m-r'$. Se poi $r+r'-s=m$, allora gli $r+r'-s$ punti distinti determineranno una superficie unica che sarà comune ai due sistemi minori di dimensione $m-r$, $m-r'$ †).

Un sistema lineare di dimensione m è determinato da $m+1$ superficie (dello stesso ordine) che non appartengano ad un medesimo sistema lineare di dimensione inferiore. Siano in fatti $U_1, U_2, \dots U_{m+1}$ le $m+1$ superficie date, e si cerchi la superficie del sistema che passa pei punti $o_1, o_2, \dots o_m$. Le coppie di superficie (U_1U_2), (U_1U_3), ... (U_1U_{m+1}) individuano m fasci ne' quali vi saranno m superficie passanti tutte per o_m. Suppongasi che queste m superficie individuino un sistema lineare di dimensione $m-1$; quella superficie di questo sistema che passa anche per $o_1, o_2, \dots o_{m-1}$ sarà la domandata. Così

*) *Introd.* 88.

**) JONQUIÈRES, *Étude sur les singularités des surfaces algébriques* (G. di Liouville, serie 2ª t. 7; 1862).

***) I piani passanti per una retta formano un fascio; i piani passanti per un punto fisso formano una rete; e tutt'i piani nello spazio formano un sistema lineare (in senso stretto).

†) Di qui si ricava p. e. che due fasci compresi in una rete hanno una superficie comune; che un fascio ed una rete compresi in un sistema lineare (in senso stretto) hanno una superficie comune; che due reti comprese in un sistema lineare (in senso stretto) hanno infinite superficie comuni formanti un fascio; ecc.

è provato il teorema per m purchè sussista per $m-1$; ma esso ha luogo evidentemente per $m=1$, dunque ecc. *).

44. Due sistemi lineari della stessa dimensione m si dicono *projettivi* quando le superficie dell'uno corrispondono alle superficie dell'altro, ciascuna a ciascuna, in modo che alle superficie del primo sistema formanti un sistema minore di dimensione $m-r$

---

*) Se $U_1=0$, $U_2=0$,... $U_{m+1}=0$ sono le equazioni delle superficie date, tutte le superficie del sistema saranno rappresentate dall'equazione $k_1U_1+k_2U_2+\ldots+k_{m+1}U_{m+1}=0$, ove le k sono parametri arbitrari. Quest'equazione fa vedere che una superficie qualunque del sistema fa parte del fascio determinato da due superficie, l'una appartenente al sistema lineare (minore) di dimensione $r-1$, $k_1U_1+k_2U_2+\ldots+k_rU_r=0$, e l'altra al sistema lineare (minore) di dimensione $m-r$, $k_{r+1}U_{r+1}+k_{r+2}U_{r+2}+\ldots+k_{m+1}U_{m+1}=0$. Ossia, se le superficie date si separano in due gruppi, l'uno di r e l'altro di $m-r+1$ superficie, che individueranno due sistemi lineari minori (di dimensioni $r-1$, $m-r$); e se si prende ad arbitrio una superficie dal primo sistema minore ed una dal secondo, come individuanti un fascio, tutte le superficie del fascio apparterranno al sistema completo; e viceversa, tutte le superficie del sistema completo potranno essere ottenute in questo modo. P. e., fatto $r=1$, si ha che una superficie qualunque del sistema sega $U_1=0$ secondo una curva per la quale passa una superficie del sistema minore individuato dalle $U_2=0$, $U_3=0$,... $U_{m+1}=0$.

Dalle cose che precedono risulta inoltre che, se in un dato sistema lineare si assumano $r+1$ superficie (non appartenenti ad un sistema di dimensione $r-1$) come individuanti un sistema di dimensione r, tutte le superficie di questo sistema apparterranno anche al sistema dato.

È anche evidente che, se le superficie individuanti un sistema lineare hanno un punto comune, questo giacerà in tutte le superficie del sistema. Così, per $m=1$, le superficie d'un fascio d'ordine n passano per una stessa curva d'ordine n^2; epperò le superficie di un sistema lineare di dimensione m, le quali passano per $m-1$ punti dati ad arbitrio, si segano lungo una curva d'ordine n^2. Per $m=2$, le superficie di una rete hanno in generale n^3 punti comuni, epperò le superficie di un sistema di dimensione m, le quali passano per $m-2$ punti dati ad arbitrio, si segano in altri n^3-m+2 punti. (Diciamo *in generale,* perchè la base di una rete può anche essere una curva, necessariamente d'ordine minore di n^2; p. e. le quadriche passanti per sette punti dati formano una rete e non hanno in generale che un ottavo punto comune; ma se i sette punti dati giacciono in una cubica gobba, questa sarà situata in tutte le quadriche della rete).

Siccome una rete è individuata da tre superficie, così per gli n^3 punti comuni a tre superficie d'ordine n passano infinite superficie (formanti una rete). Una superficie d'ordine n è individuata da $N(n)$ punti, dunque per $N(n)-2$ punti dati passerà una rete di superficie dello stesso ordine; tre qualunque di queste superficie si segheranno in n^3 punti, compresi i dati, e per questi n^3 punti passeranno infinite superficie dello stesso ordine, cioè tutte quelle che contengono i punti dati. Dunque tutte le superficie d'ordine n che passano per $N(n)-2$ punti dati si segano in altri $n^3-N(n)+2$ punti individuati dai primi. Ossia $N(n)-2$ punti dati ad arbitrio individuano tutt'i punti-base di una rete di superficie d'ordine n. LAMÉ, *Examen des différentes méthodes etc.* Paris 1818. — PLÜCKER, *Recherches sur les surfaces alg.* (Ann. Gerg. t. 19).

corrispondano superficie del secondo sistema formanti un sistema minore della stessa dimensione $m-r$. I due sistemi minori corrispondenti saranno evidentemente projettivi.

Siccome un fascio è una serie semplicemente infinita di elementi, così la corrispondenza projettiva di due fasci sarà determinata da tre coppie di superficie corrispondenti, date o fissate ad arbitrio *). In generale, se per due sistemi lineari di dimensione m si assumano le superficie del primo $U_1, U_2, \dots U_{m+1}$ (non appartenenti ad un sistema inferiore) come corrispondenti ordinatamente alle superficie del secondo $V_1, V_2, \dots V_{m+1}$ (del pari non appartenenti ad un sistema minore), e se inoltre, detta u_r una superficie del fascio $(U_r U_{m+1})$ e v_r una superficie del fascio $(V_r V_{m+1})$, si assumano le superficie $u_1\, u_2, \dots u_m$ come corrispondenti alle $v_1, v_2, \dots v_m$ rispettivamente, la relazione projettiva fra i due sistemi proposti sarà pienamente determinata, cioè ad un'altra superficie qualunque del primo corrisponderà una individuata superficie del secondo sistema. In fatti una superficie qualunque del primo sistema fa parte (43) del sistema minore di dimensione $m-1$ determinato da superficie che appartengono rispettivamente ai fasci $(U_1 U_{m+1}), (U_2 U_{m+1}), \dots (U_m U_{m+1})$. Siano queste superficie le $u_1, u_2, \dots u_m$. I fasci $(u_r u_s)$, $(U_r U_s)$, appartenendo ad una stessa rete $(U_r U_s U_{m+1})$, hanno una superficie comune alla quale corrisponderà la superficie comune ai fasci $(v_r v_s)$, $(V_r V_s)$. Per tal modo i sistemi minori $(u_1 u_2 \dots u_m)$, $(v_1 v_2 \dots v_m)$ sono nelle stesse condizioni supposte pei sistemi dati; cioè il teorema enunciato avrà luogo pei sistemi di dimensione m, purchè sussista pei sistemi di dimensione $m-1$. Ma esso si verifica pei fasci, cioè per $m=1$, dunque ecc. **). [103]

Superficie inviluppanti.

45. Data una serie (semplicemente infinita) di superficie d'ordine n soggette ad $N(n)-1$ condizioni comuni, queste superficie si potranno considerare come altrettante posizioni di una superficie che varii di sito e di forma nello spazio secondo una data legge ***).

---

*) *Introd.* 8.

**) Supposto che alle superficie $U_1=0$, $U_2=0, \dots U_{m+1}=0$, $u_1 \equiv U_1+U_{m+1}=0$, $u_2 \equiv U_2+U_{m+1}=0$, $\dots u_m \equiv U_m+U_{m+1}=0$ del primo sistema corrispondano le superficie $V_1=0$, $V_2=0, \dots V_{m+1}=0$, $v_1 \equiv V_1+V_{m+1}=0$, $v_2 \equiv V_2+V_{m+1}=0$, $\dots v_m \equiv V_m+V_{m+1}=0$ del secondo, due superficie corrispondenti qualunque saranno rappresentate dalle equazioni $k_1U_1+k_2U_2+\dots+k_{m+1}U_{m+1}=0$, $k_1V_1+k_2V_2+\dots+k_{m+1}V_{m+1}=0$.

***) In modo che le successive posizioni della superficie mobile dipendano dai valori che può assumere un parametro variabile.

Siano S, S′, S″, S‴,... superficie consecutive della serie, ossia successive posizioni della superficie mobile; e Σ il luogo di tutte le curve analoghe ad SS′, S′S″, S″S‴,... La superficie Σ è segata da S′ lungo le due curve consecutive (infinitamente vicine) SS′, S′S″, ossia Σ è toccata da S′ lungo la curva S′S″. A cagione di tale proprietà le superficie S diconsi *inviluppate*; Σ dicesi *inviluppante*; ed alle curve secondo le quali si segano due inviluppate successive, cioè alle curve di contatto fra l'inviluppante e le inviluppate, si dà il nome di *caratteristiche* dell'inviluppante *).

Quando le superficie S sono piani, Σ è una sviluppabile, e le sue caratteristiche sono le rette generatrici (7).

46. La superficie Σ è evidentemente il luogo di un punto pel quale passino due inviluppate consecutive. Quindi un punto nel quale si seghino due, tre,... coppie distinte di inviluppate successive, vale a dire due, tre,... caratteristiche distinte, sarà doppio (biplanare), triplo (triplanare),... per Σ. Questa superficie avrà dunque in generale una curva doppia o nodale, luogo di un punto ove si seghino due caratteristiche non consecutive, e su questa curva vi sarà un certo numero di punti tripli.

Così sarà uniplanare per Σ un punto nel quale si seghino due caratteristiche consecutive. Questa superficie avrà dunque una curva cuspidale, luogo delle intersezioni delle successive caratteristiche: curva toccata da ciascuna caratteristica nel punto comune a questa ed alla caratteristica successiva.

La curva cuspidale è il luogo di un punto nel quale s'incontrino tre inviluppate successive. Vi potrà essere un certo numero di punti ciascuno dei quali sia situato in quattro inviluppate successive, cioè in tre caratteristiche consecutive; tali punti saranno evidentemente punti stazionari per la curva cuspidale ed apparterranno anche alla curva doppia a cagione dell'incontro della prima colla terza caratteristica. E i punti ne' quali si segano due caratteristiche consecutive ed un'altra non consecutiva saranno punti stazionari della curva doppia e giaceranno anche nella curva cuspidale.

47. Per dare un esempio, la serie delle superficie S sia tale che per un punto qualunque dello spazio passino due di queste superficie. Allora la superficie Σ sarà il luogo de' punti pei quali le due superficie S coincidono. Ciascun punto della superficie Σ essendo situato sopra una sola inviluppata, e precisamente sopra quella che tocca Σ nel punto suddetto, ne segue che tutt'i punti comuni a Σ e ad un'inviluppata sono punti di contatto fra le due superficie. Ma la curva di contatto fra Σ ed una superficie è l'intersezione di questa coll'inviluppata consecutiva, epperò è una curva d'ordine n^2; dunque Σ sarà una superficie d'ordine $2n$. In essa non vi è nè curva doppia nè curva cuspidale, perchè nessun punto dello spazio è situato in tre (sole) superficie S.

*) Monge, *App. de l'analyse à la géom.* § VI.

Tre inviluppate si segano in n^3 punti i quali, non potendo essere situati in un numero finito di superficie della serie, maggiore di 2, saranno necessariamente comuni a tutte le superficie S. In ciascun di questi punti Σ è toccata dal piano che ivi tocca una qualunque delle inviluppate; dunque tutti quei punti sono doppi per la superficie Σ. E per essi passano non solo le superficie S, ma anche tutte le curve di contatto fra esse e l'inviluppante.

Siccome la curva di contatto fra Σ ed una inviluppata S è l'intersezione di questa superficie coll'inviluppata successiva, così la detta curva (cioè una caratteristica qualunque di Σ) sarà la base d'un fascio di superficie d'ordine n (20). Le curve di contatto di due inviluppate qualisivogliano hanno n^3 punti comuni; quindi la superficie d'ordine n che passa per la prima curva e per un punto arbitrario della seconda avrà con questa n^3+1 punti comuni, cioè la conterrà per intero. Dunque due caratteristiche (non consecutive) della superficie Σ sono situate in una stessa superficie d'ordine n.

Se per una caratteristica di Σ si fa passare una superficie d'ordine n, questa segherà Σ secondo un'altra curva d'ordine n^2. Sia x un punto qualunque di questa curva; la superficie d'ordine n che passa per la caratteristica data e per x contiene anche la caratteristica che passa per x. Dunque ogni superficie d'ordine n che passi per una caratteristica segherà Σ lungo un'altra caratteristica.

Tutte le superficie analoghe, ciascuna delle quali sega Σ secondo due caratteristiche, passeranno per gli n^3 punti doppi dell'inviluppante. Questi punti, risultando dall'incontro di tre superficie d'ordine n, formano la base d'una rete (43). Viceversa ogni superficie di questa rete segherà Σ secondo due caratteristiche. In fatti suppongasi una tal superficie determinata da due punti presi ad arbitrio in Σ; le due caratteristiche che passano per questi punti sono situate in una stessa superficie d'ordine n, dunque ecc. Alla rete appartengono anche le inviluppate S; queste sono le superficie che segano Σ secondo due caratteristiche consecutive.

Superficie gobbe.

48. Una superficie dicesi *rigata* quando è generata dal movimento di una linea retta; ossia una superficie rigata è una serie semplicemente infinita di rette (*generatrici*).

Quando due generatrici consecutive sono sempre in uno stesso piano, i punti d'intersezione delle successive generatrici formeranno una curva le cui tangenti saranno le generatrici medesime, ossia la superficie rigata sarà in questo caso una *sviluppabile*.

Le superficie rigate non sviluppabili diconsi *gobbe* o *rettilinee* *); vale a dire, una

*) Bellavitis, *Geometria descrittiva* (Padova 1851) p. 90.

superficie gobba è un luogo generato da una retta, due posizioni successive della quale non siano generalmente in uno stesso piano.

La superficie gobba di second'ordine ammette due sistemi di generatrici rettilinee, cioè due serie semplicemente infinite di rette (24).

49. Sia S una data superficie gobba, G una sua generatrice, μ un punto preso ad arbitrio in G; e siano G', G'' le generatrici consecutive a G. La retta G è evidentemente una delle osculatrici alla superficie in μ (16); onde il piano tangente passerà per G, qualunque sia il punto di contatto μ. La retta che passa per μ ed incontra G' e G'', contenendo tre punti infinitamente vicini della superficie sarà la seconda osculatrice e determinerà, insieme con G, il piano M tangente in μ.

Viceversa, un piano qualunque M condotto per G sarà tangente in un punto di questa generatrice. La retta condotta nel piano M in modo che seghi G' e G'', incontrerà G nel punto di contatto μ *).

Per tal modo è manifesto che, lungo la generatrice G, ciascun punto μ individua un piano unico M e viceversa ogni piano M individua un punto μ. La serie dei punti μ ed il fascio dei piani M sono adunque due forme projettive, epperò il rapporto anarmonico di quattro piani tangenti passanti per una stessa generatrice sarà eguale a quello dei punti di contatto **).

50. Due superficie gobbe abbiano una generatrice comune G. Un piano M condotto ad arbitrio per G toccherà l'una in un punto μ e l'altra in un altro punto μ'. Variando M, i punti μ, μ' formeranno due punteggiate projettive, nelle quali due punti coincidono coi loro rispettivi corrispondenti; dunque le due superficie si toccheranno in due punti della generatrice comune. Epperò, se esse si toccassero in tre punti di G, i punti μ, μ' coinciderebbero sempre, cioè le due superficie si toccherebbero lungo tutta la generatrice comune ***).

51. Se una superficie gobba è dell'ordine n, una retta arbitraria incontrerà n generatrici, ciascuna delle quali determinerà con quella un piano tangente. Sono adunque n i piani tangenti che si possono condurre per la retta arbitraria; ossia una super-

*) La superficie S e l'iperboloide determinato dalle tre direttrici G G' G'' si osculano lungo la retta G; in ogni punto di questa hanno lo stesso piano tangente e le stesse rette osculatrici. Ogni altro iperboloide passante per le rette G G' avrà lungo G un contatto di primo ordine con S (Hachette, *Supplément à la géom. descript. de Monge*, 1811).

**) Chasles, *Mémoire sur les surfaces engendrées par une ligne droite etc.* (Correspondance math. et physique de Bruxelles, t. 11).

***) Hachette, l. c.; *Traité de géom. descriptive.* (Paris 1822) p. 84.

ficie gobba d'ordine n è della classe n e viceversa *). Per abbracciare insieme il concetto d'ordine e classe, diremo che una superficie gobba è del *grado* n quando una retta arbitraria incontra n generatrici.

52. Un piano M, che tocchi una data superficie gobba del grado n in un punto μ, segherà la superficie secondo una generatrice rettilinea G ed una curva d'ordine $n-1$. Questa incontrerà G in μ ed in $n-2$ altri punti, ciascun de' quali non potendo essere un effettivo punto di contatto fra il piano e la superficie, sarà un punto doppio della superficie medesima, e non cambierà, comunque il piano M giri intorno alla retta G. In fatti la curva d'ordine $n-1$ è il luogo dei punti ove il piano M è incontrato dalle generatrici (tranne G); la generatrice consecutiva a G incontra M nel punto della curva prossimo a quello in cui M è tangente alla superficie; dunque per gli altri $n-2$ punti comuni a G ed alla curva passano altrettante generatrici non consecutive. Un punto ove si segano due generatrici distinte è doppio per la superficie; imperocchè considerando, come si è fatto sopra (49), le generatrici consecutive a ciascuna delle due preaccennate, si trova che in quel punto la superficie ammette due piani tangenti distinti. Oppure, si può osservare che il punto comune a due generatrici non consecutive rappresenta due intersezioni riunite della superficie con qualunque retta passante per esso, perchè questa retta non potrà incontrare che $n-2$ altre generatrici. Dunque la superficie ha una curva doppia incontrata in $n-2$ punti da ciascuna generatrice **). In ciascun punto di questa curva la superficie ha due piani tangenti che passano rispettivamente per le due generatrici ivi incrociate, e si segano secondo una retta che sarà la tangente della curva doppia medesima.

Dalla proprietà reciproca si trae che i piani contenenti due generatrici non consecutive inviluppano una sviluppabile bitangente (doppiamente circoscritta alla superficie gobba), che ha $n-2$ piani tangenti passanti per ciascuna generatrice della superficie data. Ciascun piano contenente due generatrici (non consecutive) tocca la superficie data in due punti, che sono quelli ne' quali le generatrici anzidette sono incontrate dalla generatrice di contatto fra la sviluppabile bitangente e il detto piano.

53. Una superficie gobba ha in generale alcune generatrici (singolari) incontrate dalle generatrici consecutive. Quando due generatrici consecutive G, G′ si incontrano, il piano che le contiene tocca la superficie in tutti i punti di G, come avviene nelle

---

*) Cayley, *On the theory of skew surfaces* (Camb. a. D. Math. J. t. 7; 1852).

La polare reciproca di una superficie gobba (rispetto ad una quadrica data) è un'altra superficie gobba dello stesso ordine e della stessa classe.

**) Cayley, l. c. In vece degli $n-2$ punti doppi sopra ciascuna generatrice, si potrà in certi casi avere un equivalente numero di punti tripli, quadrupli; ecc. Cioè la curva doppia potrà essere surrogata da un'equivalente curva di più alta moltiplicità.

sviluppabili; cioè questo piano può essere considerato come un piano stazionario che ha infiniti punti (parabolici) di contatto succedentisi continuamente sopra una retta. Ogni retta condotta in quel piano è tangente alla superficie in un punto della generatrice G. E il punto GG' potrà risguardarsi come un punto stazionario con infiniti piani tangenti passanti per la retta G; ogni retta passante pel punto GG' è tangente alla superficie in un piano che contiene la retta G. Il numero di questi punti e piani singolari, per una superficie di dato ordine, è finito, epperò questa non ammetterà nè una curva cuspidale nè una sviluppabile osculatrice. Cioè la sezione fatta con un piano *qualunque* non avrà cuspidi; ed il cono circoscritto avente il vertice in un punto *qualunque* non avrà piani stazionari.

In certi casi particolari la superficie ha anche delle *generatrici doppie*. Una tal generatrice rappresenta due generatrici coincidenti per qualunque piano passante per essa; ogni retta che la seghi incontra ivi la superficie in due punti coincidenti.

La classe di un cono circoscritto è (33) uguale a quella della superficie data, cioè n. Dunque, se d è il numero de' piani bitangenti del cono, ossia il numero de' piani passanti pel vertice e contenenti due generatrici della superficie data, l'ordine del cono sarà $n(n-1)-2d$. Ma l'ordine del cono è evidentemente uguale alla classe della curva che si ottiene segando la superficie gobba con un piano passante pel vertice del cono; e la classe di questa curva è $n(n-1)-2\delta$, ove δ sia il numero dei suoi punti doppi. Dunque $d=\delta$, cioè *la classe della sviluppabile bitangente di una superficie gobba è uguale all'ordine della curva doppia* *).

54. Due linee curve (piane o gobbe) si diranno *punteggiate projettivamente* quando i punti dell'una corrispondano, ciascuno a ciascuno, ai punti dell'altra; per modo che le due curve si possano supporre generate simultaneamente dal movimento di due punti, e ad una posizione qualunque del primo o del secondo mobile corrisponda una sola posizione del secondo o del primo. [104]

Suppongasi ora che siano date in due piani P', P'' due curve punteggiate projettivamente; sia n' l'ordine della prima, δ' il numero de' punti doppi con tangenti distinte e $\varkappa'$ il numero de' punti doppi con tangenti coincidenti (cuspidi); n'', δ'', $\varkappa''$ i numeri analoghi per la seconda curva **). Quale sarà il grado della superficie gobba, luogo della retta che unisce due punti corrispondenti x', x'' delle due curve? Ossia quante rette $x'x''$ sono incontrate da una retta qualunque R? Un piano condotto ad arbitrio per R segherà la prima curva in n' punti x', ai quali corrisponderanno altrettanti punti x'' situati generalmente in n' piani diversi del fascio R. Viceversa un

*) Cayley, l. c.

**) Se vi è un punto $(r)^{plo}$ si conterà per $\frac{r(r-1)}{2}$ punti doppi.

piano arbitrario per R segherà la seconda curva in n'' punti x'' ai quali corrisponderanno n'' punti x' situati in altrettanti piani per R. Per tal modo si vede che a ciascuna posizione del piano Rx' ne corrispondono n' del piano Rx'' e che a ciascuna posizione del piano Rx'' ne corrispondono n'' del piano Rx'. Vi saranno pertanto $n'+n''$ coincidenze di due piani corrispondenti Rx', Rx'', cioè per R passano $n'+n''$ piani ciascun de' quali conterrà due punti corrispondenti delle due curve. Dunque il grado della superficie gobba, luogo delle rette $x'x''$, è $n'+n''$. (Evidentemente la dimostrazione e la conclusione non cambiano se in luogo di curve piane si assumano due curve gobbe, ovvero una curva gobba ed una curva piana, i cui ordini siano n', n'').

La curva (n'') incontra il piano P' in n'' punti x'', e le rette che li uniscono ai loro corrispondenti punti x' saranno altrettante generatrici della superficie. Il piano P', contenendo n'' generatrici, è tangente in n'' punti (uno per ciascuna generatrice), e la sezione da esso fatta nella superficie è composta di quelle n'' rette e della curva (n'). Questa sezione ha $n'n''+\frac{n''(n''-1)}{2}+\delta'+\varkappa'$ punti doppi; sottratti gli n'' punti di contatto, il numero residuo $n'n''+\frac{n''(n''-3)}{2}+\delta'+\varkappa'$ esprimerà l'ordine della curva doppia della superficie. Analogamente, considerando la sezione fatta dal piano P'', otterremo l'ordine della curva doppia espresso da $n''n'+\frac{n'(n'-3)}{2}+\delta''+\varkappa''$. Dunque dovrà essere identicamente $\frac{n''(n''-3)}{2}+\delta'+\varkappa'=\frac{n'(n'-3)}{2}+\delta''+\varkappa''$, ossia $\frac{(n'-1)(n'-2)}{2}-(\delta'+\varkappa')=$ $=\frac{(n''-1)(n''-2)}{2}-(\delta''+\varkappa'')$. Se denominiamo *genere* della curva (n') il numero $\frac{(n'-1)(n'-2)}{2}-(\delta'+\varkappa')$, potremo concludere che *due curve piane punteggiate projettivamente sono dello stesso genere*. Siccome dalle formole di PLÜCKER si ha $\frac{(n'-1)(n'-2)}{2}-(\delta'+\varkappa')=\frac{(m'-1)(m'-2)}{2}-(\tau'+\iota')$ *) (ove m' esprima la classe della curva (n'), τ' il numero delle sue tangenti doppie ed ι' quello delle stazionarie), così il genere della curva sarà anche espresso da $\frac{(m'-1)(m'-2)}{2}-(\tau'+\iota')$.

È evidente che due sezioni piane di una stessa superficie gobba sono punteggiate projettivamente (assumendo come corrispondenti i punti situati sopra una stessa generatrice), epperò saranno anche curve dello stesso genere. Se la superficie è d'ordine n ed

*) Questa eguaglianza può anche risguardarsi come una conseguenza del teorema qui dimostrato, perchè gli è evidente che due curve piane reciproche sono punteggiate projettivamente.

ha una curva doppia il cui ordine sia δ, il genere di una sezione piana qualunque sarà $\frac{(n-1)(n-2)}{2}-\delta$; dunque, se una superficie gobba è del grado n e del genere p (cioè se p è il genere di una sezione piana), l'ordine della curva gobba sarà $\frac{(n-1)(n-2)}{2}-p$. Questo numero non può mai essere minore di $n-2$, questo essendo il numero de' punti in cui la curva gobba è incontrata da ciascuna generatrice. Anzi, se la superficie non ha una retta doppia per la quale debbano passare i piani che contengono due generatrici distinte, l'ordine della curva gobba sarà almeno $2n-5$, perchè due generatrici che s'incontrano contengono questo numero di punti doppi.

55. Chiameremo *genere di una curva gobba* il genere di una sua prospettiva. Se n è l'ordine di una curva, h il numero de' suoi punti doppi apparenti ed attuali, e β quello de' punti stazionari, la prospettiva *) è una curva d'ordine n, dotata di h punti doppi e β cuspidi, cioè una curva del genere $\frac{(n-1)(n-2)}{2}-(h+\beta)$. Dalle formole di Cayley si ha **)

$$\frac{(n-1)(n-2)}{2}-(h+\beta)=\frac{(m-1)(m-2)}{2}-(g+\alpha)$$

$$=\frac{(r-1)(r-2)}{2}-(y+m+\theta)=\frac{(r-1)(r-2)}{2}-(x+n+\theta)\quad [105];$$

queste sono adunque altrettante espressioni del genere della curva gobba.

Siccome una curva gobba è evidentemente punteggiata projettivamente alla sua prospettiva, così potremo concludere che *due curve qualisivogliano (piane o gobbe) le quali siano punteggiate projettivamente sono sempre dello stesso genere* ***).

La divisione delle curve piane e gobbe, e per conseguenza dei coni e delle sviluppabili (e delle superficie gobbe come serie di rette) in *generi*, proposta dal prof. Clebsch [106], è della massima importanza. Per essa si ravvicinano e si connettono le proprietà di forme geometriche in apparenza differentissime. Ciò che dà la misura delle difficoltà che può offrire lo studio di una serie semplicemente infinita di elementi (punti, rette, piani) non è l'ordine o la classe, ma bensì il genere †).

56. Le più semplici fra le superficie gobbe sono quelle di genere 0. Detto n il grado della superficie, l'ordine della curva nodale sarà $\frac{(n-1)(n-2)}{2}$; epperò una se-

*) Cioè una sezione piana di un cono prospettivo alla curva gobba (12).

**) Dove i simboli m, r, α, g, x, y hanno lo stesso significato dichiarato altrove (10, 12).

***) Clebsch, *Ueber die Singularitäten algebraischer Curven* (G. di Crelle, t. 64; 1865).

†) Una curva piana è di genere 0 quando $\delta+\varkappa=\frac{(n-1)(n-2)}{2}$, cioè quando essa ha il massimo numero di punti doppi (*Introd.* 35). In questo caso i punti della curva si possono

zione piana qualunque della superficie avrà il massimo numero di punti doppi che possa esistere in una curva piana. Per un punto qualunque x della sezione piana passa una generatrice che va ad incontrare la curva doppia in $n-2$ punti, da ciascun de' quali parte un'altra generatrice; sia x' il punto in cui questa incontra la sezione piana. Al punto x corrispondono adunque $n-2$ punti x'; e similmente un punto x' determinerà $n-2$ punti, uno de' quali sarà x. Abbiamo così nella sezione piana, che è una curva di genere 0, due serie di punti colla corrispondenza $(n-2, n-2)$, epperò vi saranno $2(n-2)$ punti uniti, cioè nella curva gobba vi saranno $2(n-2)$ punti cuspidali della superficie (punti pei quali le due generatrici coincidono). Ossia vi sono $2(n-2)$ generatrici ciascuna delle quali è incontrata dalla generatrice consecutiva.

57. In seguito avremo occasione di trattare con qualche estensione la teoria delle superficie gobbe generate da una retta che si muova incontrando tre linee (direttrici) date *), ovvero incontrando due volte una curva ed una volta un'altra direttrice, ovvero incontrando tre volte una curva data. [107] Per ora limitiamoci al caso di una superficie gobba di grado n che abbia due direttrici rettilinee A, B. Sia K la curva d'ordine n

---

ottenere ad uno ad uno mediante le curve di un fascio d'ordine $n-1$. In fatti i punti doppi ed altri $2n-3$ punti fissati ad arbitrio nella curva formano insieme un sistema di $\frac{(n-1)(n+2)}{2}-1$ punti, epperò determinano (*Introd.* 41) la base d'un fascio d'ordine $n-1$; ogni curva del quale segherà la curva data *in un solo nuovo punto*. La curva, in virtù delle formole di PLÜCKER, sarà della classe $2(n-1)-\varkappa$ ed avrà $3(n-2)-2\varkappa$ flessi e $2(n-3)(n-2-\varkappa)+\frac{\varkappa(\varkappa-1)}{2}$ tangenti doppie. Donde segue che una curva d'ordine n non può avere più di $\frac{3(n-2)}{2}$ cuspidi. CLEBSCH, *Ueber diejenigen ebenen Curven, deren Coordinaten rationale Functionen eines Parameters sind.* (G. di Crelle, t. 64).

Siccome le curve d'un fascio si possono far corrispondere, ciascuna a ciascuno, ai singoli punti di una retta, così una curva di genere 0 può essere considerata come punteggiata projettivamente ad una retta. Ciò sussiste anche se la curva è gobba, perchè a questa si può sempre sostituire la sua prospettiva. Ciò dà luogo a molte conseguenze importanti; p. e. se in una curva di genere 0 vi sono due serie di punti corrispondenti tali che ad un punto qualunque della prima serie corrispondano a punti della seconda e ad un punto qualunque della seconda corrispondano a' punti della prima, sarà $a+a'$ il numero de' punti in ciascun de' quali coincidono due punti corrispondenti; ossia, detto in breve, *se in una curva di genere* 0 *vi sono due serie di punti colla corrispondenza* (a, a'), *il numero de' punti uniti è* $a+a'$. Per dimostrare questo teorema basta osservare che esso ha luogo per una retta punteggiata projettivamente alla curva data. CAYLEY, *Note sur la correspondance de deux points sur une courbe.* (Comptes rendus 12 mars 1866).

*) Per queste superficie sono generatrici doppie le rette che incontrano due volte una direttrice ed una volta ciascuna delle altre due linee date; ecc.

che si ottiene tagliando la superficie con un piano fissato ad arbitrio; la superficie sarà il luogo delle rette appoggiate alle linee (direttrici) A, B, K. Le rette A, B saranno multiple sulla superficie secondo certi numeri r, s; epperò i punti a, b, dove esse incontrano K, saranno multipli secondo r, s per questa curva. Le rette che passano per un punto ξ di A ed incontrano B sono in un piano; quelle che uniscono ξ coi punti di K formano un cono d'ordine n, pel quale la retta ξb è una generatrice $(s)^{pla}$. Questo cono e quel piano avranno altre $n-s$ rette comuni, che sono altrettante generatrici della superficie gobba, passanti per ξ. Dunque $r=n-s$.

Ogni piano condotto per A segherà K in s punti (oltre ad a), ossia segherà la superficie secondo s generatrici che, dovendo incontrare B, passeranno per uno stesso punto. Parimenti, ciascun piano per B segherà la superficie secondo r generatrici incrociate in uno stesso punto di A. Le generatrici che partono da uno stesso punto ξ di A incontrano K in r punti x, x',... situati in una retta X passante per b; così che i punti ξ di A corrispondono projettivamente alle rette X ovvero ai gruppi di punti x contenuti in queste rette. A ciascun punto ξ di A corrispondono r punti x di K, in linea retta con b; ma al punto a di A corrisponderanno r punti coincidenti nel punto stesso a (perchè il piano di K non contiene alcuna generatrice della superficie); cioè al punto $\xi=a$ corrisponde la retta $X=ba$. Alle tangenti degli s rami di K incrociati in b corrisponderanno i punti dove A è incontrata dalle generatrici uscenti da b.

Viceversa, avendosi una curva piana K d'ordine n dotata di un punto $(r)^{plo}$ a e di un punto $(s)^{plo}$ b (dove $r+s=n$), ed una retta A appoggiata a K in a, i punti ξ della quale corrispondano projettivamente alle rette X situate nel piano di K e concorrenti in b; e supposto che al punto $\xi=a$ corrisponda la retta $X=ba$; quale sarà il luogo delle rette ξx che congiungono i punti di A con quelli dove K è segata dalle corrispondenti rette X? Una retta arbitraria T si assuma come asse di un fascio di piani passanti pei diversi punti ξ di A; questo fascio ed il fascio delle corrispondenti rette X, essendo projettivi, genereranno coll'intersecarsi de' raggi corrispondenti una conica, che passerà per a e per b, epperò incontrerà K in altri $2n-r-s=n$ punti x. Congiungendo x col punto ξ di A che corrisponde al raggio $X=bx$, si ha una retta situata nel piano Tξ; dunque la superficie cercata è del grado n. Ogni piano per A sega K in a ed in altri s punti x ai quali corrispondono ordinatamente il punto a ed altri s punti ξ di A; le due serie di punti sono projettive e due punti corrispondenti coincidono; dunque le rette ξx concorreranno in un punto fisso y del piano. Quando il piano passa per ab, il punto y cade in b; dunque la superficie ha (oltre ad A) un'altra direttrice rettilinea, multipla secondo s, che passa pel punto b.

Supponiamo ora che la retta B si avvicini infinitamente ad A, epperò il punto b al punto a. Supposto r non minore di s, fra gli r rami di K incrociati in a ve ne saranno s passanti anche per b, e conseguentemente toccati dalla retta ab *). In questo caso i punti ξ di A corrispondono projettivamente alle rette X tracciate per a nel piano di K; il punto a corrisponde alla retta ab; e la superficie è ancora il luogo delle rette che dai punti ξ vanno ai punti x ove K è incontrata dalle corrispondenti rette X. Ciascun piano per A contiene s generatrici concorrenti in uno stesso punto della direttrice A, che è una linea $(r)^{pla}$ per la superficie; donde segue che per un punto qualunque di A vi sono $r-s$ generatrici coincidenti in A, e per ciascuno degli $r-s$ punti di A che corrispondono alle tangenti dei rami di K non toccati da ab, $r-s+1$ generatrici coincidono in A.

Viceversa, data una curva piana K d'ordine $n=r+s$, dotata di un punto $r(+s)^{plo}$ a, e data una retta A i cui punti ξ formino una punteggiata projettiva al fascio delle rette X condotte per a nel piano di K, in modo che al punto $\xi=a$ corrisponda la retta ab che in a tocca s rami di K (ed ha ivi $r+s$ punti coincidenti comuni colla curva); il luogo delle rette ξx che uniscono i punti di A ai punti ove K è incontrata dai corrispondenti raggi X sarà una superficie del grado n. In fatti, assunta una trasversale arbitraria T, si otterrà, come nel caso generale, una conica che, passando per a e toccando ivi ab, incontrerà K solamente in altri n punti x **).

In entrambi i casi (siano cioè le direttrici A, B distinte o coincidenti) la superficie gobba è del genere $\frac{(n-1)(n-2)}{2}-\frac{r(r-1)}{2}-\frac{s(s-1)}{2}=(r-1)(s-1)$. Ma questo numero si potrà abbassare quando la curva K abbia altri punti multipli, epperò la superficie abbia generatrici multiple.

Facendo $n=3$ (epperò $r=2$, $s=1$), si ha il più semplice esempio delle superficie qui considerate. La superficie gobba di terzo grado ha in generale due direttrici rettilinee, una delle quali è una retta doppia; ma le due direttrici possono anche coincidere in una retta unica ***).

*) Si ha così un punto multiplo a pel quale passano r rami della curva, ma che equivale ad $\frac{r(r-1)}{2}+\frac{s(s-1)}{2}$ punti doppi, perchè nasce dall'avvicinamento di un punto $(r)^{plo}$, e di un punto $(s)^{plo}$; il sig. CAYLEY lo chiama *punto* $r(+s)^{plo}$, per distinguerlo da un punto $(r+s)^{plo}$.

**) CAYLEY, *Second memoir on skew surfaces, otherwise scrolls* (Phil. Trans. 1864, p. 559).

***) *Sulle superficie gobbe del terz'ordine* (Atti del R. Istituto Lomb. Milano 1861) — *Sur les surfaces gauches du troisième degré* (G. di Crelle t. 60; 1861). [Queste Opere, n. **27** (t. 1.°), e n. **39**] [108]. Cfr. Philosophical Transactions [t. 153] 1863; p. 241 [109].

Quando una superficie non gobba d'ordine n contiene una retta R, un piano condotto ad arbitrio per R è generalmente tangente in $n-1$ punti diversi, i quali sono gli incontri di R

PARTE SECONDA

Superficie polari relative ad una superficie d'ordine qualunque.

61. [110] Sia data una superficie (fondamentale) qualsivoglia F_n d'ordine n, e sia o un punto fissato ad arbitrio nello spazio. Se intorno ad o si fa girare una trasversale che in una posizione qualunque incontri F_n in n punti $a_1 a_2 \ldots a_n$, il luogo de' centri armonici di grado r del sistema $a_1 a_2 \ldots a_n$ rispetto al polo o sarà una superficie d'ordine r, perchè essa ha r punti sopra ogni trasversale condotta per o. Tale superficie si dirà *polare* $(n-r)^{ma}$ del punto o rispetto alla superficie fondamentale F_n *).

Ovvero: se intorno ad o si fa girare un piano trasversale che in una posizione

colla curva che con R forma la completa intersezione della superficie col piano. Variando il piano intorno ad R, gli $n-1$ punti di contatto generano un'involuzione di grado $n-1$, i cui punti doppi sono evidentemente punti parabolici della superficie (perchè in ciascuno di essi il piano tangente tocca la superficie in due punti consecutivi). Se due superficie non gobbe d'ordini n, n', hanno una retta R comune, avremo in questa due involuzioni projettive, assunti come corrispondenti i punti in cui le due superficie sono toccate da uno stesso piano. Le due involuzioni hanno (*Introd.* 24 b.) $n+n'-2$ punti comuni, cioè le due superficie si toccano in $n+n'-2$ punti di R, epperò si intersecano secondo una linea che incontra R in questi $n+n'-2$ punti. Applicando questo risultato ad una superficie (non gobba) d'ordine n che passi per n generatrici del medesimo sistema di un iperboloide, troviamo che la rimanente intersezione di queste due superficie sarà una linea d'ordine n appoggiata in n punti a ciascuna di quelle n generatrici. Dunque la superficie data sega inoltre l'iperboloide secondo n generatrici dell'altro sistema: teorema dovuto al sig. MOUTARD (cfr. PONCELET, *Propriétés projectives*. Annot. de la 2. éd. (Paris 1865, p. 418). Reciprocamente, lo stesso teorema sussiste per una superficie (non gobba) di classe n.

*) GRASSMANN, *Theorie der Centralen* (G. di Crelle t. 24; 1842) p. 272. — *Introd.* 68.

qualunque seghi F_n secondo una curva C_n d'ordine n, la polare $(n-r)^{ma}$ di o rispetto a C_n sarà un'altra curva d'ordine r, ed il luogo di questa curva sarà una superficie d'ordine r: la polare $(n-r)^{ma}$ di o rispetto ad F_n *).

Per tal modo dal punto o si desumono $n-1$ superficie polari relative alla superficie data. La prima polare è una superficie d'ordine $n-1$; la seconda polare è d'ordine $n-2$; ... ; la penultima polare è una superficie di second'ordine (quadrica polare); e l'ultima od $(n-1)^{ma}$ polare è un piano (piano polare).

62. Dal noto teorema **) " se m è un centro armonico di grado r del sistema $a_1 a_2 \ldots a_n$ rispetto al polo o, viceversa o è un centro armonico di grado $n-r$ dello stesso sistema $a_1 a_2 \ldots a_n$ rispetto al polo m " segue:

Se m è un punto della superficie $(n-r)^{ma}$ polare di o, viceversa o è situato nella superficie r^{ma} polare di m.

Ossia:

Il luogo di un polo la cui polare r^{ma} passi per un dato punto o è la polare $(n-r)^{ma}$ di o.

Per esempio: la prima polare di o è il luogo di un punto il cui piano polare passi per o; la seconda polare di o è il luogo di un punto la cui quadrica polare passi per o; ecc. E viceversa il piano polare di o è il luogo di un punto la cui prima polare passi per o; la quadrica polare di o è il luogo di un punto la cui seconda polare passi per o; ecc.

63. Dal teorema ***) " se $m_1 m_2 \ldots m_r$ sono i centri armonici di grado r del sistema $a_1 a_2 \ldots a_n$ rispetto al polo o, i due sistemi $a_1 a_2 \ldots a_n$ ed $m_1 m_2 \ldots m_r$ hanno, rispetto al detto polo, gli stessi centri armonici di grado s, ove $s<r$ " segue:

Un polo qualunque ha la stessa polare rispetto alla superficie data e rispetto ad ogni superficie polare d'ordine più alto, dello stesso polo, considerata come superficie fondamentale.

O in altre parole: *per un dato polo, la polare s^{ma} relativa alla polare s'^{ma} coincide colla polare $(s-s')^{ma}$ relativa alla superficie fondamentale.*

P. e. il piano polare di o rispetto ad F_n coincide col piano polare relativo alla $(n-2)^{ma}$, $(n-3)^{ma}$, $(n-4)^{ma}$, ... polare dello stesso polo; ... ; la seconda polare di o rispetto ad F_n è la prima polare di o rispetto alla prima polare del medesimo punto; ecc.

64. Se il polo o è situato nella superficie fondamentale, talchè esso tenga le veci di uno degli n punti d'intersezione $a_1 a_2 \ldots a_n$ (61), il centro armonico di primo grado

*) Se F_n è un cono ed il polo è un punto diverso dal vertice, facendo passare un piano trasversale pel polo e pel vertice, è evidente che qualunque superficie polare sarà un cono collo stesso vertice del cono dato (4).

**) *Introd.* 12.

***) *Introd.* 13.

si confonderà con o. Ma se la trasversale è tangente ad F_n in o, due de' punti $a_1 a_2 \ldots a_n$ sono riuniti in o; onde, riuscendo indeterminato il centro armonico di primo grado, può assumersi come tale ciascun punto della trasversale *). Ora il luogo delle rette tangenti ad F_n in o è un piano (quando o non sia un punto multiplo), dunque:

Il piano polare di un punto della superficie fondamentale è il piano tangente alla superficie in quel punto.

65. Se il polo non è situato in F_n, ma la trasversale sia tangente a questa superficie, due de' punti $a_1 a_2 \ldots a_n$ coincideranno nel punto di contatto, epperò questo sarà uno dei centri armonici di grado $n-1$ **), ossia un punto della prima polare. Dunque:

La prima polare di un punto qualunque o sega la superficie fondamentale nella curva di contatto fra questa ed il cono circoscritto di vertice o.

La prima polare è una superficie d'ordine $n-1$, dunque segherà F_n lungo una curva d'ordine $n(n-1)$. Questo numero esprime pertanto anche l'ordine del cono circoscritto ***).

66. La classe di F_n è il numero de' piani tangenti che si possono condurre a questa superficie per una retta qualunque oo', ossia il numero de' piani che passano per o' e toccano il cono circoscritto di vertice o. In altre parole, la classe di F_n è la classe di un suo cono circoscritto avente il vertice in un punto arbitrario dello spazio.

I punti di contatto dei piani tangenti che passano pei punti o, o' saranno situati nelle prime polari d'entrambi questi poli. Ora queste prime polari ed F_n, essendo tre superficie d'ordini $n-1, n-1, n$, hanno $n(n-1)^2$ punti comuni; dunque †):

Una superficie d'ordine n è in generale della classe $n(n-1)^2$.

67. Se una retta condotta pel polo o oscula in m la superficie fondamentale, la stessa retta sarà tangente in m alla prima polare di o, onde anche la seconda polare di questo punto passa per m ††). Viceversa, è evidente che, se m è un punto comune ad F_n ed alle polari prima e seconda di o, la retta om osculerà F_n in m. Dunque le rette che da o si possono condurre ad osculare F_n sono tante quanti i punti comuni ad F_n ed alle polari prima e seconda di o, ossia $n(n-1)(n-2)$. Queste rette sono manifestamente generatrici stazionarie del cono circoscritto.

Sapendosi ora che il cono circoscritto è dell'ordine $n(n-1)$, della classe $n(n-1)^2$ ed

---

*) *Introd.* 17, 70.

**) *Introd.* 16.

***) MONGE, *App. de l'analyse à la géom.* § 3. Cfr. Corresp. sur l'éc. polyt. t. 1 (1806), p. 108.

†) PONCELET, *Mém. sur la théorie générale des polaires réciproques* (G. Crelle t. 4, p. 30)

††) *Introd.* 80.

ha $n(n-1)(n-2)$ generatrici cuspidali, in virtù delle note formule di PLÜCKER (3) possiamo conchiudere che il medesimo cono avrà $\frac{1}{2}n(n-1)(n-2)(n-3)$ generatrici doppie, $\frac{1}{2}n(n-1)(n-2)(n^3-n^2+n-12)$ piani bitangenti, e $4n(n-1)(n-2)$ piani tangenti stazionari. Dunque:

Per un punto qualunque o si possono condurre alla superficie F_n $n(n-1)(n-2)$ *rette osculatrici*, $\frac{1}{2}n(n-1)(n-2)(n-3)$ *rette bitangenti* (tangenti in due punti distinti), $\frac{1}{2}n(n-1)(n-2)(n^3-n^2+n-12)$ *piani bitangenti* (tangenti in due punti distinti), e $4n(n-1)(n-2)$ *piani tangenti stazionari* (tangenti in due punti infinitamente vicini).

68. I punti parabolici formano su F_n una certa curva (*curva parabolica*) che sarà incontrata dalla prima polare del punto o ne' punti ove F_n è toccata dai piani stazionari che passano per o. Dal numero di questi piani consegue che la curva parabolica è incontrata dalla prima polare di o in $4n(n-1)(n-2)$ punti; dunque:

La curva parabolica è dell'ordine $4n(n-2)$.

Così, dal numero dei piani bitangenti che passano per o si conclude che

La curva luogo dei punti di contatto fra F_n ed i suoi piani bitangenti è dell'ordine $n(n-2)(n^3-n^2+n-12)$.

Dagli stessi numeri sopra considerati si deduce inoltre che:

I piani tangenti stazionari di F_n inviluppano una sviluppabile della classe $4n(n-1)(n-2)$; *ed i piani bitangenti inviluppano un'altra sviluppabile della classe* $\frac{1}{2}n(n-1)(n-2)(n^3-n^2+n-12)$.

69. Se il polo o è preso nella superficie fondamentale F_n, qualunque sia la trasversale condotta per o, una delle intersezioni $a_1 a_2 \dots a_n$ coincide con o, e per conseguenza o sarà un centro armonico, di ciascun grado, del sistema $a_1 a_2 \dots a_n$ rispetto al polo o. Dunque tutte le polari di o passano per questo punto.

Se la trasversale condotta per o è ivi tangente ad F_n, due dei punti $a_1 a_2 \dots a_n$ coincidono in o, epperò questo punto farà le veci di due centri armonici di qualunque grado *); ossia ogni retta tangente in o a F_n è tangente nello stesso punto a tutte le polari di o.

Inoltre, se la trasversale condotta per o è una delle due rette che ivi osculano F_n, tre centri armonici di ogni grado cadranno in o. Dunque:

Se il polo è nella superficie fondamentale, questa e tutte le superficie polari hanno

*) *Introd.* 17.

ivi lo stesso piano tangente e le stesse rette osculatrici *).

Donde segue che le due rette osculatrici a F_n in o sono le generatrici, incrociate in questo punto, della quadrica polare di o. Se o è un punto parabolico, le due rette osculatrici coincidono, epperò:

La quadrica polare di un punto parabolico è un cono tangente al relativo piano stazionario, e la generatrice di contatto è la retta che in quel punto oscula la superficie fondamentale.

Si vede inoltre che un punto parabolico della superficie fondamentale ha la proprietà d'essere parabolico anche per tutte le polari del punto medesimo.

70. Se, sopra una trasversale, il polo o coincide con uno de' punti $a_1 a_2 \dots a_n$, p. e. con a_1, i centri armonici di grado $n-1$ del sistema (rispetto al polo anzidetto) sono il punto a_1 ed i centri armonici { di grado $n-2$ } del sistema minore $a_2 \dots a_n$, rispetto al polo medesimo **). Donde segue che, se il polo o è nella superficie fondamentale, la prima polare è il luogo dei centri armonici di grado $n-2$ del sistema di $n-1$ punti in cui F_n è segata (oltre ad o) da una trasversale qualunque condotta per o, ed analogamente la polare r^{ma} di o è il luogo dei centri armonici, di grado $n-r-1$, del sistema di $n-1$ punti anzidetto.

Le rette che da o si possono condurre a toccare F_n altrove, formano un cono dell'ordine $n(n-1)-2$; in fatti un piano condotto arbitrariamente per o, sega F_n secondo una curva (d'ordine n) alla quale si possono condurre da o ***) appunto $n(n-1)-2$ tangenti (oltre alla retta tangente in o). Ciò torna a dire che il cono circoscritto il quale è in generale dell'ordine $n(n-1)$, se il vertice o cade nella superficie fondamentale, si decompone nel piano tangente ad F_n in o (contato due volte) ed in un cono effettivo d'ordine $n(n-1)-2$. Questo cono è l'inviluppo dei piani che toccano F_n ne' punti comuni a questa superficie ed alla prima polare di o. Ma queste due superficie si toccano in o ed hanno ivi le stesse rette osculatrici; dunque la curva d'intersezione di F_n colla prima polare di o, ossia la curva di contatto fra F_n ed il cono circoscritto di vertice o, ha due rami incrociati in o, toccati ivi dalle due rette che nel punto stesso osculano F_n.

Ne segue che il piano tangente ad F_n in o è tangente al cono circoscritto lungo le due rette osculatrici, come si è già trovato altrimenti (33). Il piano ed il cono

---

*) In virtù dello stesso teorema sui centri armonici (*Introd.* 17), se una retta ha colla superficie fondamentale un contatto m^{punto}, essa avrà lo stesso contatto e nel medesimo punto con qualunque polare del punto di contatto.

**) *Introd.* 17.

***) *Introd.* 71.

avranno inoltre $n(n-1)-2-2.2=(n-3)(n+2)$ rette comuni; dunque *fra le rette tangenti ad* F_n *in* o *ve ne sono* $(n-3)(n+2)$ *che toccano* F_n *anche altrove.*

Se tre superficie si toccano in un punto ed hanno ivi le stesse rette osculatrici, quel punto equivale a sei intersezioni riunite *), dunque la superficie fondamentale e le polari prima e seconda di o avranno, oltre a questo punto, $n(n-1)(n-2)-6$ intersezioni comuni; vale a dire *per* o *passano* $(n-3)(n^2+2)$ *rette che osculano* F_n *altrove.*

Il cono circoscritto di vertice o, essendo dell'ordine $(n+1)(n-2)$ e della classe $n(n-1)^2$, ed avendo $(n-3)(n^2+2)$ generatrici cuspidali, avrà, per le formole di Plücker (3),

$\frac{1}{2}(n-3)(n-4)(n^2+n+2)$ generatrici doppie,

$4n(n-1)(n-2)$ piani tangenti stazionari, ed

$\frac{1}{2}n(n-1)(n-2)(n^3-n^2+n-12)$ piani bitangenti (oltre al piano che tocca F_n in o).

Questi numeri fanno conoscere quante rette si possono condurre per o *a toccare altrove* F_n *in due punti distinti; quanti piani stazionari e quanti piani bitangenti passano per* o.

71. Se F_n ha un punto $(s)^{plo}$ δ, e si prende questo come polo, una trasversale condotta arbitrariamente per δ sega ivi la superficie in s punti riuniti; s centri armonici di qualunque grado cadono in δ, epperò questo punto sarà multiplo secondo s per ciascuna polare del punto medesimo **). Donde segue (18) che *la polare* $(n-s)^{ma}$ *di* δ *sarà un cono d'ordine* s *col vertice in* δ, *e che le polari d'ordine inferiore dello stesso punto riescono indeterminate.*

Tirando per δ una trasversale che abbia ivi un contatto $(s+1)^{punto}$ con F_n, i centri armonici di grado s sono indeterminati, cioè la trasversale giace per intero nella polare $(n-s)^{ma}$. E se la trasversale ha in δ un contatto $(s+2)^{punto}$ con F_n, saranno indeterminati sì i centri armonici di grado s che quelli di grado $s+1$, epperò la trasversale sarà situata in entrambe le polari $(n-s)^{ma}$ ed $(n-s-1)^{ma}$ del punto δ.

Di quest'ultima specie di trasversali il numero è $s(s+1)$, ossia le due polari anzidette si segano secondo $s(s+1)$ rette. In fatti, se p è un punto comune alle due polari e diverso da δ, la retta δp giacerà non solamente nella polare $(n-s)^{ma}$ perchè questa è un cono di vertice δ, ma eziandio nella polare $(n-s-1)^{ma}$ perchè avrà con essa $s+2$ punti comuni ***). Dunque:

---

*) Ciò si fa evidente sostituendo ad una delle tre superficie il piano tangente.

**) *Introd.* 17, 72.

***) De' quali $s+1$ riuniti in δ, perchè ogni generatrice del cono, avendo in δ un contatto $(s+1)^{punto}$ con F_n, ha un eguale contatto con ciascuna polare di δ (69).

Allorquando una superficie (fondamentale d'ordine n) ha un punto multiplo secondo il numero s, il luogo delle rette che hanno ivi con quella un contatto $(s+1)^{\text{punto}}$ è il cono d'ordine s, polare $(n-s)^{\text{ma}}$ di quel punto. Vi sono poi $s(s+1)$ rette che hanno ivi colla superficie $s+2$ punti coincidenti comuni; esse formano l'intersezione dell'anzidetto cono colla polare $(n-s-1)^{\text{ma}}$ del punto.

Viceversa, se la polare $(n-s)^{\text{ma}}$ di un punto δ è un cono di vertice δ (e d'ordine s) il punto δ sarà multiplo secondo s per la superficie fondamentale. In fatti, tirata per δ una trasversale arbitraria, si avrebbero i centri armonici di grado s tutti riuniti in δ, il che non può accadere se non quando nel polo coincidono s punti del sistema $a_1 a_2 \ldots a_n$ *).

Se la polare $(n-s+1)^{\text{ma}}$ (e per conseguenza anche ogni altra polare d'ordine minore) di un polo δ è indeterminata, la polare $(n-s)^{\text{ma}}$ sarà un cono di vertice δ. Perchè, tirata una trasversale per δ, ciascun punto di questa sarebbe un centro armonico di grado $s-1$; il che non può accadere se in δ non sono riuniti tutt'i centri armonici di grado s.

72. Se dei punti $a_1 a_2 \ldots a_n$ ve ne sono s riuniti nel polo δ, e se i rimanenti si designano con $a_1 a_2 \ldots a_{n-s}$, è noto **) che i centri armonici di grado $r-s$ (dove $r>s$) del sistema $a_1 a_2 \ldots a_{n-s}$, rispetto al polo δ, insieme col punto δ preso s volte, costituiscono i centri armonici di grado r del sistema completo $a_1 a_2 \ldots a_n$, rispetto al medesimo polo. Dunque *la polare $(n-r)^{\text{ma}}$ del punto $(s)^{\text{plo}}$ δ è il luogo dei centri armonici di grado $r-s$ del sistema di $n-s$ punti ne' quali F_n è incontrata da una trasversale qualunque condotta per δ.*

73. Se δ è un punto multiplo di F_n, ed o un polo qualsivoglia, condotta la trasversale $o\delta$, vi saranno almeno due de' punti $a_1 a_2 \ldots a_n$ riuniti in δ, epperò ***) δ farà le veci di almeno un centro armonico di grado $n-1$. Cioè la *prima polare di un polo qualsivoglia passa pei punti multipli e conseguentemente anche per le linee multiple della superficie fondamentale.*

Segue da ciò che, se F_n fosse il complesso di due o più superficie, la prima polare di un polo qualunque passerebbe per le curve lungo le quali si segano a due a due le superficie componenti.

Supponiamo, come caso particolare, che F_n sia composta di un cono d'ordine s e di una superficie F_{n-s}, e che il polo sia il vertice o del cono. Allora ciascuna generatrice di questo, considerata come trasversale, conterrà infiniti punti $a_1 a_2 \ldots a_n$, epperò

*) *Introd.* 17.

**) *Introd.* 17.

***) *Introd.* 16.

anche infiniti centri armonici di qualunque grado. Dunque la polare $(n-r)^{ma}$ del punto o sarà composta (72) del cono anzidetto e della polare $(n-r)^{ma}$ di o relativa ad F_{n-s}, presa come superficie fondamentale. Se $s=1$, il cono diviene un piano, ed il teorema sussiste per qualunque punto o di questo piano.

74. *Le polari (di uno stesso ordine $n-r$) di un polo fisso o rispetto alle superficie d'un fascio d'ordine n, prese come superficie fondamentali, formano un altro fascio, projettivo al dato.* In fatti una retta trasversale condotta ad arbitrio per o sega le superficie fondamentali in gruppi di n punti in involuzione (41); ed i centri armonici (di grado r) di questi gruppi rispetto al polo o formano una nuova involuzione projettiva alla prima *). Ma i centri armonici sono le intersezioni della trasversale colle superficie polari; dunque per un punto qualunque dello spazio non passa che una sola superficie polare, ossia le superficie polari formano un fascio, ecc.

Questo teorema può facilmente essere generalizzato. A tale uopo introduciamo il concetto di *sistema lineare di dimensione* [111] *m e di grado n di punti sopra una retta data*, chiamando con questo nome la serie (m volte infinita) dei gruppi di n punti che sodisfanno ad $n-m$ condizioni comuni, tali che, presi ad arbitrio m punti nella retta, con essi si possa formare un solo gruppo della serie (42). Per $m=1$ si ha l'involuzione di grado n.

Due sistemi lineari di punti della stessa dimensione (in una medesima retta o in due rette differenti) si diranno *projettivi* quando i gruppi dell'uno corrispondano, ciascuno a ciascuno, ai gruppi dell'altro in modo che ai gruppi del primo sistema formanti un sistema minore di dimensione $m-m'$ corrispondano gruppi del secondo sistema formanti un sistema minore della stessa dimensione $m-m'$ (44).

Da questa definizione **) segue immediatamente che i *centri armonici di grado r dei gruppi di un dato sistema lineare di punti (di dimensione m e di grado n), rispetto ad un polo arbitrario (preso nella retta data), formano un nuovo sistema lineare (di dimensione m* [112] *e di grado r) projettivo al dato.*

È inoltre evidente che i punti nei quali le superficie d'ordine n d'un sistema lineare di dimensione m (42) *segano una trasversale qualunque costituiscono un sistema lineare (di dimensione m* [113] *e grado n)*; e che viceversa, se le superficie (dello stesso ordine) di una serie m volte infinita sono incontrate da una retta arbitraria in gruppi di punti di un sistema lineare, anch'esse formeranno un sistema lineare.

---

*) *Introd.* 23.

**) È superfluo dire che definizioni analoghe si possono dare pei sistemi lineari di curve tracciate in un piano.

Sia ora dato un sistema lineare di dimensione m di superficie d'ordine n; e sia o un polo fissato ad arbitrio nello spazio. Condotta per o una trasversale qualsivoglia, essa segherà le superficie in punti formanti un sistema lineare, ed i centri armonici di grado r dei gruppi di questo sistema, rispetto al polo o, costituiranno un altro sistema lineare projettivo [114] al primo. Dunque *):

Le polari (di uno stesso ordine) di un polo fisso rispetto alle superficie di un sistema lineare formano anch'esse un sistema lineare, che è projettivo al dato [115].

75. In un sistema lineare di dimensione m di superficie d'ordine n quante sono quelle che hanno un contatto $(m+1)^{punto}$ con una retta data? Una qualsivoglia delle superficie segherà la retta in n punti, $m+1$ de' quali denoto con $x_1 x_2 \ldots x_{m+1}$. Questi $m+1$ punti sono tali che, presi ad arbitrio m fra essi, il rimanente ha $n-m$ posizioni possibili, donde segue che vi saranno nella retta $(m+1)(n-m)$ coincidenze dei punti $x_1 x_2 \ldots x_{m+1}$ **); ossia $(m+1)(n-m)$ è il numero delle superficie del sistema che hanno la proprietà dichiarata.

76. Supponiamo che si abbia una superficie φ_n d'ordine n, un cono K_n d'ordine n e di vertice o, e che per la curva d'ordine n^2 intersezione dei luoghi φ_n, K_n, si faccia passare un'altra superficie φ'_n dello stesso ordine n. Ciascuna generatrice del cono K_n incontra le due superficie φ_n, φ'_n negli stessi n punti, epperò gli r centri armonici, di grado r, del sistema di questi n punti rispetto al polo o, appartengono alle polari $(n-r)^{me}$ di o rispetto ad entrambe le superficie φ_n, φ'_n. Ogni piano condotto per o contiene n generatrici del cono K_n, epperò nr di quei centri armonici; dunque le due polari anzidette hanno in comune una curva d'ordine nr. Ma due superficie distinte d'ordine r non possono avere in comune una curva il cui ordine superi r^2; quindi, essendo $n>r$, si può conchiudere che le polari $(n-r)^{me}$ di o rispetto a φ_n e φ'_n sono una sola e medesima superficie. Ossia:

Quando in un fascio di superficie d'ordine n vi è un cono, il vertice di questo cono ha la stessa polare (di qualunque ordine) rispetto a tutte le superficie del fascio [116].

77. Ritorniamo alla superficie fondamentale F_n, e siano o, o' due punti qualisivogliano dati. Indichiamo con P_o, $P_{o'}$ le prime polari di questi punti rispetto ad F_n; con $P_{oo'}$ la prima polare di o rispetto a $P_{o'}$ risguardata come superficie fondamentale; e

---

*) Cfr. BOBILLIER, *Recherches sur les lois générales qui régissent les lignes et les surfaces algébriques* (Ann. Gerg. t. 18; 1827-28).

**) In fatti, riferiti i punti x ad un punto fisso o della retta data, avrà luogo fra i segmenti ox un'equazione di grado $n-m$ rispetto a ciascuno di essi, considerati gli altri come dati, cioè un'equazione il cui termine a dimensioni più alte conterrà il prodotto delle potenze $(n-m)^{me}$ dei segmenti $ox_1, ox_2, \ldots ox_{m+1}$. Dunque, se i punti x coincidono, questo prodotto diverrà la potenza $(m+1)(n-m)$ di ox.

similmente con $P_{o'o}$ la prima polare di o' rispetto a P_o. Ci proponiamo di dimostrare che $P_{oo'}$ e $P_{o'o}$ non sono che una sola e medesima superficie.

Si conduca per o' un piano arbitrario E, e sia K_n il cono d'ordine n avente per vertice il punto o e per direttrice la curva EF_n (intersezione del piano E colla superficie F_n). Le superficie K_n, F_n avranno in comune un'altra curva d'ordine $n(n-1)$ situata in una superficie F_{n-1} d'ordine $n-1$. Siccome F_n appartiene, insieme con K_n e col sistema (EF_{n-1}), ad uno stesso fascio, così (74) la polare $P_{o'}$ apparterrà al fascio determinato dal cono K_{n-1}, prima polare di o' rispetto a K_n, e dal sistema (EF_{n-2}), ove F_{n-2} è la prima polare di o' rispetto ad F_{n-1}: la qual superficie F_{n-2} insieme col piano E costituisce la prima polare di o' rispetto alla superficie composta (EF_{n-1}) (73). Siccome poi nell'ultimo fascio menzionato v'è il cono K_{n-1} di vertice o, così (76) la superficie $P_{oo'}$ coinciderà colla prima polare di o rispetto al luogo composto (EF_{n-2}), epperò passerà per la curva d'ordine $n-2$ intersezione di F_{n-2} col piano E (73).

Analogamente, poichè F_n passa per la curva d'intersezione de' luoghi K_n ed (EF_{n-1}), la superficie P_o coinciderà colla prima polare di o rispetto ad (EF_{n-1}), epperò passerà per la curva d'intersezione di F_{n-1} col piano E. La superficie $P_{o'o}$ passerà adunque per la curva d'ordine $n-2$, prima polare di o' rispetto alla curva EF_{n-1} anzidetta; ossia $P_{o'o}$ passerà per l'intersezione di F_{n-2} col piano E.

Ciò torna a dire che le superficie $P_{oo'}$ e $P_{o'o}$ hanno una curva comune d'ordine $n-2$ situata in un piano condotto arbitrariamente per o'; dunque esse non sono che una sola e medesima superficie d'ordine $n-2$.

Abbiansi ora nello spazio $\mu+1$ punti qualisivogliano $o, o', o'', \dots o^{(\mu)}$, e si indichi con $P_{oo'o''}$ la prima polare di o rispetto a $P_{o'o''}$, con $P_{oo'o''o'''}$ la prima polare di o rispetto a $P_{o'o''o'''}$, ecc. Il teorema ora dimostrato, ripetuto successivamente, mostra che la polare $P_{oo'o''\dots o^{(\mu)}}$ rimane la medesima superficie, in qualunque ordine siano presi i poli $o, o', o'', \dots o^{(\mu)}$. Se poi si suppone che r di questi punti coincidano in un solo o, e che gli altri $\mu+1-r=r'$ si riuniscano insieme in o', avremo il teorema generale *):

Data la superficie fondamentale F_n, la polare $(r)^{ma}$ di un punto o rispetto alla polare $(r')^{ma}$ di un altro punto o' coincide colla polare $(r')^{ma}$ di o' rispetto alla polare $(r)^{ma}$ di o.

Tali polari si diranno *polari miste* **).

78. Suppongasi che la polare $(r')^{ma}$ di o' rispetto alla polare $(r)^{ma}$ di o passi per un punto m, ossia (77) che la polare $(r)^{ma}$ di o rispetto alla polare $(r')^{ma}$ di o' passi

*) PLÜCKER, *Ueber ein neues Coordinatensystem* (G. di Crelle, t. 5, 1830, p. 34.)

) *Sopra alcune questioni nella teoria delle curve piane* (Annali di Matematica, t. 6; Roma 1864), 7. [Queste Opere, n. **53]. Questa dimostrazione s'intenda sostituita a quella insufficiente data nell'*Introd.* 69 c.

per m. Allora, in virtù di una proprietà già osservata (62), la polare $((n-r')-r)^{ma}$ di m rispetto alla polare $(r')^{ma}$ di o' passerà per o, ossia (77) la polare $(r')^{ma}$ di o' rispetto alla polare $(n-r-r')^{ma}$ di m passerà per o. Dunque:

Se la polare $(r')^{ma}$ di o' rispetto alla polare $(r)^{ma}$ di o passa per m, la polare $(r')^{ma}$ di o' rispetto alla polare $(n-r-r')^{ma}$ di m passa per o.

79. Consideriamo di nuovo un punto d, multiplo secondo s per la superficie fondamentale, e sia o un polo qualunque. Condotta la trasversale od, vi sono s de' punti $a_1 a_2 \ldots a_n$ che coincidono in d, epperò questo punto terrà luogo di $s-r$ centri armonici di grado $n-r$; dunque la polare $(r)^{ma}$ di o passa per d (finchè r sia minore di s). La polare $((n-r)-(s-r))^{ma}$ di d rispetto alla polare $(r)^{ma}$ di o coincide (77) colla polare $(r)^{ma}$ di o rispetto alla polare $(n-s)^{ma}$ di d; ma (71) la polare $(n-s)^{ma}$ di d è un cono di vertice d (e d'ordine s); dunque la polare $((n-r)-(s-r))^{ma}$ di d rispetto alla polare $(r)^{ma}$ di o è un cono di vertice d (e d'ordine $s-r$). Ne segue (71) che:

Se un punto d è multiplo secondo s per la superficie fondamentale, esso è multiplo secondo $s-r$ per la polare $(r)^{ma}$ di qualsivoglia polo o; ed il cono tangente a questa polare in d è la polare $(r)^{ma}$ di o rispetto al cono che tocca la superficie fondamentale nello stesso punto d *).

Di qui si trae che le polari $(r)^{me}$ di tutt'i punti di una retta passante per d hanno in d lo stesso cono tangente (d'ordine $s-r$).

80. Le prime polari di due punti qualunque o, o', rispetto alla superficie fondamentale F_n, si segano secondo una curva gobba d'ordine $(n-1)^2$, ciascun punto della quale, giacendo in entrambe le prime polari, avrà il suo piano polare passante sì per o, che per o' (62). Dunque:

Il luogo dei punti i cui piani polari passano per una retta data (oo') è una curva gobba d'ordine $(n-1)^2$.

Siccome il piano polare di qualunque punto di questa curva passa per la retta oo', così la prima polare di qualunque punto della retta passerà per la curva; dunque:

Le prime polari dei punti di una retta formano un fascio.

La curva d'ordine $(n-1)^2$, base di questo fascio, si dirà *prima polare della retta data* **).

81. Le prime polari di tre punti o, o', o'' hanno $(n-1)^3$ punti comuni, ciascuno de' quali avrà il piano polare passante per o, o', o''; vale a dire che ciascuno di quegli $(n-1)^3$ punti sarà polo del piano $oo'o''$. Reciprocamente ogni punto di questo piano avrà la sua prima polare passante per ciascuno di quegli $(n-1)^3$ punti; dunque:

---

*) Per la teoria delle curve piane, sostituiscasi questa dimostrazione a quella insufficiente della *Introd.* 73. [117].

**) BOBILLIER, l. c.

Un piano qualunque ha $(n-1)^3$ *poli, i quali sono i punti comuni alle prime polari di tutti i punti del piano* *). Ossia:

Le prime polari dei punti di un piano formano una rete. In fatti, se cerchiamo nel piano dato un polo la cui prima polare passi per un punto m preso ad arbitrio nello spazio, il luogo del polo sarà la retta comune al piano dato ed al piano polare di m; epperò (80) fra le polari dei punti del piano dato quelle che passano per m formano un fascio.

82. Dalle cose precedenti segue:

1.° Che per tre punti passa una sola prima polare; il polo di essa è l'intersezione dei piani polari dei tre punti dati.

2.° Che le prime polari passanti per due punti fissi formano un fascio (ossia hanno in comune una curva d'ordine $(n-1)^2$ passante pei due punti dati), ed i loro poli sono nella retta intersezione dei piani polari dei due punti dati.

3.° Che le prime polari passanti per un punto fisso formano una rete (ossia hanno in comune $(n-1)^3$ punti, compreso il dato) ed i loro poli sono nel piano polare del punto dato.

4.° Che le prime polari di tutti i punti dello spazio formano un sistema lineare in senso stretto, cioè di dimensione 3 **). [118]

Quattro prime polari bastano per individuare tutte le altre, purchè esse non appartengano ad uno stesso fascio nè ad una stessa rete. In fatti date quattro prime polari P_1, P_2, P_3, P_4, i cui poli non siano nè in linea retta nè in uno stesso piano si domandi quella che passa per tre punti dati o, o', o''. Le coppie di superficie $P_1\,P_2$, $P_1\,P_3$, $P_1\,P_4$ individuano tre fasci; le superficie che passano per o ed appartengono rispettivamente a questi tre fasci individueranno una rete. Le superficie di questa rete che passano per o' formano un fascio, nel quale vi è una (una sola) superficie passante per o''. E questa è evidentemente la domandata.

83. In generale le superficie di un sistema lineare non hanno punti comuni a tutte. Ma se quattro prime polari, i cui poli non siano in uno stesso piano, passano per uno stesso punto, questo appartiene a tutte le prime polari ed è doppio per la superficie fondamentale; in fatti, il piano polare di quel punto potendo passare per un punto qualunque dello spazio (62) risulta indeterminato; ed inoltre la prima polare di quel punto dovendo passare pel punto stesso, ne segue che esso appartiene alla superficie fondamentale. Dunque ecc.

---

*) BOBILLIER, l. c.

**) D'ora in avanti, se non si faccia una dichiarazione contraria, i sistemi lineari s'intenderanno di dimensione 3.

In generale, se quattro prime polari (i cui poli non siano in uno stesso piano) hanno un punto $(s)^{plo}$ comune d, questo sarà multiplo secondo s per ogni altra prima polare, il che risulta evidente dal modo col quale questa polare si deduce dalle quattro date (82). La prima polare di d passerà per d, epperò questo punto apparterrà anche alla superficie fondamentale. Inoltre le polari prima, seconda,... $(s-1)^{ma}$ di qualunque punto dello spazio rispetto ad una qualunque delle prime polari anzidette passeranno (79) per d, o in altre parole, le polari seconda, terza,... s^{ma} di un punto qualunque dello spazio, rispetto ad F_n, passano per d; donde segue che le polari $(n-2)^{ma}$, $(n-3)^{ma}$,... $(n-s)^{ma}$ del punto d, potendo passare per ogni punto dello spazio, saranno indeterminate; e la polare $(n-s-1)^{ma}$ dello stesso punto d sarà un cono d'ordine $s+1$. Dunque (71) d è un punto multiplo secondo il numero $s+1$ per la superficie fondamentale.

Questo teorema si può esporre in un'altra maniera. Supponiamo che le polari $(s)^{me}$ di tutti i punti dello spazio abbiano un punto comune d; questo apparterrà anche alla polare $(s)^{ma}$ del punto stesso, e quindi alla superficie fondamentale. Il punto d poi avrà la sua polare $(n-s)^{ma}$ passante per un punto qualunque dello spazio, vale a dire indeterminata. Dunque la polare $(n-s-1)^{ma}$ di d sarà un cono avente il vertice in d, epperò d sarà un punto $(s+1)^{plo}$ per la superficie fondamentale.

84. Supponiamo ora che la polare $(r)^{ma}$ di un punto o abbia un punto o' multiplo secondo il numero s. Allora le polari $(r+1)^{ma}$, $(r+2)^{ma}$,... $(r+s-1)^{ma}$ di o passeranno tutte per o', e per conseguenza (62) le polari $(n-r)^{ma}$, $(n-r-1)^{ma}$,... $(n-r-s+1)^{ma}$ di o' passeranno per o. Inoltre (79) anche la polare t^{ma} (ove $t=1, 2, \ldots s-1$) di un punto qualunque m rispetto alla polare r^{ma} di o passerà $s-t$ volte per o', donde segue (78) che la polare t^{ma} di m rispetto alla polare $(n-r-t)^{ma}$ di o' passa per o. Quindi (83) il punto o è multiplo secondo il numero $t+1$ per la polare $(n-r-t)^{ma}$ di o'. Dando a t il suo massimo valore si ha pertanto il teorema:

Se la polare $(r)^{ma}$ di un punto o ha un punto $(s)^{plo}$ o', viceversa o è un punto $(s)^{plo}$ per la polare $(n-r-s+1)^{ma}$ di o'.

85. La polare $(r')^{ma}$ di un punto o', presa rispetto alla polare $(r)^{ma}$ di un altro punto o, abbia un punto o'' multiplo secondo il numero s, ossia la polare $(r)^{ma}$ di o rispetto alla polare $(r')^{ma}$ di o' abbia il punto $(s)^{plo}$ o''. Allora, applicando il teorema dimostrato precedentemente (84) alla polare $(r')^{ma}$ di o', risguardata come superficie fondamentale, troveremo che la polare $(n-r'-r-s+1)^{ma}$ di o'' rispetto alla polare $(r')^{ma}$ di o' ha un punto $(s)^{plo}$ in o; dunque:

Se la polare $(r')^{ma}$ di un punto o' rispetto alla polare $(r)^{ma}$ di un altro punto o ha un punto $(s)^{plo}$ o'', viceversa la polare $(n-r-r'-s+1)^{ma}$ di o'' rispetto alla polare $(r')^{ma}$ di o' avrà un punto $(s)^{plo}$ in o.

86. Si è veduto (69) che la quadrica polare di un punto parabolico o della superficie

fondamentale è un cono tangente al relativo piano stazionario, e che la generatrice di contatto è la retta osculatrice ad F_n in o. In questa retta sarà quindi situato il vertice o' del cono. Applicando ora a questi punti o, o', un teorema precedente (84), vediamo che, essendo o' un punto doppio per l'$(n-2)^{ma}$ polare di o, la prima polare di o' avrà un punto doppio in o; ossia:

Un punto parabolico o è doppio per una prima polare, il cui polo è situato nella retta che oscula in o la superficie fondamentale.

Se un punto o, appartenente alla superficie fondamentale, ha per quadrica polare un cono, esso sarà o un punto doppio o un punto parabolico per F_n. In fatti, se il cono polare ha il vertice in o, questo punto è doppio per la superficie fondamentale (71). Se poi il vertice è un altro punto o', siccome la quadrica polare di o deve toccare in questo punto la superficie fondamentale, bisogna che oo' sia l'unica retta osculatrice in o, cioè che o sia un punto parabolico.

Inviluppi di piani polari e luoghi di poli.

87. Proponiamoci di determinare l'inviluppo dei piani polari (relativi ad F_n) dei punti di una retta R. I piani polari passanti per un punto qualunque i hanno (62) i loro poli nella prima polare di i, la quale segherà R in $n-1$ punti; vale a dire, per i passano $n-1$ piani, ciascuno de' quali ha un polo in R. L'inviluppo cercato è dunque una sviluppabile della classe $n-1$: le daremo il nome di *polare* $(n-1)^{ma}$ *della retta* R.

Se la prima polare di i fosse tangente ad R, due degli $n-1$ piani passanti per i coinciderebbero, e questo punto apparterrebbe alla sviluppabile. Dunque l'inviluppo dei piani polari dei punti di R è ad un tempo il luogo dei poli delle prime polari tangenti ad R.

Se T è una retta arbitraria, le prime polari dei punti di T formano un fascio (80), nel quale è noto esservi $2(n-2)$ superficie tangenti ad una retta qualunque, p. e. ad R; dunque T contiene $2(n-2)$ punti del luogo, ossia: *la polare* $(n-1)^{ma}$ *di R è una sviluppabile d'ordine* $2(n-2)$.

Se m è un punto in R, le prime polari tangenti ad R in m avranno (82) i loro poli in una retta M, generatrice della sviluppabile che si considera. Analogamente, se m' è il punto di R successivo ad m, le prime polari tangenti ad R in m' avranno i loro poli nella retta M', generatrice successiva ad M. La prima polare che oscula R in m avrà dunque il suo polo nel punto comune alle rette M, M'; ossia la curva cuspidale della sviluppabile sarà il luogo dei poli delle prime polari osculatrici ad R.

In una rete di superficie d'ordine $n-1$, ve ne sono $3(n-3)$ che osculano una retta data (75). Ora, se le superficie della rete sono prime polari (relative ad F_n), i loro poli sono in un piano (82); un piano qualunque contiene per conseguenza $3(n-3)$ punti le cui prime polari osculano R; ossia *il luogo dei poli delle prime polari osculate da R è una curva gobba d'ordine* $3(n-3)$, che è lo spigolo di regresso della sviluppabile sopra menzionata.

Una sezione piana di questa sviluppabile, essendo dell'ordine $2(n-2)$, della classe $n-1$, e dotata di $3(n-3)$ cuspidi, avrà $2(n-3)(n-4)$ punti doppi; dunque: *il luogo dei poli delle prime polari tangenti ad R in due punti distinti è una curva gobba dell'ordine* $2(n-3)(n-4)$, che è la linea nodale della sviluppabile di cui si tratta.

Si dimostra nello stesso modo che *l'inviluppo dei piani polari dei punti di una curva qualsivoglia data, d'ordine* m, *è una sviluppabile della classe* $m(n-1)$, *la quale è anche il luogo dei punti le cui prime polari sono tangenti alla curva data.*

88. Consideriamo ora la polare $(n-1)^{ma}$ di una superficie data d'ordine m, ossia l'inviluppo dei piani polari dei punti di questa superficie. I piani passanti per una retta qualunque T hanno i loro poli (80) in una curva gobba d'ordine $(n-1)^2$, la quale incontrerà la superficie data in $m(n-1)^2$ punti, epperò l'inviluppo richiesto è una superficie della classe $m(n-1)^2$.

Se due degli $m(n-1)^2$ punti anzidetti coincidono, la retta T sarà tangente alla superficie di cui si tratta; epperò se a due rette T, T' passanti per uno stesso punto i corrispondano due curve tangenti in uno stesso punto i' alla superficie data, i' sarà un polo del piano TT', e questo piano sarà tangente in i alla superficie della classe $m(n-1)^2$. Ma in tal caso la prima polare del punto i, contenendo entrambe le due curve gobbe, è tangente in i' alla superficie data; dunque:

L'inviluppo dei piani polari dei punti di una superficie data è ad un tempo il luogo dei punti le cui prime polari sono tangenti alla superficie data medesima.

La polare $(n-1)^{ma}$ di un piano è una superficie dell'ordine $3(n-2)^2$, perchè in un fascio di superficie dell'ordine $n-1$ ve ne sono $3(n-2)^2$ che toccano un piano dato (41).

89. Quale è il luogo dei poli dei piani tangenti ad una data superficie di classe m? Per una retta arbitraria T passano m piani tangenti alla superficie data, i quali hanno tutti i loro poli nella curva gobba d'ordine $(n-1)^2$, prima polare di T (80). Questa curva ha $m(n-1)^3$ punti comuni col luogo cercato (tanti essendo i poli di m piani), epperò questo luogo è una superficie d'ordine $m(n-1)$.

Se T è una retta tangente alla superficie data, due di quegli m piani coincidono, e per conseguenza la curva gobba, prima polare di T, avrà $(n-1)^3$ punti di contatto col luogo di cui si tratta. E se due rette T, T' toccano in uno stesso punto i la superficie data, le curve gobbe corrispondenti a queste rette toccheranno il luogo negli stessi $(n-1)^3$ punti; e siccome le due curve sono situate insieme nella prima polare del punto i, così gli $(n-1)^3$ poli del piano TT' saranno altrettanti punti di contatto fra il luogo e la prima polare del punto i. Dunque:

Il luogo dei poli dei piani tangenti ad una superficie data è anche l'inviluppo delle prime polari dei punti della superficie data.

Ciascuna inviluppata ha coll'inviluppo $(n-1)^3$ punti di contatto, i quali sono i poli del piano tangente alla superficie data nel polo dell'inviluppata.

La prima polare del punto i segherà il luogo secondo una curva d'ordine $m(n-1)^2$, che è evidentemente il luogo dei poli dei piani che per i si possono condurre a toccare la superficie data, ossia dei piani tangenti al cono di vertice i, circoscritto alla superficie data.

Alla superficie d'ordine $m(n-1)$, qui considerata come luogo e come inviluppo, daremo il nome di *prima polare della superficie data.*

90. La superficie data sia ora sviluppabile e della classe m; e cerchiamo anche per essa il luogo dei poli dei suoi piani tangenti. Per un punto qualunque o si possono condurre m piani tangenti alla sviluppabile data; questi piani hanno i loro $m(n-1)^3$ poli nella prima polare di o e questi sono altrettanti punti del luogo. Il luogo richiesto è adunque una curva gobba dell'ordine $m(n-1)^2$. Se il punto o è nella sviluppabile, due degli m piani tangenti coincidono, epperò la prima polare di o toccherà il luogo in $(n-1)^3$ punti. Il luogo è per conseguenza anche l'inviluppo delle prime polari dei punti della superficie data, in questo senso che la curva trovata è toccata in $(n-1)^3$ punti dalla prima polare di un punto qualunque della sviluppabile data. La medesima curva sarà osculata in $(n-1)^3$ punti dalla prima polare di un punto qualunque dello spigolo di regresso della sviluppabile, e sarà toccata in $2(n-1)^3$ punti dalla prima polare di un punto qualunque della linea nodale della sviluppabile medesima. [119]

Fasci projettivi di superficie.

91. Dati due fasci projettivi, l'uno di superficie d'ordine n_1, l'altro di superficie d'ordine n_2, quale sarà il luogo della curva d'ordine n_1n_2, intersezione di due superficie corrispondenti? Se x è un punto qualunque di una retta T, per x passa una superficie del primo fascio; la corrispondente superficie del secondo fascio segherà T in n_2 punti x'. Viceversa, per un punto x' passa una superficie del secondo fascio, e la corrispondente superficie del primo fascio incontrerà T in n_1 punti x. Abbiamo dunque in T due serie di punti x, x' che hanno la corrispondenza (n_1, n_2); il numero de' punti uniti sarà n_1+n_2; cioè *il luogo cercato è una superficie d'ordine* n_1+n_2.

Ovvero: un piano qualunque sega le superficie date secondo curve formanti due fasci projettivi; ora il luogo dei punti comuni alle curve corrispondenti è *) una linea d'ordine n_1+n_2; dunque il luogo domandato è tagliato da un piano arbitrario secondo una curva d'ordine n_1+n_2.

Questa superficie passa per le curve d'ordini n_1^2, n_2^2, basi de' due fasci, perchè ciascun punto di una di queste curve è situato in tutte le superficie di un fascio, ed in una superficie dell'altro.

Se o è un punto della curva (n_1^2), S_2 la superficie del secondo fascio che passa per o, S_1 la corrispondente superficie del primo fascio, e P il piano che tocca S_1 in o; il piano P sega S_1 secondo una curva che ha un punto doppio in o, ed S_2 secondo una curva che passa per o; dunque **) o sarà un punto doppio anche per la curva (n_1+n_2), intersezione della superficie (n_1+n_2) col piano P. Vale a dire, questa superficie è toccata in o dal piano P.

92. Sopra una superficie Σ d'ordine n_1+n_2 suppongasi tracciata una curva C_1 d'ordine n_1^2, costituente la base di un fascio di superficie d'ordine n_1, e sia in primo luogo $n_1>n_2$. Siano S_1, S'_1 due superficie di questo fascio: siccome le superficie S_1, Σ hanno in comune la curva C_1 che è situata in una superficie S'_1 d'ordine n_1, esse si segheranno inoltre secondo una curva d'ordine n_1n_2 situata in una superficie S_2 d'ordine n_2 ***), la quale è unica perchè due superficie d'ordine n_2 non possono avere in comune una curva d'ordine $n_1n_2>n_2^2$. Parimente le superficie S'_1, Σ, passando insieme per la curva C_1 situata in una superficie S_1 d'ordine n_1, si segheranno secondo un'altra curva d'ordine n_1n_2 giacente in una determinata superficie S'_2 d'ordine n_2. I punti ove la curva C comune alle superficie S_2, S'_2 incontra le superficie S_1, S'_1 appartengono rispettivamente alle curve S_1S_2, $S'_1S'_2$, epperò sono tutti situati nella superficie Σ. Ma il loro numero $2n_1n_2^2$ supera quello ($(n_1+n_2)n_2^2$) delle intersezioni di una curva d'ordine n_2^2 con una superficie d'ordine n_1+n_2, dunque la curva $S_2S'_2$ giace per intero in Σ e vi forma la base di un fascio d'ordine n_2. Così abbiamo in Σ due curve C_1, C_2, che sono le basi di due fasci $(S_1, S'_1, \ldots)$, $(S_2, S'_2, \ldots)$ d'ordini n_1, n_2. Ciascuna superficie del primo fascio sega Σ lungo una curva d'ordine n_1n_2 per la quale passa una determinata superficie del secondo fascio; e viceversa questa superficie individua la prima. Dunque i due fasci sono projettivi ed il luogo delle curve comuni alle superficie corrispondenti è Σ.

In secondo luogo si supponga $n_1 \leqq n_2$. Una superficie qualunque S_1 d'ordine n_1 pas-

*) Grassmann, *Die höhere Projectivität in der Ebene* (G. di Crelle t. 42; 1851) p. 202. — *Introd.* 50.

**) *Introd.* 51 b.

***) Quest'asserzione è una conseguenza immediata della proprietà analoga che sussiste (*Introd.* 44) per le curve risultanti dal segare le superficie in discorso con un piano qualunque.

sante per la curva C_1 sega Σ lungo un'altra curva d'ordine $n_1 n_2$ per la quale passano (20, *nota*) infinite superficie d'ordine n_2; sia S_2 una di queste, individuata col fissare sulla stessa superficie Σ, ma fuori della curva C_1, $N(n_2-n_1)+1$ punti arbitrari. Allora S_2 intersecherà Σ secondo un'altra curva C_2 d'ordine n_2^2, che è la base d'un fascio d'ordine n_2 *). Un'altra superficie S'_1 d'ordine n_1 passante per C_1 segherà Σ lungo un'altra curva d'ordine $n_1 n_2$, che avrà $n_1 n_2^2$ punti comuni con C_2 (i punti in cui C_2 è incontrata da S'_1), onde la superficie S'_2 d'ordine n_2, che passa per C_2 e per un nuovo punto preso ad arbitrio nell'ultima curva d'ordine $n_1 n_2$, conterrà questa per intero. Per tal modo avremo in Σ, come nel primo caso, due curve C_1, C_2 basi di due fasci projettivi, le cui superficie corrispondenti si segheranno secondo curve tutte situate in Σ **).

93. Siano di nuovo i due fasci projettivi, l'uno d'ordine n', l'altro d'ordine $n-n''<n'$, ed in essi alle superficie $S_{n'}$, $S_{n''}+S_{n'-n''}$ del primo fascio (dove $S_{n''}+S_{n'-n''}$ è il complesso di due superficie $S_{n''}$, $S_{n'-n''}$) corrispondano ordinatamente le superficie $S_{n-n''}$, $S_{n-n'}+S_{n'-n''}$ del secondo fascio; il luogo delle curve intersezioni delle superficie corrispondenti risulterà composto della superficie $S_{n'-n''}$ d'ordine $n'-n''$ e di un'altra superficie S_n d'ordine n. Allora il teorema precedente può essere presentato nella maniera seguente.

Siano date le superficie S_n, $S_{n'}$, $S_{n''}$, la prima delle quali passi per la curva d'ordine $n'n''$ comune alle altre due; e sia $n\geqq n'$, $n<n'+n''$ ed $n'\geqq n''$. La superficie $S_{n'}$ segherà S_n secondo un'altra curva d'ordine $n'(n-n'')$, situata in una superficie $S_{n-n''}$, unica e determinata perchè $n-n''<n'$. Parimente $S_{n''}$ e S_n avranno in comune un'altra curva d'ordine $n''(n-n')$, giacente in una superficie $S_{n-n'}$ individuata perchè $n-n'<n''$. Allora $S_{n-n'}$ ed $S_{n-n''}$ si segheranno lungo una curva situata in S_n, in virtù del teorema generale (92). Per tal modo, date S_n, $S_{n'}$ ed $S_{n''}$, le superficie $S_{n-n'}$, $S_{n-n''}$ sono uniche e determinate, ed S_n appartiene ad uno stesso fascio insieme colle superficie composte $S_{n'}+S_{n-n'}$, $S_{n''}+S_{n-n''}$. Dunque, se sono date soltanto $S_{n'}$, $S_{n''}$, siccome $S_{n-n'}$, $S_{n-n''}$ possono sodisfare ad $N(n-n')+N(n-n'')$ condizioni, e siccome nel fissare una superficie di un fascio si può sodisfare ad una nuova condizione, così S_n potrà sodisfare ad $N(n-n')+N(n-n'')+1$ condizioni. Ossia: *se* S_n *dee passare per la curva* $S_{n'}S_{n''}$, *ciò equivale a dovere passare per* $N(n)-N(n-n')-N(n-n'')-1$ ***) *punti dati ad arbitrio;*

---

*) Vedi l'osservazione nella *nota* precedente.

**) CHASLES, *Deux théorèmes généraux sur les courbes et les surfaces géométriques de tous les ordres.* (Compte rendu du 28 déc. 1857).

***) { Questo numero è uguale ad

$$nn'n''+1-p+\frac{(\delta-1)(\delta-2)(\delta-3)}{6},$$

dove p è il genere della curva $S_{n'}S_{n''}$ e $\delta=n'+n''-n$. La detta curva è supposta priva di punti multipli } (A).

ossia: *ogni superficie d'ordine* n *che passi per* $N(n)-N(n-n')-N(n-n'')-1$ *punti arbitrari della curva comune a due superficie d'ordine* n', n'' *(ove sia* $n<n'+n''$*) la contiene per intero.*

Una superficie d'ordine n che passi per $N(n)-N(n-n')-N(n-n'')-2$ punti arbitrari della curva $(n'n'')$ la segherà in altri $nn'n''-N(n)+N(n-n')+N(n-n'')+2$ punti, i quali non potendo essere arbitrari senza che la superficie contenga per intero la curva, saranno determinati dai primi. Dunque tutte le superficie d'ordine n che passano pei primi punti passano anche per gli altri; ossia *le* $nn'n''$ *intersezioni di tre superficie d'ordini* n, n', n'' *sono individuate da* $N(n)-N(n-n')-N(n-n'')-2$ *fra esse: supposto che il più grande dei numeri* n, n', n'' *sia minore della somma degli altri due.*

94. Sia ancora la superficie composta $S_n+S_{n'-n''}$ generata per mezzo di due fasci projettivi, nei quali alle superficie $S_{n'}$, $S_{n''}+S_{n'-n''}$ del primo corrispondano le superficie $S_{n-n''}$, $S_{n-n'}+S_{n'-n''}$ del secondo; ma ora sia $n\geqq n'+n''$, $n'\geqq n''$.

Siano date le superficie S_n, $S_{n'}$, $S_{n''}$. La superficie $S_{n'}$ segherà S_n secondo una curva d'ordine $n'(n-n'')$, per la quale e per $N(n-n'-n'')+1$ punti addizionali, che prenderemo in S_n, passa una superficie $S_{n-n''}$ d'ordine $n-n''$ (92). Così $S_{n''}$ segherà S_n secondo una curva d'ordine $n''(n-n')$, per la quale e pei punti addizionali suddetti passerà una superficie $S_{n-n'}$ d'ordine $n-n'$. E le due superficie $S_{n-n'}$, $S_{n-n''}$ s'intersecheranno sulla S_n, la quale per conseguenza appartiene insieme colle $S_{n'}+S_{n-n'}$, $S_{n''}+S_{n-n''}$ ad uno stesso fascio. Se oltre alla curva $S_{n'}S_{n''}$, anche i punti addizionali sono dati nello spazio, senza che sia data S_n, la superficie $S_{n-n'}$ dovendo passare per quei punti potrà sodisfare ad altre $N(n-n')-N(n-n'-n'')-1$ condizioni; e così pure $S_{n-n''}$ ad altre $N(n-n'')-N(n-n'-n'')-1$ condizioni. Quindi S_n potrà sodisfare a $(N(n-n')-N(n-n'-n'')-1)+(N(n-n'')-N(n-n'-n'')-1)+1$ condizioni. Ne segue che il passare per la curva $S_{n'}S_{n''}$ e pei punti addizionali equivale, per S_n, a $N(n)-N(n-n')-N(n-n'')+2N(n-n'-n'')+1$ condizioni, cioè passare per la curva $S_{n'}S_{n''}$ equivale ad $N(n)-N(n-n')-N(n-n')+N(n-n'-n'')=\frac{n'n''(2n-n'-n''+4)}{2}$ *) condizioni. Dunque: *nell' ipotesi attuale, se una superficie d'ordine* n *passa per* $N(n)-N(n-n')-N(n-n'')+N(n-n'-n'')$ *punti arbitrari della curva comune a due superficie d'ordini* n',n'', *la contiene per intero.*

Per conseguenza, *ogni superficie d'ordine* n *passante per* $N(n)-N(n-n')-N(n-n'')+N(n-n'-n'')-1$ *punti arbitrari della curva* $(n'n'')$ *la incontrerà in altri* $nn'n''-N(n)+N(n-n')+N(n-n'')-N(n-n'-n'')+1=\frac{n'n''(n'+n''-4)}{2}+1$ *punti*

*) { Ossia $nn'n''+1-p$, essendo p il genere della curva } (A).

determinati dai primi. Ossia, *le $nn'n''$ intersezioni di tre superficie d'ordini n, n', n'' sono individuate da* $\frac{n'n''(2n-n'-n''+4)}{2}-1$ *fra esse: supposto che il più grande dei numeri n, n', n'' non sia minore della somma degli altri due* *).

95. Date due superficie d'ordini n_1, n_2, quale è il luogo di un punto x i cui piani polari relativi a quelle si seghino sopra una data retta R? Se per un punto i di R passano i piani polari di x, viceversa le prime polari di i si segheranno in x (62). Variando i sopra R, le prime polari formano (80) due fasci projettivi d'ordini n_1-1, n_2-1, e questi generano (91) una superficie d'ordine n_1+n_2-2, la quale sarà il luogo domandato.

Ciascun punto comune a questa superficie ed alla curva intersezione delle due superficie date avrà per piani polari i piani tangenti in quel punto alle due superficie, onde l'intersezione dei due piani sarà la tangente alla curva (n_1n_2) nel punto medesimo. Ma questa intersezione incontra la retta R, dunque tante sono le intersezioni della superficie (n_1+n_2-2) colla curva (n_1n_2) quante le tangenti della curva (n_1n_2) incontrate da R. Supponiamo che la curva (n_1n_2) abbia d punti doppi ed s cuspidi, cioè le due superficie date abbiano un contatto ordinario in d punti ed un contatto stazionario in s punti; questi punti apparterranno evidentemente anche alla superficie (n_1+n_2-2) ed il numero delle intersezioni rimanenti sarà $n_1n_2(n_1+n_2-2)-2d-3s$ **), dunque:

Le tangenti della curva intersezione di due superficie d'ordini n_1, n_2, aventi fra loro d contatti ordinari ed s contatti stazionari, formano una sviluppabile d'ordine $n_1n_2(n_1+n_2-2)-2d-3s$.

Per tal modo noi conosciamo della curva (n_1n_2) l'ordine $n=n_1n_2$, l'ordine della sviluppabile osculatrice ***) $r=n_1n_2(n_1+n_2-2)-2d-3s$, ed il numero dei punti stazionari $\beta=s$. Quindi le formole di CAYLEY (12) ci daranno le altre caratteristiche:

$$2h=n_1n_2(n_1-1)(n_2-1),$$
$$m=3n_1n_2(n_1+n_2-3)-6d-8s,$$
$$\alpha=2n_1n_2(3n_1+3n_2-10)-3(4d+5s),$$

---

*) JACOBI l. c.

**) Il numero delle intersezioni rimanenti sia $n_1n_2(n_1+n_2-2)-xd-ys$, ove x, y sono coefficienti numerici da determinarsi. A quest'uopo suppongo $n_1=n$, $n_2=1$; allora la superficie (n_1+n_2-2) diviene la prima polare del punto o, ove R incontra un piano P, rispetto ad una superficie data F_n. Le tangenti della curva PF_n incontrate da R sono quelle che passano per o; dunque il numero $n_1n_2(n_1+n_2-2)-xd-ys$ deve esprimere la classe della curva PF_n. Ma questa classe è $n(n-1)-2d-3s$, dunque $x=2$, $y=3$.

***) Dicesi *rango* di una curva gobba l'ordine della sua sviluppabile osculatrice.

$$2g=n_1n_2(n_1+n_2-3)(9n_1n_2(n_1+n_2-3)-6(6d+8s)-22)+5n_1n_2+(6d+8s)(6d+8s+7)+2d,$$
$$2x=n_1n_2(n_1+n_2-2)(n_1n_2(n_1+n_2-2)-2(2d+3s)-4)+(2d+3s)^2+8d+11s,$$
$$2y=n_1n_2(n_1+n_2-2)(n_1n_2(n_1+n_2-2)-2(2d+3s)-10)+8n_1n_2+(2d+3s)^2+20d+27s,$$

dove h è il numero de' punti doppi apparenti della curva (non contati i punti doppi attuali il cui numero è d).

Il genere della curva è $\frac{1}{2}(n_1n_2-1)(n_1n_2-2)-(h+d+s)=\frac{1}{2}n_1n_2(n_1+n_2-4)-(d+s-1)$, ed è 0 quando la curva ha il massimo numero di punti doppi. Dunque: *il massimo numero di punti in cui due superficie d'ordini n_1, n_2 si possano toccare* [120] *è* $\frac{1}{2}n_1n_2(n_1+n_2-4)+1$. [121]

96. Supponiamo ora che le due superficie (n_1), (n_2) si seghino secondo due curve, i cui ordini siano μ, μ' $(\mu+\mu'=n_1n_2)$ ed i ranghi r, r'. Indichiamo con h e d, h' e d' i numeri de' loro punti doppi apparenti ed attuali, con s, s' i numeri de' loro punti stazionari, e con k il numero delle loro intersezioni apparenti, cioè il numero delle rette che da un punto arbitrario dello spazio si possono condurre a segare entrambe le curve. Allora avremo (95,12):

$$(\mu+\mu')(n_1-1)(n_2-1)=2(h+h'+k),$$
$$r=\mu(\mu-1)-2(h+d)-3s,$$
$$r'=\mu'(\mu'-1)-2(h'+d')-3s', \quad [122]$$

donde

$$r-r'=(\mu-\mu')(n_1n_2-1)-2(h-h')-2(d-d')-3(s-s').$$

Osserviamo poi che la superficie d'ordine n_1+n_2-2, luogo di un punto i cui piani polari rispetto alle due date s'incontrino sopra una retta data R (95), segherà la curva (μ) non solamente ne' punti in cui questa è toccata da rette appoggiate ad R, ma anche nei punti in cui la curva (μ) è intersecata dall'altra curva (μ'), perchè ciascuno di questi è un punto di contatto fra le due superficie date. Dunque, se i è il numero delle intersezioni (attuali) delle due curve (μ), (μ'), avremo

$$(n_1+n_2-2)\mu=r+i+2d+3s$$

ed analogamente

$$(n_1+n_2-2)\mu'=r'+i+2d'+3s', \quad [123]$$

e quindi anche

$$(n_1+n_2-2)(\mu-\mu')=r-r'+2(d-d')+3(s-s').$$

Da questa equazione e da un'altra che sta innanzi si ricava

$$(\mu-\mu')(n_1-1)(n_2-1)=2(h-h')$$

e quindi

$$\mu(n_1-1)(n_2-1)=2h+k,$$
$$\mu'(n_1-1)(n_2-1)=2h'+k.$$

Mediante queste equazioni, dato h, si calcolano h' e k; e dato r, si calcolano r' ed i (supposti nulli o conosciuti d, s, d', s'). Uno di questi risultati può essere enunciato così:

Se due superficie d'ordini n_1, n_2 *si segano secondo una curva d'ordine* μ, *le cui tangenti formino una sviluppabile d'ordine* r, *le superficie date hanno in comune un'altra curva d'ordine* $\mu'=n_1n_2-\mu$, *la quale incontra la prima in* $i=(n_1+n_2-2)\mu-r$ *punti ed è lo spigolo di regresso di una sviluppabile d'ordine* $r'=(n_1+n_2-2)(\mu'-\mu)+r$ *) [124].

97. Supponiamo che per la curva (μ) passi una terza superficie (n_3); questa incontrerà la curva (μ') non solamente negli i punti anzidetti, ma eziandio in altri $n_3\mu'-i=n_1n_2n_3-\mu(n_1+n_2+n_3-2)+r$ punti non situati nella curva (μ); dunque:

Se tre superficie d'ordini n_1, n_2, n_3 *hanno in comune una curva d'ordine* μ, *le cui tangenti formino una sviluppabile d'ordine* r, *esse si segheranno in* $n_1n_2n_3-\mu(n_1+n_2+n_3-2)+r$ *punti, non situati su quella* **).

98. Siano dati tre fasci projettivi di superficie i cui ordini siano rispettivamente n_1, n_2, n_3. I primi due fasci generano, nel modo che si è detto precedentemente (91), una superficie d'ordine n_1+n_2; e similmente il primo ed il terzo fascio generano un'altra superficie d'ordine n_1+n_3. Entrambe queste superficie passano per la curva d'ordine n_1^2, base del primo fascio, quindi esse si segheranno inoltre secondo una curva d'ordine $(n_1+n_2)(n_1+n_3)-n_1^2$; dunque:

Il luogo di un punto ove si segano tre superficie corrispondenti di tre fasci projettivi i cui ordini siano n_1, n_2, n_3, *è una curva gobba d'ordine* $n_2n_3+n_3n_1+n_1n_2$.

Questa curva è situata sulle tre superficie d'ordine n_2+n_3, n_3+n_1, n_1+n_2, generate dai tre fasci presi a due a due. Essa ha inoltre evidentemente la proprietà di passare per gli $n_1^2(n_2+n_3)$ punti in cui la base del primo fascio incontra la superficie generata dagli altri due, ecc.

99. Sia dato un fascio di superficie d'ordine n; e siano a, b, c tre punti (non in linea retta) di un dato piano P. Se m è un punto comune alle prime polari dei punti a, b, c rispetto ad una superficie del fascio, m sarà un polo del piano P rispetto a questa superficie (81). Ora le prime polari dei punti a, b, c rispetto alle superficie

---

*) SALMON, *Geometry of three dimensions* p. 274.

**) Si potrebbe trattare la quistione generale: in quanti punti si segano tre superficie (n_1), (n_2), (n_3) aventi in comune una curva (μ, r), la quale sia multipla per quelle superficie ordinatamente secondo i numeri d_1, d_2, d_3?

del fascio formano (74) tre nuovi fasci projettivi tra loro d'ordine $n-1$; ed il luogo di un punto m pel quale passino tre superficie corrispondenti di questi tre fasci sarà (98) una curva gobba d'ordine $3(n-1)^2$; dunque:

Il luogo dei poli di un piano rispetto alle superficie d'un fascio d'ordine n è una curva gobba d'ordine $3(n-1)^2$.

È evidente che questa curva passa pei punti in cui il piano dato tocca superficie del fascio dato (64).

100. Siano dati quattro fasci projettivi di superficie, i cui ordini siano rispettivamente n_1, n_2, n_3, n_4. I primi tre fasci generano (98) una curva d'ordine $n_2n_3+n_3n_1+n_1n_2$, mentre il primo ed il quarto fascio generano (91) una superficie d'ordine n_1+n_4 che passa per la curva base del primo fascio, ed ha conseguentemente $n_1^2(n_2+n_3)$ punti comuni colla curva generata dai primi tre fasci. Questa curva e la superficie anzidetta avranno dunque in comune altri $(n_1+n_4)(n_2n_3+n_3n_1+n_1n_2)-n_1^2(n_2+n_3)$ punti, epperò:

Vi sono $n_2n_3n_4+n_3n_4n_1+n_4n_1n_2+n_1n_2n_3$ punti per ciascun de' quali passano quattro superficie corrispondenti di quattro fasci projettivi i cui ordini siano n_1, n_2, n_3, n_4.

Questi punti sono situati nelle sei superficie generate dai fasci presi a due a due, ed anche nelle quattro curve gobbe generate dai fasci presi a tre a tre.

101. In un fascio di superficie d'ordine n quante ve n'ha dotate di punto doppio? Presi ad arbitrio quattro punti nello spazio, le loro prime polari, rispetto alle superficie del fascio, formano (74) quattro fasci projettivi d'ordine $n-1$. Se una delle superficie date ha un punto doppio, per questo passa la prima polare di qualsivoglia polo (73); perciò i punti doppi delle superficie date saranno quei punti dello spazio pei quali passano quattro superficie corrispondenti dei quattro fasci anzidetti. Dunque (100):

In un fascio di superficie d'ordine n ve ne sono $4(n-1)^3$ dotate di punto doppio.

I piani polari di un polo fisso rispetto alle superficie d'un fascio formano un altro fascio projettivo al primo; ma, se il polo è un punto doppio di una delle superficie, il piano polare relativamente a questa è indeterminato; dunque *ciascuno dei $4(n-1)^3$ punti doppi ha lo stesso piano polare rispetto a tutte le superficie del fascio* *).

Reti projettive.

102. Date due reti projettive di superficie d'ordini n_1, n_2, un fascio qualunque della prima ed il fascio corrispondente della seconda generano una superficie Φ d'ordine

*) È evidente che, dati due fasci projettivi, se ad un certo elemento dell'uno corrisponde un elemento indeterminato nell'altro, allora a ciascuno degli altri elementi del primo fascio corrisponde nel secondo un elemento fisso; onde quest'ultimo fascio non conterrà che un elemento unico.

n_1+n_2. Le superficie Φ formano una nuova rete. In fatti, siano a e b due punti arbitrari dello spazio; per a passano infinite superficie della prima rete formanti un fascio; le corrispondenti superficie della seconda rete formano un altro fascio, nel quale vi è una superficie passante per a. Dunque per a passano due superficie corrispondenti P, P′ delle due reti; per b del pari due superficie corrispondenti Q, Q′; e le superficie (P, Q), (P′, Q′) determinano due fasci projettivi *), i quali generano una superficie Φ_3, la sola che passi per a e per b.

Sia R, R′ un'altra coppia di superficie corrispondenti delle due reti, le quali non appartengano rispettivamente ai fasci (P, Q), (P′, Q′). I fasci (P, R), (P′, R′) genereranno un'altra superficie Φ_2, ed i fasci (Q, R), (Q′, R′) una terza superficie Φ_1. Le superficie Φ_2, Φ_3 hanno in comune la curva PP′ d'ordine $n_1 n_2$, epperò si segheranno secondo un'altra curva d'ordine $(n_1+n_2)^2-n_1 n_2=n_1^2+n_2^2+n_1 n_2$. Un punto qualunque di questa curva, come appartenente a Φ_2, è comune a due superficie corrispondenti T, T′ dei fasci (R, P), (R′, P′), e come appartenente a Φ_3, è comune a due superficie corrispondenti U, U′ dei fasci (P, Q), (P′, Q′). I due fasci (Q, R), (T, U), appartenendo alla stessa rete, avranno una superficie comune S, alla quale corrisponderà una superficie S′ comune ai due fasci (Q′, R′), (T′, U′). Quindi ogni punto comune alle superficie Φ_2, Φ_3, cioè alle TT′UU′, sarà un punto-base dei fasci (TU), (T′U′), epperò comune alle superficie S, S′, e conseguentemente alla Φ_1. Dunque la curva d'ordine $n_1^2+n_2^2+n_1 n_2$, che insieme colla PP′ forma l'intersezione delle superficie Φ_2, Φ_3, è situata anche in Φ_1; ond'è ch'essa costituirà la base della rete delle superficie Φ. (Questa rete è determinata dalle superficie Φ_1, Φ_2, Φ_3 che non appartengono ad uno stesso fascio, perchè la curva PP′ non giace in Φ_1). Dunque:

Le superficie d'ordine n_1+n_2, che contengono le curve d'intersezione delle superficie corrispondenti di due reti projettive d'ordini n_1, n_2, formano una nuova rete e passano tutte per una stessa curva gobba d'ordine $n_1^2+n_2^2+n_1 n_2$.

Due superficie della prima rete si segano secondo una curva d'ordine n_1^2, alla quale corrisponde una curva d'ordine n_2^2 nella seconda rete **). Due curve siffatte in generale non si segano; ma quelle che si incontrano formano coi punti comuni la curva d'ordine $n_1^2+n_2^2+n_1 n_2$, anzidetta. In altre parole questa curva è il luogo di un punto comune alle basi di due fasci corrispondenti; mentre in generale per un punto arbitrario dello spazio non passa che una coppia di superficie corrispondenti.

---

*) In questo senso che le superficie corrispondenti de' due fasci siano superficie corrispondenti delle due reti date.

**) Chiamando *corrispondenti* due curve che nascono dall'intersezione di due coppie di superficie corrispondenti.

103. Siano date tre reti projettive di superficie, i cui ordini siano rispettivamente n_1, n_2, n_3; quale sarà il luogo di un punto pel quale passino tre superficie corrispondenti? Sia T una trasversale arbitraria, i un punto arbitrario in T: per i passano due superficie corrispondenti delle prime due reti; ma la corrispondente superficie della terza rete incontrerà T in n_3 punti i'. Assunto invece ad arbitrio un punto i' in T, le superficie della terza rete passanti per i formano un fascio, al quale corrispondono nelle prime due reti due altri fasci projettivi che generano (91) una superficie d'ordine n_1+n_2, e questa incontrerà T in n_1+n_2 punti i. Dunque:

Il luogo dei punti comuni a tre superficie corrispondenti in tre reti projettive i cui ordini siano n_1, n_2, n_3 *è una superficie d'ordine* $n_1+n_2+n_3$.

Questa superficie passa 1.° per gli n_1^3 punti base della prima rete, ecc. 2.° per infinite curve gobbe d'ordine $n_2n_3+n_3n_1+n_1n_2$ generate (98) da tre fasci corrispondenti nelle tre reti; 3.° per la curva d'ordine $n_1^2+n_2^2+n_1n_2$ generata (102) dalle prime due reti, ecc.

104. Quale è il luogo dei poli di un piano rispetto alle superficie di una rete d'ordine n? Siano a, b, c tre punti (non in linea retta) del piano dato (99); le prime polari di a, b, c formano tre reti projettive d'ordine $n-1$, epperò (103):

Il luogo dei poli di un piano rispetto alle superficie d'una rete d'ordine n è una superficie d'ordine $3(n-1)$.

Questa superficie contiene infinite curve gobbe d'ordine $3(n-1)^2$, ciascuna delle quali è il luogo dei poli del piano dato rispetto alle superficie di un fascio contenuto nella rete data.

Ogni punto del luogo, situato nel piano dato, è evidentemente (64) un punto di contatto fra questo piano ed una superficie della rete; dunque:

Il luogo dei punti di contatto fra un piano e le superficie di una rete d'ordine n è una curva d'ordine $3(n-1)$.

Questa curva è la Jacobiana *) della rete formata dalle curve secondo le quali le superficie della rete sono intersecate dal piano dato.

105. Date quattro reti projettive di superficie d'ordini n_1, n_2, n_3, n_4, quale sarà il luogo di un punto ove si seghino quattro superficie corrispondenti? Le prime due reti combinate successivamente colla terza e colla quarta generano (103) due superficie d'ordini $n_1+n_2+n_3$, $n_1+n_2+n_4$. Queste hanno in comune la curva d'ordine $n_1^2+n_2^2+n_1n_2$ generata (102) dalle prime due reti; esse si segheranno inoltre secondo una curva d'ordine $(n_1+n_2+n_3)(n_1+n_2+n_4)-(n_1^2+n_2^2+n_1n_2)$; dunque:

*) *Introd.* 95.

Il luogo di un punto pel quale passino quattro superficie corrispondenti di quattro reti projettive, i cui ordini siano n_1, n_2, n_3, n_4, *è una curva gobba d'ordine* $n_1n_2+n_2n_3+n_3n_4+n_4n_1+n_1n_3+n_4n_2$.

Questa curva contiene evidentemente infiniti sistemi di $n_2n_3n_4+n_3n_4n_1+n_4n_1n_2+n_1n_2n_3$ punti generati (100) da quattro fasci corrispondenti nelle quattro reti.

106. Quale è il luogo dei punti doppi delle superficie di una rete d'ordine n? Siano a, b, c, d quattro punti presi ad arbitrio nello spazio (non in uno stesso piano); le loro prime polari rispetto alle superficie date formeranno (74) quattro reti projettive alla data, epperò projettive fra loro; e il luogo richiesto sarà (101) quello dei punti pei quali passano quattro superficie corrispondenti di queste quattro reti; dunque (105):

Il luogo dei punti doppi delle superficie di una rete d'ordine n è una curva gobba d'ordine $6(n-1)^2$.

Questa curva contiene infiniti gruppi di $4(n-1)^3$ punti, ciascun gruppo essendo costituito dai punti doppi di un fascio contenuto nella rete (101).

Le superficie di una rete che passano per uno stesso punto arbitrario formano un fascio; ora, se quel punto è doppio per una di esse superficie, le altre hanno ivi lo stesso piano tangente; dunque *l'anzidetta curva d'ordine* $6(n-1)^2$ *può anche definirsi il luogo dei punti di contatto fra le superficie della rete.*

107. Date cinque reti projettive di superficie d'ordini n_1, n_2, n_3, n_4, n_5, quanti sono i punti pei quali passano cinque superficie corrispondenti? Le prime due reti combinate colla terza, poi colla quarta e da ultimo colla quinta, generano (103) tre superficie d'ordini $n_1+n_2+n_3$, $n_1+n_2+n_4$, $n_1+n_2+n_5$, che hanno in comune la curva d'ordine $n_1^2+n_2^2+n_1n_2$ relativa (102) alle prime due reti. Si calcoli il rango di questa curva, osservando che (102) essa, insieme con un'altra curva d'ordine n_1n_2, forma la completa intersezione di due superficie d'ordine n_1+n_2. Quest'ultima curva, essendo la completa intersezione di due superficie d'ordini n_1, n_2, ha per sviluppabile osculatrice (95) una superficie d'ordine $n_1n_2(n_1+n_2-2)$; dunque il rango della curva $(n_1^2+n_2^2+n_1n_2)$ sarà (96) $2(n_1+n_2-1)(n_1^2+n_2^2)+n_1n_2(n_1+n_2-2)$.

Ciò premesso, le tre superficie d'ordini $n_1+n_2+n_3$, $n_1+n_2+n_4$, $n_1+n_2+n_5$, passando insieme per la predetta curva $(n_1^2+n_2^2+n_1n_2)$, avranno (97), all'infuori di essa,

$$\begin{gathered}(n_1+n_2+n_3)(n_1+n_2+n_4)(n_1+n_2+n_5)\\ -(n_1^2+n_2^2+n_1n_2)\Big((n_1+n_2+n_3)+(n_1+n_2+n_4)+(n_1+n_2+n_5)-2\Big)\\ +2(n_1+n_2-1)(n_1^2+n_2^2)+n_1n_2(n_1+n_2-2)\end{gathered}$$

punti comuni; dunque:

Il numero dei punti pei quali passano cinque superficie corrispondenti di cinque reti projettive d'ordini $n_1, n_2, \ldots n_5$, *è* $n_1n_2n_3+n_1n_2n_4+\ldots+n_3n_4n_5$.

Questi punti sono situati nelle dieci superficie generate dalle reti prese a tre a tre (103), ed anche nelle cinque curve generate dalle reti prese a quattro a quattro (105).

108. Quale è il luogo di un punto che abbia lo stesso piano polare rispetto ad una superficie data d'ordine n_1 e rispetto ad una delle superficie di una rete d'ordine n_2? Sia x un punto qualunque di una trasversale; X il piano polare di x rispetto alla superficie (n_1). Il luogo dei poli di X rispetto alle superficie (n_2) è (104) una superficie d'ordine $3(n_2-1)$, che incontrerà la trasversale in $3(n_2-1)$ punti x'. Viceversa, assunto ad arbitrio nella trasversale il punto x', i piani polari di x' rispetto alle superficie (n_2) formano una rete (74), cioè passano per uno stesso punto, epperò fra essi ve ne saranno n_1-1 tangenti alla sviluppabile (87) inviluppata dai piani polari dei punti della trasversale, rispetto alla superficie (n_1). Questi n_1-1 piani saranno polari (rispetto alla superficie (n_1)) di altrettanti punti x della trasversale; dunque:

Il luogo di un punto che abbia lo stesso piano polare rispetto ad una superficie fissa d'ordine n_1 e ad alcuna delle superficie di una rete d'ordine n_2, è una superficie d'ordine n_1+3n_2-4.

È evidente che questa superficie passa per la curva gobba d'ordine $6(n_2-1)^2$, luogo dei punti doppi delle superficie della rete (106); perchè ciascun punto di questa curva ha il piano polare indeterminato rispetto ad una superficie della rete.

Ogni punto comune al luogo trovato ed alla superficie (n_1) data è, rispetto a questa, il polo del piano tangente nel punto medesimo; ma esso punto deve avere lo stesso piano polare rispetto ad una superficie della rete; dunque (64) ogni punto comune al luogo ed alla superficie fissa è un punto di contatto tra questa ed alcuna superficie della rete. Ossia:

Il luogo dei punti di contatto fra una superficie fissa d'ordine n_1 e le superficie di una rete d'ordine n_2 è una curva gobba d'ordine $n_1(n_1+3n_2-4)$.

109. Dato un fascio di superficie d'ordine n_1, e data una rete di altre superficie d'ordine n_2, quale sarà il luogo di un punto ove una superficie del fascio tocchi una superficie della rete? Il luogo passa per la curva d'ordine n_1^2 base del fascio, perchè *) le superficie (n_2) che passano per un punto di questa curva formano un fascio nel quale vi è una superficie che ivi tocca una delle superficie (n_1). Inoltre ciascuna delle

*) Quando due fasci di superficie hanno un punto-base comune o, vi è sempre una superficie del primo fascio che ivi tocca una del secondo. In fatti i piani tangenti in o alle superficie del primo fascio passano per una medesima retta che è la tangente in o alla curva-base di esso fascio; e così pure la tangente in o alla curva-base del secondo fascio è la retta per la quale passano i piani tangenti in questo punto alle superficie del secondo fascio medesimo. Dunque il piano delle due tangenti toccherà in o una superficie del primo fascio ed una del secondo.

superficie (n_1) contiene una curva d'ordine $n_1(n_1+3n_2-4)$ nei punti della quale (108) essa è toccata dalle superficie (n_2). Dunque l'intersezione completa di una superficie (n_1) col luogo cercato è dell'ordine $n_1^2+n_1(n_1+3n_2-4)$, epperò:

Il luogo dei punti di contatto fra le superficie d'ordine n_1 di un fascio e le superficie d'ordine n_2 di una rete è una superficie d'ordine $2n_1+3n_2-4$.

Se $n_2=n_1=n$, e se inoltre la rete ed il fascio hanno una superficie comune, siccome avviene quando fanno parte di un medesimo sistema lineare, il luogo si decomporrà in questa superficie ed in un'altra d'ordine $2n+3n-4-n=4(n-1)$. Allora, se una superficie della rete ed una del fascio si toccano in un punto, esse individuano un fascio di superficie che tutte si toccano nello stesso punto e che appartengono al sistema lineare determinato dalla rete e dal fascio dato; fra queste superficie ve ne sarà una per la quale quel punto di contatto sarà doppio (17; 92, *nota* 1ª); dunque:

Il luogo dei punti di contatto ossia dei punti doppi delle superficie di un sistema lineare d'ordine n è una superficie d'ordine $4(n-1)$.

Sistemi lineari projettivi (di dimensione 3).

110. Siano dati due sistemi lineari projettivi di superficie d'ordini n_1, n_2; e siano P, P'; Q, Q'; R, R'; S, S' quattro coppie di superficie corrispondenti. I fasci projettivi (P, Q), (P', Q'), formati da superficie corrispondenti dei due sistemi, genereranno (91) una superficie d'ordine n_1+n_2; una superficie analoga sarà generata dai fasci (P, R), (P', R'), ed un'altra dai fasci (P, S), (P', S'). Queste tre superficie d'ordine n_1+n_2 hanno in comune la curva d'ordine n_1n_2, intersezione delle superficie P, P', epperò si segheranno (97) in altri $(n_1+n_2)(n_1^2+n_2^2)$ punti. Uno qualunque, x, di questi è situato in certe superficie Q_0, R_0, S_0 appartenenti rispettivamente ai fasci (P, Q), (P, R), (P, S), ed anche nelle superficie corrispondenti Q'_0, R'_0, S'_0, che appartengono rispettivamente ai fasci (P', Q'), (P', R'), (P', S'). Il punto x è adunque un punto-base comune ai fasci (Q_0, R_0), (Q'_0, R'_0); ma il primo di questi ha una superficie comune col fascio (Q, R), ed il secondo ha una superficie comune col fascio (Q', R'), e queste due superficie sono corrispondenti; perciò il punto x è situato anche nella superficie generata dai fasci projettivi (Q, R), (Q', R'). Ossia:

Dati due sistemi lineari projettivi di superficie d'ordini n_1, n_2, le superficie d'ordine n_1+n_2, ciascuna delle quali è generata da due fasci formati da superficie corrispondenti nei due sistemi, passano tutte per gli stessi $(n_1+n_2)(n_1^2+n_2^2)$ punti.

Questi punti sono quelli pei quali passano infiniti fasci di superficie corrispondenti; ossia ciascuno d'essi è un punto-base comune a due reti corrispondenti.

111. Date due superficie d'ordini n_1, n_2, quanti sono i punti che hanno lo stesso

piano polare rispetto ad entrambe? Le prime polari di tutti i punti dello spazio rispetto all'una e all'altra superficie data formano (82) due sistemi lineari projettivi d'ordini n_1-1, n_2-1. Se un punto o ha lo stesso piano polare rispetto alle due superficie, le prime polari di tutti i punti di questo piano passeranno per o, cioè o sarà un punto-base comune a due reti corrispondenti ne' due sistemi. Dunque (110):

Il numero dei punti che hanno lo stesso piano polare rispetto a due superficie d'ordini n_1, n_2 *è* $(n_1+n_2-2)\left((n_1-1)^2+(n_2-1)^2\right)$. Il complesso di questi punti si può chiamare *Jacobiana delle due superficie date.*

Se $n_1=n_2=n$, si trova (101) il numero dei punti doppi di un fascio di superficie d'ordine n. Dunque i $4(n-1)^3$ punti doppi di un fascio costituiscono la Jacobiana di due qualunque fra le superficie del fascio.

Se $n_2=1, n_1=n$, si trovano (81) gli $(n-1)^3$ poli di un piano dato rispetto ad una superficie d'ordine n. Cioè *gli* $(n-1)^3$ *poli di un piano rispetto ad una superficie d'ordine n costituiscono la Jacobiana di due superficie, una delle quali è il piano dato e l'altra è la superficie fondamentale.*

112. Siano dati tre sistemi lineari projettivi di superficie, i cui ordini siano rispettivamente n_1, n_2, n_3. Una rete qualunque del primo sistema, insieme colle reti corrispondenti negli altri due sistemi, genererà (103) una superficie Ψ d'ordine $n_1+n_2+n_3$. Queste superficie Ψ formano un nuovo sistema lineare. In fatti, se a, b, c sono tre punti presi ad arbitrio nello spazio, le superficie del primo sistema passanti per a formano una rete; e nella corrispondente rete del secondo sistema v'è un fascio di superficie passanti per a, al quale corrisponderà nella terza rete un fascio contenente una superficie passante per a. Vi sono dunque tre superficie corrispondenti P, P', P'' passanti per a, e così tre superficie corrispondenti Q, Q', Q'' passanti per b, e tre altre R, R', R'' passanti per c. Le quali superficie individuano tre reti projettive (P, Q, R), (P', Q', R'), (P'', Q'', R''), e queste genereranno una superficie Ψ, la sola che passi per a, b, c.

Sia S, S', S'' un'altra terna di superficie corrispondenti nei tre sistemi, le quali non appartengano rispettivamente alle tre reti predette. Le reti (P, Q, S), (P', Q', S'), (P'', Q'', S'') genereranno un'altra superficie Ψ_1; le reti (P, R, S), (P', R', S'), (P'', R'', S'') una terza superficie Ψ_2; e le reti (Q, R, S), (Q', R', S'), (Q'', R'', S'') una quarta superficie Ψ_3.

Le due superficie Ψ, Ψ_1 passano per la curva d'ordine $n_2n_3+n_3n_1+n_1n_2$, generata (98) dai tre fasci projettivi (P, Q), (P', Q'), (P'', Q''), epperò si segheranno secondo un'altra curva dell'ordine $(n_1+n_2+n_3)^2-(n_2n_3+n_3n_1+n_1n_2)=n_1^2+n_2^2+n_3^2+n_2n_3+n_3n_1+n_1n_2$. Un punto qualunque x di questa curva, come appartenente a Ψ, è comune a tre superficie corrispondenti A, A', A'' delle reti (P, Q, R), (P', Q', R'), (P'', Q'', R''); e come appartenente a Ψ_1, lo stesso punto x è comune a tre superficie corrispondenti B, B', B'' delle reti (P, Q, S), (P', Q', S'), (P'', Q'', S''). La rete (P, R, S) ed il fascio (A, B), come facienti parte di uno stesso sistema lineare, hanno una superficie comune C, alla quale corrisponderà nel secondo sistema una superficie C' comune alla rete (P', R', S') ed al fascio (A', B'), e nel terzo sistema una superficie C'' comune alla rete (P'', R'', S'') ed al fascio (A'' B''). Dunque x sarà un punto-base comune ai fasci (A, B), (A', B'), (A'', B''), epperò comune alle superficie C, C', C'', che sono tre superficie corrispondenti nelle tre reti projettive (P, R, S), (P', R', S'), (P'', R'', S''); cioè x è un punto della superficie Ψ_2. Analogamente si dimostra che lo stesso punto è situato nella superficie Ψ_3. Dunque:

Dati tre sistemi lineari projettivi di superficie d'ordini n_1, n_2, n_3, il luogo di un punto pel quale passino infinite terne di superficie corrispondenti è una curva gobba d'ordine $n_1^2+n_2^2+n_3^2+n_2n_3+n_3n_1+n_1n_2$.

Essa può anche definirsi il luogo di un punto-base comune a tre fasci corrispondenti, ovvero il luogo dei punti d'incontro fra le curve corrispondenti d'ordini n_1^2, n_2^2, n_3^2; ed è situata sopra tutte le superficie (formanti un sistema lineare) d'ordine $n_1+n_2+n_3$, ciascuna delle quali è generata da tre reti corrispondenti nei tre sistemi.

113. Date tre superficie d'ordini n_1, n_2, n_3, quale è il luogo di un punto x i cui piani polari rispetto a quelle passino per una medesima retta X? Le prime polari dei punti dello spazio relative alle superficie date formano tre sistemi lineari projettivi d'ordini n_1-1, n_2-1, n_3-1. Per l'ipotesi fatta, x è l'intersezione delle prime polari di ogni punto di X, ossia un punto pel quale passano infinite terne di superficie corrispondenti de' tre sistemi projettivi suddetti; dunque (112) il luogo richiesto è una curva gobba d'ordine $(n_1-1)^2+(n_2-1)^2+(n_3-1)^2+(n_2-1)(n_3-1)+(n_3-1)(n_1-1)+(n_1-1)(n_2-1)$, alla quale daremo il nome di *Jacobiana delle tre superficie date.* Dunque:

La Jacobiana di tre superficie d'ordini n_1, n_2, n_3, ossia il luogo di un punto i cui piani polari rispetto alle superficie date passino per una medesima retta, è una curva gobba d'ordine $n_1^2+n_2^2+n_3^2+n_2n_3+n_3n_1+n_1n_2-4(n_1+n_2+n_3)+6$.

È evidente che questa curva passa pei punti di contatto fra le superficie date, e pei loro punti doppi (se ve ne sono).

La stessa curva passerà anche pei punti che hanno un medesimo piano polare rispetto a due delle superficie date; ossia *la Jacobiana di tre superficie passa per le Jacobiane delle stesse superficie prese a due a due* (111).

Se $n_3=n_2$, il piano polare del punto x rispetto alla superficie (n_1), passando per la retta secondo la quale si segano i piani polari dello stesso punto rispetto alle superficie del fascio determinato dalle due date superficie d'ordine n_2, coinciderà col piano polare di x rispetto ad una superficie del fascio; quindi:

Il luogo di un punto che abbia lo stesso piano polare rispetto ad una superficie fissa d'ordine n_1 *e ad alcuna delle superficie d'un fascio d'ordine* n_2, *è una curva gobba d'ordine* $n_1^2+3n_2^2+2n_1n_2-4n_1-8n_2+6$, *che passa pei punti doppi del fascio.*

I punti in cui questa curva incontra la superficie fissa sono evidentemente quelli in cui questa superficie è toccata da qualche superficie del fascio; dunque:

Il numero delle superficie di un fascio d'ordine n_2 *che toccano una superficie fissa d'ordine* n_1 *è*

$$n_1(n_1^2+3n_2^2+2n_1n_2-4n_1-8n_2+6).$$

Se $n_1=n_2=n_3$, le tre superficie date determinano una rete, ed i piani polari del punto x rispetto a tutte le superficie di questa rete passeranno per una medesima retta. Si ritrova così un teorema già dimostrato (106); dunque:

Il luogo di un punto i cui piani polari rispetto alle superficie di una rete d'ordine n *passino per una stessa retta, ossia il luogo dei punti doppi delle superficie di questa rete, ossia il luogo dei punti di contatto fra le superficie della rete medesima, è una curva gobba d'ordine* $6(n-1)^2$.

A questa curva possiamo dare il nome di *Jacobiana della rete.*

Se una delle superficie date è un piano, il piano polare relativo ad essa coincide col piano dato; dunque:

Il luogo di un punto i cui piani polari relativi a due date superficie d'ordini n_1, n_2 *si seghino lungo una retta situata in un piano fisso è una curva gobba d'ordine* $(n_1-1)^2+(n_2-1)^2+(n_1-1)(n_2-1)$.

Se $n_1=n_2$, si ricade in un teorema già dimostrato (99); dunque:

La curva d'ordine $3(n-1)^2$, *luogo dei poli di un piano dato rispetto alle superficie di un fascio d'ordine* n, *è la Jacobiana di tre superficie, una delle quali è il piano dato, e le altre sono due superficie qualunque del fascio.*

Se $n_2=n_3=1$, $n_1=n$, il piano polare di x rispetto alla superficie d'ordine n passerà per una retta fissa (intersezione di due piani dati); dunque (80):

La curva d'ordine $(n-1)^2$, *luogo dei punti i cui piani polari rispetto ad una superficie d'ordine* n *passano per una retta data, è la Jacobiana di tre superficie, una delle quali è la superficie fondamentale, e le altre sono due piani qualunque passanti per la retta data.*

114. Dati quattro sistemi lineari projettivi di superficie d'ordini n_1, n_2, n_3, n_4, cerchiamo il luogo di un punto pel quale passino quattro superficie corrispondenti. In una trasversale arbitraria si prenda un punto qualunque i, pel quale passeranno tre superficie corrispondenti dei primi tre sistemi; la superficie corrispondente del quarto segherà la trasversale in n_4 punti i'. Se invece si prende ad arbitrio nella trasversale un punto i', le superficie del quarto sistema passanti per i' formano una rete, e le

tre reti corrispondenti negli altri sistemi generano (103) una superficie d'ordine $n_1+n_2+n_3$ che incontrerà la trasversale in altrettanti punti i. Dunque:

Il luogo di un punto pel quale passino quattro superficie corrispondenti di quattro sistemi lineari projettivi d'ordini n_1, n_2, n_3, n_4 è una superficie d'ordine $n_1+n_2+n_3+n_4$.

Questa superficie contiene manifestamente infinite curve, ciascuna delle quali è generata (105) da quattro reti corrispondenti nei quattro sistemi; e quattro [125] altre curve, ciascuna delle quali è generata (112) da tre dei sistemi dati; ecc.

115. Date quattro superficie d'ordini n_1, n_2, n_3, n_4, quale è il luogo di un punto x, i cui piani polari rispetto a quelle passino per uno stesso punto x'? Le prime polari di x' passeranno per x; e d'altronde le prime polari dei punti dello spazio rispetto alle quattro superficie date formano quattro sistemi lineari projettivi d'ordini n_1-1, n_2-1, n_3-1, n_4-1; dunque (114):

Il luogo di un punto i cui piani polari rispetto a quattro superficie date d'ordini n_1, n_2, n_3, n_4, passino per uno stesso punto, è una superficie d'ordine $n_1+n_2+n_3+n_4-4$.

Questa superficie, alla quale daremo il nome di *Jacobiana delle quattro superficie date, passa evidentemente pei punti doppi di queste, e per le Jacobiane delle medesime prese a tre a tre, ovvero a due a due.*

Se $n_4=n_3$, otteniamo una superficie d'ordine $n_1+n_2+2(n_3-2)$, luogo di un punto i cui piani polari rispetto a due superficie d'ordini n_1, n_2 ed a tutte le superficie d'un fascio d'ordine n_3 passino per uno stesso punto. Se x è un punto comune al luogo ed alla curva d'ordine n_1n_2, intersezione delle due superficie date, la tangente in x a questa curva e la retta per la quale passano i piani polari di x rispetto alle superficie del fascio, incontrandosi, determinano un piano che toccherà in x una superficie del fascio; dunque:

In un fascio di superficie d'ordine n_3 ve ne sono $n_1n_2(n_1+n_2+2n_3-4)$ che toccano la curva d'intersezione di due superficie d'ordini n_1, n_2.

Se $n_4=n_3=n_2$, siccome il piano polare di x rispetto alla superficie (n_1) passa pel punto ove concorrono i piani polari dello stesso punto rispetto a tutte le superficie della rete determinata dalle tre superficie date d'ordine n_2, così ne segue che quel piano sarà anche il polare di x rispetto ad alcuna delle superficie della rete. Ricadiamo così in un teorema già dimostrato (108); dunque:

La superficie d'ordine n_1+3n_2-4, luogo di un punto avente lo stesso piano polare rispetto ad una superficie fissa d'ordine n_1 e ad una delle superficie d'una rete d'ordine n_2, è la Jacobiana di quattro superficie, una delle quali è la superficie data d'ordine n_1 e le altre sono tre qualunque (purchè non formanti un fascio) delle superficie della rete.

Se $n_1=n_2=n_3=n_4$, le quattro superficie date determinano un sistema lineare; e per x' passerà il piano polare di x rispetto a qualunque superficie del sistema (74); dunque:

Il luogo di un punto i cui piani polari rispetto alle superficie di un sistema d'ordine n passino per uno stesso punto è una superficie d'ordine $4(n-1)$.

Questa superficie, essendo la Jacobiana di quattro superficie qualunque (non formanti una rete) del sistema, può anche definirsi come il luogo dei punti doppi delle superficie del sistema, ovvero come il luogo dei punti di contatto fra le superficie medesime.

A questa superficie daremo il nome di *Jacobiana del sistema lineare*.

Se $n_4=1$, abbiamo il teorema:

Il luogo di un punto i cui piani polari rispetto a tre superficie d'ordini n_1, n_2, n si seghino sopra un piano dato, è una superficie d'ordine $n_1+n_2+n_3-3$.

Se inoltre è $n_1=n_2=n_3=n$, ricadiamo in un teorema già dimostrato (104); dunque:

La superficie d'ordine $3(n-1)$, *luogo dei poli di un piano rispetto alle superficie di una rete d'ordine n, è la Jacobiana di quattro superficie, cioè del piano dato e di tre superficie qualunque (non formanti un fascio) della rete.*

Se $n_3=n_4=1$, ritroviamo ancora un teorema noto (95); dunque:

La superficie d'ordine n_1+n_2-2, luogo di un punto i cui piani polari rispetto a due superficie d'ordini n_1, n_2 si seghino sopra una retta data, è la Jaeobiana di quattro superficie, cioè delle due superficie date e di due piani qualunque passanti per la retta data.

Se inoltre $n_1=n_2=n$, la retta data incontrando quella lungo la quale si segano i piani polari del punto x rispetto alle superficie del fascio determinato dalle due superficie date d'ordine n, le due rette giacciono in un piano che sarà il polare di x, rispetto ad una superficie del fascio; dunque:

Il luogo di un punto il cui piano polare rispetto ad una superficie d'un fascio d'ordine n passi per una retta data, è una superficie d'ordine $2(n-1)$. *Questa superficie è la Jacobiana di quattro superficie, due delle quali appartengono al fascio, mentre le altre sono due piani passanti per la retta data.*

Da ultimo, se $n_2=n_3=n_4=1$, $n_1=n$, si ricade nel teorema (62) che il luogo di un punto il cui piano polare rispetto ad una superficie d'ordine n passi per un punto fisso è una superficie d'ordine $n-1$ (la prima polare del punto fisso). Dunque:

La prima polare di un punto dato è la Jacobiana di quattro superficie: la superficie fondamentale e tre piani passanti pel punto dato.

116. Dati cinque sistemi lineari projettivi di superficie d'ordini n_1, n_2, n_3, n_4, n_5, quale è il luogo di un punto ove si seghino cinque superficie corrispondenti? I primi tre sistemi combinati col quarto e poi col quinto generano (114) due superficie d'or-

dini $n_1+n_2+n_3+n_4$, $n_1+n_2+n_3+n_5$, le quali hanno in comune la curva d'ordine $n_1^2+n_2^2+n_3^2+n_2n_3+n_3n_1+n_1n_2$ generata (112) dai primi tre sistemi; esse si segheranno inoltre secondo un'altra curva d'ordine

$$(n_1+n_2+n_3+n_4)(n_1+n_2+n_3+n_5)-(n_1^2+n_2^2+n_3^2+n_2n_3+n_3n_1+n_1n_2);$$

dunque:

Il luogo di un punto pel quale passino cinque superficie corrispondenti di cinque sistemi lineari projettivi d'ordini $n_1, \ldots, n_5$ *è una curva gobba d'ordine* $n_1n_2+n_1n_3+\ldots+n_4n_5$.

Naturalmente questa curva è situata sopra le cinque superficie generate dai cinque sistemi presi a quattro a quattro (114), e contiene infiniti gruppi di $n_1n_2n_3+\ldots+n_3n_4n_5$ punti, ogni gruppo essendo generato (107) da cinque reti corrispondenti nei sistemi dati. — [126]

117. Dati sei sistemi lineari projettivi di superficie d'ordini $n_1, n_2, \ldots n_6$, quanti sono i punti nei quali si segano sei superficie corrispondenti? I primi tre sistemi combinati col quarto, poi col quinto e da ultimo col sesto, generano (114) tre superficie d'ordini $n_1+n_2+n_3+n_4$, $n_1+n_2+n_3+n_5$, $n_1+n_2+n_3+n_6$, le quali hanno in comune la curva d'ordine $n_1^2+n_2^2+n_3^2+n_2n_3+n_3n_1+n_1n_2$ generata (112) dai primi tre sistemi. Questa curva appartiene a due superficie d'ordine $n_1+n_2+n_3$, che si segano inoltre secondo un'altra curva d'ordine $n_2n_3+n_3n_1+n_1n_2$, la quale, alla sua volta, forma insieme con una terza curva d'ordine n_1^2 la completa intersezione (98) di due superficie d'ordini n_1+n_2, n_1+n_3. L'ordine della sviluppabile osculatrice (95) della curva (n_1^2) è $r=2n_1^2(n_1-1)$, quindi (96) il rango della curva $(n_2n_3+n_3n_1+n_1n_2)$ sarà

$$\begin{aligned} r' &= \Big((n_1+n_2)+(n_1+n_3)-2\Big)\Big(n_2n_3+n_3n_1+n_1n_2-n_1^2\Big)+r \\ &=(n_2n_3+n_3n_1+n_1n_2)(n_1+n_2+n_3-2)+n_1n_2n_3. \end{aligned}$$

Di qui si conclude (96) che la curva d'ordine $n_1^2+n_2^2+n_3^2+n_2n_3+n_3n_1+n_1n_2$ è del rango

$$\begin{aligned} r'' = \Big((n_1+n_2+n_3)+(n_1+n_2+n_3)-2\Big)\Big((n_1^2+n_2^2+n_3^2+n_2n_3 \\ +n_3n_1+n_1n_2)-(n_2n_3+n_3n_1+n_1n_2)\Big)+r'= \end{aligned}$$

$$=2(n_1+n_2+n_3-1)(n_1^2+n_2^2+n_3^2)+(n_2n_3+n_3n_1+n_1n_2)(n_1+n_2+n_3-2)+n_1n_2n_3,$$

epperò le tre superficie d'ordini $n_1+n_2+n_3+n_4$, $n_1+n_2+n_3+n_5$, $n_1+n_2+n_3+n_6$, oltre alla predetta curva, avranno (97)

$$(n_1+n_2+n_3+n_4)(n_1+n_2+n_3+n_5)(n_1+n_2+n_3+n_6)-(n_1^2+n_2^2+n_3^2+n_2n_3+n_3n_1+n_1n_2)$$
$$\Big((n_1+n_2+n_3+n_4)+(n_1+n_2+n_3+n_5)+(n_1+n_2+n_3+n_6)-2\Big)+r''$$
$$=(n_1+n_2+n_3+n_4)(n_1+n_2+n_3+n_5)(n_1+n_2+n_3+n_6)$$
$$-(n_1^2+n_2^2+n_3^2+n_2n_3+n_3n_1+n_1n_2)(n_4+n_5+n_6)-(n_1+n_2+n_3)^3+n_1n_2n_3$$
$$=n_1n_2n_3+\ldots+n_4n_5n_6$$

punti comuni; dunque:

Il numero dei punti dello spazio pei quali passano sei superficie corrispondenti di sei sistemi lineari projettivi d'ordini $n_1, n_2, \ldots n_6$ *è* $n_1n_2n_3+n_1n_2n_4+\ldots+n_4n_5n_6$. [127]

Sistemi lineari projettivi di dimensione qualunque.

118. Dati $m+1$ sistemi lineari projettivi di dimensione m di superficie d'ordini $n_1, n_2, \ldots n_{m+1}$ *), quale è il luogo di un punto pel quale passino $m+1$ superficie corrispondenti? In una trasversale arbitraria sia preso un punto i; per esso passeranno m superficie corrispondenti dei primi m sistemi dati **), e la corrispondente superficie dell'ultimo sistema incontrerà la trasversale in n_{m+1} punti i'. Se invece si assume ad arbitrio nella trasversale un punto i', le superficie dell'ultimo sistema passanti per questo punto formano un sistema inferiore di dimensione $m-1$, al quale corrisponderanno, ne' primi sistemi dati, m sistemi inferiori della stessa dimensione $m-1$. Essendo questi sistemi projettivi, suppongasi che il luogo di un punto pel quale passino m superficie corrispondenti sia una superficie d'ordine $s_{m,1}$. Questa segherà la trasversale in $s_{m,1}$ punti i; epperò $s_{m,1}+n_{m+1}$ sarà il numero delle coincidenze di i con i'. Cioè, se la proposizione: „ il luogo richiesto è una superficie d'ordine $s_{m+1,1}$ „ è vera per $m-1$, essa è vera anche per m. Ma noi l'abbiamo già dimostrata (91, 103, 114) per $m=1$, 2, 3, dunque:

Il luogo di un punto pel quale passino $m+1$ superficie corrispondenti (d'ordini $n_1, n_2, \ldots$) d'altrettanti sistemi lineari projettivi di dimensione m è una superficie d'ordine $s_{m+1,1}$.

---

*) Indicheremo per brevità col simbolo $s_{m,r}$ la somma dei prodotti dei numeri $n_1, n_2, \ldots n_m$ presi ad r ad r.

**) Le superficie dell'm^{mo} sistema passanti per i formano un sistema di dimensione $m-1$, al quale corrisponderanno (ne' primi $m-1$ sistemi dati) $m-1$ sistemi inferiori della stessa dimensione $m-1$. Supposto che questi abbiano $m-1$ superficie corrispondenti passanti per i, anche i primi m sistemi dati avranno m superficie corrispondenti passanti per i; cioè se l'asserzione sussiste per $m-1$, essa è vera anche per m; dunque ecc.

119. Dati $m+2$ sistemi lineari projettivi (di superficie d'ordini $n_1, n_2, .., n_{m+2}$) di dimensione m, si domanda il luogo di un punto pel quale passino $m+2$ superficie corrispondenti. I primi m sistemi combinati successivamente col penultimo e coll'ultimo generano (118) due superficie d'ordini $s_{m,1}+n_{m+1}$, $s_{m,1}+n_{m+2}$. Queste avranno evidentemente in comune la curva luogo di un punto pel quale passino infiniti gruppi di m superficie corrispondenti de' primi m sistemi dati. Supponiamo che l'ordine di questa curva sia $s^2_{m,1}-s_{m,2}$. Allora le due superficie si segheranno lungo un'altra curva d'ordine

$$(s_{m,1}+n_{m+1})\,(s_{m,1}+n_{m+2})-(s^2_{m,1}-s_{m,2})$$

ossia d'ordine $s_{m+2,2}$, in virtù della seconda fra le identità:

$$s_{m+2,1}=s_{m,1}+n_{m+1}+n_{m+2},$$

$$s_{m+2,2}=s_{m,2}+(n_{m+1}+n_{m+2})\,s_{m,1}+n_{m+1}\,n_{m+2}.$$

$$s_{m+2,3}=s_{m,3}+(n_{m+1}+n_{m+2})\,s_{m,2}+n_{m+1}\,n_{m+2}\,s_{m,1}.$$

La seconda curva è il luogo domandato.

120. Siano dati ora $m+2$ sistemi lineari projettivi (di superficie d'ordini $n_1, n_2, ..,$ n_{m+2}) di dimensione $m+2$. Un sistema inferiore di dimensione $m+1$ contenuto nel primo sistema dato ed i sistemi inferiori corrispondenti negli altri sistemi dati generano una superficie d'ordine $s_{m+2,1}$ (118). Due superficie d'ordine $s_{m+2,1}$, così ottenute, corrispondono per ciascun sistema dato a due sistemi inferiori di dimensione $m+1$ (contenuti in uno stesso sistema dato), i quali avranno in comune un sistema minore di dimensione m. Perciò le due superficie contengono la curva d'ordine $s_{m+2,2}$ generata (119) dagli $m+2$ sistemi minori corrispondenti di dimensione m; e quindi si segheranno lungo un'altra curva d'ordine $s^2_{m+2,1}-s_{m+2,2}$; la quale è situata in tutte le analoghe superficie d'ordine $s_{m+2,1}$ *), epperò è il luogo dei punti pei quali passano infiniti gruppi di $m+2$ superficie corrispondenti di altrettanti sistemi lineari projettivi di dimensione $m+2$.

Dunque, se m sistemi di dimensione m generano una curva d'ordine $s^2_{m,1}-s_{m,2}$, anche $m+2$ sistemi di dimensione $m+2$ genereranno una curva d'ordine $s^2_{m+2,1}-s_{m+2,2}$; e l'ordine della curva generata da $m+2$ sistemi di dimensione m sarà $s_{m+2,2}$. Ora l'ipotesi fatta ha luogo (102, 112) per $m=1, 2, 3$; per conseguenza ecc.

*) Ciò si prova come nel caso dei sistemi di dimensione 3 (112).

121. Ammettiamo che il rango della curva d'ordine $s_{m,2}$ generata (119) da m sistemi lineari projettivi di dimensione $m-2$ sia

$$(s_{m,1}-2)s_{m,2}+s_{m,3}\,.$$

Allora, siccome questa curva, insieme con quella d'ordine $s^2_{m,1}-s_{m,2}$ generata da m sistemi lineari projettivi di dimensione m (de' quali facciano parte come sistemi minori corrispondenti gli anzidetti sistemi di dimensione $m-2$), forma la completa intersezione di due superficie d'ordine $s_{m,1}$ (120), così il rango dell'ultima curva sarà (96)

$$2(s_{m,1}-1)(s^2_{m,1}-2s_{m,2})+(s_{m,1}-2)\,s_{m,2}+s_{m,3}\,.$$

Quest'ultima curva, insieme con quella d'ordine $s_{m+2,2}$ generata da $m+2$ sistemi lineari projettivi di dimensione m (de' quali i primi m siano i già nominati), costituisce l'intersezione completa di due superficie d'ordini $s_{m,1}+n_{m+1}$, $s_{m,1}+n_{m+2}$ (120); dunque (96) il rango della curva d'ordine $s_{m+2,2}$ sarà

$$(s_{m,1}+s_{m+2,1}-2)(s_{m+2,2}-s^2_{m,1}+s_{m,2})$$
$$+2(s_{m,1}-1)(s^2_{m,1}-2s_{m,2})+(s_{m,1}-2)\,s_{m,2}+s_{m,3}\,,$$

ossia

$$(s_{m+2,1}-2)\,s_{m+2,2}+s_{m+2,3}$$

avuto riguardo alle identità superiori (119). Ora la verità dell'ipotesi ammessa è stata dimostrata (95, 117) per $m=2, 3$; dunque:

*Il luogo di un punto pel quale passino infiniti gruppi di m superficie corrispondenti (d'ordini $n_1, n_2, \ldots$) di altrettanti sistemi lineari projettivi di dimensione m *) è una curva gobba d'ordine $s^2_{m,1}-s_{m,2}$ e di rango*

$$2(s_{m,1}-1)(s^2_{m,1}-s_{m,2})-s_{m,1}\cdot s_{m,2}+s_{m,3}\,.$$

Il luogo di un punto pel quale passino $m+2$ superficie corrispondenti (d'ordini $n_1, n_2, \ldots$) d'altrettanti sistemi lineari projettivi di dimensione m è una curva gobba d'ordine $s_{m+2,2}$ e di rango $(s_{m+2,1}-2)\,s_{m+2,2}+s_{m+2,3}$.

122. Siano dati $m-1$ sistemi lineari projettivi (di superficie d'ordini $n_1, n_2, \ldots n_{m-1}$) di dimensione m. In uno di essi prendansi tre sistemi inferiori di dimensione $m-2$, comprendenti uno stesso sistema minore di dimensione $m-3$. Ciascuno dei tre si-

*) Cioè il luogo di un punto-base comune ad m fasci corrispondenti.

stemi inferiori, insieme coi sistemi corrispondenti negli altri sistemi dati, genererà una superficie d'ordine $s_{m-1,1}$ (118). Queste tre superficie passano simultaneamente per la curva d'ordine $s_{m-1,2}$ generata dagli $m-1$ sistemi minori corrispondenti di dimensione $m-3$ (119). E siccome il rango di questa curva (121) è

$$(s_{m-1,1}-2)s_{m-1,2}+s_{m-1,3}\,,$$

così (97) le tre superficie avranno

$$s_{m-1,1}(s^2_{m-1,1}-2s_{m-1,2})+s_{m-1,3}$$

punti comuni, all'infuori di quella curva.

Questi punti sono comuni *) a tutte le analoghe superficie d'ordine $s_{m-1,1}$ che corrispondono ai vari sistemi inferiori di dimensione $m-2$ contenuti nei sistemi proposti; dunque:

Dati $m-1$ sistemi lineari projettivi (di superficie d'ordini $n_1, n_2, \ldots$) di dimensione m, il numero dei punti, ciascun de' quali sia un punto-base comune di $m-1$ reti corrispondenti, è $s_{m-1,1}(s^2_{m-1,1}-2s_{m-1,2})+s_{m-1,3}$.

123. Dati $m+3$ sistemi lineari projettivi (di superficie d'ordini $n_1, n_2, .., n_{m+3}$) di dimensione m, si cerca il luogo di un punto comune ad $m+3$ superficie corrispondenti. I primi m sistemi combinati successivamente col $(m+1)^{mo}$, col $(m+2)^{mo}$, e col $(m+3)^{mo}$ generano (118) tre superficie d'ordini $s_{m,1}+n_{m+1}, s_{m,1}+n_{m+2}, s_{m,1}+n_{m+3}$, rispettivamente. Queste superficie hanno in comune la curva d'ordine $s^2_{m,1}-s_{m,2}$ e di rango

$$2(s_{m,1}-1)(s^2_{m,1}-s_{m,2})-s_{m,1}\,.\,s_{m,2}+s_{m,3}$$

generata dai primi m sistemi (121); dunque (97) le tre superficie avranno inoltre un numero di punti comuni uguale a

$$(s_{m,1}+n_{m+1})(s_{m,1}+n_{m+2})(s_{m,1}+n_{m+3})$$

$$-(s^2_{m,1}-s_{m,2})(2s_{m,1}+s_{m+3,1}-2)+2(s_{m,1}-1)(s^2_{m,1}-s_{m,2})-s_{m,1}\,.\,s_{m,2}+s_{m,3}$$

ossia ad $s_{m+3,3}$, in virtù delle identità:

$$s_{m+3,1}=s_{m,1}+n_{m+1}+n_{m+2}+n_{m+3}\,,$$

$$s_{m+3,3}=s_{m,3}+(n_{m+1}+n_{m+2}+n_{m+3})\,s_{m,2}$$

$$+(n_{m+2}\,n_{m+1}+n_{m+3}\,n_{m+1}+n_{m+1}n_{m+2})\,s_{m,1}+n_{m+1}\,n_{m+2}\,n_{m+3}\,.$$

Dunque:

*) Ciò si dimostra come pei sistemi di dimensione 3 (110).

Il numero dei punti dello spazio pei quali passino $m+3$ superficie corrispondenti (d'ordini $n_1, n_2, \ldots$) d'altrettanti sistemi lineari projettivi di dimensione m, è $s_{m+3,3}$ *).

Complessi simmetrici.

124. Siano dati $m+1$ sistemi lineari projettivi di dimensione m. Assumendo nel primo sistema $m+1$ superficie, atte ad individuarlo, si consideri ciascuno degli altri sistemi come individuato dalle $m+1$ superficie che corrispondono projettivamente a quelle. Allora una qualunque delle $(m+1)^2$ superficie che per tal modo determinano gli $m+1$ sistemi, potrà essere designata col simbolo P_{rs}, dove l'indice r sia comune a tutte le $m+1$ superficie di uno stesso sistema, e l'indice s sia comune ad $m+1$ superficie corrispondenti.

Ciò premesso, diremo che gli $m+1$ sistemi formano un *complesso simmetrico* quando tutti siano dello stesso ordine n, ed inoltre i simboli P_{rs} e P_{sr} esprimano una sola e medesima superficie. [128]

125. Sia $m=1$, cioè abbiasi il complesso simmetrico

$$\begin{matrix} P_{11}, & P_{12} \\ P_{21}, & P_{22} \end{matrix}$$

costituito da due fasci projettivi $(P_{11}, P_{12}, \ldots)$, $(P_{21}, P_{22}, \ldots)$, aventi la superficie comune $P_{12} \equiv P_{21}$, la quale però non corrisponda a sè medesima. Su questa superficie sono situate le curve basi di entrambi i fasci, le quali s'intersecano negli n^3 punti comuni alle tre superficie P_{11}, P_{12}, P_{22}.

La superficie Φ d'ordine $2n$, generata (91) dai due fasci è toccata lungo la curva base del primo fascio dalla superficie P_{11} di esso, che corrisponde alla superficie P_{21} del secondo fascio. In fatti (91) Φ è toccata in un punto qualunque di detta curva dalla superficie del primo fascio corrispondente a quella del secondo che passa pel punto medesimo; ma P_{21} è una superficie del secondo fascio e contiene intera la curva base del primo, dunque ecc.

Similmente la superficie Φ è toccata lungo la curva base del secondo fascio dalla superficie P_{22} del medesimo, che corrisponde alla superficie P_{12} del primo. Nei punti comuni alle basi dei due fasci, Φ è adunque toccata da entrambe le superficie P_{11} e P_{22}. Ma queste due superficie, essendo date ad arbitrio, non hanno in generale alcun punto di contatto; dunque i punti comuni alle tre superficie P_{11}, P_{12}, P_{22} sono doppi per la superficie Φ. Ossia:

---

*) Cfr. SALMON l. c. p. 492-5.

La superficie generata da due fasci projettivi di superficie d'ordine n, formanti un complesso simmetrico, ha n^3 punti doppi.

Le superficie d'ordine n passanti per gli n^3 punti suddetti formano una rete, epperò tutte quelle che passano inoltre per un punto arbitrario (che prenderemo in Φ), costituiscono un fascio. La curva d'ordine n^2, base di questo fascio, avendo così $2n^3+1$ intersezioni comuni con Φ, che è d'ordine $2n$, giace per intero su questa superficie. Dunque *ogni superficie d'ordine n passante per gli n^3 punti doppi di Φ sega questa superficie lungo due curve separate d'ordini n^2, intersecantisi ne' punti suddetti. Per ciascun punto di Φ passa una curva siffatta, che è la base di un fascio di superficie d'ordine n. Due qualunque di tali curve sono situate in una medesima superficie d'ordine n,* epperò non possono avere altri punti comuni, fuori di quegli n^3.

Queste due curve sono le basi di due fasci d'ordine n, fra i quali si può stabilire tale corrispondenza projettiva che la superficie da essi generata sia appunto Φ. Infatti una superficie dell'un fascio, passando per la curva base di esso, sega Φ secondo una nuova curva d'ordine n^2, la quale insieme colla base dell'altro fascio individua la corrispondente superficie di questo. Ma vi è una superficie la quale, contenendo entrambe le curve basi, appartiene all'uno ed all'altro fascio. Come appartenente al primo fascio, essa sega Φ in una nuova curva che coincide colla base del secondo fascio. Dunque *la superficie che in esso secondo fascio le corrisponde segherà Φ lungo due curve coincidenti nella base del secondo fascio medesimo, ossia toccherà Φ lungo questa curva*. Per tal guisa è manifesto che *le curve d'ordine n^2 passanti per gli n^3 punti doppi sono curve (caratteristiche) di contatto tra Φ e certe superficie d'ordine n,* appartenenti alla rete summenzionata. Ossia Φ è l'inviluppo (47) di una serie semplicemente infinita di superficie (due delle quali passano per un punto arbitrario dello spazio), fra le quali si trovano anche P_{11} e P_{22}.

126. Ora sia $m=2$, cioè si consideri il complesso simmetrico

$$\begin{matrix} P_{11}, & P_{12}, & P_{13} \\ P_{21}, & P_{22}, & P_{23} \\ P_{31}, & P_{32}, & P_{33} \end{matrix}$$

costituito da tre reti projettive:

$$\begin{matrix} (P_{11}, & P_{12}, & P_{13}, \ldots), \\ (P_{21}, & P_{22}, & P_{23}, \ldots), \\ (P_{31}, & P_{32}, & P_{33}, \ldots) \end{matrix}$$

di superficie d'ordine n, ove $P_{23}\equiv P_{32}$, $P_{31}\equiv P_{13}$, $P_{12}\equiv P_{21}$. Sia Ψ la superficie d'ordine $3n$, luogo di un punto nel quale si seghino tre superficie corrispondenti delle tre reti (103); essa può costruirsi nel modo che segue.

I due fasci projettivi (P_{22}, P_{23}, . .), (P_{32}, P_{33}, . .), che formano un complesso simmetrico, generano (125) una superficie Φ_{11} d'ordine $2n$, la quale è toccata da P_{33} lungo la curva $P_{32}P_{33}$, base del secondo fascio. Analogamente i fasci projettivi (P_{11}, P_{13},..), (P_{31}, P_{33}, . .), che formano pur essi un complesso simmetrico, danno una superficie Φ_{22} d'ordine $2n$, toccata da P_{33} lungo la curva $P_{31}P_{33}$. E i due fasci projettivi (P_{21}, P_{23},..), (P_{31}, P_{33}, . .) ovvero (che è la medesima cosa *)) i fasci projettivi (P_{12}, P_{13}, . .), (P_{32}, P_{33}, . .) [129] genereranno una superficie Φ_{12} o Φ_{21} d'ordine $2n$, intersecata da P_{33} lungo le due curve $P_{13}P_{33}$, $P_{23}P_{33}$, e per conseguenza toccata dalla stessa P_{33} ne' punti comuni a queste due curve, cioè nei punti comuni alle tre superficie P_{13}, P_{23}, P_{33} (punti-base della terza rete data).

Le superficie analoghe a Φ_{11}, Φ_{12}, generate per mezzo di fasci che si corrispondono nella seconda e nella terza rete, formano una nuova rete (102); e ciascuna di esse può risguardarsi individuata dal fascio della terza rete che è impiegato per costruirla. E lo stesso valga per le superficie analoghe a Φ_{21}, Φ_{22}, generate per mezzo di fasci corrispondenti nella prima e nella terza rete. Donde segue che le reti (Φ_{11}, Φ_{12},..), (Φ_{21}, Φ_{22},..) sono projettive, ed in particolare sono projettivi i fasci (Φ_{11}, Φ_{12}), (Φ_{21}, Φ_{22}) che nelle reti stesse si corrispondono.

La superficie Φ_{11} (della rete Φ_{11}, Φ_{12},..) e la superficie Φ_{21} (della rete Φ_{21}, Φ_{22},..) corrispondono al medesimo fascio (P_{32}, P_{33}) della terza rete data, e rispettivamente ai fasci (P_{22}, P_{23}), (P_{12}, P_{13}) della seconda e della prima rete: e però quelle superficie contengono, oltre alla curva $P_{32}P_{33}$, la curva d'ordine $3n^2$, luogo dei punti ne' quali si segano tre superficie corrispondenti di quei tre fasci, che sono projettivi. E questa seconda curva appartiene anche alla superficie Ψ, perchè i medesimi tre fasci sono corrispondenti nelle tre reti date.

Analogamente, la superficie Φ_{12} (della rete Φ_{11}, Φ_{12},..) e la superficie Φ_{22} (della rete Φ_{21}, Φ_{22},..) corrispondono allo stesso fascio (P_{31}, P_{33}) della terza rete data e rispettivamente ai fasci (P_{21}, P_{23}), (P_{11}, P_{13}) della seconda e della prima rete; perciò

---

*) Una superficie d'ordine $2n$, generata (91) per mezzo di due fasci proiettivi (U, V), (U′, V′) dello stesso ordine n, può anche essere dedotta da due fasci projettivi (U, U′), (V, V′), ne' quali due superficie U″, V″ si corrispondano come segue. Presa ad arbitrio la superficie U″ fra quelle che passano per la curva UU′, essa incontrerà la superficie ($2n$) secondo un'altra curva K d'ordine n^2, per la quale e per la base VV′ si può far passare una superficie V″ d'ordine n. In fatti K ha n^3 punti comuni colla base VV′ (i punti comuni alle superficie U″, V, V′); dunque una superficie d'ordine n, passante per la base VV′ e per un punto di K non situato in questa base medesima, avrà n^3+1 punti comuni con K, e però conterrà questa curva per intero.

quelle superficie conterranno, oltre alla curva $P_{31}P_{33}$, la curva d'ordine $3n^2$, generata dai detti tre fasci, che sono projettivi. La qual curva è anche situata nella superficie Ψ, perchè quei tre fasci sono corrispondenti nelle tre reti date.

Così pure una superficie qualunque Φ_{1r} del fascio (Φ_{11}, Φ_{12}) e la superficie corrispondente Φ_{2r} del fascio projettivo (Φ_{21}, Φ_{22}) (le due superficie corrispondono ad un medesimo fascio della terza rete data) avranno in comune non solo una curva (base di questo fascio) d'ordine n^2, situata su P_{33} e sopra una superficie del fascio (P_{31}, P_{32}), ma anche una curva d'ordine $3n^2$ generata da tre fasci corrispondenti, epperò situata su Ψ. Ne segue che Ψ e P_{33} formano insieme il luogo completo generato dai fasci projettivi (Φ_{11}, Φ_{12}), (Φ_{21}, Φ_{22}).

Siccome questi fasci costituiscono un complesso simmetrico, così (125) *la superficie* Ψ *è toccata da* Φ_{11} *e da* Φ_{22} *secondo due curve d'ordine* $3n^2$ *che giacciono in* Φ_{12}; ed i punti doppi di Ψ sono i punti comuni alle tre superficie Φ_{11}, Φ_{22}, Φ_{12}. Ora, si è veduto sopra che queste superficie sono toccate simultaneamente da P_{33} negli n^3 punti-base della terza rete data; e ciascuno di questi punti di contatto assorbe (21) quattro punti d'intersezione delle tre superficie Φ; dunque *la superficie* Ψ *ha* $(2n)^3 - 4n^3 = 4n^3$ *punti doppi*, pei quali passano tutte le superficie Φ.

Dalle cose or dette risulta inoltre:

1.° Che Ψ, insieme con P_{33}, è l'inviluppo di una serie semplicemente infinita di superficie Φ_{11}, Φ_{22}, ... Ogni superficie Φ_{rr} è l'inviluppo di una serie analoga di superficie d'ordine n, come P_{rr}; e viceversa ogni superficie P_{rr} dà luogo ad una serie di superficie Φ_{rr}, il cui inviluppo è costituito da Ψ e dalla P_{rr}. Ogni superficie Φ_{rr} tocca Ψ lungo una curva caratteristica d'ordine $3n^2$, mentre ciascuna P_{rr} tocca Ψ in n^2 punti (punti-base di una rete di superficie P_{rs}).

2.° Che Ψ *è anche il luogo dei punti doppi delle superficie* Φ_{rr}. In fatti, un punto doppio di Φ_{11} è situato in tutte le superficie del fascio (P_{22}, P_{23}) ed in tutte quelle del fascio (P_{32}, P_{33}); e per esso passerà anche una superficie del fascio (P_{12}, P_{13}). Epperò il punto medesimo, appartenendo a tre superficie corrispondenti dei tre fasci suddetti (che sono contenuti nelle tre reti date), sarà un punto del luogo Ψ.

127. In modo somigliante si può costruire la superficie Ψ luogo di un punto nel quale si seghino tre superficie corrispondenti di tre reti projettive:

$$(P, Q, R, \ldots),$$
$$(P', Q', R', \ldots),$$
$$(P'', Q'', R'', \ldots)$$

d'ordini n, n', n'', le quali non formino un complesso simmetrico (103).

I due fasci projettivi (Q′, R′), (Q″, R″) generano una superficie Φ_1 d'ordine $n'+n''$, che è intersecata da R″ secondo le due curve R″Q″, R″R′.

I due fasci projettivi (Q″, R″), (Q, R) generano una superficie Φ'_1 d'ordine $n''+n$, che è intersecata da R″ secondo le due curve R″Q″, R″R.

I due fasci projettivi (P′, R′), (P″, R″) generano una superficie Φ_2 d'ordine $n'+n''$, che è intersecata da R″ secondo le due curve R″P″, R″R′.

E i due fasci projettivi (P″, R″), (P, R) generano una superficie Φ'_2 d'ordine $n''+n$, che è intersecata da R″ secondo le due curve R″P″, R″R.

Le superficie Φ_1, Φ_2 determinano un fascio d'ordine $n'+n''$, che è projettivo al fascio (Q″, P″). Se S″ è una superficie qualunque di quest'ultimo fascio, i fasci corrispondenti (epperò projettivi) (S′, R′), (S″, R″) genereranno la superficie Φ del fascio (Φ_1, Φ_2) che corrisponde ad S″.

Analogamente, le superficie Φ'_1, Φ'_2 determinano un fascio d'ordine $n''+n$, pur esso projettivo al fascio (Q″, P″). La superficie Φ' corrispondente ad S″ è generata dai fasci corrispondenti (projettivi) (S″, R″), (S, R).

Le superficie Φ, Φ', oltre alla curva R″S″, contengono evidentemente la curva d'ordine $nn'+n'n''+n''n$, luogo (98) di un punto ove si seghino tre superficie corrispondenti dei tre fasci projettivi (S, R), (S′, R′), (S″, R″): curva che è situata sopra Ψ, perchè questi tre fasci sono corrispondenti nelle tre reti date. Dunque: *i fasci projettivi* (Φ_1, Φ_2), (Φ'_1, Φ'_2) *generano un luogo che è composto delle superficie* R″ *e* Ψ.

128. Suppongasi ora $n''=n'=n$. In questo caso (126, *nota*) una superficie qualunque R_0 del fascio (R′, R″) interseca Φ_1 e Φ_2 secondo due curve situate rispettivamente su due superficie Q_0, P_0 appartenenti ai fasci (Q′, Q″), (P′, P″). Donde segue che le reti projettive

(P , Q , R , . .)
(P$_0$, Q$_0$, R$_0$, . .)
(P″, Q″, R″, . .)

daranno origine alle medesime superficie Φ_1, Φ_2, Φ'_1, Φ'_2, e genereranno una superficie d'ordine $3n$, la quale, avendo quattro curve d'ordine $3n^2$ comuni con Ψ, coinciderà assolutamente con questa superficie. Vale a dire:

Se una superficie d'ordine $3n$ *è generata da tre reti projettive*

(P , Q , R , . .)
(P′, Q′, R′, . .)
(P″, Q″, R″, . .)

d'ordine n, si può sostituire ad una qualunque di queste, per es. alla seconda, una nuova rete

$$(P_0, Q_0, R_0, ..)$$

projettiva alle date, e formata da superficie che appartengano rispettivamente ai fasci (P', P''), (Q', Q''), (R', R''),...

Analogamente, noi potremo surrogare un'altra delle reti date

$$(P, Q, R, ..)$$

con una nuova rete

$$(P_1, Q_1, R_1, ..)$$

ove le superficie $P_1, Q_1, R_1,..$ appartengano rispettivamente ai fasci (P_1, P_0), (Q_1, Q_0), (R_1, R_0),... ossia ciò che è la medesima cosa, alle reti (P, P', P''), (Q, Q', Q''), (R, R', R''). Adunque finalmente *si potrà generare la medesima superficie Ψ per mezzo di tre nuove reti*

$$(P_1, Q_1, R_1, ..)$$
$$(P_2, Q_2, R_2, ..)$$
$$(P_3, Q_3, R_3, ..)$$

projettive alle date e formate da superficie $P_1\ P_2\ P_3, ..,\ Q_1\ Q_2\ Q_3, ..,\ R_1\ R_2\ R_3,..$ *che appartengano rispettivamente alle reti*

$$(P, P', P'', ..)$$
$$(Q, Q', Q'', ..)$$
$$(R, R', R'', ..).$$

Di più: le reti projettive

$$(P, P', P'', P_1, ..)$$
$$(Q, Q', Q'', Q_1, ..)$$
$$(R, R', R'', R_1, ..)$$

generano una superficie d'ordine $3n^2$ la quale contiene le quattro curve $\Phi_1\Phi_2$, $\Phi_1\Phi'_1$, $\Phi'_1\Phi'_2$, $\Phi_2\Phi'_2$ d'ordine $3n^2$, epperò coincide con Ψ. La projettività di queste tre reti si determina assai facilmente. Sia P_1 una superficie qualunque del fascio (P, P'); la corrispondente superficie Q_1 si determinerà in modo che la superficie generata dai fasci projettivi (P, P', P_1), (Q, Q', Q_1) coincida con quella generata dai fasci (P, Q), (P', Q'), pei quali la legge di corrispondenza è data. Così si arriverà per gradi a risolvere il problema più generale: assunta ad arbitrio una superficie nella rete (P, P', P''), trovare le superficie corrispondenti nelle altre due reti (Q, Q', Q''), (R, R', R'').

129. Passiamo a considerare il complesso simmetrico

$$\begin{matrix} P_{11}, & P_{12}, & P_{13}, & P_{14} \\ P_{21}, & P_{22}, & P_{23}, & P_{24} \\ P_{31}, & P_{32}, & P_{33}, & P_{34} \\ P_{41}, & P_{42}, & P_{43}, & P_{44} \end{matrix}$$

costituito da quattro sistemi lineari (di dimensione 3) projettivi di superficie d'ordine n, dove $P_{12} \equiv P_{21}$, $P_{13} \equiv P_{31}$, $P_{14} \equiv P_{41}$, $P_{23} \equiv P_{32}$, $P_{24} \equiv P_{42}$, $P_{34} \equiv P_{43}$. La superficie Δ d'ordine $4n$, luogo di un punto comune a quattro superficie corrispondenti (114), può essere costruita nel modo seguente.

Le tre reti projettive (P_{22}, P_{23}, P_{24}), (P_{32}, P_{33}, P_{34}), (P_{42}, P_{43}, P_{44}) danno (126) una superficie Ψ_{11} d'ordine $3n$, che è toccata dalla superficie Φ, generata dai fasci (P_{33}, P_{34}), (P_{43}, P_{44}), secondo una curva d'ordine $3n^2$ (situata sulla superficie generata dai fasci (P_{32}, P_{34}), (P_{42}, P_{44}) ovvero dai fasci (P_{23}, P_{24}), (P_{43}, P_{44})), la quale è il luogo di un punto nel quale si seghino tre superficie corrispondenti dei fasci projettivi (P_{23}, P_{24}), (P_{33}, P_{34}), (P_{43}, P_{44}).

In somigliante maniera, le tre reti projettive (P_{11}, P_{13}, P_{14}), (P_{31}, P_{33}, P_{34}), (P_{41}, P_{43}, P_{44}) generano una superficie Ψ_{22} d'ordine $3n$, che è toccata dalla superficie Φ secondo una curva d'ordine $3n^2$ (situata sulla superficie generata dai fasci (P_{13}, P_{14}), (P_{43}, P_{44}) ovvero dai fasci (P_{31}, P_{34}), (P_{41}, P_{44})), la quale è il luogo di un punto comune a tre superficie corrispondenti dei fasci projettivi (P_{13}, P_{14}), (P_{33}, P_{34}), (P_{43}, P_{44}).

E le tre reti projettive (P_{21}, P_{23}, P_{24}), (P_{31}, P_{33}, P_{34}), (P_{41}, P_{43}, P_{44}), o ciò che è a stessa cosa (128) le tre reti projettive (P_{12}, P_{13}, P_{14}), (P_{32}, P_{33}, P_{34}), (P_{42}, P_{43}, P_{44}) generano una superficie Ψ_{12} o Ψ_{21} [130] d'ordine $3n$, che è segata dalla superficie Φ secondo le due curve d'ordine $3n^2$ ora menzionate. Donde segue che i punti comuni a queste due curve, ossia i $4n^3$ punti (100) pei quali passano quattro superficie corrispondenti dei fasci projettivi (P_{13}, P_{14}), (P_{23}, P_{24}), (P_{33}, P_{34}), (P_{43}, P_{44}), sono tali che in ciascuno d'essi la superficie Φ tocca tutte e tre le superficie Ψ_{11}, Ψ_{22}, Ψ_{12}.

Le superficie Ψ_{11}, Ψ_{12} determinano un fascio projettivo al fascio (P_{42}, P_{41}). Se P_{4r} è una superficie qualunque di quest'ultimo fascio, e se P_{3r}, P_{2r}, P_{1r} sono le superficie corrispondenti dei fasci (P_{32}, P_{31}), (P_{22}, P_{21}), (P_{12}, P_{11}), la superficie corrispondente Ψ_{1r} del fascio (Ψ_{11}, Ψ_{12}), sarà generata dalle reti projettive (P_{2r}, P_{23}, P_{24}), (P_{3r}, P_{33}, P_{34}), (P_{4r}, P_{43}, P_{44}).

Le superficie Ψ_{21}, Ψ_{22} determinano un altro fascio projettivo allo stesso fascio (P_{42}, P_{41}) anzidetto. La superficie Ψ_{2r} del fascio (Ψ_{21}, Ψ_{22}) che corrisponde a P_{4r}, è generata dalle reti projettive (P_{1r}, P_{13}, P_{14}), (P_{3r}, P_{33}, P_{34}), (P_{4r}, P_{43}, P_{44}).

Le due superficie Ψ_{1r}, Ψ_{2r} d'ordine $3n$ passano insieme per la curva d'ordine $3n^2$ generata dai fasci (P_{r3}, P_{r4}), (P_{33}, P_{34}), (P_{43}, P_{44}) [131] e situata sulla superficie Φ, e si segheranno perciò secondo un'altra curva d'ordine $6n^2$, luogo di un punto (105) comune a quattro superficie corrispondenti di quattro reti projettive (P_{1r}, P_{13}, P_{14}), (P_{2r}, P_{23}, P_{24}), (P_{3r}, P_{33}, P_{34}), (P_{4r}, P_{43}, P_{44}). Questa curva appartiene alla superficie Δ, perchè queste tre reti sono corrispondenti nei sistemi dati, dunque i fasci projettivi (Ψ_{11}, Ψ_{12}), (Ψ_{21}, Ψ_{22}) generano un luogo composto della superficie Φ d'ordine $2n$ e della superficie Δ d'ordine $4n$.

Per conseguenza (125) i punti doppi del luogo composto saranno le intersezioni delle tre superficie Ψ_{11}, Ψ_{22}, Ψ_{12}. Ma queste tre superficie hanno $4n^3$ punti di contatto, i quali equivalgono a $4.4n^3$ intersezioni: dunque il numero de' punti doppi è $(3n)^3-4.4n^3=11n^3$. Ora i punti doppi di Φ sono le n^3 intersezioni delle superficie P_{33}, P_{44}, P_{34}; perciò *la superficie* Δ *ha* $10n^3$ *punti doppi situati sopra tutte le superficie analoghe a* Ψ_{11}, Ψ_{22}, Ψ_{12},...

Siccome la superficie Δ è generata (insieme con Φ) per mezzo di due fasci projettivi costituenti un complesso simmetrico, così essa sarà toccata dalle superficie Ψ_{11}, Ψ_{22} e da tutte le analoghe secondo altrettante curve caratteristiche d'ordine $6n^2$; e le curve di contatto di due superficie Ψ_{11}, Ψ_{22} saranno situate insieme in una medesima superficie Ψ_{12}.

Inoltre Δ *può definirsi come il luogo dei punti doppi delle superficie* Ψ_{11}, Ψ_{22},... In fatti i punti doppi di Ψ_{11} sono (126) quelli comuni ad infinite superficie, come p. e. quelle generate dalle coppie di fasci projettivi:

l)	(P_{33}, P_{34}),	(P_{43}, P_{44}),
m)	(P_{32}, P_{33}),	(P_{42}, P_{43}),
h)	(P_{22}, P_{24}),	(P_{42}, P_{44}),
k)	(P_{22}, P_{23}),	(P_{42}, P_{43}),

eccettuati però i punti comuni alle superficie P_{42}, P_{43}, P_{44}. Dunque, se x è uno di quei punti doppi, per x passano due superficie corrispondenti A_3, A_4 dei fasci *l*), due superficie corrispondenti B_3, B_4 dei fasci *m*), due superficie corrispondenti C_2, C_4 dei fasci *h*) e due superficie corrispondenti B_2, B_4 dei fasci *k*). I fasci della colonna a destra sono compresi in una medesima rete (P_{42}, P_{43}, P_{44}), e le superficie di una rete che passano per un medesimo punto x (che non è un punto-base della rete) costituiscono un fascio: dunque le superficie A_4, B_4, C_4 appartengono ad uno stesso fascio, contenuto nel quarto dei sistemi dati. Ed ai fasci che a questo corrispondono nel secondo e nel terzo sistema dato apparterranno rispettivamente le coppie di superficie (B_2, C_2), (A_3, B_3). Il punto x, comune a tutte queste superficie, è per conseguenza un punto-base comune a tre fasci corrispondenti in tre dei sistemi dati (il secondo, il terzo, il quarto). Per x passerà anche una superficie del fascio che a quelli corrisponde nel primo sistema dato. Dunque x è situato in quattro superficie corrispondenti dei quattro sistemi dati, ossia x è un punto del luogo Δ, c. d. d.

130. Consideriamo da ultimo la superficie Δ d'ordine mn, luogo di un punto pel quale passino m superficie corrispondenti di m sistemi lineari projettivi di dimensione $m-1$ e d'ordine n. Il complesso degli m sistemi suppongasi da prima non simmetrico, e le superficie che individuano i sistemi medesimi costituiscano la matrice quadrata

$$\begin{matrix} P_{11} & P_{12} & \dots & P_{1m} \\ P_{21} & P_{22} & \dots & P_{2m} \\ \cdot & \cdot & \cdot\ \cdot\ \cdot & \cdot \\ \cdot & \cdot & \cdot\ \cdot\ \cdot & \cdot \\ \cdot & \cdot & \cdot\ \cdot\ \cdot & \cdot \\ P_{m1} & P_{m2} & \dots & P_{mm} \end{matrix}$$

che ha m linee ed m colonne. Le superficie di una stessa linea appartengono ad un medesimo sistema, mentre le superficie di una colonna sono corrispondenti.

Omettendo nella matrice data l'r^{ma} linea e l's^{ma} colonna, si ha un complesso minore di $m-1$ sistemi minori projettivi di dimensione $m-2$; chiameremo Δ_{rs} la superficie d'ordine $(m-1)n$ da essi generata (118).

Omettendo l's^{ma} colonna, si ha un complesso di m sistemi minori projettivi di dimensione $m-2$; sia K_s la curva d'ordine $\frac{m(m-1)n^2}{2}$ da essi generata (121): curva che è evidentemente situata su Δ e sopra tutte le superficie $\Delta_{1s}, \Delta_{2s}, \dots, \Delta_{ms}$.

Omettendo nella medesima matrice l'r^{ma} linea, rimangono $m-1$ sistemi projettivi di dimensione $m-1$; sia L_r la curva d'ordine

$$\left((m-1)^2 - \frac{(m-1)(m-2)}{2} \right) n^2 = \frac{m(m-1)}{2} n^2$$

da essi generata (121). Questa curva è situata sopra Δ e sopra tutte le superficie $\Delta_{r1}, \Delta_{r2}, \dots, \Delta_{rm}$.

Se ora si scambiano nella matrice data le linee colle colonne, onde si abbia la nuova matrice

$$\begin{array}{cccc} P_{11} & P_{21} & \ldots & P_{m1} \\ P_{12} & P_{22} & \ldots & P_{m2} \\ \cdot & \cdot & \cdot\cdot\cdot & \cdot \\ \cdot & \cdot & \cdot\cdot\cdot & \cdot \\ \cdot & \cdot & \cdot\cdot\cdot & \cdot \\ P_{1m} & P_{2m} & \ldots & P_{mm}, \end{array}$$

questa rappresenterà un nuovo complesso di m sistemi lineari projettivi di dimensione $m-1$ *). Sia ∇ la superficie d'ordine mn generata da questi sistemi; e indichiamo con ∇_{rs} la superficie d'ordine $(m-1)n$ dedotta dalla matrice inversa nello stesso modo che Δ_{rs} è stata ricavata dalla matrice primitiva; e con H_s, M_r [132] le curve analoghe a K_s, L_r.

Se si suppone che ∇_{sr} e Δ_{rs} siano una sola e medesima superficie, anche la curva K_s comune alle superficie $\Delta_{1s}, \Delta_{2s}, .., \Delta_{ms}$ coinciderà colla curva M_s comune alle superficie $\nabla_{s1}, \nabla_{s2}, .., \nabla_{sm}$; e parimente L_r coinciderà con H_r. Dunque le superficie Δ e ∇, avendo in comune tutte le curve K, L, coincidono in una superficie unica incontrata da Δ_{rs} secondo due curve K_s, H_r d'ordine $\frac{m(m-1)}{2}n^2$, l'una situata su tutte le superficie $\Delta_{1s}, \Delta_{2s}, ..$, e l'altra su tutte le superficie $\Delta_{r1}, \Delta_{r2}, ...$ Ma l'ipotesi ammessa si è verificata per $m-1=2$ ed $m-1=3$ (126, 128); dunque ecc.

Se nella matrice data si omettono l'r^{ma} e l's^{ma} colonna si hanno m sistemi minori projettivi di dimensione $m-3$, e sarà $\frac{m(m-1)(m-2)}{2\,.\,3}n^3$ il numero de' punti da essi generati (123). Questi punti sono evidentemente comuni alle curve K_s, H_r [133]; dunque nei punti medesimi la superficie Δ è toccata dalla superficie Δ_{rs}.

131. Ora il complesso rappresentato dalla matrice data sia simmetrico, cioè sia $P_{rs} \equiv P_{sr}$, onde anche $\Delta_{rs} \equiv \Delta_{sr}$, $H_r \equiv K_r$. Allora le due curve secondo le quali la superficie Δ_{rr} sega Δ coincidono in una curva unica, cioè Δ_{rr} tocca Δ lungo una curva K_r d'ordine $\frac{m(m-1)}{2}n^2$, comune a tutte le superficie $\Delta_{1r}, \Delta_{2r}, .., \Delta_{mr}$, epperò Δ_{rs} sega Δ secondo due curve K_r, K_s, che sono le curve (caratteristiche) di contatto fra Δ e le due superficie Δ_{rr}, Δ_{ss}.

---

*) Circa la determinazione della corrispondenza projettiva ne' nuovi sistemi, veggasi la chiusa del n.° 128.

Le due superficie Δ_{rr}, Δ_{rs}, oltre alla curva K_r comune con Δ, s'intersecano secondo un'altra curva d'ordine $\frac{(m-1)(m-2)}{2}n^2$, generata dagli $m-1$ sistemi minori projettivi di dimensione $m-3$, che si ottengono togliendo dalla matrice data l' r^{ma} linea e le colonne r^{ma} ed s^{ma}. Questa curva è evidentemente situata anche nella superficie Ξ d'ordine $(m-2)n$ generata dagli $m-2$ sistemi minori projettivi di dimensione $m-3$, che risultano omettendo le linee r^{ma} ed s^{ma} e le colonne r^{ma} ed s^{ma} della matrice proposta.

La medesima proprietà si verifica per ogni coppia di superficie corrispondenti dei fasci $(\Delta_{rr}, \Delta_{rs})$, $(\Delta_{sr}, \Delta_{ss})$ i quali sono projettivi, come projettivi (129) entrambi al fascio (P_{ms}, P_{mr}). Dunque i due fasci anzidetti genereranno un luogo composto delle due superficie Ξ e Δ. E siccome gli stessi due fasci formano un complesso simmetrico, così (125) i punti doppi del luogo composto saranno le intersezioni comuni delle tre superficie Δ_{rr}, Δ_{ss}, Δ_{rs}.

Ora Ξ è rispetto a ciascuna delle Δ_{rr}, Δ_{ss} ciò che queste sono rispetto a Δ; dunque Ξ tocca Δ_{rr}, Δ_{ss} secondo due curve d'ordine $\frac{(m-1)(m-2)}{2}n^2$, generate dai complessi di sistemi minori che si ottengono dalla matrice data omettendo per entrambe le linee r^{ma}, s^{ma} e rispettivamente le colonne r^{ma}, s^{ma}. E queste medesime due curve costituiscono anche l'intersezione di Ξ con Δ_{rs}, come si fa manifesto applicando a queste due superficie il discorso fatto superiormente (130) per Δ_{rs} e Δ. Dunque le tre superficie Δ_{rr}, Δ_{ss}, Δ_{rs} sono toccate da una medesima superficie Ξ, epperò si toccano fra loro, negli $\frac{m(m-1)(m-2)}{2\,.\,3}n^3$ punti comuni a quelle curve, cioè nei punti generati dai sistemi che dà la matrice proposta, omettendo le linee r^{ma} ed s^{ma}. Ciascuno di questi punti di contatto conta come quattro intersezioni; e però il numero complessivo dei punti doppi di Δ e di Ξ sarà

$$\left((m-1)^3-4\,.\,\frac{m(m-1)(m-2)}{2\,.\,3}\right)n^3=\frac{m(m^2-1)}{2\,.\,3}n^3+\frac{(m-2)\left((m-2)^2-1\right)}{2\,.\,3}n^3;$$

dunque: *la superficie Δ generata da m sistemi lineari projettivi di dimensione $m-1$ e d'ordine n, formanti un complesso simmetrico, ha $\frac{m(m^2-1)}{2\,.\,3}n^3$ punti doppi* *).

*) Salmon l. c. p. 496.

Si proverebbe poi come ne' casi di $m=3$ ed $m=4$ (126, 129) che Δ *è anche il luogo dei punti doppi delle superficie analoghe a* Δ_{rr}. [134]

Qui finisco i *Preliminari*, quantunque il disegno primitivo fosse diverso da quello che si è venuto attuando. Il presente lavoro può stare da sè, come contenente il *materiale elementare*, che sarà adoperato più tardi in altro scritto sulla teoria delle superficie. [135] Nel quale mi propongo di sviluppare geometricamente ciò che risguarda la superficie reciproca di una data, la superficie Hessiana (Jacobiana delle prime polari *)) ed altre superficie intimamente connesse colla superficie fondamentale **). Inoltre si applicheranno le teorie generali a certe classi di superficie, particolarmente a quelle generate dal movimento di una linea retta.

---

*) *Introd.* 90.

) Una parte di queste proprietà, insieme colla loro applicazione alle superficie di terz'ordine, trovasi già nel *Mémoire de géométrie pure sur les surfaces du troisième ordre* [Queste Opere, n. **79] che ottenne (1866) dalla R. Accademia delle scienze di Berlino una metà del premio fondato da Steiner, e che ora si sta stampando nel Giornale Crelle-Borchardt (t. 68).

SOMMARIO

PARTE PRIMA.

PARTE SECONDA.

---

*) Per una svista la numerazione dei paragrafi salta dal 57 al 61.

71.

RAPPRESENTAZIONE DELLA SUPERFICIE DI STEINER E DELLE SUPERFICIE GOBBE DI TERZO GRADO SOPRA UN PIANO.

Rendiconti del R. Istituto Lombardo, serie I, volume IV (1867), pp. 15-23.

La superficie di 4.° ordine e 3ª classe, conosciuta sotto il nome di *superficie Romana*, o *superficie di* STEINER, è suscettibile d'essere rappresentata (punto per punto) sopra un piano, in modo assai semplice.

Ritenute le notazioni già adoperate altrove *), sia $J^{(4)}$ la superficie; o il punto triplo; ot_1, ot_2, ot_3, le rette doppie; ω, $\bar{\omega}$ i punti cuspidali in ot; a il punto conjugato armonico di o rispetto ad $\omega\bar{\omega}$; P un piano tangente qualunque che seghi $J^{(4)}$ secondo le due coniche H, H', e la tocchi nel punto s; $\mathscr{P}$ uno dei quattro piani tangenti singolari, ed $\mathscr{H}$ la conica di contatto, cioè una delle quattro coniche costituenti la curva parabolica della superficie.

Ora si può rappresentare, punto per punto, la superficie $J^{(4)}$ sopra un piano Q in modo che alle quattro coniche $\mathscr{H}$ corrispondano quattro rette $[\mathscr{H}]$ formanti un quadrilatero completo, le cui diagonali rappresentino le rette doppie ot. Il punto triplo sarà rappresentato dai tre vertici del triangolo formato dalle diagonali; i punti cuspidali ω, $\bar{\omega}$ della retta doppia ot, dai vertici $[\omega]$, $[\bar{\omega}]$ del quadrilatero situati nella corrispondente diagonale; ed un punto qualunque della retta doppia ot da due punti della diagonale medesima, conjugati armonici rispetto ai vertici $[\omega]$ $[\bar{\omega}]$.

Le coniche H hanno per imagini le rette [H] del piano Q, in modo che a due coniche H, H' *conjugate*, cioè situate in uno stesso piano P, corrispondono due rette [H], [H'], che dividono armonicamente le diagonali $[\omega\bar{\omega}]$.

*) *Giornale* BORCHARDT-CRELLE, tom. 63, pag. 315. [Queste Opere, n. **55**].

In un punto qualunque s la superficie $J^{(4)}$ è toccata da un piano che la sega secondo due coniche; le rette corrispondenti in Q s'incrociano nel punto corrispondente $[s]$. Viceversa, in un punto qualunque $[s]$ del piano Q s'intersecano due sole rette *conjugate* [H], [H'], ossia due rette che dividono le diagonali in punti conjugati armonici; le corrispondenti coniche H, H' individueranno il punto s, la cui imagine è $[s]$.

Alla sezione fatta in $J^{(4)}$ da un piano qualunque corrisponde una conica che sega armonicamente le diagonali del quadrilatero, e che risulta circoscritta al triangolo diagonale quando il piano dato passa per o.

In generale, l'intersezione di $J^{(4)}$ con una superficie d'ordine n è rappresentata in Q da una curva d'ordine $2n$, che sega ciascuna diagonale in n coppie di punti conjugati armonici rispetto ad $[\omega]$ $[\bar{\omega}]$.

Per $n=2$, avremo in Q una curva di 4.° ordine, imagine della curva gobba secondo la quale $J^{(4)}$ è intersecata da una superficie quadrica. Se la quadrica tocca $J^{(4)}$ in quattro punti (fuori delle rette doppie), la curva piana di 4.° ordine si decompone in due coniche, epperò la curva gobba dell'8.° ordine sarà il sistema di due curve gobbe di 4.° ordine e genere 0 *).

Viceversa, ad una conica qualunque in Q corrisponde in $J^{(4)}$ una curva gobba di 4.° ordine e genere 0; la quadrica (unica) che passa per questa curva segherà $J^{(4}$ in un altra curva analoga, la cui imagine sarà quella conica che incontra ciascuna diagonale ne' punti coniugati armonici di quelli pei quali passa la prima conica. Diremo *conjugate* le due coniche, ed anche le due curve gobbe.

Come caso particolare, le due curve gobbe possono avere un punto doppio (comune) sopra una delle rette ot, ed allora ciascuna d'esse è la base d'un fascio di quadriche toccantisi in quel punto. Ciò avviene quando la conica data, epperò anche la sua coniugata, sega armonicamente *una* delle diagonali del quadrilatero.

La superficie di Steiner non contiene curve d'ordine dispari; ed ogni curva d'ordine $2n$ situata in essa è punteggiata projettivamente **) ad una curva piana di ordine n, onde il suo genere non potrà superare il numero $\frac{1}{2}(n-1)(n-2)$. Se la curva in $J^{(4)}$ non ha punti doppj, il suo genere sarà precisamente $\frac{1}{2}(n-1)(n-2)$; quindi il numero de' suoi punti doppj apparenti sarà $\frac{3}{2}n(n-1)$; l'ordine della sviluppabile osculatrice $n(n+1)$; la classe di questa sviluppabile $3n(n-1)$; ecc.

---

*) Sulla divisione delle curve in generi (dovuta a Riemann e Clebsch) vedi i miei *Preliminari ad una teoria geometrica delle superficie*, Bologna 1866 [Queste Opere, n. **70**]. Le curve gobbe di 4.° ordine e genere 0, senza punto doppio, sono quelle che si dicono anche di 2ª specie; vedi *Annali di Matematica*, tom. 4, pag. 71 (Roma 1862) [Queste Opere, n. **28** (t. 1°)].

**) *Teoria geom. delle superficie*, 54.

Consideriamo le coniche del piano Q, inscritte nel quadrilatero, delle quali passano due per un punto qualunque [s], e sono ivi toccate da due rette dividenti le diagonali in punti armonici, cioè dalle due rette conjugate [H], [H'] incrociate in quel punto. Le rette che in s hanno un contatto tripunto con $J^{(4)}$ (rette osculatrici, *Haupttangenten*, *inflexional tangents)* sono le tangenti alle due coniche H, H', poste nel piano P che tocca la superficie in s; dunque le coniche che in Q sono inscritte nel quadrilatero rappresentano quelle curve (curve assintotiche di Dupin, *Curven der Haupttangenten)* che in $J^{(4)}$ sono toccate dalle rette osculatrici alla superficie. Cioè le curve assintotiche di $J^{(4)}$ sono di 4.° ordine e di genere 0, e propriamente sono tutte quelle che toccano le quattro coniche $\mathcal{H}$ *). Le medesime curve hanno un contatto quadripunto con ciascuno dei quattro piani $\mathcal{P}$, e sono incontrate in quattro punti armonici da ogni piano tangente della superficie.

Due coniche conjugate nel piano Q sono polari reciproche rispetto ad una conica fissa, che è la così detta *conica dei* 14 *punti* **), e corrisponde alla sezione fatta in $J^{(4)}$ dal piano $a_1a_2a_3$. Ne segue che le coniche conjugate alle inscritte nel quadrilatero formano un fascio, epperò le curve gobbe di 4.° ordine che in $J^{(4)}$ sono conjugate alle curve assintotiche, passano tutte per quattro punti fissi $\pi_1\pi_2\pi_3\pi_4$. Una curva assintotica e la sua conjugata giacciono in una stessa superficie quadrica, e tutte le quadriche analoghe sono conjugate al tetraedro $oa_1a_2a_3$. Queste superficie possono adunque definirsi come coniugate al detto tetraedro, passanti per un punto π e tangenti ad una conica $\mathcal{H}$; giacchè le quadriche così definite passano anche per gli altri tre punti π, e toccano le altre coniche $\mathcal{H}$. Questa serie di superficie di 2.° ordine (le cui caratteristiche, secondo Chasles, sono $\mu=3$, $\nu=6$, $\rho=6$) comprende tre coni, i cui vertici sono a_1, a_2, a_3, e tre coppie di piani, ciascuna delle quali è formata da due piani segantisi lungo una retta ot e passanti rispettivamente per due spigoli opposti del tetraedro $\mathcal{P}_1\mathcal{P}_2\mathcal{P}_3\mathcal{P}_4$. La curva assintotica contenuta in uno dei tre coni ha un punto doppio nel vertice di questo, ed è rappresentata dalla conica inscritta nel quadrilatero

*) L'illustre signor Clebsch, professore all'università di Giessen, della cui amicizia altamente mi onoro, scrivevami il 21 luglio 1866 d'aver trovato « *durch Integration* » che « *die Curven der Haupttangenten der Steinerschen Fläche sind algebraisch: es sind Raumcurven vierter Ordnung unde zweiter Species, und zwar sind sie dadurch definirt dass sie die vier Kegelschnitte bëruhren, in welche die Hessesche Wendecurve zerfällt* » [136]. Un risultato così elegante m' invogliò a cercarne la dimostrazione per via geometrica; e la trovai nella rappresentazione della superficie sopra un piano, la quale forma l'argomento della presente lettura, e che già ho comunicata per intero al signor Clebsch con lettera del 25 settembre.

) Vedi *the Oxford, Cambridge and Dublin Messenger of Mathematics,* tom. 3, pag. 13 e 88. [Queste Opere, n. **64, **65**].

la quale divide armonicamente la relativa diagonale $[\omega \bar{\omega}]$. La curva assintotica corrispondente ad una qualunque delle tre coppie di piani degenera nella retta *ot* comune a questi piani. Fra le superficie quadriche di cui si tratta, è poi osservabile quella che sega $J^{(4)}$ secondo due curve entrambe assintotiche; le loro imagini sono quelle due coniche conjugate che toccano entrambe i quattro lati del quadrilatero.

Quando i quattro piani $\mathcal{P}$ siano imaginarj, il quadrilatero in Q potrebbe essere scelto in modo che due vertici opposti siano i punti circolari all'infinito; allora le curve assintotiche della superficie di Steiner sarebbero rappresentate da un sistema di coniche (elissi ed iperbole) confocali; e le imagini delle sezioni piane della superficie medesima sarebbero le iperbole equilatere che dividono armonicamente la distanza focale.

Ho supposta fin qui la superficie di Steiner affatto generale, cioè dotata di tre rette doppie distinte; ma vi sono due casi particolari che richieggono una trattazione speciale *).

Il primo caso corrisponde alla coincidenza di due rette doppie in una sola retta *ot*, lungo la quale la superficie avrà un contatto di 3.° ordine con un piano fisso $\mathcal{P}$. La superficie possiede un'altra retta doppia *ot'*, ed in questa (oltre il punto triplo *o*) un punto cuspidale ω; e due altri piani singolari $\mathcal{P}_1$, $\mathcal{P}_2$, tangenti lungo due coniche $\mathcal{H}_1$, $\mathcal{H}_2$. Siano p_1, p_2 i punti in cui queste sono incontrate dalla retta doppia *ot*.

Nel piano Q si conducano da uno stesso punto $[\omega]$, assunto come imagine di ω, quattro rette che potranno rappresentare le due coniche $\mathcal{H}_1$, $\mathcal{H}_2$, la retta *ot'* e la conica contenuta nel piano tangente in ω; purchè di queste quattro rette le prime due siano conjugate armoniche rispetto alle altre due. Le medesime rette siano poi segate nei punti $[p_1]$, $[p_2]$, $[o]$, $[o']$ da una retta condotta ad arbitrio come rappresentante di *ot*. Allora il punto triplo *o* sarà rappresentato dai punti $[o]$, $[o']$ e dal punto della retta $[\omega][o]$ successivo ad $[o]$; ossia, le sezioni fatte nella superficie con piani passanti per *o* avranno per imagini le coniche passanti per $[o']$ e tangenti in $[o]$ ad $[\omega][o]$. Una sezione piana qualunque è rappresentata da una conica che divide armonicamente i segmenti $[\omega][o]$, $[p_1][p_2]$; la quale si decompone in due rette quando il piano segante è un piano tangente, epperò la sezione si risolve in un pajo di coniche.

Le coniche tangenti alle rette $[\omega][p_1]$, $[\omega][p_2]$, ed alla $[o][o']$ in $[o]$ rappresentano le curve assintotiche, le quali sono curve di 4.° ordine e genere 0, passanti pel punto

*) Il signor Clebsch mi comunicò l'esistenza del primo di questi casi; l'altro parmi non sia ancora stato osservato da alcuno.

triplo, ed aventi ivi un contatto tripunto colla retta *ot*, ed un contatto quadripunto col piano $\mathscr{P}$. Le medesime curve hanno un contatto quadripunto anche coi piani $\mathscr{P}_1, \mathscr{P}_2$.

Si ottiene il secondo caso quando le tre rette doppie coincidono in una retta unica *ot*. Oltre il piano $\mathscr{P}'$ che ha colla superficie un contatto di 3.° ordine lungo *ot*, v'è un altro piano singolare $\mathscr{P}$, tangente secondo una conica $\mathscr{H}$ ed incontrato da *ot* in un punto *p*. Descrivasi nel piano Q un triangolo $[o][p]q$; siano m, m' due punti conjugati armonici rispetto ad $[o][p]$, e col centro $[p]$ si formi un fascio semplice di raggi $[p]m_0$ projettivo all'involuzione de' punti (m, m'), a condizione che ai punti doppj $[o], [p]$ di questa corrispondano i raggi $[p][o], [p]q$. Allora la rappresentazione della superficie sul piano Q può essere fatta in maniera che la retta doppia *ot* sia rappresentata da $[o][p]$, il punto triplo *o* da $[o]$ (ossia da tre punti infinitamente vicini in una conica tangente in $[o]$ alla retta $[o][p]$), e la conica $\mathscr{H}$ da $[p]q$; la retta $[o]q$ rappresenterà la conica contenuta in un piano passante per *ot*. Due coniche della superficie situate in uno stesso piano tangente avranno per imagini due rette passanti per due punti conjugati m, m', e segantisi in un punto della corrispondente retta $[p]m_0$. L'imagine d'una sezione piana qualunque è una conica segante $[o][p]$ in due punti conjugati m, m', ed avente il polo di $[o][p]$ situato su $[p]m_0$.

Le curve assintotiche sono rappresentate da coniche tangenti a $[p]q$ ed osculantisi fra loro nel punto $[o]$ colla tangente $[o][p]$; epperò sono curve di 4.° ordine, cuspidate nel punto triplo, colla tangente *ot* e col piano osculatore $\mathscr{P}'$. Queste curve hanno inoltre un contatto di 3.° ordine col piano $\mathscr{P}$ *).

In modo somigliante si possono rappresentare sopra un piano le superficie gobbe di 3.° grado.

La superficie gobba $S^{(3)}$ abbia da prima due direttrici rettilinee distinte, D, E: l'una luogo dei punti doppj, l'altra inviluppo dei piani bitangenti **). Questa superficie può essere rappresentata, punto per punto, sopra un piano Q in modo che, detti α, β i punti rappresentativi dei punti cuspidali di $S^{(3)}$, la retta $\alpha\beta$ sia l'imagine della direttrice doppia D, ed alle generatrici (rettilinee) corrispondano rette passanti per un punto fisso *o*, situato fuori di $\alpha\beta$. La direttrice E sarà allora rappresentata dal solo punto *o*; in altre parole, ai punti di E corrisponderanno i punti del piano Q infinitamente vicini ad *o*.

*) Vi sono altri due casi della superficie di 4.° ordine e di 3ª classe (senza contare la sviluppabile che ha per spigolo di regresso una cubica gobba), ma non rientrano nella superficie di Steiner, perchè in essi non ha luogo la proprietà che ogni piano tangente seghi la superficie secondo due coniche (Vedi *Phil. Transactions* 1863, pag. 236-8.)

) *Atti del R. Istituto Lomb.* Vol. 2, pag. 291. (Maggio 1861.) [Queste Opere, n. **27 (t. 1°)].

Ad un punto qualunque di D corrispondono due punti diversi, conjugati armonici rispetto ad α, β; così che due rette passanti per o formanti sistema armonico con $o\alpha, o\beta$, rappresentano due generatrici di $S^{(3)}$ situate in uno stesso piano. E le rette $o\alpha, o\beta$ sono le imagini delle due generatrici singolari, cioè di quelle generatrici lungo le quali il piano tangente è costante.

La sezione fatta in $S^{(3)}$ da un piano arbitrario ha per imagine una conica descritta per o e per due punti che dividono armonicamente il segmento $\alpha\beta$.

Le rette del piano Q, non passanti per o, rappresentano le coniche della superficie.

Una conica in Q, la quale passi per o, ma non seghi armonicamente il segmento $\alpha\beta$, rappresenta una cubica gobba. Una conica conjugata (cioè passante per o e segante $\alpha\beta$ nei punti conjugati armonici di quelli pei quali passa la prima conica) sarà l'imagine di un'altra cubica gobba; e le due cubiche giaceranno in una stessa superficie di 2.° ordine.

Una conica descritta arbitrariamente nel piano Q corrisponde ad una curva di 4.° ordine e di genere 0. La superficie quadrica che passa per questa curva segherà inoltre $S^{(3)}$ secondo due generatrici, rappresentate dalle rette che da o vanno ai punti di $\alpha\beta$, coniugati armonici di quelli pei quali passa la conica.

La direzione assintotica in un punto qualunque della superficie $S^{(3)}$ è data dalla conica che è nel piano tangente in quel punto. Dunque, se m è il corrispondente punto di Q, si tiri om che seghi $\alpha\beta$ in n, e sia n' il conjugato armonico di n rispetto ad $\alpha\beta$; sarà mn' l'imagine della conica, epperò mn' rappresenta in m la direzione assintotica. Ma, se noi imaginiamo una conica tangente in α, β alle rette $o\alpha, o\beta$, comunque si prenda m sul perimetro di questa conica, la retta mn' le sarà sempre tangente. Dunque le coniche tangenti in α, β alle $o\alpha, o\beta$ rappresentano le curve assintotiche della superficie $S^{(3)}$, ond'è che queste curve sono di 4.° ordine e di genere 0, ed hanno un contatto tripunto ne' punti cuspidali colle generatrici singolari *). Le superficie quadriche che le contengono, passano tutte per quattro rette fisse.

Se la superficie $S^{(3)}$ ha le direttrici coincidenti in una sola retta D **), prendasi nel piano Q un triangolo ouv nel quale il vertice o ed i lati ou, ov, uv rappresentino

*) A cagione di questi due punti singolari nei quali le tangenti sono osculatrici, le sviluppabili aventi per ispigoli di regresso le curve assintotiche sono della 4.ª classe; mentre in generale le tangenti di una curva gobba di 4.° ordine e di 2.ª specie formano una sviluppabile di 6.ª classe.

) *Giornale Borchardt-Crelle,* tom. 60, p. 313. *Phil. Transactions* 1863, pag. 241 [Queste Opere, n. **39].

ordinatamente il punto cuspidale, la generatrice che coincide colla direttrice, un' altra generatrice G scelta ad arbitrio ed una conica C situata con G in uno stesso piano tangente. Poi si determinino sulle rette ou, uv due divisioni omografiche (corrispondenti a quelle che le generatrici di $S^{(3)}$ segnano sulla retta D e sulla conica C), nelle quali ai punti $o, u, .. m, n, ..$ corrispondano ordinatamente i punti $u, v, ... m', n', ...$

Allora le generatrici sono rappresentate dalle rette passanti per o; e le altre rette del piano Q saranno le imagini delle coniche tracciate sulla superficie. Una conica di $S^{(3)}$ ed una generatrice giacciono nello stesso piano quando le rette corrispondenti incontrano rispettivamente ou, ov in due punti omologhi m, m'.

Ad una sezione piana qualunque di $S^{(3)}$ corrisponde una conica passante per o, e tale che essa conica e la sua tangente in o segano rispettivamente ou, uv in punti omologhi.

Una conica qualunque in Q, passante per o, è l'imagine di una cubica gobba. Se quella conica sega ou in m, e se la sua tangente in o sega uv in n': descritta una conica che passi per o, ivi tocchi la retta om', e seghi ou in n, questa nuova conica rappresenterà un'altra cubica gobba, situata colla prima in una stessa superficie di 2.° ordine.

Una conica arbitraria in Q rappresenta una curva gobba di 4.° ordine e di genere 0. Se la conica sega ou in m, n, le rette om', on' rappresenteranno le generatrici che unite alla curva gobba formano la completa intersezione di $S^{(3)}$ con una quadrica.

Le curve assintotiche sono le cubiche gobbe passanti pel punto cuspidale ed aventi ivi per tangente la retta D e per piano osculatore il piano che oscula $S^{(3)}$ lungo D. Esse sono rappresentate da un fascio di coniche aventi fra loro un contatto di terz'ordine nel punto o colla tangente ou.

E superfluo aggiungere che, con questo modo di rappresentare le superficie $J^{(4)}$ ed $S^{(3)}$ sopra un piano, si potrà assai facilmente stabilire una teoria delle curve tracciate sopra queste superficie, deducendola dalle proprietà conosciute delle corrispondenti curve piane.

72.

UN TEOREMA
INTORNO ALLE FORME QUADRATICHE NON OMOGENEE
FRA DUE VARIABILI.

Rendiconti del R. Istituto Lombardo, serie I, volume IV (1867), pp. 199-201.

Sia

$$\begin{aligned} F(x, y) &\equiv y^2(ax^2+2bx+c) + 2y(a'x^2+2b'x+c') + a''x^2+2b''x+c'' \\ &\equiv x^2(ay^2+2a'y+a'')+2x(by^2+2b'y+b'') + cy^2+2c'y+c'' \end{aligned}$$

la forma quadratica proposta. Siano

$$\begin{aligned} X(x) &\equiv (ax^2+2bx+c)\ (a''x^2+2b''x+c'')-(a'x^2+2b'x+c')^2, \\ Y(y) &\equiv (ay^2+2a'y+a'')\ (cy^2+2c'y+c'')-(by^2+2b'y+b'')^2 \end{aligned}$$

i due discriminanti della forma F, cioè sia

$$X(x)=0$$

la condizione perchè l'equazione F=0 dia due valori uguali per y, e sia

$$Y(y)=0$$

la condizione perchè l'equazione F=0 dia due valori uguali per x *).

Il teorema che qui voglio far notare (ignoro se sia mai stato enunciato) è il seguente. Risguardando $X(x)$ ed $Y(y)$ come due forme biquadratiche, cioè posto:

$$\begin{aligned} X(x) &\equiv dx^4+4ex^3+6fx^2+4gx+k, \\ Y(y) &\equiv \delta y^4+4\varepsilon y^3+6\varphi y^2+4\gamma y+\varkappa, \end{aligned}$$

---

*) È noto che $F(x,y)=0$ è un integrale dell'equazione differenziale

$$\frac{dx}{\sqrt{X(x)}} \pm \frac{dy}{\sqrt{Y(y)}} = 0.$$

le due forme hanno eguali invarianti, vale a dire si ha:

$$dk-4eg+3f^2=\delta\varkappa-4\varepsilon\gamma+3\varphi^2,$$

$$dfk+2efg-dg^2-ke^2-f^3=\delta\varphi\varkappa+2\varepsilon\varphi\gamma-\delta\gamma^2-\varkappa\varepsilon^2-\varphi^3.$$

La verificazione diretta di queste eguaglianze non presenta alcuna difficoltà. Io preferisco osservare che, se si dà ad x, y il significato di coordinate ordinarie, la equazione $F=0$ rappresenta una curva di quart'ordine avente due punti doppi all'infinito sugli assi coordinati. Ponendo l'origine in un punto della curva (il che equivale a fare $c''=0$), e cambiando x, y in $\frac{1}{x}, \frac{1}{y}$, la curva si trasformerà, punto per punto, in un'altra del terzo ordine, passante pei punti all'infinito sugli assi. Allora la equazione $X\left(\frac{1}{x}\right)=0$ rappresenterà evidentemente le quattro tangenti della curva di terz'ordine, parallele all'asse $x=0$; ed analogamente $Y\left(\frac{1}{y}\right)=0$ sarà l'equazione del sistema delle quattro tangenti parallele all'altro asse. Ma è noto che gli invarianti della forma biquadratica binaria, che rappresenta le quattro tangenti condotte ad una curva di terz'ordine da un suo punto qualunque, sono uguali *) agli invarianti della forma cubica ternaria rappresentante la curva; dunque ha luogo la proprietà enunciata.

---

*) Astrazion fatta da coefficienti *numerici*, che si possono anche ridurre all'*unità*, modificando la definizione degli invarianti della forma ternaria.

73.

EXTRAIT D'UNE LETTRE

À M. CHASLES. [137]

Comptes Rendus de l'Académie des Sciences (Paris), tome LXIV (1867), pp. 1079-1080.

M. CREMONA me communique divers exemples de systèmes de courbes, provenant de la projection des courbes d'intersèction d'un système de surfaces et d'une surface unique, à l'instar des deux systèmes que m'a communiquès M. DE LA GOURNERIE. Ces exemples se rattachent à une considération fort simple.

Que l'on ait une surface I_n (d'ordre n) et un sistème de surfaces S d'ordre m, au nombre desquelles soit un cône K ayant son sommet en O. Chaque surface S coupe I suivant une courbe d'ordre mn. Les perspectives de ces courbes sur un plan Q, l'oeil étant en O, forment un système de courbes d'ordre mn, au nombre desquelles se trouve la base du cône K, qui représente donc une courbe d'ordre m, multiple d'ordre n. Or ce cône a $mn(n-1)$ arêtes tangentes à S (lesquelles sont les arêtes qui lui sont communes avec le cône d'ordre $n(n-1)$ circonscrit à S). Tout plan mené par une de ces arêtes est tangent à la courbe d'intersection du cône K et de S. Par conséquent, toute droite menée par le point k où l'arête perce le plan Q représente une tangente à la base du cône K, courbe d'ordre m, multiple d'ordre n. Ce point k est donc un *sommet* de la courbe, laquelle a ainsi $mn(n-1)$ *sommets*.

M. CREMONA décrit cet exemple d'une manière plus complète ou plus générale, en ces termes:

" Soient donnés une surface I d'ordre n et un systéme de surfaces S d'ordre m, " contenant un cône K de sommet O. Supposons qu'il y ait, parmi les conditions commu- " nes aux surfaces S, d contacts ordinaires et d' contacts stationnaires avec I. Les per- " spectives des courbes gauches (I, S) formeront un système de courbes planes d'ordre " mn, ayant $\frac{mn(m-1)(n-1)}{2}+d$ points doubles et d' rebroussements. Le cône K et le " cône de sommet O circonscrit à I ont un contact du premier ordre suivant d droites " et un contact du deuxième ordre suivant d' droites, et par suite ils se coupent suivant " $mn(n-1)-2d-3d'$ droites, qui sont autant de tangentes de la courbe gauche (I, K), " concourantes en O. Donc le système des courbes perspectives d'ordre mn contiendra " une courbe d'ordre m, multiple d'ordre n, ayants $mn(n-1)-2d-3d'$ sommets. „

74.

SOPRA UNA CERTA FAMIGLIA DI SUPERFICIE GOBBE.

Rendiconti del R. Istituto Lombardo, serie II, volume I (1868), pp. 109—112.

Il signor CAYLEY è il primo *) che abbia chiamata l'attenzione dei geometri sopra una singolare famiglia di superficie gobbe, rappresentabili con equazioni della forma

$$S \equiv A + Bt + Ct^2 + \ldots + Pt^n = 0, \tag{1}$$

ove t esprime il binomio $zy - wx$, ed il coefficiente di t^r è una forma binaria in x, y, del grado $m+n-2r$ (essendo $m \gtreqless n$).

Una superficie così fatta ha una retta direttrice, che si può considerare nata dall'avvicinamento di due rette, multiple rispettivamente secondo i numeri m, n. Un piano qualunque per la retta direttrice sega la superficie secondo n generatrici concorrenti tutte in un punto della direttrice medesima, onde esiste una corrispondenza projettiva fra i punti della direttrice ed i piani per essa. Questa corrispondenza si stabilisce assumendo tre coppie di elementi omologhi, dopo di che, per ogni piano passante per la direttrice resta individuato il punto omologo, cioè il punto di concorso delle generatrici contenute nel piano.

Io voglio qui mostrare che, quando si prendano a considerare più superficie della famiglia (1), le quali abbiano la stessa direttrice e la *stessa corrispondenza projettiva* fra i piani e i punti di questa, si incontrano proprietà, che hanno una certa analogia con quelle delle curve piane.

L'equazione (1) fa vedere che, se la retta multipla ($x = y = 0$) e la corrispondenza projettiva de' suoi elementi sono date, il numero delle condizioni determinanti la su-

*) *Philosophical Transactions*, 1864, p. 563 e seg.

perficie è $mn+m+n$. Infatti, se questo è il numero di punti dati nello spazio, pei quali debba passare la superficie, essi punti determinano altrettanti piani per la retta direttrice; a ciascuno di questi piani corrisponde un punto della medesima retta, e quindi sono individuate le generatrici passanti pei punti dati. Allora la sezione fatta nella superficie con un piano qualsivoglia è pure determinata, perchè deve avere negl'incontri colle $mn+m+n$ generatrici altrettanti punti, e nell'incontro colla direttrice un punto m-plo ed un punto n-plo infinitamente vicini (sulla traccia del piano omologo al detto punto della direttrice), i quali equivalgono ad $\frac{m(m+1)}{2}+\frac{n(n+1)}{2}$ condizioni: ed invero

$$\frac{m(m+1)}{2}+\frac{n(n+1)}{2}+mn+m+n=\frac{(m+n)(m+n+3)}{2}.$$

Se la superficie dev'esssere di genere 0, dovrà possedere $(m-1)(n-1)$ generatrici doppie, e quindi il numero delle condizioni che la determinano sarà $2(m+n)-1$.

La superficie è d'ordine $m+n$; ma per la definizione della medesima non basta conoscere l'ordine: devono essere dati entrambi i numeri m,n. Perciò useremo l'espressione *superficie* $[m,n]$. Il genere d'una superficie $[m,n]$ può variare da 0 sino ad $(m-1)(n-1)$.

Condotto ad arbitrio un piano per la direttrice, otteniamo in esso un gruppo di n generatrici; se per esse cerchiamo gli assi armonici di grado r, rispetto alla direttrice *), il luogo di tali assi è una superficie gobba $[m-r,n-r]$ della stessa famiglia (1), la cui equazione è

$$\frac{d^r S}{dt^r}=0.$$

Si ha così una serie di superficie polari

$$\frac{dS}{dt}=0,\ \frac{d^2S}{dt^2}=0,..,\ \frac{d^{n-1}S}{dt^{n-1}}=0,$$

la considerazione delle quali è essenziale per lo studio della superficie $S=0$.

Queste superficie si possono definire anche in altro modo. Una trasversale, che incontri la direttrice, ha n punti comuni colla superficie: il luogo dei centri armonici di grado r del sistema di quegli n punti, rispetto al punto d'incontro colla direttrice, preso come polo (comunque varii la trasversale, purchè s'appoggi sempre alla direttrice), è la superficie $\frac{d^r S}{dt^r}=0$.

Se due superficie $[m,n]$, $[m',n']$ hanno la medesima direttrice e la medesima corrispondenza degli elementi di questa, un punto qualunque comune alle due superficie

*) *Introduzione ad una teoria geometrica delle curve piane*, 19 [Queste Opere, n. **29** (t. 1.°)].

determinerà una generatrice comune. Quindi le due superficie s'intersecheranno lungo $mn'+m'n$ generatrici, quante appunto si ottengono per l'eliminazione di t dalle equazioni $S=0, S'=0$ della forma (1). Dunque la retta multipla equivale ad

$$(m+n)(m'+n')-(mn'+m'n)=mm'+nn'$$

rette comuni; il che s'accorda col concetto che questa direttrice nasca dall'avvicinamento di due rette multiple, secondo i numeri m,n per l'una superficie, ed m',n' per l'altra.

Per la prima definizione della superficie $\frac{dS}{dt}=0$, questa segherà $S=0$ nelle generatrici doppie (siane δ il numero) ed in quelle altre generatrici che coincidono colla direttrice, ed il numero delle quali è $m-n$. Perciò le due superficie avranno in comune altre $m(n-1)+n(m-1)-2\delta-(m-n)=2m(n-1)-2\delta$ rette. A cagione della seconda definizione, tali rette costituiranno il luogo dei punti di contatto fra $S=0$ e tutte le tangenti incontrate dalla direttrice, cioè saranno quelle generatrici lungo ciascuna delle quali la superficie $S=0$ ha un piano tangente fisso. Il numero di queste generatrici singolari può adunque variare fra $2m(n-1)$ e $2(n-1)$: in generale è uguale a $2(g+n-1)$, ove g esprime il genere della superficie.

Se $S=0$ è di genere 0, le sue generatrici si possono ottenere individualmente, segando la superficie data con un fascio di superficie $[m-1,n-1]$ della medesima famiglia (1). In fatti, se una superficie $[m-1,n-1]$, oltre ad avere in comune con $S=0$ la retta multipla e la corrispondenza projettiva degli elementi di questa, passi per le $(m-1)(n-1)$ generatrici doppie e per $2n-3$ generatrici semplici della superficie, e di più abbia comuni con questa le $m-n$ generatrici coincidenti nella direttrice (vale a dire, i medesimi $m-n$ piani seghino le due superficie secondo generatrici coincidenti nella retta multipla), tutto ciò equivarrà ad

$$(m-1)(n-1)+(2n-3)+m-n=(m-1)(n-1)+(m-1)+(n-1)-1$$

condizioni, cioè una di meno di quante determinano una superficie $[m-1,n-1]$.

Poi le due superficie si segheranno secondo

$$m(n-1)+n(m-1)-2(m-1)(n-1)-(2n-3)-(m-n)=1$$

generatrice, che è così individualmente determinata. Le superficie $[m-1,n-1]$ formano un fascio, la cui base è costituita dalle rette nominate e da altre $(m-2)(n-2)$ rette fisse, non appartenenti alla superficie $S=0$.

Qui però si è supposto $n>1$. Se fosse $n=1$, si sostituirebbe al fascio delle superficie $[m-1,n-1]$ un fascio di piani passanti per la retta multipla; ciascuno di essi segherà la superficie secondo una generatrice unica.

75.

SOPRA UNA CERTA CURVA GOBBA DI QUART'ORDINE.

Rendiconti del R. Istituto Lombardo, Serie II, volume I (1868), pp. 199-202.

È noto esservi due specie essenzialmente differenti di curve gobbe del 4.° ordine; quella di prima specie nasce dall'intersezione di due superficie quadriche, ed è perciò la base d'un fascio di 2.° ordine; mentre la curva di seconda specie è situata sopra una sola superficie di secondo grado, che è un iperboloide, e può essere ottenuta solamente come intersezione dell'iperboloide con una superficie di terz'ordine, passante per due generatrici di quello, non situate in uno stesso piano *).

Questa nota si riferisce ad un caso particolare della curva di seconda specie: caso che già si è offerto al sig. Cayley nello studio di una certa sviluppabile di 6.° ordine e 4.ª classe **), ed anche a me nella ricerca delle curve assintotiche di una superficie gobba di 3.° grado ***).

La curva, della quale si tratta, ha due punti singolari A, D, ne' quali le tangenti AB, DC sono stazionarie (ossia hanno un contatto tripunto colla curva). Siano ABC, DCB i piani osculatori in A, D; e pongansi $x=0$, $y=0$, $z=0$, $w=0$ come equazioni dei piani ABC, ABD, ACD, DCB. Allora la curva sarà rappresentata dalle equazioni semplicissime

$$(1) \qquad x:y:z:w=\omega^4:\omega^3:\omega:1,$$

dove ω è un parametro, ciascun valore del quale individua un punto della curva.

L'iperboloide passante per la curva ha per equazione

$$(2) \qquad yz-xw=0.$$

*) *Annali di Matematica* (1.ª serie), t. 4 (Roma 1862), p. 71 [Queste Opere, n. **28** (t. 1.°)].

**) *Quarterly Journal of Mathematics*, t. 7, p. 105.

***) *Rend. del R. Istituto Lomb.*, gennajo 1867, p. 22 [Queste Opere, n. **71**].

Vi è poi una superficie di 3.° ordine che passa per la curva e lungo questa è toccata dai piani osculatori della medesima: cioè una superficie di 3.° ordine, per la quale la curva (1) è una linea assintotica. Tale superficie di 3.° ordine è gobba; la sua equazione è

$$xz^2-wy^2=0, \tag{3}$$

per essa la retta AD è la direttrice luogo dei punti doppi, e la retta BC è la direttrice inviluppo dei piani bitangenti *).

Nel punto (ω) la curva (1) è osculata dal piano

$$x-2\omega y+2\omega^3 z-\omega^4 w=0,$$

che la sega inoltre nel punto ($-\omega$). Viceversa il piano osculatore nel secondo punto è segante nel primo punto. I punti della curva sono dunque accoppiati in un'involuzione, gli elementi doppi della quale sono A e D. La retta che unisce due punti conjugati

$$x-\omega^4 w=0, \quad y-\omega^2 z=0$$

è divisa armonicamente dalle AD, BC, ed ha per luogo geometrico la superficie (3). Ossia, ciascuna generatrice di questa superficie incontra la curva in due punti conjugati, ed è situata in due piani osculatori conjugati.

Un piano qualsivoglia

$$ax+by+cz+dw=0$$

sega la curva (1) in quattro punti determinati dall'equazione di 4.° grado

$$a\omega^4+b\omega^3+c\omega+d=0; \tag{4}$$

dunque la condizione che quattro punti ($\omega_1\omega_2\omega_3\omega_4$) della curva siano in un piano è

$$\omega_1\omega_2+\omega_2\omega_3+\omega_3\omega_4+\omega_4\omega_1+\omega_1\omega_3+\omega_4\omega_2=0. \tag{5}$$

Per un punto ($x_0y_0z_0w_0$) dello spazio passano quattro piani osculatori della curva (1), i cui punti di contatto sono determinati dall'equazione

$$x_0-2\omega y_0+2\omega^3 z_0-\omega^4 w_0=0; \tag{6}$$

*) *Atti del R. Istituto Lomb.* (1861), v. 2 [Queste Opere, n. **27** (t. 1.°)].

dunque la (5) è anche la condizione che i piani osculatori ne' quattro punti $(\omega_1\omega_2\omega_3\omega_4)$ abbiano un punto comune. Cioè, se quattro punti della curva sono in un piano $(abcd)$, i quattro piani osculatori nei medesimi concorrono in un punto $(x_0y_0z_0w_0)$, e viceversa.

Dalle (4), (6) si ha

$$a:b:c:d=-w_0:2z_0:-2y_0:x_0,$$

epperò $ax_0+by_0+cz_0+dw_0$ è identicamente nullo. Dunque, se dal punto $(x_0y_0z_0w_0)$ si conducono quattro piani osculatori alla curva (1), i punti di contatto sono in un piano

$$w_0x-2z_0y+2y_0z-x_0w=0$$

passante pel punto dato; e viceversa, i piani osculatori nei punti comuni alla curva e ad un piano $(abcd)$ concorrono in un punto

$$x_0:y_0:z_0:w_0=2d:-c:b:-2a$$

situato nel piano dato.

Si ha così un sistema polare reciproco (di quella specie che i geometri tedeschi chiamano *Nullsystem)*, nel quale ogni punto giace nel suo piano polare. In questo sistema, ai punti della curva (1) corrispondono i relativi piani osculatori, cioè se il polo descrive la curva, il piano polare inviluppa la sviluppabile osculatrice di essa.

All'iperboloide (2), passante per la curva, corrisponde un altro iperboloide, inscritto nella sviluppabile osculatrice. Il primo di questi iperboloidi è il luogo di un punto pel quale passino quattro piani osculatori equianarmonici *); il secondo è l'inviluppo di un piano che seghi la curva in quattro punti equianarmonici. Il primo iperboloide è anche il luogo delle rette che incontrano la curva in tre punti; ed il secondo è il luogo delle rette per le quali si possono condurre alla curva tre piani osculatori. Dunque ogni punto di una retta appoggiata alla curva in tre punti è l'intersezione di quattro piani osculatori formanti un gruppo equianarmonico; ed ogni piano passante per una retta situata in tre piani osculatori sega la curva in quattro punti equianarmonici.

Se il polo percorre la superficie gobba (3), il piano polare inviluppa la superficie medesima, la quale è ad un tempo il luogo di un punto comune a quattro piani osculatori formanti un gruppo armonico, e l'inviluppo di un piano segante la curva in quattro punti armonici.

---

*) Quattro elementi $pqrs$ di una forma geometrica, projettiva ad una retta punteggiata, diconsi *equianarmonici*, se i rapporti anarmonici dei gruppi $(pqrs)$, $(prsq)$, $(psqr)$ sono eguali fra loro: vale a dire, se è uguale a zero l'invariante quadratico della funzione $(\xi,\eta)^4$ che rappresenta quegli elementi.

76.

RELAZIONE SULL'OPERA DEL PROF. CASORATI:

TEORICA DELLE FUNZIONI DI VARIABILI COMPLESSE.

(Vol. I.°)

Rendiconti del R. Istituto Lombardo, serie II, volume I (1868), pp. 420-424.

Ch.mi Colleghi,

Ho l'onore di presentarvi, a nome dell'Autore, il 1.° volume (pag. I-XXX, 1-472) della *Teorica delle funzioni di variabili complesse*, esposta dal dott. Felice Casorati, professore di calcolo differenziale e integrale nella R. Università di Pavia, da poco venuta alla luce pei tipi dei fratelli Fusi in Pavia.

" Diffondere in Italia, tra i giovani cultori delle matematiche, i principj della variabilità complessa e la conseguente teorica generale delle funzioni, mostrare loro l'importantissima applicazione che se n'è fatta allo studio delle funzioni definite da equazioni algebriche ed algebrico-differenziali, e così metterli in grado di profittare agevolmente di tutti gli scritti originali comparsi e che vanno comparendo in questo ramo d'analisi, come fu il nostro intento nelle lezioni libere d'analisi superiore date in questa Università di Pavia negli anni scolastici 1866 e 1867, così è lo scopo della presente pubblicazione. "

Con tali modeste parole il prof. Casorati incomincia la prefazione del suo libro. Ma a rovescio di ciò che suole accadere non di rado, il libro dà molto più che non prometta; e chiunque si accinga a studiarlo si convincerà ch'esso non è soltanto una mirabile sintesi degli ultimi grandiosi progressi dell'analisi, ma è eziandio un lavoro originale, sia per la nuova maniera di coordinare teorie di una sorprendente ampiezza, arduità e importanza, sia per la novità di teoremi e d'ingegnosi concetti, dovuti alle proprie speculazioni dell'Autore.

Innanzi tutto è a sapersi che l'apparizione di questo libro risponde ad un bisogno vivamente sentito fra gli studiosi dell'alta analisi. Quantunque già da molti anni, per le insigni scoperte di cui siamo debitori a sommi ingegni come GAUSS, LEJEUNE-DIRICHLET, CAUCHY, RIEMANN ed altri, siasi in modo meraviglioso dilatato il dominio di questa scienza, tuttavia, o per quella diffidenza che sì sovente è d'inciampo all'espandersi delle nuove idee, o per le gravi difficoltà insite nella materia stessa e nella trattazione usata dagli illustri inventori, è mestieri confessare che quelle dottrine non poterono essere abbastanza divulgate. In Francia ed in Germania si sono bensì pubblicate alcune opere pregevolissime; ma per esse non è, a mio credere, soddisfatta ogni esigenza, nè rischiarata ogni tenebrosità. Al desiderio di un libro che dei principali progressi offrisse un'idea completa, in forma perfezionata e con metodi semplici ed accessibili ai più, provvede adunque l'opera del prof. CASORATI, e in tal guisa che essa sarà, non ne dubito, salutata con gioja e in Italia e fuori, dovunque non sia spento il sacro fuoco dell'amore alla scienza.

L'Autore incomincia con una estesa e ricca introduzione (pag. 1-143), dove fa la storia dello svolgimento di questo ramo d'analisi, dalle prime origini sino a questi ultimi anni. Per essa lo studioso è munito della bussola di orientazione, che lo guiderà nella dianzi inestricabile selva de' lavori riguardanti le tante teorie (funzioni ellittiche, funzioni abeliane, integrazione dei differenziali algebrici, integrazione delle equazioni differenziali, calcolo dei residui, ecc.), alle quali viene applicata la variabilità complessa. E duopo leggere queste notizie, che l'Autore è riuscito a disporre con sapiente economia, se si voglia formarsi un giusto concetto de' vasti e profondi studj da lui intrapresi, ed ai quali ha dovuto consacrare molti anni con rara costanza ed abnegazione.

Alle *Notizie storiche* tengono dietro quattro *Sezioni*. Nella 1.ª è esposta la genesi delle operazioni aritmetiche, e vi si mostra come le operazioni inverse diano nascimento alle varie specie di numeri; vi si assegnano nettamente i significati delle formule analitiche per tutti i valori (aritmeticamente possibili) dei segni letterali; e si estendono le regole del calcolo, da quei valori pei quali esse sono stabilite negli elementi, a valori qualsivogliano *). Poi vi si dà la solita rappresentazione geometrica dei numeri, colle costruzioni corrispondenti alle varie operazioni aritmetiche.

Nella 2.ª *Sezione* è stabilito il concetto di *funzione* di variabile illimitata ossia complessa: dove l'Autore esplica con somma lucidità la essenziale differenza fra una funzione di due variabili reali indipendenti x, y, ed una funzione di $x+iy$, e mette in piena luce l'opportunità della definizione riemanniana. Ivi sono del pari nettamente posti i concetti di continuità e discontinuità; ma sopra tutto importa segnalare l'u-

*) Da questo capitolo potrebbe trarre grande profitto anche chi è chiamato ad insegnare algebra elementare.

tilissima innovazione di distinguere gl'infiniti delle funzioni dalle loro discontinuità: innovazione analoga a quella in virtù della quale i moderni geometri risguardano le curve come continue attraverso i punti all'infinito.

Questa *Sezione* si chiude con " alcuni esempi dell'interpretazione geometrica della condizione inclusa nel concetto di funzione di una variabile affatto libera. „ Dove dobbiamo pur notare la ingegnosa e felice idea che ebbe il Casorati di " riguardare una superficie riemanniana come un sistema di reti d'indefinita finezza, soprapposte; togliendo così la difficoltà che suolsi avere nel concepire che i diversi strati si traversino, senza che punti dell'uno siano da confondere con punti degli altri: „ difficoltà che è stata finora uno dei più gravi ostacoli alla divulgazione dei metodi del grande geometra di Gottinga.

Preziosissima è pure la *Sezione* 3.ª, che dà la rivista di tutto il materiale d'analisi occorribile in questi studj: i quattro capitoli che la compongono sono consacrati alla classificazione delle funzioni, alle serie, ai prodotti infiniti, agli integrali.

Ultima la 4.ª *Sezione*, contiene " l'analisi dei modi secondo i quali le funzioni possano comportarsi, nel supposto della monodromia, intorno ai singoli valori della variabile. „ Su questa *Sezione* vi prego di portare più specialmente la vostra attenzione; essa offre anche più delle altre un vero carattere d'originalità. Agli insigni teoremi di Cauchy e di Laurent sulla sviluppabilità di una funzione in serie, l'Autore ha aggiunto nuove proposizioni sue, costituenti coi primi un insieme omogeneo e compatto. Specialmente per effetto della già citata distinzione fra gli infiniti e le discontinuità, egli ha raggiunto una precisione, una semplicità, un ordine sì armonico, che, a mio credere, invano si cercherebbero nelle memorie e nei libri usciti finora intorno alla medesima materia.

Quando penso all'altezza ed alla vastità del soggetto, sul quale esercitarono il loro intelletto i più celebri matematici; alle enormi difficoltà che presentava anche a forti ingegni lo studio delle Memorie di Riemann (che primo pose i principj di una teorica generale delle funzioni indipendentemente dalla supposizione di espressioni analitiche [[138]]); le quali Memorie, insieme colle innumerevoli di Cauchy e di tanti altri, il Casorati ebbe a meditare profondamente, facendone propria la sostanza, a fine di rappresentare in modo completo lo stato attuale della scienza: io non temo d'esagerare affermando che questo libro merita da noi plauso e gratitudine. Dico gratitudine, perchè, scritto qual'è con linguaggio limpido, preciso, rigoroso, ci apre le porte di un misterioso recinto, sinora vietato ai moltissimi: ci spiana e allarga vie impraticabili: ci dà il sugo essenziale di vaste teorie elaborate da molti intelletti in tempi e per vie affatto differenti: insomma ci abilita a fare, con tanto minor fatica e in un tempo incomparabilmente più breve quegli studj che prima erano giudicati fra i più ardui delle scienze matematiche.

Un'opera come questa non poteva essere condotta a termine senza il meraviglioso accordo di un felice ingegno assimilatore e creatore, con una costanza incrollabile ed una rara coscienziosità scientifica. Il Casorati è giovane d'età ma non di studj: sono già dodici anni ch'ei pubblicava negli *Annali del Tortolini* (1856) la sua prima Memoria *Intorno la integrazione delle funzioni irrazionali*, alla quale tosto (1857) tenne dietro quella *Sulla trasformazione delle funzioni ellittiche*. In seguito s'ebbero da lui altre tre Memorie: *Intorno ad alcuni punti della teoria dei minimi quadrati (Annali di matematica*, 1858); *Ricerca fondamentale per lo studio di una certa classe di proprietà delle superficie curve (Annali di matematica*, 1861-62); e *Sur les fonctions à périodes multiples (Comptes Rendus*, déc. 1863 et janv. 1864): tutti lavori che attestano la forza dell'ingegno dell'Autore, e l'eccellenza della scuola dond'è uscito. Tuttavia, quattro o cinque Memorie in dodici anni non darebbero indizio di molta attività scientifica; se l'opera presente, della quale abbiamo qui il I.° volume, e speriamo non ci si faccia troppo a lungo desiderare il II.° (sapendosi esserne già pronti i materiali), non attestasse che l'Autore, con una tenacità di volontà, non comune in Italia, s'era negato il piacere delle frequenti pubblicazioni, per consacrare tutto il suo tempo e tutta la sua energia ad una grande ed utilissima impresa.

77.

RAPPRESENTAZIONE DI UNA CLASSE DI SUPERFICIE GOBBE SOPRA UN PIANO, E DETERMINAZIONE DELLE LORO CURVE ASSINTOTICHE.

Annali di Matematica pura ed applicata, serie II, tomo I (1868), pp. 248-258.

1. Una superficie gobba sia rappresentata *punto per punto* sopra un piano. Le imagini delle generatrici rettilinee saranno linee di genere 0, formanti un fascio; quindi trasformando di nuovo, punto per punto, il piano in un altro piano, potremo sostituire a quel fascio di linee un fascio di rette.

Siano adunque le generatrici della superficie gobba rappresentate da rette del piano (xyz), passanti per un'origine fissa o. Una sezione piana qualsivoglia della superficie, avendo un solo punto comune con ciascuna generatrice, sarà rappresentata da una curva segante in un punto unico ciascun raggio del fascio o. Dunque, se μ è l'ordine delle curve imagini delle sezioni piane della superficie, esse curve avranno in o un punto $(\mu-1)$–plo, e però saranno di genere 0. Viceversa, è evidente che, se le sezioni piane della superficie sono curve di genere 0, la superficie potrà essere rappresentata punto per punto sopra un fascio piano di rette. Dunque, *affinchè una superficie gobba sia rappresentabile, punto per punto, sopra un piano, è necessario e sufficiente che la superficie sia di genere* 0 (cioè che le generatrici siano individuate da funzioni razionali di un parametro variabile) *).

2. Qui vogliamo occuparci delle superficie gobbe dotate di due direttrici rettilinee M, N, che dapprima supporremo distinte **). Siano m, n i gradi di moltiplicità delle

*) Schwarz, *Ueber die geradlinigen Flächen fünften Grades* (G. di Borchardt t. 67).

) Cayley, *A second memoir on skew surfaces, otherwise scrolls* (Philos. Transactions 1864, p. 561 e seg.) [*The Collected Mathematical Papers*, vol. V (1892), pp. 201-220]. Vedi anche i miei *Preliminari di una teoria geom. delle superficie*, 57 [Queste Opere, n. **70].

due direttrici; la superficie sarà del grado $m+n$ e (dovendo essere di genere 0) avrà $(m-1)(n-1)$ *generatrici doppie.*

Rappresentiamo M in una retta G del piano (xyz); ed N ne' punti infinitamente vicini all'origine o. Le m generatrici della superficie, uscenti da uno stesso punto di M (e contenute in uno stesso piano per N) avranno per imagini m rette del fascio o; queste incontreranno G in m punti, che tutti corrisponderanno al detto punto della retta multipla M. Tutti gli analoghi gruppi di m punti in G costituiranno un'involuzione di grado m, projettiva a quella che formano i gruppi di m piani tangenti alla superficie ne' vari punti di M. I $2(m-1)$ punti doppi dell'involuzione corrisponderanno ai punti cuspidali che la superficie possiede in M, cioè a quei punti di questa direttrice nei quali due generatrici coincidono. Lungo queste $2(m-1)$ *generatrici singolari* la superficie è toccata da altrettanti piani passanti per N.

Vi sarà poi un'altra involuzione di grado n, costituita dai raggi del fascio o, aggruppati ad n ad n in modo che un gruppo rappresenti le n generatrici uscenti da uno stesso punto di N (e contenute in un piano per M). I punti infinitamente vicini ad o, situati nei raggi del gruppo, corrisponderanno tutti insieme allo stesso punto di N. I $2(n-1)$ elementi doppi di questa involuzione danno i $2(n-1)$ punti cuspidali, che la superficie possiede sulla direttrice N; per essi passano altrettante generatrici singolari, lungo le quali la superficie è toccata da piani per M. Questa seconda involuzione è projettiva a quella che formano i gruppi di piani tangenti nei punti di N.

3. Considerando, in luogo dei raggi per o, i punti ch'essi determinano su G, le due involuzioni hanno $(m-1)(n-1)$ gruppi con due elementi comuni, cioè in G vi sono $(m-1)(n-1)$ coppie di punti tali, che i punti di ciascuna coppia appartengono simultaneamente ad un gruppo della prima e ad un gruppo della seconda involuzione. E però, i punti di siffatta coppia, uniti ad o, danno due raggi che rappresentano insieme una generatrice doppia della superficie.

Siccome un piano qualsivoglia sega M in un punto ed N in un altro punto, così la curva rappresentante una sezione piana segherà G negli m punti di uno stesso gruppo della prima involuzione, ed in o avrà n rami toccati dai raggi di uno stesso gruppo della seconda involuzione; e se μ è l'ordine della curva, questa avrà in o altre $\mu-1-n$ tangenti fisse e segherà G in altri $\mu-m$ punti fissi. Donde segue che, se $m>n$, il numero μ dev'essere almeno uguale ad m; e se $m=n$, il minimo valore di μ è $m+1$.

4. I punti del piano rappresentativo si riferiscano ad un triangolo fondamentale, un vertice del quale $(x=y=0)$ sia in o ed il lato opposto $(z=0)$ sia nella retta G. Siano u, v due forme (binarie) omogenee del grado m in x, y, projettive a due gruppi della prima involuzione; allora un gruppo qualunque della medesima involuzione sarà rappresentato da $cu+ev$ dove c, e sono coefficenti costanti (il cui rapporto è determinato da un punto

della retta M). Similmente, un gruppo qualunque della seconda involuzione sarà rappresentato da $a\omega+b\theta$, dove a, b sono coefficienti costanti (il cui rapporto è determinato da un punto di N), ed ω, θ sono due forme omogenee del grado n in x, y, projettive a due gruppi della involuzione medesima.

Ritenuto $m>n$, potremo rappresentare le sezioni piane della superficie gobba mediante curve d'ordine m, aventi $m-1$ rami incrociati in o, de' quali $m-n-1$ siano toccati da altrettante rette fisse. Ciò equivale ad $\frac{m(m-1)}{2}+m-n-1$ condizioni lineari. Inoltre le altre tangenti in o ed i punti d'intersezione colla retta G devono essere dati da gruppi delle due involuzioni; il che equivale ad altre $(n-1)+(m-1)$ condizioni lineari. Le imagini delle sezioni piane saranno adunque curve d'ordine m, soggette ad $\frac{1}{2}m(m+3)-3$ condizioni lineari comuni; vale a dire, ciascuna di esse sarà determinata linearmente da tre punti, come accade appunto per un piano nello spazio. Due di quelle curve, avendo già in comune un punto $(m-1)$—plo con $m-n-1$ tangenti, si segheranno in altri $m^2-(m-1)^2-(m-n-1)=m+n$ punti, imagini di quelli in cui la superficie è incontrata da una retta nello spazio.

5. L'equazione generale di tali curve conterrà dunque tre parametri arbitrari, cioè sarà della forma:

$$z\varphi(a\omega+b\theta)+cu+ev=0, \tag{1}$$

dove la forma omogenea φ, del grado $m-n-1$ in x, y, rappresenta le tangenti fisse comuni, in o.

Di qui risulta che le coordinate p, q, r, s di un punto qualunque nello spazio potranno essere riferite ad un tale tetraedro fondamentale, che la curva (1) sia l'imagine della sezione fatta nella superficie gobba dal piano:

$$ap+bq+cr+es=0. \tag{2}$$

Perciò la corrispondenza fra i punti della superficie e quelli del piano rappresentativo sarà espressa dalle formole:

$$p:q:r:s=z\varphi\omega:z\varphi\theta:u:v, \tag{3}$$

eliminando dalle quali i rapporti $x:y:z$, si otterrà l'equazione di grado $m+n$ in p, q, r, s, rappresentante la superficie nello spazio.

6. Se nella (1) si fa $a=b=0$, si ottengono m rette $cu+ev=0$, concorrenti in o e seganti la retta $z=0$ ne' punti di un gruppo della prima involuzione. Dunque il piano

$cr+es=0$ sega la superficie secondo m generatrici appoggiate in uno stesso punto alla direttrice M; ossia il piano $cr+es=0$ passa per l'altra direttrice N, qualunque siano c, e.

Analogamente, se nella (1) si fa $c=e=0$, si ottiene una linea composta delle rette $z=0, \varphi=0$ e delle n altre rette $a\omega+b\theta=0$, formanti un gruppo della seconda involuzione. Dunque il piano $ap+bq=0$ sega la superficie secondo n generatrici appoggiate in uno stesso punto alla direttrice N; ossia il detto piano passa per M, qualunque siano a, b.

Donde si riconosce, la scelta delle coordinate p,q,r,s consistere in ciò che le rette M,N sono due spigoli opposti del tetraedro di riferimento.

Mediante le formole (3) potremo studiare sul piano rappresentativo *la geometria delle curve delineate sulla superficie gobba.* Proponiamoci di determinare *le curve assintotiche* della medesima, cioè le curve le cui tangenti sono le rette osculatrici della superficie *).

7. Se la curva

$$(1)' \qquad Z\Phi(a\Omega+b\Theta)+cU+eV=0$$

ha un punto doppio, altrove che in o, esso punto giacerà nelle prime polari relative alla curva medesima, e però le sue coordinate x,y,z annulleranno le derivate parziali del primo membro della $(1)'$. Si hanno così le tre equazioni:

$$\begin{aligned} z\varphi(a\omega_1+b\theta_1)+cu_1+ev_1&=0, \\ z\varphi(a\omega_2+b\theta_2)+cu_2+ev_2&=0, \\ a\omega\ +b\theta\qquad\qquad &=0, \end{aligned}$$

dove gli indici 1,2,3 esprimono le derivazioni parziali rispetto ad x,y,z. Da queste equazioni si ricavano i valori de' rapporti $a:b:c:e$

$$\begin{aligned} a&\equiv n\ (u_1v_2-u_2v_1)\theta, \\ b&\equiv n\ (u_2v_1-u_1v_2)\omega, \\ c&\equiv m(\omega_2\theta_1-\omega_1\theta_2)z\varphi v, \\ e&\equiv m(\omega_1\theta_2-\omega_2\theta_1)z\varphi u, \end{aligned}$$

sostituendo i quali nella $(1)'$, si otterrà l'equazione di quella curva del sistema (1) che ha due rami incrociati nel punto (xyz). Ora, tale curva si decomporrà manifestamente nella retta $Xy-Yx=0$ (imagine della generatrice contenuta nel piano (2) che, per l'ipo-

*) Cfr. CLEBSCH, *Ueber die Steinersche Fläche* (G. di Borchardt t. 67), e la mia nota sulla *Rappresentazione della superficie di Steiner e delle superficie gobbe di* 3.° *grado sopra un piano* (Rendiconti Ist. Lomb. 1867) [Queste Opere, n. **71**].

tesi fatta, è tangente alla superficie nel punto corrispondente all' (xyz)), ed in una curva d'ordine $m-1$, della quale dobbiamo determinare la direzione nel punto (xyz). L'equazione di questa curva sarà adunque:

$$\Gamma \equiv n(u_1 v_2 - u_2 v_1) Z \Phi \frac{\theta\Omega - \omega\Theta}{Xy - Yx} + mz\varphi(\omega_1\theta_2 - \omega_2\theta_1)\frac{uV - vU}{Xy - Xx} = 0,$$

e la sua direzione nel punto (xyz) sarà espressa dall'equazione differenziale:

$$\gamma_1 dx + \gamma_2 dy + \gamma_3 dz = 0. \tag{4}$$

Ora si ha facilmente:

$$\gamma_1 \equiv (u_1 v_2 - u_2 v_1) z \left(\varphi_1(\omega_1\theta_2 - \omega_2\theta_1) + \frac{1}{2}\varphi(\omega_1\theta_2 - \omega_2\theta_1)_1\right) - \frac{1}{2} z\varphi(\omega_1\theta_2 - \omega_2\theta_1)(u_1 v_2 - u_2 v_1)_1,$$

$$\gamma_2 \equiv (u_1 v_2 - u_2 v_1) z \left(\varphi_2(\omega_1\theta_2 - \omega_2\theta_1) + \frac{1}{2}\varphi(\omega_1\theta_2 - \omega_2\theta_1)_2\right) - \frac{1}{2} z\varphi(\omega_1\theta_2 - \omega_2\theta_1)(u_1 v_2 - u_2 v_1)_2,$$

$$\gamma_3 \equiv (u_1 v_2 - u_2 v_1)\varphi(\omega_1\theta_2 - \omega_2\theta_1).$$

Perciò l'equazione (4) diverrà:

$$2\frac{d\varphi}{\varphi} + \frac{d(\omega_1\theta_2 - \omega_2\theta_1)}{\omega_1\theta_2 - \omega_2\theta_1} + 2\frac{dz}{z} - \frac{d(u_1 v_2 - u_2 v_1)}{u_1 v_2 - u_2 v_1} = 0,$$

donde integrando si ottiene:

$$z^2\varphi^2(\omega_1\theta_2 - \omega_2\theta_1) - k(u_1 v_2 - u_2 v_1) = 0, \tag{5}$$

essendo k una costante arbitraria.

Dunque le curve assintotiche della superficie gobba sono rappresentate sul piano (xyz) da un fascio di curve d'ordine $2(m-1)$, passanti pei $2(m-1)$ punti fissi $(z=0, u_1 v_2 - u_2 v_1 = 0)$, che sono gli elementi doppi della prima involuzione, ed aventi nell'origine $2(m-1)$ rami, de' quali $2(m-n-1)$ sono toccati a due a due dalle rette $\varphi=0$, mentre gli altri $2(n-1)$ hanno per tangenti le rette $\omega_1\theta_2 - \omega_2\theta_1 = 0$, cioè i raggi doppi della seconda involuzione.

8. Eliminando z fra le equazioni (1) e (5), la risultante, che è del grado $2(m+n-1)$, darà i punti del piano, corrispondenti a quelli ove una curva assintotica è incontrata dal piano (2). Dunque *le curve assintotiche di una superficie gobba* $[m, n]$, *avente due direttrici rettilinee distinte, sono algebriche e dell'ordine* $2(m+n-1)$, *ed incontrano le direttrici ne' relativi punti cuspidali.*

Un raggio qualunque del fascio o incontra la curva (5) in due altri punti, divisi armonicamente da o e da G; dunque ciascuna generatrice della superficie gobba incontra ciascuna curva assintotica in due punti, divisi armonicamente dalle due direttrici. Se la generatrice è singolare, i due punti d'incontro coincidono nel relativo punto cuspidale.

Un piano passante per la direttrice M e per la generatrice singolare appoggiata in uno de' punti cuspidali di M, sega una curva assintotica qualunque (oltre che nel detto punto cuspidale) negli altri $2m-3$ punti cuspidali di M ed in $2(n-1)$ punti situati nelle altre $n-1$ generatrici che giacciono in quel piano. Ora $2(m+n-1)-(2m-3)-2(n-1)=3$; dunque quel punto cuspidale tiene le veci di tre punti comuni alla curva assintotica ed al piano segante. Se ora si conduce un altro piano per la stessa generatrice singolare e per la direttrice N, questo piano sarà tangente alla superficie lungo la detta generatrice e segante secondo altre $m-2$ generatrici; quindi incontrerà la curva assintotica (oltre che nel punto cuspidale di M) nei $2(n-1)$ punti cuspidali di N ed in $2(m-2)$ altri punti distribuiti in quelle generatrici. Ma $2(m+n-1)-2(n-1)-2(m-2)=4$; dunque il punto cuspidale di M vale qui per quattro punti comuni alla curva assintotica ed al nuovo piano. Ciò torna a dire che in ciascun punto cuspidale di M, la curva assintotica ha un contatto tripunto colla relativa generatrice singolare ed un contatto quadripunto col piano passante per questa generatrice e per N. Analogamente, in ciascun punto cuspidale di N, la curva assintotica avrà un contatto tripunto colla relativa generatrice singolare ed un contatto quadripunto col piano passante per questa generatrice e per M. Cioè le curve assintotiche hanno in comune $2(m+n-2)$ tangenti stazionarie ed i relativi punti di contatto (i punti cuspidali della superficie) e piani osculatori.

9. Nella ricerca precedente si è supposto $m>n$, onde abbiamo potuto rappresentare le sezioni piane della superficie gobba con curve d'ordine m. Per abbracciare tutt' i casi possibili, basta assumere, in luogo della (1), l'equazione:

$$z\varphi(a\omega+b\theta)+\psi(cu+ev)=0,$$

dove, come dianzi, ω, θ siano di grado n, ed u, v di grado m; ma φ sia di grado $\mu-n-1$, e ψ un'altra forma omogenenea di grado $\mu-m$ in x, y, corrispondente ai punti fissi di G, comuni a tutte le curve che rappresentano le sezioni piane. In luogo della (5), si ottiene allora, per la imagine delle curve assintotiche, l'equazione:

$$z^2\varphi^2(\omega_1\theta_2-\omega_2\theta_1)-k\psi^2(u_1v_2-u_2v_1)=0,$$

così che l'ordine delle curve assintotiche è ancora il medesimo. In particolare, se $m=n$, potremo porre $\mu=m+1$; φ si riduce ad una costante, e ψ risulta di primo grado.

10. Passiamo ora a considerare il caso che le due direttrici rettilinee, multiple sécondo i numeri m, n, si avvicinino indefinitamente l'una all'altra sino a coincidere in una retta unica M.

Siano $p=0, q=0$ due piani passanti per M, ed $r-s=0$ un piano tangente alla superficie, il cui punto di contatto sia $r=s=0, p-q=0$. Questo piano segherà la superficie secondo la generatrice $p-q=0$ $(r-s=0)$, e secondo una curva d'ordine $m+n-1$ e di genere 0. Supposto m non $<n$, questa curva avrà $m-1$ rami incrociati nel punto $p=q=0$ $(r-s=0)$, e di questi $n-1$ toccati dalla generatrice, che nel detto punto avrà $m+n-2$ intersezioni riunite colla curva. Essendo la curva di genere 0, le sue coordinate si potranno esprimere razionalmente per mezzo di un parametro $x:y$; sia dunque per essa:

$$p-q:p+q:r+s:r-s=w\varepsilon^2 x:w\varepsilon\alpha y:xyt:0,$$

dove w, ε, α, t, sono forme omogenee di x, y, de' gradi $m-n, n-1, n-1, m+n-3$. Si può anche scrivere:

$$p:q:r:s=u\omega:u\theta:v:v, \tag{6}$$

essendosi posto:

$$w\varepsilon=u,\ \alpha y+\varepsilon x=\omega,\ \alpha y-\varepsilon x=\theta,\ xyt=v,$$

donde:

$$2\varepsilon x=\omega-\theta,\ 2\alpha y=\omega+\theta.$$

Ogni valore del rapporto $x:y$ dà un punto della curva; al punto $p=q=0$ $(r-s=0)$ corrispondono le $m-1$ radici dell'equazione $u=0$, ed al punto di contatto della superficie col piano $r-s=0$ corrisponde $x:y=0$. Il piano $r+s=0$ è scelto in modo che passi pei punti corrispondenti ad $x:y=0$, $y:x=0$.

Le generatrici della superficie sono aggruppate (in involuzione) ad n ad n, in modo che quelle di uno stesso gruppo sono contenute in un piano passante per M e concorrono in un punto della direttrice medesima. Per tal modo i piani per M ed i punti di M costituiscono due figure projettive; al piano $p-q=0$ corrisponda il punto $p=q=0$, $r-s=0$; al piano $p+q=0$ corrisponda il punto $p=q=0, r+s=0$, e però al piano $p-\lambda q=0$ corrisponderà il punto:

$$p=q=0,\ (h+\lambda)r-(1+h\lambda)s=0,$$

dove h è una costante, e λ un parametro variabile. Il piano $p-\lambda q=0$ incontra la curva nei punti dati dall'equazione:

$$u(\omega-\lambda\theta)=0,$$

cioè nel punto multiplo ed in altri n punti $\omega-\lambda\theta=0$; in guisa che al punto qualsivoglia:

$$p:q:r:s=u\omega:u\theta:v:v$$

della curva (6) corrisponderà il punto:

$$p:q:r:s=0:0:h\omega+\theta:\omega+h\theta$$

della retta M.

La retta che unisce questi due punti corrispondenti è una generatrice della superficie. Indicando con z un altro parametro variabile, e con φ una forma (arbitraria) omogenea di grado $m-2$ in x, y, le coordinate di un punto qualsivoglia di quella retta, cioè di un punto qualsivoglia della superficie, saranno:

$$p:q:r:s=u\omega:u\theta:z\varphi(h\omega+\theta)+v:z\varphi(\omega+h\theta)+v,$$

ovvero:

$$p:q:\frac{hr-s}{h-1}:\frac{hs-r}{h-1}=u\omega:u\theta:(h+1)z\varphi\omega+v:(h+1)z\varphi\theta+v.$$

Cambiando $\frac{hr-s}{h-1}$, $\frac{hs-r}{h-1}$, $(h+1)\varphi$ in r, s, φ, avremo finalmente:

(7) $$p:q:r:s=u\omega:u\theta:z\varphi\omega+v:z\varphi\theta+v,$$

dove non è da dimenticarsi che le forme binarie u, v, ω, θ non sono affatto indipendenti fra loro, ma soddisfanno alle relazioni:

(8) $$u=w\varepsilon,\ v=xyt,\ \omega-\theta=2\varepsilon x,\ \omega+\theta=2\alpha y,$$

cioè u ed $\omega-\theta$ hanno un fattor comune di grado $n-1$, e v ha un fattor lineare comune con ciascuna delle forme $\omega-\theta$, $\omega+\theta$.

11. In virtù delle formole (7), la superficie gobba $[m, n]$ è rappresentata punto per punto sopra un piano, nel quale si considerino le x, y, z come coordinate. Alla sezione fatta nella superficie dal piano:

(9) $$ar+bs+cp+eq=0$$

corrisponde come imagine la curva d'ordine $m+n-1$:

(10) $$z\varphi(a\omega+b\theta)+(a+b)v+u(c\omega+e\theta)=0,$$

che passa pel punto $x=y=0$ con $m+n-2$ rami, de' quali $m-2$ toccano altrettante rette fisse, mentre le tangenti agli altri rami formano un gruppo di un'involuzione di grado n, projettiva a quella secondo cui le generatrici sono distribuite sulla superficie.

Le generatrici sono rappresentate dalle rette condotte pel punto $x=y=0$ nel piano rappresentativo. Queste rette sono, come or ora si è detto, aggruppate in un'involuzione di grado n; quelle di uno stesso gruppo, $c\omega+e\theta=0$, rappresentano n generatrici situate in uno stesso piano per M e concorrenti in uno stesso punto di M. L'involuzione ha $2(n-1)$ raggi doppi, dati dalla jacobiana $\omega_1\theta_2-\omega_2\theta_1$; essi rappresentano le generatrici singolari (ciascuna delle quali coincide con una generatrice infinitamente vicina), appoggiate alla direttrice M ne' punti cuspidali. La curva (6) ha $(m-1)(n-1)$ punti doppi (e la superficie altrettante generatrici doppie), a ciascun de' quali corrisponderanno due valori distinti del rapporto $x:y$; dunque ciascuna generatrice doppia sarà rappresentata da due rette distinte.

12. La curva:

$$(10)' \qquad Z\Phi(a\Omega+b\Theta)+(a+b)V+U(c\Omega+e\Theta)=0$$

avrà un nodo nel punto $(x\,y\,z)$, se saranno sodisfatte le tre equazioni:

$$z\varphi(a\omega_1+b\theta_1)+(a+b)v_1+c(u\omega)_1+e(u\theta)_1=0,$$

$$z\varphi(a\omega_2+b\theta_2)+(a+b)v_2+c(u\omega)_2+e(u\theta)_2=0,$$

$$a\omega+b\theta \qquad\qquad =0,$$

dalle quali, posto per brevità:

$$(11) \qquad \begin{aligned} n\xi &= \omega_1\theta_2-\omega_2\theta_1, \\ (m+n-1)\eta &= (u\theta)_1 v_2-(u\theta)_2 v_1, \\ (m+n-1)\zeta &= (u\omega)_2 v_1-(u\omega)_1 v_2, \end{aligned}$$

ed osservando essere:

$$(u\omega)_1(u\theta)_2-(u\omega)_2(u\theta)_1=(m+n-1)u^2\xi,$$

si ricavano i valori de' rapporti $a:b:c:e$

$$a\equiv \quad u^2\xi\theta,$$

$$b\equiv -u^2\xi\omega,$$

$$c\equiv -u\xi\theta z\varphi-(\omega-\theta)\eta$$

$$e\equiv \quad u\xi\omega z\varphi-(\omega-\theta)\zeta.$$

Sostituendoli nella (10)', e dividendo il risultato per $Xy-Yx$, si ottiene l'equazione della curva d'ordine $m+n-2$:

$$\Gamma\equiv u\xi(uZ\Phi-z\varphi U)\frac{\theta\Omega-\omega\Theta}{Xy-Yx}-(\omega-\theta)\frac{u^2\xi V+U(\eta\Omega+\zeta\Theta)}{Xy-Yx}=0,$$

la direzione della quale nel punto (xyz) è data dalla equazione differenziale

$$(12) \qquad \gamma_1 dx+\gamma_2 dy+\gamma_3 dz=0,$$

dove:

$$\gamma_1 \equiv u\xi^2 z(u\varphi_1 - u_1\varphi) + \frac{\omega - \theta}{m+n-1} \cdot \frac{\Delta}{2x},$$

$$\gamma_2 \equiv u\xi^2 z(u\varphi_2 - u_2\varphi) - \frac{\omega - \theta}{m+n-1} \cdot \frac{\Delta}{2y},$$

$$\gamma_3 \equiv u^2\xi^2\varphi;$$

essendosi posto per brevità:

$$\Delta = \begin{vmatrix} v_1 & (u\omega)_1 & (u\theta)_1 \\ v_2 & (u\omega)_2 & (u\theta)_2 \\ v_{12} & (u\omega)_{12} & (u\theta)_{12} \end{vmatrix}.$$

Ora si provano facilmente le identità:

$$\frac{\theta - \omega}{u^3\xi^2} \cdot \frac{\Delta}{x} = (m+n-1)\left(\frac{\eta+\zeta}{u^2\xi}\right)_1,$$

$$\frac{\omega - \theta}{u^3\xi^2} \cdot \frac{\Delta}{y} = (m+n-1)\left(\frac{\eta+\zeta}{u^2\xi}\right)_2;$$

per conseguenza avremo:

$$\gamma_1 : \gamma_2 : \gamma_3 = 2z\left(\frac{\varphi}{u}\right)_1 - \left(\frac{\eta+\zeta}{u^2\xi}\right)_1 : 2z\left(\frac{\varphi}{u}\right)_2 - \left(\frac{\eta+\zeta}{u^2\xi}\right)_2 : 2\frac{\varphi}{u},$$

e la (12) diverrà:

$$2d\left(\frac{z\varphi}{u}\right) - d\left(\frac{\eta+\zeta}{u^2\xi}\right) = 0;$$

ossia, avuto riguardo alle (8), (11):

$$d\left(\frac{z\varphi}{u}\right) - d\left(\frac{\varepsilon(w_2v - wv_2) + 2\varepsilon_2 vw}{w^2\varepsilon\xi}\right) = 0.$$

Quindi integrando si ha:

(13) $$z\varphi w\xi + \varepsilon(wv_2 - w_2v) - 2\varepsilon_2 wv = kw^2\varepsilon\xi,$$

k costante arbitraria. Quest'equazione rappresenta un fascio di curve d'ordine $2m+n-3$ e di genere 0, aventi in $x=y=0$ un punto $(2m+n-4)$-plo colle tangenti comuni $\varphi w\xi = 0$, fra le quali si trovano le $m-n$ rette $w=0$ rappresentanti quelle generatrici che coincidono nella direttrice multipla, e le $2(n-1)$ rette $\xi=0$ rappresentanti le generatrici singolari.

13. Eliminando z fra le (7) e la (13) si hanno le equazioni:

$$p \equiv w^2 \xi \omega ,$$

$$q \equiv w^2 \xi \theta ,$$

$$r \equiv \omega (v w_2 - w v_2) + 2 v w \omega_2 + k w^2 \xi \omega ,$$

$$s \equiv \theta (v w_2 - w v_2) + 2 v w \theta_2 + k w^2 \xi \theta ,$$

che danno le coordinate di una curva assintotica per ogni valore di k. Dunque *le curve assintotiche di una superficie gobba* $[m, n]$, *avente le direttrici coincidenti, sono algebriche, di genere* 0 *e d'ordine* $2m + n - 2$. Esse hanno in comune i punti corrispondenti all'equazione $w^2 \xi = 0$, cioè toccano la direttrice negli $m - n$ punti ove una generatrice coincide colla direttrice medesima, e la segano nei $2(n-1)$ punti cuspidali. In tutti questi punti comuni hanno le stesse rette tangenti e gli stessi piani osculatori.

78.

SULLE SUPERFICIE GOBBE DI QUARTO GRADO. [139]

Memorie dell'Accademia delle Scienze dell' Istituto di Bologna, serie II, tomo VIII (1868), pp. 235-250.

1. Scopo di questa Memoria è la determinazione delle differenti specie di superficie gobbe di quarto grado. Una ricerca consimile fu già eseguita dal sig. CAYLEY nella sua *second Memoir on skew surfaces, otherwise scrolls* *), dove l'illustre geometra presenta otto specie e ne dà le definizioni geometriche e le equazioni analitiche. Però egli non indica la via che lo ha condotto a quelle specie, nè dimostra che siano le sole possibili, benchè affermi di non averne trovate altre. Ora a me è riuscito di determinare *dodici* specie differenti di quelle superficie, cioè *quattro* oltre a quelle già notate dal sig. CAYLEY.

Dalla teoria generale delle superficie gobbe **) risulta innanzi tutto che le sezioni piane di una superficie gobba di 4.° grado hanno almeno due punti doppi e al più tre: vale a dire, una superficie siffatta è del *genere* 1 o del *genere* 0. Cominciamo a investigare le specie contenute nel genere 0, come le più semplici: passeremo poi a quelle di genere 1.

Superficie gobbe di 4.° grado spettanti al genere 0.

2. Una superficie gobba di 4.° grado e genere 0 ha in generale una curva doppia di 3.° ordine, e l'inviluppo dei suoi piani bitangenti è conseguentemente ***) una sviluppabile di 3.ª classe (cioè di 4.° ordine). Ogni piano bitangente, contenendo due

*) Philosophical Transactions, 1864.

) Vedi i miei *Preliminari di una teoria geometrica delle superficie* (t. 6 e 7, seconda serie, delle Memorie dell'Accad. di Bologna), n. 48 e seg. [Queste Opere, n. **70].

***) *Preliminari*, 53.

generatrici, segherà inoltre la superficie secondo una conica; alla quale proprietà corrisponde come correlativa quest'altra, che ogni punto della curva doppia sarà il vertice di un cono quadrico (cioè di 2.° grado), circoscritto alla superficie.

Due coniche, risultanti dal segare la superficie con due piani bitangenti, sono incontrate dalle generatrici in punti che evidentemente formano due *serie projettive* [1, 1] *). Questa osservazione porge il mezzo di costruire effettivamente una superficie dotata delle proprietà suesposte.

Siano infatti C, C' due coniche situate comunque nello spazio, e in piani differenti; e fra i punti dell'una e quelli dell'altra sia data una *corrispondenza* [1, 1]. Per conoscere quale sia il luogo delle rette che congiungono le coppie di punti corrispondenti, si conduca una trasversale arbitraria, che incontri il piano di C in p e quello di C' in q; ed un piano qualsivoglia, passante per pq, seghi C in x, y e C' in u', v'. Variando questo piano intorno a pq, le rette xy, $u'v'$ generano due fasci projettivi di raggi, i cui centri sono i punti p, q. Siccome le coppie di punti xy formano in C un'involuzione, così, se x', y' sono i punti di C' corrispondenti ad x, y, anche le coppie $x'y'$ costituiranno un'involuzione in C'; epperò la retta $x'y'$ girerà intorno ad un punto fisso p', producendo un fascio projettivo a quelli, i cui centri sono p e q. I due fasci p' e q generano una conica, che incontrerà C' in quattro punti, ed è evidente che le quattro rette congiungenti questi punti ai loro corrispondenti in C sono incontrate dalla trasversale pq. Dunque la superficie, luogo di tutte le rette analoghe ad xx', è del 4.° grado.

Poichè si suppone che le coniche C, C', sia per la loro scambievole posizione, sia per la corrispondenza projettiva dei loro punti, siano del tutto generali, così il piano di C conterrà due generatrici, congiungenti i punti, ove C' incontra il piano di C, ai loro corrispondenti; e similmente, il piano di C' conterrà due generatrici, congiungenti i punti, ove C incontra il piano di C', ai loro corrispondenti. Quindi nè la retta comune ai piani di C e C', nè quella che dal punto ove concorrono le due generatrici situate nel piano di C va al punto comune alle due generatrici contenute nel piano di C', sarà situata nella superficie. Ond'è che questa non ha in generale alcuna direttrice rettilinea: cioè il luogo dei punti doppi sarà una curva gobba di 3.° ordine, e l'inviluppo dei piani bitangenti sarà una sviluppabile di 3.ª classe.

Considerando i piani di C, C' come punteggiati collinearmente (omograficamente), in modo che le date coniche projettive siano corrispondenti fra loro, è noto che l'in-

*) Due serie projettive [m, n] di elementi sono per noi due serie tali che a ciascun elemento della 2.ª corrispondono m elementi della 1.ª ed a ciascun elemento della 1.ª ne corrispondono n della 2.ª Dicesi anche che le due serie hanno la *corrispondenza* [m, n].

viluppo di un piano il quale seghi i due piani collineari secondo due rette corrispondenti è una sviluppabile di 3.ª classe (e 4.º ordine). Ma due rette corrispondenti segano C, C' in due coppie di punti corrispondenti; dunque la sviluppabile così ottenuta è l'inviluppo dei piani che contengono coppie di generatrici della superficie gobba, cioè l'inviluppo dei piani bitangenti di questa. Una sviluppabile di 3.ª classe ed una conica hanno in generale sei piani tangenti comuni; ma il piano di C, per esempio, è già un piano tangente della sviluppabile, dunque vi saranno *quattro* piani tangenti della sviluppabile che toccheranno anche C, epperò anche C'; cioè la superficie gobba ha *quattro generatrici singolari*, lungo ciascuna delle quali il piano tangente è costante.

Correlativamente, due punti doppi della superficie gobba sono i vertici di due coni quadrici circoscritti, i cui piani tangenti, passando a due a due per le generatrici della superficie, formano due serie projettive. Cioè la medesima superficie si può costruire come luogo delle rette comuni ai piani tangenti corrispondenti di due coni quadrici projettivi. Le stelle formate da tutte le rette passanti per l'uno o per l'altro vertice, si considerino come collineari in modo che i due coni anzidetti si corrispondano fra loro. Si sa che il luogo dei punti ne' quali si segano raggi corrispondenti di due stelle collineari è una cubica gobba; e siccome due raggi corrispondenti nascono dall'intersezione di due coppie di piani tangenti corrispondenti dei due coni, così in ciascun punto della cubica s'incontrano due generatrici della superficie gobba: ossia la cubica è la curva doppia della superficie. La curva doppia ha *quattro punti cuspidali*, cioè quattro punti in ciascuno dei quali le due generatrici coincidono, dando così origine alle generatrici singolari summenzionate: tali quattro punti sono quelli ove la cubica gobba incontra simultaneamente i due coni.

Questa forma generale della superficie di 4.º grado e genere 0 sarà per noi la 1.ª specie *). Ne è un caso particolare il luogo delle rette che uniscono i punti corrispondenti di due serie projettive [1, 1], date sopra una stessa cubica gobba, la quale risulta appunto essere la curva doppia della superficie **).

3. Supponiamo ora che la conica C' si riduca ad una retta doppia R, cioè la superficie sia individuata per mezzo di due serie projettive [1, 2] di punti sopra una retta R ed una conica C, situate comunque nello spazio (non aventi alcun punto comune). Da ciascun punto x di R partono due generatrici, dirette ai punti corrispondenti x', x_1 della conica C; e così pure, ogni piano per R, incontrando C in due punti x', y', contiene le due generatrici $x'x$, $y'y$ (ove x, y siano i punti di R che corrispondono

*) Questa superficie fu già considerata dal sig. CHASLES (Comptes rendus 3 giugno 1861).

) Annali di Matematica (1.ª serie) t. 1, pag. 292-93 [Queste Opere, n. **9 (t. 1.º)]. I punti *uniti* delle due serie sono punti cuspidali della superficie; e le relative tangenti della cubica gobba sono generatrici singolari, lungo le quali la superficie ha il piano tangente costante.

ad x', y'). Dunque la retta R, come luogo di punti, è una porzione della curva doppia; e come inviluppo di piani, fa parte della sviluppabile bitangente.

Movendosi x in R, i punti x', x_1 formano in C un'involuzione, epperò la retta $x'x_1$ passa per un punto fisso o *). La retta che unisce o alla traccia r di R (sul piano di C) è dunque la traccia di un piano che passa per R e contiene due generatrici incrociate in un punto a di R: ond'è che il luogo dei punti d'intersezione delle coppie di generatrici, come xx' ed yy' (essendo x', y' in linea retta con r), sarà una conica H, appoggiata ad R nel punto a, ed a C in due punti (quelli ove C è nuovamente incontrata dalle generatrici rr', rr_1) **). E correlativamente, l'inviluppo dei piani bitangenti, analoghi ad $xx'x_1$, sarà un cono quadrico K di vertice o, un piano tangente del quale, cioè $aa'a_1$, passa per R.

Questa superficie, la cui curva doppia è composta della retta R e della conica H, e la cui sviluppabile bitangente è costituita dalla retta R e dal cono K, sarà la nostra 2.ª specie ***).

Risulta dalle cose precedenti che la superficie medesima si può risguardare anche come il luogo delle rette appoggiate alla retta R ed alle coniche C, H, la seconda delle quali abbia un punto comune colla retta direttrice e due punti comuni colla prima conica; ovvero come luogo delle rette che congiungono i punti corrispondenti di due serie projettive [2, 2] date nella retta R e sulla conica H, purchè il punto comune a queste linee corrisponda (soltanto) a sè medesimo.

4. Suppongasi ora che la retta R e la conica C, i cui punti hanno fra loro la corrispondenza [1, 2], abbiano un punto comune, ma non unito: cioè, chiamando r questo punto come appartenente ad R, corrispondano ad esso due altri punti r', r_1 di C; e chiamandolo a' come punto di C, gli corrisponda un altro punto a di R. Allora per un punto qualunque x di R passano tre generatrici xx', xx_1 ed aa', delle quali l'ultima coincide colla stessa R; e un piano condotto ad arbitrio per R contiene due generatrici xx' ed aa', una delle quali coincide ancora con R. Non vi sono adunque altri punti doppi, fuori di R; bensì vi sono piani bitangenti, come $xx'x_1$, che non passano per R, ma inviluppano (come dianzi) un cono quadrico K.

---

*) Si stabilisce la corrispondenza [1, 2] fra i punti di R e quelli di C, rendendo la punteggiata R projettiva al fascio di raggi per o.

**) La superficie ha due punti cuspidali in R (quelli che corrispondono ai punti di contatto di C colle sue tangenti da o) e due punti cuspidali in H (quelli che corrispondono ai punti di contatto di C colle sue tangenti da r).

***) Questa è la 7.ª specie CAYLEY. Si ha una sottospecie quando il punto o sia coniugato armonico di r rispetto a C, vale a dire, quando l'intersezione dei piani di C, H sia la polare di r rispetto a C. Allora le generatrici che s'incontrano determinano su R ed H due involuzioni projettive.

Dunque la curva doppia è ora ridotta alla retta tripla R; e la sviluppabile bitangente è composta della retta R e del cono K. E questa sarà la 3.ª specie.

5. Nelle prime due specie, esiste *correlazione* perfetta fra il luogo dei punti doppi e l'inviluppo dei piani bitangenti; ond'è che, se a quelle si applica il principio di dualità, si ottengono di nuovo superficie delle medesime specie. Non così per la 3.ª specie; ed è perciò che qui determineremo addirittura una 4.ª specie, come correlativa alla 3.ª

In essa, il luogo dei punti doppi sarà il sistema di una retta R e di una conica H, aventi un punto comune a; ma la sviluppabile bitangente sarà qui ridotta alla retta R come inviluppo di piani tritangenti.

Si ottiene una superficie così fatta, assumendo due serie projettive [2, 1] di punti in una retta R ed in una conica H *), che si seghino in un punto a: purchè questo, risguardato come punto di H, coincida con uno de' due corrispondenti in R: sia a' l'altro punto corrispondente.

Allora per ciascun punto x' di R passeranno due generatrici $x'x$, aa', la seconda delle quali coincide sempre con R; ed ogni punto x di H sarà comune a due generatrici distinte xx', xx_1, ove x', x_1 siano i punti di R corrispondenti ad x. Qualunque piano passante per R segherà la superficie secondo tre generatrici xx', xx_1, aa', delle quali l'ultima è sovrapposta alla direttrice R.

6. Nella 2.ª specie, la conica doppia H si decomponga in due rette R', S, aventi un punto comune, ritenendo ancora che R seghi H cioè l'una, S, delle due rette nelle quali H si è decomposta. Ossia, suppongasi d'avere una corrispondenza [2, 2] fra i punti di due rette R, R', non situate in uno stesso piano: a condizione che ciascuno dei punti ove R, R' sono incontrate da un'altra retta data S, corrisponda a due punti riuniti nell'altro **). La superficie, luogo delle rette che uniscono i punti corrispondenti di R, R', sarà la 5.ª specie ***).

Un punto qualunque di R è comune a due generatrici situate in un piano passante per R'; e similmente, da ogni punto di R' si staccano due generatrici, il cui

*) Per istabilire due serie projettive [2, 1] in una retta ed in una conica, basta assumere un'involuzione di punti nella retta, determinando questi p. e. per mezzo di un fascio di circonferenze descritte in un piano passante per la retta; e quindi far corrispondere i segmenti dell'involuzione, ossia le circonferenze del fascio, ai raggi che projettano i punti della conica da un punto fissato ad arbitrio nella medesima.

**) Si ottiene una corrispondenza di questa natura segnando sopra due tangenti fisse di una curva piana di 3.ª classe e di 4.° ordine (p. e. un'ipocicloide tricuspide) le intersezioni colle altre tangenti della medesima curva: e quindi trasportando le due prime tangenti nello spazio. Di qui si vede che la superficie avrà due punti cuspidali in ciascuna delle rette R, R'.

***) Questa è la 2.ª specie Cayley.

piano passa per R. La retta S è una *generatrice doppia*. I soli piani passanti per S segano la superficie secondo coniche; ed i soli punti di S sono vertici di coni quadrici circoscritti.

Le tre rette R, R' ed S, come luoghi di punti, costituiscono la curva doppia; e come inviluppi di piani, costituiscono la sviluppabile bitangente.

La medesima superficie si ottiene come luogo delle rette appoggiate a tre direttrici, le quali siano due rette R, R' ed una conica C, non aventi punti comuni a due a due, oppure due rette R, R' ed una cubica gobba segante ciascuna retta in un punto *): ovvero anche si può dedurre dalla specie 2.ª, supponendo che la retta $or'r_1$ passi per r. Supponiamo cioè che fra i punti di una retta R e di una conica C (non aventi punti comuni) esista una corrispondenza [1, 2], e che al punto r, ove R incontra il piano di C, corrispondano in C due punti r', r_1 in linea retta con r. Il luogo delle rette che uniscono un punto x di R ai punti corrispondenti x', x_1 è la superficie di cui si tratta; la seconda direttrice rettilinea R' passa pel punto o, comune a tutte le corde $x'x_1$; ed $rr'r_1$ è la generatrice doppia S.

I piani passanti per S segano la superficie secondo coniche, e la toccano in coppie di punti i quali coincidono soltanto quando cadono in R o in R' **). Dunque la superficie può essere considerata come luogo delle rette congiungenti i punti corrispondenti di due serie projettive [1, 1], date in due coniche C, C', purchè ai punti ove C sega la retta comune ai piani delle due coniche corrispondano i due punti d'intersezione di C' colla medesima retta: la quale risulta così una generatrice doppia.

7. Imaginiamo ora che, nell'ultima costruzione, il punto o si avvicini infinitamente ad r sino a coincidere con esso. Allora le due direttrici rettilinee coincidono in una retta unica R; e la superficie può definirsi come segue. I punti di R ed i piani per R abbiano fra loro la corrispondenza [1, 1]; il piano corrispondente ad un punto x di R incontri la conica C ne' punti x', x_1; le rette xx', xx_1 saranno generatrici della superficie. La generatrice doppia S è ora l'intersezione del piano di C con quel piano che passa per R e corrisponde al punto r.

Questa sarà la 6.ª specie ***). La curva doppia e la sviluppabile bitangente sono rappresentate dalla retta R (contata due volte) e dalla retta S.

---

*) Annali di Matematica l. c. p. 291-92.

**) Di qui segue che se una delle coniche risultanti è tangente ad S, tutte avranno la stessa proprietà. In questo caso particolare i piani per S, in luogo d'essere bitangenti, sono tutti stazionari; ed in ogni punto di S i due piani tangenti della superficie coincidono. Invece, nel caso generale, per ogni punto di S passano due coniche, le cui tangenti in quel punto determinano con S due piani tangenti. La medesima osservazione vale per la specie 6.ª

***) È la 5.ª specie CAYLEY.

8. Il procedimento generale per formare una superficie gobba d'ordine n consiste nell'unire fra loro i punti corrispondenti di due serie projettive [1, 1], date in due linee piane che possano (prese da sole o insieme con rette generatrici) costituire due sezioni della superficie richiesta. Abbiamo ottenuta la 2.ª specie assumendo due coniche: ora supponiamo invece che la corrispondenza [1, 1] esista fra i punti di una retta R e quelli di una curva piana L_3, dotata di un punto doppio o *). Il luogo delle rette che uniscono i punti corrispondenti x ed x' di R e di L_3 sarà di nuovo una superficie di 4.° grado **).

Da un punto qualunque x di R parte una sola generatrice xx'; ma ciascun piano passante per R, segando L_3 in tre punti x'_1, x'_2, x'_3, conterrà le tre generatrici $x_1x'_1$, $x_2x'_2$, $x_3x'_3$. Siccome queste tre rette determinano un solo piano tritangente e (in generale) tre punti doppi, così la sviluppabile bitangente è rappresentata dalla sola retta R (come inviluppo di piani tritangenti), ed il luogo dei punti doppi è una cubica gobba. Supposto che al punto r, traccia di R sul piano della curva L_3, corrisponda in questa il punto r' e che la retta rr' incontri di nuovo la curva in u, v, saranno o, u, v punti della cubica gobba.

Questa superficie, che sarà la 7.ª specie ***), si può anche ottenere come luogo di una retta che si muova appoggiandosi ad una data retta R ed incontrando due volte una cubica gobba. Per la superficie così definita, la retta R è una direttrice semplice e la cubica gobba è la curva doppia: infatti, da ciascun punto di R parte una sola corda della cubica gobba, ed ogni piano per R contiene tre corde; mentre un piano passante per un punto della cubica e per R sega la cubica in altri due punti, che uniti al primo danno due generatrici.

9. Applicando alla superficie precedente il principio di dualità, avremo una nuova specie, che sarà l'8.ª Qui la superficie avrà una retta tripla R, cioè una retta da ciascun punto della quale partono tre generatrici: mentre ogni piano per essa darà una sola generatrice. La retta R rappresenta dunque essa sola la curva doppia. Le tre generatrici che s'incrociano in un punto qualunque di R, determinano tre piani, il cui inviluppo sarà una effettiva sviluppabile di terza classe (e 4.° ordine); e questa è la sviluppabile bitangente della superficie gobba, che ora si considera.

Questa specie si può definire il luogo di una retta che si muova incontrando una retta fissa R e toccando in due punti una data sviluppabile di 4.° ordine; ovvero il luogo delle rette che uniscono i punti corrispondenti in due serie projettive [1, 3],

---

*) Si ottiene questa corrispondenza, rendendo la punteggiata R projettiva al fascio de' raggi che projettano i punti di L_3 dal nodo o.

**) *Preliminari*, 54.

***) È l'8.ª specie CAYLEY.

date sopra una retta R ed una conica C, aventi un punto comune a: purchè uno dei tre punti di C corrispondenti al punto a di R coincida collo stesso punto a *).

La medesima superficie si può anche dedurre dalla 1.ª specie. Assumansi cioè due coniche C, C', i cui punti abbiano fra loro una corrispondenza [1, 1]; siano ab, $c'd'$ i punti in cui le coniche C, C' incontrano rispettivamente i piani di C', C; siano $a'b'$, cd i punti di C', C ordinatamente corrispondenti a quelli; e suppongasi che le rette aa', bb' si seghino in un punto e' di C', e le $c'c$, $d'd$ si seghino in un punto f di C. Allora i punti e', f, ne' quali concorrono rispettivamente le tre generatrici aa', bb', ee', e $c'c$, $d'd$, $f'f$ saranno tripli per la superficie. Segue da ciò che le generatrici, invece di segarsi a due a due sopra una cubica gobba, come nel caso generale (1.ª specie), s'incontrano ora a tre a tre nei punti di una retta tripla R: continuando l'inviluppo dei piani bitangenti ad essere una sviluppabile di terza classe.

Come l'8.ª specie si ricava dalla 1.ª, così, in virtù del principio di dualità, la 7.ª potrà ricavarsi dalla medesima 1.ª specie: al quale uopo basterà risguardare la superficie come luogo delle rette comuni ai piani corrispondenti in due serie projettive [1, 1] di piani tangenti a due coni quadrici.

10. La 9.ª specie **) si deduce dalla 7.ª, supponendo che la cubica gobba, luogo dei punti doppi, si riduca ad una retta tripla R'. La superficie è in questo caso il luogo delle rette che uniscono i punti corrispondenti di due serie projettive [3, 1] in due rette R, R' ***). Ciascun piano per R contiene tre generatrici concorrenti in un punto di R'; e viceversa in ogni punto di R' s'incrociano tre generatrici, situate in uno stesso piano che passa per R. Da ciascun punto di R parte una sola generatrice; e così pure ogni piano per R' contiene una generatrice unica. Cioè la retta R, come inviluppo di piani tritangenti, rappresenta la sviluppabile bitangente; e la retta R', come luogo di punti tripli, fa le veci della curva doppia.

Questa superficie si può costruire come luogo delle rette che uniscono i punti corrispondenti di due serie projettive [1, 1], date in una retta R ed in una cubica piana, dotata di un punto doppio o, purchè alla traccia r di R (sul piano della cubica) corrisponda un tal punto r' della cubica che la retta rr' passi per o. Allora un piano qualunque condotto per R, segando la cubica in tre punti x'_1, x'_2, x'_3, contiene tre generatrici $x_1x'_1$, $x_2x'_2$, $x_3x'_3$, concorrenti in uno stesso punto, il luogo del quale è una retta (tripla) R', passante per o †).

---

*) Si ottiene questa corrispondenza rendendo la punteggiata R projettiva ad un fascio di coniche (nel piano di C) passanti per quattro punti fissi, uno de' quali sia preso in C.

**) 3.ª specie CAYLEY.

***) Si ottengono queste serie segando colla retta R un fascio di cubiche piane, projettivo alla punteggiata R'.

†) Siccome la cubica è di 4.ª classe, così la superficie avrà quattro punti cuspidali in R'.

11. Se in quest'ultima costruzione, si fa coincidere il punto r col punto o, coincideranno le rette R ed R'; e si avrà la specie 10.ª *). Una retta R è appoggiata ad una cubica piana nel punto doppio o, ed è stabilita una corrispondenza [1, 1] fra i punti x di R ed i raggi che projettano da o i punti x' della cubica: il luogo delle congiungenti xx' è la superficie di cui si tratta. Il piano della cubica contiene una generatrice che è la retta tirata dal punto o di R al corrispondente punto o' della curva. Se si chiamano o_1, o_2 i punti di R ai quali corrispondono le tangenti della cubica nel punto doppio, le generatrici $o_1o'_1$, $o_2o'_2$ coincidono colla stessa direttrice R. Ne segue che questa retta, come luogo di punti tripli, fa le veci della curva doppia, e come inviluppo di piani tritangenti rappresenta la sviluppabile bitangente. Infatti, ciascun punto x di R è comune a tre generatrici xx', $o_1o'_1$, $o_2o'_2$, e ciascun piano per R, segando la cubica in x', contiene del pari tre generatrici xx', $o_1o'_1$, $o_2o'_2$: due delle quali coincidono sempre colla direttrice. Nei punti o_1, o_2 tutte e tre le generatrici coincidono con R.

Superficie gobbe di 4.° grado spettanti al genere 1.

12. Tutte le linee non multiple ed incontrate una sola volta da ciascuna generatrice (eccettuate le rette generatrici) esistenti in una superficie gobba di genere m sono dello stesso genere m; infatti due linee così fatte si possono risguardare come punteggiate projettivamente ([1, 1]), per mezzo delle generatrici **). Perciò una superficie gobba di genere 1 non può contenere nè rette direttrici semplici nè curve semplici di 2.° ordine, nè cubiche piane con un punto doppio, nè curve piane di 4.° ordine, dotate di un punto triplo o di tre punti doppi. Il luogo dei punti doppi dev'esser tale che un piano qualunque lo seghi in due punti: ma non può essere una curva piana, perchè in tal caso il piano determinato da due generatrici uscenti da uno stesso punto doppio della superficie segherebbe questa secondo una conica. La superficie non conterrà adunque coniche nè semplici, nè doppie: epperò il luogo de' suoi punti doppi sarà un paio di rette R, R', cioè la superficie avrà due rette direttrici doppie ***).

Il caso che le due direttrici siano distinte costituirà la nostra 11.ª specie †). Abbiasi fra i punti di due rette R, R' (non situate in uno stesso piano) la corrispon-

*) È la 6.ª specie CAYLEY.

**) *Preliminari,* 54, 55. — SCHWARZ, *Ueber die geradlinigen Flächen fünften Grades* (G. Crelle-Borchardt t. 67).

***) Viceversa, ogni superficie di 4.° ordine con due rette doppie è gobba: infatti, qualsivoglia piano passante per l'una delle due rette sega la superficie secondo una conica dotata di un punto doppio (nell'incontro del piano coll'altra retta doppia), cioè secondo due rette.

†) La 1.ª specie CAYLEY.

denza [2, 2] *); e il luogo delle rette che uniscono le coppie di punti corrispondenti sarà la superficie di cui qui si tratta. Da ciascun punto di R partiranno due generatrici situate in un piano passante per R'; e così pure, ogni piano per R conterrà due generatrici concorrenti in un punto di R'. Donde segue che il sistema delle due rette R, R', come luogo di punti, costituisce la curva doppia, e come inviluppo di piani rappresenta la sviluppabile bitangente.

La 5.ª specie differisce dall'attuale in ciò, che questa non è, come quella, dotata di una generatrice doppia.

La medesima superficie si può anche costruire come luogo delle rette appoggiate a due rette direttrici R, R' e ad una cubica piana (generale, senza punto doppio), la quale sia incontrata in un punto da ciascuna retta direttrice; ovvero come luogo delle rette che uniscono i punti corrispondenti in due serie projettive [1, 2] date in una retta R ed in una cubica piana (senza punto doppio), la quale abbia con R un punto comune r: supposto però che uno de' due punti della cubica corrispondenti al punto r di R coincida collo stesso r **).

13. Finalmente, si avrà la 12.ª specie ***) supponendo che nel n.° precedente le rette R, R' siano infinitamente vicine. Una medesima retta R, doppia come luogo di punti e come inviluppo di piani, rappresenta la curva doppia e la sviluppabile bitangente. Si ottiene questa superficie, come luogo delle rette che uniscono un punto x di una retta R ad un punto x' di una cubica piana (senza punto doppio), appoggiata ad R in un punto r: supposto che il punto x ed il raggio r_1x' (dove r_1 sia il punto della cubica infinitamente vicino ad r) variino generando una punteggiata ed un fascio projettivi; e che al punto r della punteggiata corrisponda come raggio del fascio la retta r_1rr'' tangente alla cubica in r (e segante in r''). Allora ciascun punto x di R sarà comune a due generatrici xx', xx'', contenute in uno stesso piano con R: essendo x', x'' i punti ove la cubica è incontrata dal raggio del fascio r_1, che corrisponde al punto x. Il piano della cubica contiene le generatrice r_1rr'' ed è tangente in r''.

Le due specie 11.ª e 12.ª si possono anche ottenere come luogo delle rette che uniscono i punti corrispondenti di due cubiche piane di genere 1, punteggiate pro-

---

*) Si stabilisce questa corrispondenza come si è detto al n.° 6, assumendo però una curva piana di 3.ª classe, senza tangente doppia. Ne risulta che la superficie avrà quattro punti cuspidali in ciascuna direttrice.

**) Si ottiene questa corrispondenza assumendo la punteggiata R projettiva al fascio di raggi che projettano i punti della cubica da un punto fisso r_1 della medesima, in modo però che al punto r corrisponda il raggio r_1r. Il punto r_1 è la traccia di R'.

***) La 4.ª specie Cayley.

jettivamente, purchè due punti (infinitamente vicini nel caso della 12.ª specie) dell'una curva coincidano coi rispettivi punti corrispondenti nell'altra *).

14. In via di riassunto, porremo qui una tabella ove sono simboleggiate le dodici specie. *Come carattere di ciascuna specie assumiamo la simultanea considerazione della curva doppia e della sviluppabile bitangente.* Nella tabella conserviamo le notazioni già adoperate, cioè indichiamo con R, R′, S delle rette; con H una conica, e con K un cono: inoltre designeremo con Γ una cubica gobba e con Σ una sviluppabile di terza classe. L'esponente apposto al simbolo di una retta indica quante volte questa dev'essere contata nel numero che dà l'ordine della curva gobba o la classe della sviluppabile bitangente.

*) Per poter punteggiare projettivamente due cubiche piane di genere 1 è necessario e sufficiente che siano uguali i loro rapporti anarmonici. SCHWARZ, l. c. — CLEBSCH e GORDAN, *Theorie der Abelschen Functionen* (Leipzig 1866) p. 76.

Classificazione delle superficie gobbe di 4.° grado.

Genere 0.	Curva doppia Ordine = 3	Sviluppabile bitangente Classe = 3
1.ª specie	Γ 3	Σ 3
2.ª »	$H+R$ $2+1$	$K+R$ $2+1$
3.ª »	R^3 1×3	$K+R$ $2+1$
4.ª »	$H+R$ $2+1$	R^3 1×3
5.ª »	$R+R'+S$ $1+1+1$	$R+R'+S$ $1+1+1$
6.ª »	R^2+S $1\times 2+1$	R^2+S $1\times 2+1$
7.ª »	Γ 3	R^3 1×3
8.ª »	R^3 1×3	Σ 3
9.ª »	R^3 1×3	R'^3 1×3
10.ª »	R^3 1×3	R^3 1×3
Genere 1.	Curva doppia Ordine = 2	Sviluppabile bitangente Classe = 2
11.ª specie	$R+R'$ $1+1$	$R+R'$ $1+1$
12.ª »	R^2 1×2	R^2 1×2

Milano, aprile 1868.

NOTE DEI REVISORI.

[1] Pag. 1. La questione è proposta nel tomo XIX, p. 404 dei Nouv. Annales, nei termini seguenti: « Quel est le lieu que doit décrire le centre d'une sphère, pour que la polaire réciproque d'une surface du second ordre donnée, par rapport à cette sphère, soit toujours une surface de révolution. » (LAGUERRE-VERLY).

[2] Pag. 2. La questione è proposta nel tomo XV, p. 52 dei Nouv. Annales.

[3] Pag. 7. La costruzione a cui accenna l'A. trovasi in: CHASLES, Note sur les courbes de troisième ordre, concernant les points d'intersection de ces courbes entre elles ou par des lignes d'un ordre inférieur (Comptes rendus de l'Acad. des Sc. de Paris, t. 41 (1855_2), pp. 1190-1197).

[4] Pag. 8. Com'è ben noto, un anno dopo il CREMONA stesso (Queste Opere, n. **40**) correggeva quel risultato di SCHIAPARELLI, rilevando l'esistenza di trasformazioni piane biunivoche più generali di quelle qui citate.

Trasformando il piano per dualità, le corrispondenze *Cremoniane* puntuali si mutano in corrispondenze biunivoche fra rette, più generali che le trasformazioni assegnate in questa Nota. Qui si tratta solo di quelle che son soggette alla condizione di mutare le rette di un fascio nelle tangenti di una conica.

[5] Pag. 8. Vedi nota precedente. — Si abbia anche presente nel seguito che l'A. considera solo le « trasformazioni generali » di 2.° ordine, cioè quelle in cui i fasci di rette si mutano in coniche - inviluppo contenenti tutte tre rette *distinte*, quindi lati di un trilatero propriamente detto.

[6] Pag. 16. A pag. 251 dell'*Aperçu,* CHASLES dice che la prospettiva di una curva gobba di 3.° ordine è una curva piana dello stesso ordine dotata di punto doppio. Ciò include che per un punto qualunque dello spazio passa una corda della curva gobba. (Aggiunta manoscritta del CREMONA).

[7] Pag. 17, 40, 42. Adottando la denominazione oggi usata, queste due forme sarebbero « stelle » omografiche, non fasci. V anche la nota [9], t. 1.°

[8] Pag. 19. Ad un punto o situato sulla cubica gobba corrisponde non un solo punto o', ma ogni punto della tangente in o. (Osservazione manoscritta del CREMONA).

[9] Pag. 20. Se il punto o descrive una retta r, il coniugato o' descrive una cubica gobba che incontra la data in 4 punti (quelli ne' quali la data cubica gobba è toccata da rette incontrate da r) ed ivi ne tocca i piani osculatori.

Se o descrive un piano, o' genera una superficie di 3.° ordine passante per la data cubica gobba e toccata lungo questa dai suoi piani osculatori. La superficie di 3.° ordine è osculata dalle tangenti della cubica gobba, epperò questa è per essa una curva asintotica. Tre tangenti della cubica gobba giacciono per intero sulla superficie di 3.° ordine. (Aggiunta c. s.).

[10] Pag. 34. Si aggiunga « m, n intersections avec αx, βx ».

[11] Pag. 42, 43. Qui deve sottintendersi « deux fois ». V. anche la nota [30], t. 1.°

[12] Pag. 54. Questo lavoro fu presentato nella sessione ordinaria del 7 maggio 1863 (Rendiconto della citata Accademia, anno 1862-1863, pp. 106-107) colle stesse parole che qui sono premesse alla trattazione.

[13] Pag. 65. Le soluzioni di queste quistioni si trovano, quasi tutte, negli stessi volumi del Giornale di matematiche, od in lavori del CREMONA.

[14] Pag. 66. Questo nome è l'anagramma di L. CREMONA, ed è stato messo per le quistioni 19-22.

[15] Pag. 68. La questione 34 è qui corretta, secondo l'indicazione data a pag. 81 del vol. III del Giornale.

[16] Pag. 69. Nello stesso vol. III del Giornale, a pag. 149, si trova la seguente « Avvertenza »:

« La proprietà espressa nella quistione 44 (p. 64) con la quale si pone una relazione fra « le tre caratteristiche di una superficie di 2.° ordine, non è vera in generale, siccome il signor « SALMON ha fatto notare al signor CREMONA ».

Effettivamente si riconosce che le formole della quistione 44 valgono solo nell'ipotesi che la serie di quadriche non contenga alcuna superficie della 3.ª specie di degenerazione, cioè coppia di piani come luogo e coppia di punti come inviluppo.

[17] Pag. 74. La Memoria del TRUDI, a cui si accenna in questa nota e nelle due successive, è la *Esposizione di diversi sistemi di coordinate omogenee.*

[18] Pag. 85. È probabile che le *Leçons de ténèbres* contenessero una teoria delle coniche, considerate come contorno dell'ombra projettata da una sfera, illuminata da un punto qualunque dello spazio.

[19] Pag. 92. Questo scritto è tradotto nella *Einleitung* (Cfr. queste Opere n. **61**) pag. 167-169, (come 1ª parte del n. 111*bis*), con poche variazioni insignificanti.

[20] Pag. 92. Si tratta della Memoria di E. DE JONQUIÈRES, *Théorèmes généraux concernant les courbes géométriques planes d'un ordre quelconque* (Journal de mathém., 2ᵉ série, t. 6, 1861,

p. 113-134). Nella citata p. 121, dopo ottenuta una formola di BISCHOFF pel numero delle curve d'ordine n che passano per dati punti e toccano date linee, si osserva che la formola *sembra* non essere più valida sempre se $n=2$; perchè darebbe ad esempio 32 per numero delle coniche tangenti a cinque rette, 8 per quelle tangenti a tre rette e passanti per due punti, ecc. Il DE JONQUIÈRES tenta di spiegare questo fatto, ma non ne vede la vera ragione (che è nelle coniche singolari o degeneri, come mostra CREMONA).

Cfr. anche la nota [70] all'*Introduzione:* in particolare per ciò che riguarda i dubbi, poi eliminati, intorno ai n.i 83, 84, 85 dell'*Introduzione* qui ripetutamente applicati.

V. pure la successiva Memoria « *Sulla teoria delle coniche* », in particolare il n. 10.

[21] Pag. 92. Quest'ultima citazione si riferisce ad una « Corrispondenza » contenuta nel *Giornale*, t. 1°, p. 128, della quale abbiam detto nella citata nota [70] all' *Introduzione*.

[22] Pag. 95. Allude alla precedente Nota **47** del presente tomo.

Anche questa seconda Nota (il cui scopo è ulteriormente spiegato alla fine, n. 10) si ritrova, in tedesco, nella *Einleitung*, come n. 111 *bis*, *a.*, alle pag. 169-175, e nell'aggiunta che sta a pag. 264 (ov'è tradotto quel passo del n. 2 che vien subito dopo al teor. 3.°).

[23] Pag. 97. In un suo esemplare della *Einleitung* CREMONA ha messo un segno a matita sopra le parole corrispondenti alle ultime: « passanti per un punto qualunque di quella retta »; e similmente sulle parole analoghe della considerazione successiva. E invero, trattandosi della riduzione che il segmento ab porta al valore di M', si dovrebbe invece dire che esso conta per *quattro* (o, più sotto, per *due*) fra le coniche della serie « tangenti ad una retta arbitraria ».

[24] Pag. 98. Il n. 8, quale viene qui stampato (ed è tradotto nella *Einleitung*), non è quello primitivo, che era scorretto: ma l'altro che sta a p. 192 dello stesso volume del *Giornale*, ove appunto (in un Errata-corrige firmato L. CREMONA) si dice di sostituirlo al primitivo.

[25] Pag. 100. Le questioni qui citate, poste a pag. 29 del vol. II del *Giornale*, sono le seguenti:

26. Sia $U=0$ l'equazione di una cubica: dal segno del discriminante di U si distinguerà se la curva sia proiettiva con un'altra cubica che abbia un ovale o pure che ne sia sfornita; e supponendo il discriminante nullo, dal segno dell'invariante T di ARONHOLD si distinguerà se la curva abbia un punto doppio o un punto isolato. Se, oltre del discriminante nullo, si ha $T=0$, sarà, come è noto, anche nullo l'invariante S di ARONHOLD, e la curva avrà una cuspide. SYLVESTER.

27. Supponendo che la cubica rappresentata dall'equazione

$$x^3+y^3+z^3+6mxyz=0$$

abbia un ovale, se dai vertici del triangolo fondamentale si tirino a quest'ovale le coppie di tangenti, i loro sei punti di contatto apparterranno ad una conica. SYLVESTER.

[26] Pag. 109. Nei Rendiconti dell'Accademia stessa di Bologna, pel 1863-64, a pag. 25-28, sono contenuti, senza dimostrazione, gli enunciati dei teoremi di questa Memoria, precedut dalle seguenti considerazioni generali:

«Fra le curve gobbe, o linee a doppia curvatura, le più semplici sono quelle del 3.° ordine o *cubiche gobbe*, nascenti dall'intersezione di due superficie rigate del 2.° grado, le quali abbiano già in comune una retta. Non è gran tempo che i geometri, e specialmente CHASLES, SEYDEWITZ e SCHRÖTER, hanno rivolto la loro attenzione a quelle curve; ma i risultati da essi ottenuti sono già tali da rendere evidente essere le cubiche gobbe, fra le curve esistenti nello spazio a tre dimensioni, dotate di quella eleganza ed inesauribile fecondità in proprietà onde vanno insigni le coniche fra le linee piane».

«Anch'io, avendo già da più anni fatto dello studio di quelle linee la mia prediletta occupazione, ebbi la fortuna di potere aggiungere qualche pietruzza all'edificio. In quest'occasione, in luogo delle proprietà descrittive (le sole studiate fin qui), ho preso di mira alcune relazioni angolari. È noto di che importanza sia nella teoria delle curve e delle superficie di 2.° grado l'indagine del luogo di un punto in cui s'intersechino due rette ortogonali tangenti ad una data conica o tre piani ortogonali tangenti ad una data superficie di 2.° ordine; era quindi naturale d'instituire l'analoga ricerca sul sistema delle rette per le quali passano coppie di piani perpendicolari fra loro ed osculatori ad una data cubica.

[27] Pag. 115. Si aggiungano le parole: *perpendicolari fra loro*. In tutta questa Memoria la perpendicolarità di due rette non ne implica l'incidenza.

[28] Pag. 117. Questa superficie fu sinora designata con Γ: in questo caso però le superficie Γ e Θ coincidono.

[29] Pag. 123. La traduzione tedesca, colle aggiunte di cui diremo poi, e del resto con varianti che non occorre rilevare, si trova nell'ultima delle Appendici alla *Einleitung* (v. in queste Opere il n. **61**) intitolata: III *Ueber Reihen von Kegelschnitten*, pag. 279-295 di quel volume.

[30] Pag. 123. È la Memoria di DE JONQUIÈRES, già ripetutamente citata. Cfr. [20].

[31] Pag. 125. Qui nell'*Einleitung* vengon riportati (dal n. **47** di queste Opere) i valori che hanno μ e ν per le serie di coniche determinate con quattro elementi fra punti e tangenti.

[32] Pag. 125. Nell'*Einleitung* qui sono inseriti anzitutto i seguenti esempi.

Lehrsatz I. *Der Ort der Pole einer Geraden in Bezug auf die Kegelschnitte der Reihe* (μ, ν) *ist eine Curve der* ν*—ten Ordnung.*

Denn nur diejenigen Pole liegen auf der Geraden, welche Kegelschnitten entsprechen, die dieselbe Gerade berühren; diese trifft also den Ort in so viel Puncten, als es Kegelschnitte gibt, die sie berühren.

Lehrsatz II. (Correlat zu I.) *Die Polaren eines gegebenen Punctes in Bezug auf die Kegelschnitte der Reihe* (μ, ν) *umhüllen eine Curve der* μ*—ten Classe.*

[33] Pag. 126. Rifacendo il ragionamento precedente.

[34] Pag. 126. Correzione già fatta in quest'edizione.

[35] Pag. 126. La proposizione che qui s'enuncia (nella nota a pie' di pagina) non è vera. Ciò nondimeno il risultato che si ottiene nel testo è esatto. Vi si può giungere, badando a quei μ *rami superlineari*, o *cicli*, del luogo, i quali escono da o nella direzione singolare considerata.

[36] Pag. 126. Da questo punto comincia nella *Einleitung*, a metà di pag. 283, una parte, che dura fino a tutta la pag. 288, la quale non ha riscontro nel testo originale. La si troverà riprodotta più avanti (n. **61**). — Le fa seguito (pag. 289, fino alla fine della *Einleitung*) la traduzione, con lievi differenze di forma e di ordinamento, dei §§ 3 e 4 di questa Nota.

[37] Pag. 127. Si legga invece: due.

[38] Pag. 135. Dei sei articoli (con diverse intitolazioni) che compongono questa Memoria i primi cinque furono pubblicati nella « *Einleitung* » (V. queste Opere, n. **61**), come « *Zusätze und, weitere Ausführungen* » alla traduzione tedesca dell' « *Introduzione* » risp. coi seguenti titoli:

Zu Nr. 51 (pag. 256-258 della *Einleitung*)
Zu Nr. 69 c (pag. 258-260)
Zu Nr. 88 (pag. 261-264)
I. *Ueber geometrische Netze* (pag. 265-271)
II. *Ueber Netze von Kegelschnitten* (pag. 274-279).

[39] Pag. 136. O meglio: in virtù del teorema generale *Introd.* 51, nel quale si faccia $r=0$, $r'=2$, $s=s'=1$.

[40] Pag. 137. Nella *Einleitung* questo Art. (*Zu Nr.* 69 c) comincia così:

Der Satz in Nr. 14 genügt zur Bestimmung des Ausspruches in Nr. 69 *c* unmittelbar nur dann, wenn die Fundamentalcurve ein System von Geraden ist, die durch denselben Punct gehen. Wir haben daher die Verpflichtung, hier einen allgemeinen und vollständigen Beweis zu liefern. Zu demselben setzen wir, wie es erlaubt ist, folgende Lemmata voraus:

[41] Pag. 138. Nella *Einleitung* è messa qui una nota a pie' di pagina, così:

Bei diesen und andern Zusätzen bin ich sehr wirksam durch die lehrreiche Correspondenz mit meinem berühmten Freunde *Dr. Hirst* gefördert worden, deszen freundliche Unterstützung ich hier dankend anerkenne.

[42] Pag. 138. Questo Art. (*Zu Nr.* 88) nella *Einleitung* principia colle seguenti parole:

Bezüglich der Bestimmung der Doppelpuncte eines Büschels, wollen wir den schon *betrachteten Fällen* Nr. *88 a*, *b*, *c* andere von etwas allgemeinerem Charakter hinzufügen.

[43] Pag. 140. Nella *Einleitung* si aggiunge:

Unter Anwendung der beiden letzten Sätze laszen die Betrachtungen der Nr. 12 sich folgendermaszen aussprechen:

LEHRSATZ V. *Hat in Bezug auf eine gegebene Fundamentalcurve eine erste Polar einen r — fachen Punct p mit s zusammenfallenden Tangenten, so hat die Curve von* STEINER $(r-1)^2+s-1$ *im Pole dieser Polaren sich kreuzende Zweige, die in ihm von de geraden Polare von p berührt werden, welche dort mit der Curve von* STEINER *selbst ein* $(r^2-r+s-1)$ — *punctige Berührung eingeht.*

[44] Pag. 140. Al caso $n=2$ (di cui nel testo) va evidentemente aggiunto anche il caso $n=1$

[45] Pag. 142. In un suo esemplare, CREMONA aveva cancellata la denominazione *Hessiana* conservando solo *Jacobiana*. Cfr. la nota [77] nel tomo 1.° di queste Opere (p. 489).

[46] Pag. 143. Non *due* tangenti nel punto triplo, ma *una* sola cade in generale in quest retta. Cfr. la nota [80] del tomo 1.° di queste Opere (p. 490).

[47] Pag. 143. Questa formola pare che vada corretta così: $3(n-1)(5n-6)-6d-14k-2\delta-3\kappa$

[48] Pag. 143. La precedente correzione ha per conseguenza che la formola attuale va modificata così:

$$3(n-1)(4n-5)-6d-12k-2\delta-3\kappa,$$

ove si tenga conto (cosa sfuggita al CREMONA) che nel caso presente l'ordine di Σ non è più $3(n-1)^2$, ma $3(n-1)^2-2k$.

[49] Pag. 144. Nella *Einleitung* seguono qui (da pag. 271 a pag. 273) alcuni particolar esempi di reti geometriche, per le quali vengono determinate le Jacobiane. Si troveranno nel seguito di queste *Opere*, n. **61**.

[50] Pag. 145. Qui sopprimiamo due righe, che non han più scopo, dopo le aggiunte ch abbiam fatte tra [ ], relative al punto $p(=QR)$: aggiunte necessarie per render corretta la deduzione.

[51] Pag. 145. In prova di ciò si ha nella *Einleitung* la seguente nota a pie' di pagina (in cui si tien conto dell'osservazione, che vien fatta poi nel testo: che PQR è un triangolo coniugato a tutte le coniche della rete):

Sind nämlich drei Kegelschnitte A, B, C gegeben, die ein und demselben Dreieck conjugiert sind, und sind, wenn *a* ein beliebiger Punct ist, *b* und *c* diejenigen Puncte deren Polaren in Bezug auf A bezüglich die Polaren von *a* in Bezug auf B und C sind, so zeigt sich leicht, dasz die Polare von *b* in Bezug auf C die Polare von *c* in Bezug auf B ist.

[52] Pag. 145. La frase precedente, tradotta dalla *Einleitung*, manca nell'originale.

[53] Pag. 146. L'*Einleitung* ha qui una nota a pie' di pagina:

Die zweite Bedingung ist eine Folgerung aus der ersten, wenn man das Netz sich durch die Kegelschnitte P^2, Q^2 und einen dritten Kegelschnitt bestimmt denkt, der P oder Q im Puncte PQ berührt.

[54] Pag. 147. Nella *Einleitung* non son dati tutti gli esempi precedenti. Vi è invece la seguente aggiunta:

Haben die Kegelschnitte des Netzes einen, zwei oder drei Puncte gemein, und existiert in den beiden ersten Fällen kein Kegelschnitt P^2, so gibt es eine Fundamentalcurve, die ein, zwei oder drei Doppelpuncte besitzt, das heiszt, sie ist im zweiten Falle das System einer Geraden und eines Kegelschnittes, im dritten das System dreier Geraden.

Wenn aber die Kegelschnitte des Netzes sich in einem Puncte berühren, und in einem zweiten Puncte schneiden, so ist die Gerade, welche die beiden Puncte verbindet, zweimal genommen, ein Kegelschnitt des Netzes. In diesem Falle würde es also keine Fundamentalcurve dritter Ordnung geben.

[55] Pag. 147. Le parole seguenti son tratte dalla *Einleitung*.

[56] Pag. 168. Gli enunciati delle questioni si trovano a p. 56 del tomo XX, 1.ª serie, dei Nouv. Annales e sono riprodotti, quello della questione 565 nel testo e quelli delle questioni 563, 564 nella nota **) a pie' della pag. 170.

[57] Pag. 170. La cubica piana di cui si parla in quest'enunciato non è determinata dalle condizioni che le sono imposte: il Cremona stesso lo rileva nel testo, poco sopra.

[58] Pag. 171. L'enunciato, riportato nel testo, si trova a p. 443 del tomo XVIII, 1.ª serie, dei Nouv. Annales.

[59] Pag. 175. Gli enunciati delle questioni, riportati nel testo, sono a pag. 522 del tomo II, 2.ª serie, dei Nouv. Annales.

[60] Pag. 175. Qui l'originale ha una breve nota a pie' di pagina, che omettiamo perchè contiene solo una citazione non esatta.

[61] Pag. 175. Sottinteso: « passant par *o* ».

[62] Pag. 177. L'enunciato della questione, riportato nel testo (con modificazioni che non occorre rilevare), trovasi a pp. 180-181 del tomo XVI, 1.ª serie, dei Nouv. Annales.

[63] Pag. 183. Come già s'è detto nella nota [40] al tomo I di queste Opere, l'*Einleitung*, di cui nella pagina 181 s'è riprodotto il frontespizio, e qui si riporta la prefazione, contiene

anzi tutto (ossia fino alla pag. 255) la traduzione della *Introduzione ad una teoria geometrica delle curve piane* (n. **29** di queste Opere), con modificazioni sulle quali s' è già riferito nelle note a quel tomo I: fra cui l' inserzione (v. ivi la nota [87]) delle Memorie n.i **47** e **48**.

A questa parte principale dell'*Einleitung* seguono come appendice (pag. 256 e seg.i) delle *Zusätze und weitere Ausführungen,* dalle quali estrarremo le poche pagine che non hanno le corrispondenti nelle Memorie pubblicate in italiano.

[64] Pag. 183. Veggasi, in contrasto a ciò che qui s'accenna, la nota [70] a pag. 486 del tomo I di queste Opere.

[65] Pag. 185. Nell'*Einleitung* qui stanno, per prima cosa, da pag. 256 a pag. 264, quelle aggiunte ai n.i 51, 69*c*, 88, dell'*Introduzione*, che, come abbiam detto in [38], son la traduzione di parte della Memoria **53**, e cioè delle pag. 135-140 di questo tomo. Inoltre la pag. 264 dell'*Einleitung* contiene un'aggiunta al n. 111*bis*. *a*, la quale si ritrova nella Nota **48** del presente tomo, com'è detto in [22]. Seguono poi tre articoli, di cui diremo rispettivamente nelle note [66], [68], [69].

[66] Pag. 185. La maggior parte di questo primo articolo (da pag. 265 fino a metà della pag. 271) sta nella Memoria **53** (e precisamente a pag. 140-144 di questo tomo). Riproduciamo il resto, cioè da metà della pag. 271 sino alla fine della pag. 273. Lo si deve connettere alla lin. 3 di pag. 144 del presente volume. Cfr. [49].

[67] Pag. 187. Ossia (cfr. [65]) il teorema che è alla fine della pag. 138 di questo tomo.

[68] Pag. 187. Questo secondo articolo (cfr. [65]), da pag. 274 a metà pag. 279, corrisponde a quel paragrafo della Memoria **53** che va da pag. 144 a pag. 147 di questo tomo: salvo sempre le lievi differenze indicate nelle note a quella Memoria.

[69] Pag. 187. Questo terzo ed ultimo articolo va da metà della pag. 279 sino a pag. 295, e contiene, come abbiam detto in [29], la traduzione della Memoria **52** (pag. 123-134 di questo tomo), colle modificazioni che furon consegnate nelle note a quella Memoria. In più vi si trovano, dalla metà della pag. 283 sino alla fine della pag. 288, le cose che qui riproduciamo, e che il lettore deve attaccare a quel punto della pag. 126 del presente volume, a cui s'è posta la nota [36] relativa precisamente a quest'aggiunta. Cfr. anche ciò che è detto in quella nota [36] per la fine dell'articolo.

[70] Pag. 188. Il teorema a cui qui si riferisce, e l'altro che vien citato due righe dopo, sono stati riprodotti nella nota [32].

[71] Pag. 191. Cioè il teorema che a pag. 126 di questo tomo sta immediatamente prima del richiamo [36].

[72] Pag. 193. Questa Nota fu letta nella Sessione ordinaria del 15 dicembre 1864 dell' Accademia di Bologna. Di essa fu pubblicato un estratto, nel quale sono riassunti i principali risultati ottenuti (Rendiconto di questa Accademia, Anno accademico 1864-65).

Nel *Bulletin des Sciences Mathématiques et Astronomiques*, t. V (1873), a pag. 206, si trova una Nota *Sur les transformations géométriques des figures planes (D'après les Mémoires publies par* M. CREMONA *et des Notes inédites)*, che è una redazione e in buona parte una traduzione fatta da ED. DEWULF sulle traccie della presente Nota. Di qualche miglioramento ivi introdotto abbiamo tenuto conto sia nelle note seguenti, sia nel riportare le aggiunte manoscritte di CREMONA.

[73] Pag. 194. La formola (1) si presta ad una nota obbiezione, che si evita scrivendo che il genere delle curve della rete è zero in conseguenza della (2). V. la nota *) dello stesso CREMONA a pag. 56 di questo volume, e la redazione francese sopra citata.

[74] Pag. 203. Alle quattro soluzioni coniugate di sè stesse relative al caso $n=8$, va aggiunta la quinta: $x_1=3$, $x_2=3$, $x_3=0$, $x_4=3$, $x_5=0$, $x_6=0$, $x_7=0$, che fu indicata dal CAYLEY (*Proceedings of the London Mathematical Society*, t. III (1870), p. 143) e di cui il CREMONA tenne conto nella redazione francese.

[75] Pag. 205. In un nota manoscritta alla redazione francese il CREMONA aggiunge che egli ha pure scartato per analoghe ragioni la soluzione aritmetica: $n=10$,

$$x_1=2,\ x_2=0,\ x_3=5,\ x_4=1,\ x_5=0,\ x_6=1,\ x_7=0,\ x_8=0\,.$$

[76] Pag. 215. In luogo delle considerazioni del testo, nella redazione francese trovasi riprodotto con qualche variante il ragionamento con cui CLEBSCH (*Zur Theorie der Cremona 'schen Transformationen;* Mathematische Annalen, vol. IV (1871), pag. 490) dimostra il teorema sopra enunciato. E dalla stessa Memoria di CLEBSCH è tolta la proprietà del determinante formato coi numeri $x_s^{(r)}$, introdotti nella nota *) al n. 8 del presente lavoro.

[77] Pag. 240. Il teorema fu proposto dal CREMONA nel *Giornale di Matematiche*: ove si trova pure enunciato un altro teorema del CREMONA stesso, che è in un certo senso una estensione di quello (Cfr. queste Opere, pag. 67 del presente volume; 28, 30).

Il prof. T. A. HIRST, comunicando la Nota di Cremona al *Messenger*, la fece precedere dalle seguenti osservazioni:

THE following elegant theorem and its geometrical demonstration are by prof. CREMONA. Two algebraical demonstrations of the same, by M. M. BATTAGLINI and JANNI, have already appeared in the February Number of the Neapolitan *Giornale di Matematiche* [Vol. II (1864)].

For the sake of readers who may not have ready access to CREMONA'S *Introduzione ad una Teoria Geometrica delle Curve Piane,* it may be mentioned that, of all the anharmonic ratios determined by a system of four collinear points a, b, c, ω three are there distinguished as *fundamental* ones, and denoted by the symbols $(abc\omega)$, $(ac\omega b)$, and $(a\omega bc)$, where, generally, $(abc\omega)=\frac{ac}{cb}:\frac{a\omega}{\omega b}$. The system is termed *equianharmonic* when these fundamental ratios are equal; their common value, in this case, is shewn to be equal to one of the imaginary cube roots of -1. Accordingly, these are always two, real or imaginary points ω, ω', which form with three given ones a, b, c, an equianharmonic system. These two points ω, ω' are also shewn to be the double points, or foci, of the involution aA, bB, cC, where A, B, C are the respective harmonic conjugates of a, b, c relative to the remaining two points bc, ca, ab.

The conic S alluded to in the theorem, has since been termed the " Fourteen-Points Conic. ,, It is always imaginary when the quadrilateral is real.

[78] Pag. 270. A questa critica l'A. rispose nelle *Nouvelles Annales de Mathématiques* (2.me série, t. IV (1865), p. 238) adducendo a propria scusa il rifiuto opposto dall'editore alla domanda di una seconda revisione delle bozze.

[79] Pag. 271. Marco Uglieni è l'anagramma di Luigi Cremona.

[80] Pag. 271. Si allude all'opuscolo di Taylor: « *Linear Perspective* », *London* 1715. Cfr. pag. 267 del presente volume.

[81] Pag. 281. La Parte prima di questa Memoria fu presentata all'Accademia di Bologna, nella sessione ordinaria del 26 aprile 1866, colle seguenti parole (Rendiconto di quell'Accademia, anno 1865-1866, pp. 76-77).

« In una memoria che ebbi l'onore di leggere, or sono quasi quattro anni, davanti a questa illustre Accademia (e che è stata inserita nel tomo 12.° della 1.ª serie delle *Memorie*, p. 305), cercai di esporre in forma puramente geometrica, i principali risultati che si erano ottenuti sino allora nella teoria delle curve piane; ed applicai le verità generali alle curve del 3° ordine. Siccome quel mio tentativo ha incontrato una benevola accoglienza fra i cultori della geometria razionale, così ho pensato di intraprendere un lavoro analogo per le superficie: e cioè di provarmi a elaborare una teoria geometrica delle superficie d'ordine qualunque. Naturalmente la materia è qui molto più complessa, ed il campo senza paragone più vasto: onde io avrei l'intenzione di dividere la fatica in due o tre memorie, da pubblicarsi successivamente e separatamente: se però non mi verranno meno le forze ed il patrocinio dell'Accademia. »

« La memoria che ora vi presento contiene i preliminari della teoria. Comincio dal definire le polari relative ad una superficie qualsivoglia data, con metodo del tutto analogo a quello seguito per le curve piane; dimostro le mutue dipendenze di esse polari; determino la classe della superficie fondamentale, e le caratteristiche dei coni circoscritti; espongo le proprietà cui danno luogo i punti multipli, sia della superficie fondamentale, sia delle polari. Segue il teorema che caratterizza le polari miste; poi fo vedere a quali leggi sono soggette le prime polari dei punti di una retta, di un piano, dello spazio, e quindi ricerco quale superficie sia inviluppata dal piano polare quando il polo percorre una linea o una superficie data, e viceversa quale sia il luogo dei poli dei piani tangenti a un dato inviluppo. E questa è la materia del 1.° capitolo. »

« Nel 2.° capitolo studio le proprietà dei così detti *complessi lineari* di superficie, e cioè dei *fasci,* delle *reti* e dei *sistemi lineari.* Determino la superficie generata da 2 fasci projettivi, la curva generata da 3 fasci projettivi, ed i punti generati da 4 fasci projettivi; e così pure la curva, la superficie, la curva ed i punti generati rispettivamente da 2, 3, 4, 5 reti projettive; non che i punti, la curva, la superficie, la curva, i punti generati rispettivamente da 2, 3, 4, 5, 6 sistemi lineari projettivi. L'applicazione di questi risultati generali mi conduce poi alla soluzione di molti importanti problemi, come sono quelli di determinare quanti punti doppi sono in un fascio, qual linea e qual superficie formino rispettivamente i punti doppi di una rete e di un sistema; quale sia il luogo dei poli di un piano rispetto alle superficie di un fascio o di una rete; in quanti punti si seghino tre superficie aventi una data curva comune; quale sia il luogo dei punti di contatto delle superficie di una rete con una superficie fissa o colle superficie di un fascio, quante superficie di un fascio tocchino una superficie o una curva data, ecc. Da ultimo questi problemi si connettono alla ricerca di ciò che si chiama la *Jacobiana* di 2, 3 o 4 superficie. »

« Spero che da questi due capitoli apparirà chiaramente quale sia il metodo che intendo far servire allo sviluppo della teoria geometrica delle superficie ».

La Parte seconda della Memoria figura nel Rendiconto dell'Accademia di Bologna, anno 1866-1867, come letta nelle sessioni (riunite) del 21 e 28 marzo e 4 aprile 1867. Su essa è detto (in quel Rendiconto, pp. 72-73) quanto segue:

« Questa [memoria] contiene la continuazione e la chiusa dei *Preliminari di una Teoria geometrica delle Superficie*, de' quali fu già presentata l'anno scorso la 1ª parte ed inserita nei volumi dell' Accademia. »

« Essa è principalmente consacrata allo sviluppo delle proprietà dei *sistemi lineari* di superficie di ordine qualunque. Dalla teoria dei fasci si ricava la dimostrazione geometrica di un importante teorema di Jacobi sul numero delle condizioni che devono essere soddisfatte affinchè una superficie di dato ordine passi per la curva d' intersezione di altre due ovvero pei punti comuni ad altre tre superficie d'ordini pur dati; e di un altro teorema sul numero dei punti ne' quali si intersecano ulteriormente tre superficie passanti per una stessa curva. Poi si ricerca il numero dei punti che hanno lo stesso piano polare rispetto a due superficie date; il luogo di un punto i cui piani polari rispetto a tre superficie date s' intersechino lungo una retta, ed il luogo dei punti i cui piani polari relativi a quattro superficie passino per uno stesso punto. Si considerano più sistemi lineari projettivi di genere m, ed intorno ad essi si dimostrano parecchi teoremi che corrispondono geometricamente a certe interessanti proprietà analitiche dei determinanti, scoperte da Salmon. Cioè, per $m-1$ sistemi si dà il numero de' punti-basi comuni ad $m-1$ reti corrispondenti; per m sistemi si determina la curva luogo dei punti-basi comuni ad m fasci corrispondenti; per $m+1$ sistemi si trova la superficie luogo di un punto situato in $m+1$ superficie corrispondenti; per $m+2$ sistemi si determina la curva luogo dei punti pei quali passano $m+2$ superficie corrispondenti; e per $m+3$ sistemi si esibisce il numero dei punti comuni ad $m+3$ superficie corrispondenti. Da ultimo si discutono $m+1$ sistemi lineari projettivi di genere m e d'ordine n formanti un *complesso simmetrico;* e si dimostra che la superficie generata per mezzo di essi ha $\frac{m(m+1)(m+2)}{2.3} n^3$ punti doppi. »

Da un'avvertenza posta dall'Autore alla fine dell'estratto risulta che i fogli di stampa contenenti la 1.ª Parte vennero alla luce nel novembre 1866, e quelli contenenti la 2ª nell'ottobre 1867.

La Memoria è stata tradotta in tedesco, insieme con un'altra (*Mémoire de géométrie pure sur les surfaces du troisième ordre:* queste Opere, n. **79**), nel volume che porta il titolo: *Grundzüge einer allgemeinen Theorie der Oberflächen in synthetischer Behandlung* (e che nel seguito citeremo brevemente con: « *Oberflächen* ». Cfr. queste Opere n. **85**). Nel riprodurre la Memoria originale, terremo conto qua e là nel testo delle più piccole aggiunte o modificazioni che si trovano nell'edizione tedesca, distinguendole coll'includerle (tradotte in italiano) fra { }, quando non se ne dia espresso avviso in una nota. Le aggiunte più lunghe saran date più avanti, nel citato n. **85**.

Qualche altra lieve correzione od addizione sarà pur fatta nel testo, secondo indicazioni manoscritte del CREMONA, contenute in un suo esemplare [da citarsi, occorrendo, con (A)] di questa Memoria: indicazioni che dovevan servire appunto per una nuova edizione di essa.

Diamo qui, per i paragrafi che son comuni, la corrispondenza tra i numeri che essi portano nella Memoria originale, e quelli che hanno in « *Oberflächen* »:

Preliminari 1-44 , 45-57 , 61-76 , 77-90 , 91- 95 , 96-116 , 117 , 118-131.
Oberflächen 1-44 , 48-60 , 61-76 , 83-96 , 113-117 , 120-140 , 142 , 144-157.

[82] Pag. 285. Si ricordi, che la parola « *stella* » era adoperata dall'Autore in luogo della locuzione « *fascio di rette* », attualmente in uso. Cfr. la nota [41] al tomo 1°.

[83] Pag. 287. Più innanzi (n. 95) questo carattere verrà chiamato *rango* della curva.

[84] Pag. 288. In « *Oberflächen* » questo n. 8 è rifatto nel modo seguente:

8. Wir können bei den Developpablen die analogen Singularitäten betrachten, die wir schon bei den Kegeln bemerkt haben (3). Eine Tangentialebene heisst *doppelt*, wenn sie die abwickelbare Fläche längs zweier verschiedener Erzeugenden berührt und folglich die Curve, deren Tangenten die Generatrixen der abwickelbaren Fläche sind, in zwei getrennten Puncten osculiert; sie heisst eine *stationäre* oder *Wendeebene*, wenn sie die Developpable längs zweier unmittelbar folgender Erzeugenden berührt, oder, was dasselbe ist, längs dreier unmittelbar folgender Generatrixen schneidet und folglich mit der Curve einen vierpunctigen Contact hat. Eine Generatrix ist *doppelt*, wenn längs derselben die Developpable zwei verschiedne Tangentialebenen hat, weshalb sie auch die Curve in zwei verschiedenen Puncten berührt. In dem Schnitte, der durch eine beliebige durch sie gelegte Ebene entsteht, zählt sie für *zwei* Gerade, und in den beiden Schnitten, welche durch die beiden Tangentialebenen entstehen für *drei*. Eine Generatrix heisst *stationär*, wenn durch sie drei unmittelbar folgende Tangentialebenen der Developpablen hindurchgehen; in ihr liegen daher drei unmittelbar folgende Puncte der Curve. Eine solche zählt in dem Schnitte, der durch eine beliebige

Ebene entsteht, welche durch sie hindurchgeht, für *zwei* und für *drei* Gerade in dem von der Tangentialebene gebildeten Schnitte.

Den beiden ersten Singularitäten entsprechen die folgenden Singularitäten der Raumcurve. Ein Punct der Curve heisst *doppelt*, wenn in demselben zwei verschiedne Tangenten existieren und folglich zwei verschiedne Osculationsebenen; er heisst *Stillstandspunct* (*Spitze*), wenn sich in ihm drei aufeinanderfolgende Tangenten schneiden, oder auch vier aufeinanderfolgende Osculationsebenen. Ein Doppelpunct — und ebenso eine Spitze — vertritt *vier* Durchschnittspuncte mit jeder Osculationsebene und mit der Ebene der beiden Tangenten; er vertritt *drei* Schnittpuncte für jede andere Ebene, welche durch eine der beiden Tangenten geht, und nur *zwei* für jede andere Ebene, welche durch den Punct selbst hindurchgeht.

Die Developpable und die Curve können andere Singularitäten höherer Art haben, die wir aber jetzt nicht in Betracht ziehen wollen.

[85] Pag. 290. V. il n. 8 di « *Oberflächen* », riprodotto nella nota precedente.

[86] Pag. 290. V. la nota [83].

[87] Pag. 290. Questo carattere θ, che non figura nella Memoria originale, è stato introdotto dall'A. nella traduzione tedesca. Ci è parso opportuno — anzi, pel seguito di queste Opere, indispensabile — inserirlo anche qui, in tutta questa trattazione delle *Sviluppabili e curve gobbe*. Con ciò essa è resa pienamente conforme a quella corrispondente in « *Oberflächen* »; e d'altronde per ritornare alla esatta forma dell'originale, basta togliere θ (o porlo $=0$), dovunque nel seguito esso compare.

[88] Pag. 290. Questa terna di formole si è presa da « *Oberflächen* ». Nella Memoria originale stavano invece 4 formole, cioè le prime due (con $\theta=0$) e queste altre:

$$\alpha=3r(r-2)-6x-8n,$$
$$n=3m(m-2)-6g-8\alpha.$$

[89] Pag. 292. Correggiamo così la frase corrispondente di « *Oberflächen* »: « unter Hinzunahme der Zahl der biosculierenden Ebenen ».

[90] Pag. 292. Qui ha luogo un'avvertenza analoga (duale) a [88].

[91] Pag. 292. Nell'originale, non figurando θ, era detto invece: « tre delle nove quantità ».

[92] Pag. 292. In « *Oberflächen* » si aggiunge (con altre notazioni per le quantità considerate):

Die gegebenen Zahlen dürfen aber weder r, θ, x, β noch r, θ, y, α sein, weil man aus den obigen Gleichungen die folgenden Relationen herleiten kann:

$$r(r-4)-2\theta=2x+\beta=2y+\alpha.$$

Segue questa citazione a piè di pagina: ZEUTHEN, *Sur les singularités des courbes géométriques à double courbure* (Compte rendu, 27 juillet 1868).

[93] Pag. 295. Cambiamo in τ la lettera θ che stava nell'originale, perchè in queste pagine s'è introdotta θ con altro significato. V. [87].

[94] Pag. 295. Qui si suppone $\theta=0$. — In « *Oberflächen* » le formole che seguono sono anzi date pel solo caso che sia anche $\alpha=0$; sicchè son ridotte tutte al termine privo di α.

[95] Pag. 302. Cfr. per la deduzione seguente, e per altre analoghe (per es. nel 2° alinea del n. 26; alla fine del n. 49; ecc.), la nota [42] al tomo 1°.

[96] Pag. 302. S'intende che la curva è individuata da quel numero di punti, quando questi sian presi (in modo generico) sopra una superficie F_2 d'ordine n_2.

[97] Pag. 303. Se la curva è *composta* (riducibile), si potrà solo dire che una parte almeno di essa giacerà sulla superficie.

[98] Pag. 303. Qui seguiva nell'originale una frase errata, che l'Autore ha cancellato, in (A) e altrove.

[99] Pag. 303. In (A) si aggiunge: v. la dimostrazione [col principio di corrispondenza] di FOURET, Bulletin de la Soc. mathém. de France, t. I, 1873, pag. 258.

[100] Pag. 308. Qui si sopprimono alcune parole, in conformità di « *Oberflächen* ».

[101] Pag. 313. La deduzione seguente non è sempre valida.

[102] Pag. 321. Seguendo il desiderio dell'Autore, manifestato dalle numerose correzioni da lui fatte in (A), abbiamo sostituito qui, e poi in tutto il lavoro, la parola *dimensione* (di un sistema) alla parola *genere*, che stava nell'originale, e che nella teoria delle superficie ha preso un altro significato. Nell'edizione tedesca è detto *Stufe*.

[103] Pag. 323. Questo ragionamento non prova che esista effettivamente, fra due sistemi lineari di dimensione m, una corrispondenza projettiva soddisfacente alle condizioni indicate; ma, ammesso che esista, dimostra che è unica.

A questo n. 44 seguono nell'edizione tedesca, e chiudono l'attuale Capitolo, tre nuovi n.i: 45, 46, 47, relativi alla reciprocità fra sistemi piani e fra stelle, ed alla generazione delle quadriche per mezzo di tali forme reciproche. Saranno riprodotti, fra gli estratti di « *Oberflächen* »: v. n. **85** di queste Opere.

[104] Pag. 328. Si aggiunga, per il seguito, la condizione che la corrispondenza sia *algebrica*.

[105] Pag. 330. In un esemplare appartenente al Prof. GUCCIA, si trova aggiunto, di mano del CREMONA: $\frac{r-2n+\beta+2}{2}=\frac{r-2m+\alpha+2}{2}$.

[106] Pag. 330. In « *Oberflächen* » qui è inserita la seguente nota a pie' di pagina: Man vgl. auch SCHWARZ, *De superficiebus in planum explicabilibus primorum septem ordinum* (Crelles Journal, Bd. 64), und *Ueber die geradlinigen Flächen fünften Grades* (ibid. Bd. 67.)

[107] Pag. 331. Queste prime righe del n. 57 non furon riprodotte nel corrispondente n. 60 dell'ediz. tedesca: certamente perchè già allora il CREMONA aveva rinunziato a dare un seguito a questa Memoria.

[108] Pag. 333. In « *Oberflächen* » è qui aggiunta la citazione delle Memorie: *Rappresentazione della superficie di Steiner e delle superficie gobbe di 3.° grado sopra un piano* (Rendiconti del R. Ist. Lomb. Milano, gennajo 1867). — *Rappresentazione di una classe di superficie gobbe sopra un piano, ecc.* (Annali di Matematica, 2ª Serie, t. 1, Milano 1868). [Queste Opere, n.i **71**, **77**].

[109] Pag. 333. Nella citata pag. 241 del vol. indicato finisce la nota Memoria di SCHLÄFLI, *On the Distribution of Surfaces of the Third Order into Species...*, e CAYLEY aggiunge un breve cenno sul caso, omesso da SCHLÄFLI, della rigata cubica a direttrici rettilinee coincidenti. — Notiamo, a questo proposito, che CAYLEY cita una Memoria di CHASLES (Comptes rendus, t. 53, 2e sem. 1861), nella quale (in nota alla pag. 888) era stata rilevata l'esistenza delle due specie di rigate gobbe di 3º grado, e ne era data la costruzione. Non sembra dunque giusto l'uso di chiamare « rigata di CAYLEY » quella di 2ª specie.

[110] Pag. 334. Com'è avvertito dall'Autore nel Sommario, la numerazione dei paragrafi salta dal 57 al 61: mancano cioè i n.i 58, 59, 60.

[111] Pag. 341. Anche qui, seguendo (A), mutiamo la parola *genere* in *dimensione*. Cfr. [102].

[112] Pag. 341. Si deve aggiungere qui: purchè sia $m \leq r$.

[113] Pag. 341. Qui: purchè sia $m \leq n$.

[114] Pag. 342. Sarà projettivo, solo se risulterà della stessa dimensione: cfr. [112].

[115] Pag. 342. V. la nota precedente.

[116] Pag. 342. Al n. 76, comune all'originale e all'ed. tedesca, seguono in questa cinque nuovi n.i, da 77 a 82, che saran riprodotti fra gli estratti di quelle «*Oberflächen*», e conducono fra l'altro al teorema che i punti di contatto di una superficie F_n d'ordine n colle bitangenti passanti per un punto o son le intersezioni di F_n, della 1.ª polare di o, e di una superficie d'ordine $(n-2)(n-3)$.

[117] Pag. 344. In quest'edizione è già stata fatta la correzione qui indicata al n. 73 dell'*Introduzione*, coll' inserirvi tra { } l'aggiunta scritta da CREMONA in margine all'esemplare (A) di quella memoria.

[118] Pag. 345. Non sarà forse superfluo ripetere qui che gli enunciati del CREMONA esigono spesso la restrizione: *in generale*. Così per l'ultimo teorema: se la superficie fondamentale è un cono, le prime polari non formeranno un sistema di dimensione 3, ma una rete (in generale).

[119] Pag. 349. A questo punto è inserito in «*Oberflächen*» un nuovo Cap.: «*Anwendungen auf developpable Flächen*», n.i 97-112.

[120] Pag. 354. S'aggiunga, da (A): «senza che la loro curva d'intersezione si spezzi».

[121] Pag. 354. In «*Oberflächen*» furono aggiunti qui due paragrafi (n.i 118-119), diretti a determinare *direttamente* i punti doppi apparenti della curva intersezione di due superficie, nel caso generale (n. 118), o quando (n. 119) le superficie han comune un punto multiplo.

[122] Pag. 354. In (A) è aggiunto:

$$r=2(\mu+p-1)-s\,,\quad r'=2(\mu'+p'-1)-s'\,,$$

ove p, p' indicano i generi delle due curve.

[123] Pag. 354. In (A) si osserva che, sommando le due ultime formole colle prime tre di questo n.o, viene: $2\mu\mu'=2(i+h)$, com'era da prevedersi, considerando l'intersezione dei coni che projettano le due curve da un punto arbitrario dello spazio.

[124] Pag. 355. In un frammento di «*Oberflächen*», che chiude il n. 121 (traduzione dell'originale n. 97), si troveranno le formole relative al caso che le due superficie date abbiano a comune un punto multiplo.

[125] Pag. 365. Nell'originale stava: «infinite». Correzione di CREMONA.

[126] Pag. 367. In «*Oberflächen*» è qui inserito un nuovo paragrafo (n. 141) relativo alla curva Jacobiana di cinque superficie.

[127] Pag. 368. In «*Oberflächen*» segue qui (come n. 143) l'applicazione al gruppo di punti Jacobiano di sei superficie.

[128] Pag. 372. La teoria dei *complessi simmetrici* che qui si espone, e che si ritroverà, tradotta letteralmente (tranne qualche omissione), nel 3.o Cap.o del *Mémoire de géométrie pure sur les surfaces du troisième ordre* (Queste Opere, n. **79**), è poi applicata nel 4.o Cap.o di quel *Mémoire* al caso che le superficie di cui si tratta sian polari seconde rispetto ad una stessa superficie fondamentale. Ma la definizione del complesso simmetrico, su cui la teoria si basa, è insufficiente per le deduzioni che se ne traggono. Veggasi R. STURM, *Bemerkung zu* CREMONA*'s Abhandlung über die Flächen dritter Ordnung* (Journal für Mathematik, t. 134, p. 288; 1908).

Indicheremo nelle note seguenti le lacune rilevate dal sig. STURM nei ragionamenti di CREMONA. Diciamo fin d'ora che i teoremi esposti in queste pagine, pur non valendo in generale, sono veri nel caso particolare delle seconde polari, pel qual caso nella Nota citata dello STURM si troveranno dimostrazioni sintetiche strettamente connesse alla trattazione Cremoniana.

La spiegazione dell'errore è ovvia, ricorrendo alla rappresentazione algebrica. Diciamo f_{rs} il 1° membro dell'equazione della superficie P_{rs} : sarà determinato solo a meno di un fattor costante. Il coincidere di P_{rs} e P_{sr}, che per CREMONA costituisce la definizione del complesso simmetrico, equivale solo a dire che f_{rs} e f_{sr} sono uguali *a meno di un fattor costante*. Ora le superficie (Φ, Ψ, Δ), il cui studio è lo scopo essenziale di questo Cap.°, sono rappresentate dal determinante delle f_{rs} ; e le proprietà che se ne trovano valgono solo, in generale, se si tratta di un *determinante simmetrico*, in cui cioè f_{rs} e f_{sr} sono identici, e non già differenti per un fattor costante. Così è solo in quel caso, e non in quello più generale definito dal CREMONA, che la superficie ha i punti doppi, nel numero assegnato alla fine del lavoro (n. 131; casi particolari nei n.i preced.i). Per questo teorema è, a pie' di pag., citato SALMON. Si può star sicuri che CREMONA aveva appunto in mente le superficie, considerate dal SALMON, che si rappresentano con determinanti simmetrici, quando prendeva a ricercare sinteticamente le superficie generate da *complessi simmetrici*. (Cfr. la citazione di SALMON fatta da CREMONA nella seconda delle relazioni che abbiamo riportato in [81]).

[129] Pag. 374. Qui vi è una deficienza, rilevata da R. STURM (v. nota preced.e). Sta bene che la superficie generata dai due fasci projettivi $(P_{21}, P_{23}, \ldots)$, $(P_{31}, P_{33}, \ldots)$, riferiti colla projettività che è subordinata da quella data tra la 2a e la 3a rete, è anche generata da due fasci, determinati rispettivamente da P_{12}, P_{13}, e da P_{32}, P_{33}. Ma, sebbene questi ultimi fasci appartengano alla 1a e alla 3a rete, non vi è ragione per ammettere che il riferimento projettivo tra essi, che serve a generare la detta superficie, sarà (come suppone l'A.) quello stesso che vien subordinato dalla projettività data fra la 1a e la 3a rete. Anzi, lo STURM mostra che in generale non sarà quello. Non coincidono dunque in generale le superficie Φ_{12}, Φ_{21}; contrariamente a quanto è detto nel testo, ed è sempre ammesso nei ragionamenti seguenti.

[130] Pag. 378. Ha luogo qui un'osservazione (di STURM) analoga a quella della nota precedente. Le tre reti nominate per ultime non risulteranno, in generale, riferite secondo le projettività subordinate da quelle che legano il 1°, il 3° e il 4° sistema; e però la superficie Ψ_{12} non coinciderà con Ψ_{21}.

[131] Pag. 379. Si è aggiunto: (P_{43}, P_{44}), d'accordo colla riproduzione che si legge nel n. 46 del *Mémoire* (n. **79**).

[132] Pag. 381. Abbiamo scambiato r, s negl'indici di H, M; e così pure, due linee dopo, in quelli di ∇.

[133] Pag. 381. Invece di H_r dovrebbe stare K_r. Cade quindi la deduzione seguente, che Δ sia toccata da Δ_{rs}. Ciò non è vero in generale; vale invece nel caso del complesso simmetrico (a cui si riferisce il successivo n. 131), perchè allora $H_r \equiv K_r$.

[134] Pag. 382. A questo punto, nelle «*Oberflächen*», comincia la traduzione del *Mémoire* (n. **79**), Cap. 4° e seguenti.

[135] Pag. 383. Lo scritto qui promesso non fu mai pubblicato. Cfr. [107].

[136] Pag. 391. Cfr. la Nota di CLEBSCH « *Ueber die Steinersche Fläche* » (Journal für die r. und a. Mathematik, Band 67 (1867), pp. 1-22).

[137] Pag. 398. A pag. 1079 dei citati *Comptes rendus* si legge:

« M. CHASLES communique des Lettres de MM. CAYLEY, CREMONA et HIRST, relatives aux courbes *exccéptionnelles* dans un système d'ordre *m* quelconque; *courbes multiples* terminées à des *sommets*, et formant ainsi des *êtres géométriques* qui satisfont anx $\frac{m(m+3)}{2}-1$ conditions du système (voir *Comptes rendus*, t. LXIV, p. 800) ».

Naturalmente qui si riporta soltanto quella parte della comunicazione dello CHASLES che si riferisce al CREMONA.

[138] Pag. 407. Veramente i primissimi concetti in proposito appartengono a LEJEUNE-DIRICHLET (1837).

[139] Pag. 420. Questa Memoria fu presentata all'Accademia di Bologna nella sessione ordinaria del 30 aprile 1868. Riportiamo qui della relazione di detta sessione la parte che si riferisce alla Memoria stessa (Rendiconto della citata Accademia, Anno 1867-68, pp. 96-97):

« Dapprima il Segretario legge una Memoria del Prof. L. CREMONA *sulle Superficie gobbe di 4.° grado.*

« Intorno a queste Superficie è da ricordarsi che in una comunicazione all'Accademia di Francia (Comptes rendus 18 nov. 1861) il sig. CHASLES, dopo aver notato l'esistenza di due specie di superficie gobbe di 3.° grado, soggiungeva: *Les surfaces réglées du 4.e ordre présentent beaucoup plus de variété; elles admettent* **quatorze espèces.** *Je compte communiquer prochainement à l'Académie une théorie assez étendue de ces surfaces du 3.e et du 4.e ordre.* Ma questa intenzione non venne poi mandata ad esecuzione: e ancora al presente s'ignora che cosa intendesse il sig. CHASLES per quelle 14 specie. Il certo è ch'egli allora non considerava nemmeno in tutta la debita generalità le superficie gobbe: ma aveva in vista solamente quelle le cui sezioni piane hanno il massimo numero di punti doppi, cioè quelle che ora si dicono di *genere zero.* Il primo e l'unico che abbia sinora data una classificazione delle superficie gobbe di 4.° grado è il sig. CAYLEY, il quale al principio della sua seconda memoria *On skew surfaces* (Philosoph. Trans. 1864, p. 559) dice: *As regards quartic scrolls, I remark that M.* CHASLES *in a footnote to his paper* **Description des courbes de tous les ordres etc.** *states* **les surfaces du 4.e ordre admettent quatorze espèces.** *This does not agree with my results, since I find only eight species of quartic scrolls; the developpable surface or* **torse** *is perhaps included as a* **surface réglée;** *but as there is only one specie of quartic torse, the deficiency is not to be thus accounted for. My enumeration appears to me complete; but it is possible that there are subforms wich* M. CHASLES *has reckoned as distinct species.* Alle quali parole si può aggiungere che, se il sig. CHASLES ha veramente trovato 14 specie, siccome egli ha supposto la superficie di genere 0, così, aggiungendovi le 2 specie contenute nel genere 1, le specie diventerebbero 16.

« Siccome il sig. CAYLEY si limita ad enumerare le sue otto specie, dandone le definizioni e le equazioni analitiche, ma non dimostra quelle specie essere le sole possibili, così l'A. non ha creduto fosse inopportuno di prendere la quistione in nuovo esame. E tale opportunità gli è emersa tanto più giustificata, in quanto che egli ha trovato 4 nuove specie da aggiungere a quelle del sig. CAYLEY. Queste nuove specie non sono *subforms* o sotto specie; ma hanno diritto ad essere contate quanto quelle date dal ch. geometra inglese. È vero che non tutte le specie sono ugualmente generali: in ciascun genere vi è un tipo generale, dal quale si deducono gli altri casi. E allora, o ci limitiamo a questo tipo, e le stesse 8 specie di CAYLEY si riducono a 2 sole: o si ammettono quelle 8 come distinte, e bisognerà ammettere come tali anche le 4 aggiunte dall'A. di questa Memoria ».

ELENCO DEI REVISORI

PER LE MEMORIE DI QUESTO VOLUME.

L. Berzolari (Pavia)	per le Memorie	n.i	72, 74, 75.
G. Castelnuovo (Roma)	" "	"	39, 40, 55, 60, 62.
E. Ciani (Genova)	" "	"	69.
G. Fano (Torino)	" "	"	37, 38, 41, 45, 50, 54, 67.
G. Lazzeri (Livorno)	" "	"	64, 66.
G. Loria (Genova)	" "	"	46, 68, 73.
V. Martinetti (Palermo)	" "	"	51, 78.
G. Pittarelli (Roma)	" "	"	71, 77.
G. Scorza (Parma)	" "	"	36.
C. Segre (Torino)	" "	"	42, 47, 48, 52, 53, 61, 70.
F. Severi (Padova)	" "	"	76.
A. Terracini (Torino)	" "	"	44, 49, 65.
E. G. Togliatti (Torino)	" "	"	32, 33, 34, 35, 43, 56, 57, 58, 59.
R. Torelli (Pisa)	" "	"	63.

INDICE DEL TOMO II.

FINE DEL TOMO II.

Stab. Tipografico Succ. Fratelli Nistri

Pisa - Piazza del Castelletto, 1.

www.ingramcontent.com/pod-product-compliance
Lightning Source LLC
LaVergne TN
LVHW020551110826
845149LV00002B/233

* 9 7 8 1 4 1 8 1 8 4 4 5 2 *